百色水利枢纽
工程设计与创新

陈宏明　陆民安　罗继勇　欧辉明 等　著

中国水利水电出版社
www.waterpub.com.cn

·北京·

内 容 提 要

本书共12章，详细介绍中国"十五"重点建设项目、西部大开发标志性工程——广西右江百色水利枢纽的工程设计内容，材料丰富详细，展示了21世纪初首座世界超级碾压混凝土重力坝及浅埋大跨度小间距地下水电站厂房的工程设计创新成果。

本书可供从事水利水电工程规划设计、建设管理的相关人员参考，也可作为高等院校有关专业师生的参考书。

图书在版编目（CIP）数据

百色水利枢纽工程设计与创新 / 陈宏明等著.
北京：中国水利水电出版社，2024. 7. -- ISBN 978-7
-5226-2636-9
Ⅰ. TV135.1
中国国家版本馆CIP数据核字第2024W822Q2号

书　　名	**百色水利枢纽工程设计与创新** BAISE SHUILI SHUNIU GONGCHENG SHEJI YU CHUANGXIN
作　　者	陈宏明　陆民安　罗继勇　欧辉明　等 著
出版发行	中国水利水电出版社 （北京市海淀区玉渊潭南路1号D座　100038） 网址：www. waterpub. com. cn E-mail：sales@mwr. gov. cn 电话：（010）68545888（营销中心）
经　　售	北京科水图书销售有限公司 电话：（010）68545874、63202643 全国各地新华书店和相关出版物销售网点
排　　版	中国水利水电出版社微机排版中心
印　　刷	北京天工印刷有限公司
规　　格	184mm×260mm　16开本　26.75印张　651千字
版　　次	2024年7月第1版　2024年7月第1次印刷
印　　数	0001—1300册
定　　价	**208. 00**元

2001 年 10 月 11 日百色水利枢纽主体工程正式开工建设

百色水利枢纽 RCC 主坝泄洪

百色水利枢纽主坝碾压混凝土施工

百色水利枢纽主坝碾压混凝土斜层碾压

百色水利枢纽主坝辉绿岩石料场、混凝土拌制厂

百色水利枢纽地下水电站主厂房

百色水利枢纽地下水电站升压开关站 GIS 设备层

百色水利枢纽银屯副坝

百色水利枢纽香屯副坝

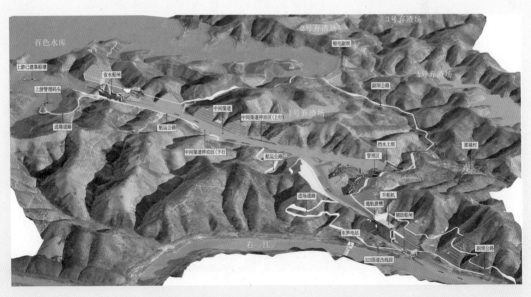

施工中的百色水利枢纽二期通航建筑物

（2023年第五届碾压混凝土坝国际里程碑工程奖）

百色水利枢纽荣获的工程大奖

前　言

　　广西右江百色水利枢纽是《珠江流域西江水系郁江综合利用规划》中的第二梯级，是治理和开发郁江的关键项目，是我国"十五"重点建设项目和西部大开发标志性工程，是西部陆海新通道及广西环北部湾水资源配置的重要节点。

　　工程地处郁江干流上游右江中段，坝址位于百色市上游 22km。工程开发目标：以防洪为主，兼顾发电、灌溉、航运、供水等综合效益。坝址以上集雨面积 1.96 万 km^2，多年平均流量 263m^3/s，年径流量 82.9 亿 m^3。水库正常蓄水位 228m，校核洪水位 231.49m；总库容 56.6 亿 m^3，其中防洪库容 16.4 亿 m^3，为不完全多年调节水库。碾压混凝土主坝最大坝高 130m，地下式水电站总装机容量 540MW，工程等别为 I 等，工程规模为大（1）型，工程总投资 64.3 亿元。

　　百色水利枢纽建成后，可使右江中下游沿岸的百色、田阳、田东、平果、隆安 5 个县（市）基本免除 50 年一遇以下洪水灾害，通过与老口水库联合调度，结合堤防工程，可将南宁市防洪能力提高到 200 年一遇；水电站承担广西电网的调峰、调频等重要任务，是广西电网的主力调峰电厂；水库是国家 172 项节水供水重大水利工程之一——百色水库灌区的水源地，为 59.7 万亩耕地提供重要水源保障。

　　百色水利枢纽前期工作始于 1958 年，原广西水电厅设计院在百色市上游 10km 的百林坝段开展勘测工作，之后原水电部北京勘测设计院接受该工程的设计任务，对百林坝段和平圩坝段进行比较，初步选择平圩坝址。1961 年，提出初步设计阶段报告，时值国家困难时期，初步设计报告被搁置，前期工作停止。1986 年，广西水电设计院与珠江水利委员会（以下简称"珠江委"）勘测设计院南宁分院组成联合设计处，开展百色水利枢纽可行性研究工作，由于经费等原因进展缓慢，但始终小步走、不停步。为了做好坝址选择工作，从阳圩至百林河段作了地质测绘，勘查了六寨、平圩、连环岭、百林等坝段，并重点比较了平圩坝段上、下坝址。1989 年 4 月，珠江委主持召开的选坝会议同意选择平圩坝段下坝址作为工程可行性研究阶段推荐坝址。1990 年 3 月，广西水电设计院与珠江委勘测设计院联合提出《百色水程枢纽可行性研究报告》，经水利部水利水电规划设计总院审查；1993 年提出报告修改本；1994 年 1 月上报水利部。1996 年 6 月，广西水电设计院提出《广西右江百色水利枢纽项目建议书》上报国家计委；1998 年 5 月，国家计委批准项目立项。1996 年 6 月，广西水电设计院与珠江委勘测设计院联合提出《右江百色水程枢纽初步设计报告》并上报水利部，1998 年 6 月水利部批复。1998 年 8 月，广西水电设计院提出《右江百色水利枢纽利用外资可行性研究报告》并上报国家计委；1999 年 8 月，通过中国国际工程咨询公司评估，同时世界银行开展项目准备活动。1998 年，世界银行派出项目考察团、大坝安全评审团、HARZA/AGN 国际咨询公司频繁到广西开展评审、咨询活动，提出了 48 份"咨询备忘录"，内容涉及工程设计和建设方面，设计单位认真响应评审、咨询相关意见，补充了一定量的勘探，比较不同设计方案，深化、优化设计成果，编制了 RCC 主坝工程、水电站工程、水轮发电机组及其附属设备等几个主要国际招标项目的国际招标文件，但其后广西在资本金筹措方面遇到困难，1999 年 12 月停止引进外资准备工作，转入全内资方案研究。1999 年 4 月，广西水电设计院提出《右江百色水利枢纽可行性研究报告全内资方案投资估算和财务评价》并上报水利部、国家计委，2001 年 8 月国家计委批复。2001 年 6 月，两院联合提出《右江百色水程枢纽初步设计报告（2001 年重编版）》并上报水利部，2001 年 8 月水利部批复。

百色水利枢纽主坝区主体工程（主坝、地下厂房）设计、广西壮族自治区内水库淹没处理规划设计及水土保持和环境保护设计由广西水电设计院承担，副坝设计、通航设施设计、云南省区域水库淹没处理规划设计及汇总由珠江委勘测设计院承担。

百色水利枢纽的建设和运行管理，得到党和国家领导人的高度重视和深切关怀。2001 年 7 月 4 日，百色坝址遭遇 50 年一遇洪水。7 月 16 日，时任国务院副总理温家宝在百色坝址视察灾情后指出："这次洪灾使我们更加认识到，建设百色水利枢纽不仅完全必要，而且十分迫切。"要求加快前期工作，争取早日开工。2002 年 4 月，时任国家副主席胡锦涛在视察百色水利枢纽时提出"建设右江河谷明珠"的厚望。2003 年 5 月，时任全国政协主席贾庆林视察百色水利枢纽工程建设现场。2008 年 2 月 8 日，中共中央总书记、国家主席胡锦涛再次到百色水利枢纽视察时说"六年前我来过，现在又来看一下，我心里踏实了"，同时提出"安全生产纪录要保持下去"的殷切期望。2010 年 5 月 9 日，在西南抗旱和珠江防汛的关键时刻，时任国家副主席习近平视察百色水利枢纽时指出："百色水利枢纽是这些年来特别是西部大开发战略实施以来，广西发展的一个缩影。"国家发展改革委、水利部、云桂两省区党委政府、珠江委一直高度重视、关心、支持百色水利枢纽工程，国内外许多专家对本工程规划、勘测设计和工程建设给予了热心关注和极大的帮助，倾注了大量的心血和智慧。

百色水利枢纽地处亚热带地区，工程规模巨大，控制流域面积仅为防洪流域面积的22%，坝区地形、地质条件极为复杂，地震基本烈度达7度，高坝、大库，工程泄洪消能功率高、消能难度大，当地天然建材缺乏，当地灰岩料场有害杂质含量高。前期工作时间跨度大，筑坝技术及材料发展迅速，规划设计初期当地材料坝为主流坝型，后期发展为碾压混凝土（roller compacted concrete，RCC）坝。百色水利枢纽拦河主坝是21世纪初首座世界超级碾压混凝土重力坝，坝高130m，混凝土量270万 m³（其中RCC量202万 m³），工程设计面临防洪功能规划、复杂地形地质条件、坝址选择、坝型选择、枢纽布置、主坝布置、筑坝材料、高速水流、消能防冲、地下厂房布置等一系列复杂难题，为同类工程所罕见，被国内外知名水电专家视为大坝、地下工程建设史上极具挑战性的工程之一。数十年的工程前期工作中，工程勘测、规划、设计、研究人员兢兢业业、如履薄冰、如临深渊，秉承科学求实的精神，认真总结、借鉴同类工程经验，使用先进、科学的技术及方法对本工程进行了认真细致的勘查、试验、计算、分析研究及设计论证工作，在水利部水利水电规划设计总院及 潘家铮 、 王圣培 、陈祖煜等数十位权威水电专家的大力支持和精心指导下，大胆探索，勇于创新，攻坚克难，反复优化，提出了科学合理、安全环保的工程技术方案，充分发挥工匠精神，精心设计，拿出了高质量的勘测设计成果，为优质工程建设打下了坚实基础，取得了分散式枢纽布置、大规模应用辉绿岩人工骨料、动态规划法进行大坝优化设计、复杂地基上高重力坝稳定安全评价、宽尾墩联合消能工应用于130m高坝、碾压混凝土坝温控优化、浅埋大跨度小间距地下厂房洞室群布置等一系列突破性优化、创新成果，这些成果已为后续同类工程所借鉴。百色水利枢纽是21世纪初现代碾压混凝土快速筑坝技术及地下水电站工程技术成熟的标志性工程。

自1997年开始，广西自筹资金陆续开展准备工程的施工。2001年10月百色水利枢纽主体工程开工，2005年8月26日主坝下闸蓄水，2006年7月15日首台机组并网发电，2016年12月底工程竣工验收。至此，郁江流域1600万壮乡人民半个多世纪热切盼望兴建的，经过几代水利人殚精竭虑、艰苦努力、不懈奋斗的广西超级水利工程——右江百色水利枢纽成功建成、正式投入运行，如期发挥了其防洪安澜作用，产生了巨大的经济、生态、环境、社会效益，也先后荣获 2017 年度全国优秀水利水电工程勘测设计奖工程勘测金质奖及工程设计金质奖、2017—2018 年度中国水利优质工程（大禹）奖、第十八届（2021 年）中国土木工程詹天佑奖、第五届（2023 年）碾压混凝土坝国际里程碑工程奖等诸多权威工程大奖，2023 年被列为中国"人民治水·百年功绩"治水工程项目名单（117 项）之改革开放和社会主义现代化建设新时期成就项目。

为了总结百色水利枢纽工程设计经验，丰富水利水电工程知识宝库，为水利水电规划设计人员提供有益参考，我们撰写了本书。全书共 12 章，执笔人分别为：第 1 章王利、农卫红、罗继勇、陆民安，第 2、3、4 章陆民安，第 5 章卢义骈、陈宏明，第 6 章陆民安、卢义骈，第 7 章刘春燕、蓝可华，第 8 章卢广、蓝可华，第 9 章陈宏明、韦海勇，第 10 章欧辉明，第 11 章蓝可华、罗继勇、陆民安、陈宏明，第 12 章欧辉明、韦海勇。

在本书完成之际，我们真诚地感谢广西水利厅和广西右江水利开发有限责任公司的大力支持。感谢水利部水利水电规划设计总院及参加过本工程咨询工作的国内外水电专家长期以来对本工程勘测设计的热心关注及精心指导。感谢中水珠江规划勘测设计有限公司的帮助和支持。感谢广西水电设计院所有参加过本工程勘测、规划、设计、科研工作及服务保障人员的艰苦努力、不懈奋斗和付出。感谢历任工程主管院长杨炎、刘逸群、闫九球、叶建平、陈发科、傅文华，工程分管副院长易克明、梁天津、刘炀、张丽萍、邱振天、欧辉明，以及历任设计总工程师陈道周、卢庐、蓝可华的坚强、卓越领导。深切缅怀岑淳原院长原总工，龙国瑞原副院长，这两位老领导在有生之年在百色水利枢纽工程勘测设计工作中倾注了极大的心血和智慧。感谢为本工程进行了大量复杂而卓有成效的试验、计算研究工作的中国水利水电科学研究院、长江科学院、南京水利科学研究院、清华大学、武汉大学、四川大学、河海大学、西安理工大学、三峡大学、广西大学、西安建筑科技大学、中南勘测设计研究院科学研究所、广西水利科学研究院等科研院所的相关人员。感谢中国水力发电工程学会碾压混凝土筑坝专业委员会田育功副主任的悉心指导和帮助。

限于作者的水平，书中难免有错漏之处，敬请同行专家批评指正。

作　者

2023 年 12 月

目　录

第 1 章

工程规模与枢纽布置

广西右江百色水利枢纽位于广西郁江干流上游右江中段，坝址距下游百色市 22km。工程开发任务：以防洪为主，兼顾发电、灌溉、航运、供水等综合利用。水库总库容 56.6 亿 m^3，其中防洪库容 16.4 亿 m^3、调节库容 26.2 亿 m^3，工程等别为 I 等，工程规模为大（1）型。工程建成后，可将南宁市防洪标准由原 20 年一遇提高到 50 年一遇，并可提高郁江中、下游沿岸防洪标准；通过与老口水库联合调度，结合堤防工程，将南宁市防洪能力提高到 200 年一遇；电站装机容量 540MW，多年平均发电量 16.9 亿 kW·h，承担广西电网的调峰任务，可缓解电网峰谷矛盾，增加下游梯级电站的出力；水库可渠化库区航道，增加下游枯水期流量，提高航道标准，为开辟一条滇东南连通广西乃至出海航道创造条件；还可作为灌区和下游城乡供水的水源。工程对改变滇、桂右江地区的贫困落后面貌，促进当地经济可持续发展起到重要作用。

百色水利枢纽由主坝、副坝、水电站、通航建筑物等组成。主坝为全断面碾压混凝土重力坝，坝轴线沿着坝址出露的第一条辉绿岩（$\beta_{\mu4}^{-1}$）条带平面展布形状作三段折线型布置，坝顶高程 234.00m，最大坝高 130m，总长 720m；主坝东侧 5km 处的银屯副坝为均质土坝，最大坝高 39m，长度 375m；位于主坝北东侧 4.8km 的香屯沟与平板沟分水岭垭口处的香屯副坝为均质土坝，最大坝高 26m，长度 96m；水电站布置在拦河主坝左坝头地下，总装机容量 4×135MW；通航建筑物（两级垂直升船机）布置在远离主坝的那禄沟，通航建筑物作为二期工程建设。

1.1 工程设计条件

1.1.1 水文气象

1.1.1.1 流域概况

郁江是珠江流域西江水系的最大支流，流域面积为 9.08 万 km^2。整个郁江流域地势西北高、东南低，百色以上与云贵高原相接，为高原斜坡地貌，属中低山峡谷地形，百色以下至老口段为低山丘陵与盆地相间，南宁以下为广阔的红土丘陵平原区。

郁江水系大致呈树枝状，干流全长 1152km，总落差 1655m，平均比降为 1.4‰。干流上游称驮娘江，发源于云南省文山州广南县境内的杨梅山，自西北流向东南，经广西西林、田林两县与西洋江汇合后称剥隘河，至百色与澄碧河汇合后称右江，经田阳、田东、

1

平果、隆安等县，在邕宁区宋村有左江汇入，汇合口以上干流全长727km，流域面积4.12万km²，左江、右江汇合口以下称为郁江，流经南宁市、邕宁区、横县、贵港市后于桂平市注入浔江。郁江流域梯级开发示意如图1.1.1所示。

百色水利枢纽位于郁江上游百色市右江河段上，坝址以上集雨面积1.96万km²。

1.1.1.2　气象

右江流域地处低纬度，属于亚热带季风气候区，气候温和，是广西少雨区，流域多年平均降雨量为1200mm，各地降雨量一般多集中在汛期（5—10月），约占全年的65%，11月至次年4月为枯水期，降雨量在全年的20%以下。

百色水文站以上流域年蒸发量1370～1674mm。各地年平均气温在16.7～22.1℃之间，年内5—9月气温高。各气象站测得相对年平均湿度在76%～81%之间，百色水文站湿度以8月最大，达81%，3月最小，为71%。本区属季风区，夏季盛行偏南风，冬季盛行偏北风，月平均风速在0.8～2.7m/s之间，春季较大，秋季较小。

1.1.1.3　径流

百色坝址径流是以百色水文站1937年以来的实测径流资料为依据，考虑集水面积的差异及澄碧河水库调蓄的影响来推求坝址径流的。根据百色水文站实测径流与下游南宁水文站的长系列径流成果，分析论证了坝址径流系列代表性，推荐采用1946—1986年41年径流代表段系列作为坝址径流设计成果。多年平均流量263m³/s，多年平均径流总量为82.9亿m³。径流年内分配不均，汛期5—10月径流占全年径流的74.2%。

百色坝址年平均流量频率计算成果见表1.1.1。

表1.1.1　百色坝址年平均流量频率计算成果

项　目	系列/年	年平均流量/（m³/s）	C_v	C_s/C_v	流量/（m³/s）				
					10%	20%	50%	90%	95%
可行性研究	1937—1985（缺1944—1945）	264	0.35	2	387	337	253	155	135
初步设计	1937—1994（缺1944—1945）	257	0.35	2	377	328	246	151	129
初步设计重编长系列	1937—2000（缺1944—1945）	255	0.35	2	374	326	245	149	128
初步设计重编（推荐采用）	1946—1986	263	0.35	2	386	336	252	155	132
施工详图复核	1937—2002（缺1944—1945）	256	0.35	2	375	327	246	150	128

1.1.1.4　洪水

经对郁江流域左江、右江河段历史洪水调查，基本弄清郁江流域的历史洪水情况。右江历史洪水顺位为1713年、1880年、1913年、1937年、1915年、1926年。可行性研究阶段根据史料资料分析结果，1713年历史洪水是1628年以来的最大洪水，其重现期为362年，1880年大水为第二大洪水，重现期为181年。初步设计阶段，历史洪水重现期采用考证文献历史洪水排位法、分几个历史时期排位法和实际发生洪水年排位法等3种方法

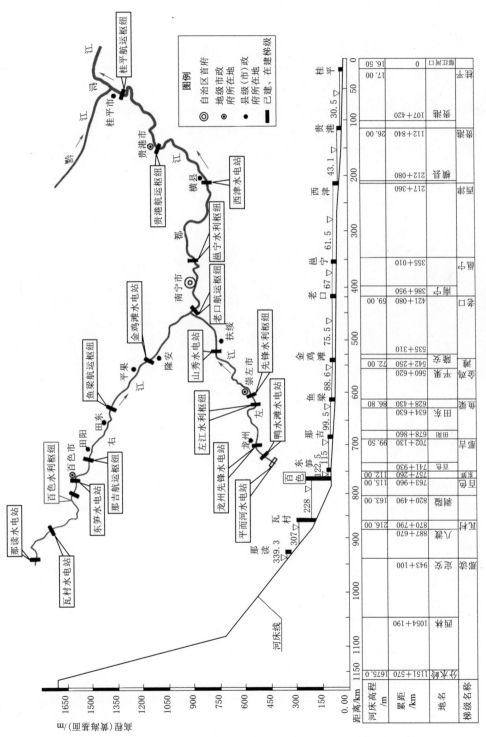

图1.1.1 郁江流域梯级开发示意图

进行了补充分析，认为 1880 年洪水与 1713 年是相同量级洪水，重现期采用 115～188 年，其余历史洪水重现期按 115 年以来的第二、第三、第四位洪水确定。坝址历史洪水成果详见表 1.1.2。坝址设计洪水频率计算成果见表 1.1.3。

表 1.1.2　　　　　　　　　　　坝址历史洪水成果

年份	1880	1913	1937	1915	1926	2001
洪峰流量/(m³/s)	11200	10200	9000	8700	8200	8190

表 1.1.3　　　　　　　　　　　坝址设计洪水频率计算成果

项目		系列	均值	C_v	C_s/C_v	频率 $P/\%$							
						0.01	0.02	0.1	0.2	1	2	5	10
可行性研究	$Q/(m^3/s)$	$N=362$,	3020	0.57	4	18200	16900	13800	12500	9460	8170	6480	5220
	$W_7/$亿 m^3	$n=51$,	9.82	0.42	3	36.8	34.8	30.0	27.9	23.0	20.8	17.7	15.3
	$W_{15}/$亿 m^3	$a=6$	16.8	0.42	3	63.2	59.7	51.5	47.9	39.4	35.6	30.4	26.3
初步设计重编（推荐）	$Q/(m^3/s)$	$N=121\sim192$,	3140	0.6	4	20200	18700	15200	13700	10300	8840	6930	5520
	$W_7/$亿 m^3	$n=62$,	9.79	0.45	3	39.6	37.3	31.9	29.6	24.1	21.6	18.3	15.7
	$W_{15}/$亿 m^3	$a=5$	16.74	0.45	3	67.6	63.7	54.6	50.6	41.2	37	31.3	26.8
施工详图	$Q/(m^3/s)$	$N=126\sim197$,	3060	0.65	4	—	20300	16300	14600	10800	9170	7060	5520
	$W_7/$亿 m^3	$n=67$,	9.73	0.47	3	—	39.7	33.8	31.2	25.1	22.4	18.8	156.0
	$W_{15}/$亿 m^3	$a=6$	16.5	0.47	3	—	65.8	56.1	51.9	41.9	37.5	31.5	26.9

1.1.1.5　坝址水位流量关系曲线

坝址下游约 23km 处有百色水文站，坝址河段于 1986 年设立了平圩水位站，1994 年 4 月在平圩水位站下游的船闸出口附近分别设立了乐屯水文站和七星滩水位站，1995 年 4 月又在百色坝址下游 350m 处设立平圩坝址临时水位站。

百色坝址水位-流量关系曲线主要是根据百色水文站观测资料、百色工程临时布设的水位站观测资料、坝址河段地形以及坝址河段历史调查洪水成果等资料进行综合分析推求，结果见表 1.1.4。

表 1.1.4　　　　　　　　　　　坝址水位-流量关系

水位 H（黄海高程）/m	119.8	120.0	120.5	121.0	121.5	122.0	123.0	124.0	125.0	126.0
流量 $Q/(m^3/s)$	30	62	163	305	475	665	1100	1590	2100	2650
水位 H（黄海高程）/m	127.0	128.0	129.0	130.0	131.0	132.0	133.0	134.0	135.0	137.0
流量 $Q/(m^3/s)$	3260	3920	4690	5570	6520	7540	8650	9860	11200	14450

由于 2001 年 7 月右江发生了中华人民共和国成立以来最大洪水，所以施工详图设计阶段又补充 2001—2002 年的实测资料，结合因施工影响坝区地形有所变化情况做进一步复核。由于受洪水涨落率及河道特性因素影响，百色河段每场洪水的水位-流量关系变化较大，根据工程安全设计需要，提出了坝址下游 350m 断面 H-Q 曲线的上包线、综合线、下包线，结果见表 1.1.5。

表 1.1.5　　　　百色坝址下游 350m 断面水位-流量关系结果（施工详图阶段）

水位 （黄海高程）/m	流量/（m³/s）			水位 （黄海高程）/m	流量/（m³/s）		
	上包线	综合线	下包线		上包线	综合线	下包线
119.50		18	40	126.00	1880	2180	2850
119.80	30	49	74	128.00	2900	3350	4200
120.00	56	75	105	130.00	4130	4750	5800
121.00	228	255	320	132.00	5700	6440	7730
122.00	457	510	670	134.00	7380	8380	9870
123.00	713	830	1130	136.00	9400	10800	12800
124.00	1035	1210	1650	138.00	12100	13870	

位于百色水利枢纽下游 12km 有东笋水电站，百色水库坝下水位受东笋水电站运行水位影响。2008 年，百色水库最大下泄流量 2100m³/s 时，坝下最高水位为 125.09m。

1.1.1.6　坝址泥沙

百色坝址多年平均悬移质含沙量为 0.616kg/m³，多年平均输沙量为 512 万 t，输沙量年内分配不匀，汛期（5—10 月）输沙量占全年 98.5%，实测最大月平均含沙量为 1.109kg/m³。根据库区来沙取样级配分析，悬移质平均粒径为 0.019mm，河床质（漫滩淤沙）平均粒径为 0.16mm。郁江流域水文站均没有推移质实测资料，为了推求百色坝址以上流域推移质输沙量，于 1994 年、1998 年和 1999 年在百色入库站和百色水文站采用坑测法和推移质采用器法进行了推移质输沙量观测，观测成果为 1.76~52.4t/a，分别占当年输沙量的 0.14%~11.2%，多年平均输沙量约为 35.3 万 t。

1.1.1.7　水情自动测报系统

1. 建设任务

百色水利枢纽水情自动测报系统的建设任务是：对流域内的水位、雨量等水情信息进行自动采集，将实时数据快速传输至中心站，经微机分析处理后存入数据库。水情信息要求在 10 分钟内收集完毕，包括数据处理和预报作业所需的总时间不超过 20 分钟，为工程管理及决策提供实时水情信息。

通过水情自动测报系统和水调决策支持系统，将百色水情自动测报系统信息采集后按水库调度自动化、综合管理自动化和信息化，建立百色水利枢纽优化调度和经济调度系统，实现科学决策和调度，减少不必要的弃水，有效利用水资源，增加发电效益，满足水利枢纽调度管理科学化、规范化的管理要求。

2. 系统规模

根据遥测站网布设原则，综合流域内地形地貌条件及原有水文站、雨量站分布情况进行遥测站网布设。系统建设规模 1∶46，即 1 个中心站、46 个遥测站（水文站 10 个、雨量站 36 个），全部采用北斗卫星通信，其中除坝上和坝下站外，8 个水文站采用有线电话数传网作为备份信道。

百色水利枢纽水情自动测报系统是广西第一个采用北斗卫星通信的水情测报系统，系统信道稳定，畅通率高，系统建成后为百色水利枢纽科学调度运行发挥了重要作用。在汛期，尤其是防汛应急、防洪调度决策方面，能够提供调度决策所必需的水情信息，充分发挥系统的作用。如实时监测库区降雨情况，为库区移民安置点及地质灾害隐患点的安全度汛提供实时降雨量信息，以便及时部署应对措施。

1.1.2　工程地质

1.1.2.1　地震

1. 地震活动性

右江断裂：西北起自隆林、经田林、百色、平果、隆安直抵南宁，往东南断续向合浦延伸。右江断裂带是一条长期活动的断裂带，新生代以来有明显的活动，主要标志有：沿断裂带形成串珠状的第三纪盆地；构造地貌显著，控制了百色以下右江河段和百色以上右江支流驮娘江和乐里河的发育，在很多地段形成平直狭长的断裂谷地、断层崖和断层三角面山等；在右江断裂带中取方解石 4 组做热释光和铀系法测年鉴定，得知断层在 22 万～35 万年前（相当于中更新世）有过强烈的活动；沿右江断裂带弱震及中强地震（小于 5.0 级）活动较频繁；沿右江断裂带自 1751 年以来，共记载 $4\frac{3}{4}$ 级以上的地震 3 次，最大为 1977 年 10 月 19 日平果的 5.0 级地震。1999 年 10 月，世界银行大坝安全评审团 DSRP《地震评估报告》认为"右江断裂是一条活动的走向滑移断裂，有发生大地震的可能，但属于弱活动性断裂（滑移速率 0.1～0.01mm/a），地震重现期将很长（从 1 万年到 10 万年以上）"。

八桂断裂：西北起自西林，经八桂直插百色，在百色盆地南侧断续出现，长约 75km。总体产状为 N40°～50°W，NE（或 SW）∠60°～85°，为高倾角的逆冲压扭断裂，断距 100～900m。破碎带宽数米至数十米，挤压影响带宽达 200m。沿断裂带自 1915 年以来，共记载 $4\frac{3}{4}$ 级以上地震 4 次，最大为 1962 年 4 月 20 日田林的 5.0 级地震。

F_4 断层展布于坡平顶背斜的北东翼，为坝址区内的主干断裂，从库内向坝下游延伸，至乐电被北东向断层错断，进入河床，全长 2.3km。断层走向为 N50°～60°W，倾向 NW、倾角 55°～65°，为压扭性逆冲断层。破碎带宽 16～29m，主要组成物为全强风化的块状岩、片状岩、糜棱岩、角砾岩及石英脉等，局部夹有断层泥，胶结程度稍差。通过热释光等测试结果表明，最晚一次活动至少在 25 万～30 万年以前，即 F_4 断层不是现代活动断裂，不具备发生地震的构造背景条件。

2. 地震动参数

本区处于桂西地震亚带较为稳定的部位，地震活动主要受邻区强烈地震活动的影响。经国家地震局烈度评审委员会审定，坝址枢纽区地震基本烈度为 7 度。中国水利水电科学研究院工程抗震研究中心完成的《广西壮族自治区百色水利枢纽坝区地震危险性概率分析报告》计算得到的坝址基岩峰值加速度见表 1.1.6、表 1.1.7。建议：大坝选用年超越概率 0.0001 相应的动峰值加速度为 0.202g；其他主要建筑物选用 P_{100}＝0.02 相应的加速度 0.175g；一般建筑物选用 P_{50}＝0.05 相应的动峰值加速度为 0.115g。设计加速度反应谱建议采用规范中给出的标准谱。

表 1.1.6　　　　　　百色坝址基岩峰值加速度计算结果（年限 1 年）

超 越 概 率			0.02	0.01	0.005	0.002	0.001	0.0005	0.0002	0.0001
峰值加速度 /g	1 年	未校正	0.035	0.051	0.067	0.088	0.108	0.131	0.161	0.186
		已校正 $\sigma=0.212$	0.036	0.052	0.069	0.094	0.116	0.140	0.175	0.202

表 1.1.7　　　　　　百色坝址基岩峰值加速度计算结果（其他年限）

超 越 概 率			0.1	0.05	0.02	0.01	0.005	0.002	0.001	0.0005
已校正 $\sigma=0.212$	50 年	AP/g	0.092	0.115	0.148	0.175	0.202	0.236	0.260	0.283
		$T/$年	475	975	2475	4975	9975	24975	49975	99975
	100 年	AP/g	0.114	0.139	0.175	0.201	0.228	0.260	0.283	0.305
		$T/$年	949	1950	4950	9950	19950	49950	99950	199950
	200 年	AP/g	0.138	0.165	0.201	0.227	0.252	0.283	0.305	0.326
		$T/$年	1898	3899	9900	19900	39900	99900	199900	399900
	500 年	AP/g	0.173	0.201	0.235	0.260	0.283	0.312	0.333	0.352
		$T/$年	4746	9748	24749	49750	99750	249750	499750	999750

注　AP 为峰值加速度，T 为重现值（年）。

3. 地震台网设计

水利水电建设史表明，高坝大库建成后有可能影响库区及其周边的地震活动性，甚至诱发中强以上破坏性地震。许多强度较低的诱发地震虽然不一定会造成水工建筑和发电设施的破坏，但它会影响库区周边社会的安定和引起下游居民的恐慌，进而影响社会稳定、工程施工和安全营运。考虑到区域构造背景和水库容量为 56.6 亿 m³，水库消落水深达 25m，库岸又有灰岩分布，建设百色水利枢纽遥测地震台网，对水库区地震情况进行监测仍然十分必要。

百色水利枢纽遥测地震台网由 5 个高灵敏台站、1 个信号中继站兼子台和 1 个台网中心组成，台网采用数字无线遥测方式进行组网，网径东西约 22km，南北约 20km。中继站兼子台设在百林村后山上，台网中心设在百色水利枢纽综合管理大楼内。台网在坝区和库首部分库段有效地震监测下限可达 $M_L0.4$ 级；$M_L0.5$ 级地震的监控范围包容了整个拟定的重点监测区；在重点监测区周围约 15km 范围内，有效地震监测下限也可达到 0.6～1.0 级；距库区较近的八桂断裂和右江断裂带的地震监测能力可达到 0.5～1.5 级。

1.1.2.2　水库地质条件

水库坐落在云贵高原与广西盆地之间的斜坡地段内，两岸山峰高程多为 600.00～800.00m，山体尚属雄厚。但近坝东侧、银屯沟和香屯沟等 3 处存在地形垭口，高程分别为 210.00m、197.70m 和 216.00m，需布置挡水建筑物封闭上述地形缺口。

库区地层岩性主要有三叠系中下统砂岩、泥岩，分布面积占 60% 以上；其次为二叠系、石炭系灰岩、硅质岩和泥岩以及泥盆系的砂岩、泥岩、硅质岩和华力西期的辉绿岩等。库盆多由砂岩、泥岩所封闭，局部地段为灰岩库岸。上述地层岩性的空间展布，主要受北西向的坡平顶背斜、六谷坡向斜、银屯背斜的控制。库内不同程度地接触到右江、八桂、F_{41}、F_4、F_2等断层。库区泉水出露较多，高程多在250.00m以上，汇入库内。

1.1.2.3　主坝枢纽区地质条件

1. 地形地貌

坝址河段为较平直的开阔V形斜向谷，河水自北向南流。平水期水面119.50m高程时，河道宽45～110m，水深0～12m。河床地形凹凸不平，表部砂卵砾石层厚度为0～15.64m，基岩顶板高程100.00～120.00m。两岸谷坡由辉绿岩（$\beta_{\mu 4}$）及外侧各岩层构成，山体走向受岩层走向控制，呈不对称状，左岸近东西向，右岸为N42°W向。两岸岸坡左陡右缓，坡度分别为28°～32°和14°～20°。左岸山体相对较完整，仅在坝肩山梁上下游各发育一条冲沟，即坝线沟和左Ⅴ号沟，切割深度为20～25m；右岸坝线下游有右Ⅳ号沟深切，形成三面临空的右坝肩山梁，临沟坡坡度达35°～40°。两岸残坡积层厚度一般为0.5～7m，局部为9～11m。

2. 地层岩性

坝址地层主要有泥盆系中、上统的罗富组（$D_2 l$）及榴江组（$D_3 l$），石炭系、二叠系、三叠系下统、第四系和华力西期的辉绿岩，详见表1.1.8及图1.1.2。

表1.1.8　　　　　　　　　　　　　坝址岩层简表

地层名称	岩层代号	厚度/m	主要岩性及特征
三叠系	T_1	>15	中厚层状泥岩、钙质泥岩和粉砂质泥岩夹少量灰岩、泥灰岩和粉砂岩
二叠系	P_2	>100	上部为中厚层状粉砂质泥岩、硅质泥岩，中部为薄状层泥岩硅质泥岩，下部为薄层状钙质泥岩、厚层状硅质泥岩
	$P_1 m$	32～67	上部为砾状灰岩、硅质灰岩，中下部为硅质粒屑灰岩
	$P_1 q$	40	薄层状含锰灰岩夹硅质岩及含锰硅质灰岩
石炭系	C_3	32～40	中厚层状灰岩、硅质灰岩夹硅质条带
	C_2	30～64	薄层（局部中厚层）状灰岩、硅质灰岩夹硅质条带
	C_1	56～80	薄层硅质岩夹薄层硅质灰岩
泥盆系	$D_3 l^{10}$	13～17	深灰色薄～中厚层状硅质岩
	$D_3 l^9$	27～43	上部为黑色薄～极薄层状硅质岩夹极薄层状炭质泥岩，下部为黑色薄～中厚层状碳酸盐化生物碎屑硅质岩夹极薄层硅质岩、炭质泥岩
	$D_3 l^{8-2}$	50～55	上部为薄～极薄层状硅质岩、含炭硅质岩、硅质泥岩夹薄～中厚层白云质灰岩，下部为薄层状硅质岩夹薄～极薄层含炭硅质岩、硅质泥岩
	$D_3 l^{8-1}$	28	灰黑色薄～极薄层状硅质岩
	$D_3 l^{7-2}$	28	青灰色薄～中厚层状泥岩，局部为钙质泥岩
	$D_3 l^{7-1}$	32	青灰色中厚层状泥岩与黑褐色含铁锰泥岩（风化色）互层，其上部夹2～3m厚薄层状硅质岩
	$D_3 l^6$	13～36	青灰～灰白色薄～中厚层状硅质灰岩，含硅质粉晶灰岩
	$D_3 l^5$	2～7	青灰色薄～中厚层状硅质泥岩、含锰钙质泥岩
	$D_3 l^4$	8～13	灰黑色薄～中厚层状含黄铁矿硅质岩，局部有小孔洞发育
	$D_3 l^3$	20～23	灰黑色薄～中厚层状含黄铁矿硅质岩，局部有小孔洞发育

续表

地层名称	岩层代号	厚度/m	主 要 岩 性 及 特 征
泥盆系	D_3l^{2-2}	7～10	薄～中厚层状含黄铁矿晶体硅质泥岩，强～弱风化岩体孔洞发育（左岸较右岸发育）
	$D_3l^{2-1(2)}$	6～13	薄～中厚层状含黄铁矿晶体硅质泥岩夹薄～极薄层状含粉砂含钙质泥岩、硅质岩
	$D_3l^{2-1(1)}$	0.6～3.8	灰黑色薄～极薄层状硅质岩
	D_3l^{1-4}	6～10	灰黑色薄～中厚层状含炭泥岩、泥岩夹深灰色薄～中厚层状硅质灰岩
	D_3l^{1-3}	8～17	灰～灰黑色薄层状为主硅质泥岩、泥岩夹极薄层状含炭硅质岩
	D_3l^{1-2}	28～33	褐黄色、紫红色薄～中厚层状粉砂质泥岩夹灰黑色薄层状含炭泥岩
	D_3l^{1-1}	30～40	灰黑色薄层状含炭泥岩夹灰色极薄层状硅质泥岩、硅质岩、薄层含钙泥质砂岩，顶部有2～3m厚的极薄层含炭硅质岩
	D_2l^2	26～60	顶部为中厚～厚层状石英砂岩夹薄层状炭质泥岩，下部为浅灰色～肉红色厚～巨厚层状石英砂岩、硅化石英砂岩及灰白色砂岩
	D_2l^1	80	灰～青灰色钙质泥岩、砂岩夹薄层状灰岩、泥质灰岩

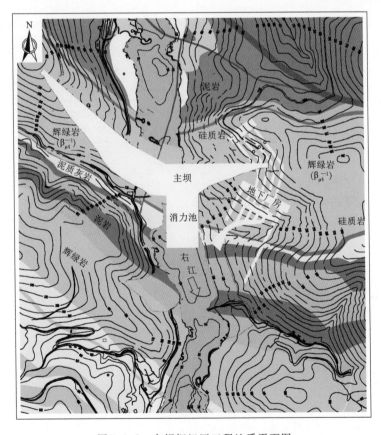

图 1.1.2 主坝枢纽区工程地质平面图

坝区出露的辉绿岩体，规模较大的有 5 条（$\beta_{\mu4}^{-1} \sim \beta_{\mu4}^{-5}$），分布于泥盆系、石炭系及二叠系地层内，大部分与围岩平行展布，少部分与围岩斜交，均与围岩产生同步褶皱。

主坝枢纽区建筑物主要坐落在辉绿岩（$\beta_{\mu4}$）和泥盆系上统地层内，其涉及岩层按岩性和工程特性可分为三个工程地质岩组：①坚硬的辉绿岩组 $\beta_{\mu4}$；②中等坚硬～坚硬的硅质岩、灰岩、泥质灰岩组，包括 $D_3 l^3$、$D_3 l^4$、$D_3 l^6$ 和 $D_3 l^{8-1}$，共 4 层；③软弱的泥岩类岩组，包括 $D_3 l^{2-1(2)}$、$D_3 l^{2-2}$、$D_3 l^5$、$D_3 l^{7-1}$、$D_3 l^{7-2}$ 和 $D_3 l^{8-2}$，共 6 层。

3. 地质构造

坝址位于坡平顶背斜南西翼（下游）和 F_4 断层下游（上盘）。岩层产状较为稳定，为 $N50° \sim 70°W$，$SW \angle 38° \sim 60°$，走向与河流呈 $55° \sim 65°$ 交角，倾向下游偏右岸。

（1）断层。根据前期勘察资料和施工开挖后的实际情况，共发现大小断层（包括层间挤压带）30 条，其中主要断层的特征详见表 1.1.9。

表 1.1.9 坝址主要断层的特征

断层编号	产状	破碎带宽/m	影响带宽/m	断层性质	充填物特征
F_4	$N35° \sim 60°W$，$SW \angle 60°$	$16.00 \sim 20.00$	$30.0 \sim 50.0$	压扭	角砾岩、糜棱岩、断层泥、构造片状岩、碎块岩及挤压破碎石英脉
F_6	$N14° \sim 20°E$，$SE \angle 70° \sim 85°$	$2.00 \sim 4.00$		张扭	辉绿岩部位钻孔心为灰白色粉状砂粒状岩屑及岩块，个别钻孔有棕褐色断层泥。岩矿鉴定表明，灰白色砂粒状物质为斜黝帘石
F_7	$N30°E$，$NW \angle 85°$	0.80		张扭	辉绿岩破碎角砾，方解石脉网状充填，沿断层带局部有孔洞发育
F_9	$N50°W$，$SW \angle 55° \sim 60°$	1.50	$2.0 \sim 4.0$	压	充填糜棱状岩屑及挤压透镜体
F_{10}	$N58°W$，$SW \angle 65°$	$0.60 \sim 1.40$		压扭	充填角砾及砂状泥质物，松软
F_{11}	$N50°W$，$SW \angle 55°$	$1.50 \sim 2.00$		压扭	充填角砾及砂状泥质物，松软
F_{15}	$N38°E$，$NW \angle 60° \sim 70°$	$0.20 \sim 0.25$	$0.3 \sim 0.4$	张	充填铁质淋滤透镜体、角砾碎块和铁锰质风化物、泥膜等。低速带宽 9.5m，$V_p = 3360$m/s（两侧 $V_p = 4657 \sim 5700$m/s）
F_{16}	$N40°E$，$NW \angle 85°$	$0.10 \sim 0.40$	3.5	张	充填围岩碎屑及褐黄色黏土，影响带宽 $V_p = 1800$m/s（两侧 $V_p = 4770 \sim 5930$m/s）
F_{20}	$N50° \sim 67°W$，$SW \angle 70°$	1.60		压扭	层间挤压破碎，带内组成物为围岩碎块、泥质，松散
F_{28}	$N38° \sim 40°W$，$SW \angle 57° \sim 63°$	$0.50 \sim 1.00$	$1.0 \sim 3.0$	压扭	断层糜棱状角砾夹硅质岩或辉绿岩碎块及断层泥、黄色砂质黏土
F_{45}	$N25° \sim 30°E$，$NW \angle 75° \sim 85°$	$0.20 \sim 0.35$	2.0	张扭	破碎角砾、糜棱岩、褐黄色泥质、铁锰质等，胶结差，易崩解。影响带宽 $V_p = 2000$m/s（两侧岩体 $V_p = 3230 \sim 5450$m/s）

续表

断层编号	产 状	破碎带宽 /m	影响带宽 /m	断层性质	充填物特征
F_{46}	N25°~30°E，SE∠55°~65°	0.50~4.00		张扭	主要为蚀变辉绿岩，呈黄色、灰白色，强度极低，下游段大部分充填方解石脉，方解石脉与两侧辉绿岩之间夹灰白色蚀变辉绿岩
F_{47}	N30°E，SE∠80°	0.35		张扭	糜棱岩，含少量泥

（2）节理裂隙。坝区岩体节理裂隙发育，一般短小而相对密集。根据地面和平硐统计，坝区节理裂隙按发育程度可分为四组，详见表1.1.10。

表 1.1.10　　　　　　　　　坝区节理裂隙特征

组 别		产 状	地 质 特 征
Ⅰ		N60°~75°W，SW∠45°~65°	沉积岩中以层面裂隙或泥化夹层为主。裂隙平直光滑，层面裂隙多闭合或稍张，泥化夹层宽0.2~8cm，裂隙产状较为稳定，倾角多在50°~60°；辉绿岩则表现为似层面节理裂隙，规模较大，但多被走向为NE的裂隙切割，延伸长度一般5~8m，最长12~15m，裂隙平直粗糙，多数充填1~2cm厚的岩屑或方解石、石英等，少数闭合
Ⅱ	Ⅱ₁	N20°~70°E，NW∠40°~85°	延伸长一般5~10m，少数15~20m。裂面平直粗糙，多数充填全蚀变石榴石矽卡岩，少数充填岩屑
	Ⅱ₂	N30°~60°E，NW∠15°~30°	延伸长一般3~5m，少数8~15m。裂面平直粗糙，多数充填方解石脉，少数充填岩屑或绿泥石
Ⅲ		N0°~30°E，SE∠50°~85°	延伸长一般3~5m，少数8~15m。裂面平直粗糙，多数充填全蚀变石榴石矽卡岩，少数充填岩屑
Ⅳ		N30°~60°W，NE∠15°~60°	延伸长度一般3~5m，少数10~20m。裂面平直光滑，多数充填方解石脉，少数充填岩屑或绿泥石

（3）辉绿岩接触蚀变带。辉绿岩与围岩接触面蚀变严重，风化强烈，岩体破碎，形成具有一定规模的软弱层带。该带又可细分为内蚀变带、接触带和外蚀变带，统称为接触蚀变带。

4. 岩体风化

坝区岩体风化受岩性、构造、地下水和地形控制，具有以下几个特点：

（1）辉绿岩全强风化带存在球状风化现象；一般地形较缓部位岩体风化深，地形较陡部位岩体风化浅。

（2）辉绿岩两侧硅质岩（D_3l^3 和 D_3l^4）、泥岩（D_3l^{2-2}）的强、弱风化带内普遍发育小孔洞，沿层面呈串珠状分布。

（3）D_3l^5 和 D_3l^7 中夹铁锰泥岩，风化普遍较深，多呈黑褐色夹层状产出。

（4）坚硬完整的辉绿岩抗风化能力强，风化埋深浅；完整性差的坚硬硅质岩及软弱的泥岩类岩石抗风化能力弱，风化埋深大。

5. 水文地质条件

(1) 地下水类型和埋藏条件。坝址岩层的含水类型,除 D_3l^{2-2}、D_3l^3 的部分风化层为孔隙潜水外,其余均为裂隙潜水,水量不甚丰富。在坝基河床段,地下水在辉绿岩下部的硅质岩部位具有承压现象,如前期勘探孔 ZK203 号孔 20.45~21.15m 段有承压水活动迹象(电视录像发现有气泡),在帷幕灌浆孔中也发现有类似现象,主要原因是坝基上部辉绿岩透水性弱,而下部的硅质岩透水性强所致。

勘探资料表明,本区地下水受大气降水补给,向右江顺层排泄;地下水主要沿层面及裂隙活动。沉积岩中地下水流向与岩层走向基本一致,层与层之间的水力联系除 D_3l^{2-2} 和 D_3l^3 的风化层较为畅通外,其余均较弱。辉绿岩中地下水主要沿北西向裂隙(似层面)向河床排泄。

(2) 地下水洼槽。钻孔资料显示,坝址存在两条地下水洼槽:①辉绿岩($\beta_{\mu4}^{-1}$)岩体上游的 D_3l^{2-2} 及 D_3l^3 层;②下游的 D_3l^4~D_3l^8 层。其地下水位在距河边 80~120m 范围内仍与河水持平。如左岸 ZK236 号孔(距河边 190m)揭示的 D_3l^3 层地下水坡降仅为 1.0%,右Ⅳ号沟 ZK36 号孔(距河边 340m)揭示的 D_3l^6 层地下水坡降为 1.5%。而作为两洼槽分水岭的辉绿岩体,因地下水活动主要受裂隙组合控制,故在平行河流的断面上存在地下水体的"悬挂"现象,如 ZK236 号孔,在未钻穿辉绿岩体前,孔内水位基本稳定在 191.9m 处;钻穿辉绿岩进入硅质岩后水位迅速下降,最终稳定在 121.42m 处。两岸其他钻穿辉绿岩体的钻孔,只要是上覆辉绿岩体较完整而下伏的蚀变带、硅质岩为强弱风化且透水性较强的,均存类似现象。

(3) 岩石的透水性。根据前期勘探孔压水试验、注水试验及现场开挖后的实际地质情况可以看出,坝基辉绿岩体以弱~微透水性为主,其他沉积岩大部分属弱~中等透水性,局部属强透水性。

(4) 地表水、地下水类型及腐蚀性评价。

河水:丰水期化学类型为 $HCO_3 \cdot Cl - Ca \cdot Mg$ 型水,平水期化学类型为 $HCO_3 \cdot SO_4 - Ca \cdot Mg$ 型水。

辉绿岩体中的地下水:丰水期化学类型为 $HCO_3 \cdot Cl - Ca \cdot Mg$ 型水,平水期化学类型为 $HCO_3 \cdot SO_4 - Ca \cdot Mg$ 型水。

D_3l^1~D_3l^3 层中的地下水:丰水期与平水期化学类型均为 $HCO_3 \cdot SO_4 - Ca \cdot Mg$ 型水。

根据《水利水电工程地质勘察规范》(GB 50287—99)评价标准,河水、辉绿岩和 D_3l^{2-2}~D_3l^3 岩层中的地下水对混凝土无腐蚀性;D_3l^1~$D_3l^{2-1(2)}$ 层的地下水 SO_4^{2-} 离子含量为 396.5mg/L,对普通水泥有弱结晶类腐蚀。

6. 岩体物理力学性质

从前期勘察到施工图阶段,主坝区累计完成的室内外岩石(体)试验有:室内岩石物理力学性质试验 113 组,野外混凝土/岩石的抗剪断试验 15 组,岩体抗剪断试验 2 组,岩体结构面抗剪断试验 5 组,原位变形试验 66 点,载荷试验 14 组。这些试验按不同的目的,以不同的组数分布在 17 层不同性状的岩体和两条蚀变带内。$\beta_{\mu4}^{-1}$ 辉绿岩是大坝持力岩体和地下厂房工程岩体,是试验研究的重点。通过统计分析,主坝区各类岩石(体)物理力学参数建议值见表 1.1.11。

表1.1.11　　主坝区各类岩石（体）物理力学参数建议值

序号	岩层代号	风化程度	容重 γ/(g/cm³)	泊松比 μ	静弹性模量 E/GPa	变形模量 E_0/GPa	饱和抗压强度 R_b/MPa	软化系数 KR	抗剪（混凝土/岩） f	抗剪（混凝土/岩） c	抗剪断（混凝土/岩） f'	抗剪断（混凝土/岩） c'/MPa	抗剪（岩/岩） f	抗剪（岩/岩） c	抗剪断（岩/岩） f'	抗剪断（岩/岩） c'/MPa
1	$\beta_{\mu4}^{-1}$ $\beta_{\mu4}^{-2}$	强风化	2.4	0.32	2.0~8.0	1.50~3.00	15~30					0.35~0.45			0.60~0.70	0.35~0.50
		弱风化	2.4~2.6	0.28	12.0~16.0	5.00~8.00	30~120	0.92	0.70		0.80~1.00	0.70~0.90	0.80		0.80~1.00	0.80~1.00
		微～新鲜	2.8~3.0	0.25~0.26	14.0~38.0	6.00~24.00	60~180	0.99	1.00		1.00~1.20	0.90~1.00	1.00		1.10~1.20	1.00~2.00
2	D_3l^3 D_3l^4 D_3l^{10}	强风化	2.0~2.4	0.35	1.0~2.0	0.10~0.60			0.40		0.40~0.55	0.10~0.20	0.40		0.40~0.55	0.10~0.20
		弱风化	2.5	0.32	3.0~6.0	2.00~4.00	30~60	0.60	0.60		0.72	0.30~0.36	0.60		0.75	0.30~0.50
		微风化	2.5~2.6	0.26~0.30	12.0~16.0	5.00~8.00	60~80	0.80	0.75		0.75~0.85	0.40~0.50	0.75		0.75~0.85	0.60~1.00
3	D_3l^6	强风化	2.0~2.1	0.35	1.0~1.5	0.50	5~15		0.40		0.40~0.50	0.10~0.15	0.40		0.40~0.50	0.10~0.15
		弱风化	2.4~2.6	0.32	5.0~7.0	2.00~4.00	20~30	0.52	0.50		0.60	0.30~0.40	0.50		0.60	0.30~0.40
		微风化	2.4~2.6	0.28	8.0~10.0	4.00~7.00	40~50		0.65		0.80	0.40~0.50	0.65~0.70		0.80	0.40~0.60

续表

序号	岩层代号	风化程度	容重 γ/(g/cm³)	泊松比 μ	静弹性模量 E/GPa	变形模量 E_0/GPa	饱和抗压强度 R_b/MPa	软化系数 KR	抗剪（混凝土/岩）f	抗剪（混凝土/岩）c	抗剪断（混凝土/岩）f'	抗剪断（混凝土/岩）c'/MPa	抗剪（岩/岩）f	抗剪（岩/岩）c	抗剪断（岩/岩）f'	抗剪断（岩/岩）c'/MPa
4	D_3l^{2-2}	强风化	1.3~1.7	0.40	0.6	0.20	3~8				0.30~0.50	0.05~0.10			0.40	0.05~0.15
		弱风化	1.9	0.35	1.0	0.65	10~15	0.40			0.50~0.65	0.14~0.20			0.50~0.65	0.15~0.20
		微风化	2.4	0.28~0.30	4.0~6.0	3.00~4.00	30~40		0.60		0.65~0.75	0.20~0.40	0.50		0.65~0.75	0.30~0.40
5	D_3l^{1-1} D_3l^{1-3} D_3l^5 D_3l^{7-1} D_3l^{8-1} D_3l^9	强风化	1.3~1.7	0.40	0.1~1.0	0.05~0.35	3~8	0.20	0.30~0.40		0.30~0.50	0.05~0.15	0.30~0.50		0.30~0.50	0.05~0.15
		弱风化	2.2~2.4	0.32~0.40	1.0~3.0	0.30~1.50	5~15	0.40	0.45~0.50		0.45~0.60	0.20	0.50~0.60		0.50~0.60	0.20
		微风化	2.4	0.28~0.40	1.2~6.0	1.50~4.00	20~40		0.50		0.45~0.60	0.20~0.30	0.50		0.50~0.80	0.20~0.40
6	D_3l^{1-2} D_3l^{1-4} D_3l^{2-1} D_3l^{7-2} D_3l^{8-2}	强风化	1.3~1.7	0.40	0.1~1.0	0.05~0.35	3~8	0.20	0.30~0.40		0.35~0.50	0.05~0.15	0.30~0.50		0.30~0.50	0.05~0.15
		弱风化	2.4~2.5	0.30~0.32	2.0~4.0	0.60~2.00	10~20	0.40~0.45	0.50~0.55		0.55~0.60	0.20~0.40	0.55~0.60		0.55~0.60	0.20~0.40
		微风化	2.5	0.28~0.30	4.0~8.0	2.00~6.00	30~40		0.60		0.65~0.75	0.20~0.40	0.50		0.65~0.75	0.30~0.40

7. 坝基辉绿岩接触蚀变带工程地质

坝基辉绿岩与两侧岩体的接触面是坝址区Ⅱ级结构面，属于不同工程地质特性岩体的分界面。接触面两侧一定范围内岩体蚀变明显，风化较强烈，岩体较破碎，形成了具有一定规模的软弱层带，简称接触蚀变。接触蚀变带可细分为内蚀变带、接触带和外蚀变带。与主坝关系密切的接触蚀变带有2条，即S_1、S_2。坝址河床地质纵剖面如图1.1.3所示。

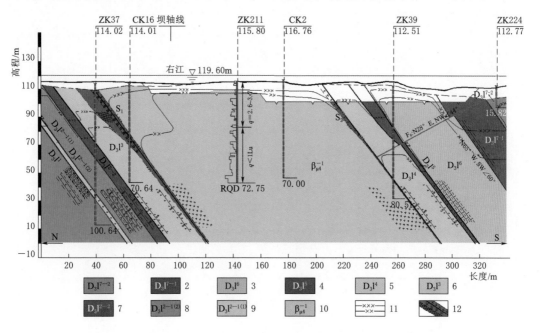

图 1.1.3　坝址河床地质纵剖面图

1—泥岩，局部为钙质泥岩；2—泥岩与含铁锰质泥岩互层；3—泥质灰岩；4—硅质岩；5—含黄铁矿
硅质岩；6—含黄铁矿硅质岩；7—含黄铁矿晶体硅质泥岩；8—含黄铁矿晶体硅质泥岩；
9—硅质岩；10—辉绿岩；11—上. 强风化下限，下. 弱风化下限；12—接触蚀变带

S_1：即辉绿岩（$\beta_{\mu4}^{-1}$）下盘（上游）接触蚀变带，位于辉绿岩的底边界。内蚀变带宽一般为0.5～3m，局部4～6m，岩石颜色变浅、大理岩化，为变余辉绿结构或他形粒状结构，矿物成分以方解石为主，占74％～79％；接触带一般表现为裂隙状或挤压带，宽一般为1～5cm，局部10～20cm，充填物为泥夹岩屑或石英脉；外蚀变带主要表现在硅质岩的矽卡岩化，经热液变质作用后，整体性状变好。

S_2：即辉绿岩上盘（下游）接触蚀变带，位于辉绿岩的顶边界。S_2具有微切层现象，内蚀变带明显，其特征与S_1基本相同，外蚀变带不明显。S_2内蚀变带风化较强烈，一般在110.00m高程以上和距岸边200m范围内，全强风化带宽度0.5～6m。随着高程的降低或埋深的增加，其性状逐渐变好。

坝区对接触蚀变带一共进行了9点变形试验，其中接触带（全～强风化辉绿岩）3点、内蚀变带（弱～微风化辉绿岩）3点、外蚀变带3点。采用试验与工程类比相结合的方法，得出辉绿岩接触蚀变带岩石（岩体）主要物理力学参数，见表1.1.12。试验结果表明，通过对接触蚀变带进行灌浆处理，提高岩体的纵波速度和减少岩体的透水性效果较为明显。

表 1.1.12　辉绿岩接触蚀变带岩石（岩体）物理力学参数建议

抗剪强度

序号	岩层代号	风化程度	容重 γ /(g/cm³)	泊松比 μ	静弹性模量 E /GPa	变形模量 E_0 /GPa	饱和抗压强度 R_b /MPa	软化系数 KR	抗剪（混凝土/岩）f	抗剪断（混凝土/岩）f'	（混凝土/岩）c'/MPa	抗剪（岩/岩）f	（岩/岩）c/MPa	抗剪断（岩/岩）f'	（岩/岩）c'/MPa
1	外蚀变低速带	强风化	2.2	0.40	1～3	0.50～1.50								0.40～0.50	0.10～0.20
		弱风化	2.4	0.32	2～4	1.50～2.00	30					0.50		0.50	0.10～0.20
2	外蚀变重结晶带	强风化	2.2	0.40	1～3	0.50～1.50				0.50～0.55	0.1～0.2			0.40～0.50	0.10～0.20
		弱风化	2.5	0.30～0.32	4～7	2.50～5.00				0.50～0.55	0.1～0.2	0.65		0.65～0.70	0.40～0.60
		微风化		0.40	12～16	6.00～8.00						0.90		0.90	0.80～1.00
3	内蚀变带	强风化		0.35	0.13	0.04						0.25～0.30			
		弱风化		0.35	6～13	4.00～6.00				0.60～0.70	0.4	0.40			
		微风化	2.4～2.6	0.28	12～14	6.00～8.00	80			0.70～0.80	0.6	0.80		0.80～0.85	0.80～1.00
4	断层及节理密集带，$D_3l^{2-1(1)}$		2.0～2.6	0.38～0.40	1～4	0.50～2.00	2～10	0.20				0.40～0.45		0.40～0.45	0.05～0.10

8. F₆ 断层工程地质

F₆ 断层属于坝区 I 级结构面，是切割坝基的北东向断层中规模最大、性状较差的断层，其破坏了坝基岩体的整体性，对坝基变形、渗透稳定及大坝抗滑稳定存在较大影响。F₆ 断层出露于河床，呈深槽状延伸，切断了整条辉绿岩，出露长度约 200m；断层走向 N10°～20°E，倾向南东，倾角 70°～80°；F₆ 断层为张扭性右行平移断层，辉绿岩（$\beta_{\mu4}^{-1}$）上游边界被错位 12m，下游边界被错位 7～8m。

辉绿岩体中上游部位断层破碎带宽度为 2～4m，中下游部位断层破碎带宽度为 0.6～1.4m。

辉绿岩部位破碎带组成物质主要为灰白色、褐黄色粉状、砂粒状岩屑及岩块，或蚀变全、强风化辉绿岩，局部为断层泥或糜棱岩夹岩石碎块。断层两侧影响带裂隙发育，岩体破碎，局部地段夹有蚀变风化岩条带，宽度一般为 1～2m，局部 2～4m。断层带与上、下游接触蚀变带交汇处破碎带和影响带宽达 4～8m。F₆ 断层平面如图 1.1.4 所示。

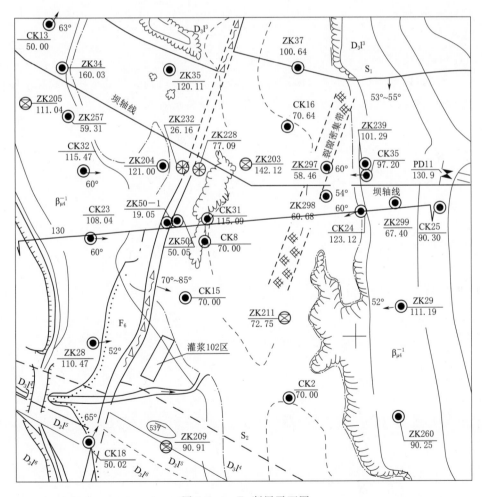

图 1.1.4　F₆ 断层平面图

断层带的完整性及透水性：据钻孔声波测试及压水试验成果分析，F_6 断层破碎带在 80.00m 高程以上纵波速度 $V_p = 1400 \sim 2500$m/s，透水率一般为 $5 \sim 10$Lu；在 80.00m 高程以下纵波速度 $V_p = 2500 \sim 3000$m/s，透水率一般为 $1 \sim 5$Lu。上盘影响带的纵波速度一般为 $V_p = 2500 \sim 3500$m/s，透水率一般为 $10 \sim 37$Lu；下盘影响带的纵波速度一般为 $V_p = 3000 \sim 4000$m/s，透水率一般为 $1 \sim 10$Lu。

断层带的变形特性及强度特性：根据 F_6 断层破碎带的性状和岩体纵波速度，对照坝区岩石（岩体）试验成果和工程类比，断层破碎带的主要力学参数建议值：80.00m 高程以上 $E_0 = 0.5 \sim 1.0$GPa，80.00m 高程以下 $E_0 = 1.5 \sim 2.0$GPa，$f' = 0.4 \sim 0.45$　$c' = 0.05 \sim 0.1$MPa。

断层泥的渗透稳定性：断层带主要由灰、黄色断层泥，蚀变辉绿岩，糜棱岩夹辉绿岩等岩块组成。开挖后在坝基辉绿岩断层带的上游、中间、下游各取一组样进行颗粒分析及渗透变形试验。颗分显示：断层带土样砾粒（> 2mm）含量为 $27.7\% \sim 66.0\%$，砂粒（$2 \sim 0.075$mm）含量为 $24.9\% \sim 37.2\%$，细粒（< 0.075mm）含量 $9.1\% \sim 35.1\%$。渗透变形试验采用水头饱和法，三组试验样均为流土破坏，破坏比降 $6.19 \sim 11.0$。允许渗透比降（安全系数取 2.5）为 $2.5 \sim 4.4$。

9. 各坝块岩体工程地质分类及地质参数

施工详图阶段各坝块的坝基岩体工程地质类别与原地质判断的基本一致或好于原地质划分的类别，各坝块岩体工程地质分类及地质参数建议见表 1.1.13。

表 1.1.13　　　　　各坝块岩体工程地质分类及地质参数建议

坝块		建基面高程/m	地 质 条 件	岩体工程地质分类	参数建议值（混凝土/岩石）
1	1A	208.00~234.00	弱风化辉绿岩中上部、强风化岩体中下部，RQD<20%，$V_p = 3.0 \sim 4.0$km/s	$B Ⅲ \sim C Ⅳ_1$	$f' = 0.7 \sim 0.9$ $c' = 0.45 \sim 0.7$MPa $E_0 = 2 \sim 7.0$GPa
	1B	192.00~209.50	弱风化辉绿岩中上部，RQD=20%~30%，$V_p = 3.5 \sim 4.0$km/s	$B Ⅲ$	$f' = 0.9$ $c' = 0.7$MPa $E_0 = 5 \sim 7$GPa
2	2A	177.00~196.00	弱、微风化辉绿岩，RQD=30%~40%，$V_p = 4.0 \sim 5.0$km/s	$A Ⅲ_1$	$f' = 1.0$ $c' = 0.9$MPa $E_0 = 8 \sim 14$GPa
	2B	162.00~181.50			
3	3A	147.00~169.00	以微风化辉绿岩为主，局部为弱风化辉绿岩，RQD=30%~40%，$V_p = 4.5 \sim 5.5$km/s	$A Ⅱ$	$f' = 1.1$ $c' = 1.0$MPa $E_0 = 16 \sim 22$GPa
	3B	129.00~156.00	微风化辉绿岩中上部，RQD=40%~60%，$V_p = 5 \sim 5.5$km/s	$A Ⅱ$	$f' = 1.1$ $c' = 1.0$MPa $E_0 = 16 \sim 22$GPa

坝块		建基面高程/m	地　质　条　件	岩体工程地质分类	参数建议值（混凝土/岩石）
4	4A	110.00～129.00	以微风化辉绿岩为主，局部为弱风化辉绿岩，RQD=30%～60%，V_p=4.5～5.5km/s	A II	f'=1.1 c'=1.0MPa E_0=16～22GPa
	4B	107.00～110.00			
5		104.00	弱、微风化辉绿岩，RQD=17%～55%，V_p=3.8～5.5km/s。6A坝块中的F_6断层带宽3～5m，V_p=1.5～2.0km/s	A III_2 F_6 断层带为 V	f'=1.0、c'=0.8MPa E_0=7～8GPa F_6 断层带： f'=0.5、c'=0.2MPa E_0=1.0GPa
6	6A	104.00～115.50			
	6B	110.00～115.50	微风化辉绿岩的上部，RQD=41%～64%，V_p=4～5.5km/s	A II～A III_1	f'=1.0～1.1 c'=0.9～1.0MPa E_0=8～22GPa
7	7A	110.00～116.00	微风化辉绿岩的上部，RQD=34%～56%，V_p=4.0～5.0km/s	A III_1	f'=1.0 c'=0.9MPa E_0=8～14GPa
	7B				
8	8A	114.00～128.00	弱、微风化辉绿岩，RQD=35%～50%，V_p=4.0～5.0km/s	A III_1	f'=1.0 c'=0.9MPa E_0=8～14GPa
	8B	123.00～144.50			
9	9A	132.00～150.50	弱、微风化辉绿岩，RQD=25%～50%，V_p=4.0～5.0km/s	A III_1	f'=1.0 c'=0.9MPa E_0=8～14GPa
	9B	141.50～157.50			
10	10A	151.00～164.50	弱风化辉绿岩的下部，RQD=25%～50%，V_p=4.0～4.5km/s	A III_2	f'=1.0 c'=0.8MPa E_0=7～8GPa
	10B	157.00～169.50			
11	11A	163.00～182.50	弱、微风化辉绿岩，RQD=20%～80%，V_p=4.0～5.5km/s	A II～A III_2	f'=1.0～1.1 c'=0.8～1.0MPa E_0=7～22GPa
	11B	176.00～194.50			
12	12A	192.00～202.00	强、弱风化辉绿岩，RQD<25%，V_p=3.0～4.0km/s	C IV_1	f'=0.7 c'=0.45MPa E_0=2～3GPa
	12B	200.00～222.00			

10. 消力池工程地质条件

消力池地基弱～微风化辉绿岩分布区岩体工程地质分类为 A III 类；D_3l^4 硅质岩强风化岩体为 B IV 类；D_3l^5 泥岩呈全风化状，为 V 类岩体；D_3l^6 泥质灰岩大部分呈弱～微风化状，属 B III、B IV 类岩体，小部分呈全强风化状，为 V 类岩体；D_3l^{7-1} 层的岩性和风化情况比较复杂，左侧以泥岩、硅质泥岩为主，呈全强风化状，为 C IV 和 V 类岩体，右侧以钙质泥岩、泥质灰岩为主，呈弱～微风化状，为 BⅢ 类；辉绿岩与 D_3l^4 硅质岩接触蚀变带呈全强风化状，为Ⅴ类。

消力池地基 AⅢ～Ⅴ类岩体均有分布，岩体软硬相间、风化深浅不一，力学性质差异大，存在高模量比、高承载力比、低抗冲刷性等显著而复杂的不均一变形问题。

消力池边墙设计基底附加应力为 0.6～1.0MPa，左边墙地基的 D_3l^5 全风化泥岩段和右边墙地基的辉绿岩接触蚀变带（呈全风化状）的允许承载力仅为 0.4～0.5MPa。

全～强风化岩体和全风化夹泥层为高压缩性高液限粉土，渗透系数为 6.27×10^{-6}～1.82×10^{-3} cm/s，透水性为中等～微透水，其渗透破坏形式为流土，允许渗透比降为 0.44～1.39，允许渗透比降小，渗透稳定性较差。

消力池各岩层物理力学参数建议值见表 1.1.14。

表 1.1.14　　　　　　　　　　　消力池各岩层物理力学参数建议值

地层代号	岩性	风化程度	饱和容重 γ /(g/cm³)	泊松比 μ	弹性模量 E /GPa	变形模量 E_0 /GPa	混凝土/岩石抗剪强度 f	混凝土/岩石抗剪断强度		允许承载力 $[R]$ /MPa
								f'	c'/MPa	
$\beta_{\mu4}^{-1}$	辉绿岩	全风化				0.04～0.05		0.35	0.02	0.4～0.5
		强风化	2.4	0.32	5.0	0.70	0.70	0.70	0.35	1.0～1.2
		弱风化	2.4～2.6	0.28	12.0～16.0	7.00～8.00	0.70	0.80	0.70	6.0
		微风化	2.8～3.0	0.25～0.26	14.0～27.0	10.00～14.00	1.00	1.00	0.90	>10.0
D_3l^4	硅质岩	强风化	2.0～2.4	0.35	1.2	0.30～0.50	0.45	0.60	0.25	0.9～1.2
		弱风化	2.5	0.32	2.0～7.0	2.00～4.00	0.60	0.72	0.30	1.5～2.0
D_3l^5	硅质泥岩、泥质灰岩	全风化	1.5～1.7			0.03～0.05		0.30	0.02	0.4～0.5
		强风化	2.0～2.1	0.40	0.5～1.0	0.20～0.30		0.45	0.10	0.7～0.8
		弱风化	2.2～2.4	0.32～0.40	2.0～4.0	1.50～3.00	0.45	0.50	0.20	1.5～2.0
D_3l^6	泥质灰岩	全风化	1.5～1.7			0.03～0.05		0.35	0.02	0.4～0.6
		强风化	2.0～2.1	0.35	1.0	0.30～0.40	0.40	0.50	0.10	0.8～0.9
		弱风化	2.4～2.6	0.32	6.0	3.00	0.50	0.75	0.40	1.5～2.0
D_3l^7	泥岩	全风化	1.5～1.7			0.03～0.05		0.30	0.02	0.4～0.5
		强风化	2.0～2.1	0.40	0.5～1.0	0.10～0.20	0.40	0.45	0.10	0.7～0.8
		弱风化	2.2～2.4	0.32～0.40	2.0～4.0	1.50～3.00	0.45	0.65	0.30	1.5～2.0

11. 水电站工程地质条件

（1）围岩分类。水电站布置在坝址左岸，其范围在坝线上游150m 至坝线下游400m 之间，所涉及的地层从上游至下游为泥盆系榴江组 D_3l^{1-1}～D_3l^{8-2} 和间夹于 D_3l^3 与 D_3l^4 之间的华力西期辉绿岩。地下厂房的主机洞和主变尾闸洞布置在宽度约 150 m 的华力西期辉绿岩内，如图 1.1.5 所示。引水隧洞主要布置在沉积岩内。地下厂房区辉绿岩裂隙特点与主坝区相同，各组裂隙发育具有明显的不均一性和相对集中性，不同部位裂隙发育程度不同，同一组裂隙有的部位发育，有的部位不发育，且产状也不太稳定。辉绿岩体透水性微弱，天然地下水位高出主机洞洞顶约 50m，地下厂房上游侧边墙厚度仅 11m 的辉绿岩体外侧为透水性强的蚀变带及榴江组硅质岩地层，水库蓄水后地下水位相当于库水位（228m），高出地下厂房洞底约130m，对地下厂房上游边墙影响很大，厂房渗流控制必须有效和可靠。

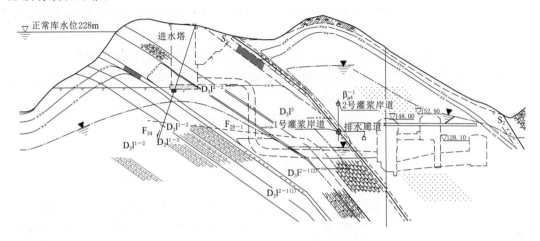

图 1.1.5　3号机轴线工程地质剖面图

围岩分类是对地下工程围岩工程地质特性进行综合分析、概括及评价的方法，其实质是广义的工程地质类比，是相当多地下工程的设计、施工与运行经验的总结，分类目的是对围岩的整体稳定程度进行判断，并指导开挖与系统支护设计。

根据《水利水电工程地质勘察规范》（GB 50287—99）中的详细围岩分类（以下简称"T分类"）、比尼奥斯基的地质力学分类法（以下简称"RMR分类"）和巴顿Q系统分类，辉绿岩洞室围岩类别以Ⅱ类、Ⅲ类为主，少量Ⅳ类，分别占40%、57.33%和2.67%。

（2）进水口地质。水电站进水口位于左岸坝轴线上游40～240m的山坡上，原地面高程为170.00～275.00m，地形自然坡度为25°～50°。进水口边坡分进水口左侧边坡和引水隧洞洞脸边坡两部分。1～4号机洞脸边坡最大坡高约105m，由于234.00m高程处有上坝公路通过，将边坡分为上下两部分，下部边坡坡高60m，上部边坡坡高约45m，其中进水塔塔背直立边坡高20m。进水塔为1级建筑物，塔顶高程234.00m，建基面高程174.00m，塔高60m，塔基呈长方形，尺寸为82m×28.5m（长×宽）。进水塔按一机一孔布置。

进水口边坡由多种岩层组成，层薄、质软、岩体破碎，且存在下软上硬的现象，岩石强度、水理性质和风化程度相差很大，边坡结构复杂。洞脸边坡为斜向～横向坡，左侧边坡为顺向坡。

进水塔地基软岩类泥岩约占基础岩体的80%，中等坚硬硅质岩则约占基础岩体20%。其中D_3l^2层岩体破碎、小洞穴发育，强度低；D_3l^1含炭质泥岩水理性质较差，遇水软化，岩体强度也较低；D_3l^3硅质岩具硬、脆、碎特点，强度较高。

进水口边坡D_3l^1灰黑色薄～中厚层状炭质泥岩、硅质泥岩夹极薄层状含炭硅质岩，主要位于左侧边坡和洞脸边坡左下部，岩层走向N55°～65°W，倾向SW，倾角∠35°～

21

45°，岩层走向与左侧边坡走向夹角普遍小于 30°，倾向坡外。该层全强风化带较厚，达 20～30m，呈硬土状或碎石土状。控制左侧边坡开挖坡比及稳定性因素主要有三个方面：①全强风化岩体的强度；②弱微风化岩体层面强度；③弱微风化岩体抗剪断强度。

D_3l^{2-1} 灰褐～褐黄色极薄～薄层状含炭硅质岩、硅质泥岩，挤压强烈，岩体破碎，呈碎裂结构。主要位于洞脸边坡左侧下部，岩层走向 N55°～65°W，SW∠35°～45°。洞脸边坡走向为 N52°E，倾向 NW。岩层走向与边坡走向夹角为 70°～80°，为横向坡。

D_3l^{2-2} 褐黄色、灰白～浅灰色薄层状含洞穴硅质泥岩，含黄铁矿晶体，强风化状，层状～碎裂结构，位于洞脸边坡中下部。

D_3l^3 褐黄色、灰色薄～中厚层状硅质岩，强风化为主，岩体为层状～碎裂结构，位于洞脸边坡中下部。

$\beta_{\mu4}^{-1}$ 辉绿岩分布于洞脸边坡 209.00m 高程以上。

进水口位于坡平顶背斜南西翼，F_4、F_5 断层旁边，岩层挤压强烈，褶皱发育，岩体破碎。F_{35} 断层从进水塔基础穿过，宽 0.5～2m，充填岩石碎块及断层泥。F_{35} 断层位于 D_3l^{2-1} 底部，总体产状为 N85°W，SW∠35°～45°，与岩层产状基本相同，在洞脸边坡左下部出露，走向与边坡走向夹角大于 60°，倾向坡内。F_{35} 断层对边坡稳定不起控制作用。边坡岩体有三组节理，均比较短小，对边坡整体稳定影响不大。边坡岩体物理力学参数主要根据室内试验、现场试验及工程地质类比法确定，详见表 1.1.15。

表 1.1.15　　　　　　　　　　水电站进水口边坡岩体物理力学参数值

序号	岩层代号及岩性	风化程度	天然容重 /(g/cm³)	饱和容重 /(g/cm³)	变形模量 /GPa	饱和抗压强度 /MPa	水上抗剪断强度（岩/岩）		水下抗剪断强度（岩/岩）	
							f'	c'/MPa	f'	c'/MPa
1	D_3l^1 炭质泥岩夹硅质泥岩	强	1.7	0.40	0.10		0.45	0.15	0.40	0.10
		弱	2.4	0.35	0.40	10	0.55	0.25	0.50	0.20
		微	2.5	0.30	0.80	20	0.60	0.30	0.55	0.25
2	D_3l^{2-1} 硅质泥岩	强	1.7	0.35	0.30		0.45	0.20	0.40	0.15
		弱	2.5	0.32	0.60	20	0.65	0.25	0.60	0.20
		微	2.5	0.28	2.50	30	0.80	0.35	0.75	0.30
3	D_3l^{2-2} 白云质泥岩	强	1.7	0.40	0.15		0.45	0.15	0.40	0.10
		弱	1.9	0.32	0.65	20	0.65	0.25	0.60	0.20
4	D_3l^3 硅质岩	强	2.2	0.35	0.35		0.50	0.20	0.45	0.15
		弱	2.5	0.32	2.50	40	0.80	0.45	0.75	0.40
		微	2.5	0.28	5.50	60	0.85	0.75	0.80	0.70
5	$\beta_{\mu4}^{-1}$ 辉绿岩	强	2.4		1.50		0.65	0.40	0.60	0.35
		弱	2.5	0.28	6.00	100	0.85	0.55	0.80	0.50
		微	2.9	0.25	10.00	150	1.15	1.05	1.10	1.00
6	断层	—	2.3	0.39	1.00		0.40	0.10	0.35	0.05

（3）进水塔基础地质。进水塔建基面高程为 174.00m，进水塔处于构造挠曲部位，岩层挤压强烈，挤压破碎带及小断层较发育，地基各类岩土体岩性不一，以泥岩类为主，其次为较坚硬硅质岩，呈软硬岩相间分布，在空间分布和物理力学性质变化较大。总体上塔基工程地质条件较差（特别是左侧 1～2 号机塔基），岩体质量类别为 B_{IV}、C_{IV} 和 V 类。

在进水塔部位建基面高程布置有 PD22 平硐，进行了载荷试验、变形试验及抗剪试验。根据试验资料分析统计：D_3l^{1-3}，$f_k=0.7MPa$，变形模量 $E_0=0.45GPa$，岩体工程地质分类为 V 类；D_3l^{1-4}，$f_k=1.5MPa$，$E_0=1.5GPa$，BIV_1 类岩体；$D_3l^{2-1(1)}$，$f_k=0.4～0.5MPa$，$E_0=0.1～0.15GPa$，V 类岩体；$D_3l^{2-1(2)}$，$f_k=1.5MPa$，$E_0=0.6GPa$，CIV_1 类岩体；D_3l^{2-2}，$f_k=1.1MPa$，$E_0=0.32GPa$，V 类岩体；D_3l^3，$f_k=1.5～2.0MPa$，$E_0=1.5GPa$，BIV_2 岩体。

进水塔地基持力岩层软硬岩相间，强度不一，变形模量差别大，存在不均匀沉陷和部分岩层（如 D_3l^{1-3}、D_3l^{2-2}）承载力偏低的问题。$D_3l^{2-1(1)}$ 层（F_{35}）为层间挤压破碎带，F_{28-1}、F_{34} 断层变形大，强度低，需进行深挖回填混凝土处理。D_3l^{2-2} 洞穴发育，洞穴所占比例为 20%～30%，大部分呈半充填状，充填物为黄色软塑～可塑状粉质黏土，需对表部洞穴的充填物予以清除并回填混凝土，对深部洞穴采用固结灌浆处理。

1.1.2.4 天然建筑材料

RCC 主坝混凝土量 270 万 m^3。由于坝区缺乏天然砂砾料，坝址附近的几个漫滩料场料层薄、储量少，只能满足临建工程及部分地下工程的需求，因此主坝枢纽区主要建筑物混凝土所用骨料需采用人工骨料。在可行性研究及原初步设计（1996 年以前）阶段，对坝址附近石炭系中统灰岩出露地带进行了初查（地质测绘、钻探、硐探等），得出石料场有以下特点：灰岩中含硅质（燧石）结核和夹硅质条带，含量 14%～29%，属活性骨料，有碱活性反应；单个灰岩料场储量偏少，需开采 2 个料场，料场高程较高，料层分布在山坡中部和横向山梁上，且厚度小，并以 50°～60°角倾向山里，夹于无用岩层之间，剥采率高，开采难度大。鉴于坝址附近中石炭统灰岩料场存在上述缺点，初设后期开展了辉绿岩作为人工骨料的可行性研究和料场选择，经勘察、辉绿岩骨料破碎试验、辉绿岩混凝土配合比及性能试验、施工规划等专门论证，最终选择右 IV 号沟辉绿岩料场，其储量较丰富，开采条件较好，运输距离近，交通便利，剥采率比较低，且属非活性骨料。

右 IV 号沟辉绿岩料场呈长带状，长 800～1000m，宽 130～240m，为一顺层向单面坡，坡角 30°～40°。辉绿岩岩体厚 80～140m，构造简单，外侧岩体均为泥盆系上统（D_3l^3、D_3l^4）硅质岩，两者平行展布，产状为 N45°～65°W，SW∠48°～60°，如图 1.1.6 和图 1.1.7 所示。料场岩性单一，相变特征不明显，其矿物粒度以中细粒为主，由边缘至中心，粒度由细变粗，为渐变过渡关系。经镜下鉴定，$\beta_{\mu4}^{-1}$ 辉绿岩的主要矿物成分为普通辉石和斜长石，其次为少量的绿泥石、钛铁矿、黑云母、磷灰石等。辉绿岩岩质坚硬，单轴抗压强度为 140～180MPa，可满足强度要求。据岩相法、化学法两种快速法和砂浆长度法等碱活性试验表明，右 IV 号沟辉绿岩不属活性骨料，无碱活性反应，且料层中未见有害夹层。右 IV 号沟辉绿岩料场勘察储量为 660 万 m^3，剥采率较低。满足规范勘察储量不小于 2 倍设计需用量 270m^3 的要求。

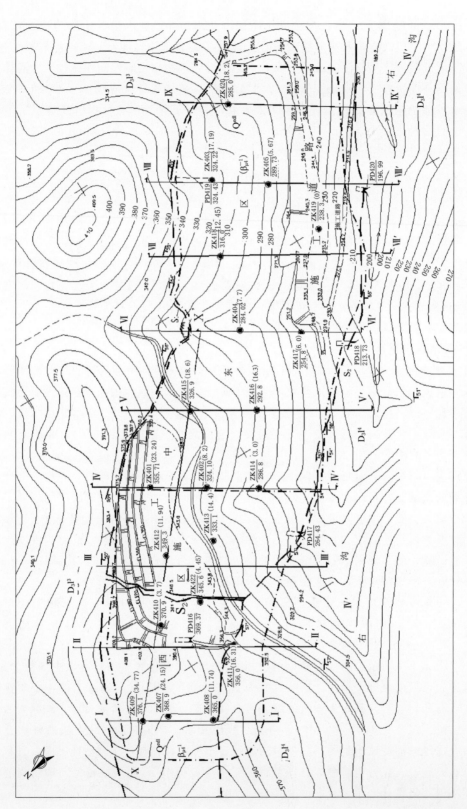

图 1.1.6　右Ⅳ号沟辉绿岩人工骨料场地质图

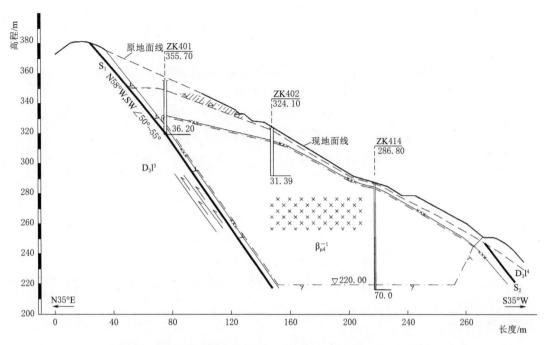

图 1.1.7　右Ⅳ号沟辉绿岩人工骨料场地质剖面图（Ⅳ—Ⅳ′）

1.2　工程任务及规模

1.2.1　综合利用要求

郁江是珠江流域西江水系的最大支流，发源于云贵高原，流经我国云南、广西以及越南，流域总面积为 9.08 万 km²，其中在我国境内流域面积 7.92 万 km²。郁江上游（南宁市郊宋村以上）分为左江、右江。干流右江发源于云南省广南县境内的杨梅山，百色以上与云贵高原相接，属中低山峡谷地形，百色以下至老口河段为低山丘陵与盆地相间，南宁以下为红土丘陵平原。右江流域多年平均降雨量为 1200mm，多集中在汛期（5—10 月），约占全年的 65%。支流左江发源于越南境内，经平而关进入我国，流域面积 3.21 万 km²，其中在我国境内流域面积 2.05 万 km²。

郁江中下游两岸地势平坦，物产丰富，城镇密集，南宁市和经济较发达的贵港市、桂平市就在郁江两岸，是广西重要的农业和工业开发区。沿江城镇地势较低，经常遭受洪水的侵害。郁江流域灾害性大洪水由左江、右江同时涨水形成，洪水峰高、量大、历时长。洪灾主要集中在人口稠密、经济较发达的南宁市、郁江中下游地区，郁江防洪保护目标主要是南宁市、郁江中下游的贵港市、桂平市，以及右江中下游一带。无论是在左江还是右江建库都能起到对南宁及其下游的削峰防洪作用，但左江上游在越南境内，中下游沿河地势低平，居民密集，岩溶区广布，没有建高坝大库条件。因此南宁市及其郁江中下游城镇只能依靠在右江修建大型防洪水库，并结合防洪堤来保护其免遭洪水灾害。如果用兴建沿江防洪堤来替代水库的防洪任务，经估算，替代投资与百色水库相当，但将改变河道的天然槽蓄能力，加大河道洪峰流量，壅高水位，增加南宁市防洪负担，增加非防护段洪涝损失，可能引发一系列环境与社会的负效应，因此，经规划论证，郁江防洪工程体系主要是采用在上游兴建控制性防洪工程，下游沿江兴建防洪堤，库堤结合，共同承担防洪任务。

郁江中上游有贵港、南宁、百色等重要的内河港口，是珠江流域中通航效益最好的河流。右江是西南出海的南线通道，但现状南宁至百色段仅为六级航道，只能通航 120t 级的船舶，枯水期还得减载通行，百色以上则为基本不通航河段。百色水库建成后，可渠化上游河道，改善下游航道通航条件，配合其他工程措施，可将郁江建设成珠江的黄金水道。

国家计委批复的《珠江流域西江水系郁江综合利用规划报告》提出郁江流域应以防洪、航运、发电为主，兼顾灌溉、供水、水产及其他方面的需要，进行综合开发、综合治理。郁江从定安至桂平共布置 10 个梯级：瓦村、百色、东笋、那吉、鱼梁、金鸡滩、老口、西津、贵港、桂平等，其中百色、老口水库承担防洪、航运、发电等重要任务。

百色水利枢纽位于郁江上游右江上，坝址在广西百色市上游 22km 的平圩村附近，坝址以上集雨面积为 1.96 万 km^2，占右江流域面积的 47.57%，占郁江流域的 22%。百色水利枢纽作为郁江治理开发的龙头水库，在防洪、航运、发电、灌溉、供水等方面效益巨大，是开发治理郁江的关键性工程，是郁江流域无可替代的防洪控制性工程。

1.2.2　工程开发任务

1.2.2.1　规划设计阶段的工程开发任务

百色水利枢纽是多目标开发的综合利用工程，其工程任务涉及防洪、航运、发电、灌溉、供水、水产等综合利用要求，各开发目标之间相互影响，相互制约，开发任务主次顺序经过了多次分析论证。

百色坝址以上集雨面积 1.96 万 km^2，仅占南宁控制断面以上集雨面积 7.37 万 km^2的 26.6%，为此，在历次规划设计中，对百色水库的防洪任务、防洪库容均进行了全面分析论证。首先是洪水地区组成分析，得出以下主要结论：①由于百色坝址以下河道的调蓄作用，百色坝址以下至与左江的汇合口的洪峰流量增加不多，百色坝址洪峰基本上可以代表右江下游洪水流量；②南宁的洪峰是由左江、右江洪水组成的，单独左（或右）江涨水，不能构成南宁灾害性的大洪水；③由于郁江的暴雨中心在上游，中下游河道槽蓄能力又比较大，南宁洪峰流量向下游是递减的，控制了南宁的洪峰也就控制了郁江下游的洪峰。

从洪水特点看，无论是在左江或右江上修筑水库拦蓄洪水，都能对南宁及郁江下游起到削减洪峰的作用。由于左江流域没有修建防洪大库条件，所以，右江上的百色防洪水库是无可替代的防洪控制性工程。百色水利枢纽不仅仅是控制 1.96 万 km^2 集雨面积的洪水，而是基本控制了右江流域 4.12 万 km^2 的洪水，通过百色水利枢纽的拦蓄作用，郁江中下游的防洪能力也将明显提高。结合在南宁市上游左右江汇合口处兴建老口水库，与百色水库联合运用，堤库结合，构成郁江完善的防洪工程体系。

因此，历次规划及设计审批文件均明确百色水利枢纽是开发治理郁江的关键工程，也是郁江流域无可替代的防洪控制性工程，把防洪任务放在工程任务的首位。

1985 年国家计委批复的《珠江流域西江水系郁江综合利用规划报告》，提出百色水利枢纽的开发任务是防洪、发电、航运、供水。南宁防洪堤按防御 20 年一遇洪水设计，结合百色水库预留防洪库容，达到防御 50 年一遇洪水标准，远景结合老口水库联合运行，达到防御 100 年一遇洪水标准。

1993 年国务院批复的《珠江流域综合规划》提出百色水利枢纽开发任务是防洪、发电和航运。

在工程设计阶段，根据流域经济社会发展需要和工程的具体建设条件，对工程建设的目标和任务进行了反复论证。

1996 年编制项目建议书时提出百色水利枢纽的开发任务为"以防洪为主，结合航运、发电，兼顾灌溉、供水及其他"，上报水利部和国家计委。

经过水利部、中国国际工程咨询公司的审查和评估，国家计委批准了项目建议书，明确百色水利枢纽是一座"以防洪为主，兼有发电、灌溉、航运、供水等综合效益的大型水利工程"。为加快推进主体工程建设，该批文要求按"通航建筑物水下部分与主体工程同时施工作为一期工程，水上部分作为二期工程"的方案建设。

之后的可行性研究报告和初步设计报告都按上述批复进行编制。2001 年 8 月，国家计委和水利部的批复中，再次明确"百色水利枢纽工程的建设任务以防洪为主，兼有发电、灌溉、航运、供水等综合利用"。

2001 年初步设计重编中，百色水利枢纽的主要任务和目标进一步明确为：

（1）防洪任务：水库预留防洪库容 16.4 亿 m^3 调蓄洪水，使南宁市的防洪能力从 20 年一遇提高至 50 年一遇，使郁江中下游区防洪能力从 10 年一遇提高至 20 年一遇，同时减轻右江沿岸洪水灾害。

（2）发电任务：电站装机容量 $4 \times 135MW$，电站建成后对缓解广西电网的调峰矛盾和对径流式电站电力补偿起到显著作用，同时径流调节后可为下游梯级电站增加可观的枯水期电量。

（3）航运任务：渠化百色库区形成深水航道，调节百色水库坝址下游的枯水期流量，将百色下游综合历时保证率 95％的枯水流量由原来 $30.6m^3/s$ 提高到 $100m^3/s$，使百色至田东通航 300t 级船舶，达 5 级航道标准；田东至南宁可通航 500t 级船舶，达到 4 级航道标准。

（4）灌溉任务：郁江综合利用规划报告提出百色水库可为百色灌区提供自流灌溉条件，但从经济可行性分析，自流灌溉工程量大，而下游采用电灌方案较优越，因此不推荐百色水库引水灌溉方案。初步设计阶段提出百色水利枢纽的灌溉任务是提供可靠的电源和经水库调节增加的枯水期右江河道流量，通过提水灌溉工程措施，扩大和改善电力提水灌溉面积 26.61 万亩❶、冬种蔬菜灌溉面积 19.0 万亩。此外，可以通过香屯副坝给支流补充水量，实现 3400 亩农田自流灌溉。

---

❶　1 亩≈0.0667hm²。

1.2.2.2　工程任务调整

百色水利枢纽建成运行以来，中央加大了对新一轮西部大开发政策的支持力度，北部湾经济区、西江经济带相继上升为国家战略，广西经济社会的发展对百色水利枢纽提出了更高要求。除上述规划设计主要建设任务外，还要求百色水库在流域水资源调配（如作为灌溉水源、参加珠江口压咸补淡调水）、改善下游枯水期水环境等方面发挥重要作用。

1. 防洪任务调整

2005 年以后，国家加大了大江大河、主要支流的防洪治理力度，提高了郁江主要河段的防洪治理标准。

南宁市作为中国-东盟博览会永久落户地和北部湾经济区的核心、西江经济带的重要城市，目前主城区邕江北岸堤防已按 50 年一遇防洪标准全部建成，邕江南岸除白沙堤按 20 年一遇标准以外其他全部达到 50 年一遇防洪标准；新区邕宁区按 50 年一遇防洪标准设计。同时，郁江另一防洪控制性工程老口枢纽于 2014 年 10 月下闸蓄水。

2007 年批复的《珠江流域防洪规划》明确提出：南宁市的防洪标准为 200 年一遇，其防洪工程体系由南宁市堤防工程和百色、老口两水库组成，规划南宁市及贵港市的堤防标准为 50 年一遇。右江百色水利枢纽建成后，将南宁市防洪标准由 50 年一遇提高到近 100 年一遇；老口枢纽建成后，进一步将南宁市城区防洪标准由近 100 年一遇提高到 200 年一遇。

2. 灌溉任务调整

百色水利枢纽下游的右江河谷两岸土地肥沃，耕地集中连片，是中国三大优势亚热带季风气候区之一，十分适合农业发展。河谷内降雨时空分配差异大，大部分旱地及果园分布在坡地上，由于提水灌溉成本高，百色水利枢纽原设计的配套提水灌区工程未实施，其灌溉效益未能有效发挥。现有水利工程零星分散，规模小，缺乏大型骨干水源工程，导致抗旱能力低，每年均出现不同程度的干旱，制约了当地农业的可持续发展。

百色水库调蓄能力强，水头高，可为下游旱坡地创造引水自流灌溉良好条件，因此，百色市迫切要求百色水利枢纽的灌溉任务由原来的提供电源调整为百色灌区的骨干供水水源。百色水库灌区利用百色水库高水头优势，经管道输水自流灌溉河谷内大部分耕地、园地，局部加压提水扬程，较原设计的右江河谷提水扬程大幅度降低，新增、恢复灌溉面积 49.6 万亩，改善灌溉面积 42.7 万亩，大大改善河谷地区灌溉条件，保障粮食基本需求，促进农民增收。同时通过向百东河水库和那音水库补水，在保障两座水库远期新增城市供水下，确保原灌溉范围内农业用水不受影响，使区域内水资源得到更优配置。

2014 年编制完成的《广西桂西北治旱百色灌区工程规划报告书》，提出规划新建百色灌区，百色水库作为灌区的骨干水源，多年平均供水量达 1.19 亿 m^3，满足灌区内农业灌溉用水要求，使百色水利枢纽的灌溉、供水效益得以充分发挥。

3. 航运任务调整

根据 2014 年批复的《珠江—西江经济带发展规划》，以及《珠江—西江经济带发展规划广西实施方案》，要求加快西江航运干线扩能建设，推动右江、左江、柳黔江、红水河等支流航道整治,提高航道等级。规划 2020 年百色—南宁航道等级达到Ⅲ级,通航能力 1000t。积极构建上溯云南、贵州,通达珠三角乃至港澳"干支畅通、通江达海"的高等级航道网络。百色水利枢纽过船设施建设成为西江黄金水道建设的重点实施项目,通航设施标准由最初规划 2×300t 级调整为 2×500t 兼顾 1000t 级单船。

4. 流域水资源调配

自 2006 年 9 月底到 2011 年春,珠江防汛抗旱总指挥部(以下简称"珠江防总")连续开展了 5 次大规模的全流域水资源调度工作,动用了天生桥一级、龙滩、岩滩、乐滩、百色等大型水库的蓄水库容,通过水库群联合调度,实施集中补水压咸补淡,取得了显著效果。百色水利枢纽实际上承担了流域水资源配置的任务,自 2006 年 9 月底到 2011 年春 5 次调度统计表明,枯季百色出库流量平均占到梧州流量 10.6%,最大达 21.4%,可见百色枢纽的出库流量为西江枯季水量调度的成功实施贡献较大,同时在改善下游枯水期水环境等方面还起到了重要作用。

百色水库与下游那吉水库联合运行,保证最小下泄流量 $140\text{m}^3/\text{s}$,右江(那吉梯级以下)枯水期流量($P=95\%$)由原来 $41\text{m}^3/\text{s}$ 提高到 $140\text{m}^3/\text{s}$,枯水期(12 月至次年 4 月)百色水库下泄流量在 $100\sim382\text{m}^3/\text{s}$ 之间,下泄流量大大增加。

在开展老口水利枢纽前期工作时,经分析计算,百色水库建成后,老口坝址 $P=90\%$ 最枯月平均流量由 $165\text{m}^3/\text{s}$ 提高到 $256\text{m}^3/\text{s}$。根据广西钦州市沿海工业园供水水源项目郁江调水工程前期工作分析计算结果,百色水库径流调节前后,西津坝址 $P=90\%$ 最枯月平均流量分别为 $183\text{m}^3/\text{s}$、$286\text{m}^3/\text{s}$。说明百色水利枢纽的建设提高了郁江流域水资源承载力,在北部湾经济区水资源配置中可以发挥更重要的作用。

1.2.3 防洪库容论证

百色水库的主要防洪任务是解决郁江中下游的洪水灾害问题。防洪库容论证要考虑郁江与左右江不同洪水组成情况,研究水库合理的调度方式,以利用有限的拦蓄库容,发挥最大的防洪作用。

1.2.3.1 防洪目标

根据珠江流域规划的防洪目标,设计提出的水库防洪目标为:使南宁市的防洪能力从 20 年一遇提高至 50 年一遇,使郁江中下游区防洪能力从 10 年一遇提高至 20 年一遇,同时减轻右江沿岸洪水灾害。具体防洪目标为:

(1)南宁发生 50 年一遇洪水时,通过百色水库拦蓄右江洪水,将南宁洪峰流量由 $18400\text{m}^3/\text{s}$ 削减到防洪堤安全泄量 $15900\text{m}^3/\text{s}$。堤库结合,使南宁市防洪能力达到 50 年一遇。

(2)当郁江发生 20 年一遇洪水时,经百色水库拦蓄洪水,使郁江中下游洪峰不超过沿江防洪堤安全泄量 $13900\text{m}^3/\text{s}$(以南宁水文站为控制站)。

(3)在满足南宁与郁江中下游防洪的同时,应尽量兼顾右江的防洪要求。当坝址发生 50 年一遇洪水时,水库最大下泄流量不宜超过 $3000\text{m}^3/\text{s}$,减轻右江沿岸洪灾损失。

1.2.3.2 防洪调度规则

百色水库控制集雨面积 19600km^2,占南宁控制断面的 26.6%,包括左江在内 73.4%

的区间流域来水百色水库无法控制，水库防洪调度宜采用补偿防洪调度方式，即考虑未控区间洪水的变化对水库泄流方式的影响，使水库泄流与区间洪水合成流量不超过防洪控制点的安全泄量。

可行性研究阶段的防洪调度规则为：不考虑水库预泄，根据南宁断面（判断区间）的当天区间洪水大小和水情变化趋势来确定百色水库的下泄流量。

（1）当区间洪水处于涨水趋势时，$Q_区 < 7000\text{m}^3/\text{s}$，百色水库最大下泄 $3000\text{m}^3/\text{s}$；$7000\text{m}^3/\text{s} \leq Q_区 < 8500\text{m}^3/\text{s}$，百色水库最大下泄 $2000\text{m}^3/\text{s}$；$Q_区 \geq 8500\text{m}^3/\text{s}$，百色水库最大下泄 $500\ \text{m}^3/\text{s}$。

（2）当区间洪水开始落水时，百色水库最大下泄 $2000\text{m}^3/\text{s}$；退水一天后百色水库最大下泄 $3000\text{m}^3/\text{s}$。

百色调洪后的下泄洪水过程采用马斯京根法分 5 个河段相继向下游洪水演进，再与百色—南宁断面的区间洪水循时叠加即可得到百色调洪后的南宁断面洪水。

初步设计重编时从偏安全角度出发，防洪调度不考虑洪水预报，仅考虑当前时段洪水与上时段洪水的水情涨落趋势。为使调度规则更具可操作性，选择郁江南宁水文站、左江濑湍水文站和百色坝址洪水作为水库防洪调度的判别站。从 1937—2000 年断续 62 年实测洪水资料中选择造成南宁市洪灾的 1937 年、1968 年等 11 场典型洪水（洪峰流量大于 $11000\text{m}^3/\text{s}$），按典型组成法、同频率组成法以及变时段同倍比地区组成法放大成 50 年一遇洪水和 20 年一遇洪水过程线各 31 场。根据水情趋势和防洪调度原则，对各场设计洪水过程线进行反复多次凑泄计算，得到同时满足水库三个防洪目标的防洪调度规则，见表 1.2.1。

表 1.2.1　　　　　　　　百色水库防泄调度规则（初步设计重编阶段）

判断条件	控泄条件	控泄流量/(m^3/s)	附注
左江濑湍、南宁涨水趋势	$Q_{濑湍} \leq 6000\text{m}^3/\text{s}$	3000	
	$Q_{濑湍} > 6000\text{m}^3/\text{s}$，且前 12h 流量涨率 $>1000\text{m}^3/\text{s}$	1000	
	$Q_{南宁} > 13900\text{m}^3/\text{s}$，且濑湍前 12h 流量涨率 $>2000\text{m}^3/\text{s}$	500	
	$Q_{濑湍} > 7800\text{m}^3/\text{s}$，且濑湍前 12h 流量涨率 $>3000\text{m}^3/\text{s}$，或南宁前一天流量涨率 $>2500\text{m}^3/\text{s}$	100	
	其他情况	2000	
左江濑湍、南宁退水趋势	$Q_{濑湍} \geq 7800\text{m}^3/\text{s}$	1500	
	$Q_{南宁} > 12000\text{m}^3/\text{s}$	2300	
	其他情况	3000	
库水位 $\geq 228\text{m}$		敞泄	不超过天然流量

1.2.3.3　防洪库容确定

1993 年批复的《珠江流域综合规划》提出的百色水库防洪库容为 17.3 亿 m^3。

可行性研究阶段，根据南宁 1936—1991 年大于 $10000\text{m}^3/\text{s}$ 的洪水共 13 场，进行洪水地区组成分析计算，得到 25 种年型的 50 年一遇设计洪水过程线，拟定防洪调度规则进行调洪，推荐的防洪库容为 16.4 亿 m^3。

初步设计阶段在防洪库容论证时，分别对实际年和设计水平年进行了防洪调度操作。

实际年调度法是采用 1937—2000 年断续 60 年实测长系列资料，根据水库调度图，汛期以外其他月份，水库根据月初库水位等按调度图操作运行；进入主汛期，百色水库则按防洪蓄洪规则调度，结果是 1937 年所需防洪库容最大，为 11.3 亿 m^3。

设计水平年调度法是根据南宁水文站 1937—2000 年（其中 1940 年、1941 年南宁缺测，1944 年、1945 年百色缺测）实测的流量资料统计，发生大于 11100m^3/s 流量的洪水共有 11 场，采用典型年和同频率地区组成法等进行洪水地区组成分析，放大得到 50 年一遇 31 场设计洪水组成，按上述防洪调度规则调度，计算得出各场洪水过程线需要的防洪库容在 3.63 亿~16.4 亿 m^3 之间，最大防洪库容为 16.4 亿 m^3（其中 1937 年、1968 年、1971 年和 1986 年四种年型达到 16.4 亿 m^3）。

综上，由各种地区组成设计洪水计算的所需最大防洪库容是 16.4 亿 m^3；而按实测 60 年实测长系列资料进行模拟调度调洪计算，以 1937 年洪水所需防洪库容最大，为 11.3 亿 m^3。而 1937 年洪水年南宁站尽管 15 天洪量已接近 50 年一遇，但其最大洪峰流量为 16300m^3/s，未达到 50 年一遇设计洪峰流量 18400m^3/s，说明实测系列所发生的最大洪水未达到 50 年一遇设计洪水标准，代表性不够，因此 1937 年实测洪水需要的防洪库容 11.3 亿 m^3 不足以作为设计防洪库容。初步设计阶段从安全考虑，以最不利洪水组成来确定百色水库需预留的防洪库容为 16.4 亿 m^3。

水库自 2005 年 8 月下闸蓄水运用以来，将 6 次大于 3000m^3/s 的洪水控制下泄流量在 3000m^3/s 以内，保证了下游南宁市、百色市区和右江沿岸城镇、农村的防洪安全，初步显现了百色水库作为郁江流域防洪控制性工程的重要作用。

1.2.3.4　水库防洪目标及防洪调度规则调整要求

根据 2007 批复的《珠江流域防洪规划》，规划南宁市及贵港市的堤防防洪标准为 50 年一遇，其他堤防防洪标准为 10 年一遇到 20 年一遇。百色水利枢纽建成后，可将南宁市与贵港市的防洪标准由 50 年一遇提高到近 100 年一遇；2014 年郁江老口水利枢纽投入使用，进一步将南宁市城区的防洪标准由近 100 年一遇提高到 200 年一遇。

根据流域防洪规划提高防洪治理标准的要求，百色水利枢纽防洪目标应相应调整为：

（1）南宁发生 50 年一遇洪水时，通过百色水库拦蓄右江洪水，将南宁的洪峰流量由 18400 m^3/s 削减到防洪堤安全泄量 15900m^3/s。堤库结合，使南宁市防洪能力达到 50 年一遇。

（2）当郁江发生 50 年一遇以上洪水时，通过百色水库拦蓄洪水，尽量使郁江中下游洪峰不超过沿江防洪堤安全泄量 18400m^3/s。

（3）在满足南宁与郁江中下游防洪的同时，应尽量兼顾右江的防洪要求。当坝址发生 50 年一遇洪水时，水库最大下泄流量不宜超过 3000m^3/s，减轻右江沿岸洪灾损失。

百色水库建成后，即开展郁江另一防洪控制性工程老口水利枢纽的前期工作，对郁江的洪水、防洪工程体系、水库群联合调度开展了进一步的分析论证。

老口水利枢纽初步设计报告提出了两水库联合调度满足南宁市防洪目标 200 年一遇要求的防洪调度规则，见表 1.2.2。

表 1.2.2　　　　　　　　百色水库防洪蓄泄规则（调整）

判别条件	控 泄 条 件		百色控泄流量 /(m³/s)
	崇左	南宁、百色	
南宁涨水	$Q_{崇左}<6000\text{m}^3/\text{s}$	$Q_{南宁}\geqslant 8000\text{m}^3/\text{s}$ 且 $Q_{百色}<3600\text{m}^3/\text{s}$	500
		$Q_{南宁}\leqslant 8000\text{m}^3/\text{s}$ 或 $Q_{百色}\geqslant 3600\text{m}^3/\text{s}$	3000
	$6000\text{m}^3/\text{s}\leqslant Q_{崇左}<9000\text{m}^3/\text{s}$	$Q_{百色}\geqslant 4000\text{m}^3/\text{s}$	2500
		$Q_{百色}<4000\text{m}^3/\text{s}$	100
	$Q_{崇左}\geqslant 9000\text{m}^3/\text{s}$	$Q_{百色}\geqslant 4000\text{m}^3/\text{s}$	1000
		$Q_{百色}<4000\text{m}^3/\text{s}$ 时，崇左退水，且 $Q_{南宁}\leqslant 18400\text{m}^3/\text{s}$	1000
		$Q_{百色}<4000\text{m}^3/\text{s}$ 时，崇左涨水，或 $Q_{南宁}>18400\text{m}^3/\text{s}$	100
南宁退水	$Q_{崇左}\geqslant 8000\text{m}^3/\text{s}$	$Q_{百色}\geqslant 5000\text{m}^3/\text{s}$	3000
		$Q_{百色}<5000\text{m}^3/\text{s}$	100
	$Q_{崇左}<8000\text{m}^3/\text{s}$		3000
百色库水位≥228m			敞泄（不超过天然流量）

老口水库防洪蓄泄规则：百色水库调节后的老口入库流量超过南宁防洪堤安全泄量 18400m³/s 时，水库下闸启用防洪库容，按 18400m³/s 控泄运行；当水库坝前水位达到防洪高水位后，水库敞开闸门，泄放天然流量。

1.2.4　水库特征水位

1.2.4.1　正常蓄水位

1985 年批复的《珠江流域西江水系郁江综合利用规划报告》，百色水利枢纽规划进行了正常蓄水位 233m、223m 方案的比较，考虑到百色水库综合利用效益较好，初步选定了 233m 方案。

1993 年批复的《珠江流域综合规划》提出百色水库枢纽的正常蓄水位为 233m。

在 1993 年的可行性研究阶段，在郁江流域规划提出的两个正常蓄水位方案基础上，中间再插一个方案，比较了 223m、228m、233m 三个方案。由于 233m 方案存在淹没了上游瓦村电站水头 10m，云南省淹没损失较大，与死水位 203m 之间消落深度较大，给库区港口建设带来困难等问题，因此，可行性研究报告推荐采用 228m 方案。可行性研究审查意见"基本同意正常蓄水位 228m"。

2001 年初步设计重编，对正常蓄水位 228m 方案进行了全面的复核工作，成果见表 1.2.3。

表 1.2.3　　　　　　　　正常蓄水位复核成果

序号	项　　目	单位	可行性研究成果	初步设计成果	备注
1	正常蓄水位	m	228	228	
2	死水位	m	203	203	
3	汛期限制水位	m	220	214	

序号	项 目	单位	可行性研究成果	初步设计成果	备注
4	防洪库容	亿 m^3	16.4	16.4	
5	调节库容	亿 m^3	26.2	26.2	
6	航运保证流量	m^3/s	100	100	
7	装机容量	MW	480	540（最大580）	
8	年发电量	GW·h	1764.1	1701.0	
9	枯水期电量	GW·h	749.2	648.7	12月至次年4月
10	枯水期保证出力	MW	137.56	123.00	
11	装机利用小时	h	3675	3150	
12	损失瓦村梯级年电量	GM·h	6.0	5.2	
13	增加下游梯级枯水电量	GM·h	552	367	
14	搬迁人口	人	24717	26969	现状
15	淹没耕园地	亩	39357	66343	
16	水库蓄满率	%	61.2	42.6	

从表1.2.3中可以看出，由于初步设计阶段采用防洪库容全部摆在正常蓄水位以下，发电效益和水库蓄满率有所降低。考虑百色正常蓄水位228m时，淹没了上游规划的瓦村梯级电站水头约5m；淹没影响了广西少数民族乡汪甸乡，现设计的防护工程量已较大；若再抬高蓄水位，除汪甸乡必须外迁，还将淹没影响另一个少数民族乡弄瓦乡和云南省的风洞村及大片耕地。故初步设计阶段仍推荐采用百色水库正常蓄水位228m。

1.2.4.2 防洪高水位及汛限水位

1985年批复的《珠江流域西江水系郁江综合利用规划报告》和1993年批复的《珠江流域综合规划》提出百色水库设置防洪库容为17.3亿 m^3，防洪高水位为233m，汛限水位为220.5m。

可行性研究阶段，汛限水位比较了四个方案：①防洪库容16.4亿 m^3 全部摆在正常蓄水位以下的214.2m方案；②20年一遇防洪库容摆在正常蓄水位以下的220m方案；③10年一遇防洪库容摆在正常蓄水位以下的224m方案；④防洪库容全部摆在正常蓄水位以上的228m方案。考虑224m方案淹没搬迁水位达到231m，增加搬迁人口较多，云南方面明确表示淹没不要超过228m；防洪库容16.4亿 m^3 占有效库容26.2亿 m^3 的62.6%，经技术经济比较，推荐防洪库容与兴利库容部分结合的方案，即汛限水位220m、防洪高水位232m。

初步设计阶段，拟定防洪高水位232m、230m、228m三个方案，各方案的防洪库容均为16.4亿 m^3，由相应防洪高水位库容减去防洪库容，求得各方案的汛期防洪限制水位，依次为220m、217m、214m；各方案在正常蓄水位以下防洪库容依次为10.0亿 m^3、13.4亿 m^3、16.4亿 m^3。各方案比较见表1.2.4。

表 1.2.4　　　　　　　　　各 方 案 比 较

序号	项　目		单位	方案Ⅰ	方案Ⅱ	方案Ⅲ	备　注
1	防洪高水位		m	232	230	228	
2	相应库容		亿 m³	54.5	51.1	48.0	
3	防洪限制水位		m	220	217	214	$V_{防}=16.4$ 亿 m³
4	正常蓄水位以下防洪库容		亿 m³	10.0	13.4	16.4	$Z_{正}=228m$，$Z_{死}=203m$
5	校核洪水位		m	235.10	233.10	231.27	$P=0.02\%$
6	装机容量		MW	540	540	540	
7	多年平均电能		GW·h	1748	1724	1690	不考虑加大出力电量
8	枯水期电能		GW·h	707.8	682.2	648.7	
9	蓄水期保证出力		MW	83.5	83.5	83.5	5—11 月
10	供水期保证出力		MW	146	139	123	12 月至次年 4 月
11	水库蓄满率		%	63.0	51.8	42.6	
12	水库空库率		%	17	17	18	能回到死水位年数占总年数
13	汛限水位蓄满率		%	85	89	96	
14	主汛期最高水位		m	228.7	226.2	223.7	最大防洪库容 11.3 亿 m³（1937 年）
15	淹没人口		人	1577	571	0	与 228m 方案比较
16	淹没耕地		亩	1739	945.5	0	与 228m 方案比较
17	淹没专项：	公路	km	48	2.3	0	与 228m 方案比较
		通信	km	0.5	0.3	0	与 228m 方案比较
18	多年平均电能差		GW·h	58	34		与 228m 方案比较
19	工程投资差		万元	20883	9743	0	含淹没投资差（不含临时淹没费用）
20	差额经济净现值		万元	−7903	−2900		$I=12\%$　电价：0.3 元/(kW·h)
21	差额内部收益率		%	1.23	4.14		

初步设计阶段对三个方案从工程投资差值、水库淹没及处理难度、发电效益等多方面进行技术经济比较，考虑到原可行性研究阶段方案防洪高水位与正常蓄水位间要搬迁的人口和淹没耕地数量较多，涉及少数民族乡——汪甸乡政府的搬迁，安置处理较为困难，产生的临时淹没区主要在云南省，协调处理难度大，故推荐汛限水位为 214m、防洪高水位为 228m。

初步设计阶段对南宁水文站和百色水文站进行了分期洪水计算，结论是右江洪水以锋面雨形成为主，发生在 4—6 月较多；而左江洪水由台风暴雨造成为主，发生在每年 8 月以后较多。根据洪水分期规律将洪水时段划分为前汛期 5—6 月，主汛期为 7—8 月，后汛期为 9—10 月，其中主汛期洪水量级接近全年设计洪水，因此提出水库防洪限制水位 214m 保持到 8 月底。由于汛后水库来水量较少，该方案水库蓄满率较低，初步设计阶段建议将来通过水情自动测报系统的实施，研究考虑在后汛期适当抬高水位运行，以增加电站的发电效益。

1.2.4.3　死水位

1985 年批复的《珠江流域西江水系郁江综合利用规划报告》和 1993 年批复的《珠江流域综合规划》提出百色水库死水位分别为 190.3m 和 195m。

在可行性研究阶段百色水库死水位曾比较过 190m、195m、200m、203m、205m 五个方案，结果是枯水期发电量随死水位抬高而减小，枯水期保证出力以 195m 为最高，发电效益以 195m 方案为较优。从经济效益的角度看，宜选择死水位 195m 方案，但 195m 方案水库消落深度达 33m，库区港口建设困难。经综合分析论证，推荐采用死水位 203m。考虑到百色水利枢纽项目建议书批复意见将通航建筑物作为二期工程建设，为充分发挥枢纽的发电效益，提高工程的贷款偿还能力，水库初期运行（指航运设施投入运行之前）死水位采用 195m。

初步设计阶段，对可行性研究阶段推荐的死水位方案进行复核，仍认为：在通航建筑物未建前，百色水库初期运行采用死水位 195m 方案的发电效益是显著的，考虑到二期航运工程建设的周期，推荐航运工程投产前的通航运行水位为 195m，按此初期死水位运行，并减轻上游引航道施工的难度。通航建筑物建成后，考虑到库区港口对水位变幅的要求，水库正常运行死水位提高至 203m。

1.2.4.4　设计、校核洪水位

根据《防洪标准》（GB 50201—94），百色水利枢纽属 I 级工程，大坝按一级建筑设计，即按 500 年一遇洪水设计、5000 年一遇洪水（大坝）校核；副坝按 500 年一遇洪水设计，可能最大洪水校核。

初步设计重编阶段，调洪计算按下游防洪要求和大坝防洪安全要求考虑，其防洪调度原则为：不考虑洪水预报，起调水位采用汛限水位 214m，当南宁洪峰流量小于 50 年一遇洪峰流量 18400m³/s 或水库水位不超过防洪高水位 228m 时，遵循防洪库容计算拟定的原则放水；当水库水位超过防洪高水位时，按泄洪建筑物泄流能力进行敞泄，但水库最大泄流量不能大于天然来流量。在实测洪水量级较大的 1937 年、1942 年、1968 年实测设计洪水中选择偏不利的 1968 年洪水过程作为典型，采用同频率法放大得坝址与南宁洪水同频、区间为相应洪水进行调洪计算。根据枢纽泄洪建筑物运行条件、初步设计阶段的库容曲线、泄洪建筑物泄流曲线（仅考虑表孔），洪水调节成果见表 1.2.5，枢纽设计洪水位为 229.66m，校核洪水位为 231.49m。

表 1.2.5　　　　　　　　　百色水库洪水调节成果（初设重编）

频率 /%	洪峰流量 /(m³/s)	最高坝前水位 /m	最大下泄流量 /(m³/s)	相应坝下水位 /m	最大库容 /亿 m³
2	8840	228.00	3000	126.57	48.0
0.2	13700	229.66	9961	134.08	50.5
0.02	18700	231.49	11542	135.23	53.2
PMF	24200	233.73	13737	136.66	56.6

初步设计阶段对校核标准洪水（$P=0.02\%$）还进行了入库洪水与动库容调洪计算，复核校核洪水位的安全性，结果动库容调洪最高水位仅比静库容调洪水位高 0.09m，因

此，采用坝址设计洪水进行调洪计算成果是合理的。

施工详图阶段水文资料系列较初步设计重编阶段有所延长，延长后复核的设计洪水成果较初设成果略大（500 年一遇洪水洪峰流量大 3.05％，5000 年一遇洪水洪峰流量大 3.66％）。为安全起见，以复核后偏大的洪水进行调洪计算与初设成果比较，结果为：设计洪水位 229.79m，较初步设计成果高 0.13m；校核洪水位 231.77m，较初步设计成果高 0.28m。百色水利枢纽主坝坝顶高程由基于校核洪水位的坝顶安全超高确定，初步设计阶段由校核洪水位 231.49m 加上安全超高 1.6m，最低为 233.09m，考虑大坝洪水漫顶可能造成对坝址下游蚀变带稳定的不利影响而带来的严重损失，以 PMF 不漫顶确定坝顶高程为 234.00m。以复核计算的偏安全考虑的校核洪水位 231.77m 计算得坝顶高程为 233.37m，仍低于初步设计确定的坝顶高程为 234.00m，初步设计阶段确定的坝顶高程仍是安全的。

1.2.5　装机容量选择

百色水电站供电范围主要是广西电网，是广西电网调峰骨干电站之一。

1985 年批复的《珠江流域西江水系郁江综合利用规划报告》和 1993 年批复的《珠江流域综合规划》提出百色水电站装机容量均为 400MW。

可行性研究阶段，对百色水电站装机容进行了 4×100MW、4×120MW、4×150MW 的方案比较，对电网进行 2010 年电力电量平衡分析，并进行装机容量方案技术经济比较，推荐采用 4×120MW 方案。可行性研究审查意见："基本同意装机容量为 480MW，初步设计阶段应进一步研究适当加大或预留的可能性和经济合理性。"

初步设计阶段，根据经济变化情况，对 2000—2020 年的经济社会发展指标、电力负荷增长指标进行了修正，根据修正后的电力负荷成果，并考虑到广西电网缺乏调峰电源，电力部门建议调峰能力强的百色水电站适当加大装机规模的要求，对电站装机容量进行了 4×120MW、4×135MW、4×150MW 三个方案比较。各方案枯水期保证出力和电能相同，装机规模的增加主要是增加了丰水期电能和调峰电量；从电力电量平衡计算看，600MW 方案系统出现重复容量，540MW 方案百色水电站承担峰荷 445MW，基荷容量 35MW，百色装机容量全部为必需容量，系统也没有出现空闲容量；从系统最小费用比较上看，装机 540MW 方案最小。考虑到电站扩大装机所增加的电量主要为洪水期电量，而广西电网在汛期并不是很缺电量，结合百色水电站在系统中的调峰作用等情况，推荐装机容量 540MW 方案。同时，考虑到额定水头 88m 电站出力约有超过 70％时间受发电机容量的限制，采用同样的水轮机，增加很少的投资，提高发电机容量，就可以使电站在高水头时增加电能（通过减少弃水）、为电网增加峰荷电能或储备电能，拟定了 4×135MW、4×145MW、4×150MW 三组水轮发电机最大容量方案进行比较。从经济比较上看，以电站发电机最大容量 580MW 方案为优，电站水轮机不变，当水头达到 93m 时，增大发电机容量到 580MW，就可增加电能 11GW·h、电站在高水头运行时还可对系统增加调峰容量 40MW，获得较好的经济效益。综合考虑，百色水电站装机容量仍采用 540MW，水轮机额定水头采用 88m；为了充分发挥电站在高水头的发电效益（主要为容量效益），水轮机最大出力相应最低点水头采用 93m，电站加大出力采用 580MW。

初步设计审查意见："同意电站装机容量为 540MW，多年平均发电量 16.9 亿 kW·h。"

百色水利枢纽投入运用后，有效地改善了广西电网电源结构和枯水期运行结构，提高了电网的供电质量。作为广西电网唯一可直接调度的龙头水电站，百色水电站在缓解广西电网调峰矛盾、电网安全以及增加下游电站枯水期发电出力等方面发挥了显著的作用。

1.2.6 水库运行及主要指标

1.2.6.1 水库设计调度运行方式

水库运行方式及调度图绘制设计工作主要在初步设计阶段开展。针对水库开发任务，按多目标优化设计原则，在防洪库容、汛限水位及汛限时间分析论证成果基础上，研究制定水库运行方式和调度图。水库优化调度目标拟为在满足防洪、航运及发电保证率等综合利用要求前提下实现发电效益最大。考虑广西电网水电比重较大，其中调节性能差的径流式电站所占比重大，存在丰水期特别是汛期弃水、受阻，枯水期缺电等问题。根据当时实行的丰、枯电价政策，从电站发电效益最大和系统经济运行等角度出发，采用枯水期发电量最大作为主要优化目标，结合水库水文特性分析，提出水库运行分四期考虑：

（1）主汛期（7—8 月）：水库兴利在汛限水位以下运行，遭遇下游防洪洪水时，水库按防洪调度规则运行。

（2）蓄水期（9—11 月）：水库尽量蓄水，水库设保证出力区 83.5MW，加大出力区 147MW、190MW、230MW，此间水库一般只放航运保证流量 100m³/s（即电站发保证出力 83.5MW），水位较高时可加大出力。

（3）供水期（12 月至次年 4 月）：电站尽量发电，以增加系统及下游梯级枯水期电能。供水期保证出力 147MW，加大出力区（分 190MW、230MW 和 300MW 三个分区），降低出力区［分 83.5MW（保证航运最小流量区）和 50MW（破坏航运流量区）两个小区］。

（4）5—6 月为过渡期（前汛期），南宁断面 50 年一遇分期洪水小于南宁市堤防安全泄量，20 年一遇分期洪水小于郁江中下游堤防安全泄量，但百色 50 年一遇分期洪水大于 3000m³/s，水库需要承担右江的防洪任务，当右江发生防洪洪水时，应按防洪调度规则运行，6 月底水库应降至汛限水位 214m。

按年调节水库基本调度线的绘制方法，选取多种不同典型的水文年，根据径流资料、水库及电站特性曲线、防洪、航运等综合利用要求、前阶段电站保证出力等成果，分供水期（12 月至次年 4 月）和蓄水期（5—11 月）计算水库基本调度线，经反复进行兴利与防洪结合的长系列模拟运行调度，不断优化调度图。水库初期运行调度如图 1.2.1 所示。

1999 年 8 月世界银行百色项目技援团咨询专家对百色水库优化调度提出了咨询指导意见，提出国际上常用的电站效益计算应计及容量效益，考虑保证电能可得较高的电价，次级电能电价较低，优化目标是发电收益最大，据此绘制了一套调度图，按该图进行水库模拟调度结果，多年平均发电量比图 1.2.1 中少。考虑到国内现行电价机制与国际没有接轨，且项目最终没有利用世界银行贷款，因此未采纳该调度方案。

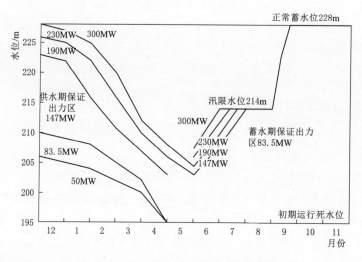

图 1.2.1　百色水库初期运行调度图

1.2.6.2　水库优化调度研究

从水库建成后几年的运行实践看，由于百色水库属不完全多年调节水库，按初步设计阶段不考虑洪水预报条件，为满足防洪要求，8 月底前水库控制在汛限水位 214.00m 以下运行，由于 9 月以后来水较少，水库汛后蓄满率较低，对水库蓄水和电站效益影响较大，不利于水库综合利用效益的充分发挥。考虑水库水情自动测报系统已经建成，流域洪水预警系统、防汛指挥系统不断完善，实行分期汛限水位运用的风险较小，有必要适时开展调整后汛期水库运行调度图，在 8 月中下旬适当抬高水位运行，以增加电站的发电效益的优化调度研究。

随着广西加快北部湾经济区全面开放开发等战略的实施，对枢纽承担郁江乃至整个珠江流域水资源配置任务提出了更高要求，为在确保工程和上下游防洪安全的条件下，通过水库优化调度，协调解决水库兴利与防洪矛盾，充分发挥水库的综合利用效益，广西右江水利开发有限责任公司（业主）委托广西水电设计院和珠江委水文局开展水库初期运行调度方案研究工作，作为制定水库调度规程及 2007 年度汛计划的依据。2007 年 6 月珠江防总组织审查《百色水利枢纽初期防洪调度方案》并批复同意。

该方案在分析南宁市当前一段时期的防洪任务仍维持初步设计不变的情况下，提出主汛期水库仍维持汛限水位及初步设计提出的防洪调度规则不变（表 1.2.1），通过分期洪水研究，根据洪水特性逐旬进行分期洪水分析，提出不是水库汛期汛限水位分期控制方案（表 1.2.6），并在全年洪水防洪调度规则基础上提出优化调整的后汛期洪水调度规则（表 1.2.7）。

表 1.2.6　　　　　　　　　百色水库汛期汛限水位分期控制方案

分期	5—7 月	8 月 1—10 日	8 月 11—20 日	8 月 21—31 日	9 月 1 日以后
汛限水位/m	214.0	214.0	219.7	222.3	228.0

表 1.2.7　　　　　　　　百色水库优化调整的后汛期洪水调度规则

判别条件	控泄条件		百色控泄流量/(m³/s)
	崇左	南宁、百色	
南宁涨水	$Q_{崇左}<4000\text{m}^3/\text{s}$		3000
	$4000\text{m}^3/\text{s}\leqslant Q_{崇左}<7000\text{m}^3/\text{s}$	$Q_{百色}\geqslant 4000\text{m}^3/\text{s}$	3000
		$2500\text{m}^3/\text{s}\leqslant Q_{百色}<4000\text{m}^3/\text{s}$ 且 $Q_{南宁}<12000\text{m}^3/\text{s}$	2000
		$Q_{百色}<2500\text{m}^3/\text{s}$ 或 $Q_{南宁}\geqslant 12000\text{m}^3/\text{s}$	1000
	$7000\text{m}^3/\text{s}\leqslant Q_{崇左}<11500\text{m}^3/\text{s}$	$Q_{南宁}>14500\text{m}^3/\text{s}$	1000
		$12000\text{m}^3/\text{s}\leqslant Q_{南宁}\leqslant 14500\text{m}^3/\text{s}$ 且崇左涨水	1500
		$Q_{南宁}<12000\text{m}^3/\text{s}$ 或崇左退水时 $Q_{南宁}<14500\text{m}^3/\text{s}$	3000
	$Q_{崇左}\geqslant 11500\text{m}^3/\text{s}$		300
南宁退水	$Q_{崇左}\geqslant 8000\text{m}^3/\text{s}$	$Q_{百色}\geqslant 4000\text{m}^3/\text{s}$	2500
		$Q_{百色}<4000\text{m}^3/\text{s}$	500
	$Q_{崇左}<8000\text{m}^3/\text{s}$		3000
百色库水位≥228m			敞泄（不超过天然流量）

百色水库作为郁江的龙头水库，在流域水资源配置中起着重要作用，为满足流域水资源配置要求，《百色水利枢纽初期防洪调度方案》将库水位 203～195m 设为水资源配置供水区。改变运行方式后较原设计可增加发电、水资源配置效益。通过对径流调丰补枯调度，大大增加下游枯水期水量，较大幅度提高水环境容量，改善水生态环境，提高流域的水资源承载能力，发挥水库在下游水资源应急调配中的重要作用，保证沿江供水安全和经济社会可持续发展，可为郁江乃至整个珠江流域的水资源配置作出更大贡献。

1.2.6.3　主要水能指标

初步设计重编阶段，百色水库调节计算按兴利与防洪调度结合，用时历法逐年按月、旬进行长系列的调度，采用优化拟定的发电运行调度图和汛期防洪调度规则进行电站能量指标和防洪库容计算，防汛调度时计算时段为 12 小时，发电调度时调节时段采用月。径流调节计算主要水能技术指标见表 1.2.8。百色水电站枯水期电能占全年电能 38% 以上，调峰电量占年电量的 70% 以上，增加下游梯级电量 3.67 亿 kW·h，说明百色水电站电能优质，具有显著的调峰作用和对径流式电站的补偿作用。

表 1.2.8　　　　　　　　　百色水电站主要水能技术指标

项　　目	单　位	数　值	备　　注
多年平均发电量	GW·h	1701	不考虑机组最大出力，则为 1690GW·h
枯水期（12 月至次年 4 月）发电量	GW·h	649	
保证出力	MW	123	
装机年利用小时数	h	3150	
最大水头	m	107.60	

续表

项 目	单位	数值	备 注
最小水头	m	79.00	初期运行为 71.00m
多年平均水头	m	93.52	
加权平均水头	m	93.40	
机组额定水头	m	88.00	
增加下游九个梯级枯水期发电量	GW·h	367	
水轮机单机额定流量	m³/s	173	

1.2.7 航运目标

珠江水系水运条件优越，其通航货运量居全国第二位，而郁江和西江是珠江流域中通航效益最好的河流。在珠江流域航运规划中，为打通云贵出海通道，为云贵高原丰富的煤磷等矿产资源外运创造条件，结合梯级开发，规划有南线右江、中线南北盘江—红水河、北线都柳江—柳江三条航运战略性通道。百色水利枢纽建成前，右江南宁至百色 2000 年只能通航 120t 级船舶，枯水期还需减载通航，百色市以上基本为不通航河段。

《珠江流域西江水系郁江综合利用规划报告》提出百色水库建成后，结合右江航道整治，可使百色至南宁段由 100t 级提高到常年通航 300t 级轮驳船队，通航过坝标准按 100t 级设计。

1993 年批复的《珠江流域综合规划》提出百色库区 500t 级船舶，百色至田东通航 300t 级船舶。

为加快推进百色水利枢纽建设，国家计委在批复可行性研究报告时明确通航建筑物进水闸水下部分与主体工程同时施工，其余通航建筑物作为二期工程建设。

初步设计阶段提出，通过水库调节，百色下游综合历时保证率 95% 的枯水流量由原来 30.6m³/s 提高到 100m³/s，加上区间流量和澄碧河水库调节流量，经那吉梯级反调节，可保证那吉坝下最小通航流量不小于 140m³/s，可使百色至田东通航 300t 级船舶，达 5 级航道标准；田东至南宁可通航 500t 级船舶，达到 4 级航道标准。百色水库上游可渠化干流 108km、渠化支流 7 条，总航道长 300km，水库面积 133km²，库周长达 1000km，库区形成深水航道，其中有一半在云南省富宁县境内。百色水利枢纽及其通航建筑物的建设将为滇东南及云南省其他地区物资外运、繁荣地方经济起到巨大的促进作用。坝址至百色市约 15km 航道标准，根据珠江流域航运规划、过坝货运量预测及该段航道水面坡降陡、流速大、航道窄等现实情况，提出百色枢纽过坝建筑物设计标准为 2×300t 级，那禄线 2×300t 两级垂直升船机方案，年单向过坝货运量为 270.48 万 t（双向 540.96 万 t），可以满足到规划水平年货运量 287 万 t 的要求。为满足远景货量发展需要，预留扩建 2×500t 级两级垂直升船机的位置。

随着西江黄金水道建设的推进，原设计的百色过坝建筑物规模不能满足地方经济社会发展要求，过船设施前期工作按 2×500t 兼顾 1000t 级单船标准另行论证、实施。

1.3 枢纽总体布置

1.3.1 枢纽总体布置的任务

根据《水利水电工程等级划分及洪水标准》(SL 252—2000),确定本工程主要建筑物主坝、副坝、泄水建筑物、引水系统进水口及通航建筑物上闸首挡水部分为1级建筑物,主坝、泄水建筑物、引水系统进水口及通航建筑物上闸首挡水部分设计洪水标准为500年一遇、校核洪水标准为5000年一遇,消能防冲建筑物设计洪水标准为100年一遇,副坝设计洪水标准为500年一遇、校核洪水标准为PMF洪水;发电引水系统及水电站厂房、开关站、通航建筑物其他部分为2级建筑物,发电引水系统及水电站厂房、开关站设计洪水标准为100年一遇、校核洪水标准为500年一遇;护岸工程等为4级建筑物,设计洪水标准为50年一遇,校核洪水标准为200年一遇;通航建筑物其余部分设计洪水标准为50年一遇。见表1.3.1。

表 1.3.1   百色水利枢纽水工建筑物防洪标准

序号	名 称	设 计	校 核
1	主坝、泄水建筑物、引水系统进水口及通航建筑物闸首挡水部分	500年一遇	5000年一遇
2	通航建筑物其余部分	50年一遇	
3	副坝	500年一遇	PMF
4	发电引水系统及水电站厂房、开关站	100年一遇	500
5	消能防冲建筑物	100年一遇	
6	护岸工程	50年一遇	200

百色水利枢纽特征水位及相应下泄流量见表1.3.2。

表 1.3.2   百色水利枢纽特征水位及相应下泄流量

洪水频率	库水位/m	坝下游水位/m	相应下泄流量/(m^3/s)
PMF	233.73	136.66	13737
0.02%	231.49	136.50	11542
0.2%	229.66	135.40	9961
0.5%	228.99	134.95	9410
1%	228.50	134.60	9021
2%(控泄)	228.00	126.70	3000

百色水利枢纽总体布置的任务是:

(1)选定工程坝址。

(2)根据所选定坝址区的地形、地质条件,选择合适的挡水建筑物。

(3)在选定的坝型基础上,考虑坝址工程地质条件,选择合适的泄洪消能建筑物,满足工程行洪安全要求。

（4）根据坝址区地形、地质条件，选择合适的水电站厂房型式及通航建筑物型式。

1.3.2　枢纽总体布置

百色水利枢纽地形、地质条件复杂，随着勘测、设计工作的逐步深入，认识不断深化，设计方案更趋完善。最初在阳圩至百林河段对六寮、平圩、连环岭和百林等四个坝段进行了复勘研究，选择平圩坝段进行可行性研究。可行性研究工作针对规划选定的平圩坝段上、下坝址方案，进行重点勘察、试验工作和枢纽布置、施工研究，上坝址岩层以软岩为主，两岸地形单薄且强风化岩体深厚，地形地质条件较差，下坝址尽管地形地质条件与上坝址相似，但分布有规模较大、较完整坚硬的辉绿岩体可以利用，下坝址在坝型、坝高和水工建筑物布置上有一定灵活性，综合分析比较推荐下坝址为选定坝址。

针对选定的百色平圩下坝址，可行性研究阶段拟定了混凝土面板堆石坝、黏土心墙堆石坝、混凝土重力坝三种坝型进行比较，从地形地质条件、枢纽布置条件、工程施工条件、工程量及施工进度和投资、效益等五个方面综合分析比较，推荐混凝土重力坝基本坝型。

根据枢纽布置方案、坝址附近的地形地质条件，可行性研究阶段对通航线路曾比较过坝址与那禄线两个主要方案。对通航建筑物曾比较过三级船闸、垂直升船机、斜面升船机及其组合方案等。通过技术经济综合比较，推荐那禄线航运过坝方案，航运过坝建筑物采用两级垂直升船机提升方案。

可行性研究阶段选定平圩下坝址及推荐混凝土重力坝基本坝型后，综合分析认为坝后式厂房枢纽布置方案虽有建筑物布置较紧凑、永久建筑物投资略省的优点，但因受地形地质条件的制约，在布置上受到局限，大坝与电站厂房在一起，增加坝体施工的复杂性，不利于坝体采用先进的碾压混凝土材料及工艺快速施工，对加快工程施工进度不利，需要研究将发电系统从大坝上分离出去的可能性和合理性，因此初步设计阶段拟定了坝区枢纽布置四个方案：坝后式厂房方案、左坝头地下式厂房方案、左岸岸边式厂房方案、观音山长隧洞电站方案，经过技术经济比较，最终选定了主坝区左坝头地下式厂房布置方案，主要水工建筑物采用分散式布置：百色平圩下坝址的拦河主坝为全断面碾压混凝土重力坝，水电站厂房布置在左坝头地下，通航建筑物（两级垂直升船机）采用远离主坝的那禄线方案，两座副坝（土坝）远离主坝布置。通航建筑物作为二期工程建设。工程总体布置如图 1.3.1 所示。

1.3.2.1　主坝

拦河主坝为全断面碾压混凝土重力坝，坝顶高程 234.00m，坝顶全长 720m，最大坝高 130m，坐落于坝区出露的厚度仅为 120m 左右的第一条辉绿岩岩带上，主坝沿辉绿岩层在地面的出露形状布设，坝轴线呈三段折线布置。泄水建筑物采用"表孔宽尾墩＋中孔跌流＋底流式消力池"新型联合消能工，溢流坝段长 88m，堰顶高程 210.00m，设 4 个 14m×18m（宽×高）表孔和 3 个 4m×6m（宽×高）中孔。表孔弧形钢闸门挡泄水，液压启闭机操作。中孔为有压孔口，进口底高程 167.50m，孔道长 40.1m，布置在表孔中墩下部，出口为宽尾墩无水区；弧形工作闸门设在出口处，液压机操作；进口处设事故检修闸门，卷扬机操作。消力池池底高程 105.00m，尾坎高程 121.00m，消力池宽度 82m、

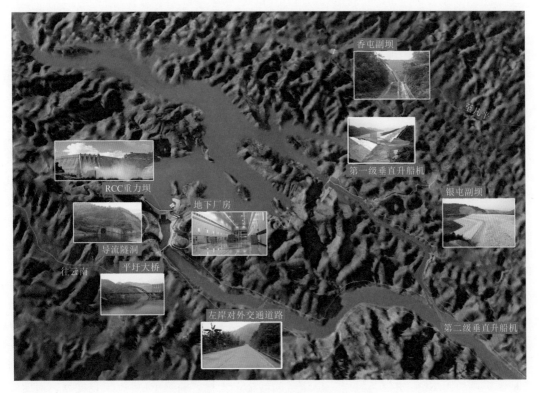

图 1.3.1 百色水利枢纽总体布置示意图

深 16m、长 124.5m。消力池尾坎至第二条辉绿岩（$\beta_{\mu4}^{-2}$）条带之间河床均用混凝土块护底。

1.3.2.2 水电站

水电站为地下式厂房，装机容量 $4\times135MW$，由进水口、引水隧洞、主机洞、主变洞、尾水支洞与尾水主洞及尾水渠等组成。水电站位于左坝头地下，建筑物绕着左坝头布置。进水口为岸塔式，布置在主坝左岸上游侧，与主坝最近距离约 50m。引水隧洞共四条，洞内径 6.5m。地下厂房及主变洞布置在水平宽度仅有 150m 左右的辉绿岩岩体内，厂房轴线与岩体走向基本平行，主机洞室总长 147m，开挖宽度 19m，顶拱跨度 20.7m，最大高度 49m。主变洞与主机洞平行，两洞室之间岩柱厚 21m。主变洞右端设一高压出线洞。在安装间下游侧 128.10m 高程设一条交通洞与下游 137.00m 高程进厂公路连接。在厂房右端副厂房 137.60m 高程布置一条通风疏散洞与下游进厂公路相通。尾水洞由四条支洞汇成一条主洞，支洞宽 8m、高 10.84m，主洞宽 13m、高 21.58～26.87m。

1.3.2.3 副坝

1. 银屯副坝

银屯副坝为均质土坝，位于主坝东侧约 5km 的银屯沟和那禄左沟的分水岭处，由居中的岩怀山将分水岭分成左右两个垭口，左垭口地面高程 210.00m，右垭口地面高程 198.00m。坝顶高程按可能最大洪水确定为 235.00m，防浪墙顶高为 236.2m，坝轴线以 151°交角的折线截分水岭的两个垭口，坝顶长 375m，宽 7m，最大坝高 39m。坝基设置截水槽及帷幕灌浆。

2. 香屯副坝

香屯副坝为均质土坝，位于主坝东北约 4.8km 的香屯沟与平板沟的分水岭处，垭口高程为 214.54m。坝顶高程按可能最大洪水确定为 235.00m，防浪墙顶高程 236.20m，坝顶宽 7m，最大坝高 26m。坝基设置截水槽及帷幕灌浆。

1.3.2.4　通航建筑物

那禄线 2×300t 两级垂直升船机，总提升高度为 115m，其中第一级为 25m，第二级 90m。线路总长 4337.93m，由上游引航道、第一级垂直升船机、中间渠道（含通航渡槽）、第二级垂直升船机和下游引航道等五部分组成。其线路从水库上游左岸距坝址约 3.3km 的银屯沟起，穿过分水岭，顺那禄右沟而下，再折向右江岸坡，于主坝下游约 7km 处重新进入右江河道，全长 4337.93m。通航建筑物安排上游引航道水下部分工程为一期，其余为二期工程建设。

1.3.3　总体布置特点

（1）枢纽采用分散式布置。枢纽工程主要由主坝、地下式发电系统、两座副坝及通航建筑物四大部分组成，主坝为全断面 RCC 重力坝，水电站厂房布置在左坝头地下，两座副坝远离主坝，皆为均质土坝，通航建筑物采用远离主坝的那禄线方案。

（2）厂坝分离。主坝区 RCC 主坝、发电厂房采用分离式布置，发电厂房布置在左坝头地下，避免了 RCC 主坝与发电厂房相互间的施工干扰，满足 RCC 施工强度高、速度快的要求。地下厂房主洞室施工基本不受施工期洪水影响，对施工布置、施工管理、加快施工进度极为有利。

（3）130m 高 RCC 重力坝坝轴线成 3 段折线形布置。主坝区第一条辉绿岩（$\beta_{\mu4}^{-1}$）在河床处水平展露宽度 140m 左右，与河流呈 60°交角，倾向下游右岸，倾角 50°～55°。辉绿岩的上下游皆为承载能力低、软硬相间的砂岩泥岩互层，不宜作为高坝地基。为使混凝土重力坝坐落在承载力强、防渗性能好的第一条辉绿岩（$\beta_{\mu4}^{-1}$）条带上，将坝轴线按 2 个转折点、3 段折线形状布置，左河床与左岸坝段轴线大致与河流正交，右河床坝段轴线向上游折转 28.8°，右岸坡坝段轴线再向上游折转 11.2°。

（4）主坝泄洪消能采用"表孔宽尾墩＋中孔跌流＋底流式消力池"新型联合消能工，较好地解决了本工程泄洪落差大、单宽流量大、河床水深偏浅、地质条件极差等复杂情况面临的泄洪消能难题，实现了在百米以上高 RCC 坝应用的突破。

（5）浅埋、大跨度、小间距地下厂房布置。经过精心的布置、周密的科学计算研究分析、严谨的结构设计、严格的开挖支护工序工艺设计，在厚度仅为 120m 的极为有限的辉绿岩层内，并列布置了地下发电厂房主洞室、尾水闸门及主变洞、尾水主洞三大洞室，洞室轴线与岩层走向基本一致，洞室上覆岩体厚度和洞室间距不足 1 倍洞径，突破国内同类工程洞室间距和上覆岩体厚度极限值，并通过精心施工，获得了成功，开创了洞室轴线与岩层走向一致的先例。采用不与主坝帷幕相结合的以厂外堵排为主、厂内排水为辅的设置独立防渗排水系统的渗控方案，施工难度小、工期短、投资省。

（6）地下发电厂房 4 条尾水支洞汇集到尾水主洞。不设尾水调压井，不设排气孔和减压孔，在厚度有限的辉绿岩层内地下发电厂房 4 条尾水支洞汇集到尾水主洞，采取 4 条支洞为窄高型长尾水管，采用尾水主洞适当加高洞高，并且洞顶逐渐升高的方法，消除尾水系统对电站运行的安全、稳定性和调节过渡过程的复杂影响，尾水支洞及尾水主洞得以布置在厚度有限的辉绿岩层内。地下水电站尾水洞"四洞合一"布置方案为目前同类工程首例。

（7）主坝人工骨料场选定位于坝址右岸右Ⅵ号沟内与坝基辉绿岩相同的一条岩脉，距右坝头 0.4～1km，采用坚硬的辉绿岩作为筑坝人工骨料，避免了采用当地石灰岩骨料面临薄层、夹泥、含燧石造成的开采难度大、弃料多、成本高、骨料有碱活性反应等诸多难题。

这样的布置使得枢纽几大主要建筑物之间有相当大的空间距离，有利于工程分标建设，避免施工期间的相互干扰，充分适应主坝 RCC 高强度快速施工特点及发挥各建筑物承包商的专业优势，加快施工进度，本枢纽布置方案的投资也是最小的。折线形坝轴线布置充分利用坝址出露的单薄而完整性较好的辉绿岩条带作为坝基，有利于混凝土重力主坝基础防渗及稳定、应力、变形控制需要。泄洪消能采用"表孔宽尾墩＋中孔跌流＋底流式消力池"新型联合消能工，较好地解决了本工程泄洪落差大、单宽流量大、河床水深偏浅、地质条件极差等复杂情况面临的泄洪消能难题。采用坚硬的辉绿岩作为筑坝人工骨料，避免了采用当地石灰岩骨料面临薄层、夹泥、含燧石造成的开采难度大、弃料多、成本高、骨料有碱活性反应等诸多难题。

第 2 章

坝址、坝型及工程布置方案选择

20 世纪 50 年代，百色水利枢纽规划、勘测设计工作由原广西水电厅设计院承担，1959 年起，设计任务改由原水电部北京勘测设计院承担。最初确定的工程开发任务是防洪、发电、航运、灌溉等综合利用，推荐的水库正常蓄水位为 223m，死水位为 191.5m，有效库容是 42 亿 m³，预留防洪库容 14.3 亿 m³，装机容量 45 万 kW。1960 年坝址选择工作选定了距百色县城上游约 20km 的平圩坝址。1961 年 1 月提出的初步设计阶段报告，提出了心墙堆石坝及混凝土宽缝重力坝两种枢纽布置方案，由于受当时筑坝技术、设备水平及水泥、钢材物资缺乏等条件限制，也还未查清河床构造的情况及原因，因此采用了当地材料坝（心墙堆石坝）枢纽布置型式，半露天式厂房，布置 4 台发电机（共 45 万 kW），斜面式升船机，通航规模 1×300t 船只。

1979 年，水利部珠江水利委员会（以下简称"珠江委"）成立，即着手进行珠江流域规划。1982 年 12 月，珠江委西江局提出了《珠江流域西江水系郁江综合利用规划报告》。1985 年 7 月，国家计委批复了该报告，指出"百色水利枢纽是开发治理郁江的关键工程，应及早进行可行性研究，如地方财力可能，可考虑列为地方建设工程"。1986 年 8 月，在珠江委和广西水电厅领导、支持下，广西水电设计院与珠江委勘测设计院南宁分院组成联合设计处，进行了百色水利枢纽可行性研究，确定工程开发任务是"以防洪、航运、发电为主，兼顾灌溉、供水等综合利用"，推荐水库正常蓄水位 228m，死水位 203m，电站装机 48 万 kW。推荐平圩下坝址，主坝为混凝土重力坝，坝后式厂房，主坝尽量多地采用碾压混凝土，通航建筑物采用那禄线方案，通航规模 2×300t 级。1993 年 12 月，完成可行性研究报告，并通过水利部水利水电规划设计总院（以下简称"水规总院"）的审查。接着，两院联合编制工程初步设计报告，1996 年 12 月完成。1997 年 3 月，水规总院主持召开《右江百色水利枢纽工程初步设计报告》审查会；1998 年 6 月，向水利部上报了审查意见。审查认为："初步设计报告及其补充报告达到了初步设计阶段的深度要求，基本同意该初步设计报告。"1995—1999 年间，为配合工程利用世界银行贷款工作，广西水电设计院开展了百色水利枢纽利用外资方案项目建议书编制、利用外资可行性研究报告编制、全内资方案可行性研究报告编制、利用外资大坝安全评估、利用外资国际招标标书编制等工作。2000 年底，国家又明确百色水利枢纽采用全内资建设。2001 年 2 月，水规总院提出"根据新的情况重新编制初步设计进行复审"的要求。在 1998 年通过审查的初步设计成果及利用世界银行贷款工作的设计成果基础上，2001 年 6 月，两院联合编了《右江百色水利枢纽初步设计报告（2001 年重编版）》，并上报水利部，2001 年

7月通过了水规总院的审查，2001 年 8 月 21 日水利部批复了该初步设计报告。

2.1 坝址比较与选择

百色水利枢纽地形、地质条件复杂，随着勘察、设计工作的逐步深入，认识不断深化。最初在阳圩至百林河段对六寮、平圩、连环岭和百林等四个坝段进行了复勘研究，选择了平圩坝段进行可行性研究。可行性研究阶段，主要针对规划选定的平圩坝段上下坝址方案进行重点勘察、试验工作和枢纽布置、施工研究。

平圩上坝址位于坝区最大的 F_4 断层下盘，两岸地形较对称，河谷较窄，河床构造相对简单。但上坝址为二叠系和三叠系地层，以泥岩为主，岩性软弱，强度低，泥化夹层多，两岸山头风化岩层深，仅宜修建黏土心墙堆石坝。因两岸坝基放在风化土层上，并且两岸地下水位较低，存在绕坝渗漏和渗透稳定问题，基础处理工程量和处理技术难度大，左岸溢洪道需开挖高达百米的高边坡，稳定性差。

下坝址距上坝址约 1.2km，在 F_4 断层的上盘，为泥盆系地层，主要为硅质岩、泥岩、硅质泥岩、灰岩、泥质灰岩，有两条沿着泥盆系岩层侵入的辉绿岩带斜跨河床出露，与河床交角约 60°，其中第一条辉绿岩在河床出露水平宽度有 145～150m，其上下界面与中等强度的硅质岩接触，其间有 30～50m 斜深的接触蚀变带，硅质岩出露水平宽度 35～55m，可充分利用辉绿岩和硅质岩布置混凝土重力坝和土石坝。土石坝方案可利用右岸山梁第二条辉绿岩布置溢洪道，开挖量较小。

上下坝址土石坝方案导流、泄洪放空隧洞均布置在左岸。

百色平圩上下坝址方案比较位置示意如图 2.1.1 所示，主要工程量及投资比较见表 2.1.1。

表 2.1.1　　　　　　　　　百色平圩上下坝址主要工程量及投资比较

项　目	单位	平圩上坝址土石坝方案	平圩下坝址土石坝方案	平圩下坝址混凝土重力坝方案	备　注
土石方明挖	万 m³	1395	1375	777	
石方洞挖	万 m³	62	62	—	
主坝土石方填筑	万 m³	1215	1215	—	
混凝土	万 m³	49	49	307	
总投资	亿元	14.15	13.43	13.71	1989 年选坝阶段估算投资

由于上坝址岩层以软岩为主，两岸地形单薄且强风化岩体深厚，地形地质条件较差，下坝址尽管地形地质条件与上坝址相似，但分布有规模较大、较完整坚硬的辉绿岩体可以利用，下坝址在坝型、坝高和水工建筑物布置上有一定灵活性。综合分析比较结果，下坝址优于上坝址，推荐下坝址为选定坝址。1993 年 12 月，工程可行性研究报告（修改本）审查会"同意选定平圩下坝址"。

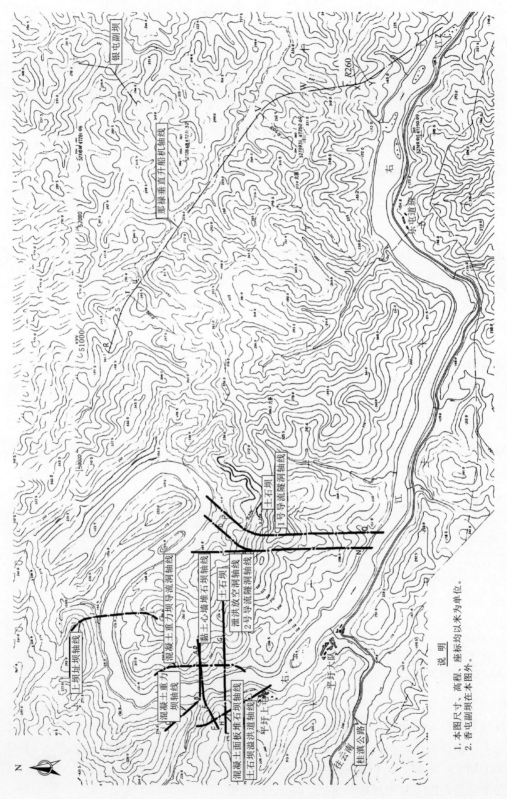

图 2.1.1　百色平圩上下坝址方案比较位置示意图

2.2 坝型比较与选择

除了坝址比选，可行性研究阶段另一中心工作是坝型选择。本工程坝型选择主要从地形地质条件、枢纽布置条件、工程施工条件、工程量及施工进度及投资、效益等五个方面进行分析比较，共拟定了混凝土面板堆石坝、黏土心墙堆石坝、混凝土重力坝三种坝型进行比较。

2.2.1 混凝土面板堆石坝方案

利用平圩上屯出露的第一条辉绿岩（$\beta_{\mu4}^{-1}$）带作河床及左岸坡趾板基础，右岸坝坡趾板则只能布置在较软弱破碎的硅质岩、泥岩上，坝顶高程 236.50m，上游坝坡 1:1.4，下游平均坝坡 1:1.45，石料主要用灰岩及辉绿岩，坝体堆石共 917 万 m^3，溢洪道布置在右坝肩，紧靠大坝，基础大部分置于第二条辉绿岩带上，出水与河道方向一致，上设 4 孔宽 16m、高 20m 弧形门，堰顶高程 212.00m，最大泄量 12800m^3/s，泄洪放空隧洞设在左岸距左坝头约 1km 处，结合施工导流洞作龙抬头进水口改建而成，进水口底高程 160.00m，孔口 6.5m×5.5m（宽×高），其水平长度 1.04km，为明流隧洞，洞宽 9.2m，高 12.5m，最大泄量 1160m^3/s。在来水量不大于发电流量的条件下，此洞与溢洪道和电站共同放水，可在 58 天内将库水位从正常蓄水位降至 170m 水位。发电引水系统在左岸坝肩，进水口底高程 174.00m，4 台机单机单洞，洞径 6m，单机过流量 150.4m^3/s，厂房为地面式，主厂房长 107m、宽 23.5m、高 46.2m，副厂房在进水侧。两座副坝均距离大坝东北约 4km，银屯副坝最大坝高 46m，坝顶长 370m；香屯副坝最大坝高 32m、坝顶长 82m，皆为均质土坝，坝内设放水涵管。混凝土面板堆石坝方案主坝区布置示意如图 2.2.1 所示，土石坝方案泄洪放空隧洞布置示意如图 2.2.2 所示。

2.2.2 黏土心墙堆石坝方案

其枢纽布置与面板堆石坝方案基本相同，只是坝轴线上移，使心墙坐落在面板堆石坝方案的趾板所处的辉绿岩（$\beta_{\mu4}^{-1}$）带上，大坝坝顶高程 235.50m，坝顶长 678m，下游坡平均 1:1.75，上游坡平均 1:1.80。主坝堆石及反滤料 843 万 m^3，填筑黏土 171 万 m^3。因其轴线较面板坝方案略上移，溢洪道及引水发电系统与面板坝方案相比在位置上略有差异，泄洪放空洞布置及付坝布置则完全相同。黏土心墙堆石坝方案主坝区布置示意如图 2.2.3 所示。

2.2.3 混凝土重力坝方案

坝轴线位于平圩上屯出露的第一条辉绿岩（$\beta_{\mu4}^{-1}$）带上。在右岸，坝轴线向上游折转 48°角以使坝基皆坐落在辉绿岩上。重力坝坝顶高程 234.00m，最大坝高 126m，顶宽 13~16m，坝顶长 760m，大坝上游在 163.00m 高程以上为垂直，以下是 1:0.3 斜坡；下游坡 1:0.6~1:0.7。大坝在左岸部分坝段坝踵深部落在硅质岩上，增加了坝体变形、应力的复杂性，以及基础处理的难度。溢流坝段长 81.8m，上设 4 孔宽 14m、高 18m 表

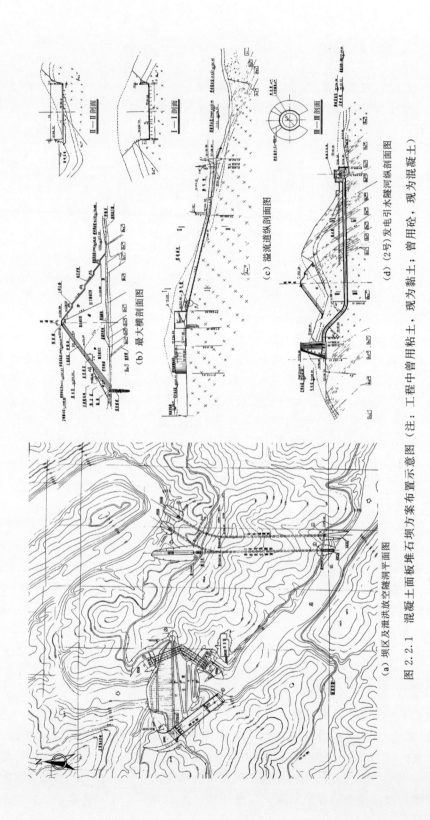

(b) 最大横剖面图

(c) 溢流道纵剖面图

(d) （2号）发电引水隧河纵剖面图

(a) 坝区及泄洪放空隧洞平面图

图 2.2.1　混凝土面板堆石坝方案布置示意图（注：工程中曾用粘土，现为黏土，曾用砼，现为混凝土）

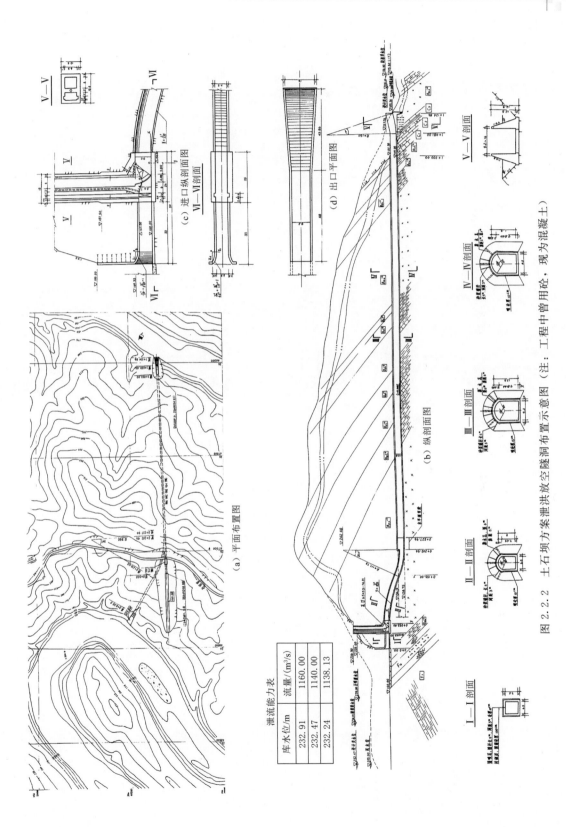

图 2.2.2 土石坝方案泄洪放空隧洞布置示意图（注：工程中曾用砼，现为混凝土）

库水位/m	流量/(m³/s)
232.91	1160.00
232.47	1140.00
232.24	1138.13

泄流能力表

(a) 平面布置图

(b) 纵剖面图

(c) 进口纵剖面图

(d) 出口平面图

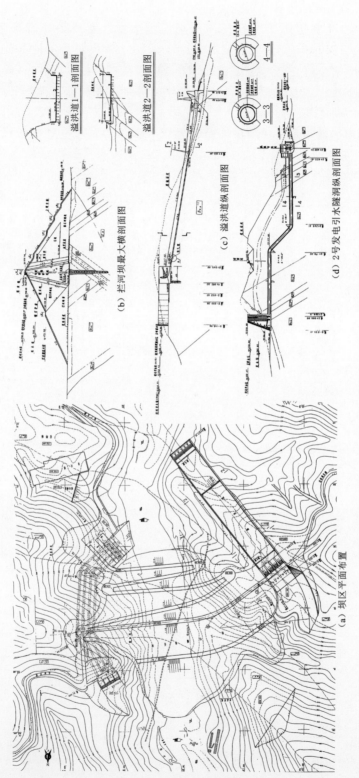

(a) 坝区平面布置

(b) 拦河坝最大横剖面图

(c) 溢洪道纵剖面图

(d) 2号发电引水隧洞纵剖面图

溢洪道1—1剖面图

溢洪道2—2剖面图

图 2.2.3　黏土心墙堆石坝方案主坝区布置示意图（注：工程中曾用砼，现为混凝土）

孔和3孔宽3m、高6m的中孔,表孔溢流堰顶高程214.00m,中孔进口底高程165.00m。消能形式采用"表孔宽尾墩+中孔挑流+坝后消力池"新型联合消能工,消力池长127m、宽75.8m、深6.6m,最大泄量12200m³/s;中孔单孔最大泄量565m³/s,经水工试验验证,消能效果良好。电站为坝后式,右岸厂房坝段共长100.2m,单机单管进水,主厂房尺寸为长107m、宽24.5m、高40m,开关站布置在厂房右端。左岸非溢坝段长204m,右岸非溢流坝段长348m。为了减少基础处理困难,尽可能使左岸坝段建基面落在辉绿岩上,在枢纽平面布置上让厂房坝段的轴线与溢洪道及左岸坝轴线错开18m而不在一直线上,即左岸轴线下移18m。在重力坝大坝混凝土中,根据施工安排及结构特点,部分采用RCC,其中RCC量74.77万m³,约占主坝混凝土246.3万m³的30%。重力坝方案采用左岸坝头隧洞导流方案。混凝土重力坝方案主坝区布置示意如图2.2.4所示。

三种坝型主要工程量及工期、投资指标见表2.2.1,可行性研究阶段工程投资根据1992年的物价水平估算。

表 2.2.1 　　　　　　　　 百色水利枢纽坝型技术经济指标比较

	项 目	单位	混凝土面板堆石坝	黏土心墙堆石坝	混凝土重力坝
永久性建筑物主要工程量	土石方明挖	万 m³	781.92	798.16	210.45
	石方洞挖	万 m³	10.83	11.36	0.50
	土石方填筑	万 m³	929.82	1031.39	9.47
	常态混凝土	万 m³	48.48	42.99	175.37
	碾压混凝土	万 m³	—	—	74.77
	回填灌浆	万 m³	1.60	1.66	—
	固结灌浆	万 m	2.93	3.36	11.18
	帷幕灌浆	万 m	3.89	2.26	3.56
	钢筋	t	14561	12260	15122
	金属结构	t	8419	5899	4673
导流工程主要工程量	土石方明挖	万 m³	74.35	74.35	48.97
	石方洞挖	万 m³	53.18	53.18	8.38
	土石方填筑	万 m³	37.1	37.1	37
	混凝土	万 m³	19.86	19.86	17.56
	回填灌浆	万 m³	4.08	37.1	37
	固结灌浆	万 m³	3.62	4.08	0.68
	钢筋钢材	t	11600	11600	2523
工期	首台机组发电工期/总工期	年	5年9个月/7年	6年9个月/7年6个月	5年9个月/7年
投资	土建工程静态投资(不包括通航建筑物)	亿元	21.53	22.05	22.13

三种坝型投资相近,混凝土面板堆石坝投资略少,黏土心墙堆石坝方案与混凝土重力坝方案投资接近。混凝土面板堆石坝与混凝土重力坝两个方案可以提前一年发电。

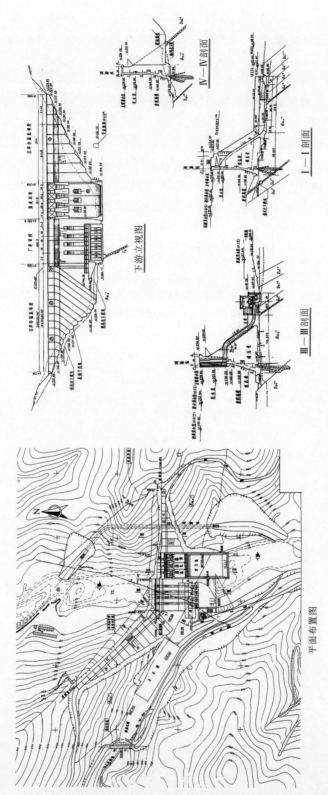

图 2.2.4　混凝土重力坝（坝后式厂房）方案布置示意图

黏土心墙坝方案由于大坝心墙填筑既受雨天的影响又受基础灌浆工期影响，而大坝坝壳堆石则受心墙升高速度的制约，总工期较其他两种坝型多半年，发电期推迟一年，总投资也略大，故放弃黏土心墙坝方案。

混凝土面板堆石坝与混凝土重力坝施工工期相同，投资差别不大，两种坝型在技术上皆可行，在施工上也各有优缺点。黏土心墙堆石坝虽较能适应不良地质条件，但从工期和经济比较不利，因而放弃采用。

从工程地质角度讲，混凝土重力坝能充分利用斜交河床、倾向有利于应力传递、面宽度虽然有限但尚能将基础全置于其上的辉绿岩（$\beta_{\mu4}^{-1}$）硬岩而显得有较大优势，混凝土重力坝坝型在枢纽布置上也有较大灵活性，施工度汛风险较小，而国内水电施工队伍对混凝土坝施工较有经验，以及工程集中方便管理等优点，混凝土重力坝采用新工艺进一步降低造价、缩短工期的可能性较大，故推荐采用混凝土重力坝作为基本坝型。1993 年 12 月，工程可行性研究报告（修改本）审查会议"同意选定混凝土重力坝为基本坝型"。

2.3　主坝区枢纽布置方案比较

百色水利枢纽主要由主坝、地下式发电系统、两座副坝及通航建筑物四大部分组成。主坝区有拦河主坝、泄水建筑物、地下水电站、导流隧洞及临时放水孔等。两座副坝（银屯副坝、香屯副坝）皆远离主坝，均为建在全强风化砂岩上的土石坝。通航过坝建筑物规模为 $2 \times 300t$ 级。通航过坝建筑物经对坝址线和那禄线两方案比较后选用那禄线，坝址线方案是在拦河重力坝段上设一级升船机，那禄线方案则是以银屯村东南侧库岔为引航道，以那禄沟为中间渠道，以大坝下游 7km 处的七星滩下游为航道出口的一条长达 4.3km 的两级垂直升船机布置方式，航道下游出口与下游反调节水库库尾相接。百色水利枢纽形成主坝区单独成一块、两座副坝及通航过坝建筑物各自独立的格局，枢纽总体布置研究主要集中在主坝区内建筑物布置优化。

1993 年底完成的可行性研究报告推荐枢纽布置方案为坝后式厂房方案。由于拦河主坝（混凝土重力坝）是利用坝址出露的一条陡倾角、跨河的辉绿岩岩层（厚度约 120m）作为基础布置，辉绿岩上下游侧皆为风化深、软弱而破碎的蚀变带及沉积岩，坝线可调余地极小，只是水电站厂房布置有较多可选择方案，因此主坝区枢纽布置方案研究就集中在水电站厂房布置方案上。

坝区枢纽布置方案在 1996 年底完成的初步设计报告中做了进一步研究，认为可行性研究报告所推荐的坝后式厂房枢纽布置方案虽有建筑物布置较紧凑、永久建筑物投资略省的优点，但因地形地质条件的制约，在布置上受到局限，主坝与电站厂房在一起，增加坝体施工的复杂性，特别是不利于坝体 RCC 的施工，主坝与厂房施工只能由一个施工单位进行承建，对加快工程施工进度不利。因此，进一步考虑将发电系统从大坝分离出去的可能性和合理性。就厂房布置的型式不同，坝区枢纽布置方案比较有以下 4 个方案。

方案 1：坝后式厂房方案。厂房布置在右河岸及河床坝后，厂房段坝长 88m；溢流坝在河床左侧，长 88m。皆为东西向，变电站在厂房上游侧大坝斜坡上，厂房内设 3 台

18 万 kW 机组，机组间距 22m。主厂房尺寸 69.5m×24.5m×53.6m，其尾水渠与消力池平行下泄，这一方案在布置上的主要问题是厂房要跨越软硬两种岩石，右岸山头开挖有高边坡问题，变电站受泄洪雾化影响需采取全封闭形式。坝区布置如图 2.3.1 所示。

坝后式厂房方案采用全年导流方式，相应洪峰流量 6480m³/s，需在左右岸各设 1 条导流隧洞。右岸导流洞进口高程 120.00m，全长 850m；左岸导流洞进口高程 125.00m，全长 577m，洞断面尺寸皆为 11m×13.5m 城门洞形。

方案 2：左坝头地下式厂房方案。厂房布置在左坝头地下的辉绿岩中，厂房内装 4 台 13.5 万 kW 机组。泄水建筑物仍在河床左岸，但右岸重力段已无厂房段，根据地形地质条件以 25°角折向上游，岸坡段再上折 40°，水电站建筑物分布在左坝头，塔式进水口在坝上游约 90m 库岸边，塔高 58m、宽 82m，顺水流向长 24m，将水引入 4 条洞径 6.5m 的引水隧洞，最长一条洞长 284m，洞间距大于 20.3m，不需设调压井，隧洞穿越泥岩类岩石及硅质岩再进入辉绿岩，岩性较复杂，且进口段与岩层走向夹角很小，成洞条件较差。地下厂房、母线廊道及竖井、尾水闸门室及尾水洞皆在辉绿岩内，岩石坚硬，节理裂隙不发育，成洞条件较好。厂房主洞尺寸为 135.2m×21.2m×50m，其中副厂房长 12m.尾水闸门室尺寸 89.7m×6m×42m，尾水洞以 4 条 8m×9.3m 支洞汇集到宽 13m、高 25m 的尾水主洞中，呈明流状流出。还有母线廊槽和竖井、交通洞、通风洞、排水洞以及施工出渣洞等组成交错的洞室群。变电站布置在厂房顶上开挖平整的 180.00m 及 192.00m 高程两级台阶上。坝区布置如图 2.3.2 所示。尾水渠在较软弱岩石上开挖，有高边坡问题。地下式厂房方案布置面临的主要问题是成洞条件，特别是引水系统的成洞条件较差。

地下厂房方案采用 11 月至次年 4 月枯水期导流方式，相应枯水期流量 1120m³/s，只需用右岸导流隧洞，其进口高程 120.00m，断面尺寸 11m×13.5m，长 807m。上游设 RCC 围堰，下游设过水土石围堰。

方案 3：左岸岸边式厂房方案。拦河坝布置方案与方案 2 基本相同，水电站系统布置在左坝头，坝式进水口将水引入 4 条压力隧洞，洞径 8m，洞距不小于 24m，最大洞长 428m，不设调压塔。厂房设在左岸地面，内设 4 台 13.5 万 kW 机组，机组间距 24m，主厂房尺寸 100m×25m×46m。副厂房在上游侧，开关站设在副厂房顶层，为户内式，以防雾化影响。坝区布置如图 2.3.3 所示。此方案主要问题是厂房处于复杂地基上，厂房上游及回车场处皆存在开挖高边坡问题，引水隧洞穿越复杂的软硬相间的地层。这一方案的施工导流方案与地下式厂房方案相同，但还需增加 1 个厂房小围堰。

方案 4：观音山长隧洞电站方案。在大坝下游约 1.4km 的左岸观音山，利用右江河道 180°大转弯，以两条长约 650m、内径 9.2m 的隧洞将水引到大坝下游约 1.4km 处，设置岸边地面厂房，厂房地基为坝区第 2 条辉绿岩及灰岩。引水道上设两座直径 25m 的圆筒形调压塔，塔高 62m。其厂房布置与方案 3 相似，但没有雾化影响问题，开敞式变电站在厂房左侧。坝区布置如图 2.3.4 所示。这一方案的主要问题是长隧洞穿越了坝址区所有软硬地层，成洞条件较困难；两调压塔在稳定和防渗方面是个技术难题；进水口和厂房处皆存在开挖高边坡问题。此方案施工导流方式与方案 3 相似，但采用左岸导流洞，进口高程 120.00m，洞长 597m。

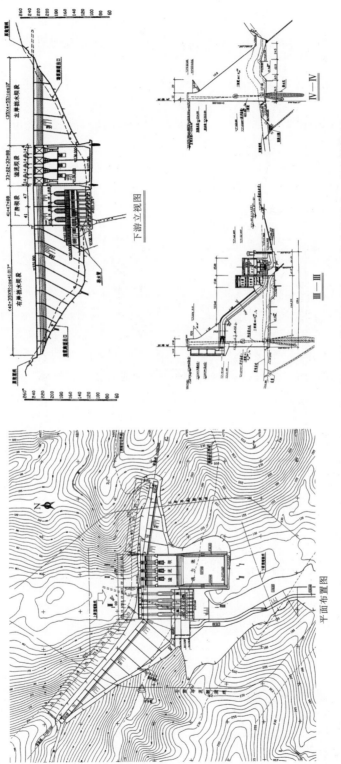

图 2.3.1 百色水利枢纽混凝土重力坝（坝后式厂房）方案布置图（注：工程中曾用砼，现为混凝土）

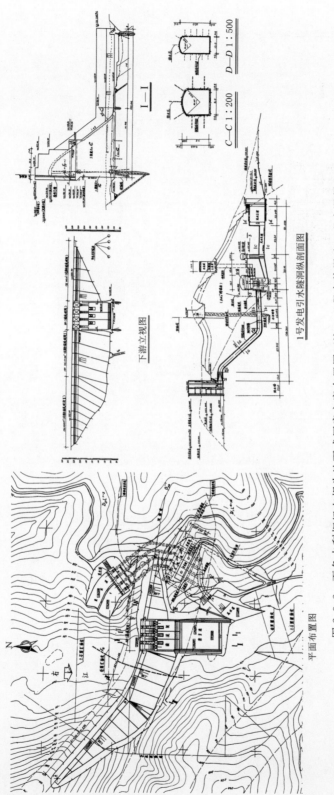

图 2.3.2 百色水利枢纽左坝头地下式厂房方案布置图（注：工程中曾用砼，现为混凝土）

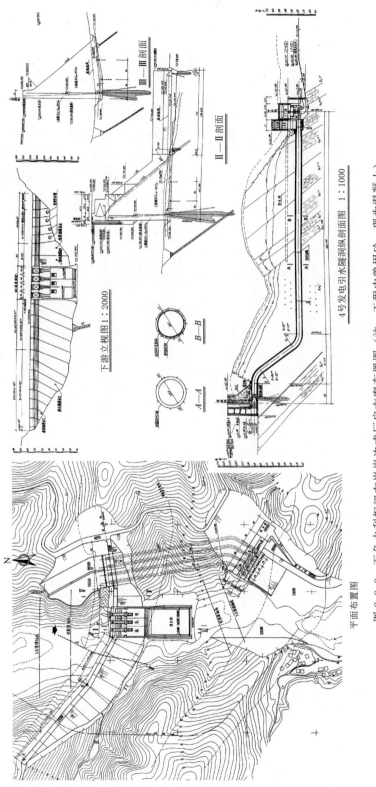

图 2.3.3 百色水利枢纽左岸岸边式厂房方案布置图（注：工程中曾用砼，现为混凝土）

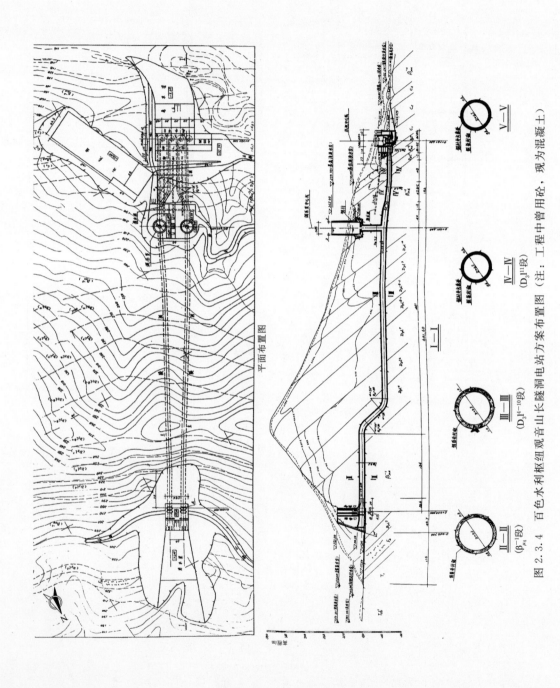

图 2.3.4 百色水利枢纽观音山长隧洞电站方案布置图（注：工程中曾用砼，现为混凝土）

主坝区枢纽布置4个方案的综合比较见表2.3.1。

表2.3.1　　　　　　　　　百色水利枢纽主坝区枢纽布置方案比较

项　目		坝后式厂房方案	左坝头地下式厂房方案	左岸岸边式厂房方案	观音山长隧洞电站方案
主坝区枢纽主要工程量/万 m³	挖填土石方	283.1	319.3	473.2	291.3
	洞挖石方	0.48	29.60	12.90	23.00
	碾压混凝土	197.5	199.5	200.1	199.5
	常态混凝土	82.5	73.3	73.0	74.5
估算投资/亿元	1 主坝枢纽投资（静态）	27.16	25.91	28.87	27.89
	1.1 建筑工程部分	9.94	10.58	13.10	11.93
	1.2 机电设备及安装	3.65	3.37	3.19	2.83
	1.3 金属结构及安装	0.86	0.53	0.50	0.59
	1.4 临时工程	4.13	3.37	3.60	3.83
	（其中施工导流及交通）	(2.64)	(1.86)	(1.90)	(2.17)
	1.5 其他费用	6.11	5.70	5.85	6.19
	1.6 预备费	2.47	2.36	2.63	2.52
	2 水库淹没搬迁赔偿（静态）	8.48	8.48	8.48	8.48
	3 通航建筑物（静态）	14.76	14.76	14.76	14.76
	工程总投资	50.40	49.15	52.11	51.13
施工进度/月	施工总工期	68	68	68	68
	其中：导流工程	26	24	24	24
	主坝工程	53	53	53	53
	电站工程	48	56	48	57
	首台机组发电工期	68	56	56	56

综合比较分析认为左坝头地下厂房方案具有如下优点：

（1）厂坝分离，施工互不干扰，可以分别招标建设，有利于加速施工进度，且比坝后式厂房方案提前一年发电，从施工难度来看也优于左岸岸边式厂房方案和观音山长隧洞电站方案。

（2）总投资最省，其中尤以施工费用最少。

（3）运行条件较优，避免了泄洪雾化影响，厂坝分离而相距又不太远，电站至航道下游出口仍有6km，有利于坦化作用、减少不稳定流对航运的影响。

存在的缺点是施工条件艰苦和运行环境稍差。

综合分析认为地下工程施工技术当时已经获得高速发展，施工困难已不成为控制因素，其存在的其他缺点皆可通过努力加以克服或改善，最终推荐采用左坝头地下厂房方案。

2.4　通航建筑物布置方案比较

根据枢纽布置方案、坝址附近的地形地质条件，可行性研究阶段对通航线路曾比较过坝址与那禄线两个主要方案。对通航建筑物曾比较过三级船闸、垂直升船机、斜面升船机及其组合方案等。主要结论：在大坝枢纽处建通航建筑物，电站调峰对航运影响太大，坝址至七星滩尾约 7km 河段，即使进行大规模整治，其降幅仍有 1.4～1.55m，超出船舶航行允许范围；通航建筑物设于枢纽，与大坝 RCC 快速施工干扰大，而且深开挖、高边坡问题都更为突出。而通航过坝建筑物那禄线方案具有：出口距大坝、电站较远，受电站调峰、泄洪影响较小，航道整治工程量较少，与拦河主坝、水电站分开，有利于避免施工干扰、分期施工等优点，与坝址线方案（计及大坝至七星滩河段整治费用）相比投资相近，故采用那禄线航运过坝方案。该方案下行过坝能力可达每年 270 万 t，满足规划货运量需求，远景还有进一步扩建的可能。

对于通航建筑物形式：因为三级船闸方案工程量大，投资高，过闸时间长，通过能力低；船闸方案耗水量大，船闸冲泄水时，由于中间渠道容积小，其不稳定流对船舶航行影响较大。而升船机方案不泄水耗水、投资少、通过能力大，运行灵活，国内对大型升船机已进行大量科研和实践，存在的技术问题可以解决，所以推荐那禄线两级垂直升船机方案。

2.5　推荐并实施的枢纽总体布置

百色水利枢纽主要由主坝、地下式发电系统、两座副坝及通航建筑物四大部分组成。主坝区有拦河主坝、泄水建筑物、地下水电站、导流隧洞及临时放水孔等。副坝区有香屯、银屯两座副坝。通航建筑物采用那禄线两级垂直升船机方案。枢纽总体布置如图 2.5.1 所示。

2.5.1　主坝

混凝土是由胶凝材料将集料胶结成整体的工程复合材料的统称。普通混凝土是用水泥作胶凝材料，砂、石作集料，与水按一定比例配合，经均匀搅拌、密实成型、养护硬化成的一种人工石材，广泛应用于土木工程，是一种坚实可靠的筑坝材料。碾压混凝土是可以采用与土石坝施工相同的运输及铺筑设备、用振动碾分层压实成型的贫水泥、高掺合料、无坍落度特殊混凝土，由水泥、活性掺合料、水、外加剂、砂石粗骨料拌制而成。碾压混凝土坝既具有普通混凝土坝体积小、强度高、抗渗性能好、坝身可过水等特点，又具有土石坝经济而能使用大型通用机械简便、高强度、快速施工的优点，迅速被坝工界接受、推崇。

我国于 1979 年开始碾压混凝土筑坝技术探索、研究和实践工作，1986 年在福建建成第一座高 56.8m 的坑口金包银碾压混凝土坝（roller compacted concrete dam，RCD），至 2000 年我国已经建成 41 座碾压混凝土坝，其中重力坝 37 座、拱坝 4 座，碾压混凝

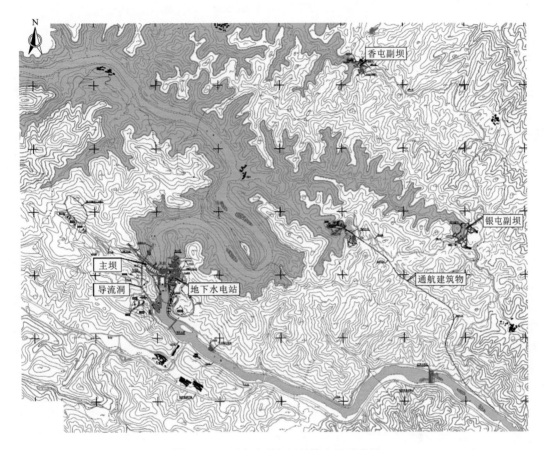

图 2.5.1 百色水利枢纽总体布置示意图

土累计 920 万 m³，坝高超过百米的有 5 座，分别为新疆石门子拱坝高 109m（RCC 量 18.8 万 m³）、广西岩滩重力坝高 110m（RCC 量 35.8 万 m³）、云南大朝山重力坝高 115m（RCC 量 9 万 m³）、福建棉花滩重力坝高 113m（RCC 量 51 万 m³）和湖南江垭重力坝高 131m（RCC 量 110 万 m³）。经过 20 世纪末 20 年的研究、开发与实践，我国碾压混凝土技术在坝工方面获得了举世瞩目的进展和成就，积累了丰富而宝贵的经验，形成了一整套具有我国特点的筑坝技术。1991 年建成的广西荣地碾压混凝土坝，是最早创新采用二级配碾压混凝土富胶凝材料取代常态混凝土防渗层的大坝，奠定了全断面碾压混凝土坝的基础。1993 年贵州普定拱坝开创了现代碾压混凝土筑坝技术的先河。现代碾压混凝土坝依靠坝体自身防渗，有效提高了坝体的防渗性能，简化了施工，加快了工程进度，缩短了工期。

1995—2000 年，百色水利枢纽处于工程初步设计阶段，当时我国碾压混凝土筑坝技术正处在试验性应用阶段，混凝土坝同行还在争论是否能大规模采用碾压混凝土、坝体断面是否必须外包常态混凝土形成所谓"金包银"结构、碾压混凝土是否必须低温浇筑？21 世纪初新开工的百色水利枢纽主坝高 130m（其中 4B 号、5 号坝块计及坝踵裂隙密集带深挖区坝高 132m），混凝土量 270 万 m³（其中 RCC 量 202 万 m³），属当时世界超级碾压混凝土重力坝工程。通过广泛调查研究、科学试验、严格论证，最终确定采用可靠、经济、快速的碾压混凝土坝方案，坝体全断面使用碾压混凝土，防渗区为二级配碾压混凝土，主坝区为准三级配碾压混凝土，使用中热硅酸盐水泥、高掺量粉煤灰、适当温控措施。

百色水利枢纽全断面碾压混凝土重力主坝坐落于坝区出露的厚度仅为 120m 左右的第一条辉绿岩（$\beta_{\mu4}^{-1}$）带上，沿辉绿岩层在地面的出露形状布设，坝轴线呈三段折线布置，由左岸坡非溢流坝段、河床溢流坝段、右河床非溢流坝段和右岸坡非溢流坝段组成。坝顶高程 234.00m，最大坝高 130m，坝顶全长 720m，整个挡水坝段分为 27 个坝块。左岸坡挡水坝段长 192m，分为 7 个坝块，单块长度 30～36m；溢流坝段长 88m，分为 3 个坝块，单块长度 22～33m；右河床挡水坝段长 108m，分为 4 个坝块，单块长度 27m；右岸坡挡水坝段长 332m，分为 13 个坝块，单块长度 30～36m。

泄水建筑物采用"表孔宽尾墩＋中孔跌流＋底流式消力池"新型联合消能工，布置在河床左侧 4A 号、4B 号和 5 号坝块上，该坝段轴线与河道流向正交，进水与出水皆较顺畅。溢流坝段长 88m，堰顶高程 210.00m，设 4 个 14m×18m（宽×高）表孔和 3 个 4m×6m（宽×高）中孔。表孔中闸墩厚 8m，边闸墩厚 4m，弧形钢闸门挡泄水，液压启闭机操作。中孔为有压孔口，进口底高程 167.50m，孔身断面 4m×7m，孔道长 40.1m，布置在表孔中墩下部，出口为宽尾墩无水区；弧形工作闸门设在出口处，液压机操作；进口处设事故检修闸门，卷扬机操作。泄水建筑物设计下泄流量 9961m³/s，校核下泄流量 11542m³/s。

底流式消力池包括底板、尾坎、坎后板及左右边墙。消力池池底高程为 105.00m，尾坎高程为 121.00m，消力池宽 82m、深 16m、长 124.5m。边墙采用重力式结构，墙顶高程 139.00～145.00m。消力池下游护坦按 50 年一遇控泄 3000m³/s 的标准进行防护设计，消力池尾坎至第二条辉绿岩（$\beta_{\mu4}^{-2}$）条带之间河床均用混凝土块护底。

主坝平面布置如图 2.5.2 所示，典型剖面如图 2.5.3 所示。

施工导流隧洞布置在右岸，直径 13.2m，长度 828m，进口高程 119.00m，底坡 4‰，设计流量 3000m³/s，穿过 10A 号、10B 号坝块坝基下部，越过右Ⅳ号沟，再穿过右Ⅳ号沟下游山体，从平圩上屯冲沟出口汇入原河道。

临时放水底孔布置在 3B 号坝块底部，进水口中心高程 132.00m，放水流量 10～15m³/s，孔身横断面为圆形，直径为 2m，坝体内全长 76.687m，进口设平面钢闸门，用卷扬机操作，出口设弧形闸门控制流量，孔口为 2m×1.8m，采用手、电两用螺杆式启闭机操作，放出的水流入消力池，向下游提供环境和生活用水。临时放水底孔在施工导流洞下闸封堵后水库蓄水初期启用，完成水库初期蓄水期间放水任务后，需进行封堵。

为了在那吉航运枢纽建成前满足电站调峰运行时下游河床航运、环境、生活用水供水需要，设置放水管以便在电站调峰运行的停机时段下放 30.6m³/s 的航运基流。放水管为背管形式，布置于 3B 号坝段，下游消能考虑采用空放阀形式将水流泄入电站尾水渠。

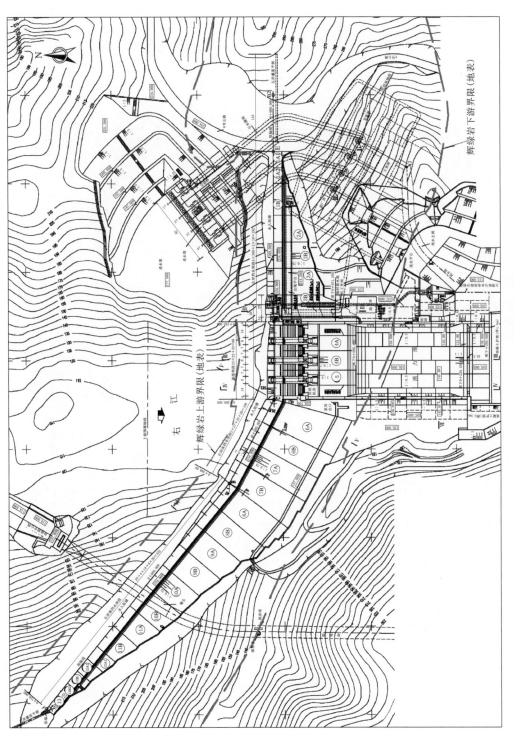

图 2.5.2　百色水利枢纽主坝平面布置图

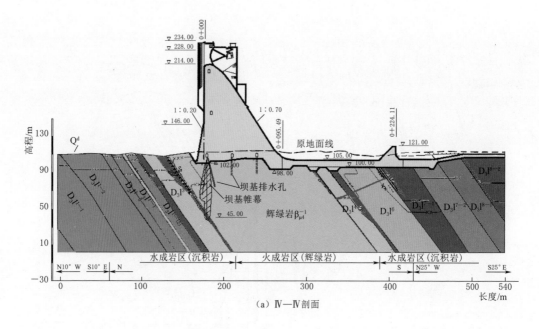

（a）Ⅳ—Ⅳ剖面

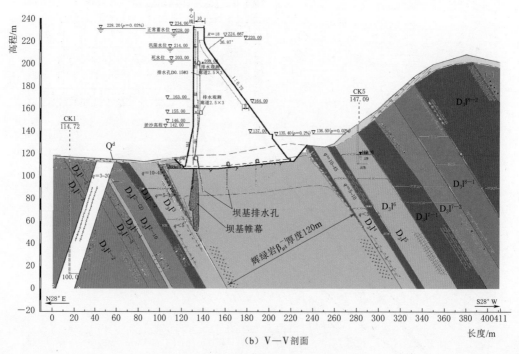

（b）Ⅴ—Ⅴ剖面

图 2.5.3　百色水利枢纽主坝典型剖面图

2.5.2　地下水电站

地下水电站为左坝头地下式厂房，装机容量 4×135MW，由进水口、引水隧洞、主机洞、主变尾闸洞、尾水支洞、尾水主洞及尾水渠等组成，建筑物绕着左坝头地下布置。

进水口为岸塔式，布置在坝的左岸上游侧，与坝最近距离约 50m，对坝基稳定不会产生影响。引水隧洞共四条，洞内径 6.5m。地下厂房及主变尾闸洞布置在水平宽度仅有 150m 左右的辉绿岩体内，厂房轴线与岩体走向基本平行，主机洞室总长 147m，开挖宽度 19m，顶拱跨度 20.7m，最大高度 49m。主变尾闸洞与主机洞平行，两洞室之间岩柱厚 21m。主变尾闸洞右端设一高压出线洞。在安装间下游侧 128.10m 高程设一条交通洞与下游 137.00m 高程进厂公路连接。在厂房右端副厂房 137.60m 高程布置一条通风疏散洞与下游进厂公路相通。尾水支洞宽 8m、高 10.84m，尾水主洞宽 13m、高 21.58～26.87m。机组纵剖面如图 2.5.4 所示。

2.5.3 副坝

1. 银屯副坝

银屯副坝为均质土坝，位于主坝东侧约 5km 的银屯沟和那禄左沟的分水岭处，由居中的岩怀山将分水岭分成左右两个垭口，左垭口地面高程 210.00m，右垭口地面高程 198.00m。坝基地层为三叠系中统百蓬组第三、第四段的泥岩和粉砂岩、砂岩夹泥岩，其上覆盖第四系残坡积黏土。坝顶高程按可能最大洪水确定为 235.00m，防浪墙顶高为 236.2m，坝轴线以 151°交角的折线截分水岭的两个垭口，坝顶长 375m，宽 7m，最大坝高 39m。坝基设置截水槽及帷幕灌浆。布置如图 2.5.5 所示。

2. 香屯副坝

香屯副坝为均质土坝，位于主坝东北约 4.8km 的香屯沟与平板沟的分水岭处，垭口高程为 214.54m，坝区出露地层为三叠系中统百统百蓬组第三、第四段，左坝基以细砂岩为主，夹粉砂质泥岩，右坝基以粉砂质泥岩为主夹少量细砂岩，上覆残坡积层。坝顶高程按可能最大洪水确定为 235.00m，防浪墙顶高程 236.20m，坝顶宽 7m，最大坝高 26m。坝基设置截水槽及帷幕灌浆。布置如图 2.5.6 所示。

香屯副坝原设计左岸山脊下设有灌溉隧洞，进口底板高程为 203.34m，隧洞长 339m，隧洞开挖断面 2m×2.25m（宽×高，圆拱直墙式），混凝土衬砌厚度 25cm。设计流量 0.5m³/s，灌溉下游约 3000 亩农田。后经论证改为抽水灌溉。

2.5.4 通航建筑物

那禄线两级垂直升船机，总提升高度为 115m，其中第一级为 25m，第二级 90m。线路总长 4337.93m，由上游引航道、第一级垂直升船机、中间渠道（含通航渡槽）、第二级升船机和下游引航道等五部分组成。其线路从水库上游左岸距坝址约 3.3km 的银屯沟起，穿过分水岭，顺那禄右沟而下，再折向右江岸坡，于主坝下游约 7km 处重新进入右江河道。

通航建筑物安排上游引航道水下部分工程为一期，其余为二期工程建设。

2.5.5 工程交通

坝区对外交通有两条，一条是沿右江左岸专用公路通往百色，一条是右岸坝区公路在平圩与百色至云南省际公路相接，联系左右岸交通的有平圩大桥。

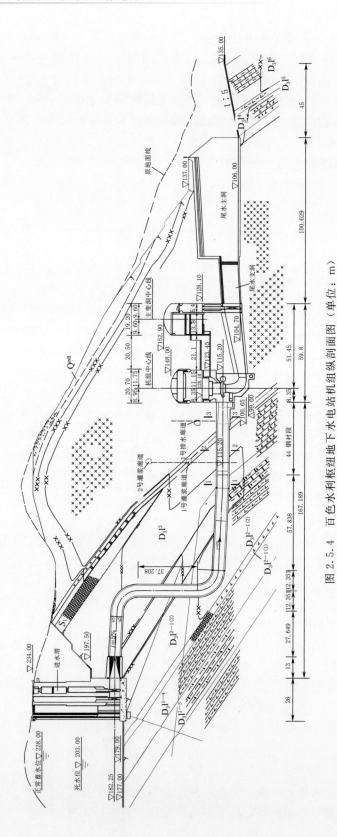

图 2.5.4 百色水利枢纽地下水电站机组纵剖面图（单位：m）

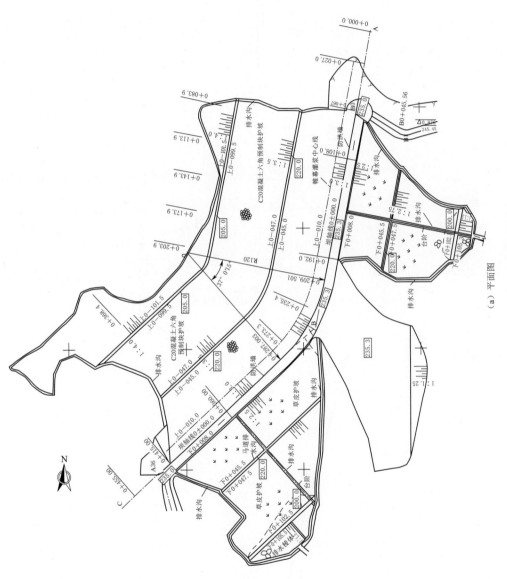

（a）平面图

图 2.5.5（一） 百色水利枢纽银屯副坝布置图

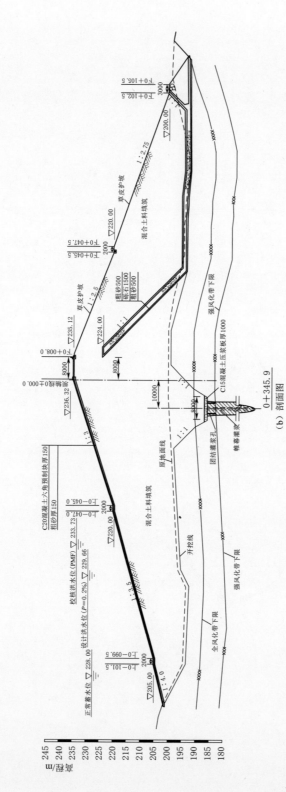

图 2.5.5 (二)   百色水利枢纽银屯副坝布置图

(b) 剖面图

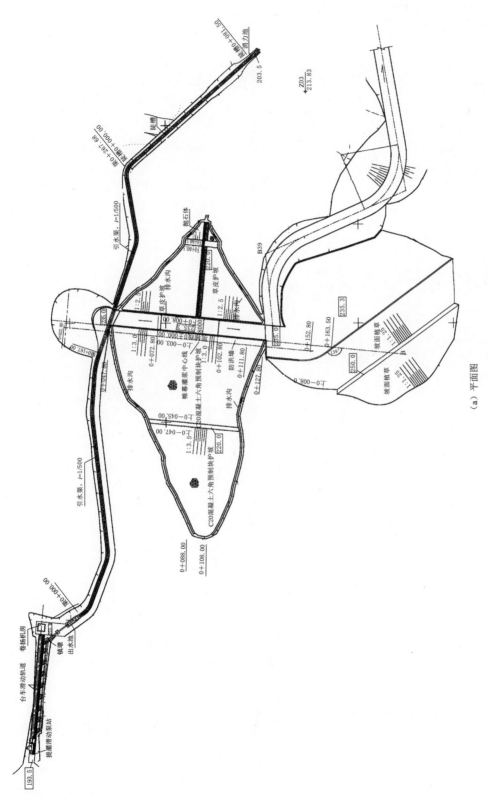

(a) 平面图

图 2.5.6 （一） 百色水利枢纽香屯副坝布置图

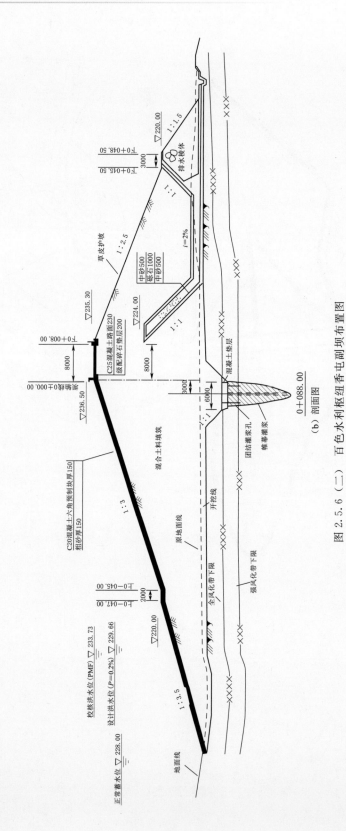

图 2.5.6（二） 百色水利枢纽香屯副坝布置图

（b）剖面图

第 3 章

RCC 主坝工程设计

3.1 坝线比较与选择

工程可行性研究阶段，经技术经济比较，选定平圩下坝址混凝土重力坝布置方案，利用该坝址出露的第一条辉绿岩（$\beta_{\mu4}^{-1}$）条带作坝基。初步设计阶段坝线比选的目的是在河床出露的该辉绿岩条带上，找到一条能有利于坝基防渗处理而且能够兼顾坝基应力、变形、稳定的坝轴线。

1996 年初步设计时拟定的拦河坝典型断面如图 3.1.1 所示。坝基岩性差异较悬殊。

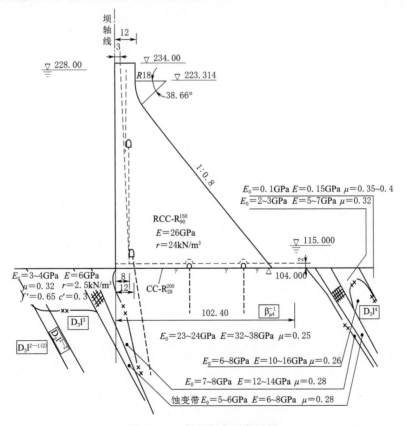

图 3.1.1　拦河坝典型断面图

由于岩层倾角构成上游软弱的蚀变带、硅质岩、泥岩以 55°角斜插入辉绿岩底部，对约束辉绿岩体变形的能力很低，坝基主要持力岩层辉绿岩体好似斜向上游的岩墙，坝轴线位置的不同，坝基应力、应变将有明显区别。

根据一般经验，坝踵置在上游较软的地基上，坝踵区拉应力较小，可利用上游硅质岩作为坝基一部分；而坝轴线下移可减小坝踵垂直变位，尤其是本坝址岩层的倾角与外荷载的合力方向基本一致的情况，坝趾区主压应力不会过于集中。但本工程坝高达 130m，坝踵置在上游较软的地基上，在空库工况，坝踵正应力达 4MPa 左右，超过硅质岩、泥岩弱风化层的允许抗压强度，而坝线下移，坝趾置在较软的地基上，会增加运行时坝踵出现的拉应力，故认为坝基全部放置在辉绿岩岩带上为宜，且应考虑坝踵下有一定厚度的辉绿岩。

辉绿岩宽度有限，坝轴线选择余地很小，设计中考虑位于辉绿岩上的三条极为相近的坝轴线，进行二维有限元分析结果比较。上坝轴线坝踵接近上游蚀变带边缘，中坝轴线坝踵与坝趾均离上下游蚀变带一定距离，下坝轴线坝趾接近下游蚀变带边缘，上下坝轴线的距离仅约 30m。大坝位移、坝基应力计算成果见表 3.1.1 和表 3.1.2。

表 3.1.1　　　　　　百色水利枢纽重力坝各坝轴线方案坝顶及坝踵位移

坝轴线	计算工况	坝顶位移/cm		坝踵位移/cm	
		X	Y	X	Y
上	正常	1.61	−1.48	0.77	−1.08
	库空	−6.31	−5.03	−1.61	−4.23
中	正常	2.22	−1.11	0.91	−0.72
	库空	−5.20	−4.53	−1.38	−3.58
下	正常	2.90	−0.88	1.12	−0.51
	库空	−3.89	−3.38	−1.14	−2.51

注　X 向以顺水流方向为正向，Y 向以铅直向上为正向。

表 3.1.2　　　　　　百色水利枢纽重力坝各坝轴线方案坝踵及坝趾应力

坝轴线	计算工况	坝踵应力/MPa		坝趾应力/MPa	
		$\sigma_主$	σ_y	$\sigma_主$	σ_y
上	正常	0.060	−0.810	−0.720	−1.760
	库空	−1.130	−3.480	1.180	0.330
中	正常	0.260	−0.350	−0.400	−1.440
	库空	−1.326	−3.557	−0.085	−0.079
下	正常	1.050	−0.030	−0.380	−1.200
	库空	−1.590	−4.460	0.090	−0.160

注　应力以拉为正，压为负。

从计算结果可以看出：与上、下坝轴线方案相比，中坝轴线坝体和岩基应力、应变适中，更为合理，最大值控制在允许范围之内；作用于坝面的水、淤沙压力与坝体自重的合力作用于辉绿岩岩带的中部，最大限度地使辉绿岩真正成为主要持力层，使因建坝产生的地基附加应力尽可能在辉绿岩中消散。中坝轴线布置结果表明：设置在岩基中的防渗帷幕工程量小，防渗效果更为可靠；坝脚尽可能远离蚀变带，对蚀变带处理工程量不敏感；便于坝基开挖施工。综合分析比较结果，选定中坝轴线。

3.2 主坝设计

主坝工程设计依据是《混凝土重力坝设计规范》（SDJ 21—78）（SL 319—2005）及其补充规定、《碾压混凝土坝设计导则》（DL/T 5005—92）、《碾压混凝土坝设计规范》（SL 314—2004）、《水工混凝土结构设计规范》（SL/T 191—96）、《水工建筑物抗震设计规范》（SL 203—97）。

3.2.1 主坝结构设计

3.2.1.1 坝顶高程

非溢流坝坝顶安全超高 Δh 计算公式为

$$\Delta h = 2h_1 + h_0 + h_c$$

计算结果见表 3.2.1。

表 3.2.1　　　　　　　　百色水利枢纽主坝坝顶安全超高计算结果　　　　　　　单位：m

库水位 Z	浪高 $2h_1$	波浪中心线至静水位高 h_0	超高 h_c	安全超高 ($\Delta h = 2h_1 + h_0 + h_c$)	最低坝顶高程 ($Z + \Delta h$)
正常水位 228	1.40	0.45	0.70	2.55	230.55
校核洪水位 231.49	0.85	0.25	0.50	1.60	233.09

坝顶高程由基于校核洪水位的坝顶安全超高确定，最低为 233.09m。由于本工程 PMF 水位为 233.73m，考虑主坝洪水漫顶对坝趾附近的下游蚀变带稳定极不利，可能造成极其严重损失，故考虑 PMF 洪水不漫顶，确定坝顶高程为 234.00m。

3.2.1.2 坝体断面设计

坝体采用全断面碾压混凝土。在常态混凝土重力坝设计原则基础上，着重考虑 RCC 高强度、快速施工的特点，除了必要的灌浆、观测廊道外，RCC 重力坝断面应尽可能简单，材料分区尽可能少，分区最小尺寸应满足进料、摊铺、碾压机械施工需要；在坝基、坝体应力及稳定安全前提下断面面积最小。主坝不设纵缝，在满足坝体温度徐变应力安全前提下横缝间距尽可能加大。

3.2.1.3 坝体混凝土材料分区

坝体根据不同部位对混凝土强度、抗渗、耐久、抗冲刷等性能的要求，混凝土分成主坝内部准三级配 RCC 区（Ⅰ区）、上游面二级配防渗 RCC 区（Ⅱ区）、常态混凝土区（Ⅲ区）、抗冲耐磨混凝土区（Ⅳ区）及变态混凝土区（Ⅴ区），如图 3.2.1 所示。

（1）主坝内部准三级配 RCC 区（Ⅰ区）：主坝主体混凝土为 R_{180}15MPa，S_2 准三级配 RCC，水泥用量不低于 50kg/m³。

（2）上游面二级配防渗 RCC 区（Ⅱ区）：混凝土标号为 R_{180}20MPa，S_{10}。厚度为 8～2m（相当于 1/15 水头）。在溢流坝段堰面抗冲磨混凝土下部设置水平厚度为 4m 的二级配 RCC 作为过渡层。另外，由于坝体抗震的材料强度需要，在坝体下游面 164.00～

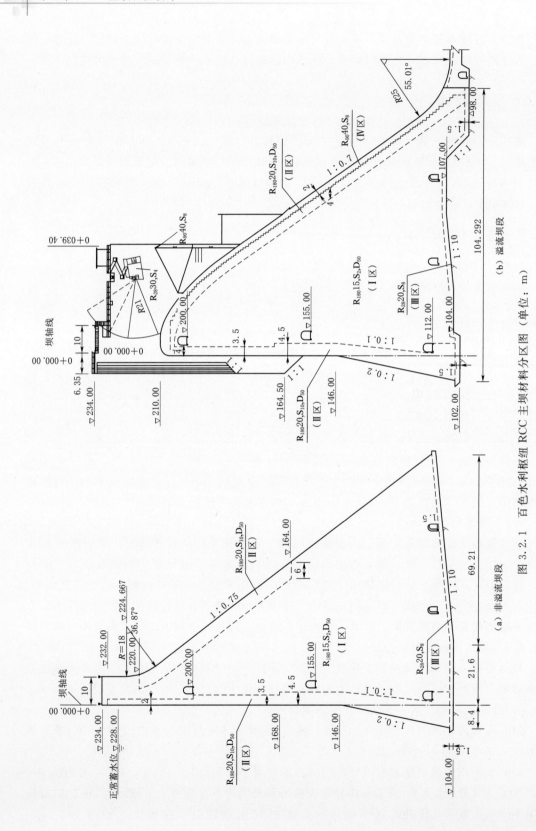

图 3.2.1　百色水利枢纽 RCC 主坝材料分区图（单位：m）

（a）非溢流坝段

（b）溢流坝段

220.00m 高程处设置水平宽度为 6m 的二级配 $R_{180}20MPa$，S_{10}。

（3）常态混凝土区（Ⅲ区）：高坝段坝基垫层、溢流坝中孔周边、廊道周边、闸墩、临时放水底孔周边、永久放水管周边等部位以及部分低坝块采用常态混凝土。

（4）抗冲耐磨混凝土区（Ⅳ区）：在溢流坝段溢流坝堰面，以及表孔闸墩下部过水部位均采用高标号 $R_{90}40MPa$，S_8 抗冲耐磨常态混凝土。

（5）变态混凝土区（Ⅴ区）：在止水片、电梯井等周边、坝体上下游面以及两岸坡坝块坝基 0.4m 范围采用变态混凝土（enriched vibrated RCC，EVR），变态混凝土是在 RCC 拌合物铺料过程中洒铺水泥粉煤灰浆，用振捣器插入振捣而成。

各区材料性能要求见表 3.2.2。

3.2.1.4 主坝材料力学指标

（1）主坝 RCC 采用辉绿岩人工砂石骨料，混凝土设计重度为 $24.53kN/m^3$。

（2）RCC 层间抗剪断指标：$f'=1.1$，$c'=0.9MPa$。该指标类比国内同类工程拟定，通过实验室及工地试验室 RCC 层间抗剪断试验验证。

（3）坝基混凝土/岩基抗剪断指标：坝基混凝土/岩基抗剪断指标根据地质建议值取值，开挖后根据现场试验结果调整，微风化辉绿岩基础 $f'=1.09\sim1.1$，$c'=0.9\sim0.95MPa$；微～弱风化辉绿岩基础 $f'=1.04\sim1.09$，$c'=0.8\sim0.95MPa$；弱风化辉绿岩基础 $f'=0.95\sim1.04$，$c'=0.75\sim0.95MPa$，见表 3.2.3。

3.2.1.5 主坝细部结构设计

1. 坝体分缝与止水

综合考虑布置、结构、施工浇筑条件及混凝土温度控制等因素，参照国内同类工程经验，主坝设置横缝，间距按 20～30m 设定，局部矮坝段放宽到 36m，各坝块坝体坝基特性值见表 3.2.3，各横缝均为通缝。主坝不分纵缝。高坝段永久缝内设三道止水，两铜一塑，止水片间距为 50cm；中、低坝段永久缝内设两道铜止水。

坝体温度徐变应力计算结果表明，在上游面水泥用量较大的二级配混凝土区增设"短横缝"可以有效降低二级配区的温度应力，因此在坝块的上游中部设置了一条 3m 深的"短横缝"，"短横缝"前端按照永久分缝结构设置止水片，下游端设置 $\phi200$ 应力释放圆，并配置环向限裂钢筋。"短横缝"结构及实物如图 3.2.2 所示。

2. 坝内廊道

坝内布置了基础灌浆排水廊道、观测排水廊道、检查交通廊道。基础灌浆排水廊道设于坝内上游侧，断面为 3m×3.5m 城门洞形。观测排水廊道设在坝上游侧 155.00m 和 200.00m 高程，断面为 2m×2.5m 城门洞形，两端与基础灌浆排水廊道相通。廊道周边采用变态混凝土，根据坝内孔口应力大小配置环形受拉钢筋。

3. 坝体防渗及排水

为了实现通仓碾压，加快坝体混凝土施工速度，本工程采用二级配富胶凝材料碾压混凝土 $R_{180}20MPa$，S_{10} 防渗，厚度满足 1/15 倍水头要求。另外，上游坝面在死水位 203.00m 高程以下涂刷聚合物水泥防水涂料（Ⅱ型）作辅助防渗。

在坝体上游面二级配防渗混凝土后、坝体准三级配 RCC 前沿，根据规范要求设置一排坝体排水孔幕（孔距 3m、孔径 15cm），以降低坝体渗透压力。

表 3.2.2　　百色水利枢纽主坝混凝土性能设计指标

分区	类别	混凝土标号	最大骨料直径/mm	粉煤灰掺量/%	抗渗标号	抗冻标号	极限拉伸值/10^{-6}	微膨胀/10^{-6}	重度/(kN/m³)	使 用 的 部 位
I	碾压混凝土	R_{180}15MPa	60	63	S_2	D_{50}	70	—	24.53	坝体内部混凝土
II		R_{180}20MPa	40	58	S_{10}	D_{50}	75	—	24.53	坝体上游防渗层混凝土；3A号、3B号、6A~9B号坝块下游面164.00~220.00m高程混凝土；溢流坝堰面过渡层混凝土
III	常态混凝土	R_{28}30MPa	40	0	S_4	D_{50}	80	—	24.53	坝顶交通桥梁混凝土、表孔弧门支撑牛腿混凝土、中孔弧门支撑梁混凝土、预制梁、板混凝土、闸门槽二期混凝土
		R_{28}20MPa	60	0	S_8	D_{50}	80	30	24.53	3A~9A号RCC主坝基础找平混凝土、止水基座混凝土、右接头齿墙混凝土、断层及蚀变带混凝土塞
		R_{90}25MPa	100	40	S_6	D_{50}	80	—	24.53	消力池底板底部混凝土、消力池边墙主体混凝土、溢流坝边导墙主体上部混凝土、表孔闸墩上部混凝土、消力池下游护坦混凝土
		R_{28}20MPa	40	0	S_8	D_{50}	80	50	24.53	导流隧洞及主坝放水底孔堵头混凝土、地质探洞回填混凝土
		R_{28}20MPa	40	35	S_8	D_{50}	80	—	24.53	中孔及放水孔周边混凝土、坝基集水井、中孔启闭机房、坝顶变电室、电梯房、消力池左侧泵房混凝土、灌浆平洞村砌混凝土、栏杆、人行道混凝土
		R_{28}15MPa	100	35	S_4	D_{50}	80	—	24.53	护坡、挡土墙混凝土、预制防冲混凝土四面体、土石围堰护面
IV		R_{90}40MPa	60	0	S_8	D_{100}	80	—	24.53	溢流坝堰面混凝土、溢流坝导墙混凝土与消力池有抗冲耐磨要求、表孔闸墩下部混凝土
V	变态混凝土	R_v20MPa	40	—	S_{10}	D_{50}	80	—	24.53	上游坝面坝体外表面混凝土、1A~2B号、9B~13号岸坡坝段上游侧混凝土、由原R_{180}20MPa加浆振捣而成
		R_v15MPa	60	—	S_4	D_{50}	80	—	24.53	坝体外表面混凝土、坝内常态混凝土周边、孔洞周边、由原R_{180}15MPa加浆振捣的混凝土、岸坡坝基混凝土周边由原而成

表 3.2.3

百色水利枢纽 RCC 主坝各坝块特征值

坝块编号	1A1	1A2	1B	2A	2B	3A	3B	4A（溢）	4B（溢）	5（溢）	6A	6B	7A	7B
坝段长度/m	18	18	36	30	30	30	30	33	22	33	29	25	27	27
上游坝面设短缝	√		√	√	√	√	√	√	√	√	√	√	√	√
坝基宽度/m	12.3	17.0	29.3	39.1	47.6	57.3	98.8	102.7	104.3	104.3	99.2	99.2	93.9	93.9
坝踵高程/m	215.40	208.00	191.00	176.00	161.00	146.00	129.00	107.00~125.00	104.00	104.00	104.00	110.00	110.00	110.00
坝高/m	18	26	43	58	73	88	105	127	130	130	130	124	124	124
坝趾高程/m	215.80	209.40	192.90	179.80	168.50	155.50	98.00	98.00	98.00	98.00	110.90	110.90	116.40	116.40
坝踵平段宽率	10	10	10	10	10	10	10	30	30	30	30	30	30	30
坝基反坡坡率	1:5	1:5	1:5	1:5	1:5	1:5	1:5	—	1:10	1:10	1:10	1:10	1:10	1:10
建基面风化程度	弱（上）	弱（上）	弱、微上	微、微上	弱、微	弱、微	微	微	弱、微	弱、微	弱、微	微（上）	微（上）	微（上）
建基面 f'	0.85	0.85	0.89	1.06	1.08	1.10	1.10	1.09	1.08	1.05	1.05	1.06	1.06	1.06
建基面 c'/MPa	0.60	0.60	0.70	0.85	0.90	0.95	0.95	0.90	0.89	0.80	0.80	0.88	0.88	0.88

坝块编号	8A	8B	9A	9B	10A	10B	11A	11B	12A1	12A2	12B1	12B2	13
坝段长度/m	27	27	30	30	30	30	30	30	18	18	18	18	20
上游坝面设短缝	√	√	√	√	√	√	√	√					
坝基宽度/m	90.3	82.2	69.9	62.3	54.8	51.5	45.7	36.5	27.4	24.1	18.9	16.2	11.3
坝踵高程/m	114.00	123.00	132.00	141.00	151.00	156.00	165.00	179.00	193.00	198.80	206.00	211.00	218.00
坝高/m	120	111	102	93	83	78	69	55	41	35.2	28	23	16
坝趾高程/m	120.10	128.50	142.40	150.30	159.00	163.30	171.10	183.30	195.50	200.50	206.80	211.60	218.00
坝踵平段宽率	30	15	15	15	15	15	15	15	15	15	15	15	10
坝基反坡坡率	1:10	1:5	1:5	1:5	1:5	1:5	1:5	1:5	1:5	1:5	1:5	1:5	1:5
建基面风化程度	弱、微	弱、微	弱、微	弱、微	弱（下）	弱（下）	弱、微	弱、微	弱	弱	弱	弱	弱
建基面 f'	1.10	1.10	1.04	1.04	1.02	1.00	1.08	1.08	0.95	0.95	0.65	0.65	0.50
建基面 c'/MPa	0.90	0.90	0.80	0.80	0.80	0.80	0.90	0.90	0.75	0.75	0.40	0.40	0.20

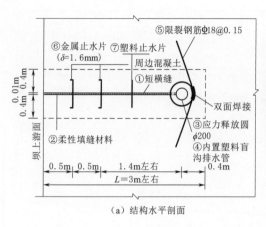

（a）结构水平剖面　　　　　　　　　　（b）实物照片

图 3.2.2　百色 RCC 主坝上游面"短横缝"

3.2.2　主坝坝基开挖

主坝坝基开挖深度根据坝基应力、岩石强度及其完整性，结合上部结构对基础的要求研究确定。坝基开挖的控制指标主要是岩石纵波速度，同时结合肉眼鉴定的岩石分界线及岩石压水试验综合确定。根据重力坝设计规范要求，本工程坝高大于 70m 坝段建基面岩石要求是新鲜、微风化或弱风化下部，岩体质量应达到 $A\text{Ⅲ}_1$ 类以上岩体（纵波速度 $V_p \geqslant 4500\text{m/s}$）；坝高 70～30m 坝段建基面岩石要求是微风化岩石至弱风化中部，坝基岩体质量应达到 $A\text{Ⅲ}_2$ 类以上岩体（纵波速度 $V_p \geqslant 4000\text{m/s}$）；坝高低于 30m 坝段建基面岩石可适当放宽到弱风化上部，坝基岩体质量应达到 $C\text{Ⅵ}_1$ 类以上岩体（纵波速度 $V_p \geqslant 3500\text{m/s}$）。对于局部破碎地段或构造蚀变带达不到上述标准的，需进行适当加固处理。基础开挖后，局部比原预测的地质情况要差，做了深挖处理。F_6 断层现场开挖时，由于缓倾角裂隙、岩体破碎、风化严重等原因，进行了深挖和扩挖处理。坝基开挖后基坑状况见图 3.2.3。

图 3.2.3　百色水利枢纽主坝坝基开挖后基坑照片

3.2.3　主坝坝基处理

3.2.3.1　基础固结灌浆

为充填基础岩石裂隙，提高基岩整体性、承载能力、抗渗能力，固结坝底与基岩接触面，确保大坝坝基应力、抗滑稳定安全，在坝基及坝基上下游 10～24m 范围内进行固结灌浆处理。F_6 断层、上下游接触蚀变带、裂隙密集带及部分小断层均进行专门固结灌浆处理。防渗帷幕上游的固结灌浆，主要考虑其起浅部防渗作用，溢流坝段和右河床挡水坝段孔深为 15m，其余坝段均为 12m；坝趾部位的固结灌浆孔深为

8m，其余部位均为 5m。F₆ 断层固结灌浆孔深采用 20m，上下游接触蚀变带、裂隙密集带固结灌浆孔深采用 20m。固结灌浆孔排距为 3m×3m，方形布置，如图 3.2.4 和图 3.2.5 所示。

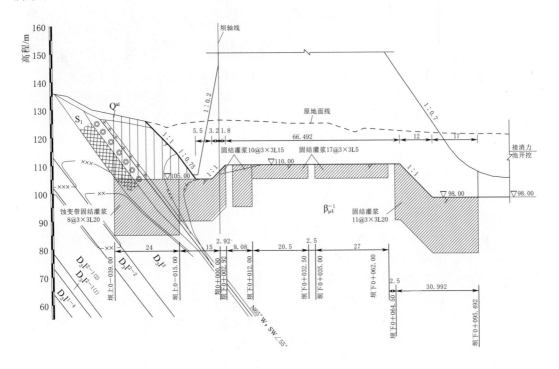

图 3.2.4　溢流坝段基础固结灌浆处理剖面图（单位：m）

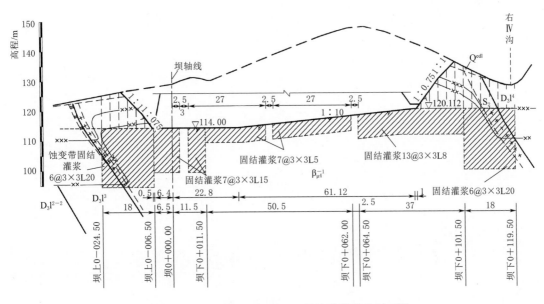

图 3.2.5　右河床挡水坝段基础固结灌浆处理剖面图

3.2.3.2 坝基防渗帷幕

坝基防渗帷幕设置的目的是封堵基岩缺陷，与坝基排水孔联合作用控制渗漏，降低坝基扬压力，防渗帷幕需具备可靠的连续性、耐久性。坝基渗流计算研究结果表明，对地质条件良好、透水性小的部位，可采用堵排结合、以排为主的渗控措施；在断层、破碎带等特殊地质条件部位，可采取堵截为主的渗控措施。

按照混凝土重力坝设计规范，高、中坝段基础帷幕设置主、副帷幕各 1 排，主帷幕深度以岩体单位吸水量 1～3Lu 控制。本工程坝基防渗帷幕深度根据特定地质条件拟定，通过渗流场计算研究进行坝基渗流稳定安全复核。坝基辉绿岩下伏透水性强的蚀变带、含洞穴的 D_3l^3 与 D_3l^2 岩层，而辉绿岩带是微弱透水体，透水率为 0.1～10Lu，其本身就是较好的防渗体。主坝坝踵到坝基辉绿岩上游界面距离统计见表 3.2.4，河床坝段坝踵到下部辉绿岩体上游界面距离仅为 16～36m，铅直方向距离仅有 24～40m，距坝踵 24～40m 深以下就是蚀变带、硅质岩等强、中透水体（10～100Lu），并以 55°角斜伸入坝基，深部的相对隔水层分布无规律，帷幕底端无法与相对隔水层连接，只能按照传统做法，做成悬挂式帷幕，主帷幕深度取 0.5～0.7 倍坝高，副帷幕深度取主帷幕深度 0.5 倍，副帷幕位于主帷幕上游侧，且向上游倾斜 4°。溢流坝段及有基础廊道的非溢流坝段主、副帷幕排距为 1.2m，孔距为 2.5m；在坝前水深小于 30m 且无基础廊道的两岸重力坝段只设 1 排帷幕，孔距 2.5m；两坝头设灌浆平洞，洞内设 1 排帷幕，孔距为 2.5m，左岸坡伸入坝头 110m，右岸坡伸入坝头 60m（向上游偏移 26°），到达原地下水位线与正常蓄水位的交点处，帷幕线全长 900m。主坝基础防渗帷幕在基础灌浆廊道内施工，廊道断面尺寸为 3m×3.5m；两岸无基础灌浆廊道的重力坝块直接从坝顶 234.00m 高程打孔灌浆。施工时先进行主帷幕孔的灌浆，然后进行副帷幕孔的灌浆，每排帷幕分三序灌浆。

表 3.2.4　　　　　　　　　　　主坝坝踵到坝基辉绿岩上游界面距离统计　　　　　　　　单位：m

坝块编号	水平向	法向	铅直向	坝块编号	水平向	法向	铅直向
1B	42	34	60		20	16	24
2A	32	27	43	7B	21	18	33
2B	45	36	50	8A	22	18	31
3A	48	35	45	8B	22	19	35
3B	40	28	40	9A	23	20	32
4A	27	22	36	9B	24	20	34
4B	22	18	28	10A	23	19	35
5	22	20	30	10B	19	18	30
5	36	32	50	11A	20	17	29
5	36	36	50	11B	22	18	31
6A	30	26	35	12A	25	21	40
6B	28	17	30	12B	26	22	40
7A	20	16	24				

施工过程中，发现局部帷幕灌浆孔打穿坝基辉绿岩上游界面进入蚀变带区域后灌浆孔涌水，经分析研究对帷幕深度作了修改和补充：对 2A～9A 号坝块主帷幕深度进行局部调整，将 2B～8B 号坝块的副帷幕深度调整为与主帷幕同深，副帷幕孔由原来向上游倾斜 4°改为向上游倾斜 1°。坝基下部辉绿岩接触蚀变带及硅质岩区，帷幕灌浆段的段长控制在 2～3m。各部位灌段长度和灌浆压力要求见表 3.2.5。

表 3.2.5 各部位灌段长度和灌浆压力要求

段次及部位		单位	第一段 孔口管段	第二段	第三段	第四段	第五段及 以下各段
建基面高程在 130.00m 以下 的辉绿岩段	段长	m	2	1	2	5	5～6
	灌浆压力	MPa	0.8～1.0	2.0	3.0	4.0	5.0
建基面高程 130.00～160.00m 的辉绿岩段	段长	m	2	1	2	5	5～6
	灌浆压力	MPa	0.8～1.0	2.0	3.0	3.5	4.0
建基面高程在 160.00m 以上 的辉绿岩段	段长	m	2	1	2	5	5～6
	灌浆压力	MPa	0.5～0.8	1.5	2.0	2.5	3.0
坝基下部辉绿岩接触蚀变带及 硅质岩段	段长	m	2～3				
	灌浆压力	MPa	4.0				

3B～8B 号坝段采用细水泥灌浆，其余坝段采用普通硅酸盐水泥。细水泥浆液水灰比采用 1∶1、0.8∶1、0.6∶1 三个比级，开灌水灰比采用 1∶1。普通硅酸盐水泥灌浆浆液水灰比采用 3∶1、2∶1、1∶1、(0.6～0.5)∶1 等四个比级，开灌水灰比 3∶1。

3.2.3.3 坝基接触灌浆

在坝基侧向陡坡部位设置接触灌浆。为简化施工，本工程利用陡坡部位固结灌浆孔兼作接触灌浆孔，坝基陡坡部位固结灌浆的灌浆孔在完成固结灌浆后，在建基面以下 1m 以及以上的灌浆孔不回填、不封孔，并进行扫孔，经冲洗后引管组成接触灌浆系统。

3.2.3.4 断层破碎带处理

1. F_6 断层处理

F_6 断层通过 6A 号坝块的基础，顺流向，充填物多为片状岩、块状岩、糜棱岩和断层泥等，断层破碎带宽 2～4m，倾角较陡，断层带与上下游接触蚀变带交汇处破碎带和影响带宽均为 4～8m。F_6 断层用微膨胀混凝土塞加固，塞深 8m，塞底清挖到影响带，破碎带范围 (2～4m) 再下挖 3m。混凝土两侧开挖坡按 1∶0.5，将断层破碎、影响带挖除。F_6 断层混凝土塞延伸至坝体上下游边界线以外，延伸长度上下游各 15m，如图 3.2.6 和图 3.2.7 所示。混凝土塞底部及周边铺设钢筋网，两侧及底部进行固结灌浆，孔深 15m，孔距 2m。由于断层破碎带与上游水库相连通，因此在帷幕轴线部位加深开挖 10m 设置 3m 厚混凝土防渗墙，帷幕前加设 3 排帷幕，灌浆采用细水泥灌浆，灌浆压力不小于 1.5MPa。在坝体下游混凝土塞末端出口设 1 排水反滤铺盖，防止断层内细颗粒流失。

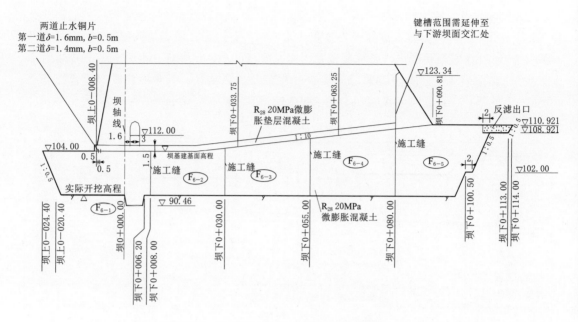

图 3.2.6　F_6 断层混凝土塞纵剖面图（单位：m）

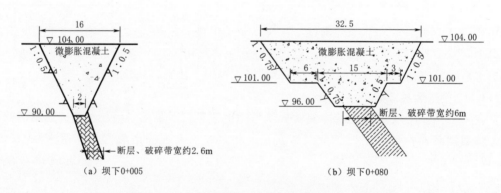

图 3.2.7　F_6 断层混凝土塞横剖面图（单位：m）

2. F_{46} 构造蚀变带处理

F_{46} 结构蚀变带位于 4A 号、4B 号坝块的坝踵，充填物为辉绿岩破碎、风化蚀变物等，断层破碎带宽 2m 左右，倾向左岸，在 4A 号坝块坝踵露头的 16m×16m 范围挖深 5～97m，侧面开挖坡按 1:0.5，将破碎、风化蚀变物挖除，并回填微膨胀混凝土加固，回填混凝土底部及周边铺设钢筋网。开挖平面如图 3.2.8 所示。由于结构破碎、蚀变带与上游水库相连通，因此在 4A 号、4B 号坝块帷幕前加设 3 排灌浆帷幕，灌浆采用细水泥灌浆，灌浆压力不小于 1.5MPa。4A 号、4B 号坝块坝踵及原往上游布设的固结灌浆，孔距加密到 2.5m，加深到 20m。

3. 坝基 F_7、F_{15}、F_{16}、F_{45} 等断层、构造节理的处理

坝基 F_7、F_{15}、F_{16}、F_{45} 等断层均为规模不大的小断层，断层宽度大者 0.8m，小者 0.2m，其充填物质为坚硬的构造岩（如碎块岩、角砾岩等），对基础的强度和压缩变形影

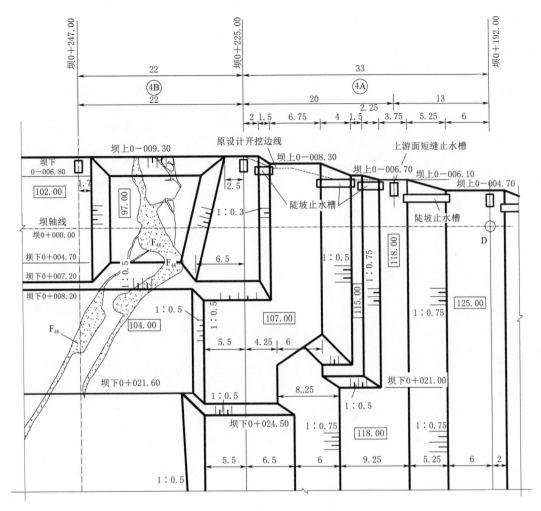

图 3.2.8 4A 号坝踵 F_{46} 构造蚀变带局部挖低处理平面图（单位：m）

响不大。在适当的深度内，将断层破碎带及其两侧风化岩石挖除或挖至较完整的岩体，再回填基础混凝土。

4. 坝踵区反倾角构造节理区处理

6B 号、7A 号坝踵区存在连续性较强的反倾角构造节理，倾角约 30°左右，内充填黄色岩屑夹泥 2~5cm，局部挖低 5m 大大缩小反倾角节理范围，节理露头处再挖 1.5m 深的槽并回填微膨胀混凝土，此区固结灌浆孔距加密到 2.5m，如图 3.2.9 所示。

5. 上下游蚀变带处理

上游蚀变带宽一般 2~4m，局部宽达 7~10m，下游蚀变带宽 0.4~6.6m，上下游蚀变带均采用浅层灌浆处理，灌浆孔深 20m，孔排距为 3m×3m，孔位布置成梅花形。灌浆压力在不掀动基础岩石的原则下，取 0.6~1.0MPa。如图 3.2.4 和图 3.2.5 所示。

3.2.3.5 坝基排水设计

依据专题研究结果，确定本工程坝基渗控措施是以排水为主、帷幕防渗为辅。坝基内

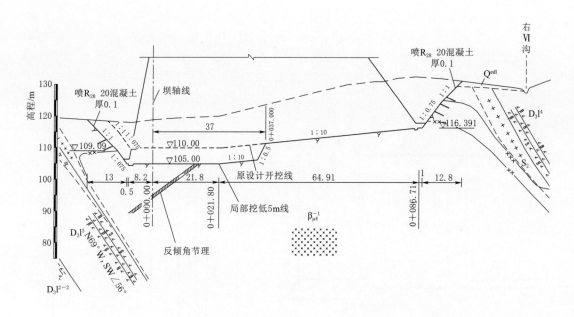

图 3.2.9　6B 号、7A 号坝踵区反倾角构造节理区深挖处理剖面图（单位：m）

纵向设置 3 排排水孔，第 1 排为主排水孔，位于基础灌浆排水廊道内灌浆帷幕的下游，入岩深度为主帷幕入岩深度的 0.4～0.6 倍，第 2、第 3 排排水孔为副排水孔，分别设置在坝基中部的两个排水廊道内，孔深入岩 20m。同时，在横向廊道（横 1～横 9）以及电缆廊道内也设置 1 排辅助排水孔。排水孔均在辉绿岩内，孔径为 15cm，孔距 3m。在穿越 F_6、F_{46} 和其他小断层以及软弱夹层、构造破碎带等的主坝基础排水孔段内设置组装式反滤体。

在主帷幕灌浆施工过程中发现一些特殊情况，如孔口涌水、沉砂、失水及多个灌浆孔互相串通等，部分灌浆孔出现涌水、涌砂现象。分析认为是由于帷幕孔揭穿斜插入坝基的辉绿岩进入强透水的水成岩后引发的透水，部分钻孔内涌出的砂是辉绿岩在钻进中的磨成的岩砂。为此设计采取了以下调整措施：

（1）已经钻设的 4A 号、4B 号、6A 号、6B 号、7A 号坝块的帷幕后主排水孔（孔深 40m，孔斜 10°）用水泥浆液灌浆封闭，灌浆压力为 2～3MPa。

（2）在周边 30m 范围的灌浆施工完毕后，在封堵掉的原排水孔（包括因串浆封堵的其他主、副排水孔）孔位两侧 20～50cm 处补钻新的排水孔，基本保持 3m 孔距不变。补钻的主、副排水孔孔径均为 110mm，主排水孔孔斜为垂直坝轴线向下游倾斜 15°，孔深（建基面以下垂直深度）为 25m；副排水孔为垂直孔，孔深为 20m。

（3）将 2A～9A 号坝块副帷幕偏角由偏向上游 4°改为 1°，深度改为与主帷幕同深。

（4）适当缩短坝基主排水孔，使之远离辉绿岩上游接触蚀变带。采用地质钻机补钻排水孔，并对钻孔岩芯进行详细记录，编制钻孔柱状图。并根据这些钻孔柱状图在穿越软弱夹层、构造蚀变带、破碎带、断层的排水孔段放置组装式反滤体。

百色坝基辉绿岩岩性单一，为微透水层，本身就是坝基很好的防渗体，上游斜插入坝基深部的蚀变带、沉积岩是中～强透水层，坝基帷幕底端无法与深部相对隔水层连接，只能做成悬挂式帷幕。坝基渗控措施是以坝基排水为主，以防渗帷幕为辅。排水幕的排水降压渗控能力很强，其深度应不穿通坝基辉绿岩。百色主坝通过调整缩短坝基主排水孔的孔深使之均处于辉绿岩体内，既能使坝建基面扬压力远小于设计允许值，又能有效控制坝基总渗水量。

3.2.3.6　坝基开挖岩体松弛效应的处理

坝基开挖从 2002 年 1 月开始，至 2003 年 1 月结束，共开挖石方 109 万 m³。开挖采用预裂爆破分梯段进行，预裂爆破先于梯段爆破至少 100ms；对坡比陡于 1:1 的节理密集部位，在主炮孔和光面爆破之间设置缓冲爆破孔，其单孔装药量减半；使用潜孔钻钻孔，2 号硝铵炸药或乳化防水炸药进行爆破，根据基岩特点和开挖坡面形状，预留 1.8～3.0m 厚的保护层，保护层按常规方法进行钻爆，建基面预留 0.2～0.3m 采用人工撬挖。

在坝基开挖后的基岩弹性波检测中发现，浅表层岩体纵波速度普遍低于地质要求的波速值，出现浅层岩体松弛现象。深度 0.5m 范围内岩体的波速一般小于 3000m/s，0.5～1.7m 局部 2～5m 范围内岩体的波速为 3000～4500m/s，再深部位岩体的波速则大于 4500m/s。地质分析认为本区虽然地应力水平不高，但由于最大主应力为水平向，建基面上部岩体挖出后，其浅表层最大最小应力差达到最大，当失去垂直方向的约束时，会向临空面产生变形，从而加剧岩体松弛。对此专门召开了坝基变形与大坝稳定的专题咨询会，专家分析认为百色坝基辉绿岩脉具有宽度小、历史上受构造作用强烈、隐微裂隙发育、抗扰动能力弱等特点，继续深挖已不能消除爆破、卸荷对辉绿岩体松弛的影响，建议在开展松弛岩体的变形特性和抗剪强度的试验研究基础上，复核大坝稳定和坝基应力与变形，改进施工工艺和加强固结灌浆。

基坑中进行的基岩变形试验表明，试点岩体大部分属碎裂—镶嵌碎裂结构，$V = 2043～4478$m/s，变形模量 $E_0 = 1.77～8.28$GPa，平均为 5GPa，较原地质建议的 8GPa 降低 3GPa。抗剪断试验结果表明碎裂结构岩体的抗剪强度为 $f' = 0.79$，$c' = 0.70$MPa；较完整岩体 $f' = 1.19$，$c' = 1.34$MPa，与前期探铜中同类岩体抗剪强度基本相当。根据试验成果修正了变形模量等地质参数，建基面至 95.00m 高程岩体的变形模量由 12GPa 降低为 5GPa 后（降低了 58.33%）后，采用有限元法计算坝基应力、变形及稳定，结果表明不同工况坝体特征部位的位移均有所增加，其中正常和校核工况坝顶水平位移增量最大，增幅 13.41% 和 12.87%；坝趾的垂直位移增量最大，增幅分别为 3.14% 和 4.36%，但总沉降并不大，坝基应力、位移、稳定计算结果对坝基岩体变形模量变化不敏感。

已有工程经验表明，固结灌浆对提高裂隙岩体波速和变形模量有显著作用，有效地改善了坝基岩体的整体性。百色大坝河床坝段坝基固结灌浆在 2003 年高温季节 RCC 停浇时进行，停浇时河床 4～7 坝段的 RCC 高度已达 15～29 m。厚盖重 RCC 坝体为基础松弛层岩体的固结灌浆设计优化和固结效果创造了条件。鉴于混凝土盖重较大，坝基固结灌浆生产性试验采用了较浓的开灌浆液和较高的压力。浆液水灰比采用 2:1、1:1 和 0.6:1 三个比级，灌浆压力采用 0.3～1.0MPa。灌后声波检测波速平均提高 3.42%～5.67%，建基面浅表部松弛层低波速点都有较大提高，波速低于 4000m/s 的区域基本消灭。根据试验成果，坝基固结灌浆采用了提高灌浆压力和缩短第一灌浆段长度等措施。灌浆分二序施工，灌浆材料为 425 号普通硅酸盐水泥（F_6、F_{46} 构造蚀变带用超细水泥），灌浆浆液水灰比采用 2∶1、1∶1、0.6∶1 三个比级，灌浆压力第一段 0.8～1.2MPa，第二段 1.5～2.0MPa，第三段以下 2.0～2.5MPa。第一段长均为 2m，灌浆塞塞在建基面混凝土中 0.5m 处；以下各段灌浆根据灌浆段长度，采用自上而下或自下而上分段灌浆法或孔口封闭灌浆法。坝基固结灌浆注入量 19.9～85.6kg/m。灌后孔压水检查均合格，声波检查结果 4～7 号坝块坝基 0～2.0m 范围的平均波速均超过 4500m/s，岩体波速提高 2.1%～15.48%，特别是较破碎的岩体，波速提高幅度更大，均达到了 AIII_1 类岩体标准，满足设计要求。坝基固结灌浆对基岩松弛处理效果显著。

3.3　泄水建筑物布置

泄水建筑物由溢流表孔和泄洪放空中孔组成，布置在 RCC 主坝 4A～5 号坝块（溢流坝段），位于河床偏左侧，总宽度 88m。泄水建筑物表孔和中孔的中心线大体上与右江的主流方向一致。

溢流表孔共设 4 个，孔口尺寸为 14m×18m，每孔设有弧形工作闸门，液压机操作，堰顶高程 210.00m。表孔不设检修闸门。表孔闸墩为宽尾墩式，中间墩厚 8m 以布置中孔进水口，边墩厚 4m；闸墩顶布置液压启闭机装置。坝顶设工作桥和交通桥，工作桥面高程 228.70m，桥面宽度 3m；交通桥桥面高程 234.00m，与坝顶高程齐平，桥面宽度 10m。

泄洪放空中孔共 3 孔，布置在表孔中墩下部，包括进口段、孔身段和出口段三部分。中孔底高程 167.50m，孔身断面为矩形（4m×7m），孔道长 40.1m，在后 5m 孔道顶板采用 1∶5 斜压坡，出口断面尺寸变为 4m×6m。考虑高速水流下的抗冲蚀需要，中孔全孔道采用厚度 16mm 钢板衬护。出口水流采用平面扩散跌流与下游消力衔接，两侧扩散角均为 4°。中孔进口段设事故检修门，卷扬机操作。出口段设置工作弧形门，闸孔尺寸为 4m×6m，液压机操作。

泄水建筑物设计详见第 4 章。

3.4　主坝断面优化设计

1996 年完成的初步设计的坝断面是：上游面直立，下游面坡比 1∶0.8，溢流坝断面基本三角形的顶点高程为 231.40m，非溢流坝断面基本三角形的顶点高程为 232.00m，如图 3.1.1 所示。1997 年初步设计审查后，对主坝断面进行了进一步优化。

最优化原理及动态规划理论和方法由美国系统工程学家理查德·贝尔曼（Richard Bellman）于 1957 年系统确立，20 世纪 60 年代初期，国外航空部门应用动态规划理论和方法，首开结构最优化设计先河，但在重力坝最优化设计应用方面未见文献报道。1977 年以后，国内土建、水电、航空等行业才较多地开展了结构最优化设计研究，但并未能应用于较大规模的工程设计。1996 年进行百色水利枢纽初步设计时，国内重力坝设计采用的优化设计方法是单因素优选法——"0.618 法"，由于当时大坝断面设计成果确立的坝基抗滑稳定安全系数已经达到规范值极限，因此采用单因素优选法已经无法再优化大坝断面，只能另辟蹊径。通过收集国内外有关结构优化设计方面的工程资料，认真学习、分析、总结、消化，最终研究确定选用较为适合本工程特点的动态规划（dynamic programming，DP）方法进行大坝优化设计。

由于重力坝断面设计坝基岩土力学指标、坝体混凝土指标及复杂的静力、动力荷载，问题异常复杂，所牵涉的设计变量与大坝断面面积的关系都是非线性问题，因此编制了专用计算机计算程序，对大坝断面逐一坝块进行最优化计算，然后以各坝块最优化设计成果为基础，统筹协调兼顾，在断面优化成果基础上调整、优化坝轴线布置。

3.4.1 优化设计方法

无论是溢流重力坝还是非溢流重力坝，都采用动态规划法作为最优化设计法。目标函数为在满足各部位应力、抗滑稳定安全前提下，坝的断面面积最小；决策变量为坝上游面坡率及其起坡高程和下游面坡率及其变坡高程，即

$$\text{opt.} A = f(m_0, m_1, m_2, H_2, H_3) = \min$$

式中：A 为断面面积；m_0 为坝上游面坡率；m_1、m_2 分别为下游面上部和下部的坡率（$m_1 \leqslant m_2$）；H_2 为上游面起坡高程；H_3 为下游面变坡高程。

溢流坝断面基本三角形顶点高程为 231.40m，非溢流坝断面基本三角形顶点高程为 232.00m。

根据《混凝土重力坝设计规范》（SDJ 21—78）规定和坝址特定地形地质情况，确立大坝断面各项应力及稳定约束条件、碾压混凝土机械施工条件，确立上下游坝坡坡率约束条件，然后形成目标函数的约束集，按动态规划的"逆序"求解法求解，得出满足应力、稳定及其他约束条件的最优断面成果。

3.4.2 优化设计成果

非溢流坝断面基本三角形顶点高程 232.00m，溢流坝断面基本三角形的顶点高程 237.40m，坝顶高程 234.00m；上游坝面 146.00m 高程以上铅直，146.00m 高程以下设 1∶0.2 斜坡；非溢流坝块下游坡比 1∶0.75，溢流坝下游坡比 1∶0.7，如图 3.4.1 所示。溢流坝、非溢流坝断面分别减少 8.45% 和 6.03%，通过平面布置协调优化断面后，主坝混凝土量比优化前减少 10.3 万 m³（4.2%），坝基开挖量减少 2.8 万 m³（2.4%）。

主坝断面设计优化成果减小了坝基宽度，使得在基本不改变坝踵至上游极为软弱的蚀变带的距离情况下，可将河床坝段坝轴线适当后移，由原 3 次转折布置得以改善为 2 次转折布置，从而充分利用辉绿岩岩性强度高、透水性小的特性，使坝体受力全部均衡传递给辉绿岩条带，主坝完全布置于坝址出露的厚度极为有限的辉绿岩上，坝线可调整的幅度已控制到极小值，实现了大坝布置优化，枢纽平面布置更合理、美观。

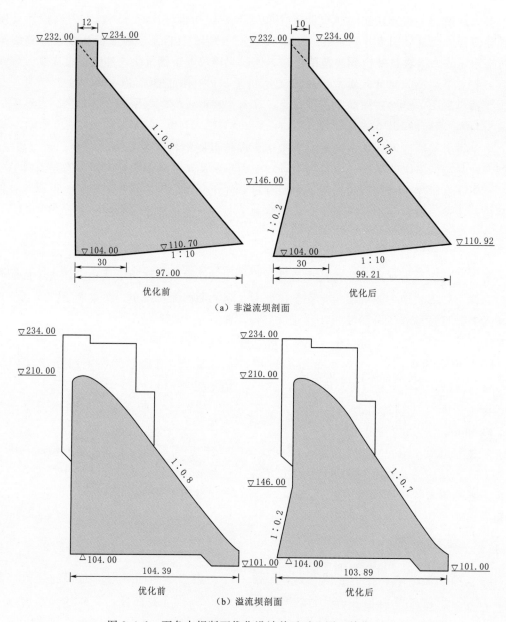

图 3.4.1　百色大坝断面优化设计前后对比图（单位：m）

3.5　主坝稳定、应力及变形计算研究

百色水利枢纽坝址河道流向正南，为开阔 V 形河谷，左岸有两条小冲沟切割，右岸有右Ⅳ号沟深切割，破坏了岸坡的完整性。RCC 主坝利用该地出露的一条辉绿岩（$\beta_{\mu4}^{-1}$）条带作坝基，辉绿岩带产状为 N60°W，SW∠55°，走向与河流约呈 60°交角，倾向下游偏右岸，在右岸沿着右Ⅳ号沟上游山梁向上游延伸，在左岸顺着走向展布，辉绿岩在河床中

的展露宽度 140～145m，扣除蚀变带仅有 135～140m；抗压强度 80～180MPa，微、弱风化岩层的变形模量分别为 8～24GPa 与 5～8GPa。辉绿岩体隐形裂隙发育，以镶嵌碎裂结构为主，局部为次块状结构或碎裂结构；岩体风化较浅，弱微风化岩体为弱微透水。辉绿岩体上下游出露接触蚀变带和榴江组地层，坝基岩性差异较悬殊。辉绿岩上下游界面接触蚀变带表部宽度 1～5m，随深度加深逐渐变窄，约 70m 深处尖灭，岩性松软，变形模量为 2～6GPa。辉绿岩上下游相邻岩层微风化层埋深很大，其 $D_3 l^2$、$D_3 l^3$、$D_3 l^4$ 及 $D_3 l^5$ 岩层的弱风化层变形模量：硅质岩为 2～4GPa，泥岩为 0.65～2GPa。硅质岩抗压强度 30～60MPa，泥岩抗压强度仅 10～20MPa。由于岩层倾角构成的关系，上游软弱的蚀变带、硅质岩、泥岩以 55°角斜插入辉绿岩底部，对约束辉绿岩体变形的能力很低，坝基主要持力岩层辉绿岩体有如斜向上游的岩墙。F_6 断层是切割坝基规模相对较大、性状较差的断层，沿河床中部深槽展布，将辉绿岩体水平错开 8～12m，带宽 0.6～4m，斜切 6A 号坝块坝基。辉绿岩上下游接触蚀变带和外侧含洞穴的硅质岩、泥岩及顺河 F_6 断层的变形模量低、渗透性强，对坝基的应力传递及防渗不利。异常复杂的坝址地形、地质条件，给百色 RCC 主坝设计特别是稳定安全设计提出了前所未有的挑战，为此开展了一系列计算、试验及分析研究，多理论、多方法、多方面综合评价大坝稳定安全。

3.5.1　坝基渗流场研究

3.5.1.1　坝基渗流场电阻网络模拟试验

主坝利用坝址出露的坚硬而不透水的辉绿岩作坝基，辉绿岩上下游侧前后皆为强透水的蚀变带、水成岩，地质条件比较复杂，具有独特的水文地质条件。利用三维电阻网络模拟技术，通过对坝基渗流模型的建立以及一系列模拟和演算，研究坝基渗流场、渗流量，提出合理的防渗和排水方案。工作委托当时水利部长江勘测技术研究所完成。

1. 试验原理

地下水在含水体裂隙内渗透与电流在导体中流动所遵循的基本定律和微分方程相似，利用电阻网络来比拟含水地质体，用电位、电流强度比拟地下水的水位、流量，实现对地下水渗流运动的模拟。

2. 模型范围

北以右江河床为界，东至左 V 号沟，西以 F_6 断层为界，南至辉绿岩南缘，垂向从地表至高程 0m。模型与原型几何形态、边界条件、水工建筑物轮廓相似。

3. 模型结构

左岸坝区将电阻网络模型分布 11 层，每层结点 1140 个，模型共有结点 12540 个，电阻网络的电阻值按相应岩体的透水性进行布置，层与层之间同一个编号的结点用相应的电阻相连，构成一个与原型地质结构和几何形态相似的电阻网络模型。网络间距 10～20m。

4. 试验成果及其分析

试验主要成果有 17 幅地下水等水位线图和地下水等势线图。分析结果如下：

（1）大坝和辉绿岩连成整体，蓄水后，在库水推力作用下，辉绿岩上游面接触蚀变带处于受拉状态，辉绿岩上游面承受的水压力相当于库水位全水头。这是百色坝址的重要特征，坝基渗流场的演变和渗控措施设置均受其制约。

（2）左坝肩山头的地下水位高于库水位，不存在绕坝渗漏的可能。

（3）在辉绿岩接触蚀变带中设置混凝土塞对坝基防渗作用不大。

（4）坝基渗控采用排水方案行之有效，可有效控制坝基渗透压力。

（5）在辉绿岩中设置帷幕只限于建基面开挖的影响区和断层破裂带，完整岩体中设置帷幕不起作用。

3.5.1.2　坝基渗流场有限元计算

为了满足大坝的抗滑稳定要求，针对本工程坝基地质的具体情况，坝基渗流控制方案的设计原则采取以排水幕排水为主、帷幕防渗为辅。渗控措施有：坝踵灌浆排水廊道里设置一道坝基防渗帷幕，帷幕拟不穿越基础辉绿岩；在帷幕之后，设坝基排水幕。

取 6A 号坝段为计算对象，计算域底部水平面和上下游侧向顶端垂直面分别距坝建基面、坝踵点和坝趾点的距离均为坝建基面宽度 101.9m 的 2.5 倍，计算域在坝轴线向的厚度为 36 m。考虑坝基 F_6 断层分布影响。有限元计算单元共 4683 个、结点数 5985 个。

计算结果：得出坝基渗流场等势线图。主坝正常挡水位时坝基等势线如图 3.5.1 所示。主坝正常水位而坝基排水孔失效情况下的等势线如图 3.5.2 所示。

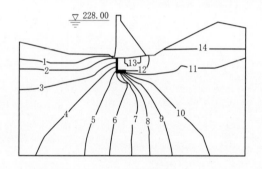 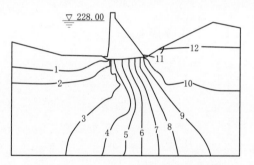

图 3.5.1　228m 水位时坝基等势线　　　　图 3.5.2　坝基排水孔失效时坝基等势线

1—225.00；2—220.00；3—210.00；4—200.00；　　1—225.00；2—220.00；3—210.00；4—200.00；
5—190.00；6—180.00；7—170.00；8—160.00；　　　5—190.00；6—180.00；7—170.00；
9—150.00；10—140.00；11—130.00；　　　　　　8—160.00；9—150.00；10—140.00；
12—120.00；13—110.00；14—自由面　　　　　　　11—130.00；12—自由面

分析结论：

（1）坝基渗流场主要由坝基排水孔控制，应确保排水孔畅通。

（2）坝基灌浆防渗帷幕只起辅助防渗作用。

（3）坝基排水孔的孔距可适当放宽到 4～5m。

3.5.1.3　综合结论

辉绿岩渗透性小，渗流场由辉绿岩控制，上游岩体（含蚀变带）的渗透性对渗流场形态、渗漏量影响不大，坝基渗流安全有保证。降低坝基扬压力的有效措施是以坝基排水为主、前沿帷幕防渗为辅，需防止排水孔堵塞和局部节理发育可能的渗透变形。辉绿岩倾向下游，大坝上下游的渗透水头主要消耗在该岩体中，深帷幕无法截断绕过上游强透水岩石的渗漏，帷幕深度以限于辉绿岩范围为宜。

3.5.2 材料力学法计算主坝稳定及应力

3.5.2.1 基本条件

（1）设计水位详见表 1.3.2。

（2）溢流坝计算剖面和非溢流坝计算剖面示意如图 3.5.3 所示。各坝块特征尺寸见表 3.2.3。

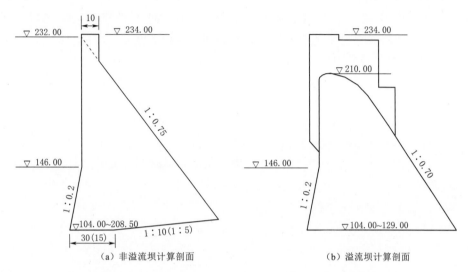

（a）非溢流坝计算剖面　　　　　　（b）溢流坝计算剖面

图 3.5.3　溢流坝剖面和非溢流坝剖面示意图（单位：m）

（3）泥沙，坝前淤沙高程为 142.00m；淤沙浮重度为 1.0g/cm³；淤沙内摩擦角为 19°。

（4）坝前水位为正常蓄水位时风速 $v=27$m/s，坝前水位为校核洪水位时风速 $v=18$m/s。水面直线吹程 2.6km。

（5）混凝土设计重度为 24.53kN/m³。

（6）坝体 RCC 层间抗剪断强度设计值 $f'=1.1$，$c'=0.9$MPa，该值的确定在初步设计阶段已经通过室外碾压试块抗剪断试验证实技术可行，居于当时同类工程中等水平。

（7）正常工况混凝土抗压安全系数为 4.0，校核洪水位工况混凝土抗压安全系数为 3.5，混凝土局部抗拉安全系数为 4.0。R₁₈₀15MPa 准三级配 RCC 正常蓄水位允许抗压强度 $[\sigma_{正常}]=3.75$MPa，校核洪水位工况允许抗压强度 $[\sigma_{校核}]=4.28$MPa，容许动拉应力值 $[\sigma_{动拉}]=1.32$MPa；R₁₈₀20MPa 二级配 RCC 及坝基垫层 R₂₈20MPa 常态混凝土在正常蓄水位工况允许抗压强度 $[\sigma_{正常}]=5$MPa，校核洪水位工况允许抗压强度 $[\sigma_{校核}]=5.71$MPa，容许动拉应力值为 $[\sigma_{动拉}]=1.76$MPa。

（8）坝基弱、微风化辉绿岩容许压应力不小于 6MPa。

（9）本工程坝址区地震基本烈度为 7 度。根据《水工建筑物抗震设计规范》（SL 203—97），大坝工程为 1 级建筑物按 8 度地震设防。

（10）坝体及坝底扬压力如图 3.5.4 所示。图中 B 为坝底或计算截面的水平宽度（m）；H_1 和 H_2 分别为坝底上下游水深（m）；α 为考虑帷幕和排水孔作用的扬压力系

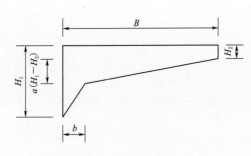

图 3.5.4　坝体及坝底扬压力图

数，河床坝段建基面 $\alpha=0.3$，两岸坡坝段建基面 $\alpha=0.4$，坝体截面 $\alpha=0.2$；b 为考虑帷幕或排水孔作用的扬压力折减距离（m），在河床坝段建基面为 13m，在两岸坝段建基面为 10m，坝体中为排水管距上游坝面距离。

（11）溢流坝单宽计算分载闸墩重量 1546×9.81kN；闸墩重心位于坝轴线（坝上游直立面）13.4m。

3.5.2.2　计算工况及荷载组合

1. 计算工况

按如下六种工况进行分析计算：

正常工况 A：上游正常蓄水位 228m，下游最低水位 118.6m。

正常工况 B：上游正常蓄水位 228m，下游控制泄洪水位 126.7m。

地震工况 A：正常工况 B＋向下竖直向地震惯性力＋向下游水平向地震惯性力。

地震工况 B：正常工况 B＋向上竖直向地震惯性力＋向下游水平向地震惯性力。

校核工况：上游校核洪水位 231.49m，下游校核洪水位 136.5m。

完建工况：库空。

2. 荷载组合

各工况荷载组合情况见表 3.5.1。

表 3.5.1　　　　　　　　　　　各工况荷载组合情况

工况号	坝自重	水压力	扬压力	浪压力	淤沙压力	地震惯性力	动水压力
正常工况 A	√	√	√	√	√		
正常工况 B	√	√	√	√	√		
地震工况 A	√	√	√	√	√	√	√
地震工况 B	√	√	√	√	√	√	√
校核工况	√	√	√	√	√		

注　"√"表示考虑相应荷载。

3.5.2.3　坝基稳定计算

各坝块坝基抗滑稳定安全系数计算成果见表 3.5.2。计算成果表中，除 5 号坝块外，其余各坝块单向（顺流向）抗滑稳定安全系数 K' 值均满足规范要求，坝基抗滑稳定控制工况是正常工况 B（上游正常蓄水位 228m，下游控制泄洪水位 126.67m）。5 号坝块计入 5 号坝块与 6A 号坝块之间的三角块部分后，其抗滑稳定安全系数 K' 由正常工况最低的 2.866 提高到 3.94，是安全的。

3A 号坝块和 8B 号坝块的侧向连续坝底坡最大，按完建工况和正常工况 B 对这两个坝块进行单向和双向稳定分析计算，结果如下：

3A 号坝块：完建工况侧向 $K'=5.38$，正常工况 B 合力向 $K'=3.71$。

8B 号坝块：完建工况侧向 $K'=5.62$，正常工况 B 合力向 $K'=3.15$。

表 3.5.2　　　　　　　　各坝块坝基抗滑稳定安全系数计算成果

坝块编号	正常工况 A $[K']$ =3.0	正常工况 B $[K']$ =3.0	地震工况 A $[K']$ =2.3	地震工况 B $[K']$ =2.3	校核工况 $[K']$ =2.5	备注
1A	8.123	8.123	6.853	6.741	5.936	
1B	9.601	9.601	7.946	7.800	6.821	左端
1B	6.160	6.160	5.200	5.039	4.910	右端
2A	5.710	5.710	4.910	4.730	4.810	左端
2A	4.604	4.604	3.952	3.767	4.110	右端
2B	5.120	5.120	4.360	4.170	4.470	左端
2B	5.118	5.118	4.360	4.169	4.467	右端
3A	4.770	4.770	4.093	3.903	4.258	左端
3A	4.770	4.770	4.093	3.903	4.258	右端
3B	4.770	4.770	4.093	3.903	4.258	左端
3B	4.541	4.541	3.908	3.721	4.131	右端
4A	3.747	3.747	3.367	3.286	4.698	
4B	3.268	3.187	2.819	2.727	3.984	左端
4B	3.118	3.047	2.692	2.601	3.848	右端
5	2.937	2.866	2.534	2.445	3.643	
6A	3.164	3.123	2.735	2.617	2.927	左端
6A	3.164	3.123	2.735	2.617	2.927	右端
6B	3.298	3.258	2.851	2.731	3.057	左端
6B	3.404	3.340	2.923	2.803	3.101	右端
7A	3.404	3.340	2.923	2.803	3.101	左端
7A	3.404	3.340	2.923	2.803	3.101	右端
7B	3.404	3.340	2.923	2.803	3.101	左端
7B	3.471	3.404	2.979	2.860	3.136	右端
8A	3.582	3.512	3.074	2.950	3.235	左端
8A	3.623	3.623	3.167	3.042	3.287	右端
8B	3.623	3.623	3.167	3.042	3.287	左端
8B	4.477	4.477	3.872	3.684	4.060	右端
9A	4.216	4.216	3.667	3.497	3.855	左端
9A	4.327	4.327	3.765	3.596	3.925	右端
9B	4.327	4.327	3.765	3.596	3.925	左端
9B	4.521	4.521	3.932	3.762	4.060	右端
10A	4.390	4.390	3.820	3.632	3.941	左端
10A	4.540	4.540	3.946	3.776	4.051	右端
10B	4.540	4.540	3.946	3.776	4.051	左端

续表

坝块编号	正常工况 A $[K']=3.0$	正常工况 B $[K']=3.0$	地震工况 A $[K']=2.3$	地震工况 B $[K']=2.3$	校核工况 $[K']=2.5$	备注
10B	4.871	4.871	4.294	4.141	4.289	右端
11A	5.191	5.191	4.571	4.415	4.572	左端
11A	6.032	6.032	5.282	5.124	5.164	右端
11B	6.032	6.032	5.282	5.124	5.164	左端
11B	7.527	7.527	6.514	6.356	6.150	右端
12A	4.262	4.262	3.698	3.593	3.476	左端
12A	5.970	5.970	4.984	4.878	4.311	右端
12B	5.286	5.286	4.518	4.432	3.945	左端
12B	8.378	8.378	6.528	6.500	5.573	右端

3A 号、8B 号坝块侧向和合力方向抗滑稳定安全系数均大于 3.0，满足规范要求。其他坝块的连续侧向底坡比 3A 号坝块和 8B 号坝块的连续侧向底坡小，侧向稳定满足规范要求。

3.5.2.4　坝基应力计算

坝基应力计算结果见表 3.5.3。除了地震工况及完建工况外，其他工况各坝基均为压应力，坝基最大竖直向压应力为 2.88MPa，小于坝体混凝土和坝基弱微风化辉绿岩的容许压应力最小值 6MPa。

表 3.5.3　　　　　百色水利枢纽主坝坝基竖直向应力计算成果　　　　　单位：MPa

计算剖面	工况 坝块	正常工况 A		正常工况 B		地震工况 A		地震工况 B		校核工况		完建工况	
		坝踵	坝趾	坝踵	坝趾	坝踵	坝趾	坝踵	坝趾	坝踵	坝趾	坝踵	坝趾
1	1A，1B	−0.29	−0.36	−0.29	−0.36	−0.18	−0.48	−0.15	−0.48	−0.10	−0.52	−0.82	−0.03
2	1B，2A	−0.28	−0.60	−0.28	−0.60	−0.12	−0.82	−0.07	−0.82	−0.07	−0.82	−1.24	0.03
3	2A，2B	−0.27	−0.51	−0.27	−0.51	−0.10	−1.11	−0.03	−1.11	−0.06	−1.09	−1.59	0.04
4	2B，3A	−0.26	−1.18	−0.26	−1.18	−0.02	−1.47	0.08	−1.48	−0.04	−1.38	−1.93	0.04
5	3A，3B	−0.25	−1.50	−0.25	−1.50	0.01	−1.82	0.13	−1.83	−0.04	−1.69	−2.32	0.04
6	4A	−1.06	−1.02	−1.06	−1.02	−0.06	−2.06	0.16	−2.18	−1.34	−1.47	−2.54	0.12
7	4A	−1.11	−1.22	−1.10	−1.08	−0.18	−2.06	−0.04	−2.15	−1.26	−1.80	−2.80	0.01
8	4B，5	−1.12	−1.22	−1.11	−1.07	−0.20	−2.05	0.01	−2.13	−1.25	−1.86	−2.84	−0.03
9	5	−1.13	−1.22	−1.13	−1.06	−0.22	−2.03	0.01	−2.11	−1.23	−1.92	−2.88	−0.05
10	6A	−0.48	−2.11	−0.44	−2.04	−0.11	−2.44	0.03	−2.43	−0.23	−2.12	−2.68	−0.41
11	6B	−0.48	−2.11	−0.44	−2.04	−0.12	−2.44	0.03	−2.43	−0.23	−2.12	−2.69	−0.41
12	6B，7A	−0.47	−2.07	−0.43	−1.99	−0.12	−1.37	0.02	−2.37	−0.22	−2.07	−2.61	−0.36
13	7B，8A	−0.46	−2.03	−0.42	−1.96	−0.12	−2.34	0.02	−2.33	−0.21	−2.04	−2.56	−0.33
14	8A，8B	−0.32	−1.86	−0.32	−1.86	−0.03	−2.22	0.11	−2.22	−0.11	−1.95	−2.45	−0.24

计算剖面	工况 坝块	正常工况 A		正常工况 B		地震工况 A		地震工况 B		校核工况		完建工况	
		坝踵	坝趾	坝踵	坝趾	坝踵	坝趾	坝踵	坝趾	坝踵	坝趾	坝踵	坝趾
15	8B，9A	−0.20	−1.76	−0.20	−1.76	0.08	−2.10	0.20	−2.09	−0.00	−1.94	−2.37	−0.15
16	9A，9B	−0.25	−1.58	−0.25	−1.58	0.03	−1.91	0.14	−1.91	−0.04	−1.77	−2.32	−0.03
17	9B，10A	−0.26	−1.40	−0.26	−1.40	0.00	−1.71	0.12	−1.72	−0.04	−1.60	−2.20	0.04
18	10A，10B	−0.26	−1.26	−0.26	−1.26	−0.01	−1.56	0.09	−1.56	−0.04	−1.46	−2.03	0.04
19	10B，11A	−0.26	−1.13	−0.26	−1.13	−0.07	−1.36	0.01	−1.36	−0.05	−1.32	−1.86	0.04
20	11A，11B	−0.27	−0.85	−0.27	−0.85	−0.10	−1.06	−0.03	−1.06	−0.06	−1.04	−1.53	0.04
21	11B，12A	−0.27	−0.60	−0.27	−0.60	−0.12	−0.78	−0.07	−0.79	−0.07	−0.79	−1.20	0.03
22	12B	−0.29	−0.38	−0.29	−0.38	−0.15	−0.50	−0.15	−0.50	−0.06	−0.54	−0.88	−0.01

注 拉应力为正。

完建工况 4A 号坝块坝趾出现的局部最大主拉应力为 0.18MPa，小于规范的允许值 0.2MPa；坝趾出现的局部最大竖直向拉应力为 0.12MPa，略大于规范的允许值 0.1MPa。但 4A 号坝块坝趾出现的主拉应力平均值为 0.1MPa，竖直向拉应力平均值为 0.07MPa，不大于规范的相应允许值，是安全的。

地震工况坝踵出现的最大主拉应力为 0.21MPa（8B 号坝块），小于坝基垫层 R_{28}20MPa 常态混凝土的容许动拉应力 1.76MPa。

计算结果表明，坝基抗滑稳定安全系数 K' 满足规范要求。除了地震工况及完建工况外，其他工况各坝基均为压应力，坝基最大竖直向压应力为 2.88MPa（完建工况，坝踵），小于坝体混凝土的抗压强度允许值 $[\sigma_{正常}]$ ＝4.28MPa 和坝基弱微风化辉绿岩的容许压应力最小值 6MPa。完建工况坝基出现的局部最大主拉应力为 0.18MPa（4A 号坝块坝趾），小于规范的允许值 0.2MPa。地震工况，坝踵出现的最大主拉应力为 0.21MPa（8B 号坝块），小于坝基垫层 R_{28}20MPa 常态混凝土的容许动拉应力 1.76MPa。坝基应力满足规范要求。

3.5.2.5 坝体层间稳定及应力计算

选取非溢流坝最高的 6A 号为代表，采用抗剪断公式进行坝体层间抗滑稳定安全系数 K' 计算，计算结果分别见表 3.5.4，表中黑体字是对应工况的 K' 最小值。采用材料力学法应力计算公式进行坝体层间竖直向应力计算，结果见表 3.5.5，表中黑体字是对应工况拉应力的最大值。

表 3.5.4   **6A 号坝体层面抗滑稳定安全系数 K' 计算成果**

层面高程/m	正常工况 A $[K']$ ＝3.0	正常工况 B $[K']$ ＝3.0	地震工况 A $[K']$ ＝2.3	地震工况 B $[K']$ ＝2.3	校核工况 $[K']$ ＝2.5	备注
114.00	**3.269**	**3.206**	**2.680**	**2.591**	**2.991**	
117.00	3.345	3.266	2.722	2.632	3.029	
120.00	3.409	3.333	2.768	2.677	3.071	
123.00	3.455	3.408	2.819	2.727	3.118	

续表

层面高程/m	正常工况 A [K'] =3.0	正常工况 B [K'] =3.0	地震工况 A [K'] =2.3	地震工况 B [K'] =2.3	校核工况 [K'] =2.5	备注
126.00	3.502	3.492	2.876	2.782	3.169	
129.00	3.550	3.550	2.909	2.814	3.227	
132.00	3.599	3.599	2.935	2.838	3.292	
135.00	3.648	3.648	2.960	2.861	3.364	
139.00	3.714	3.714	2.992	2.890	3.435	
142.00	3.762	3.762	3.015	2.911	3.470	
144.00	3.795	3.795	3.030	2.924	3.494	
146.00	3.830	3.830	3.045	2.938	3.519	
148.00	3.882	3.882	3.074	2.965	3.560	
150.00	3.937	3.937	3.103	2.993	3.602	
153.00	4.025	4.025	3.150	3.037	3.670	
156.00	4.121	4.121	3.201	3.085	3.744	
159.00	4.226	4.226	3.256	3.136	3.825	
162.00	4.341	4.341	3.316	3.192	3.912	
165.00	4.468	4.468	3.381	3.253	4.008	
168.00	4.609	4.609	3.452	3.320	4.113	
171.00	4.766	4.766	3.530	3.393	4.230	
174.00	4.942	4.942	3.616	3.474	4.359	
175.50	5.038	5.038	3.663	3.518	4.429	
177.00	5.141	5.141	3.712	3.564	4.503	
179.10	5.296	5.296	3.785	3.633	4.615	
182.10	5.544	5.544	3.902	3.743	4.792	
184.50	5.770	5.770	4.005	3.841	4.950	
186.50	5.980	5.980	4.176	4.001	5.096	
189.00	6.277	6.277	4.232	4.055	5.300	
192.00	6.693	6.693	4.412	4.226	5.580	
195.00	7.194	7.194	4.622	4.426	5.910	
198.00	7.807	7.807	4.871	4.661	6.305	
201.00	8.574	8.574	5.167	4.943	6.784	
204.00	9.557	9.557	5.525	5.284	7.378	
207.00	10.857	10.857	5.964	5.702	8.132	
208.50	11.675	11.675	6.222	5.947	8.590	
211.50	13.811	13.811	6.831	6.526	9.736	
213.60	15.890	15.890	7.345	7.013	10.793	

续表

层面高程/m	正常工况 A $[K']=3.0$	正常工况 B $[K']=3.0$	地震工况 A $[K']=2.3$	地震工况 B $[K']=2.3$	校核工况 $[K']=2.5$	备注
216.00	19.222	19.222	8.031	7.662	12.395	
218.70	24.958	24.958	8.905	8.482	14.965	
222.00	46.275	46.275	12.297	11.790	24.913	
225.00	89.561	89.561	17.086	16.504	46.653	
228.00	129.625	129.625	23.866	23.266	114.025	

注 表中黑体字是对应工况的 K' 最小值。

表 3.5.5   **6A 号坝体竖直向应力计算成果**   单位：MPa

层面高程 /m	正常工况 A		正常工况 B		地震工况 A		地震工况 B		校核工况	
	上游面	下游面	上游面	下游面	上游面	下游面	上游面	下游面	上游面	下游面
114.00	−0.62	−1.86	−0.56	−1.79	−0.15	−2.28	−0.01	−2.28	−0.34	−1.87
117.00	−0.63	−1.84	−0.58	−1.76	−0.10	−2.30	0.03	−2.31	−0.35	−1.84
120.00	−0.63	−1.80	−0.59	−1.73	−0.06	−2.33	0.07	−2.33	−0.36	−1.81
123.00	−0.62	−1.75	−0.60	−1.71	−0.01	−2.36	0.12	−2.36	−0.38	−1.78
126.00	−0.62	−1.69	−0.61	−1.68	0.03	−2.40	0.16	−2.40	−0.39	−1.75
129.00	−0.61	−1.64	−0.61	−1.64	0.10	−2.41	0.22	−2.41	−0.40	−1.72
132.00	−0.61	−1.58	−0.61	−1.58	0.16	−2.42	0.29	−2.42	−0.42	−1.70
135.00	−0.61	−1.53	−0.61	−1.53	0.23	−2.43	0.35	−2.42	−0.43	−1.67
139.00	−0.61	−1.45	−0.61	−1.45	0.32	−2.45	0.44	−2.44	−0.43	−1.62
142.00	−0.61	−1.40	−0.61	−1.40	0.40	−2.46	0.51	−2.45	−0.43	−1.56
144.00	−0.61	−1.36	−0.61	−1.36	**0.44**	−2.48	**0.56**	−2.46	−0.43	−1.53
146.00	−0.61	−1.32	−0.61	−1.32	−0.17	−1.82	−0.02	−1.85	−0.43	−1.49
148.00	−0.61	−1.28	−0.61	−1.28	−0.17	−1.79	−0.02	−1.81	−0.43	−1.45
150.00	−0.60	−1.25	−0.60	−1.25	−0.16	−1.75	−0.01	−1.77	−0.42	−1.42
153.00	−0.59	−1.20	−0.59	−1.20	−0.15	−1.69	−0.00	−1.71	−0.41	−1.36
156.00	−0.57	−1.14	−0.57	−1.14	−0.15	−1.63	0.00	−1.66	−0.39	−1.31
159.00	−0.56	−1.09	−0.56	−1.09	−0.14	−1.58	0.01	−1.60	−0.38	−1.26
162.00	−0.55	−1.04	−0.55	−1.04	−0.13	−1.52	0.01	−1.54	−0.37	−1.20
165.00	−0.54	−0.98	−0.54	−0.98	−0.12	−1.46	0.02	−1.48	−0.36	−1.15
168.00	−0.53	−0.93	−0.53	−0.93	−0.12	−1.40	0.02	−1.42	−0.35	−1.10
171.00	−0.52	−0.88	−0.52	−0.88	−0.11	−1.35	0.03	−1.37	−0.34	−1.04
174.00	−0.51	−0.83	−0.51	−0.83	−0.11	−1.29	0.03	−1.31	−0.33	−0.99
175.50	−0.50	−0.80	−0.50	−0.80	−0.10	−1.26	0.03	−1.28	−0.33	−0.96
177.00	−0.50	−0.77	−0.50	−0.77	−0.10	−1.23	0.04	−1.25	−0.32	−0.94
179.10	−0.49	−0.74	−0.49	−0.74	−0.10	−1.19	0.04	−1.21	−0.32	−0.90

续表

层面高程 /m	正常工况 A		正常工况 B		地震工况 A		地震工况 B		校核工况	
	上游面	下游面	上游面	下游面	上游面	下游面	上游面	下游面	上游面	下游面
182.10	−0.48	−0.69	−0.48	−0.69	−0.10	−1.13	0.04	−1.15	−0.31	−0.85
184.50	−0.48	−0.64	−0.48	−0.64	−0.09	−1.09	0.04	−1.10	−0.30	−0.80
186.50	−0.47	−0.61	−0.47	−0.61	−0.14	−1.10	−0.00	−1.12	−0.30	−0.77
189.00	−0.46	−0.57	−0.46	−0.57	−0.09	−1.00	0.04	−1.02	−0.29	−0.73
192.00	−0.46	−0.52	−0.46	−0.52	−0.08	−0.95	0.04	−0.96	−0.29	−0.68
195.00	−0.45	−0.47	−0.45	−0.47	−0.08	−0.89	0.04	−0.91	−0.28	−0.63
198.00	−0.44	−0.43	−0.44	−0.43	−0.08	−0.84	0.05	−0.86	−0.27	−0.58
201.00	−0.43	−0.38	−0.43	−0.38	−0.07	−0.80	0.05	−0.81	−0.27	−0.53
204.00	−0.42	−0.35	−0.42	−0.35	−0.06	−0.76	0.05	−0.77	−0.26	−0.49
207.00	−0.41	−0.32	−0.41	−0.32	−0.05	−0.73	0.06	−0.73	−0.25	−0.46
208.50	−0.40	−0.31	−0.40	−0.31	−0.04	−0.72	0.07	−0.72	−0.24	−0.45
211.50	−0.37	−0.31	−0.37	−0.31	−0.01	−0.72	0.09	−0.72	−0.22	−0.44
213.60	−0.34	−0.32	−0.34	−0.32	0.03	−0.75	0.12	−0.75	−0.19	−0.45
216.00	−0.29	−0.37	−0.29	−0.37	0.10	−0.81	0.18	−0.78	−0.14	−0.50
218.70	−0.17	−0.50	−0.17	−0.50	0.24	−0.97	**0.30**	−0.92	−0.03	−0.62
222.00	−0.20	−0.34	−0.20	−0.34	0.05	−0.63	0.10	−0.59	−0.11	−0.40
225.00	−0.18	−0.23	−0.18	−0.23	−0.05	−0.40	−0.01	−0.37	−0.12	−0.26
228.00	−0.15	−0.14	−0.15	−0.14	−0.10	−0.22	−0.07	−0.20	−0.11	−0.16

注　拉应力为正，黑体字为拉应力最大值。

坝体层间抗滑稳定安全系数 K' 分别超过 3.27（正常工况 A）、3.21（正常工况 B）、2.68（地震工况 A）、2.59（地震工况 B）、2.99（校核工况），均大于规范允许值 3（正常工况 A）、3（正常工况 B）、2.3（地震工况 A）、2.3（地震工况 B）、2.5（校核工况）。

坝体竖向压应力最大值为 2.48MPa（地震工况，上游面 144.00m 高程），远低于坝体 RCC 允许压应力 $[\sigma_{地震}] = 3.75$MPa。挡水工况坝体上下游面均未出现拉应力。地震工况坝体最大拉应力为 0.30MPa（上游面 218.70m 高程），小于相应部位 R_{180}20MPa 二级配 RCC 的容许动拉应力 1.76MPa。

综上，百色主坝坝体 RCC 层面各种工况下抗滑稳定安全系数 K' 满足规范要求。坝体竖向压应力最大值 2.48MPa（最高的 6A 号坝块，地震工况，上游面 144.00m 高程），远低于坝体 RCC 允许压强度 $[\sigma_{地震}] = 3.75$MPa；挡水工况坝体未出现拉应力；地震工况坝体竖向拉应力最大值 0.30MPa（6A 号坝块上游面 218.70m 高程），小于相应部位 R_{180}20MPa 二级配 RCC 的容许动拉应力 1.76MPa，坝体应力满足规范要求。

3.5.2.6　结论

材料力学法计算成果表明各工况下坝体坝基抗滑稳定安全系数及应力均能满足《混凝土重力坝设计规范》（SDJ 21—78）要求。3A 号坝块和 8B 号坝块的侧向坡相对较陡，对这两个坝块进行侧向（坝轴线方向）和双向（坝轴线方向与顺水流向）合力稳定分析计算，也能满足规范要求。施工详图设计阶段的核算成果：在施工详图设计阶段，基础力学参数根据开挖揭露的实际地质条件做了微调，对全坝段抗滑稳定进行了核算，结果均满足规范要求。

3.5.3 有限单元法计算主坝稳定、应力及变形

3.5.3.1 线性有限元法

初步设计阶段，选择典型的 5 号溢流坝块及 6A 号非溢流坝块作为计算对象，采用线性有限元法计算坝基变位。坝基岩层物理力学参数见表 3.5.6。5 号坝块坝顶、坝踵、坝趾变位见表 3.5.7，6A 号坝块坝顶、坝踵、坝趾变位见表 3.5.8。计算结果表明：库空工况，坝踵基础向上游最大水平变位 1.37cm，坝踵最大沉降 3.74cm；坝趾基础向上游最大水平变位 1.55cm，坝趾最大沉降 1.79cm；坝顶向上游水平最大变位 4.85cm，坝顶最大沉降 4.34cm。正常及校核工况，坝踵基础向下游水平变位 1.31～1.49cm，坝踵沉降 1.22～0.84cm；坝趾基础向下游水平变位 1.22～1.41cm，坝趾沉降 1.81～1.65cm；坝顶向上游水平变位 2.74～3.44cm，坝顶沉降 1.71～1.28cm。坝基应力皆为压应力。

表 3.5.6　　线性有限元法计算坝基变位采用的坝基各岩层物理力学参数

岩层代号	岩性	风化程度	容重 /(g/cm³)	泊松比	弹性模量 E /GPa	变形模量 E_0 /GPa	饱和抗压强度 /MPa
D_2l^2	石英砂岩	弱	2.60	0.26	8.0	5.00	80
		微	2.60	0.26	9.0	5.50	90
D_3l^1	泥岩	弱	2.30	0.36	2.0	0.90	10
		微	2.40	0.24	3.6	1.70	30
$D_3l^{2-1(2)}$	硅质泥岩	弱	2.50	0.32	4.5	2.80	45
		微	2.55	0.28	9.0	5.50	70
D_3l^{2-2}	含洞穴白云质泥岩	弱	1.90	0.40	1.0	0.65	17.5
		微	2.30	0.32	2.5	1.25	20
D_3l^3 $(D_3l^{2-1(1)})$	硅质岩	弱	2.50	0.32	4.5	2.80	45
		微	2.55	0.28	9.0	5.50	70
$\beta_{\mu4}^{-1}$	辉绿岩蚀变带	弱	2.50	0.32	4.5	2.50	30
	辉绿岩（6A 号坝）	弱	2.50	0.28	18.0	10.00	75
		微	2.90	0.25	27.0	16.50	130
	辉绿岩（5 号坝）	弱	2.50	0.28	18.0	10.00	75
		微	2.90	0.25	27.0	16.50	130
D_3l^4	硅质岩	弱	2.50	0.32	4.5	2.80	45
		微	2.55	0.28	9.0	5.50	70
D_3l^5	含铁锰泥岩	弱	2.30	0.36	2.0	0.90	10
		微	2.40	0.34	3.6	1.70	30

续表

岩层代号	岩性	风化程度	容重 /(g/cm³)	泊松比	弹性模量 E /GPa	变形模量 E₀ /GPa	饱和抗压强度 /MPa
D_3l^6	泥质灰岩、 含硅灰岩	弱	2.50	0.32	6.0	3.00	25
		微	2.55	0.28	9.0	5.00	45
D_3l^{7-1}	泥岩与含铁 锰泥岩互层	弱	2.20	0.32	2.0	1.20	10
		微	2.40	0.30	5.0	2.50	12
D_3l^{7-2}	泥岩	弱	2.30	0.36	2.0	0.90	10
		微	2.40	0.34	3.6	1.73	30
D_3l^{8-1}	硅质岩	弱	2.50	0.32	4.5	2.00	45
		微	2.55	0.28	9.0	5.50	70
D_3l^{8-2}	薄层硅质岩 与泥岩互层	弱	2.30	0.36	2.0	0.90	10
		微	2.40	0.34	3.6	1.73	30
D_3l^9	薄层灰炭 硅质岩	弱	2.50	0.32	4.5	2.80	45
		微	2.55	0.28	9.0	5.50	70
D_3l^{10}	硅质岩	弱	2.50	0.32	4.5	2.80	45
		微	2.55	0.28	9.0	5.50	70

表 3.5.7　　　　　　　　　　　5 号坝块坝顶、坝踵和坝趾变位　　　　　　　　　单位：cm

工况	坝顶变位		坝踵变位		坝趾变位	
	水平向	铅直向	水平向	铅直向	水平向	铅直向
正常工况 A	2.32	−1.70	1.12	−1.22	0.91	−1.56
正常工况 B	2.30	−1.65	1.11	−1.18	0.90	−1.51
校核工况	2.64	−1.45	1.18	−1.01	0.97	−1.46
完建工况	−3.90	−4.15	−1.12	−3.37	−1.31	−1.75

注　水平向变位以顺水流方向为正，铅直向变位以垂直向上为正。

表 3.5.8　　　　　　　　　　　6A 号坝块坝顶、坝踵和坝趾变位　　　　　　　　单位：cm

工况	坝顶变位		坝踵变位		坝趾变位	
	水平向	铅直向	水平向	铅直向	水平向	铅直向
正常工况（A）	2.74	−1.71	1.31	−1.22	1.22	−1.81
正常工况（B）	2.77	−1.61	1.31	−1.12	1.22	−1.73
校核工况	3.44	−1.28	1.49	−0.84	1.41	−1.65
完建工况	−4.85	−4.34	−1.37	−3.74	−1.55	−1.79

注　水平向变位以顺水流方向为正，铅直向变位以垂直向上为正。

3.5.3.2　非线性有限元法

由于基础及前后岩体变模相差较大而且坝基岩石普遍存在裂隙，因此用非线性有限元计算方法，考虑超载和强储相结合，分析坝体和坝基失稳破坏过程、破坏形态和破坏机理，寻找坝基可能的滑动路径，计算坝基深层最小抗滑稳定安全系数，评价其抗滑稳定安全性。

对右岸河床挡水坝段 6A 号 6B 号建立三维有限元计算模型，对河床溢流坝段 4B 号、右岸坡坝段下游临空的典型坝段 9B 号建立二维有限元计算模型，模型考虑辉绿岩上下游蚀变带、F_6 断层等及不同出现概率的各组视层面和反倾向节理，考虑渗透场作用。

采用非线性有限元法分析坝体和坝基的位移、应力状态，坝基变形协调情况，以及可能的坝基失稳区域和失稳机理，提出超载和综合安全系数。就正常工况，采用三维刚体弹簧元法，对可能的滑移路径进行危险滑块搜索，提出各种滑动组合的安全系数，确定最不利的滑移路径。

采用三维刚性弹簧元反应谱法，研究右河床挡水坝段 6A 号 6B 号及右岸坝段 9B 号坝基的抗震安全度。

对 9B 号、4B 号和 6A 号 6B 号坝段坝体的变形及应力状态开展参数敏感性分析，重点研究不同变模组合、不同渗压计算方法对坝体变形和应力分布的影响程度。并与国内外已建成同类型坝的变形开展对比研究。

辉绿岩裂隙发育情况：坝基辉绿岩各个方位的裂隙均有发育，可分为 4 组，各组的连通率为 20%～80%，以 30%～40% 居多，其中第Ⅱ和第Ⅳ组按倾角大小又各分两个亚组，主坝坝基辉绿岩（$\beta_{\mu4}^{-1}$）裂隙特征详见表 3.5.9。裂隙发育具有明显的不均一性和相对集中性，不同部位裂隙发育程度不同，同一组裂隙有的部位发育，有的部位不发育，且产状也不太稳定。主坝坝基辉绿岩（$\beta_{\mu4}^{-1}$）裂隙特征值见表 3.5.10。计算采用的坝基岩体物理力学参数见表 3.5.11。与初步设计阶段相比，表中勘测值已经根据坝基揭露后获得的地质信息做了精细调整。坝基变位敏感性分析基岩变形模量组合见表 3.5.12。

表 3.5.9　　　　　　　　　主坝坝基辉绿岩（$\beta_{\mu4}^{-1}$）裂隙特征

组别		产状	长度	间距/m	结构面及充填物特征
Ⅰ		N60°～75°W，SW∠45°～65°	一般 5～8m，少数 12～15m	0.2～0.6	与两侧沉积岩产状基本一致，裂面平直粗糙，多数充填 1～2mm 厚的岩屑或方解石
Ⅱ	Ⅱ₁	N50°～70°E，NW∠45°～85°	一般 8～10m，少数 15～20m	0.4～1.0	裂面平直粗糙，有近水平向擦痕，多数充填方解石脉及全蚀变石榴石矽卡岩，少数充填岩屑
	Ⅱ₂	N30°～60°E，NW∠15°～30°	一般 3～5m，少数 8～15m		裂面平直粗糙，多数充填方解石脉或闭合无充填，少数充填岩屑和辉绿岩
Ⅲ		N0°～30°E，SE∠50°～85°	一般 3～5m，少数 8～15m	0.1～0.6	裂面平直粗糙，有近水平向擦痕，多数充填方解石脉及全蚀变石榴石矽卡岩，少数充填岩屑
Ⅳ	Ⅳ₁	N30°～60°W，NE∠35°～60°	一般 3～5m，少数 8～10m	0.2～0.6	裂面平直粗糙，多数充填方解石脉、岩屑，少数充填 1～2mm 厚的绿泥石、绿帘石
	Ⅳ₂	N30°～60°W，NE∠15°～30°	一般 3～5m，少数 10～20m		裂面平直粗糙，多数充填方解石脉或闭合无充填，少数充填岩屑和绿泥岩

表 3.5.10　　　　　　　　　主坝坝基辉绿岩（$\beta_{\mu 4}^{-1}$）裂隙特征值

位置		A 区 靠近上游接触蚀变带 20～30m 范围内		B 区 除 A、C 区外的辉绿岩		C 区 靠近下游接触蚀变带 20～30m 范围内		裂隙发育方向取用值
		勘测值	取用值	勘测值	取用值	勘测值	取用值	
连通率	I	20%	20%	60%	60%	80%	80%	N67.5°E/SW∠55.0°
	II₁	30%～40%	35%	80%	80%	30%～40%	35%	N60.0°E/NW∠65.0°
	II₂			10%	10%			N45.0°E/NW∠22.5°
	III	30%～40%	35%	80%	80%	30%～40%	35%	N15.0°E/SE∠67.5°
	IV₁	80%	80%	30%～40%	35%	20%	20%	N45.0°W/NE∠47.5°
	IV₂							N45.0°W/NE∠22.5°

表 3.5.11　　　　　　　　　非线性有限元法采用的坝基岩体物理力学参数

序号	岩体代号	风化程度	变模 E_0 /GPa	泊松比 μ	容重 /(t/m³)	抗剪断强度 f'	c'/MPa	残余强度 f	c/MPa	备　注
1	坝混凝土		26.00	0.167	2.5	1.100	0.900			
2	D_2l^2	微	8.00	0.280	2.7	0.850	0.600			
3	D_3l^1	微	2.50	0.350	2.4	0.600	0.250			80.00m 高程以下
4		弱	1.50	0.400	2.2	0.500	0.200			80.00m 高程以上
5	D_3l^{2-1}	微	3.00	0.300	2.5	0.650	0.300			
6		弱	0.70	0.320	2.4	0.550	0.200			
7	D_3l^{2-2}	微	1.50	0.300	2.3	0.600	0.250			
8		弱	0.65	0.350	1.9	0.500	0.150			
9	D_3l^3	微	6.00	0.280	2.6	0.750	0.600			
10		弱	3.00	0.320	2.5	0.750	0.300			
11	外蚀变带	强弱	1.25	0.360	2.3	0.450	0.150			
12	$\beta_{\mu 4}^{-1}$	微	12.00	0.260	2.9	1.100	0.800	0.8	0.7	80.00～110.00m 高程
		微	14.00	0.260	2.9	1.100	0.800	0.8	0.7	60.00～80.00m 高程
		微	16.00	0.260	2.9	1.100	0.800	0.8	0.7	0.00～60.00m 高程
		微	18.00	0.260	2.9	1.100	0.800	0.8	0.7	0.00m 高程以下
13		弱	6.50	0.280	2.9	0.900	0.600		0.5	
14		强	2.00	0.320	2.1	0.450	0.400			
15	内蚀变带	弱微	6.00	0.300	2.4	0.900	0.900			
16		强	0.10	0.350	2.1	0.400	0.100			
17	D_3l^4	微	6.00	0.280	2.6	0.750	0.600			50.00m 高程以下
18		弱	3.00	0.320	2.5	0.750	0.300			50.00～65.00m 高程
19		强	0.30	0.350	2.1	0.500	0.170			65.00m 高程以上

序号	岩体代号	风化程度	变模 E_0 /GPa	泊松比 μ	容重 /(t/m³)	抗剪断强度		残余强度		备注
						f'	c'/MPa	f	c/MPa	
20	D_3l^5	弱	1.50	0.320	2.4	0.600	0.200			
21		强	0.30	0.400	1.7	0.400	0.100			
22	D_3l^6	微	5.50	0.280	2.6	0.800	0.500			
23		弱	2.40	0.320	2.4	0.600	0.350			
24		强	0.50	0.350	2.1	0.450	0.125			
25	D_3l^{7-1}	微	3.00	0.300	2.4	0.700	0.300			
26		弱	1.50	0.350	2.3	0.550	0.200			
27		强	0.30	0.400	1.7	0.450	0.100			
28	D_3l^{7-2}	微	3.50	0.300	2.5	0.700	0.300			
29		弱	1.50	0.350	2.5	0.550	0.200			
30		强	0.30	0.400	1.7	0.450	0.100			
31	D_3l^{8-1}	微	3.00	0.300	2.4	0.700	0.300			
32	D_3l^{8-1}	弱	1.50	0.350	2.3	0.550	0.200			
33		强	0.30	0.400	1.7	0.450	0.100			
34	D_3l^{8-2}	微	3.00	0.300	2.5	0.700	0.300			
35	D_3l^{8-2}	弱	1.50	0.350	2.5	0.550	0.200			
36		强	0.30	0.400	1.7	0.450	0.100			
37	D_3l^9	微	2.50	0.320	2.4	0.600	0.300			
38		弱	1.00	0.380	2.3	0.500	0.200			
39		强	0.30	0.400	1.7	0.300	0.100			
40	D_3l^{10}	微	7.00	0.260	2.6	0.800	0.900			
41		弱	4.00	0.320	2.5	0.750	0.400			
42		强	0.50	0.350	2.1	0.500	0.100			
43	$\beta_{\mu4}^{-2}$	微	12.00	0.260	2.9	1.150	1.000			
44		弱	6.50	0.280	2.4	0.800	0.900			
45	混凝土塞		26.00	0.167	2.4	1.100	0.900			
46	断层					0.425	0.030			F_6、F_7、F_8 等
47	坝/岩接触面					1.050	0.800			6A号 6B号、4B号坝
						1.040	0.850			9B号坝
48	Q^{al}			0.50	0.400	1.5	0.800	0.050		覆盖层
49	$\beta_{\mu4}^{-1}$ 裂隙面					0.510	0.170			
50	$\beta_{\mu4}^{-1}$ 岩桥					1.300	1.800			

表 3.5.12　　　　　　　　　　　坝基变位敏感性分析基岩变形模量组合

岩层	组合一 （2002 年 3 月参数）	组合二 （2002 年 11 月参数）	组合三 （1996 年 2 月参数）	组合四
$\beta_{\mu4}^{-1}$	12.0GPa	6.5GPa （110.00m 高程以上） 12.0GPa （80.00～110.00m 高程） 14.0GPa （60.00～80.00m 高程） 16.0GPa （0.00～60.00m 高程） 18.0GPa （0.00m 高程以下）	7.5GPa （110.00m 高程以上） 23.0GPa （110.00m 高程以下）	6.5GPa （110.00m 高程以上） 12.0GPa （80.00～110.00m 高程） 14.0GPa （60.00～80.00m 高程） 16.0GPa （0.00～60.00m 高程） 18.0GPa （0.00m 高程以下）
$D_3 l^{-1}$	0.53GPa	1.5GPa （80.00～110.00m 高程） 2.5GPa （80.00m 高程以下）	1.5GPa （80.00～110.00m 高程） 2.5GPa （80.00m 高程以下）	1.5GPa （80.00～110.00m 高程） 8.0GPa （80.00m 高程以下）

计算工况有完建工况、正常工况、校核工况、地震工况四种。完建工况荷载组合为库空＋坝体自重；正常工况荷载组合 A 为正常蓄水位＋淤沙＋坝体自重（不计渗透体力）；正常工况荷载组合 B 为正常蓄水位＋淤沙＋坝体自重＋渗透体力；校核工况荷载组合为校核洪水位＋淤沙＋坝体自重＋渗透体力；地震工况荷载组合为正常蓄水位＋淤沙＋坝体自重＋渗透体力＋地震效应。

1. 6A 号 6B 号坝块计算成果

（1）位移场。坝基变位敏感性分析基岩变形模量组合见表 3.5.13，比较符合现状坝基岩石变模分布状况的是变模组合二，其位移情况见表 3.5.14，与上述线性有限元计算结果大致相当。坝基软硬相间，变形模量对比较悬殊，百色主坝坝基水平位移最大3.82cm，垂直沉陷0.98cm，发生的位移与坝高之比约为 0.37‰，属于变形较大的重力坝，与黄坛口大坝（高 44m，坝基变模 18.0GPa，实测位移值约为坝高 0.32‰）变形属于一个量级，可以接受。

表 3.5.13　　　　　　　　　　6A 号 6B 号坝段坝体特征部位的位移（变模组合二）　　　　　单位：cm

计算工况	项目	坝踵	坝趾	坝顶
完建工况	水平位移	−0.95	−1.05	−4.28
	铅直位移	−2.78	−1.07	−3.53
正常工况	水平位移	3.77	3.64	4.41
	铅直位移	−0.03	−0.07	−0.44
校核工况	水平位移	3.97	3.82	5.00
	铅直位移	0.09	−0.05	−0.26

注　1. 水平位移以向下游为正；垂直位移以向上为正。
　　2. 正常工况水库水位为正常蓄水位228m，下游水位为118.6m。基础渗流场按照渗透体积力加在计算单元上。

表 3.5.14　　　　　6A 号 6B 号坝段各种 D_3l^1 和 $\beta_{\mu4}^{-1}$ 的变模组合下坝体位移　　　　单位：cm

组合类型			组合一		组合二		组合三		组合四	
岩类			$\beta_{\mu4}^{-1}$	D_3l^1	$\beta_{\mu4}^{-1}$	D_3l^1	$\beta_{\mu4}^{-1}$	D_3l^1	$\beta_{\mu4}^{-1}$	D_3l^1
变模/GPa			12.00	0.53	12.00~18.00	1.50~2.50	23.00	1.50~2.50	12.00~18.00	1.50~8.00
完建	坝顶节点	水平向 X	−5.992		−4.279		−3.949		−3.707	
		铅直向 Z	−4.778		−3.529		−3.084		−3.178	
	坝踵节点	水平向 X	−1.654		−0.951		−0.927		−0.710	
		铅直向 Z	−4.067		−2.781		−2.368		−2.401	
	坝趾节点	水平向 X	−1.765		−1.053		−1.008		−0.804	
		铅直向 Z	−1.558		−1.067		−0.870		−0.945	
正常不计渗透	坝顶节点	水平向 X	1.096		1.253		0.665		1.422	
		铅直向 Z	−2.432		−1.838		−1.967		−1.696	
	坝踵节点	水平向 X	0.902		0.850		0.659		0.876	
		铅直向 Z	−1.960		−1.377		−1.519		−1.220	
	坝趾节点	水平向 X	0.740		0.698		0.487		0.734	
		铅直向 Z	−1.657		−1.245		−1.118		−1.195	
正常计渗透体力	坝顶节点	水平向 X	6.148		4.408		3.926		3.895	
		铅直向 Z	0.037		−0.444		−0.712		−0.595	
	坝踵节点	水平向 X	5.206		3.774		3.534		3.318	
		铅直向 Z	0.480		−0.033		−0.292		−0.179	
	坝趾节点	水平向 X	5.024		3.640		3.395		3.193	
		铅直向 Z	0.174		−0.066		−0.166		−0.161	
校核计渗透体力	坝顶节点	水平向 X	6.888		4.995		4.477		4.438	
		铅直向 Z	0.297		−0.256		−0.539		−0.426	
	坝踵节点	水平向 X	5.484		3.967		3.718		3.481	
		铅直向 Z	0.677		0.091		−0.182		−0.075	
	坝趾节点	水平向 X	5.290		3.823		3.571		3.347	
		铅直向 Z	0.211		−0.052		−0.148		−0.155	
正常计渗透面力	坝顶节点	水平向 X	4.238		3.369		2.575		3.220	
		铅直向 Z	−0.990		−0.919		−1.140		−0.942	
	坝踵节点	水平向 X	2.628		2.010		1.715		1.864	
		铅直向 Z	−0.462		−0.421		−0.648		−0.440	
	坝趾节点	水平向 X	2.406		1.817		1.150		1.682	
		铅直向 Z	−1.267		−1.024		−0.904		−1.034	

续表

组合类型			组合一	组合二	组合三	组合四
校核计渗透面力	坝顶节点	水平向 X	4.808	3.855	3.015	3.688
		铅直向 Z	−0.816	−0.776	−1.007	−0.808
	坝踵节点	水平向 X	2.735	2.086	1.783	1.931
		铅直向 Z	−0.346	−0.339	−0.577	−0.368
	坝趾节点	水平向 X	2.501	1.882	1.566	1.738
		铅直向 Z	−1.312	−1.064	−0.929	−1.077

（2）应力场。完建工况下，辉绿岩下游各岩层上半部出现小值主拉应力，最大为 0.268MPa。最大主压应力和最大竖直向正截面压应力均出现在坝踵部。坝趾部出现主拉应力，该部位的主拉应力区宽度小于 10m。坝底部竖直向正截面应力均为压应力。主压应力最大值出现在坝踵边沿，为 5.587MPa，下距坝踵角点 2.79m。

大坝在挡水工况下坝踵区均未出现竖直向正截面拉应力，仅第一主应力存在 0.023（正常蓄水位）～0.375MPa（校核洪水位）拉应力。辉绿岩上游侧各岩层上部存在局部拉应力 0.225（正常蓄水位）～0.274MPa（校核洪水位），出现在上游蚀变带附近的岩基面上。辉绿岩以及其下游侧各岩层除上部有数值小的主拉应力外，其余全部受压。

6A 号 6B 号坝块中灌浆廊道和排水廊道的应力值，在非库空工况以校核洪水位工况坝底部下游侧的排水廊道应力值为最大，其最大主拉应力为 0.870MPa，出现在拱顶部上游侧，最大主压应力 6.473MPa，出现在下游壁顶部略上方。在库空工况则以坝底部灌浆排水廊道应力值为最大，其最大主拉应力为 1.587MPa，出现在底板中部左侧，最大主压应力为 6.958MPa，出现在上游侧壁顶部略上方。廊道周边混凝土据此配置了受拉钢筋。

2. 5 号坝块计算成果

（1）位移场。坝体和地基的变形规律与 6A 号坝块相应工况的变形规律相似。

（2）应力场。除建基面附近外，坝基其他地方的应力分布状态与 6A 号坝块地基相应部分的应力分布状态类似。各种工况下坝踵的竖直向正截面应力均未出现拉应力。坝体的最大竖直向正截面压应力发生在完建工况，为 5.671MPa，相应最大主压应力为 8.730MPa，出现在坝踵底部。

在各种分析计算工况下，中孔顶板和底板大部分出现坝轴向拉应力和主拉应力，其中以校核洪水位工况拉应力最大。中孔顶板最大坝轴向拉应力值和最大主拉应力值出现在顶板中线距上游边沿约 39m 处，其值分别为 1.271MPa 和 1.313MPa；中孔底板最大坝轴向拉应力值和最大主拉应力值出现在底板中线距上游边沿约 37m 处，其值分别为 1.030MPa 和 1.065MPa，中孔周边混凝土据此配置受拉钢筋。在闸门挡水工况，闸墩牛腿局部（闸门支铰处）出现主拉应力集中，其值为 3MPa 左右，闸墩据此配置了相应的辐射状抗拉钢筋。

主坝挡水后，辉绿岩岩体内出现的第二主应力（压应力）的方向基本与岩层的倾角一致，坝基数值较大的主压应力分布于该岩体内，下游蚀变带及其下游各岩层对主坝的持力作用很小。坝基面未出现竖直向拉应力，压应力在设计允许值内。主坝应力、应变安全。

3. 坝基抗滑稳定安全

刚体弹簧元法对坝基深层（以 4B 号、6A 号 6B 号、9B 号坝块坝基为代表）可能滑移路径进行搜索计算，如图 3.5.5 所示，整体抗滑稳定安全系数计算结果见表 3.5.15，正常工况下坝基整体抗滑稳定安全系数均大于 3，校核工况下坝基整体抗滑稳定安全系数均大于 2.5，地震工况下坝基整体抗滑稳定安全系数均大于 2.3，坝基深层抗滑稳定安全。

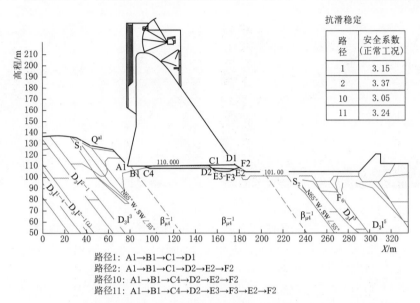

路径	安全系数（正常工况）
1	3.15
2	3.37
10	3.05
11	3.24

抗滑稳定

路径1：A1→B1→C1→D1
路径2：A1→B1→C1→D2→E2→F2
路径10：A1→B1→C4→D2→E2→F2
路径11：A1→B1→C4→D2→E3→F3→E2→F2

图 3.5.5　4B 号坝块基础部分可能滑移路径示意图（刚体弹簧元法）

表 3.5.15　　　　　　　　坝基整体抗滑稳定安全系数计算结果

研究方法	工况	9B 号坝段	4B 号坝段	6A 号 6B 号坝段
超载法 K_p	正常工况	$K_p=6.0$	$K_p=5.0$	$K_p=4.5$
	校核工况	$K_p=5.5$		$K_p=4.2$
综合法 $K_z=K_p \times K_c$	正常工况	$K_z=1.5 \times 2.7=4.05$	$K_z=1.5 \times 2.5=3.75$	$K_z=1.5 \times 2.4=3.60$
	校核工况	$K_z=1.5 \times 2.8=4.20$		$K_z=1.5 \times 2.5=3.75$
刚体元危险路径搜索 K_s	正常工况	$K_s=4.15$	$K_s=3.05$	$K_s=3.35$
	校核工况	$K_s=3.95$		$K_s=3.39$
刚体元反应谱法	正常工况＋地震工况	$K_d=2.59$		$K_d=2.64$

注　本表正常工况对应的下游水位为 118.6m。

3.5.4　坝基稳定安全评价

3.5.4.1　坝基破坏模式

1. 有限元计算及地质力学模型试验

1996 年完成的非线性有限元计算成果表明，对于河床坝段，超载法与综合法所确定的坝基最终破坏模式基本相同，即在总体上属于坝踵和坝趾两头破坏较深、而坝踵至坝趾之间部位破坏较浅的"两侧深中间浅"的浅层滑动破坏模式；超载法与综合法得到的正常工况下坝基稳定安全系数值分别为 3.4 和 3.25（抗剪断公式），满足设计要求。为了验证上述计算成果，四川大学还进行了地质力学模型试验（图 3.5.6），该试验所揭示的坝基破坏过程表明，模型试验综合法的坝基破坏模式与非线性有限元分析的综合法破坏模式相似。地质力学模型试验综合法得到的正常工况下坝基稳定安全系数值为 3.3，与上述计算结果基本一致。

（a）9B 号坝块　　　　　　　　　（b）6A 号 6B 号坝块

图 3.5.6　百色水利枢纽主坝坝基地质力学模型试验

2. 刚体弹簧元法计算

由于坝基辉绿岩裂隙发育，按节理走向和倾向分为四组，其中第Ⅱ组和第Ⅳ组按倾角大小又各分两个亚组，详见表 3.5.9；各组的连通率为 20%～80%，以 30%～40% 居多，裂隙发育具有明显的不均一性和相对集中性，不同部位裂隙发育程度不同，同一组裂隙有的部位发育，有的部位不发育，且产状也不太稳定，详见表 3.5.10，因此坝基深层可能滑裂面组合异常复杂。四川大学采用刚体弹簧元法对坝基深层（以 4B 号、6A 号 6B 号、9B 号坝块坝基为代表）可能滑移路径进行搜索计算（图 3.5.5），计算结果：考虑与不考虑地震作用时正常工况最小稳定安全系数均有大于 2.4 以上的安全富余度，表明坝基深层抗滑稳定是安全的。

3. 蒙特卡洛法

由于坝基辉绿岩裂隙分布是普遍存在和不确定的，只能以统计参数进行描述，因此需采用蒙特卡洛法评价其抗滑稳定安全性。先对坝址探洞节理调查原始资料进行归纳、整理和统计分析，得到各组节理面几何参数的分布概型和统计参数；依据蒙特卡洛法原理，生成与实际节理面具有相同统计特征的节理面网络，并由此计算沿不同剪切方向上的节理连通率；然后，根据节理连通率计算辉绿岩的总的抗剪断强度指标；利用二维和三维极限平衡方法对主坝左岸泄水坝段（5 号坝段以左，核心是 4A 号坝段）、右岸挡水坝段（6A 号坝段以右，核心是 6A 号坝段）在正常蓄水位、校核洪水位和正常蓄水位＋地震载荷三种工况下的深层抗滑稳定性进行计算，给出安全系数。三种工况的非溢流坝段抗滑稳定安全系数分别为 3.077、2.768、2.887，溢流坝段抗滑稳定安全系数分别为 2.447、2.434、2.443，均有大于 2.4 以上的安全富余度，坝基深层稳定安全。

3.5.4.2　坝基节理裂隙面影响

招标设计阶段坝剖面优化设计和施工详图阶段核算中，用材料力学法逐坝块进行稳定和应力分析计算，结果已表明，因河床坝段坝块高，坝横剖面相对最经济，整个坝段的抗滑动稳定由河床坝段控制。对河床坝段坝基安全有影响的节理有两组，即基本与坝轴线平行的似层面节理 N300°W，SW∠50°～60°和反倾向节理 N300°W，NE∠30°～40°，连通率均为 35%～45%。线性和非线性有限元分析计算结果表明，大坝各种挡水工况下，河床坝段无论是溢流坝还是非溢流坝，坝基的高水平主压应力都分布在持力层辉绿岩岩体内，并且该主压应力方向与辉绿岩岩层倾角基本一致，亦即大致与视层面节理多数裂隙面平行和大致与反倾向节理多数裂隙面垂直。对于坝趾地基高于其下游基面的坝段如溢流坝段（坝趾下游有右IV号沟切割的坝块问题类似），从主压应力方向这一特点可以判定，大坝各种挡水工况下，反倾向节理比似层面节理对坝基稳定安全的不利影响大一些，因反倾向节理裂隙面是向上朝地表外切出，而似层面节理裂隙面是向下朝地基深部切入。刚体平衡法深层抗滑稳定分析计算结果表明，在裂隙面连通率为不大于 45%条件下，坝基不可能沿反倾向节理裂隙面失稳。对于似层面节理，仅是部分倾角小于 55°或小于辉绿岩岩层倾角的裂隙面向下切入下游蚀变带及其下游 D_3l^4 岩层深部。线性和非线性有限元分析计算结果表明，大坝各种挡水工况下，下游蚀变带的主压应力一般小于 0.5MPa（混凝土塞处压应力集中，最大主压应力为 2.2MPa），远小于其允许抗压强度 2～3MPa 及其下游 D_3l^4 岩层（按弱风化）的允许抗压强度 3～4.5MPa；下游蚀变带正常工况在地表部位的向下游水平变位值，不处理比处理（上部置混凝土塞、下部灌浆）只多 0.1mm 左右，变形很小。因此，在设计荷载条件下坝基不可能发生沿似层面节理裂隙面滑动破坏。上下游蚀变带按常规处理后，在库空工况上游蚀变带的主压应力值一般小于 0.3MPa，也小于其允许抗压强度 2～3MPa 及其上游 D_3l^3 岩层（按弱风化）的允许抗压强度 3～4.5MPa。

上游蚀变带库空工况在地表部位的向上游水平变位值，不处理比处理不多于 0.1mm，变形极小。因此，在库空工况下，坝基不可能沿反倾向节理裂隙面滑动破坏。上述非线性有限元分析和地质力学模型试验超载法和综合法分析计算的坝基稳定安全系数均在 3.3 以上。

3.5.4.3　坝基渗流场影响

百色主坝坝基渗流场三向电阻网络渗流模型试验研究及坝基渗流场有限元计算分析结果表明，百色主坝坝基防渗设计原则应以排水幕为主，灌浆帷幕为辅。由于坝基辉绿岩岩体的风化程度及断层、裂隙分布的不均匀性，为稳妥起见，按传统方法设置坝基防渗帷幕。设置 $0.5H$（坝高）深度的坝基帷幕并且布置三排坝基排水孔（幕后 30m 深，中部、后部 20m 深）情况下，坝基渗流等势线如图 3.5.7 所示。

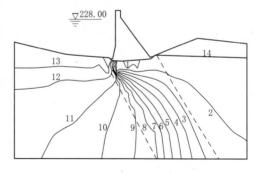

图 3.5.7　正常水位时主坝坝基渗流等势线
（坝基帷幕及排水正常情况下）

1—110.00；2—120.00；3—130.00；4—140.00；
5—150.00；6—160.00；7—170.00；8—180.00；
9—190.00；10—200.00；11—210.00；
12—220.00；13—225.00；14—PHI=7

3.5.4.4　上下游蚀变带的影响评价

在可行性研究阶段，采用线性模型和非线性模型计算研究已经发现：上下游蚀变带的各种可能的处理措施对整个坝体及坝基的位移场和应力场的影响很小，坝踵至上游蚀变带的地基浅表部分，在库空工况为受压区，在大坝各种挡水工况为受拉区，地基的这一应力分布特征受上游蚀变带的处理程度影响不敏感。在初步设计阶段和施工详图阶段，四川大学的研究工作进一步验证了这一结果。分析计算还发现，随着对上游蚀变带灌浆补强处理深度的增加，各种挡水工况下坝踵主拉应力值将同步略有提高。这是由于灌浆补强处理上游蚀变带，其效果相当于加强了坝踵地基的弹性约束。如在上游蚀变带表部设置任何形式的混凝土塞，在各种挡水工况下都必然于该混凝土塞某一侧与基岩接触边沿出现拉应力集中并可能拉裂。因此，对上游蚀变带应以柔性防护处理为主，刚性补强处理为辅；需要作刚性补强处理的是那些抗压强度小于0.7MPa 的局部区段。对河床坝段的下游蚀变带表部做灌浆补强处理，对改善坝基传力条件是有益的。

分析计算结果表明坝底主应力均为压应力，坝基辉绿岩的最大主拉应力出现在其上游界面蚀变带歼灭处，实际值不会超过 0.247MPa，远小于辉绿岩微风化层 0.87～1.3MPa 的允许抗拉强度。上游蚀变带对坝基辉绿岩和坝体安全的影响不敏感。

敏感性分析：假定上下游蚀变带被裂开，上下游蚀变带内承受全水头水作用，计算结果发现，除坝踵 3～5m 范围应力集中区存在拉应力外，坝基辉绿岩未出现拉应力；上游蚀变带出现剪切变形（下游侧对上游侧向下剪切）并挤压变形（上游侧对下游侧向下游挤压），这与蚀变带全面裂开的初始假定并不相符，因此不可能出现上游蚀变带自上（地表）而下（下端点）全面裂开的不利情形。上游蚀变带与辉绿岩在浅表部交界面处于挤压状态，坝基变形是安全的。即便如此，为安全稳妥起见，工程设计仍应考虑对蚀变带建基面以下一定深度区域作固结灌浆处理，以提高蚀变带及其周边岩石的连续性、抗渗性及强度，增加坝基稳定安全度。

3.5.4.5　F_6 断层带的影响评价

F_6 断层顺河穿过 6A 号坝块坝基，一般带宽 3～5m，局部宽 10m。非线性有限元计算结果表明，F_6 断层上下盘的相对错动变位，库空工况一般小于 1mm，正常工况一般小于 0.7mm。对 F_6 断层带的处理标准是经处理后在各种工况混凝土塞盖不断裂，断层带内充填物不发生渗透变形。在坝基开挖施工阶段，曾对几处具有代表性剖面的 F_6 断层混凝土塞及其周边岩体进行线性有限元分析计算。结果表明，所设计混凝土塞体除与上盘岩体接触面有较大主拉应力外，塞体本身并无较大主拉应力，塞体变形极其微小，断层充填物无附加挤压破坏，周边岩体无特别不利应力分布。对 F_6 断层设置混凝土塞辅以一定深度的固结灌浆，前端增加三排防渗帷幕，后端设置反滤设施，可维持坝基稳定安全。

3.5.5　主坝抗震安全评价

百色水利枢纽坝区地震基本烈度为 7 度，大坝为 1 级建筑物，工程抗震设防类别为甲等，按 8 度地震设防。

3.5.5.1　动力法主坝断面抗震计算分析

1. 一维动力法

计算得出的抗滑稳定安全系数为 2.55，大于规范规定的最小值 2.3，由此可知在遇设计地震烈度时，百色大坝沿坝基面的抗滑稳定安全性满足要求。坝趾综合压应力4.39MPa，相应抗压强度安全系数 5，大坝抗震强度满足要求。

2. 二维动力法

按《水工建筑物抗震设计规范》（SL 203—97）算得作用力为 11294.1kN，小于抗力 15443.4kN，大坝沿建基面抗滑稳定满足新规范要求。坝踵部位出现应力较大，但范围不大，基本满足承载能力极限状态设计式要求。根据二维抗震分析结果并与一维抗震计算比较，两者分析的大坝坝体自振频率接近。从大坝动力特性及地震加速度反应看，大坝结构设计合理可行。

3.5.5.2　有限元法坝基抗震稳定计算分析

2002 年 12 月，完成了对百色大坝现断面 9B 号、4B 号坝块进行的非线性二维有限元计算分析，对 6A 号 6B 号坝块进行三维非线性有限元计算分析和抗震动力分析。主要研究目标是坝基稳定。

1. 位移

由反应谱法所得到的坝体和坝基动位移极值：坝顶水平动位移 78mm，垂直向动位移 40mm，而坝顶相对于坝底的动弹性位移约 30mm。

2. 应力

地震力作用下，坝踵区地基拉应力出现在 F_6 断层混凝土塞一侧，最大拉应力 1.5MPa。坝踵区地基拉应力出现在 F_6 断层混凝土塞一侧的结果，至多是使该混凝土塞与辉绿岩接触面有部分开裂，使该部分地基应力重分布，不会导致坝踵增加不利的拉应力而影响大坝安全。

3. 坝基动稳定安全系数

计算分析结果表明，在地震效应作用下，坝基的最危险滑移面是建基面下的浅层，其动稳定安全系数 $k_d = 2.64$（9B 号动稳定安全系数 $k_d = 2.59$），大于规范规定最小值 2.3，坝基抗震稳定安全的。

3.5.5.3　拟静力法坝体抗震计算分析

2003 年，采用拟静力法对 6A 号坝块进行平面有限元分析，对 5 号坝块进行空间有限元分析，并对 6A 号坝块的 5 个灌浆廊道和排水廊道的应力分布进行研究，以便于对 5 个灌浆廊道和排水廊道进行配筋提供参考依据，对溢流坝段的中墩和边墩进行配筋作参考依据。主要计算结果：

1. 6A 号坝块

坝踵区竖向应力全部为压应力，满足现行规范要求。剖面各工况建基面竖向压应力小于地基承载力，剖面各工况无特别不利应力集中出现，廊道最大应力出现在地震工况 A 时的 5 号廊道处：最大拉应力为 0.92MPa，最大压应力为 7.48MPa。

2. 5 号坝块边墩

墩体主拉应力在牛腿附近较大，其中与牛腿边沿接触部位最大主拉应力的三个相邻结点应力值分别为 1.40MPa、3.24MPa 和 1.27MPa，闸墩据此配置相应的辐射状抗拉钢筋。闸墩与堰面接触边沿的 x 向拉应力较大，最大点拉应力为 1.95MPa。墩体与堰面接触边沿的 y 向拉应力较大，最大点拉应力为 3.66MPa，配置了相应的受拉钢筋。

3. 5 号坝块中墩

墩体主拉应力在牛腿附近较大，其中与牛腿边沿接触部位最大主拉应力的三个相邻结点应力值分别为 1.33MPa、3.00MPa 和 1.10MPa，闸墩据此配置相应的辐射状抗拉钢筋。其余部位包括与堰面接触部位的拉应力都较小，小于 0.5 倍墩体混凝土的设计抗拉强度 1.8MPa。

6A 号坝块地震工况 B（控制泄洪上下游水压力＋淤沙压力＋扬压力＋动水压力＋水平向地震惯性力＋向上竖向地震惯性力）第一主应力、第二主应力（0.01MPa）分布云图如图 3.5.8 所示，竖向应力分布云图如图 3.5.9 所示；地震工况 A（控制泄洪上下游水压力＋淤沙压力＋扬压力＋动水压力＋水平向地震惯性力＋向下竖向地震惯性力）第一主应力、第二主应力（0.01MPa）分布云图如图 3.5.10 所示，竖向应力分布云图如图 3.5.11 所示。

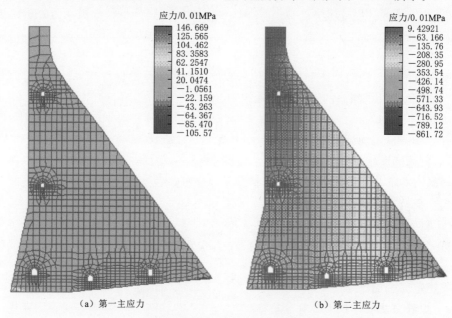

（a）第一主应力　　　　　　　　　　　　　　（b）第二主应力

图 3.5.8　地震工况 B 坝体应力（0.01MPa）分布云图

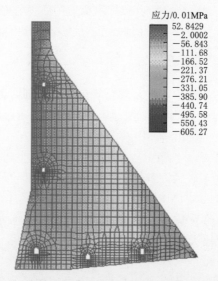

图 3.5.9　地震工况 B 竖向应力（0.01MPa）分布云图

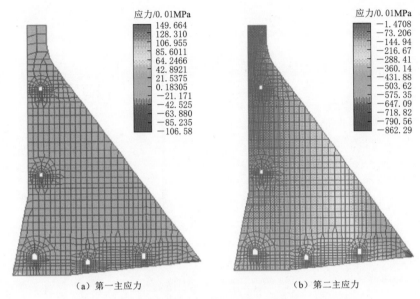

（a）第一主应力　　　　　　　　　　（b）第二主应力

图 3.5.10　地震工况 A 坝体应力（0.01MPa）分布云图

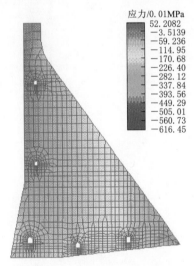

图 3.5.11　地震工况 A 竖向应力（0.01MPa）分布云图

3.5.5.4　主坝抗震动力分析

在地面运动地震峰值加速度为 0.2g 情况下，采用有限元法计算主坝地震应力，按承载能力极限状态设计式验算大坝抗震强度。6A 号坝块和 5 号坝块的综合主应力（静态主应力＋动态主应力）如图 3.5.12～图 3.5.15 所示。

5 号坝块内的应力都能满足规范要求。6A 号坝块下游面 164.00～213.00m 高程深约 6m 范围，其第一主应力为 1.32～1.6MPa（拉），大于 R_{180}15MPa 混凝土的动态抗拉强度（标准值为 1.32MPa），但小于 R_{180}20MPa 混凝土的动态抗拉强度（标准值为 1.76MPa）。非溢流坝段下游面 164.00～213.00m 高程深 6m 范围采用 R_{180}20MPa 混凝土可以满足抗震强度要求。

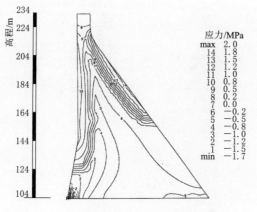

图 3.5.12　6A 号坝块综合第一主应力分布图

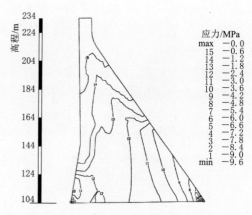

图 3.5.13　6A 号坝块综合第二主应力分布图

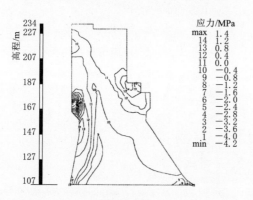

图 3.5.14　5 号坝块综合第一主应力分布图

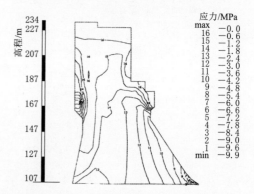

图 3.5.15　5 号坝块综合第二主应力分布图

3.5.5.5　大型振动台试验

1998 年 7 月，基于大坝断面的优化设计成果，对典型的 6A 号挡水坝块、5 号溢流坝块，按照《水工建筑物抗震设计规范》（SL 203—97）的设防标准、目标、分析方法、安全标准，对新断面进行悬臂梁材料力学法和平面有限元的抗震动力分析及安全评价，为验证计算程序及计算方法的可靠性，对 6A 号挡水坝块进行了大型振动台模型试验。6A 号坝块在大型振动台试验结果表明：有限元分析的坝体应力、变位分布规律与振动台试验成果一致，有限元分析成果是可靠的。按以作用和材料抗力的分项系数表达的承载能力极限状态设计式，验算建基面及坝体水平层面的抗滑稳定安全系数，能满足新规范要求。

3.6　主坝温控设计

3.6.1　主坝温度徐变应力计算研究

百色 RCC 主坝混凝土主要分为三个区：Ⅲ区为垫层准 3 级配常态混凝土 CC-

$R_{28}20$MPa，厚 1.5m，混凝土胶凝材料用量为 218kg；Ⅱ区为二级配碾压混凝土 RCC－$R_{28}20$MPa，厚 8～2m，上游处是大坝防渗区，混凝土胶凝材料用量为 200kg，其中掺58％二级粉煤灰；Ⅰ区为准三级配碾压混凝土 RCC－$R_{28}15$MPa，是大坝主体混凝土区，混凝土胶凝材料用量为 160kg，其中掺 63％二级粉煤灰。采用辉绿岩人工骨料，田东 525号中热硅酸盐水泥。

RCC 主坝温度徐变应力计算研究的目的，是在满足大坝施工期及运行期温度徐变应力安全的条件下，就按照工程经验拟定的大坝不同分缝间距、RCC 不同浇筑温度方案，对 RCC 重力坝施工期、运行期的温度徐变应力，进行全过程仿真计算研究，总结、归纳出大坝温度、应力分布变化规律，寻找经济合理的大坝分缝间距及 RCC 浇筑温度方案，为大坝混凝土施工温度控制提供设计依据。

自工程初步设计至施工详图设计阶段，先后计算了大坝分缝间距分别为 60m、30m，月平均温度小于 25℃的低温季节施工、全年施工方案。还计算了大坝分缝间距为 27m、上游面中间设 3m 深"短横缝"、低温季节施工方案，以及大坝分缝间距为 22m、低温季节施工方案，见表 3.6.1。①～③方案计算在初步设计阶段，混凝土浇筑温度设计控制上限见表 3.6.2，使用清华大学 DTTS 微机程序计算。④～⑥方案计算在招标及施工详图设计阶段，混凝土浇筑温度设计控制上限见表 3.6.2，使用西安理工大学结构温度徐变应力大型仿真计算软件。

表 3.6.1　　　　　　百色水利枢纽 RCC 主坝温度徐变应力计算方案

方案	大坝分缝间距	坝上游面设 3m 深短横缝	浇筑温度按设计要求控制，高温季节停工	全年施工，按自然温度浇筑混凝土不制冷降温	全年施工，混凝土浇筑温度按设计要求控制，5—9月不大于 21℃	11月中旬至次年 3 月上旬按自然温度浇筑
①	60m		√			
②	30m		√			
③	30m				√	
④	27m	√	√			
⑤	27m	√				√
⑥	27m	√		√		
⑦	22m		√			

本工程采用三维有限元浮动网络法进行计算，软件计算过程皆可近似模拟、反映RCC 薄层碾压进程、混凝土温升过程、热辐射温升、坝体上下游水位变化、坝体界面热交换、混凝土力学指标发展、温度场演变过程、徐变应力场演变过程等。计算结果输出大坝从施工到永久运用全过程混凝土温度场、应力场，重要特征点的温度、应力—时间曲线。各工况坝体高温区温度、最高温度、稳定温度计算结果汇总见表 3.6.2。各工况施工期、运行期坝体上下游面及侧面最大应力计算结果见表 3.6.3。

表 3.6.2　　　　　百色水利枢纽 RCC 主坝高温区温度、最高温度、稳定温度　　　　单位:℃

方案	高温区温度						稳定温度		
	Ⅲ区	Ⅲ区最高	Ⅱ区	Ⅱ区最高	Ⅰ区	Ⅰ区最高	上游坝面	坝中部	下游坝面
①	32	32.9	33~41	42.8	33~41	41.2	14.5~24.0	20~24	24~26
②	30	30.9	32~38	38.8	33~35	38.8	14.5~24.0	20~25	23~26
③	30	30.9	31~40	40.7	37~41	41.8	14.5~24.0	20~24	24~26
④	29	30.0	34~37	38.4	31~35	36.3	14.5~26.0	20~24	24~26
⑤	29	30.0	34~37	38.4	32~35	36.3	14.5~26.0	20~24	24~26
⑥	29	30.0	34~39	39.7	33~36	40.1	14.5~27.0	20~25	24~26
⑦	29	30.0	34~37	39.7	32~35	36.3	14.5~26.0	20~24	24~26

表 3.6.3　　　　　百色 RCC 主坝施工、运行期坝体温度徐变拉应力最大值　　　　单位:MPa

方案	Ⅲ区			Ⅱ区						Ⅰ区					
				施工期			运行期			施工期			运行期		
	σ_x	σ_y	σ_z	σ_x	σ_y	σ_z	σ_x	σ_y	σ_z	σ_x	σ_y	σ_z	σ_x	σ_y	σ_z
①	2.22	3.35	2.22	1.65	2.76	1.11	2.22	2.60	1.31	0.48	2.28	0.17	0.69	1.85	1.31
②	1.99	2.53	1.58	0.63	1.71	1.55	1.56	2.55	1.26	0.48	1.25	0.98	1.26	1.83	0.11
③	2.20	2.73	1.66	0.49	1.66	1.48	1.51	2.51	1.30	1.10	0.98	0.98	0.96	1.46	0.60
④	1.56	1.76	1.91	0.77	0.14	0.74	0.95	1.10	1.20	0.60	0.60	0.75	0.60	0.70	0.85
⑤	1.56	1.78	1.93	0.77	0.12	0.73	0.97	1.15	1.30	0.64	0.75	0.75	0.64	0.72	0.95
⑥	1.56	1.81	2.12	0.74	0.14	0.85	1.00	1.20	1.60	0.59	0.58	0.82	0.66	0.75	1.20
⑦	1.55	1.71	1.79	0.49	0.13	0.80	1.00	1.21	1.10	0.59	0.60	0.74	0.60	0.70	1.10
$[\sigma_1]$	1.94			1.06~2.33			2.33			0.75~1.96			1.96		

注　表中 x 为坝轴线方向,y 为顺水流方向,z 为铅垂线方向。

计算研究结果表明:

(1) 百色 RCC 主坝选用中热水泥,主坝防渗区混凝土胶凝材料用量 200kg(其中掺 58% 粉煤灰),主体混凝土区胶凝材料用量 160kg(其中掺 63% 粉煤灰),坝体出现的最高温度为 36~41℃,具体数值与 RCC 的浇筑温度、浇筑强度、间歇层厚度及碾压间歇时间有直接关系。

(2) RCC 主坝温度徐变大应力区主要分布于上游侧防渗区混凝土(即Ⅱ区 2 级配 RCC-R$_{180}$20MPa)、下部强约束区内。这是因为防渗区混凝土水泥用量较高,在筑坝过程中混凝土温度达到 39.7℃,而与之接触的库水温度极低(水面下 45m 往下即为恒温层,多年平均水温仅为 14.5℃),防渗区混凝土温差最大,因此温度徐变拉应力最高。

(3) 主坝分缝间距大小对主坝上游防渗区坝轴线方向的拉应力影响很敏感,对坝体顺水流向的拉应力影响不敏感。

(4) RCC 主坝选择 30m 左右分缝间距是比较适中的,可使坝体温度徐变拉应力控制在混凝土允许值附近。

(5) 在 27m 长主坝上游面中间设置 3m 深"短横缝",其Ⅱ级配混凝土区的运行期坝轴线方向、顺水流方向、铅垂线方向徐变拉应力最大值分别为 0.95MPa、1.10MPa、1.20MPa，Ⅲ级配混凝土区分别为 0.60MPa、0.70MPa、0.85MPa；而 22m 长坝段在中间不设短横缝，其Ⅱ级配混凝土区的运行期坝轴线方向、顺水流方向、铅垂线方向徐变拉应力最大值分别为 1.07MPa、1.21MPa、1.10MPa，Ⅲ级配混凝土区分别为 0.60MPa、0.70MPa、1.10MPa。可见，设置有短横缝的坝段其温度徐变拉应力明显降低，特别是Ⅱ级配防渗区混凝土坝轴线方向效果更明显，为减轻大坝混凝土施工降温压力创造条件。

（6）在 27m 长主坝上游面中间设置 3m 深"短横缝"后，低温季节（10 月至次年 4 月）施工，混凝土浇筑温度不高于 21℃，其中最低温时段（11 月中旬至次年 3 月上旬，旬均气温低于 20℃）按自然温度浇筑，大坝温度徐变应力能控制在规范允许值范围内。

（7）百色 RCC 主坝分缝间距为 27～30m，上游坝面中间设置 3m 深"短横缝"，低温季节（10 至次年 4 月）施工，其中最低温时段（11 月中旬至次年 3 月上旬，旬平均气温低于 20℃）按自然温度浇筑，混凝土浇筑温度不高于 21℃，主坝最高温升为 37℃，主坝稳定温度为上游侧 14.5℃、坝体中间 22℃、下游侧 26℃，由此控制基础容许温差为 10～21.5℃，与《混凝土重力坝设计规范》（SD J21—78）要求的允许值 $\Delta T = 14～19℃$ 接近，数字上稍有所放宽，这主要得益于主坝采用大量掺用粉煤灰明显降低大坝温升，浇筑主坝时采取了 2～6℃（局部 8℃）的混凝土降温，以及在主坝上游面中间设置 3m 深"短横缝"以减小主坝温度徐变应力等措施。计算分析表明大坝温度徐变应力能控制在规范允许值范围内。

3.6.2 设计温控措施和标准

招标设计阶段，根据主坝温度徐变应力计算研究成果，拟定温控措施和标准。

（1）RCC 的施工应限在 10 月至次年 5 月进行，坝体各部位 RCC 在 10 月至次年 5 月允许最高浇筑温度见表 3.6.4。

表 3.6.4　　　　　　　　百色水利枢纽 RCC 主坝 RCC 浇筑的温度控制值

	月　份	10	11	12	1	2	3	4	5
浇筑温度/℃	上游二级配 RCC 防渗区	16	14	14	14	14	17	17	18
	坝体准三级配 RCC　约束区	16	14	14	14	14	17	19	20
	非约束区	19	16	16	16	16	19	21	22

（2）常态混凝土的浇筑温度不得低于 3℃ 或高于 25℃。浇筑于消力池、孔口周围、闸墩和溢流面等大体积混凝土的温度不得高于 20℃，RCC 主坝基础找平混凝土及断层和蚀变带混凝土塞的温度不得高于 14℃。

（3）在每年的 4—5 月或日平均气温高于 25℃ 季节里，应采取有效的降温和温度控制措施，如骨料预冷、加冰拌和、埋设冷却水管、仓面喷雾降温等。

根据承包商提供的施工计划及拟在坝体上游面设 3m 深"短横缝"缓解坝体上游面温度应力的措施，特别对典型的非溢流坝段 6A 号（27m 长）、溢流坝段 5 号坝段（33m 长）施工期和运行期温度徐变应力进行仿真计算。据此成果对招标设计阶段提出的 RCC 浇筑温度控制标准进行了调整，详见表 3.6.5。

表 3.6.5　　　　　　　　　　百色水利枢纽 RCC 主坝 RCC 浇筑的温度控制调整

月　份		10	11	12	1	2	3	4	5
特征气温 （历史多年平均气温） /℃	逐月	22.8	18.6	14.8	13.3	15.1	19.2	23.7	26.6
	上旬	24.3	20.4	15.4	13.3	14.1	17.6	21.9	26.4
	中旬	23.3	18.6	14.9	13.1	15.8	19.6	23.6	26.6
	下旬	21.1	17.0	14.3	13.6	15.6	20.2	25.5	26.9
主坝混凝土浇筑温度 /℃	约束区	16.0	11 月上旬 15.0	11 月中旬至次年 3 月 上旬不控温，按照混凝土 自然温度浇筑			3 月中下旬 18.0	19.0	20.0
	非约束区	19.0						21.0	22.0

注　坝体上游面中间设 3m 深"短横缝"。对于每一坝块，约束区定义为自约束界面以上 0.2 倍约束截面处坝块宽度（沿水流方向尺寸）的区域。约束界面是指坝基基础面以上停浇 28d 以上的混凝土表面。

3.6.3　工地实际采用的温控措施

一枯主坝 RCC 施工时，由于混凝土降温设施未来得及建设，采用埋置 HDPE 塑料冷却水管通河水冷却；二、三枯次高温时段在混凝土降温设施容量偏小、混凝土浇筑温度比设计控制值高 2~3℃情况下，也局部辅助埋置 HDPE 塑料冷却水管通河水冷却（图 3.6.1），使得主坝 RCC 最高温度平均值不超过 38℃。

图 3.6.1　百色主坝 RCC 施工斜层碾压及埋设塑料冷却水管通河水冷却

工程完工后，根据实际施工进度、混凝土浇筑温度记录及混凝土实际力学指标进行了主坝温度徐变应力复核。计算采用的主要资料有：

（1）坝址气温、水温要素见表 3.6.6。

表 3.6.6　　　　　　　　　　　　百色坝址气温、水温要素　　　　　　　　　　单位：℃

月　份		1	2	3	4	5	6	7	8	9	10	11	12	全年
多年 平均 气温	逐月	13.3	15.1	19.2	23.7	26.6	28.0	28.5	27.9	26.2	22.8	18.6	14.8	22.1
	上旬	13.3	14.1	17.6	21.9	26.4	27.4	28.7	28.2	27.2	24.3	20.4	15.4	22.1
	中旬	13.1	15.8	19.6	23.6	26.6	28.0	28.7	27.8	26.3	23.3	18.6	14.9	22.2
	下旬	13.6	15.6	20.2	25.5	26.9	28.4	28.3	27.7	25.2	21.1	17.0	14.3	22.0

月　份		1	2	3	4	5	6	7	8	9	10	11	12	全年
多年平均河水温度	逐月	14.9	16.1	18.9	23.0	26.2	27.1	27.4	26.7	25.9	23.7	20.5	16.9	22.3
	上旬	14.7	15.0	17.5	21.2	25.3	26.9	27.1	27.1	26.4	24.5	21.8	17.7	22.1
	中旬	15.1	16.7	18.9	23.0	26.6	27.1	27.5	26.3	25.8	24.0	20.7	17.2	22.4
	下旬	15.0	16.5	20.1	24.7	26.7	27.4	27.5	26.5	25.4	22.8	19.1	16.0	22.3

（2）水库水温结构预测成果见表 3.6.7，水温计算公式为

$$T_w(y,\tau) = 14.28 + 9.82e^{-0.04y} + 7.7e^{-0.018y}\cos[30 \times (\tau - 8.85 + 1.3e^{-0.085y})]$$

式中：y 为水深，m；τ 为月份；$T_w(y,\tau)$ 为水深 y 处在 τ 月份的水温，℃。

表 3.6.7　　　　　　　　　百色水库水温结构预测成果

水深/m	温度/℃											
	1	2	3	4	5	6	7	8	9	10	11	12
0	15.3	16.7	19.2	23.9	26.8	27.9	28.7	27.9	26.1	24.2	20.6	17.0
5	15.3	16.7	18.3	22.0	24.2	25.6	27.2	27.2	25.8	24.1	20.6	17.0
10	15.3	16.7	16.8	19.8	21.4	22.6	24.3	25.0	24.7	23.6	20.6	17.0
15	15.3	16.7	16.5	17.9	19.0	20.0	21.3	22.2	22.6	22.3	20.6	17.0
20	15.3	16.7	16.4	16.6	17.4	17.9	18.7	19.4	20.0	20.3	20.5	17.0
25	15.1	16.7	16.4	15.7	16.2	16.6	16.9	17.2	17.6	18.1	19.6	16.5
30	14.8	16.7	16.2	15.2	15.5	15.7	15.8	15.8	16.0	16.2	15.5	14.5
35	14.8	16.4	16.2	14.8	15.1	15.1	15.1	15.0	15.0	15.1	15.1	14.5
40	14.5	16.3	16.1	14.7	14.8	14.8	14.8	14.7	14.7	14.7	14.8	14.5
50	14.5	14.5	15.6	14.5	14.6	14.6	14.5	14.5	14.5	14.5	14.7	14.5
60	14.5	14.5	14.5	14.5	14.5	14.5	14.5	14.5	14.5	14.5	14.5	14.5
70 以下	14.5	14.5	14.5	14.5	14.5	14.5	14.5	14.5	14.5	14.5	14.5	14.5

（3）百色主坝 2005 年蓄水至 2007 年 8 月水位统计见表 3.6.8。

表 3.6.8　　　　　百色主坝 2005 年蓄水至 2007 年 8 月水位统计

月份	平均水位/m			月份	平均水位/m		
	2005 年	2006 年	2007 年		2005 年	2006 年	2007 年
1	121.56	177.95	214.63	7	126.85	204.27	200.66
2	121.28	177.65	208.67	8	134.69	217.81	204.70
3	121.22	177.82	204.03	9	155.52	221.69	
4	121.61	176.84	200.22	10	168.66	221.32	
5	123.27	177.19	196.20	11	174.47	221.20	
6	125.87	187.83	195.35	12	177.22	219.22	

（4）RCC 主坝混凝土指标见表 3.6.9，混凝土弹性模量拟合公式为

R_{180}15MPa：

$$E(\tau) = 22500 - 22500e^{-0.014\tau}$$

$R_{180}20MPa$：

$$E(\tau)=29250-29250e^{-0.0225\tau}$$

CC20：

$$E(\tau)=32500-32500e^{-0.10\tau}$$

CC40：

$$E(\tau)=39500-39500e^{-0.17\tau}$$

式中：τ 为龄期，d。

表 3.6.9　　　　　　　　　　　RCC 主坝混凝土指标（芯样检测成果）

项　目	混凝土品种	各　龄　期　数　值				备　　注
		7d	28d	90d	180d	
抗压强度 /MPa	$R_{180}15MPa$，准 3 级配	6.1	9.01	17.1	20.9	内部混凝土
	$R_{180}20MPa$，2 级配	8.7	14.6	22.7	26.7	上游坝面混凝土
	CC20，3 级配	14.3	25.3	—		基础垫层混凝土
	CC40，2 级配	—	39.6	47		溢流面抗冲磨层混凝土
静压弹性模量 E /GPa	$R_{180}15MPa$，准 3 级配	2	8	14	20	
	$R_{180}20MPa$，2 级配	7	15	22	26	
	CC20，3 级配	19	29	—		
	CC40，2 级配	—	35	42		
174.00m 高程以上 混凝土极限拉伸值 ε	$R_{180}15MPa$，准 3 级配	50×10^{-6}				
	$R_{180}20MPa$，2 级配	45×10^{-6}				
	CC20，3 级配	80×10^{-6}				
	CC40，2 级配	80×10^{-6}				
174.00m 高程以下 混凝土极限拉伸值 ε	$R_{180}15MPa$，准 3 级配	70×10^{-6}				
	$R_{180}20MPa$，2 级配	70×10^{-6}				
	CC20，3 级配	80×10^{-6}				
	CC40，2 级配	80×10^{-6}				
174.00m 高程以上 混凝土允许抗拉强度 /MPa	$R_{180}15MPa$，准 3 级配	—	0.31	0.54	0.76	$[\sigma]=\varepsilon\cdot E/K_f$，$K_f=1.3$
	$R_{180}20MPa$，2 级配	—	0.52	0.76	0.90	
	CC20，3 级配	1.17	1.78			
	CC40，2 级配	—	2.15	2.58		
174.00m 高程以下 混凝土允许抗拉强度 /MPa	$R_{180}15MPa$，准 3 级配	—	0.43	0.75	1.08	
	$R_{180}20MPa$，2 级配	—	0.81	1.18	1.40	
	CC20，3 级配	1.17	1.78			
	CC40，2 级配	—	2.15	2.58		

（5）主坝混凝土泊松比见表 3.6.10。

表 3.6.10　　　　　　　　　　主 坝 混 凝 土 泊 松 比

项　　目	碾压混凝土		常态混凝土
	$R_{180}15MPa$，准 3 级配	$R_{180}20MPa$，准 3 级配	CC20、CC40
泊松比	0.167	0.167	0.167

（6）主坝混凝土与基岩热学参数值见表 3.6.11。混凝土绝热温升公式为

$R_{180}15MPa$：

$$T(\tau)=17.5\tau/(4.03+\tau)$$

$R_{180}20MPa$：

$$T(\tau)=23.33\tau/(5.07+\tau)$$

CC20：

$$T(\tau)=24.2[1-\exp(-0.69\tau^{0.56})]$$

式中：τ 为龄期，d。

表 3.6.11　　　　　　　　主坝混凝土与基岩热力学参数值

序号	项　　目	常态混凝土	碾压混凝土		基　岩
		闸墩、中孔周边及基础垫层混凝土 CC20，溢流面抗冲磨层混凝土 CC40	上游坝面 $R_{180}20MPa$，2 级配	内部 $R_{180}15MPa$，准 3 级配	
1	导热系数/[kJ/(mh℃)]	6.460	7.668	7.668	6.870
2	导温系数/(m²/h)	0.002870	0.003039	0.003039	0.003190
3	比热/[kJ/(kg·℃)]	0.90	0.94	0.94	0.77
4	线膨胀系数/(10⁻⁶/℃)	8.000	5.823	6.744	7.000
5	放热系数/[kJ/(m²h℃)]	42	42	42	42
6	容重/(kN/m³)	24.53	24.53	24.53	28.00
7	绝热温升表达式（τ 为龄期），T_τ 为龄期为 τ 的温度	$T_\tau=T_0[1-\exp(-0.69\tau^{0.56})]$ 式中：CC20 $T_0=21.2$ CC40 $T_0=46.4$	$T_\tau=20.33\tau/(3.07+\tau)$	$T_\tau=14.50\tau/(2.03+\tau)$	

（7）坝面热辐射温升见表 3.6.12。

表 3.6.12　　　　　　　　　　坝面热辐射温升

月份	1	2	3	4	5	6	7	8	9	10	11	12	全年
温升/℃	3.06	3.53	3.59	3.84	4.04	4.13	4.49	4.30	4.00	3.44	3.21	2.81	3.70

（8）混凝土自生体积变形：常态混凝土最终按 -0.51×10^{-4} 计；RCC 自生体积变形试验成果见表 3.6.13；混凝土自生体积变形拟合公式为

RCC15：

$$\begin{cases} G(t)=(0.0002t^2-0.08t-4)\times10^{-6} & t<150d \\ G(t)=-14\times10^{-6} & t\geq150d \end{cases}$$

RCC20：

$$\begin{cases} G(t)=(0.0005t^2-0.13t-10)\times10^{-6} & t<150d \\ G(t)=-19.5\times10^{-6} & t\geq150d \end{cases}$$

CC20：

$$\begin{cases} G(t)=(0.001t^2-0.44t-7)\times10^{-6} & t<150d \\ G(t)=-51\times10^{-6} & t\geq150d \end{cases}$$

CC40：

$$\begin{cases} G(t) = (0.001t^2 - 0.44t - 7) \times 10^{-6} & t < 150\text{d} \\ G(t) = -51 \times 10^{-6} & t \geqslant 150\text{d} \end{cases}$$

表 3.6.13　　　　　　　　碾压混凝土自生体积变形试验成果　　　　　　单位：10^{-6}

龄期 /d	自生体积变形 $G(t)$		龄期 /d	自生体积变形 $G(t)$	
	上游坝面 R_{180} 20MPa，2 级配	内部 R_{180} 15MPa，准 3 级配		上游坝面 R_{180} 20MPa，2 级配	内部 R_{180} 15MPa，准 3 级配
1	−6.69	−4.59	44	−16.84	−5.99（46d）
2	−12.17	−1.46	48	—	−7.09（62d）
4	−7.01	−3.48	55	−16.55（51d）	—
6	−12.3	−6.76	58	−17.74（73d）	—
8	−14.19	−6.09	76	—	—
10	—	−5.17	80	—	−8.80
12	—	−4.36	88	—	—
15	—	—	94	−15.58	—
17	—	—	101	−17.15	- 10.00
19	−15.26	−5.02	108	—	−10.90
23	—	—	122	−18.80	−11.49
25	−12.47	−5.80	138	—	—
30	−13.10	−7.05（41d）	150	−19.08（142d）	−14.00

（9）RCC 徐变的试验成果见表 3.6.14，混凝土徐变度拟合公式为

$$C(t,\tau) = (A_1 + B_1 \tau^{-C_1})[1 - e^{-D_1(t-\tau)}] + (A_2 + B_2 \tau^{-C_2})[1 - e^{-D_2(t-\tau)}]$$

式中：A_1、B_1、C_1、D_1、A_2、B_2、C_2、D_2 为材料特性参数，由试验数据拟合，本工程采用值见表 3.6.15。

表 3.6.14　　　　　　　　碾压混凝土徐变的试验成果

持荷时间	徐变度/(10^{-5}MPa)									
	上游坝面 R_{180} 20MPa 2 级配					内部 R_{180} 15MPa 准 3 级配				
$t-\tau$	7d	28d	90d	180d	360d	7d	28d	90d	180d	360d
0	0	0	0	0	0	0	0	0	0	0
1	4.20	1.00	0.47	0.18	0.16	12.00	2.53	0.44	0.33	0.15
2	4.80	1.30	0.62	0.28	0.33	14.60	3.10	0.75	0.38	0.25
3	5.25	1.50	0.69	0.32	0.37	15.20	3.38	0.80	0.70	0.30
7	6.08	1.88	0.89	0.62	0.41	16.50	3.97	0.95	0.75	0.35
14	7.05	2.15	1.16	0.76	0.56	18.50	4.55	1.28	0.86	0.49
21	7.73	2.43	1.31	0.85	0.59	19.10	4.93	1.45	0.88	0.52
28	8.08	2.68	1.40	0.90	0.62	19.40	5.28	1.51	1.03	0.55
35	8.25	2.83	1.64	0.98	0.71	19.70	5.47	1.62	1.12	0.57
49	8.55	3.08	1.84	1.04	0.74	20.00	5.75	1.68	1.15	0.59
60	8.75	3.18	2.02	1.10	0.77	20.20	5.93	1.70	1.23	0.60
90	9.07	3.38	2.18	1.25	0.85	20.40	6.13	1.74	1.29	0.65

持荷时间	徐变度/(10^{-5}MPa)								
	上游坝面 R_{180}20MPa 2 级配					内部 R_{180}15MPa 准 3 级配			
150	9.40	3.58	2.48	1.42	0.90	20.60	6.43	1.78	1.33	0.75
200	9.43	3.71	2.67	1.59	0.95	20.75	6.60	2.00	1.39	0.77
250	9.45	3.85	2.85	1.68	—	20.80	6.75	2.13	1.40	—
300	9.54	4.05	2.92	1.72	—	20.85	6.80	2.18	1.45	—
360	9.66	4.23	2.96	1.73	—	20.90	6.85	2.23	1.50	—

表 3.6.15　　　　　　　碾压混凝土徐变度拟合公式系数

材　料	A_1	B_1	C_1	D_1	A_2	B_2	C_2	D_2
R_{180}15MPa	4.560	100.000	0.313	0.5	0.000	100.000	0.325	0.100
R_{180}20MPa	0.056	100.000	0.500	0.5	0.000	99.836	0.450	0.075
CC20、CC40	5.867	53.979	0.450	0.3	13.265	22.551	0.450	0.005

不同龄期徐变度与持荷时间的关系式见表 3.6.16。

表 3.6.16　　　　　　　主坝 RCC 徐变度与持荷时间的关系公式

碾压混凝土	加荷龄期 t	徐变度（10^{-5}MPa）关系表达式
R_{180}20MPa，2 级配	7d	$C(t)=t/(0.1033t+0.4469)$
	28d	$C(t)=t/(0.2041t+3.0118)$
	90d	$C(t)=t/(0.3244t+7.6784)$
	180d	$C(t)=t/(0.5564t+12.377)$
	360d	$C(t)=t/(1.0351t+10.167)$
R_{180}15MPa，准 3 级配	7d	$C(t)=t/(0.0477t+0.0893)$
	28d	$C(t)=t/(0.1445t+1.0332)$
	90d	$C(t)=t/(0.4490t+5.8503)$
	180d	$C(t)=t/(0.6687t+7.1187)$
	360d	$C(t)=t/(1.2742t+12.787)$

常态混凝土的徐变度（10^{-4}MPa）近似计算公式为

$t=7$d：
$$C(t)=0.2835[1-e^{-0.30(t-7)}]+0.2266[1-e^{-0.005(t-7)}]$$

$t=28$d：
$$C(t)=0.1792[1-e^{-0.30(t-28)}]+0.183[1-e^{-0.005(t-28)}]$$

$t=90$d：
$$C(t)=0.1299[1-e^{-0.30(t-90)}]+0.1624[1-e^{-0.005(t-90)}]$$

$t=180$d：
$$C(t)=0.1108[1-e^{-0.30(t-180)}]+0.1544[1-e^{-0.005(t-180)}]$$

$t=360$d：
$$C(t)=0.0969[1-e^{-0.30(t-360)}]+0.1486[1-e^{-0.005(t-360)}]$$

（10）5 号、6A 号 6B 号坝段一枯混凝土实际浇筑日志见表 3.6.17。

表3.6.17　　5号、6A号6B号坝段一枯混凝土实际浇筑日志

序号	浇筑仓块	浇筑高程/m	坝右桩号	坝下桩号	开仓时间	收仓时间	浇筑日平均温度/℃
1	F_6断层常态混凝土	基岩~104		坝下0+55~0+83	2003-2-4	2003-2-6	17.5
2	F_6断层常态混凝土	基岩~104		坝下0+55~0+83	2003-2-7	2003-2-11	19.8
3	F_6断层常态混凝土	基岩~104		坝下0+30~0+55	2003-2-13	2003-2-24	20.8
4	F_6断层常态混凝土	基岩~104		坝下0+19~0+30	2003-2-28	2003-3-2	26
5	F_6断层常态混凝土	基岩~104		坝下0-4.8~0-20	2003-3-4	2003-3-5	23.7
6	F_6断层常态混凝土	基岩~104		坝下0-4.8~0+19	2003-3-8	2003-3-12	20.2
7	3B~5号坝段	99.50~107.52	坝右0+183.716~284.76	坝下0+72.572~0+92.762	2003-2-6	2003-2-11	2.6：18.7, 2.7：19.5, 2.8：18.9, 2.9：20.42, 10：21.0, 2.11：21
8	4~5号坝段RCC	104.50~108.50	坝右0+213.85~189.04	坝下0-13.5~0+51.6	2003-3-3	2003-3-5	3.4：28.0, 3.5：25.2, 3.6：21.0
9	5号坝段RCC	107.00~107.52、108.72	坝右0+247~0+280	坝下0+63.25~0+88.762	2003-3-7	2003-3-8	3.4：28.0, 3.5：25.1, 3.6：21.0
10	4~5号坝段RCC	107.50~111.00	坝右0+211.5~280.0	坝下0-14.93~0+60.5	2003-3-9	2003-3-12	3.10：20.3, 3.11：20.5, 3.12：20.8, 3.13：20.5, 3.14：21.0
11	6A号坝段RCC	104.00~106.50	坝右0+280~0+314	坝下0-8.9~0+83.96	2003-3-20	2003-3-22	3.20：22.0, 3.21：22.3, 3.22：21.3
12	6A号坝段RCC	106.50~111.00	坝右0+280~0+334	坝下0-8.9~0+83.96	2003-3-26	2003-3-29	3.26：24.2, 3.27：24.7, 3.28：25.3<3.29：25.6
13	3B~5号坝段下游RCC	108.50~111.12	坝右0+182.23~0+304.6	坝下0+63.25~0+95.492	2003-4-3	2003-4-6	4.4：28.9, 4.5：26.2, 4.6：25.1
14	4B~5号坝段RCC	111.00~114.00	坝右0+241~267.5	坝下0+35~0+60.5	2003-4-6	2003-4-9	4.6：9.0, 4.7：26.1, 4.8：26.3, 4.9：25.7
15	5~6号坝段RCC	111.00~114.00	坝右0+267.4~395.0	坝下0+33.75~0+63.25	2003-4-8	2003-4-9	4.8：27.1, 4.9：26.4

续表

序号	浇筑仓块	浇筑高程/m	坝右桩号	坝下桩号	开仓时间	收仓时间	浇筑日平均温度/℃
16	5号、6A号坝段纵3~纵4及5号、6A号6B号坝段横廊道间RCC	111.00~114.00	坝右0+267.5~0+298.75	坝下0+4.6~0+32.5	2003-4-14	2003-4-17	4.15：27.3、4.16：24.9、4.17：20.3
17	5~6A号坝RCC	111.00~114.00	坝右0+247~0+309	坝下0+64.5~92.492	2003-4-18	2003-4-20	4.18：28.8、4.19：29.3、4.20：27.5
18	4~5号坝段RCC	111.00~114.00	坝右0+241~0+276.0	坝下0+4.6~0+32.5	2003-4-20	2003-4-21	4.20：27.2、4.21：26.4
19	6A号6B号坝段RCC	111.00~114.00	坝右0+298.75~0+334	坝下0+35~0+62	2003-4-22	2003-4-25	4.22：29.0、4.23：26.5、4.24：24.25、4.25：24.2、4.26：26.2
20	5~6B号坝段RCC	111.00~114.00	坝右0+247~0+334	坝下0+7.0~0+32.5	2003-4-22	2003-4-25	4.22：29.0、4.23：26.5、4.24：24.3、4.25：24.2、4.26：26.2
21	6A号6B号坝段RCC	114.00~117.00	坝右0+280~0+334	坝下0+6.4~87.1	2003-4-30	2003-5-4	4.30：26.0、5.1：24.8、5.2：25.9、5.3：25.5、5.4：26.0
22	5号坝段RCC	114.00~117.00	坝右0+247~0+280	坝下0+6.4~0+89.685	2003-5-4	2003-5-8	5.5：28.0、5.6：27.7、5.7：23.6、5.8：24.5、5.9：23.0
23	6A号6B号坝段RCC	117.00~120.00	坝右0+280~0+334	坝下0+5.8~87.9	2003-5-8	2003-5-14	5.9：23.0、5.10：25.6、5.11：26.1、5.12：25.4、5.13：25.0、5.14：24.3
24	5号坝段RCC	117.00~120.00	坝右0+247~0+280	坝下0+5.8~87.96	2003-5-14	2003-5-17	5.13：28.3、5.14：25.3、5.15：24.9、5.16：25.5、5.17：25.0
25	6A号6B号坝段RCC	120.00~123.00	坝右0+280~0+334	坝下0+5.2~87.9	2003-5-20	2003-5-25	5.21：23.5、5.22：24.6、5.23：26.0、5.24：23.9、5.25：25.8
26	5号坝段RCC	120.00~123.00	坝右0+247~0+280	坝下0+5.2~87.96	2003-5-28	2003-6-1	5.31：26.8、6.1：25.6、6.4：25.3、6.5：24.3
27	6B号坝段RCC	123.00~126.00	坝右0+307~0+334.0	坝下0+4.0~79.5	2003-6-7	2003-6-9	6.7：23.8、6.8：26.8
28	6A号坝段RCC	123.00~126.00	坝右0+280~0+307	坝下0+4.0~79.5	2003-6-10	2003-6-13	6.10：24.2、6.11：24.0、6.12：24.6、6.13：24.7

（11）二枯时段 5 号、6A 号坝段实际浇筑温度和外界气温统计表见表 3.6.18。

表 3.6.18　　　二枯时段 5 号、6A 号坝段实际浇筑温度和外界气温统计

日　　期	时　　间	仓面/℃		高程/m
		气温	混凝土温度	
2003-10-18	0：00	20	20	
2003-10-18	2：00	20	21	
2003-10-18	4：00	20	21	
2003-10-18	6：00	20	20	
2003-10-18	8：00	20	20	
2003-10-18	10：00	25	19	
2003-10-18	20：00	22	21	
2003-10-18	22：00	21	22	
2003-10-18	0：00	21	21	
2003-10-19	2：00	19	20	
2003-10-19	4：00	19	20	
2003-10-19	6：00	20	21	
2003-10-19	8：00	23	19	
2003-10-19	10：00	24	20	
2003-10-19	12：00	28	20	
2003-10-19	14：00	30	21	
2003-10-19	16：00	30	19	
2003-10-19	18：00	30	19	
2003-10-19	20：00	23	22	123.00～126.00
2003-10-19	22：00	22	20	
2003-10-19	0：00	21	19	
2003-10-20	2：00	21	22	
2003-10-20	4：00	21	23	
2003-10-20	6：00	21	20	
2003-10-20	8：00	20	21	
2003-10-20	10：00	23	20	
2003-10-20	12：00	26	20	
2003-10-20	14：00	27	21	
2003-10-20	16：00	27	21	
2003-10-20	18：00	26	20	
2003-10-20	20：00	21	19	
2003-10-20	22：00	20	19	
2003-10-20	0：00	20	18	
2003-10-21	2：00	20		
2003-10-21	4：00	20	19	
2003-10-21	6：00	20		
2003-10-21	8：00	20	20	

续表

日　　期	时　　间	仓面/℃		高程/m
		气温	混凝土温度	
2003 - 10 - 21	10：00	28	21	
2003 - 10 - 21	12：00	28	21	
2003 - 10 - 21	14：00	21	21	
2003 - 10 - 21	16：00	21	21	
2003 - 10 - 21	18：00	21	21	
2003 - 10 - 24	20：00	21	19	
2003 - 10 - 24	22：00	21	20	
2003 - 10 - 24	0：00	20	19	
2003 - 10 - 25	2：00	20	21	
2003 - 10 - 25	4：00	20	22	
2003 - 10 - 25	6：00	21	20	
2003 - 10 - 25	10：00	20	23	
2003 - 10 - 25	12：00	20	23	
2003 - 10 - 25	14：00	20	23	
2003 - 10 - 25	16：00	20	19	123.00～126.00
2003 - 10 - 25	18：00	20	20	
2003 - 10 - 25	20：00	20	21	
2003 - 10 - 25	22：00	20	20	
2003 - 10 - 25	0：00	20	20	
2003 - 10 - 26	2：00	20	21	
2003 - 10 - 26	4：00	20	19	
2003 - 10 - 26	6：00	20	20	
2003 - 10 - 26	8：00	20	20	
2003 - 10 - 26	10：00	22	19	
2003 - 10 - 26	12：00	22	21	
2003 - 10 - 26	14：00	22	22	
2003 - 10 - 26	16：00	21	20	
2003 - 10 - 26	18：00	20	19	
2003 - 10 - 26	20：00	20	18	
⋮				
2004 - 1 - 10	20：00	17	24	
2004 - 1 - 10	22：00	16	24	
2004 - 1 - 11	6：00	16	23	
2004 - 1 - 11	10：00	17	23	
2004 - 1 - 11	14：00	19	24	147.00～150.00
2004 - 1 - 11	18：00	16	23	
2004 - 1 - 11	22：00	17	23	
2004 - 1 - 12	2：00	16	23	
2004 - 1 - 12	6：00	15	22	

续表

日　期	时　间	仓面/℃		高程/m
		气温	混凝土温度	
2004－1－12	10：00	16	22	
2004－1－12	14：00	18	23	
2004－1－12	16：00	17	22	
2004－1－12	20：00	17	22	
2004－1－12	0：00	15	22	
2004－1－13	4：00	14	21	147.00～150.00
2004－1－13	8：00	14	20	
2004－1－13	12：00	15	21	
2004－1－13	14：00	15	21	
2004－1－13	18：00	14	20	
2004－1－13	20：00	13	20	
2004－1－27	0：00	11	16	
2004－1－27	2：00	11	16	
2004－1－27	4：00	10	16	
2004－1－27	6：00	10	16	
2004－1－27	8：00	9	17	
2004－1－27	10：00	10	17	
2004－1－27	12：00	12	17	
2004－1－27	14：00	13	18	
2004－1－27	16：00	13	18	
2004－1－27	18：00	11	17	
2004－1－27	20：00	12	19	
2004－1－27	22：00	11	19	
2004－1－27	0：00	10	18	
2004－1－28	2：00	10	18	
2004－1－28	4：00	9	17	150.00～153.00
2004－1－28	6：00	9	18	
2004－1－28	8：00	10	17	
2004－1－28	10：00	10	18	
2004－1－28	12：00	11	17	
2004－1－28	14：00	11	17	
2004－1－28	16：00	11	17	
2004－1－28	18：00	10	16	
2004－1－28	20：00	10	17	
2004－1－28	22：00	9	16	
2004－1－28	0：00	9	16	
2004－1－29	2：00	9	16	
2004－1－29	4：00	8	16	
2004－1－29	6：00	7	16	

续表

日 期	时 间	仓面/℃		高程/m
		气温	混凝土温度	
2004-1-29	8：00	8	16	
2004-1-29	10：00	10	16	
2004-1-29	12：00	11	16	
2004-1-29	14：00	16	17	
2004-1-29	16：00	18	17	
2004-1-29	18：00	16	18	
2004-1-29	20：00	10	17	
2004-1-29	22：00	9	17	
2004-1-29	0：00	7	16	
2004-1-30	2：00	7	16	
2004-1-30	4：00	6	15	150.00~153.00
2004-1-30	6：00	6	16	
2004-1-30	8：00	8	16	
2004-1-30	10：00	10	16	
2004-1-30	12：00	10	16	
2004-1-30	14：00	12	17	
2004-1-30	16：00	15	17	
2004-1-30	18：00	12	16	
2004-1-30	20：00	13	18	
⋮				
2004-4-28	6：00	22	22	
2004-4-28	8：00	26	23	
2004-4-28	10：00	29	25	
2004-4-28	12：00	34	25	
2004-4-28	14：00	35	26	
2004-4-28	16：00	36	26	
2004-4-28	18：00	33	25	
2004-4-28	20：00	27	23	
2004-4-28	22：00	27	23	
2004-4-28	0：00	26	23	
2004-4-29	2：00	25	22	165.00~168.00
2004-4-29	4：00	23	22	
2004-4-29	6：00	21	22	
2004-4-29	8：00	26	23	
2004-4-29	10：00	32	25	
2004-4-29	12：00	35	24	
2004-4-29	14：00	36	24	
2004-4-29	16：00	35	25	
2004-4-29	18：00	33	25	
2004-4-29	20：00	28	23	
2004-4-29	22：00	26	23	

续表

日　期	时　间	仓面/℃		高程/m
		气温	混凝土温度	
2004 - 5 - 14	22：00	24	23	
2004 - 5 - 14	0：00	24	24	
2004 - 5 - 15	4：00	22	23	
2004 - 5 - 15	6：00	21	24	
2004 - 5 - 15	8：00	26	23	
2004 - 5 - 15	10：00	28	23	
2004 - 5 - 15	12：00	31	23	
2004 - 5 - 15	14：00	37	23	
2004 - 5 - 15	16：00	29	23	
2004 - 5 - 15	18：00	27	23	
2004 - 5 - 15	20：00	25	25	
2004 - 5 - 15	22：00	23	24	
2004 - 5 - 15	0：00	23	23	
2004 - 5 - 16	2：00	22	23	
2004 - 5 - 16	4：00	22	24	
2004 - 5 - 16	6：00	20	24	
2004 - 5 - 16	8：00	21	22	
2004 - 5 - 16	10：00	22	21	
2004 - 5 - 16	12：00	22	21	
2004 - 5 - 16	14：00	23	21	
2004 - 5 - 16	16：00	23	21	171.00～174.00
2004 - 5 - 16	18：00	23	21	
2004 - 5 - 16	20：00	23	23	
2004 - 5 - 16	0：00	22	24	
2004 - 5 - 17	2：00	21	23	
2004 - 5 - 17	4：00	21	22	
2004 - 5 - 17	6：00	20	23	
2004 - 5 - 17	8：00	23	23	
2004 - 5 - 17	10：00	25	23	
2004 - 5 - 17	12：00	28	23	
2004 - 5 - 17	14：00	32	23	
2004 - 5 - 17	16：00	31	23	
2004 - 5 - 17	18：00	26	23	
2004 - 5 - 17	20：00	25	24	
2004 - 5 - 17	22：00	24	23	
2004 - 5 - 17	0：00	24	24	
2004 - 5 - 18	2：00	24	24	
2004 - 5 - 18	4：00	23	23	
2004 - 5 - 18	6：00	22	23	
2004 - 5 - 18	8：00	23	23	
2004 - 5 - 18	10：00	24	23	
2004 - 5 - 18	12：00	24	23	

续表

日 期	时 间	仓面/℃		高程/m
		气温	混凝土温度	
2004－5－18	14：00	25	23	
2004－5－18	16：00	24	23	
2004－5－18	18：00	24	23	171.00～174.00
2004－5－18	20：00	23	23	
2004－5－18	22：00	22	23	

（12）6A 号坝段二枯实际施工进度见表 3.6.19。

表 3.6.19　　　　　　　　　　6A 号坝段二枯实际施工进度

序号	二枯浇筑分层	实际浇筑时间	序号	二枯浇筑分层	实际浇筑时间
1	126.00～129.00	2003－10－31—2003－11－2	9	150.00～153.00	2004－1－24—2004－1－28
2	129.00～132.00	2003－11－11—2003－11－15	10	153.00～156.00	2004－2－8—2004－2－12
3	132.00～135.00	2003－11－20—2003－11－23	11	156.00～159.00	2004－2－22—2004－2－25
4	135.00～138.00	2003－11－30—2003－12－2	12	159.00～162.00	2004－3－7—2004－3－15
5	138.00～141.00	2003－12－9—2003－12－13	13	162.00～165.00	2004－3－20—2004－3－24
6	141.00～144.00	2003－12－17—2003－12－20	14	165.00～168.00	2004－4－2—2004－4－4
7	144.00～147.00	2003－12－27—2004－1－1	15	168.00～171.00	2004－4－27—2004－4－29
8	147.00～150.00	2004－1－7—2004－1－11	16	171.00～174.00	2004－5－14—2004－5－16

（13）5 号坝段二枯实际施工进度见表 3.6.20。

表 3.6.20　　　　　　　　　　5 号坝段二枯实际施工进度

序号	二枯浇筑分层	实际浇筑时间	序号	二枯浇筑分层	实际浇筑时间
1	123.00～126.00	2003－10－18—2003－10－21	8	144.00～147.00	2003－12－27—2004－1－1
2	126.00～129.00	2003－10－31—2003－11－2	9	147.00～150.00	2004－1－7—2004－1－11
3	129.00～132.00	2003－11－11—2003－11－15	10	150.00～153.00	2004－1－24—2004－1－28
4	132.00～135.00	2003－11－20—2003－11－23	11	153.00～156.00	2004－2－8—2004－2－12
5	135.00～138.00	2003－11－30—2003－12－2	12	156.00～159.00	2004－2－22—2004－2－25
6	138.00～141.00	2003－12－9—2003－12－13	13	159.00～162.00	2004－3－7—2004－3－15
7	141.00～144.00	2003－12－17—2003－12－20	14	162.00～165.00	2004－3－20—2004－3－24

（14）6A 号坝段"三枯"混凝土施工进度及浇筑温度见表 3.6.21。

表 3.6.21　　　　　6A 号 6B 号坝段"三枯"混凝土施工进度及浇筑温度

序号	浇筑仓块	桩号、高程/m	施工进度	浇筑温度/℃	浇筑通知单
1	6A 号 6B 号坝段及 5 号坝段三角块碾压混凝土	坝0＋277～坝0＋334、坝下0＋0～坝下 0＋43.5、174.00～177.00	2004－11－26—2004－11－29	18.3	RCC－主坝－2004－34
2	5～7A 号坝段碾压混凝土	坝0＋247～坝0＋361、坝下0＋0～坝下 0＋42.642、176.50～180.00	2004－12－3—2004－12－7	18.5	RCC－主坝－2004－37

序号	浇筑仓块	桩号、高程/m	施工进度	浇筑温度 /℃	浇筑通知单
3	6A 号 6B～7 坝段 碾压混凝土	坝 0+280～坝 0+388、坝下 0+0～坝 下 0+36.75、180.00～183.00	2004-12-10— 2004-12-14	17.8	RCC-主坝- 2004-41
4	6B～8A 号坝段 碾压混凝土	坝 0+309～坝 0+418、坝下 0+0～坝 下 0+34.5、183.00～186.00	2004-12-20— 2004-12-24	19.3	RCC-主坝- 2004-45
5	4～6A 号 6B 坝段 碾压混凝土	坝 0+192～坝 0+334、坝上 0- 6.35～坝下 0+32.25、186.00～189.00	2005-1-17— 2005-1-23	14.6	RCC-主坝- 2005-04
6	4～7A 号坝段 碾压混凝土	坝 0+192～坝 0+361、坝下 0+0～坝 下 0+32.25、189.00～192.00	2005-1-26— 2005-1-31	17.5	RCC-主坝- 2005-06
7	4～7 号坝段 碾压混凝土	坝 0+192～坝 0+388、坝上 0- 6.35～坝下 0+43.999、192.00～194.40	2005-2-3— 2005-2-10	18.7	RCC-主坝- 2005-08
8	6A 号 6B～8A 号坝段 碾压混凝土	坝 0+280～坝 0+418、坝下 0+0～坝 下 0+28.2、194.40～198.00	2005-2-13— 2005-2-16	16.9	RCC-主坝- 2005-10
9	6B～10 号坝段 碾压混凝土	坝 0+309～坝 0+555、坝下 0+8～坝 下 0+25.5、198.00～201.00	2005-2-26— 2005-3-1	17.8	RCC-主坝- 2005-12
10	4～6A 号 6B 号坝段 碾压混凝土	坝 0+192～坝 0+334、坝下 0+8～坝 下 0+39.4、201.00～204.00	2005-3-30— 2005-4-9	20.6	RCC-主坝- 2005-16
11	4～7A 号坝段 碾压混凝土	坝 0+192～坝 0+361、坝上 0- 6.35～坝下 0+39.4、204.00～207.00	2005-5-3— 2005-5-15	22.2	RCC-主坝- 2005-22
12	6B～7 号坝段 碾压混凝土	坝 0+309～坝 0+388、坝下 0+0～坝 下 0+18.75、207.00～210.00	2005-5-21— 2005-5-23	22.5	RCC-主坝- 2005-25
13	6A 号 6B 号坝段 碾压混凝土	坝 0+280～坝 0+334、坝下 0+0～坝 下 0+16.5、210.00～213.00	2005-6-16— 2005-6-17	22.3	RCC-主坝- 2005-32
14	6A 号 6B～7A 号坝段 碾压混凝土	坝 0+280～坝 0+361、坝下 0+0～坝 下 0+13.59975、213.00～216.00	2005-6-21— 2005-6-23	22.6	RCC-主坝- 2005-33
15	6A 号 6B～9 号坝段 碾压混凝土	坝 0+280～坝 0+478、坝下 0+0～坝 下 0+12.22375、216.00～219.00	2005-6-30— 2005-7-6	22.7	RCC-主坝- 2005-34
16	6A 号 6B～9 号坝段 碾压混凝土	坝 0+280～坝 0+508、坝下 0+0～坝 下 0+10.9155、219.00～222.00	2005-7-9— 2005-7-16	22.7	RCC-主坝- 2005-35
17	6A 号 6B～12B1 号坝段 碾压混凝土	坝 0+280～坝 0+682、坝下 0+0～坝 下 0+10.199、222.00～225.00	2005-7-17— 2005-7-26	22.7	RCC-主坝- 2005-36
18	6A 号 6B～12 号坝段 碾压混凝土	坝 0+280～坝 0+700、坝下 0+0～坝 下 0+10、225.00～228.00	2005-8-2— 2005-8-10	22.6	RCC-主坝- 2005-37
19	6A 号 6B～12 号坝段 碾压混凝土	坝 0+280～坝 0+700、坝下 0+0～坝 下 0+10、228.00～231.00	2005-8-12— 2005-8-21	22.4	RCC-主坝- 2005-38
20	6A 号 6B～13 号坝段 碾压混凝土	坝 0+280～坝 0+720、坝下 0+0～坝 下 0+10、231.00～234.00	2005-9-3— 2005-9-10	22.5	RCC-主坝- 2005-39

（15）5号坝段"三枯"混凝土施工进度及浇筑温度见表3.6.22。

表 3.6.22　　　　　　　5号坝段"三枯"混凝土施工进度及浇筑温度

序号	浇筑仓块	桩号、高程/m	施工进度	浇筑温度/℃	浇筑通知单
1	5号坝段165.00～168.00（坝0+263～坝0+280）碾压混凝土	坝下0+0～坝下0+51、165.00～168.00	2004-9-2—2004-9-4	19.9	RCC-主坝-2004-17
2	5号坝段168.00～172.00（坝0+263～坝0+280）碾压混凝土	坝下0+0～坝下0+48.592、168.00～172.00	2004-9-7—2004-9-11	17.1	RCC-主坝-2004-18
3	5号坝段172.00～176.50（坝0+263～坝0+280）碾压混凝土	坝下0+0～坝下0+45.792、172.00～176.50	2004-9-13—2004-9-16	18	RCC-主坝-2004-19
19	5～7A号坝段碾压混凝土	坝0+247～坝0+361、坝下0+0～坝下0+42.642、176.50～180.00	2004-12-3—2004-12-7	18.5	RCC-主坝-2004-37
27	4～5号坝段碾压混凝土	坝0+192～坝0+280、坝下0+0～坝下0+40.192、180.00～183.00	2005-1-2—2005-1-7	14.5	RCC-主坝-2005-01
30	4～6A号坝段碾压混凝土	坝0+192～坝0+309、坝下0+0～坝下0+39.4、183.00～186.00	2005-1-9—2005-1-14	14.1	RCC-主坝-2005-03
31	4～6A号6B号坝段碾压混凝土	坝0+192～坝0+334、坝上0-6.35～坝下0+32.25、186.00～189.00	2005-1-17—2005-1-23	14.6	RCC-主坝-2005-04
33	4～7A号坝段碾压混凝土	坝0+192～坝0+361、坝下0+0～坝下0+32.25、189.00～192.00	2005-1-26—2005-1-31	17.5	RCC-主坝-2005-06
35	4～7号坝段碾压混凝土	坝0+192～坝0+388、坝上0-6.35～坝下0+43.999、192.00～194.40	2005-2-3—2005-2-10	18.7	RCC-主坝-2005-08
38	4～5号坝段碾压混凝土	坝0+192～坝0+280、坝上0-6.35～坝下0+42.319、194.40～198.00	2005-2-19—2005-2-25	16.7	RCC-主坝-2005-11
41	4～6A号坝段碾压混凝土	坝0+192～坝0+309、坝下0+8～坝下0+39.799、198.00～201.00	2005-3-10—2005-3-21	18.8	RCC-主坝-2005-14
43	4～6A号6B号坝段碾压混凝土	坝0+192～坝0+334、坝下0+8～坝下0+39.4、201.00～204.00	2005-3-30—2005-4-9	20.6	RCC-主坝-2005-16
49	4～7A号坝段碾压混凝土	坝0+192～坝0+361、坝上0-6.35～坝下0+39.4、204.00～207.00	2005-5-3—2005-5-15	22.2	RCC-主坝-2005-22
59	5号坝段常态混凝土	坝0+247～坝0+280、坝上0-6.35～坝下0+39.4、206.52～210.00	2005-6-8—2005-6-14	22.8	CCC-主坝-2005-30

　　计算结果，主坝 6A 号坝段施工期典型温度场如图 3.6.2 所示，运行期典型温度场如图 3.6.3 所示，主坝 6A 号坝段 1 月、7 月准稳定温度场如图 3.6.4 所示，施工期温度应力 σ_x（坝轴线方向）、σ_y（顺水流方向）、σ_z（竖向）等值线如图 3.6.5 和图 3.6.6 所示，运行期温度应力 σ_x、σ_y、σ_z 等值线如图 3.6.7 和图 3.6.8 所示，施工期综合应力 σ_x、σ_y、σ_z 等值线如图 3.6.9 和图 3.6.10 所示，运行期综合应力 σ_x、σ_y、σ_z 等值线如图 3.6.11 和图 3.6.12 所示。5 号坝块计算结果略附。计算结果分析表明主坝温度徐变应力能控制在安全允许值之内，在施工期及永久运行期间的主坝温度徐变应力是安全的。

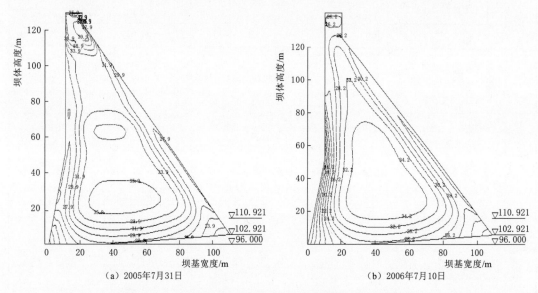

（a）2005年7月31日　　　　　　（b）2006年7月10日

图 3.6.2　主坝 6A 号坝段施工期典型温度场图（单位：℃）

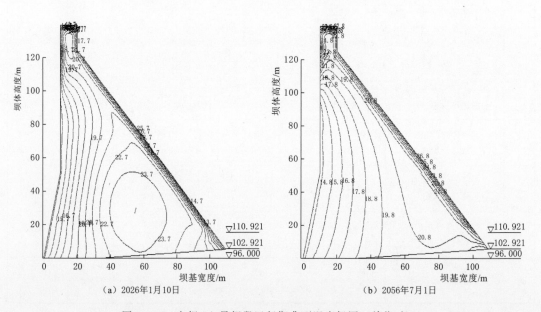

（a）2026年1月10日　　　　　　（b）2056年7月1日

图 3.6.3　主坝 6A 号坝段运行期典型温度场图（单位：℃）

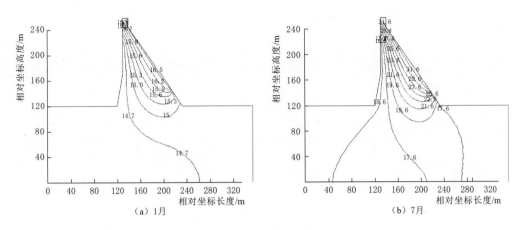

（a）1月　　　　　　　　　　　　（b）7月

图 3.6.4　主坝 6A 号坝段准稳定温度场图

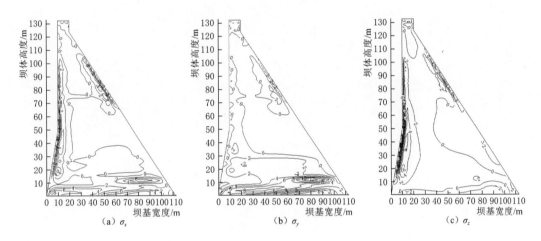

（a）σ_x　　　　　　　　（b）σ_y　　　　　　　　（c）σ_z

图 3.6.5　6A 号坝段 2005 年 7 月 30 日温度应力等值线图

（正值为拉应力，单位：0.1MPa）

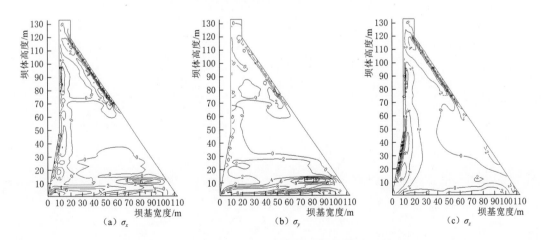

（a）σ_x　　　　　　　　（b）σ_y　　　　　　　　（c）σ_z

图 3.6.6　6A 号坝段 2007 年 7 月 10 日温度应力等值线图

（正值为拉应力，单位：0.1MPa）

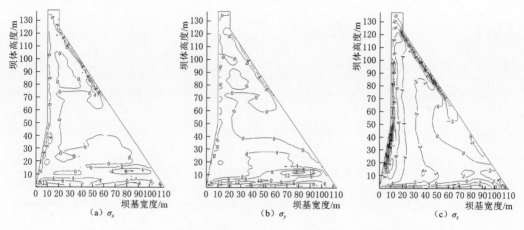

图 3.6.7　6A 号坝段 2026 年 1 月 10 日温度应力等值线图

（正值为拉应力，单位：0.1MPa）

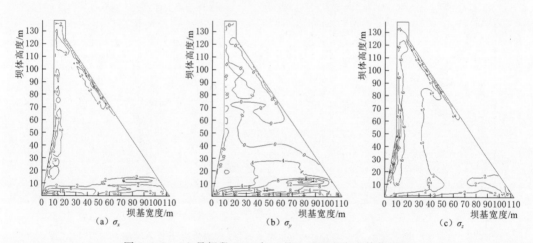

图 3.6.8　6A 号坝段 2036 年 7 月 1 日温度应力等值线图

（正值为拉应力，单位：0.1MPa）

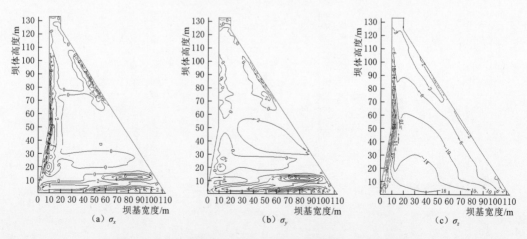

图 3.6.9　6A 号坝段 2005 年 7 月 30 日综合应力等值线图

（正值为拉应力，单位：0.1MPa）

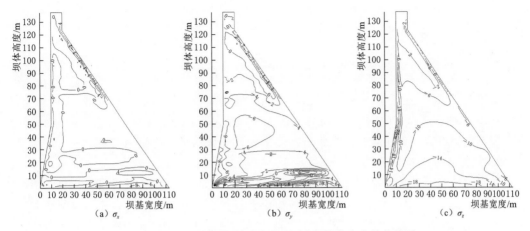

图 3.6.10　6A 号坝段 2006 年 7 月 10 日综合应力等值线图
（正值为拉应力，单位：0.1MPa）

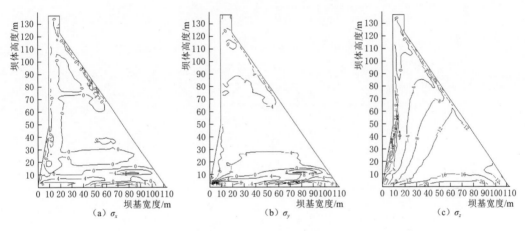

图 3.6.11　6A 号坝段 2026 年 7 月 10 日综合应力等值线图
（正值为拉应力，单位：0.1MPa）

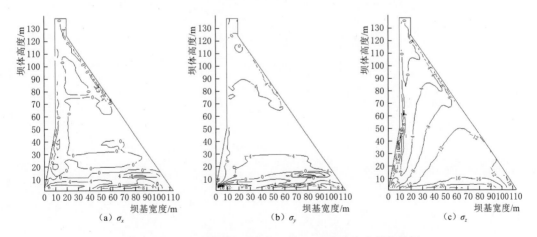

图 3.6.12　6A 号坝段 2036 年 7 月 10 日综合应力等值线图
（正值为拉应力，单位：0.1MPa）

3.7　主要结构计算

1. 溢流表孔闸墩结构计算

溢流表孔中、边墩采用有限元方法计算内力，按照《水工混凝土结构设计规范》（SL/T 191—96）计算配筋。墩体厚度大（中墩厚 8m，边墩厚 4 m），弧形钢闸门支点采用牛腿支撑，闸墩布置常规扇形分布受力钢筋即可满足结构受力需要。

2. 中孔结构计算

采用弹性有限元程序进行计算。计算结果：各种工况下，中孔进口段和孔身段两侧墙未出现竖向拉应力，按构造配筋；顶底板拉应力较大。中孔出口段：中孔出口闸墩顺水流向最大主拉应力为 −0.78MPa，最大主压应力为 0.40MPa；弧形工作闸门支撑梁最大主拉应力为 −0.85MPa，最大主压应力为 1.21MPa。中孔结构按照《水工混凝土结构设计规范》（SL/T 191—96）计算配筋。

第4章

泄洪消能建筑物设计

4.1 枢纽泄洪方案比较选择

主坝泄水建筑物的任务是宣泄洪水和放空水库，此外本工程尚需具备控制汛限水位保证有效调洪库容的功能。碾压混凝土重力坝的泄水建筑物宜优先采用开敞式溢流孔或溢流表孔，设置溢流表孔满足较高水位下的泄洪要求。低水位条件时泄洪则有坝身泄水中孔方案和隧洞泄水两方案比较选择。

方案一：坝身泄水孔中孔方案。中孔共3孔，布置在溢流表孔中闸墩的下部，断面为4m×7m，出口为宽尾墩无水区，出口处设弧形工作门。坝身泄水孔中孔方案与隧洞泄水方案相比，为布置中孔进水口与事故闸门，表孔中闸墩厚由5m增加到8m，故溢流前缘的宽度因布置中孔比隧洞泄水方案共增宽9m。中孔设计泄流量共1730m³/s。中孔与溢流表孔共用下游消力池。

方案二：隧洞泄水方案。隧洞泄水方案利用右岸施工导流隧洞配龙抬头进水口和出口消能工而成。导流洞横断面为11m×13.5m城门洞形，枯水期为明流，汛期为明满流状态，无消能工设施。塔式进水口布置在右坝头上游约135m处，设有事故门和弧形工作门，弧形工作门由液压机操作。龙抬头段洞水平长153m，高差43.9m，横断面为8m×12.6m城门洞形，成洞条件差。龙抬头段末端与导流洞连接段横断面为11m×13.5m城门洞形，在右坝肩底部穿过，围岩为辉绿岩，成洞条件较好。利用导流洞段长579.78m。出口采用挑流消能工，明渠段长110m，反弧段长48m。

方案比较：坝身泄水孔中孔方案具有布置紧凑、运行方便、不需另做消能工、工程量省的优点，缺点是大坝RCC施工不便、干扰大、影响施工进度。隧洞泄水方案的优点是减少RCC施工干扰，对加快大坝施工进度有利；如大洪水参与泄洪时消力池的单宽流量可减少7~10m³/(s·m)，消能效率会提高些。其缺点是工程量大，地质条件复杂，施工难度大，进水塔存在基础不均匀沉陷和高开挖边坡防护问题，流道长，体形复杂，运行可靠性比较差。综合分析比较，两个方案各有优缺点，隧洞泄水方案较坝身泄水孔中孔方案工程量大，且存在的技术问题较多，故选用坝身泄水孔中孔方案。

4.2　泄洪建筑物孔口尺寸选择

4.2.1　孔口高程选择

本工程正常蓄水位 228m，汛期防洪限制水位 214m，要求在 214m 水位时能宣泄 3000m³/s。中孔底高程的确定应根据宣泄洪水的要求，并适当考虑水库放空时间；同时为保证闸门安全，又要尽可能减少中孔闸门水头，还需考虑有利于 RCC 大坝快速施工的要求。最终确定中孔底高程为 167.50m。表孔堰顶高程 210.00m，表孔闸门高度为 18m。

4.2.2　孔口尺寸选择

表孔、中孔孔口尺寸主要根据防洪限制水位 214m 时，枢纽下泄流量不小于 3000m³/s 及调洪成果确定。调洪原则是：库水位低于正常蓄水位 228m 时，调洪控制下泄流量在 3000m³/s 以内；库水位高于 228m 时，敞泄；在调洪计算中库水位高于 220m 时，中孔不参与泄洪。初步设计阶段按上述原则对泄水孔口拟定下列三组孔口尺寸方案进行比较。

方案 1：4 个表孔 14m×18m＋3 个中孔 4m×6m。

方案 2：3 个表孔 18m×18m＋2 个中孔 4m×8m。

方案 3：5 个表孔 11m×18m＋4 个中孔 4m×5m。

三个方案的调洪成果及溢流前缘长度数字表明，方案 3 的消力池宽度最大，坝顶高程也高于方案 1，金属结构工程量也不省，不予采用。方案 2 表孔、中孔尺寸都较大，启闭机设置与闸门制作稍难，坝高比方案 1 增加 0.5m，没有显著优点。最终采用方案 1，表孔 4－14m×18m，中孔 3－4m×6m。表孔、中孔过流能力曲线计算结果见表 4.2.1 和表 4.2.2。

表 4.2.1　　　　　　百色水利枢纽溢流坝表孔泄流曲线（4 孔）

库水位/m	210	212	214	216	218	220	222	224	226	228	230	232	234
综合流量系数	—	0.38	0.39	0.40	0.42	0.43	0.44	0.44	0.45	0.46	0.46	0.47	0.48
泄流量/(m³/s)	0	264	774	1468	2324	3359	4504	5762	7130	8633	10259	12006	14012

表 4.2.2　　　　　　百色水利枢纽溢流坝中孔泄流曲线（3 孔）

水位/m	167.5	170.0	175.0	180.0	185.0	190.0	195.0	200.0
流量/(m³/s)	0.0	72.6	377.0	809.0	1000.0	1160.0	1300.0	1426.0
水位/m	205.0	210.0	215.0	220.0	225.0	230.0	233.0	
泄流量/(m³/s)	1542.0	1650.0	1752.0	1848.0	1939.0	2026.0	2076.0	

4.3　泄水建筑物布置

泄水建筑物由溢流表孔和泄洪放空中孔组成，布置在 RCC 主坝 4A～5 号坝块（溢流坝段），位于河床偏左侧，总宽度 88m。泄水建筑物表孔和中孔的中心线大体上与右江的主流方向一致。

溢流表孔共设 4 个，孔口尺寸为 14m×18m，每孔设有弧形工作闸门，液压机操作，堰顶高程 210.00m。表孔不设检修闸门。表孔闸墩为宽尾墩式，中间墩厚 8m，以布置中孔进水口，边墩厚 4m；闸墩顶布置液压启闭机装置。坝顶设工作桥和交通桥，工作桥面高程为 228.70m，桥面宽度为 3m；交通桥桥面高程为 234.00m，与坝顶高程齐平，桥面宽度 10m。

泄洪放空中孔共 3 孔，布置在表孔中墩下部，包括进口段、孔身段和出口段三部分。中孔底高程 167.50m，孔身断面为 4m×7m 矩形，孔道长 40.1m，在后 5m 孔道顶板采用了 1:5 斜压坡，出口断面尺寸变为 4m×6m。考虑高速水流下的抗冲蚀需要，中孔全孔道采用厚度 16mm 钢板衬护。出口水流采用平面扩散跌流与下游消力衔接，两侧扩散角均为 4°。进口段设事故检修门，卷扬机操作。出口段设置工作弧形门，闸孔尺寸为 4m×6m，液压机操作。

泄水建筑物的布置如图 4.3.1～图 4.3.3 所示。

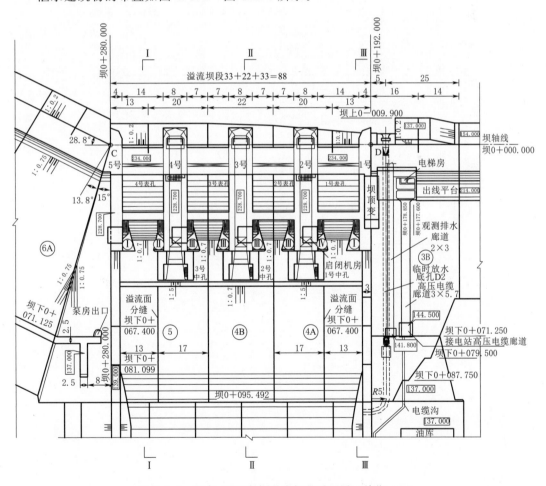

图 4.3.1　百色 RCC 主坝溢流坝段平面图（单位：m）

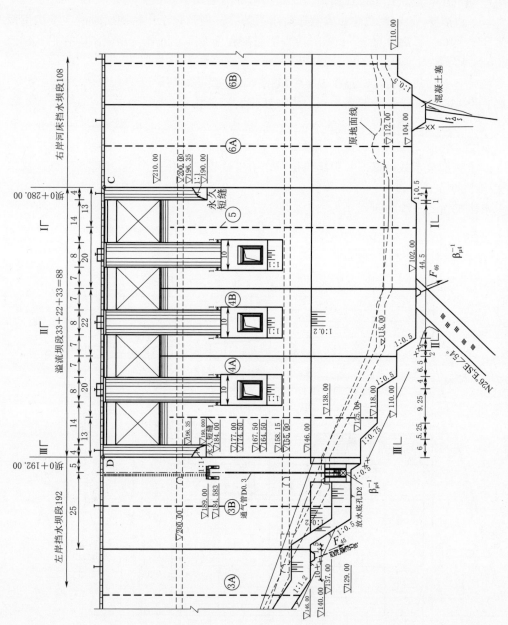

图 4.3.2　百色 RCC 主坝溢流坝上游立视图（单位：m）

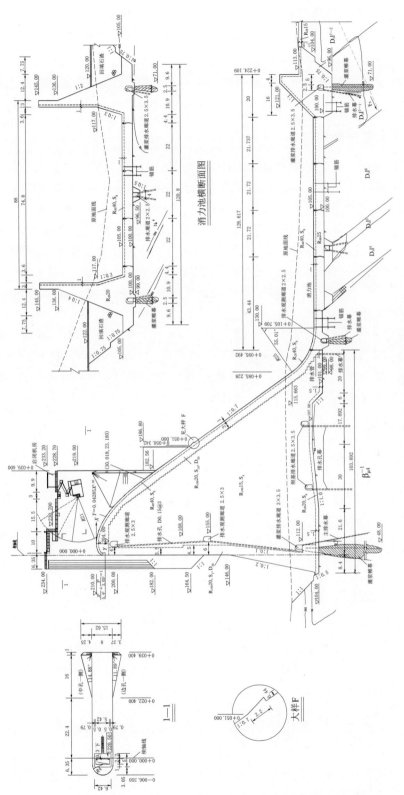

图 4.3.3 百色 RCC 主坝溢流坝段剖面图（单位：m）

4.4　泄水建筑物设计

泄水建筑物的体形设计经多次水工模型试验的验证并不断优化后，最终在施工详图设计阶段完善。

4.4.1　表孔溢流面体形设计

溢流堰面曲线采用《混凝土重力坝设计规范》（SDJ 21—78）的开敞式溢流孔的堰面 WES 曲线，该幂曲线方程为 $X^n = kH_d^{n-1}Y$，水库正常蓄水位为 228m，堰顶高程为 210.00m，故堰面曲线定型设计水头 $H_d = 18m$，公式中的其他参数取值为 $k = 2$、$n = 1.85$，曲线方程为 $Y = 0.04285X^{1.85}$，曲线原点高程 210.00m，距上游坝轴线 5.4m；曲线末点（高程 186.82m、坝下 0+035.42）以下与 1:0.7 斜线相切，斜线下部至高程 115.66m、桩号为坝下 0+085.23 处，与半径为 25m、中心角为 55.01° 的反弧相切；反弧至高程 105.00m、桩号为坝下 0+105.71 处，与消力池底板顶面连接。溢流堰面曲线原点上游采用 1/4 椭圆曲线与上游垂直坝面线连接。

闸墩的墩头采用半圆形（边墩为 1/4 圆），半径为 4m，墩尾为 Y 形宽尾墩。宽尾墩最大高度 36.869m（边墩）和 30.929m（中墩），宽尾墩长 18m（边墩）和 17m（中墩），孔口底宽由 14m 缩窄到 5.5m（2 号、3 号孔）和 6.05m（1 号、4 号孔），收缩比为 0.393（2 号、3 号孔）和 0.432（1 号、4 号孔）。

4.4.2　泄洪放空中孔体形设计

中孔由进口段、孔身段和出口段三部分组成。进口段为左右对称、上下不对称的喇叭口形。其上唇为 1/4 椭圆曲线，下唇为半径 1m 的 1/4 圆弧。左右两侧为 1/4 椭圆曲线。孔身段为 4m×7m 矩形、平底，接近出口段处顶板采用 1:5 的斜压坡，将出口断面变成 4m×6m 矩形。出口段为明渠，底板为平底，侧墙向左右两侧扩散，扩散角为 4°，至出口处以半径 1m、圆心角为 86° 的圆弧与下游面连接。孔口宽度由 4m 宽扩大到 5.396m，出口段长 10.942m（底板长度）。

4.4.3　掺气减蚀设施设置

因溢流坝面流速超过 40m/s，应设置掺气减蚀设施。经模型试验并参考工程实例，考虑到挑坎施工方便，水流可在坎后形成稳定的空腔，挑坎水舌对坝面冲击力不大，不会形成对建筑物有危害的流态，因而选择挑坎作为掺气减蚀设施。掺气坎设于坝下 0+051.00、164.56m 高程处。坎高 0.44m，坡比 1:5，坎长 2.2m。

4.5　消能工形式选择

消能工形式方案比选主要在初步设计以前完成。本工程做了一般消力池和戽式消力池消能工方案比较。通过模型试验验证，一般消力池与戽式消力池两个消能工皆能满足设计要求，消能效果戽池较好。两种消能工均为表孔宽尾墩、中孔跌流，只是池的形式不同。一般消力池消能工：池底高程 105.00m，池长加尾坎长共 115.4m，尾坎顶高程 119.00m，边墙顶高程 138.00m，尾坎距下游电站尾水渠出口仅有 21.4m，泄大洪水时电站尾水出流受到一些影响，尾坎后冲刷深度达 10m，尾水渠出口段左边墙处发现淤积物。尾坎后河床须混凝土防护。戽式消力池消能工：池底高程 107.00m，戽池加挑坎共长 82.9m，尾坎顶高程 119.00m，边墙顶高程 140.00m，尾坎距下游尾水渠出口 55.4m，距下游二道坝 130.5m，二道坝坝顶高程 125.00m。左边墙必须延长 121.5m 与下游二道坝连接，将电站尾水渠隔开，以避免由于二道坝使下游水位壅高而导致电站水头损失。戽池尾坎至二道坝之间底流速低，河床只作一般防护，二道坝下游河床必须要混凝土防护。这两种消能工，戽式消力池消能效果较好，但混凝土工程量多。经综合分析比较，推荐采用一般底流式消力池。

4.6 消力池设计

4.6.1 消力池设计标准

消力池消能防冲设计洪水标准采用 100 年一遇，相应库水位为 228.5m，相应下泄流量为 9021m³/s，坝下游水位为 134.60m。消力池常遇下泄洪水为 3000m³/s（50 年一遇洪水控泄）。紧邻坝趾、破坏后可能危及大坝安全的消力池底板和边墙按 1 级建筑物设计，其下游部分按 2 级建筑物设计。

4.6.2 消力池布置

由于百色消力池具有消能功率大、流态复杂、地质条件差等特点，再加上所采用"表孔宽尾墩＋中孔跌流＋底流式消力池"的新型消能工在我国应用经验尚不多，尚无成熟的理论公式计算该种消能工的消力池内动水压力，因而在初步设计基础上通过模型试验进一步研究了其流态、动水压力分布规律、底板、边墙受力情况及稳定破坏机理等，确定其合理尺寸。

消力池包括底板、尾坎、坎后板及左右边墙，池长 124.6m，池宽 82m，池深 16m，与溢流坝正对接。底板顶高程 105.00m。底板厚度在辉绿岩段最厚处为 7m（上游灌浆廊道处），在下游蚀变带最厚处为 9m。底板分缝除沿辉绿岩蚀变带走向设一斜向分缝外，其余均为相互垂直的纵横缝，纵缝（顺水流向）分缝间距为 15.5m。为适应辉绿岩下游蚀变带的斜向布置，底板横缝（横水流向）采用错缝布置的方式，并尽量使底板在顺水流方向均匀分块，横缝间距为 14～25.262m。左右边墙采用重力式结构，水工模型试验表明池内跃后涌浪高 5～6m，边墙顶高程根据涌浪情况分段确定，前 65m 顶高程为 139.00m，后段顶高程为 145.00m，墙顶宽度 3m。鉴于岩层走向与消力池斜交，岩层间软硬、强度悬殊，致使同一块边墙基础不得不置于软硬相间的基础上，为尽量改善基础受力条件，通过块间分缝的调整及相应的有限元计算，使边墙基础应力分布较合理，且满足承载力条件。消力池边墙跨下游蚀变带和较软弱的 D_3l^5 布置，使边墙分缝与底板的横缝（横水流向）不一致。

在消力池底板与底板之间的纵横分缝设置梯形键槽，底板与边墙、底板与尾坎之间的分缝不设键槽。消力池周边设置灌浆排水廊道，四周设置防渗帷幕，帷幕后设置排水孔幕，底板中部纵横方向设十字排水廊道。廊道内的所有排水均汇集到设在左边墙的抽水泵房。通过消力池四周的防渗帷幕和排水幕，以及底板中部的纵横排水幕，采取抽排措施降低池底扬压力。消力池及其后护坦布置如图 4.6.1 所示，消力池纵剖面如图 4.6.2 所示，消力池横剖面如图 4.6.3 所示。

4.6.3　消力池分缝、止水

工程经验及水工模型试验均表明，止水破坏工况是消力池底板抗浮稳定的控制工况。本工程辉绿岩下游蚀变带下游的破碎全强风化沉积岩的抗掏刷能力较弱，一旦动水压力通过缝隙传入底板下部，一方面将在底板下表面形成强大的上举力危及底板稳定，另一方面软弱的底板基础有被淘刷进而引起底板沉陷，直至破坏的潜在危险。为保证安全，采取特殊的分缝、止水设计。在消力池底板与底板之间设置键槽，使底板之间通过键槽相互嵌固，减少和避免由于基础不均匀沉陷造成的沉陷错台，同时又提高各底板的抗浮稳定性；所有分缝内均设 3 道止水，2 道为紫铜止水片，1 道为 PVC 止水片。水平埋设的紫铜止水片的两翼设计成上仰 20°，以便于施工时使两翼下方的混凝土易振捣密实。在第一道紫铜止水片以上用橡胶止水片填缝。第二、第三道止水片之间设置排水管确保第三道止水片有效。消力池分缝止水结构详见图 4.6.4。

4.6.4　消力池底板锚固设计

对于辉绿岩基础上的消力池底板，当以底板自重不能使抗浮稳定安全系数满足规范要求时，则考虑设锚筋或锚筋束。对于沉积岩基础上的底板，由于担心软弱沉积岩的锚固效果，特别是在水流脉动压力反复作用下的锚固效果，要求泄洪工况底板以自重保证抗浮稳定安全系数达到 1.0 以上。

按照一般锚筋钻孔的要求，锚筋孔钻孔直径一般为锚筋直径的两倍。对于软岩基础部位，为了增加锚筋孔周围的砂浆与岩石之间的接触面积，增加岩石对砂浆的总黏着力，改善锚固效果，取钻孔直径为锚筋直径的三倍。在锚筋施工中通过拉拔试验了解软岩锚固的效果。

辉绿岩下游蚀变带往下游第一列底板（板 3-1、板 3-2、板 3-3 和板 3-4）的抗浮稳定安全是软岩部位底板抗浮稳定的第一道防线，其稳定至关重要。在锚固设计中考虑将这些板块前端的锚杆间距进行加密，并斜锚到其上游侧的辉绿岩中，以确保安全。

地质编录成果显示板 5-1 和板 4-2 基本上全部位于全风化 D_3l^5、D_3l^6 基础上，全风化 D_3l^5 岩层中性状很差的高液限（液限高达 60％以上）、高压缩性全风化破碎夹泥层所占比例为 20％左右，根据《土层锚杆设计与施工规范》（CECS 22：90），不应在液限超过 50％的土层中设置永久锚杆，经研究采用大孔砂浆锚杆，锚杆孔孔径为 150mm。一方面增加砂浆与孔壁的接触面积，提高锚固力；另一方面使锚杆起到桩基的作用，减小全风化基础的沉降。锚杆长度根据全风化 D_3l^5 的地质指标进行设计，考虑到 20％的高液限夹泥

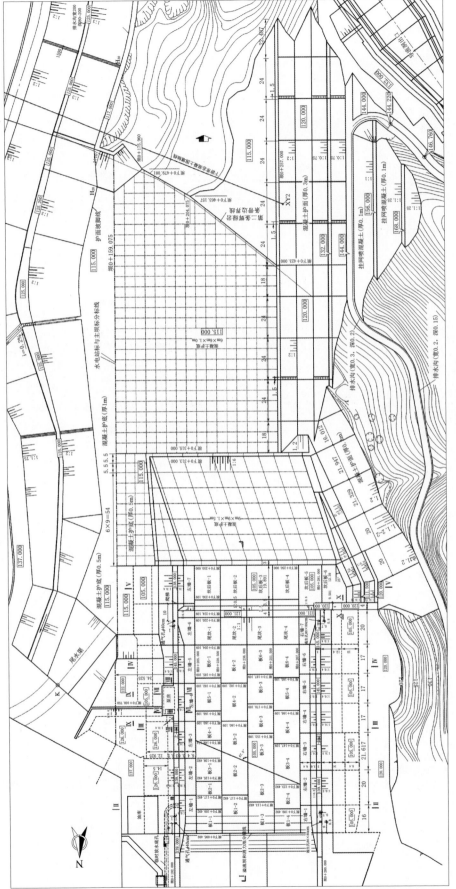

图 4.6.1 消力池及护坦平面布置图（单位：m）

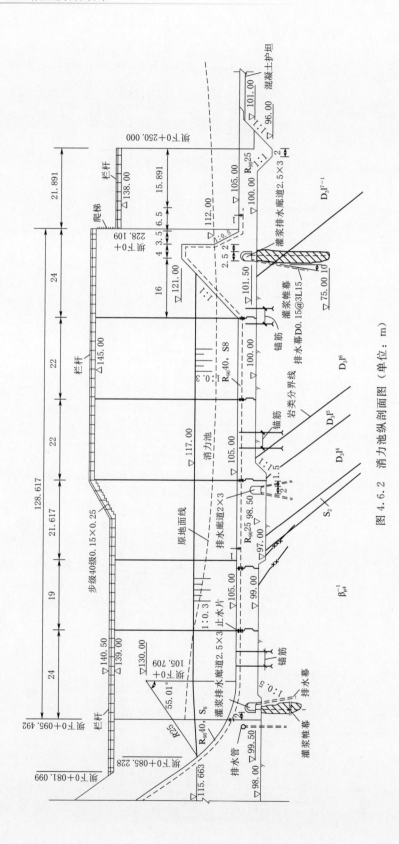

图 4.6.2　消力池纵剖面图 （单位：m）

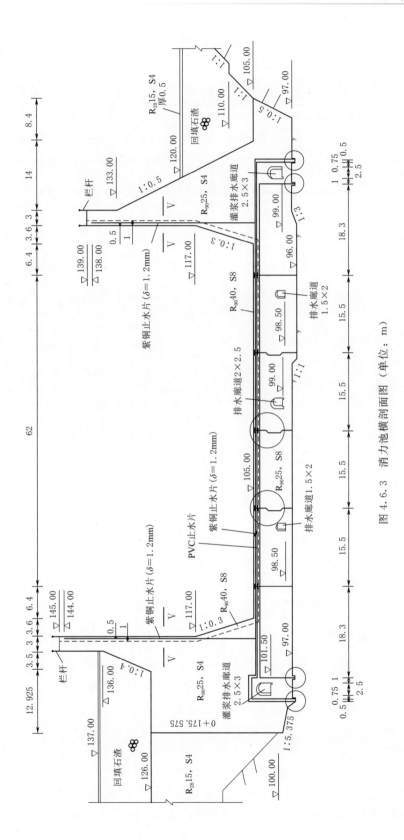

图 4.6.3 消力池横剖面图（单位：m）

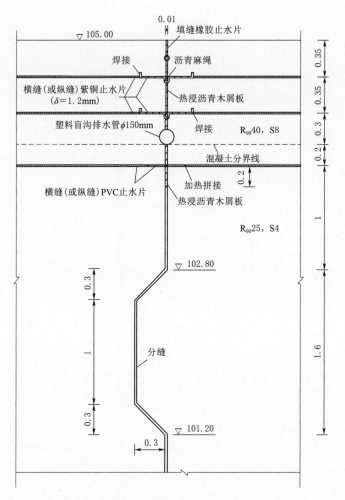

图 4.6.4　消力池分缝止水结构（单位：m）

层不能提供锚固力，将锚杆长度加长 30%，并在施工前通过现场锚杆抗拔试验验证该土层锚杆的锚固力满足设计要求。

消力池底板锚杆布置如图 4.6.5 所示。

4.6.5　消力池基础防渗、排水

消力池采用"周边灌浆排水廊道＋中部一横三纵排水廊道"的防渗排水布置，周边灌浆排水廊道断面为 2.5m×3m 的城门洞形，中部纵横十字排水廊道断面为 2m×2.5m 的城门洞形，其余两纵排水廊道断面为 1.5m×2m 的城门洞形，详见图 4.6.6。

周边防渗帷幕孔距均为 3m，在辉绿岩基础段的帷幕灌浆孔深为 15m，在沉积岩基础段的帷幕灌浆孔深为 25～37m。

排水孔孔径为 150mm，孔距为 3.0m，除辉绿岩基础段的排水孔外，其余排水孔内均设置反滤设施，反滤设施设计参照葛洲坝工程采用的组装式过滤体。防渗帷幕后的排水孔孔深取帷幕深度的 0.6 倍左右，即 15m 深防渗帷幕后的排水孔孔深为 10m，25m 深防渗

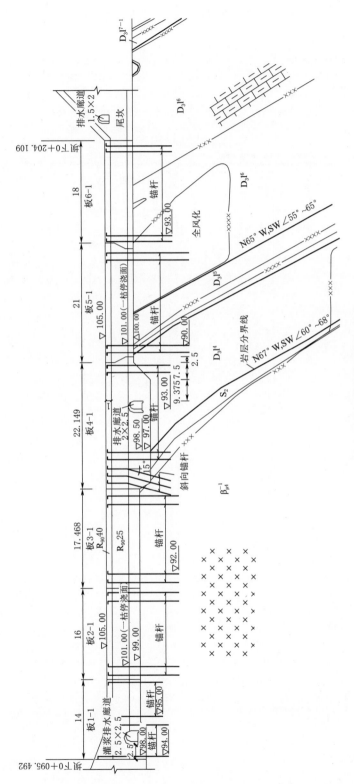

图 4.6.5 消力池底板锚杆布置图（单位：m）

153

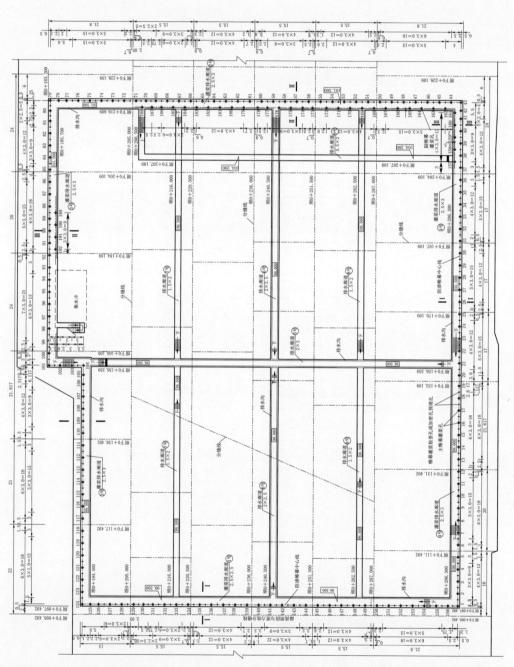

图 4.6.6 消力池灌浆排水廊道及周边防渗帷幕平面图（单位：m）

帷幕后的排水孔孔深为 15m，其余排水孔孔深为 6m。

根据消力池全风化基础易发生流土渗透破坏的特性，在全风化基础部位，在灌浆排水廊道内在 25m 深主防渗帷幕后增设一排 15m 深的副帷幕，延长渗径避免渗透破坏。

4.6.6　消力池基础处理

消力池基础有 50％以上为全强风化岩体，其承载力和变形模量均较小。有必要在整个消力池基础进行固结灌浆以适当提高基础的承载力和变形模量，减小基础不均匀沉陷，同时也可适当改善底板锚筋的锚固效果。

在边墙基础范围，固结灌浆孔深为 8m，其余地方的固结灌浆孔深均为 5m；辉绿岩基础固结灌浆的孔排距为 3m，沉积岩基础固结灌浆的孔排距为 2.5m。浆液浓度、灌浆压力等固结灌浆参数由现场灌浆试验确定。灌浆材料采用水泥标号不低于 425 号的普通硅酸盐水泥。辉绿岩和硅质岩采用水灰比为 2∶1、1∶1、0.8∶1、0.6∶1（或 0.5∶1）四个比级，其他岩体可采用 1∶1、0.8∶1、0.6∶1（或 0.5∶1）三个比级。灌浆压力设计值见表 4.6.1。

表 4.6.1　　　　　　　　　消力池基础固结灌浆压力设计值

岩　性	灌浆压力/MPa	
	第一段	第二段
辉绿岩	0.3～0.5	0.5～0.6
硅质岩、泥岩、泥质灰岩	0.2～0.3	0.4～0.5

注　Ⅰ、Ⅱ序孔可取低值，Ⅲ序孔可取高值。

4.7　消力池的温控

采用大型仿真计算软件对消力池边墙施工期、运行期的温度徐变应力进行计算，根据计算成果，确定消力池混凝土温控措施和标准。12 月至次年 2 月的混凝土浇筑温度不大于 17℃，其余时段的混凝土浇筑温度不大于 20℃。施工期 4—5 月或日平均气温高于 25℃时，应采取有效的降温和温度控制措施，如骨料预冷、加冰拌和、埋设冷却水管、仓面喷雾降温等。当日平均气温低于 3℃或遇温度骤降时，应对已浇筑的坝体混凝土采取保温措施。

4.8　下游护坦设计

动床试验表明，下泄 50 年一遇洪水（控泄 3000m³/s）时，消力池后河床的冲淤地形变化不大，仅在右岸 118.00m 高程平台左侧形成一道冲沟。下泄 100 年一遇洪水（$Q=9021m^3/s$）时，消力池后护坦塘冲刷较严重，尤其左边墙尾部一带冲刷至 95.00m 高程以下。因此，为确保消力池尾坎安全，并尽量减轻电站尾水渠的淤积，在尾坎下游坝下 0＋250～0＋320 桩号段采用 1.5m 厚混凝土护底。坝下 0＋320 至第二条辉绿岩条带之间的河床大部分为全风化基础或砂卵石，采用 6m×6m×1m 现浇混凝土块护底。

4.9　主要结构计算

4.9.1　溢流表孔闸墩结构计算

溢流表孔中、边墩采用有限元方法计算内力，按照《水工混凝土结构设计规范》（SL/T 191—96）计算配筋。墩体厚度大（中墩厚8m，边墩厚4m），弧形钢闸门支点采用牛腿支撑，闸墩布置常规扇形分布受力钢筋即可满足结构受力需要。

4.9.2　中孔结构计算

采用弹性有限元程序进行计算。计算结果：各种工况下，中孔进口段和孔身段两侧墙未出现竖向拉应力，按构造配筋；顶底板拉应力较大。中孔出口段：中孔出口闸墩顺水流向最大主拉应力为-0.78MPa，最大主压应力为0.40MPa；弧形工作闸门支撑梁最大主拉应力为-0.85MPa，最大主压应力为1.21MPa。中孔结构按照《水工混凝土结构设计规范》（SL/T 191—96）计算配筋。

4.9.3　消力池结构计算

采用材料力学法进行底板、边墙及尾坎的稳定、应力计算，以确定消力池结构的基本尺寸。此外，由于消力池基础软硬相间，各类岩石的承载力和变形模量相差悬殊，如微风化辉绿岩（$\beta_{\mu4}^{-1}$）的变形模量是其相邻的强风化硅质岩（D_3l^4）的25倍以上，相邻的强风化和弱风化的泥质灰岩（D_3l^6）的变形模量相差也在10倍左右。因此，支承在不同岩体上的结构物的变位差，特别在泄洪工况下承受高强度、大变幅动水荷载时的变位差，可能成为结构安全的重要制约因素。同时由于不同岩性基础的变位协调会造成基础应力分布的不均匀变化。因此有必要采用有限元方法研究消力池基础的变位和应力分布情况。根据有限元计算分析成果，对消力池底板和边墙的分缝、键槽设置、尾坎断面等进行优化和完善，做好消力池结构布置及设计。

1. 材料力学法进行底板稳定计算

设计原则：当辉绿岩地段的底板抗浮稳定安全系数小于规范要求时，则考虑设锚筋。对于沉积岩地段，则要求泄洪工况底板以自重保证抗浮稳定安全系数达到1.0以上，虽然锚筋基本不承受脉动压力反复作用产生的拉力，但仍设置锚筋以满足规范对抗浮稳定安全系数的要求。

底板稳定计算工况：分别进行设计泄洪工况（泄洪工况1：$Q=9021\text{m}^3/\text{s}$，$Z_下=134.62\text{m}$）、常遇泄洪工况（泄洪工况2：$Q=3000\text{m}^3/\text{s}$，$Z_下=126.67\text{m}$）以及检修工况（$Q=519\text{m}^3/\text{s}$，$Z_下=121.83\text{m}$）的消力池底板稳定计算。其中扬压力折减系数$\alpha$分别取0.4、0.6、0.8。底板抗浮稳定安全系数K_f根据《溢洪道设计规范》（SL 253—2000）规定，设计工况取$K_f\geqslant1.2$，特殊工况取$K_f\geqslant1.05$。考虑到本工程消力池地质条件复杂，封闭抽排措施的效果有可能不佳，而且消力池底板失稳破坏的后果严重，将危及大坝的安全，因此将基础抽排局部失效以及止水破坏作为校核工况进行底板稳定验算。初步设计所定的消力池前端的底板厚度明显偏薄，施工详图阶段适当调整了消力池底板厚度，使沉积基础上的底板在泄洪工况下以自重保证抗浮稳定安全系数达到 1.0 以上，同时通过设置适量的锚杆锚固使得底板能够满足规范规定的抗浮稳定安全系数的要求。

计算结果表明，消力池底板稳定的控制工况为宣泄 $Q_{1\%}=9021\mathrm{m^3/s}$ 且止水破坏的情况，以及检修工况且基础排水局部失效的情况。

2. 边墙和尾坎稳定应力

材料力学法进行计算。计算结果表明，除检修工况且基础扬压力折减系数大于 0.6 的工况外，其余各工况下各边墙及尾坎均满足抗滑稳定和抗倾稳定要求。各工况下建基面均未出现拉应力，建基面最大压应力接近强风化基础的允许承载力，出现在设计泄洪工况及检修工况，且不计基础扬压力时。

3. 消力池边墙及尾坎抗震分析

消力池前端的左墙 L1～L3 和右墙 R1～R3 按 1 级建筑物设计，其余按 2 级建筑物设计。消力池边墙地震设防类别为乙类，地震基本烈度 7 度，地震设防烈度为 7 度，取基准期 50 年内超越概率 $P_{50}=0.05$ 相应的地震峰值加速度 $0.115g$。消力池左墙基础后靠左岸坡浇筑，墙体下部与基岩连成一体，接触面大，重心低，稳定性好，消力池边墙抗震分析选择比较孤立的右边墙作为典型计算对象。根据消力池右墙各段结构断面及地基参数，选取消力池右墙 1、3、5、7 及消力池尾坎为代表计算断面。基础面应力采用有限元计算成果，抗滑稳定及抗倾覆稳定按有限元计算的成果合力，采用材料力学方法进行计算。基础面应力采用有限元计算成果，抗滑稳定及抗倾覆稳定按有限元计算的成果合力，采用材料力学方法进行计算。计算成果表明，消力池各边墙及消力池尾坎抗滑稳定安全系数：前端 1～3 号边墙 K' 大于 2.5，其余后端边墙及尾坎 K' 大于 2.3，满足规范要求；抗倾稳定安全系数 K_0 均大于 1.5，满足规范要求；各消力池边墙段及尾坎基础面应力均小于基础容许承载力，满足基础承载力安全要求。

4. 有限单元法进行底板应力及变形计算

由于消力池基础软硬相间，各类岩石的承载力和变形模量相差悬殊，如微风化辉绿岩（$\beta_{\mu4}^{-1}$）的变形模量是其相邻的强风化硅质岩（D_3l^4）的 25 倍以上，相邻的强风化和弱风化的泥质灰岩（D_3l^6）的变形模量相差也在 10 倍左右。因此，支承在不同岩体上的结构物的变位差，特别在泄洪工况下承受高强度、大变幅动水荷载时的变位差，可能成为结构安全的重要制约因素，以及不同岩性基础的变位协调会造成基础应力分布的不均匀变化。因此，有必要采用有限元方法研究消力池基础的变位和应力分布情况。

(1) 研究思路。假设消力池底板不设键槽，各个组块相对独立地发生变形。在这一基本条件下，对消力池在不同荷载、不同施工分级等工况下的变化、应力应变状态开展分析，定量评价各工况下消力池不均匀沉降程度，消力池底板、边墙和尾坎的变形、应力状态。从而对消力池的结构形式和施工步序提出初步方案。

假设消力池底板—底板之间、底板—边墙之间以及底板—尾墩之间全部设置键槽，对消力池在不同荷载、不同施工分级等工况下的变位、应力应变状态开展分析，定量评价各工况下消力池不均匀沉降程度，消力池底板、边墙和尾坎的变形、应力状态。与不设键槽方案对比分析，从而对消力池的键槽结构形式和布置方式提出优化方案。

对消力池结构和键槽的推荐方案开展研究。定量分析推荐方案消力池在各工况下不均匀沉降程度，消力池底板、边墙和尾坎的变形、应力状态，提供设计所需的底板、边墙和尾坎位移、内力等数据。

（2）沉陷位移计算结果。当纵横缝不设键槽，纵横缝最大沉陷为 12mm，最大沉降错台为 3.48mm。消力池纵横缝设置键槽后，各纵缝和横缝的沉降极值变化微弱，但错台沉降明显减小。各工况消力池边墙墙顶变位的最大水平位移为 4.39mm，最大错缝 3.08mm。

（3）地基反力计算结果。各计算工况的地基反力均未超过地基允许承载力，局部小范围出现的拉应力也在 0.1MPa 以内。底板—底板、底板—边墙和底板—尾墩之间的键槽设置对地基反力分布影响不大，仅在局部范围有小的调整。

（4）法向应力计算结果。各计算工况的剖面法向应力极值均出现在基础软硬相间的左边墙 L3、左边墙 L4、右边墙 R07 和尾坎 W01 等部位。拉应力极值均小于或接近混凝土抗拉强度设计值，压应力极值远小于混凝土抗压强度设计值。

（5）键槽剪力计算结果。当边墙与底板之间设置键槽时，由于边墙体积大，加之地基变模不均匀，使得底板和边墙之间可以产生量值很大的剪切应力。当底板—边墙之间、底板—尾墩之间不设置键槽，仅在底板之间设置键槽时，纵横缝键槽剪切应力大大减小。

4.10　水工模型试验

本工程采用"表孔宽尾墩＋中孔跌流＋底流消力池"新型联合消能工，消力池内为淹没冲击射流和淹没水跃的混合流，池内消能率在 70％以上，消杀能量巨大，地质条件又非常复杂。在 120m 长范围内有辉绿岩、蚀变带、硅质岩、硅质泥岩、泥质灰岩、泥岩等分布，消力池建基面约 55％为全风化、强风化的 V 类岩石，除上游端的辉绿岩较坚硬、完整外，辉绿岩下游蚀变带在消力池右侧部位距离坝趾最近仅为 25m 左右，消力池一旦失事将严重威胁到大坝的安全；蚀变带下游的沉积岩受层间挤压影响，岩体较破碎，风化深浅不一，其中硅质泥岩和泥岩全风化深度达 65m 以上。采用表孔宽尾墩消能工的国内同类同规模工程有陕西安康水电站及广西岩滩水电站工程。陕西安康水电站大坝高 118m，5 个 15m×17m（宽×高）表孔，闸墩宽 4m，设计洪水位时入池单宽流量 147.5m²/s，上下游水位差 58.5m，消力池内水深 45.6m，消力池长度 100m。广西岩滩水电站大坝高 106m，7 个 15m×22.5m（宽×高）表孔，闸墩宽 5m，设计洪水位时入池单宽流量 203～266m²/s，一个 5m×8m（宽×高）泄洪底孔，两个 3m×5m（宽×高）冲砂底孔，上下游水位差 37.34m，消力池内水深 42.53m，消力池长度 80m。百色水利枢纽大坝溢流坝上设 4 个 14m×18m（宽×高）表孔和 3 个 4m×6m（宽×高）中孔，消力池常遇下泄流量为 3000m³/s（50 年一遇控泄），设计防洪标准为 100 年一遇洪水，相应溢流坝下泄流量 9021m³/s，入池单宽流量 110m²/s，上下游落差 94m，消力池水深 30m。与安康水电站及岩滩水电站大坝相比，百色水利枢纽大坝消能设施相似性，但又有水头比前者大 60％～150％、水深小 52％～42％、地基条件又远差于前两者等特殊性。为确保主坝泄洪消能安全性，需开展一系列水工模型试验，全面研究确定消能设施的形式、结构体形，探明其水力学条件。

4.10.1 整体及断面水工模型试验研究

为了验证泄水建筑物的可行性与合理性，进一步优化消能工，委托中国水科院和广西大学联合进行水工模型试验，试验包括1∶60断面水力学模型与1∶100整体水力学模型试验。对于消力池形式，研究了一般底流式和戽式两个布置方案。在试验中也分别对表孔宽尾墩和中孔出口的体形、消力池的体形和尺寸进行了多方案试验研究。考虑到本工程主坝采用碾压混凝土，为方便溢流坝溢流面施工，有可能溢流面做成阶梯状碾压混凝土面，不打常规的光滑面混凝土，因此也做了阶梯状溢流坝面整体水工模型试验，研究其可行性。

另外，在南京水科院进行了溢流坝中孔减压模型试验，考察中孔水道的水流空化特性，解决中孔出口明流段的空化问题。也进行了消力池底板稳定、抗冲模型试验，研究消力池动水压力大小及分布规律、底板稳定安全等问题，断面模型比例1∶33，整体模型比例1∶55。

1. 底流式消力池整体水工模型试验研究

试验成果表明，"表孔宽尾墩+中孔跌流+底流消力池"新型联合消能工，表孔、中孔重叠式布置和共用一个消力池，这是一种高效、可靠的消能方式，能够较好地化解百色消能防冲设计中高落差、浅尾水和较大的单宽泄洪功率等难题。溢流表孔和中孔在各种工况下的泄流能力均能满足设计要求，且略有富余，宽尾墩对泄流能力影响不大。表孔各工况堰面时均动水压强分布正常，未出现负压；设宽尾墩后，堰顶动水压强变化不显著，而宽尾部位的堰面压强有所增大。

消力池内均为正压，底板在反弧终点附近水舌冲击区压强最大，最大值一般为41～44m水柱。底板其余部位、尾槛及边墙各点动水压强大体与静水压强相当。宣泄各级洪水时，水库水面较平稳，来流尚平顺，上游流态受库区地形及坝轴线转折的影响，来流与溢流坝轴线不完全正交，右侧流速大，左侧略小，进口水流不很对称。电站进水口附近水面较平稳，未见旋涡等不利流态。

下游河道在常遇下泄流量3000m³/s时，池尾坎下游一般流速为2～3m/s，局部最大面流达5.4m/s，消力池下游约100m，水流已恢复正常流态；左岸回流区长约190m，最大宽度40m，流速1m/s左右，电站尾水出流顺畅，水面比较稳定。在下泄流量6000m³/s时，池尾坎后表面水流速将近9m/s，底流速不足3m/s；右侧扩散不充分，下游118.00m高程开挖平台上最大底流速5m/s，消力池右侧回流区流速在3～4m/s之间；左岸回流范围增大，回流流速均小于2m/s，对电站尾水出流影响不大。宣泄消能设计标准100年一遇洪水流量9021m³/s时，下游河道流速在尾槛后和右岸开挖平台呈现两个高速区，尾槛后表面流速最大达10m/s，而底流速不超过3.5m/s；在右岸118m平台上，面流速为6～8m/s，底流速亦达4～6m/s。发生100年一遇洪水时，由于下游流速偏高，河床出现较明显冲刷，需采取适当的防护措施。

宣泄各频率洪水流量时，消力池后河床淤积堆丘主要靠右沿118.00m高程开挖平台发展。泄量超过6000m³/s时，电站尾水渠末端左侧部位才出现小回流，表面流速在1.3m/s以下，底部流速仍为顺流，流速不低于1m/s。泄量9000m³/s时电站尾水渠末端左侧部位表面流速在2.6m/s以下，底部流速仍为顺流，流速不低于1.3m/s。在下泄大流量情况下，若河床保护不好或被破坏，则受左岸回流作用，电站尾水渠左侧出现小淤积，但淤积不会进入尾水渠反坡段。

2. 戽式消力池方案试验研究

百色坝址天然河道由于河床底纵坡相对较陡、水深较浅，不具备戽式消能的条件。只有利用下游 RCC 重力式施工围堰，适当拆除，作为二道坝抬高下游位，方能形成戽流状态。试验成果表明，利用下游 RCC 重力式施工围堰，适当拆除，作为二道坝抬高下游水位，宽尾墩的三元收缩射流进入戽池后，形成宽尾墩型完整的三元水跃，并有足够的淹没度，戽池内消能良好，水面平稳，掺气充分，戽坎后底流速较小，二道坝上游水位与下游尾水形成跌差，并在二道坝后形成波状水跃，过坝主流潜没形成底流，底流速远大于岩石的抗冲流速，河床必须进行防护。

通过模型试验验证，一般消力池与戽式消力池两个消能工皆能满足设计要求。这两种消能工，戽式消力池消能效果较好，但混凝土工程量大，经技术、经济比较，推荐采用一般底流式消力池的消能工。

3. 溢流坝中孔减压模型试验研究

为了解中孔水道的水流空化特性，解决中孔出口明流段的空化问题，进行了溢流坝中孔减压模型试验，模型比例 1:55。主要研究结果：进口事故门门槽形式设计合理，尺寸合宜，试验中未发现空化水流现象。事故门槽水流空化数在 220m 库水位时 $K_1 = 1.336$，安全系数达 3.34~2.27，有足够的安全裕度。但事故检修门不能作工作门局部开启运行，且必须保证门槽的施工质量；在正常设计水位 220m 下运行时，中孔出口明流段未见空化水流产生，减压试验估算的初生空化数为 0.249 与 0.226，安全系数为 1.052~1.057，说明安全裕度偏小。试验观测到侧墙扩散段对水流空化非常敏感，需采取改善措施。

4. 溢流坝阶梯式坝面断面方案试验研究

在中国水科院进行了溢流坝阶梯式坝面断面方案及整体模型试验，主要研究在宽尾墩出口加设小挑坎将水体挑离溢流坝面后，入池水体对消力池的影响，断面模型比例 1:60，整体模型比例 1:100。

主要结论：宽尾墩出口加设小挑坎不会削弱表孔的泄流能力。当挑坎高度为 3m 时，水舌下缘完全脱离了阶梯式坝面，避免了阶梯式坝面的空蚀。采用小挑坎，会增加消力池反弧部位及反弧末端底板时均动水压力和消力池末端及坎后河床的底流速，使下游的冲刷深度和范围大大增加，回流和淤积也加剧。当挑坎高度为 3m 时，消力池内反弧部位及反弧末端最大时均动水压力为 545~760kPa，出池水流底流速河床中部达 6.7m/s，右岸达 7.0m/s，消力池末左右端冲刷最深点高程为 95.00m，需加强保护。

5. 溢流坝阶梯式坝面方案泄洪建筑物减压试验研究

采用"表孔宽尾墩＋中孔跌流＋消力池"新型联合消能工，并保留碾压混凝土施工台阶使溢流坝面呈阶梯状，水工模型试验成果表明消能效果令人满意，但台阶的存在加剧了下游坝面的空化。为了研究坝面及中孔水流空化问题，进行了泄洪建筑物减压试验，模型比例 1:60。

主要结论：设计台阶体形为高×宽＝0.9m×0.72m 时，在台阶坝面发生空化现象，将高度 0.9m 的台阶增加到高度 1.2m，对表孔溢流台阶坝面的空化特性有一定的改善，但效果不明显。

在表孔宽尾墩出口处加小挑坎，可使出宽尾墩的水流不同程度地挑离坝面，对阶梯坝面的空化特性有影响。通过比较三角坎、1.5m 高的挑坎、2.5m 高的挑坎和 3.0m 高的挑坎等四种不同体形的挑坎，其中以 3.0m 高的挑坎解决坝面空化问题的效果最好。

中孔检修闸门门槽处和出口扩散处存在较清晰的空化云，通过试验量测，空化强度大，可能会产生空蚀破坏，需改进中孔检修门槽形状及出口扩散形状。

从水工模型试验成果看，宽尾墩下游采用阶梯式坝面，虽可节省工程投资、加快施工进度，但溢流坝面空化问题较难解决，采用 3.0m 高的挑坎虽可以解决阶梯坝面空化问题，但恶化了消力池内的流态，增加了消力池底板特别是软岩基础部位底板的稳定加固的难度，池内水流的消能效果也有所降低，下游的冲淤问题加剧，因此阶梯坝面方案未予采用。

6. 溢流坝表孔掺气减压断面模型试验

由于溢流坝下游坝面采用阶梯式存在的下游坝面空化问题比较难解决，采用 3.0m 高的挑坎虽可以解决空化问题，可恶化了消力池内的流态，故本工程采用常规光滑坝面形式。为研究坝面的空化问题，进行了溢流坝表孔掺气减压断面模型试验，模型比例 1:33。试验中在溢流坝下游面直线段中偏上部设掺气坎，解决光滑坝面的空化问题，如图 4.10.1 所示。

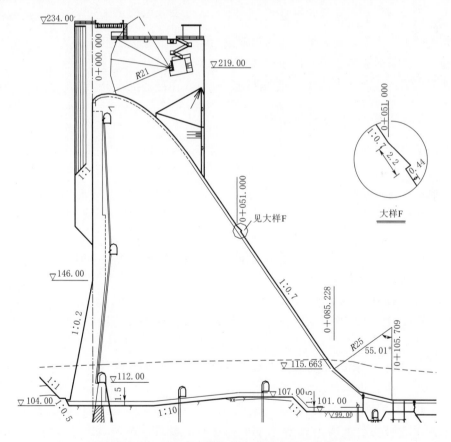

图 4.10.1　溢流坝面掺气坎布置示意图（单位：m）

主要结论：采用推荐的坎高为 0.4m，坎长 2.2m，位置在溢流坝下游面直线段中偏上部设一小挑坎，使得下泄水体增加了底部掺气，加上出宽尾墩后水流的左、右、顶部自由掺气面，形成四周全面掺气的抛射水体，增加了消能效率，大大减轻了下泄高速水流对溢流坝面的气蚀破坏，满足了掺气减蚀要求，下游堰面不致遭受大的空蚀破坏。设计工况试验取得的底空腔长度约 28.4m，最大空腔高度约 1.1m。

采用掺气坎，不致影响原宽尾墩射流流态和消力池联合消能的效果。形成四周全面掺气的抛射水体消能效果好，但水流入池后池内水面波动剧烈，涌浪高度有时越过原设计边墙顶高程，对此在表孔和中孔联合泄洪的整体模型中进行了试验论证，据此设计加高了局部边墙顶高程（消力池后半段边墙比试验前设计高程加高了 6m）。

7. 消力池底板稳定、抗冲水工模型试验及动水荷载试验

为了研究消力池底板的稳定安全性，给消力池底板稳定及结构设计提供依据，在南京水科院进行了消力底板稳定、抗冲模型试验，消力池动水荷载水工模型试验，断面模型比例 1∶33，整体模型比例 1∶55。试验研究了消力池流态、特性、底板稳定安全状态，影响底板稳定安全的主要因素，消力池底板的破坏机理及保证安全措施。测试了池内动水压力、脉动压力。

试验结果表明，在消力池前部水流强烈冲击紊动区，作用于底板的脉动压力较大，底板失稳最初由消力池前端尺寸较小的块体发生；分缝止水破坏后脉动压力掼入底板底部，加大了底板的上举力量，是底板失稳的主要原因；消力池底板产生升坎是消力池底板失稳的致命因素。消力池底板稳定应以依靠其自重为主，锚固力作为其安全储备。在本工程水力学条件下，消力池前部水流强烈冲击紊动区底板依靠自重维持稳定的厚度是 6～8m。

4.10.2　消力池动水荷载试验研究

为确保消力池结构设计安全，需通过水工模型试验全面了解作用于消力池底板、尾坎和边墙等结构的动水荷载情况。在南京水利科学研究院进行了百色水利枢纽施工详图设计阶段消力池动水荷载及其下游水流流态试验研究，重点为研究作用于底板面上的动水压力沿水流方向和横水流方向的分布情况、研究作用于边墙内表面的动水压力沿水流方向和高度方向的分布情况、研究作用于尾坎上的动水压力的分布情况、研究止水局部失效时作用于底板下表面的动水压力分布情况、研究作用于底板的脉动压力的点面关系。试验获得了消力池内较详细的动水荷载资料。

1. 底板上表面时均压力分布

根据南科院提供的时均动水压力测点数据，计算了每块底板上表面在设计泄洪工况时的平均时均动水压力。最后采用板块中心线处的时均动水压力分布进行计算。第三（第二）行和第四（第一）行底板中心线处的动水压力值分布如图 4.10.2 所示。

2. 底板下表面时均压力分布

根据试验测点数据，分别考虑第一、第二和第三道止水失效而其他止水完好时，消力池底板下表面的时均动水压力比全部止水失效的情况更大，而且在整个消力池底板底面（相同高程）分布比较均匀，接近均布。不同高程建基面处的时均动水压力差大致等于其高程差。第一道止水破坏时底板下表面的时均动水压力最大，为 33.8m 水头左右（以 100.00m 高程为基准面），比考虑所有止水均失效情况大 2.2～5.2m 水头，对底板稳定起控制作用，故止水失效情况时底板下表面时均压力以该工况的测点数据进行计算。

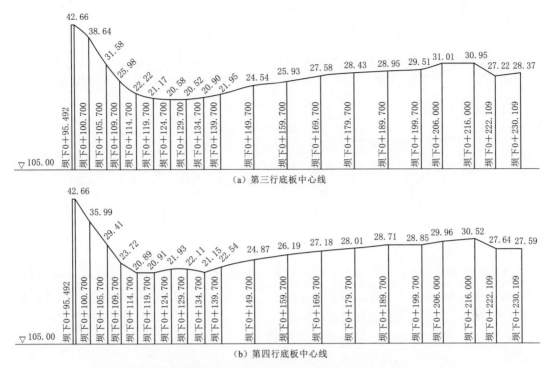

图 4.10.2 设计泄洪工况消力池底板上表面时均动水压力分布（m 水头）

3. 边墙内表面时均压力分布

从测点数据分析，边墙内表面时均动水压力沿高程方向接近三角形分布。计算所采用的各边墙内表面时均压力分布如图 4.10.3 所示。

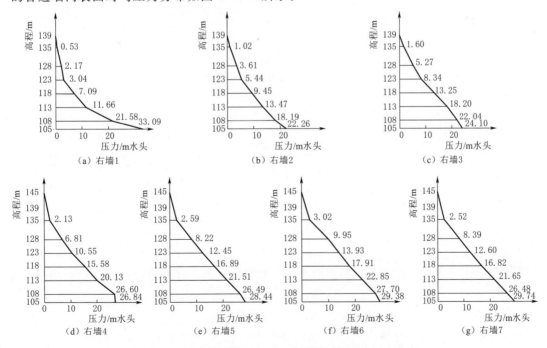

图 4.10.3 设计泄洪工况消力池边墙时均动水压力分布

4. 脉动压力

为了研究消力池内脉动压力的点面关系，在水工模型试验中对三块底板的上下表面以及边墙迎水面分别测定其面脉动荷载和点脉动压力分布，并计算分析脉动压力点面换算系数，见表 4.10.1。在宣泄设计洪水（$P=1\%$）时，底板上表面脉动压力点面换算系数取 $\beta_\text{上}=0.48$，底板下表面取 $\beta_\text{下}=0.62$，边墙内表面取 $\beta=0.33$。

表 4.10.1　　　　　　　　　消力池试验板块点面换算系数 β 值

泄洪工况	底板上表面				底板下表面				边墙
	板 2-3	板 2-4	板 3-4	设计取值	板 2-3	板 2-4	板 3-4	设计取值	
$P=1\%$	0.334	0.360	0.473	0.48	0.589	0.613	0.451	0.62	0.33
$P=0.02\%$	0.323	0.405	0.478	0.48	0.580	0.578	0.593	0.60	0.34

5. 底板脉动压力分布

设计泄洪工况，底板上表面脉动压力点面换算系数取 $\beta_\text{上}=0.48$，采用 $3\beta_\sigma$ 计算底板上表面脉动压力在底板中心线处的分布，如图 4.10.4 所示。对于底板下表面，设计泄洪工况，底板下表面脉动压力点面换算系数取 $\beta_\text{下}=0.62$。在消能设计工况分别考虑前三道止水单独破坏时，底部脉动压力各测点的 σ 值在 $1.0\sim1.25\text{m}$ 水头之间，局部最大值为 1.33m 水头，分布均匀。为简化计算，取底部脉动压力正值（向上）为 $3\beta_\sigma=3\times0.62\times1.25\approx2.33\text{m}$ 水头。

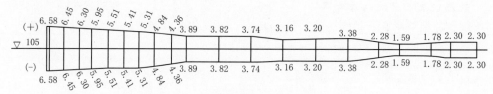

（a）第三行底板中心线

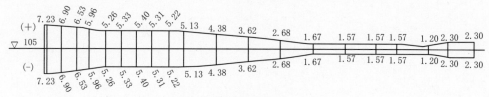

（b）第四行底板中心线

图 4.10.4　设计泄洪工况消力池底板上表面脉动压力分布（m 水头）

6. 边墙内表面脉动压力分布

边墙上 21 个脉动压力测点数据显示，在坝下 0+159.7 桩号之前，边墙相同高程各测点的 σ 值沿水流方向变化不大，沿高程方向为低处大、高处小；在坝下 0+179.7 桩号之后，边墙相同桩号处各测点的 σ 值沿高程方向接近均布，不同桩号处测点的 σ 值相差很小。对坝下 0+182.109 桩号之前的边墙（左墙 1~4 和右墙 1~5），脉动压力沿高程方向考虑折线分布，各边墙各高程点的脉动压力按测点数据所处位置加权平均取值。对坝下

0+182.109 桩号之后的边墙（左墙 5～7 和右墙 6～7），脉动压力沿高程方向按均布考虑，均布的脉动压力根据坝下 0+179.7 桩号处三个测点数据的最大值来进行计算。设计泄洪工况，当边墙脉动压力点面换算系数取 $\beta=0.33$ 时，根据试验测点数据计算各边墙的脉动压力分布如图 4.10.5 所示。

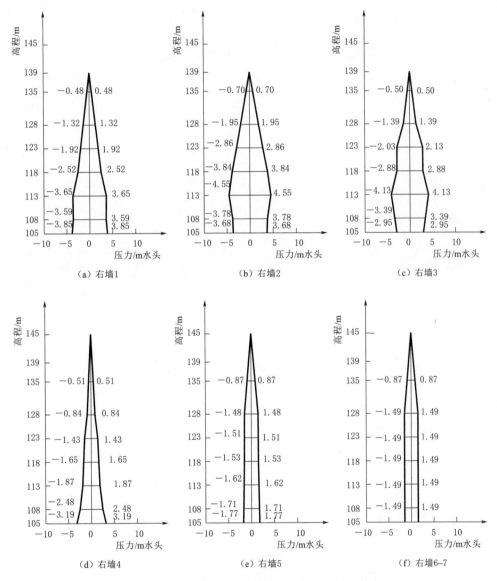

图 4.10.5　设计泄洪工况消力池边墙脉动压力分布

本工程主坝泄洪流量大，下泄功率高，河床水深偏浅，消能工基础地质条件极为复杂而且差，通过消能工方案设计、大量水工模型试验研究及技术经济比较，主坝泄洪消能选定"表孔宽尾墩＋中孔跌流＋底流式消力池"新型联合消能方案，确定了消能工结构体形。泄洪建筑物泄流能力满足工程泄洪要求，表孔、中孔重叠式布置，并共用一个消力池，这种高效、可靠的泄洪消能方式，较好地解决了百色大坝高落差、浅尾水和较大单宽泄洪功率的难题，也实现了这种消能工在同类工程应用坝高上的突破。通过水工模型试验，测得了消力池典型部位动水压力的分布及大小，为消力池稳定、应力、变形计算提供了较为可靠的依据。根据近年同类工程消能设施的事故教训，设计中考虑了止水破坏情况下的底板稳定安全。消力池底板厚 5～8m，加强分缝止水的可靠性，做好底板锚固安全设计，规定合理的消力池运行程序，实现了主坝在极复杂的不利地质条件下大泄洪量消能安全需要。

第 5 章

地下水电站工程设计

5.1 地下水电站概况

百色水利枢纽为 I 等工程，水电站进水口为 1 级建筑物，发电引水隧洞、水电站厂房为 2 级建筑物，挡土墙、护岸及护坡为 4 级建筑物。水工建筑物的防洪标准为：水电站进水口 500 年一遇设计，5000 年一遇校核；发电引水隧洞及电站厂房 100 年一遇设计，500 年一遇校核；护岸建筑物 50 年一遇设计，200 年一遇校核。地震设计烈度：1 级建筑物为 8 度，2 级建筑物为 7 度。

百色水利枢纽可行性研究阶段，水电站采用坝后式地面厂房布置方案。初步设计阶段，经比较坝后式厂房、左坝头地下式厂房、左岸岸边式厂房和观音山长隧洞厂房布置方案后，推荐左坝头地下厂房布置方案，主变和 SF$_6$ 气体绝缘金属封闭开关设备全部进洞。水电站工程由进水渠、进水塔、引水隧洞（4 条）、主机洞、主变尾闸洞、母线洞（4 条）、尾水管（4 条）、尾水支洞（4 条）、尾水主洞（1 条）、交通洞（1 条）、通风疏散洞（1 条）、高压电缆廊道（1 条）、灌浆排水廊道群及尾水渠等建筑物组成，从进水渠到尾水渠的位置位于坝轴线上游 150m 至坝轴线下游 400m 之间。该段岸坡总体走向为 N5°～10°W，坡角一般为 25°～40°，山顶高程 271.00～331.50m。在该坡段之间，从上游往下游发育有坝线沟、左 V 号沟、左 Ⅳ 号沟，其中主机洞和主变尾闸洞布置在左坝头坝线沟至坝下游左 V 号沟之间的岸坡辉绿岩带内，上部地表为一斜坡地形，地形坡角约 30°，地形走向与厂房轴线基本一致，与左 V 号沟交角约 45°。

水利部水规总院在初步设计审查意见中指出，基本同意主变进洞的地下洞室布置方案及水电站厂房、开关站等建筑物的总体布置，并要求根据进一步的地勘成果优化洞室支护设计、开挖程序设计和进一步优化地下洞室群的防渗、排水、通风及交通系统的设计。

根据初步设计审查意见，在进一步查明地下厂房工程地质、水文地质及辉绿岩岩体的空间展布基础上，经过详细的计算、分析和专题试验研究，对地下厂房洞室轴线、洞室布置、洞室支护设计及防渗、排水等设计深入进行了多方面的优化研究，最终把主机洞、主变尾闸洞、尾水洞等主要洞室布置在宽度 150m 左右的辉绿岩条带内，解决了电站进水口的高边坡稳定问题，以及进水塔地基承载力低、引水隧洞的小间距软岩隧洞稳定、地下厂房洞室群大跨度、浅埋、小间距、厂房轴线与地质主构造线平行、与最大主应力垂直、高渗流洞室稳定、尾水隧洞布置等技术难题，进一步论证了地下水电站工程布置和建筑物设计、洞室支护设计及开挖程序设计的技术可行性和经济合理性，最终确定了地下水电站的布置方案，提出了确保水电站各建筑物及洞室内的稳定和安全技术措施，解决了工程特定的技术难题。地下水电站总体布置如图 5.1.1 所示。

本电站引水发电系统涉及的地层岩性从上游至下游为泥盆系榴江组 $D_3l^1 \sim D_3l^{8-2}$ 泥岩、硅质岩、硅质泥岩、泥质灰岩等和间夹于 D_3l^3 与 D_3l^4 之间的华力西期辉绿岩 $(\beta_{\mu4}^{-1})$。地下厂房主机洞、主变尾闸洞、尾水洞三大洞室布置于辉绿岩 $(\beta_{\mu4}^{-1})$ 体内，岩石坚硬致密，力学强度较高，但裂隙较发育，辉绿岩体水平宽度非常有限，为 150～160m，加之辉绿岩上下游接触带蚀变严重，风化强烈、岩体破碎，形成两条有一定规模的性软弱层带，其产状与外围的性质较差的沉积岩一致，同时辉绿岩 $(\beta_{\mu4}^{-1})$ 条带上下游发育有两条地下水洼槽，对地下厂房布置制约较大，引水隧洞、尾水主洞主要布置在沉积岩内，岩体较为软弱，给设计及施工带来许多困难。

5.1.1　地下厂房洞室

本工程受地形、地质条件限制，地下洞室众多，地下厂房主机洞、主变尾闸洞、尾水洞等主要洞室布置在宽 150m 左右、厚 120m 左右，并以 55°角倾向下游的辉绿岩 $(\beta_{\mu4}^{-1})$ 条带内，存在如下主要地质问题及技术问题：

（1）主变尾闸洞上覆有效岩体厚度为 17m，仅有主变尾闸洞设计开挖宽度 19.5m 的 0.87 倍，小于规范要求的 2.0 倍；主机洞与主变尾闸洞之间围岩厚度为 20.7m，是两洞开挖宽度 20.5m 和 19.5m 平均值的 1.035 倍，仅达到规范要求 1～1.5 倍的下限值。

（2）厂房上游边墙距上游蚀变带很近，最近处仅有 11m，存在洞室稳定问题。

（3）地下主要洞室高度和跨度都较大，而围岩存在数组裂隙，边墙和拱顶均存在块体不稳定问题。

（4）主机洞上游边墙紧靠地下水凹槽，而且在边墙下部辉绿岩厚度仅有 11m，蓄水前地下水位高出主机洞拱顶 50m，水库正常蓄水后将产生高 110 多米渗透水头，对上游边墙形成较大渗透压力，渗控设计困难。

（5）地下厂房采用岩锚梁具其优越性，但本工程Ⅲ类的辉绿岩围岩发育 4 组节理，节理走向与洞轴线夹角小，并倾向洞内，岩锚梁稳定问题突出，开挖成形有难度。

5.1.2　进水口

进水口边坡由多种岩层组成，层薄、质软、岩体破碎，且存在下软上硬的现象，岩石强度、水理性质和风化强度相差较大，边坡结构复杂，洞脸边坡为斜向—横向坡，左侧边坡为顺向坡。进水塔地基软岩类泥岩约占基础岩体的 80%，中等坚硬硅质岩约占基础岩体的 20%。进水口主要存在两个地质问题：一是软岩、破碎、顺层开挖高边坡稳定问题；二是进水塔地基软硬岩相间，强度不一，变形模量差别大，存在不均匀沉陷和部分岩层承载力偏低的问题。进水塔洞脸边坡高达 105m，其中在塔背 197.00m 高程以下垂直边坡高 21m，设计需要解决的技术难题是高边坡稳定和塔基稳定处理。

5.1.3　引水隧洞

隧洞上下平段开挖洞径为 8.5m，主要布置在沉积岩内，围堰类别为Ⅳ～Ⅴ类，稳定

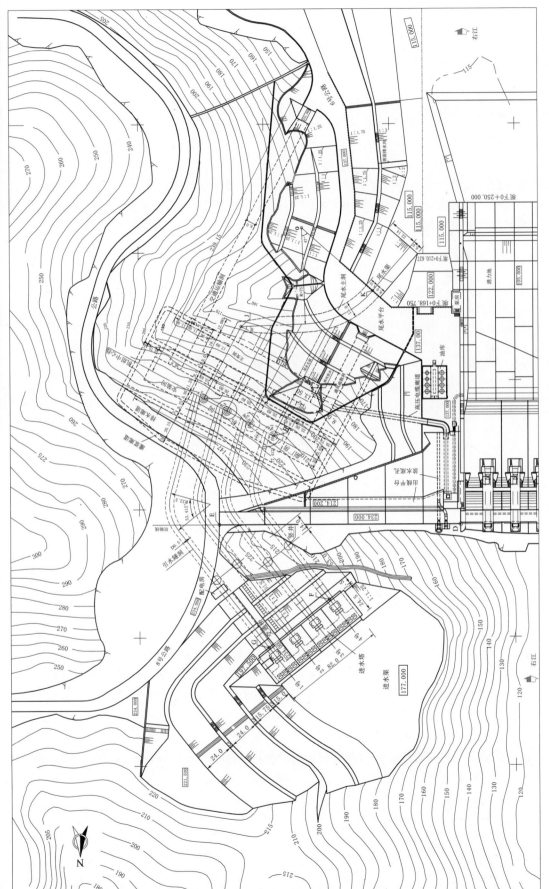

图 5.1.1 左坝头地下水电站总体平面图（单位：m）

性差，且两洞间岩壁厚度仅为 12m，设计需解决的技术难题是Ⅳ～Ⅴ类围岩衬砌设计、施工安全和施工进度保障问题。

5.1.4　尾水隧洞

尾水系统布置区为辉绿岩、蚀变带、硅质岩、泥质灰岩，岩性变化大，除辉绿岩（$\beta_{\mu4}^{-1}$）外，其他岩层成洞条件差、施工难度大、工期长，因此，在辉绿岩（$\beta_{\mu4}^{-1}$）条带宽度有限的特定条件下，需要合理研究尾水隧洞的布置方案，解决尾水系统对电站运行的安全、稳定性和调节过渡过程的复杂影响问题，并合理控制投资。

地下水电站透视如图 5.1.2 所示。

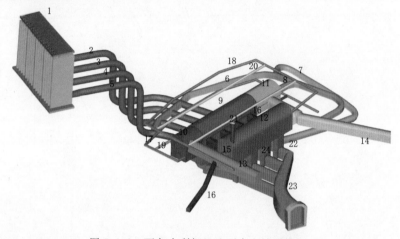

图 5.1.2　百色水利枢纽地下水电站透视图

1—进水塔；2～5—引水隧洞；6～8—施工洞；9～11—主机洞；12—主变尾闸洞；13—通风疏散洞；14—交通洞；15—交通支洞；16—出线廊道；17～18—灌浆廊道；19～20—排水廊道；21—排风井；22—尾水支洞；23—尾水主洞

5.2　引水系统布置

电站引水方式采用一机一洞单元引水方式。引水系统采用塔式进水口，布置在左岸挡水坝上游约 50m 处。进水口底板顶高程 179.00m，建基面高程 174.00m，塔顶高程 234.00m，最大塔高 60m，宽 82m，顺水流方向长 28.5m，通过约 100m 长的进水渠引水，进水渠底高程 177.00m，比进水口底板高程低 2m，引水隧洞中心高程 182.25m。进水塔布置有拦污栅、检修闸门、快速闸门，以及相应的启闭、清污设备。拦污栅布置在进水口前缘，每台机组进水口用支墩分成四孔进流，拦污栅采用前后双道直立布置，前道为工作栅槽，后道为备用栅槽。需要清污时，可轮换提起工作栅和备用栅清污。进水塔顶平台高程按与主坝坝顶高程相同取 234.00m。平台宽 24.5m，长 87m，主要布置有一台双向门式起重机。在 1 号机组进水塔顶至左岸上坝公路之间设一座交通桥，总跨度 54m。进水塔边坡在 234.00m 高程有上坝公路通过，将边坡分为上下两部分，上坝公路 234.00m 高程以下的边坡最大坡高约 60m，234.00m 高程以上的边坡最大坡高约 70m。

引水隧洞共四条，平面上平行排列布置。引水隧洞内径曾进行过 D6.3m、D6.5m、D6.7m 三个方案的布置和比选。经方案技术经济比较，确定洞径为 6.5m。引水隧洞上平段洞线与岩层走向夹角约 30°，下平段洞线与岩层走向夹角约 70°，上下平段之间采用竖井连接。引水隧洞进口底高程 179.00m，轴线间距为 20.3m，自进水口沿 N38°W 方向引出，上下平段通过竖井连接后，下平段转向 53.412°，最后按与厂房纵轴线成 77.412°交角斜向进水。引水隧洞进口渐变段中心高程均为 182.25m，上平段采用 5% 纵坡，采用竖井与下平段相连接，竖井高度 34.7～38.4m。隧洞下平段自下弯段末至近厂房 51～52m 处，采用 5% 纵坡，其后水平段洞中心高程为 115.20m，与厂房蜗壳进水钢管相接。根据引水隧洞围岩地质以及工程实践经验，结合厂房上游侧防渗帷幕的设置情况，确定引水隧洞于厂房上游边墙前设置 43～44m 长的钢板衬砌段，钢板衬砌外为 0.8m 厚的外包素混凝土。除此段及进口渐变段外，隧洞全线设 0.8m 厚的钢筋混凝土衬砌。1～4 号引水隧洞长分别为 267.1m、243.4m、219.6m、195.8m，

5.3 地下厂房洞室群布置

地下厂房位于左岸，为了适应地形地质条件，将厂房的主要洞室布置在工程地质条件较好的宽约 150.00m 厚的辉绿岩（$\beta_{\mu4}^{-1}$）层内，采用了主厂房轴线与岩层走向大致平行的布置方案。厂房所在位置辉绿岩岩层产状为 N64°W，倾向 SW、倾角∠50°～55°；而主厂房的轴线方向为 N62°W，两者夹角仅为 2°，基本一致。

地下厂房由主机洞、副主机洞、主变尾闸洞、尾水洞、出线洞、通风洞和进厂交通洞等组成。根据布置要求，主机洞总长度 147m，顶拱跨度 20.7m，主机间洞底高程 99.00m，洞顶高程 148.00m，最大高度 49m。主变尾闸洞总长度 93.79m，宽 19.2m，洞室地面高程 128.10m，拱顶高程 152.90m，高 24.8m。升压站布置采用洞内式布置，即 GIS 开关设备布置于主变尾闸洞内。高压电缆廊道横穿通风疏散洞后通向主坝 138.00m 高程横向廊道，电缆通过坝内电缆竖井到达出线场。出线场布置于主坝左岸挡水坝段下游坝坡上的出线架构平台上，出线平台高程为 214.20m。四条母线廊道布置在主机洞下游侧，垂直于主机洞下游边墙且相互平行布置，廊道中心距 20.8m，母线廊道间岩柱厚度 13.1～14.1m。廊道断面为城门洞形，长 21.6m，宽 5.5～6.5m，高 5.5～11.65m，廊道底高程与母线层高程相同，为 123.45m。主机洞与尾水闸门井之间布置四条尾水管，彼此平行。尾水管中心距 20.8m。尾水管出口断面为矩形，尺寸 8.0m×9.41m，底部高程为 104.70m。尾水管中部按突扩断面设计，尾水管后段管顶至母线廊道开挖底板的最小岩体厚度为 7～9m。

主厂房水轮机安装高程 115.20m，水轮机层高程 119.45m，发电机层地板高程 128.10m。在主厂房内安装有 1 台 2×200t/50kN 桥机，桥机轨道轨顶高程 137.90m。

副厂房布置在主厂房右侧，为 6 层洞内式框架结构，自下而上各层依次布置有空压机房、厂用及公用电室、电缆夹层、中央控制室、通信室、计算机监控室、蓄电池室、直流盘室、厂用照明室和对外通风疏散洞等。

主变尾闸洞布置在主机室的下游侧，两条主洞轴线间的距离为 41.85m，洞室开挖完成以后，两洞室之间岩柱净厚为 21.00m。主变尾闸洞开挖跨度 19.20m，高 24.80m，洞线总长 93.70m。根据布置需要，当主变尾闸洞开挖完成以后，沿洞室轴线方向且靠近下游侧，浇筑一个 1.00m 厚的隔墙，该隔墙将主变尾闸洞一分为二，位于上游侧的为主变

尾闸洞，位于下游侧的为尾水闸门井。主变尾闸洞内的建筑物为 3 层洞内结构，自下而上依次布置有主变压器存放间及主变运输通道、电缆夹层和六氟化硫开关站。在尾水闸门井内布置有尾水检修闸门及台车式启闭机。主变尾闸洞及尾水闸门井地面高程与发电机层同高，为 128.10m，以便于设备运输和交通联系。

发电机出线从下游侧引出，城门洞形的母线廊道穿过主机室与主变尾闸洞之间岩柱底部，开挖断面尺寸为 6.70m×6.90m（宽×高），衬砌后的断面尺寸为 5.50m×5.50m（宽×高），底板高程为 123.45m，低压母线从此廊道引出，进入主变压器，经变压器升压后再引入 SF_6 开关站，然后再从位于右岸的高压母线廊道中引出进入系统。

4 台机组的尾水管从主机洞和主变尾闸洞下方的岩体中穿过，尾水管肘管底板高程 100.65m，尾水管至水平扩散段以后，以 $6°$ 的反坡上翘，至尾水管出口处，其底板高程为 104.70m，尾水管的出口断面尺寸为 8.00m×9.41m（宽×高），在其出口处布置有尾水检修门，由尾水闸门井内 142.60m 高程行走式台车启闭机进行操作。

地下厂房的对外交通洞从左岸进入，洞宽 8～11m，洞底高程为 137.50～128.10m，洞高 6.5～9.25m，城门洞形，洞长 231.5m。通风疏散洞从下游尾水平台进入副厂房，洞长 92.5m，分高、矮洞段，断面均为城门洞形。高洞段紧接副厂房下游，洞底高程为 128.10m，洞长 34.8m，高 16m，137.60m 高程以下宽 5m，137.60m 高程以上宽 8m；矮洞段洞底高程为 137.60m，洞长 57.7m，高 6.5m，宽 8m。

厂房防渗系统：厂房上游侧辉绿岩层以下为透水性较大的蚀变带及榴江组地层，是地下厂房周围渗透水来源的主要渗透通道。在距厂房上游边墙约 35m 处以及厂房左右侧约 11m 处设置一道（两排）封闭的灌浆防渗帷幕，灌浆廊道设两层，1 号灌浆廊道底部高程约为 136.00m，2 号灌浆廊道底部高程约为 159.90m，帷幕孔孔径 75mm，排距 1.8m，孔距 2.5m，上游侧帷幕顶高于主厂房拱顶约 12m，底部灌至 D_3l^{2-2}、D_3l^3 相对隔水层（≤3Lu）约 75.00m 高程以下 5m 即 70.00m 高程处。防渗帷幕灌浆后的透水率要求小于 2Lu。此外，为避免发电引水隧洞的高压水从混凝土衬砌渗透至厂房上游围岩内，引水隧洞在进厂房洞室前 41.2～44m 长范围设置钢板衬砌，其首部设置环形阻水灌浆帷幕并与防渗帷幕中心重合。采用上述措施后，基本截断了地下厂房区渗透水的来源。

厂房排水系统：在距厂房上游侧约 11m 处以及厂房左右侧约 10m 处设置一道（排）排水孔幕，排水廊道设两层，1 号排水廊道底部高程约为 129.00m，2 号排水廊道底部高程约为 159.00m，厂房左右侧的排水廊道与灌浆廊道结合，外侧设一排帷幕孔，内侧设一排排水孔。在主机洞与主变尾闸洞间约 155.60m 高程设有平行于厂房轴线的 3 号排水廊道，其两端分别与 2 号排水廊道相连。1 号排水廊道及 3 号排水廊道的顶部均打有倾斜于主机洞顶及主变尾闸洞顶的排水孔，孔径 75mm，间距 4.5m，形成主机洞顶排水幕和主变尾闸洞顶排水幕。1 号排水廊道及 2 号排水廊道的下游侧均打有向下的竖向排水孔，下打至 99.00m 高程，孔径 75mm，间距 4.5m，形成厂房上游侧排水幕和左右侧排水幕。此外，在 1 号灌浆廊道的下游侧设置一排倾斜于下游的排水孔。为将洞室四周围岩的裂隙渗水引出，主机洞、主变尾闸洞的边墙和顶拱均布置有排水孔，排水孔直径 48mm，间距 4.5m，孔深 4.5m。上述排水系统形成以后，可把地下厂房周围的地下水位降到最低，以保证地下厂房运行安全。

地下厂房典型横剖面图、纵剖面图、发电机层平面布置图如图 5.3.1～图 5.3.3 所示。

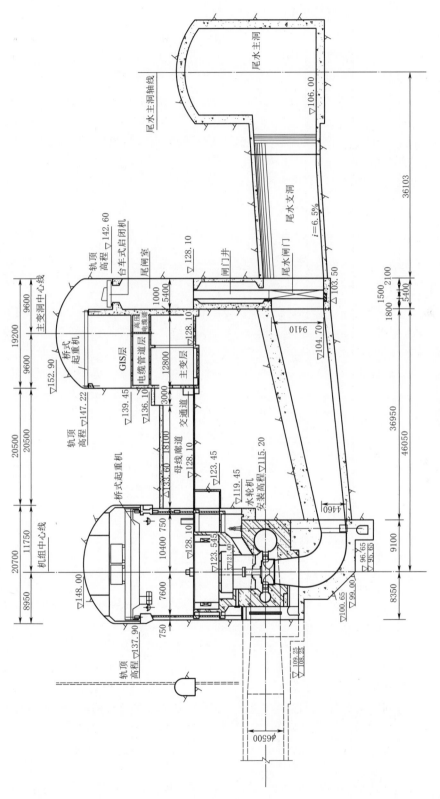

图 5.3.1 地下厂房典型横剖面图（长度：mm，高程：m）

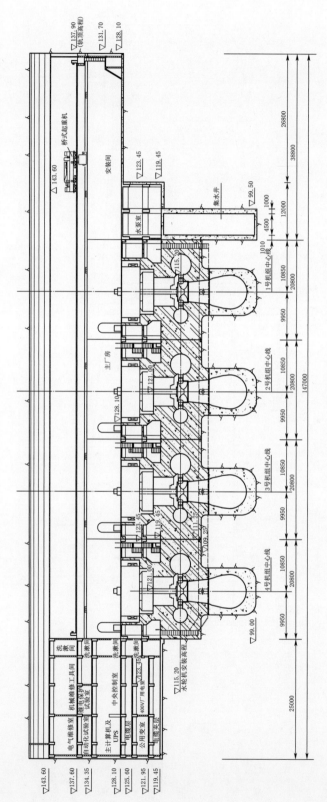

图 5.3.2　地下厂房纵剖面图（高程：m，长度：mm）

174

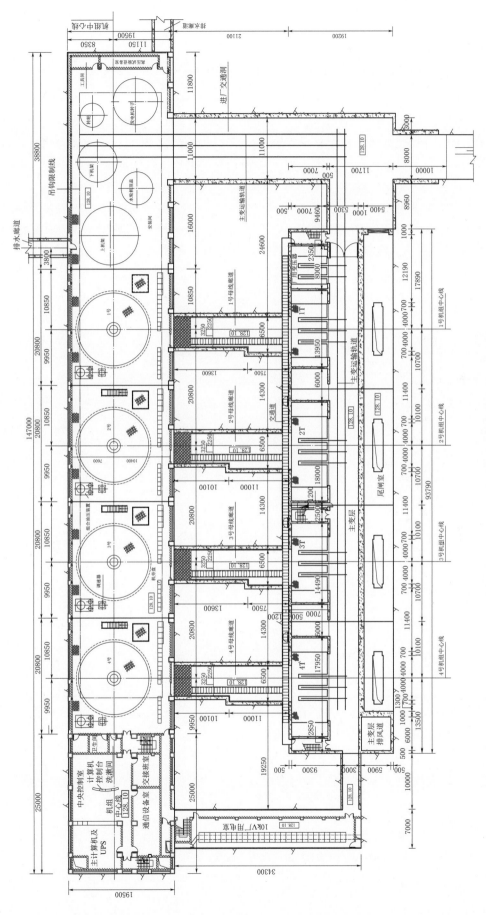

图 5.3.3　发电机层平面布置图（高程：m，长度：m）

5.4　尾水系统布置

尾水系统由 4 条窄高型长尾水管（支洞）和 1 条主洞组成。电站 4 台机组尾水管垂直于机组纵轴线出水，经过尾闸室后布置有 4 条相互平行的中心线与尾水管中心线一致的尾水支洞，然后 4 条尾水支洞汇合成 1 条尾水主洞。尾水支洞出口断面为城门洞形，宽 8m，高 10.84m。尾水主洞断面为城门洞形，始端设一长 22.58m 渐变段，其宽度从 1 号尾水支洞末端的宽 8m 渐变为 13m，后段宽 13m 至洞口，尾水主洞底高程为 106.00m 高程，洞顶为纵坡 $i=5\%$ 的上翘型，自上游至下游为 21.58～26.87m，主洞总长 107.4m。4 条尾水支洞中线至主洞中线的长度分别为 1 号洞 16.3m、2 号洞

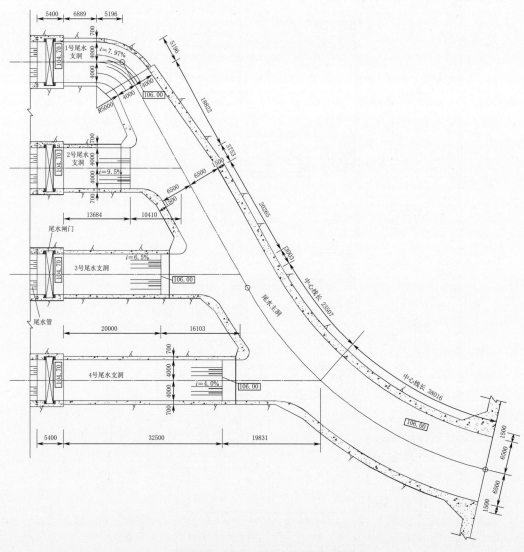

图 5.4.1　尾水隧洞平面布置图（高程：m，长度：mm）

24.1m、3 号洞 36.1m、4 号洞 52.3m，洞底高程 104.70～106.00m。尾水支洞围岩为辉绿岩，围岩为Ⅱ～Ⅲ类岩体。尾水管及尾水支洞之间的岩柱厚度为 9.4～11.4m。尾水渠渠底高程从尾水主洞出口处 106.00m 高程以 1：5 的反坡上升到 115.00m 高程，与下游河床平顺连接。尾水主洞主要也是布置于辉绿岩内，但洞口段因处于辉绿岩蚀变带及 $D_3 l^4$ 层内，考虑尾水主洞洞径较大，故布置了一定长度的明拱段，明拱顶部为 137.00m 高程尾水平台。对于尾水隧洞的检修问题，初步设计阶段考虑尾水隧洞的检修概率很小，同时考虑到下游距百色水电站约 6.6km 处的东笋水电站回水水位不高，采用在尾水渠出口 115.00m 高程平台设临时围堰挡水检修的办法解决。施工详图阶段，考虑到东笋水电站正在兴建，其正常蓄水位比原规划水位抬高。经过枢纽尾水 H～Q 复核并考虑下游东笋梯级的回水抬高水位影响，采用围堰挡水检修方案变得不经济，且运行检修不方便，同时考虑到尾水主洞的检修概率较小，故在尾水主洞明拱段即尾水平台位置设置一检修闸门槽，以备以后运行期采用临时闸门、临时起吊设备进行挡水检修尾水隧洞。

尾水渠渠底高程根据水流逆差计算确定，渠底高程从尾水主洞出口处 106.00m 高程以 1：5 的反坡上升到 115.00m 高程。尾水渠渠底宽度从尾水主洞出口处的 16m 渐变到渠底 115.00m 高程始端处的 32m，然后结合溢流坝消力池的布置、左岸地形及河流走向平顺地与河道连接。根据尾水主洞和尾水渠的布置，在尾水主洞的洞脸及尾水渠左侧，分别形成了最大坡高 90m 和 72m 的高边坡，在 137.00m 高程沿尾水渠左侧边坡至尾水渠洞脸前的尾水平台布置了一条宽 7.5m 的公路（即 6 号公路），将高边坡分成上下两部分，137.00m 高程以上部分最大坡高为 53m，137.00m 高程以下部分最大坡高为 32m。

尾水隧洞平面布置如图 5.4.1 所示。

5.5 地下厂房总体布置

5.5.1 总体布置方案

初步设计阶段比较了四个厂房布置方案，即坝后式厂房方案、左坝头地下式厂房方案、左岸岸边式厂房方案、观音山长隧洞电站方案，拦河坝均利用同一条辉绿岩带布置 RCC 重力坝。从工程安全度、运行条件、施工条件、建设工期及工程费用等方面进行综合比较。地下式厂房方案具有对环境破坏少、可减少对大坝施工干扰、施工工期较短、投资也较少的优点，主要缺点是可用于布置地下洞室的辉绿岩体厚度很有限、地下洞室埋深浅、洞室间距密集、洞室稳定问题突出，但通过采取技术措施可以克服或改善。综合比较上优于其他三个电站布置方案，因而在初步设计阶段推荐地下式厂房方案。

水利部水规总院的初步设计审查意见，基本同意主变进洞的地下洞室布置方案及发电厂房、开关站等建筑物的总体布置，并要求根据进一步的地勘成果优化洞室支护设计、开挖程序设计和进一步优化地下洞室群的防渗、排水、通风及交通系统的设计。

5.5.2　地下式厂房纵轴线方向及位置选择

根据初步设计审查意见，广西院对地下厂房总体布置方案进行了深入的优化设计。

厂房纵轴线方向及位置选择主要考虑以下几个原则：

（1）工程总体布置协调，引水和出水线路顺畅，尽量缩短引、出水道长度，有利于缩短工期、节省工程量和投资，以减小水头损失和减少水锤影响。

（2）厂房主要洞室应布置在围岩条件较好的岩体内。本工程地质条件比较特殊，除辉绿岩岩体为Ⅱ～Ⅲ类围岩外，其余一般以Ⅳ～Ⅴ类围岩为主，而辉绿岩体水平宽度只有150m左右。因此，如何将地下厂房主要洞室布置在坚硬的辉绿岩体内是本工程地下厂房方案成立的关键。

（3）辉绿岩上下游接触蚀变带是两条控制性的软弱层带，同时辉绿岩上游地下水洼槽是一条透水性较强的导水通道。因此，厂房布置应避开上下游接触蚀变带，厂房上游边墙应距上游蚀变带有一定距离，保证相对隔水的辉绿岩有一定的厚度。

（4）受地形及辉绿岩岩体厚度、产状限制，主要洞室上覆及傍山侧的有效岩体小于1倍洞跨时或洞室间的岩柱厚度小于1倍洞跨时，采取有效支护措施保证洞室稳定安全。

（5）厂房主要洞室轴线宜与围岩的主要结构面走向成较大的夹角，宜与岩体地应力的最大主应力平面方位成较小的夹角。

5.5.3　地下厂房的位置选择

按照以上原则，主要从地形地质条件、主要结构面、地应力和工程布置、投资等方面，对地下厂房的位置进行选择，并对 N62°W 和 N85°W 两条轴线进行比较。

1. 地形条件对地下厂房主要洞室布置的影响

根据地形条件，地下厂房主要洞室只能布置在左坝肩偏下游的山体内，其上游有坝线沟，下游有左Ⅴ号沟，间距只有150m左右，若要保证主要洞室上覆有效岩体厚度不小于1倍洞室跨度，厂房主要洞室在坝线沟与左Ⅴ号沟之间可动空间不大。若将主要洞室往山里移动，可动空间会适当加大，但若往山里移动太多，引水隧洞和尾水洞的工程量会增加太大，且水流条件也不理想，因此，不宜往山里移动太大。

2. 地层岩性对地下厂房主要洞室布置的影响

辉绿岩较坚硬完整，其上下游接触蚀变带及沉积岩风化深，岩体破碎，地下厂房主机洞、主变尾闸洞跨度达19～21m，因此，地下厂房主机洞、主变尾闸洞应尽可能布置在辉绿岩体内，并与地质条件较差的沉积岩要有一定的安全距离，特别是主机洞高达50m左右，上游边墙不宜距地下水洼槽太近，否则，水库蓄水后外水压力会对边墙稳定不利。如果洞轴线方向采用N85°W，保证主机房洞位于辉绿岩体内，但尾水主洞大部分则要伸入到下游接触蚀变带以外的Ⅴ类围岩内。如果洞轴线方向采用N62°W，不但可以保证主机洞、主变尾闸洞位于辉绿岩体内，尾水主洞大部分也能位于围岩较好的辉绿岩体内。

3．构造对地下厂房轴线布置的影响

厂房区沉积岩的岩层总体产状为 N60°～70°W，SW∠53°～55°。辉绿岩上下游与围岩接触蚀变严重，风化强烈，岩体破碎，形成两条具有一定规模的控制性软弱层带，其产状与外围沉积岩产状一致。如果洞室布置在沉积岩内或距接触蚀变带太近，洞轴线方向无论是采用 N62°W 还是 N85°W，洞轴线方向与外围沉积岩产状一致或小角度相交，对边墙稳定均不利，因此，厂房布置应避开上下游接触蚀变带，而且保证上游边墙到上游蚀变带有一定距离。

主机洞轴线采用 N62°W 方案，主机洞上游边墙在 110.00m 高程距上游蚀变带的距离最近处有 11m 左右，虽距离较近，但该高程处上游蚀变带宽度已明显收窄且岩性性状已有较大改善，且辉绿岩外 5～8m 宽范围是地质条件较好的硅质岩重结晶带，在 130.00～140.00m 高程以下岩体是较完整的。主机洞与主变尾闸洞间的岩柱厚度为 20.7m，约为洞室跨度的 1 倍。主变尾闸洞上覆岩体最小厚度为 17m，约为洞跨的 0.87 倍。

F_{28-1} 断层发育于大挠曲轴部附近，从主机洞 NE 侧通过，斜穿 1～3 号机引水隧洞和进水塔基础，延伸长度 400～500m，为压扭性断层。断层产状为 N40°W，SW∠60°～70°，破碎带宽 0.5～1.7m，两侧影响带 1～2.5m，组成物主要有糜棱状角砾岩夹硅质岩或辉绿岩碎块、石英碎屑及断层泥、方解石脉、石英脉等，强度低，变形大，属中等～强透水带。因此，地下厂房不宜往东移动太多，与 F_{28-1} 断层应留有一定的安全距离。

4．地应力对地下厂房轴线布置的影响

厂区辉绿岩带最大主应力为近水平向，量值为 5～7MPa，方向在 N45°～72°E 之间。从地应力角度分析，洞轴线方向 N85°W 比洞轴线方向 N62°W 要好一些。但由于该区地属中等地应力，洞轴线方向采用 N62°W 影响不大。

综合上述比较，厂房纵轴线方向和位置的可调整范围非常有限，主机洞纵轴线最终采用方向为 N62°W 方案。设计采取了压缩主机洞与主变尾闸洞之间的岩墙厚度、四条尾水支洞共用一条尾水主洞等布置形式，将主机洞、主变尾闸洞、尾水支洞、尾水主洞等主要洞室均布置在围岩条件较好的辉绿岩体内，较好地适应了本工程特定的地形、地质条件，设计洞室体形适当，布置合理，其他洞室因地质条件限制只好布置在围岩条件较差的沉积岩体内，经适当处理也是可行的。

通过研究，最终将地下厂房主机洞、主变尾闸洞、尾水支洞及尾水主洞均布置在宽度 150m 的辉绿岩条带内，主机洞轴线方向采用 N62°W 轴线方案，虽然主机洞、主变尾闸洞轴线方向与辉绿岩体走向、主构造线方向以及地表岸坡走向基本一致。但厂房纵轴线方向和位置的可调整范围非常有限，在本厂区地形、地质条件限制性较强的情况下，N62°W 轴线方案能综合兼顾了各方面的因素，布置方案合理。详见图 5.5.1。

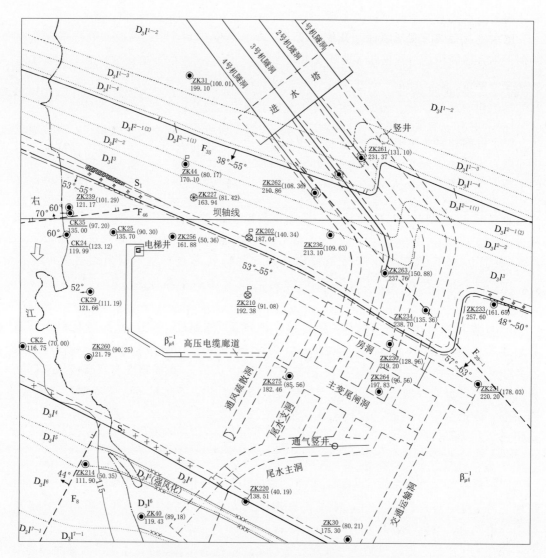

图 5.5.1　地下厂房 110.00m 高程地质平切面图

5.6　地下厂房洞室群支护设计

　　地下厂房洞室群主要包括横向的主机洞、主变尾闸洞、尾水洞三大洞室；纵向的四条母线洞、四条引水隧洞、四条尾水支洞、一条通风疏散洞、一条交通运输洞等。布置在水平宽度 150m 左右、厚度 120m 左右的辉绿岩体内。

　　主机洞长 147m、拱顶开挖宽度为 20.7m、最大高度 49m；主变尾闸洞长 93.8m、宽 19.5m、高 33.4m。主机洞与主变尾闸洞岩壁厚度 20.7m，为两洞平均开挖宽的 1.035 倍，主变尾闸洞上覆有效岩体最薄处厚度仅 17m，为洞跨的 0.87 倍；上游边墙下部 110.00m 高程处辉绿岩厚度仅有 11m，存在较突出的洞室稳定问题。

四条尾水支洞为窄高型长尾水管，出口断面尺寸为8m×10.84m（宽×高）。

尾水主洞为城门洞形断面，开挖宽度16.5m、高度32m，50％洞段上覆有效岩层厚度小于1.5倍洞径，给开挖施工造成较大的困难。

5.6.1　工程地质条件

5.6.1.1　围岩工程地质分类

对主机洞和主变尾闸洞，主要采用《水利水电工程地质勘察规范》（GB 50287—99）中的围岩工程地质分类、建设部地下洞室围岩质量分级、巴顿Q系统分类和比尼奥斯基的地质力学分类法（rock mass rating，RMR）等四种方法进行详细分类，对沉积岩隧洞（如引水隧洞）则采用水电围岩工程地质分类和巴顿Q系统分类两种方法进行详细分类，然后进行比较、综合分析得出围岩类别。施工开挖过程中，对各洞室围岩类别又进行了复核，结果基本一致。在开挖过程中，由于初期支护及时，除出现一些小块体失稳，未发生较大的塌方现象。

5.6.1.2　三大洞室地质条件及评价

1．主机洞

厂房洞轴线方向为N62°W，总长度147.00m，顶拱跨度20.70m，洞底高程为99.00m，洞顶高程为149.00m。上覆岩体厚度55～65m，其中有效岩体厚度45～55m。根据开挖揭露的地质情况，洞室围岩为微风化辉绿岩，岩质致密坚硬，完整性较差，以碎裂镶嵌结构为主。岩体节理裂隙发育，主要见4组节理：①N51°～75°W，SW∠44°～57°；②N0°～8°E，SE∠55°～58°；③N48°～88°E，NW∠38°～55°；④N25°～34°E，NW∠68°～74°。其中①、④组节理对厂房的围岩影响最大。裂隙发育具有明显的不均一性和相对集中性，不同部位裂隙发育程度不同。除了局部见构造蚀变带，个别节理裂隙规模较大、性状较差外，没有发现大的断裂构造、软弱夹层。厂房开挖除局部见裂隙有渗水和滴水、洞壁湿润外，开挖岩壁多为干燥状态。围岩总体上以Ⅲ类为主，局部为Ⅱ类，洞室围岩基本稳定～局部稳定性差。

2．主变尾闸洞

主变尾闸洞轴线方向为N62°W，洞室总长度93.79m，洞宽19.2m，洞顶高程为152.60m，洞底高程为128.10m。洞室上覆岩体厚度25m，其中有效岩体厚度17m。

经开挖揭露，主变尾闸洞围岩为辉绿岩（$\beta_{\mu4}^{-1}$），基本属微风化～新鲜，岩石致密坚硬，围岩分类以Ⅲ类为主，部分为Ⅱ类围岩，岩体呈次块状～镶嵌碎裂结构，洞室围岩局部稳定性差。在斜导洞开挖时，曾对其洞壁围岩进行现场RQD实测，得出上下游侧洞壁岩体RQD平均值分别为44.0％、50.8％。

主变尾闸洞细微闭合裂隙发育，也主要发育4组结构面，性状与厂房洞相同，其中走向NW、倾向SW的似层面节理（倾向下游）和走向NW、倾向NE的反倾向节理较发育，且对边墙稳定有较大影响。除了节理裂隙较发育、相互切割形成不利组合，个别节理规模较大、性状稍差外，洞室开挖未揭露有大的断裂构造、软弱夹层等不利情况。洞室地下水不甚丰富，洞壁基本为干燥状态。

主机洞和主变尾闸洞围岩以Ⅲ类为主，局部为Ⅱ类，围岩总体稳定条件较好，施工开挖中未出现大的塌方问题。但由于岩体节理裂隙较发育，特别是 NW 向、倾向 SW 似层面和 NE 向、倾向 NW（SE）陡倾角两组节理最为发育，且规模相对较大，与其他节理组合后形成不稳定块体，在厂房边墙局部节理发育和洞室交叉部位，开挖中出现过岩块失稳和超挖问题。

在厂房洞第 Ⅰ 层开挖全部完成后，根据揭露实际地质条件，分不同岩体结构类型和不同部位，选择代表性地段布置了 6 条声波测试断面，每个断面布置钻孔 5 个（顶孔、角孔、边墙孔）。利用钻孔进行声波测井及声波跨孔穿透测试，以了解洞室开挖后的围岩松弛带范围。测试结果：厂房洞围岩一般都存在一定厚度的松弛带，松弛带厚度为 0.5～2.6m，平均厚 1.62m；主变洞拱顶和一层声波资料没有较明显的松弛带。

地下厂房洞和主变尾闸洞开挖完成后，及时进行了锚喷处理，考虑到厂房洞和主变尾闸洞之间岩柱较薄，为保证岩柱的稳定，分别在高程 138.50m 和 132.00m 布置 2 排预应力锚索。对由于上游 4 号引水隧洞洞室交叉部位爆破坍塌引起 4 号机组岩锚梁局部锚杆应力增大和岩体变形问题，在该部位及时增设 3 排预应力锚索进行加固处理。

5.6.1.3　尾水支洞地质条件及评价

尾水支洞（窄高型长尾水管）有四条，相互平行布置，出口顶面圆弧形，洞室间距最小为 9.2m，最大洞径为 8m×10.84m（宽×高），洞底高程 100.00～107.00m，轴线方向为 N28°E。

四条尾水支洞地质条件比较均一，围岩均为微～新鲜辉绿岩，岩质致密坚硬，在开挖过程中均未发现有大的地质构造，但节理裂隙较发育，岩体以镶嵌碎裂结构为主，部分为次块状或碎裂结构，以Ⅲ类围岩为主，局部为Ⅱ类围岩，洞室围岩基本稳定，局部稳定性差。节理裂隙发育展布情况基本同于厂房洞，由于走向 NE、倾向 NW 的节理组与洞轴线交角较小，对洞室围岩稳定不利，在开挖中洞室顶拱及边墙部位（尤其是洞室与洞室交叉部位）局部形成不稳定块体，在开挖爆破中出现沿该结构面失稳滑塌现象。如 3～4 号尾水管之间岩墙原设计厚度为 10.2m，因两侧洞壁出现过崩塌、超挖现象，使其间原本已单薄的岩墙变得更薄，厚度仅有 8m 左右。3 号尾水支洞与 2 号施工支洞之间交叉部位和 4 号尾水支洞与 2 号施工支洞交叉部位，由于节理裂隙相互切割出现不稳定块体，受施工爆破扰动出现塌方，经加强喷锚处理，围岩稳定良好。主机间至 2 号施工支洞段的 3 号和 4 号尾水管之间的岩柱四面临空，岩柱单薄，而且其上游侧检修排水井开挖较深，受上述几组节理裂隙影响，出现了明显变形，喷锚层表面出现明显裂缝。据监测资料表明裂缝有进一步扩展的趋势，故采取对穿型张拉锚杆预应力锚索等加固处理，裂缝得到控制，处理后该岩柱体是稳定的。

5.6.1.4　尾水主洞地质条件及评价

尾水主洞位于左Ⅴ号沟上游侧，洞轴线总体方向为 N85°E，平行冲沟布置，与 1 号尾水支洞轴线成 120°夹角，至 3 号尾水支洞处以曲线与尾水渠相接。洞轴线地面高程 155.00～175.00m，地形坡角为 20°～30°，洞室上覆岩体厚 22.5～42.0m。

经开挖揭露，尾水主洞除出口处为强风化硅质岩外，其余洞身段围岩均为微风化～新鲜辉绿岩，围岩条件比较均一。围岩分类与厂房洞、主变洞相同，大部分为Ⅱ～Ⅲ类，小部分为Ⅳ类。洞口段 D_3l^4 硅质岩与辉绿岩（$\beta_{\mu 4}^{-1}$）两者接触蚀变带（S_2），产状为 N65°W，

SW∠50°，宽度 1.5～2.0m，间夹 0.2m 全风化黏土。该段辉绿岩（$\beta_{\mu4}^{-1}$）受接触蚀变带的影响，岩体较破碎，且上覆岩体厚度较薄，围岩分类为Ⅳ～Ⅴ类，围岩稳定性差。施工采取了分层开挖，并加强了初期支护措施。对于出口浅埋段，采取了设明拱加锚索等处理措施，解决了出口段的围岩稳定问题。

5.6.2 地下洞室群支护设计

地下厂房洞室位于新鲜的辉绿岩带内，围岩岩体坚硬，强度高，无软弱带出现，但地下厂房的主机洞及主变洞布置在水平宽度仅有 150m 左右的辉绿岩体内，主厂房的轴线走向与岩体走向一致。厂房地下洞室存在以下不利的因素：

（1）主机洞上游边墙距上游蚀变带很近，最小仅 11m；主机洞与主变洞的岩壁厚度较小，仅为 1 倍洞跨；主变洞上覆岩体有效岩体厚度仅 17m，尚不足 1 倍洞跨；尾水管及尾水支洞间岩壁厚度较小，仅为 0.87～1.36 倍洞跨；尾水管与母线廊道间岩体厚度最小仅 9m。

（2）辉绿岩岩体发育 4 组节理裂隙，特别是拟层状与反倾向裂隙互相交切，在各洞室的拱顶、边墙均存在一些不稳定的小三角块体和楔形块体，局部地方也有可能出现较大的失稳块体。

（3）地应力方向近水平与主机洞及主变洞正交，对边墙的稳定不利。

（4）辉绿岩上游地下水洼槽可能对厂房洞上游边墙造成较大渗透压力，对厂房洞稳定不利。

有限元分析表明：毛洞情况下，主厂房在上下游拱脚部位和下游侧墙以及母线洞与尾水洞之间的柱塑性区分布较大，主变洞塑性区出现在上下游拱脚以及主变洞顶拱区域，也有较大的塑性区分布，主厂房下游侧墙与主变洞上游侧墙之间的上部岩柱塑性区相对集中，主厂房、主变洞围岩塑性区深度达 10～20m。说明洞室稳定性问题突出。

经查阅国内外大量类似工程一些资料，对于大跨度、浅埋洞、小间距洞室多是采用混凝土衬砌或大量预应力锚索进行支护。设计分析认为，预应力锚索虽能较好地维持围岩的原有应状态，防止围岩过大变形造成的失稳，但预应力锚索通常不能及时施加，百色地下厂房洞室埋深和洞室间距又特别小，节理裂隙发育，施工中可能在围岩尚未施加预应力锚索就已失稳，混凝土衬砌时效性更差。另外，预应力锚索间距较大，也难以解决不稳定的小三角块体和楔形块体失稳。为此，根据地下洞室的尺寸、间距及围岩条件，提出了采用以长而密小吨位预应力锚杆进行支护为主、预应力锚索支护为辅的方法，即采用长 7～10m、间距 1.5m、预应吨位 15t 的预应力锚杆进行支护，主要好处是锚杆能做到及时支护，能及时控制围岩的变形，锚杆施加的预应力也能维持围岩的原有应状态，防止围岩过大变形造成的失稳。长而密主要考虑围岩塑性区深度较大，节理裂隙发育，在对围岩块体稳定性研究中也充分说明长而密锚杆对围岩不稳定块体的作用，对局部围岩塑性区深度较大部位采用预应力锚索进行支护，如主厂房下游侧墙与主变洞上游侧墙之间的上部岩柱塑性区相对集中部位。

地下厂房 3 号机组洞室支护断面如图 5.6.1 所示，地下洞室支护参数见表 5.6.1。

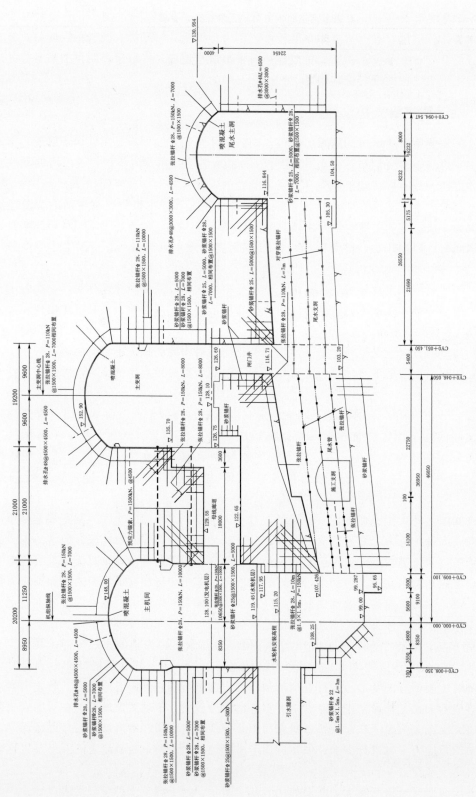

图 5.6.1　地下厂房 3 号机组洞室护断面（高程：m，长度：mm）

表 5.6.1   **百色水利枢纽水电站地下洞室支护参数**

序号	部位	支护参数及方式	备 注
1	主机洞	顶拱：砂浆锚杆（$\Phi28$，$L=7m$）与张拉锚杆（$\Phi28$，$P=150kN$，$L=7m$），@$1.5m\times1.5m$ 相间布置； 上游边墙：砂浆锚杆（$\Phi28$，$L=7m$），@$1.5m\times1.5m$，相间布置； 下游边墙：张拉锚杆（$\Phi28$，$P=150kN$，$L=10m$），@$1.5m\times1.5m$	119.45m 高程以上，厚0.15m；119.45m 高程以下，厚0.1m。挂网喷混凝土 $\phi8$ @$0.2m$
2	主变洞	顶拱、上游边墙：张拉锚杆（$\Phi28$，$P=150kN$，$L=10m$），@$1.5m\times1.5m$ 相间布置； 下游边墙：砂浆锚杆（$\Phi28$，$L=7m$），@$1.5m\times1.5m$，相间布置	挂网喷混凝土 $\phi8$ @$0.2m$，厚度 0.15m
3	母线廊道	砂浆锚杆$\Phi25$@$1.5m\times1.5m$，$L=4m$	挂网喷混凝土 $\phi8$ @$0.2m$，厚度为 0.1m
4	闸门井	上、下游边墙：砂浆锚杆$\Phi22$，@$1.5m\times1.5m$，$L=3m$； 左、右侧边墙：砂浆锚杆$\Phi25$，@$1.5m\times1.5m$，$L=5m$	挂网喷混凝土 $\phi8$ @$0.2m$，厚度为 0.1m
5	引水隧洞	上、下平段：管式锚杆（$\Phi33.5$，$\delta=3.25$，$L=4m$），纵环@$1m\times1.5m$； 竖井段：自进式锚杆（$\Phi25$，$\delta=5.5$，$L=4m$），@$1.5m\times1.5m$	挂网喷混凝土 $\phi8$ @0.15、$0.2m$，厚度：竖井 0.15m，其余为 0.2m（进口渐变段为 0.25m）
6	尾水管	顶拱：张拉锚杆（$\Phi28$，$P=110kN$，$L=7m$），@$1.5m\times1.5m$，中部设 3 排 2 列预应力锚索（$P=1500kN$，$L=10m$、9m、8m）； 直墙及底板：砂浆锚杆（$\Phi28$，$L=7m$），@$1.5m\times1.5m$； 另外直墙中部设 3 排对穿锚杆（$\Phi36$，$P=200kN$），@$3m\times3m$	挂网喷混凝土 $\phi8$ @$0.2m$，厚度为 0.1m
7	尾水隧洞	砂浆锚杆（$\Phi25$，$L=5m$）与张拉锚杆（$\Phi28$，$P=150kN$，$L=7m$），@$3m\times3m$ 相间布置；另外，在尾水主洞上游边墙与尾水支洞交叉部位以及洞口段两侧边墙设两排预应力锚索（$P=1000kN$，$L=15m$）	挂网喷混凝土 $\phi8$ @$0.2m$，厚度 0.1m（洞口段为 0.25m）
8	主机洞与母线廊道交叉处	张拉锚杆（$\Phi28$，$P=150kN$，$L=10m$）	
9	主机洞与尾水管交叉处	张拉锚杆（$\Phi28$，$P=150kN$，$L=7m$）	顶拱及直墙
10	主机洞与引水隧洞交叉处	张拉锚杆（$\Phi28$，$P=150kN$，$L=7m$）	顶拱 270°范围
11	主变洞与母线廊道交叉处	张拉锚杆（$\Phi28$，$P=150kN$，$L=8m$）	顶拱及直墙

5.6.3　地下厂房洞室群有限元计算分析

为评价围岩的稳定性，论证洞室群布置、围岩支护的合理性，进行了地下厂房洞室群围岩稳定分析以及围岩块体稳定性分析。洞室群围岩稳定计算采用有限元法，内容主要包括对施工期以及运行期分别进行洞室群稳定性及支护计算分析、对引水隧洞和尾水支洞在施工期和运行期的围岩稳定进行计算分析。洞室围岩变形计算结果如图 5.6.2 和图 5.6.3 所示，围岩塑性区分布如图 5.6.4 和图 5.6.5 所示，围岩最大及最小主应力矢量图如图 5.6.6 所示，围岩砂浆锚杆、张拉锚杆和锚索应力如图 5.6.7 和图 5.6.8 所示。

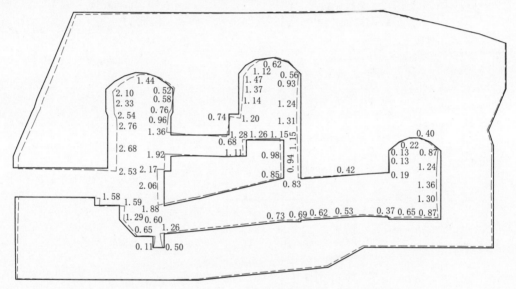

图 5.6.2　无支护工况厂房围岩变形图（单位：cm）

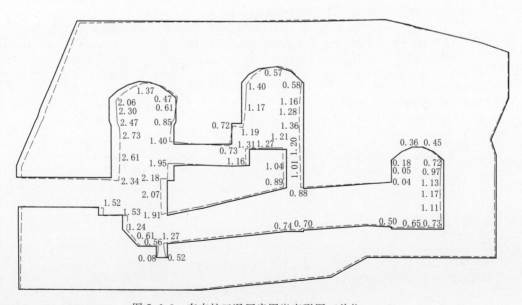

图 5.6.3　有支护工况厂房围岩变形图（单位：cm）

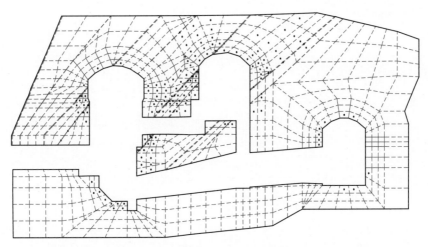

图 5.6.4 无支护工况厂房围岩塑性区分布图（标 * 表示屈服）

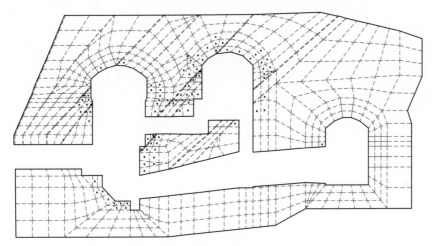

图 5.6.5 有支护工况厂房围岩塑性区分布图（标 * 表示屈服）

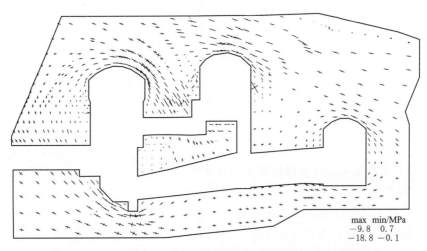

max min/MPa
−9.8 0.7
−18.8 −0.1

图 5.6.6 有支护工况厂房围岩最大及最小主应力矢量图

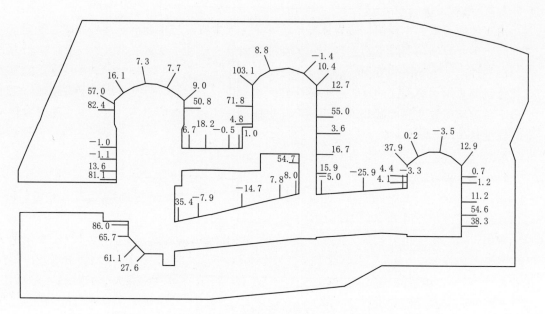

图 5.6.7　有支护工况厂房围岩砂浆锚杆应力图（单位：MPa）

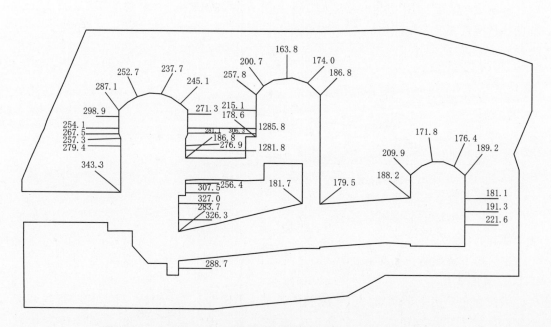

图 5.6.8　有支护工况厂房围岩张拉锚杆和锚索应力图（单位：MPa）

5.6.3.1　厂区岩体初始地应力场的反演回归分析

应用岩体初始地应力场反演回归方法对百色水电站厂区岩体初始地应力场进行了反演回归分析。厂区岩体初始地应力场反演回归分析的结果表明，地应力场的反演回归效果较好。厂区岩体初始地应力场主要由自重场与平行于主厂轴线和垂直于主厂轴线的法向构造场共同形成，经多元回归后，得到的复相关系数为 0.92。

5.6.3.2　毛洞工况

由于地下洞室群主变洞上覆岩体厚度较薄，加上主机洞与主变洞之间的间距仅接近1倍洞跨，因此，毛洞工况下在主厂房和主变洞之间的岩柱和主变洞顶拱区域围岩存在较大范围的塑性区。洞室围岩变形较大，主厂房塑性区主要集中在上下游拱脚部位和下游侧墙以及母线洞与尾水洞之间的柱，主变洞塑性区出现在上下游拱脚以及主变洞顶拱区域，主厂房下游侧墙与主变洞上游侧墙之间的上部岩柱塑性区相对集中，主厂房、主变洞围岩塑性区深度达10～20m。

5.6.3.3　施工期

1. 位移

拱顶：主厂房最大下沉位移为0.51cm；主变室拱顶最大下沉位移为0.36cm，尾水主洞拱顶最大下沉位移为0.10cm。

侧墙：主厂房上游侧墙最大位移为2.75cm，下游侧墙最大位移为2.24cm；主变室上游侧墙最大位移为1.40cm，下游侧墙最大位移为1.48cm；尾水主洞上游侧墙最大向内缩位移为0.25cm，下游侧墙最大位移为1.19cm。主厂房上游侧墙位移大于下游侧墙位移，而主变室和尾水主洞的下游侧墙位移大于上游侧墙位移。

2. 应力

各洞室拱顶环向压应力相对较大，各洞室下游拱脚处应力集中较为明显，最大拱顶环向主压应力值为13.61MPa；各洞室下游拱脚应力集中高于上游拱脚的应力集中，最大拱脚应力集中的主压应力值为16.01MPa，但最大环向应力均未达到围岩的抗压强度。

在主厂房上游侧墙中下部和主变室上游侧墙与母线洞交汇处的局部区域发生主拉应力，但主拉应力量值不大，未发生围岩拉裂现象。

3. 塑性区分布

主机洞塑性区主要集中在上下游拱脚部位和下游侧墙以及母线洞与尾水洞之间的岩柱，在主厂房底部区域也发生局部的塑性区。

主变室塑性区出现在上下游拱脚及主变室顶拱区域。

尾水主洞塑性区范围相对较小，主要发生在3号和4号机组剖面的上游拱脚及下游侧墙下部和底部的局部区域。

主厂房下游侧墙与主变室上游侧墙之间的上部岩柱塑性区相对比较集中。

4. 锚杆应力

锚杆在主厂房上游侧墙与引水隧洞角隅区、主厂房上游拱脚处、主厂房与母线洞下部交汇处、主厂房与尾水管上部交汇处和主变室与母线洞下部交汇处锚杆应力相对较高。

预应力锚索应力数值沿厂房轴线方向大体相当，上排预应力锚索最大应力为1285.8MPa；下排预应力锚索最大应力为1281.8MPa，预应力锚索基本发挥了作用。

5.6.3.4　运行工况

1. 位移

渗压和内水压力共同作用条件下各洞室洞周变形规律表现为总体向下游方向移动。由于在该工况也考虑了发电机层以下已浇筑好的混凝土约束作用，使得洞室下部侧墙位移小于上部侧墙位移，但总体增量位移量值不大。

就 4 台机组剖面而言，在渗压和内水压力共同作用下，洞周位移从 1～4 号机组略有增大的趋势。

2. 应力

各洞室拱顶环向压应力相对较大，各洞室下游拱脚处应力集中较为明显，最大拱顶环向主压应力值为 13.94MPa（施工期为 13.61MPa，增加不大），各洞室下游拱脚应力集中高于上游拱脚的应力集中，最大拱脚应力集中的主压应力值为 16.46MPa（施工期为 16.01MPa，增加不大），但最大环向应力均未达到围岩的抗压强度。

在主厂房上游侧墙中下部和主变室上游侧墙与母线洞交汇处的局部区域发生主拉应力，但主拉应力量值不大，未发生围岩拉裂现象。

3. 塑性区分布

由于受主厂房发电机层以下混凝土的约束作用以及运行期渗压作用引起的应力重分布，使得主机洞周围岩的塑性区大为减少，主变室洞周围岩的塑性区也有一定改善，而尾水主洞的洞周围岩塑性区改变相对不很明显。

4. 锚杆应力

运行期计算工况（渗压工况）条件下相应的锚杆应力分布规律与施工期支护工况基本一致，数值大小略有变化。

5. 结论

由于地下洞室群主变洞上覆岩体厚度较薄，加上主机洞与主变洞之间的间距仅接近 1 倍洞跨，因此，毛洞工况下在主厂房和主变洞之间的岩柱和主变洞顶拱区域围岩存在较大范围的塑性区，围岩变形较大，主厂房下游侧墙与主变洞上游侧墙之间的上部岩柱塑性区相对集中，主厂房、主变洞围岩塑性区深度达 10～20m。按初拟的支护工况下，围岩塑性区比毛洞工况大大减少，特别是使得主厂房拱顶至主变洞下游拱脚区域、主厂房与主变洞之间岩柱的围岩塑性区有较大程度的改善，塑性区深度已控制在 5m 以内，反映出支护措施发挥了良好作用，也是洞室围岩稳定所需。有限元分析结果表明，采用支护措施后，从厂区初始地应力场及地下厂房洞室群的变形、应力、塑性区和锚杆应力情况来看，厂房洞室围岩整体稳定性满足要求，围岩稳定性良好。

5.6.3.5　地下厂房围岩块体稳定性计算研究

1. 地质概况

地下厂房的主机洞和主变尾闸洞围岩均为辉绿岩（$\beta_{\mu4}^{-1}$），围岩类别为Ⅱ类、Ⅲ类，以Ⅲ类为主，其"Q"值的变化范围为 5.2～16.2。辉绿岩裂隙具有明显的不均一性和相对集中性，不同部位裂隙发育程度不同，同一组裂隙有的部位发育，有的部位不发育，且产状也不太稳定。如在靠近上游接触蚀变带 20～30m 范围内第Ⅳ组裂隙较发育，在靠近下游接触蚀变带部位第Ⅰ组较发育，其余部位第Ⅰ、第Ⅱ₁、第Ⅲ组裂隙较发育，详见表 5.6.2。

表 5.6.2　　　　　　　　百色水利枢纽水电站地下厂房辉绿岩裂隙特征

组别	产　状	长度/m	间距/m	结构面及充填物特征
Ⅰ	N60°~75°W，SW∠45°~65°	5~15	0.2~0.3	与两侧沉积岩产状基本一致，裂面平直粗糙，多数充填1~2mm厚的岩屑或方解石
Ⅱ	N50°~70°E，NW∠50°~70°	5~15	0.2~0.3	裂面平直粗糙，有近水平向擦痕，多数充填方解石脉及全蚀变石榴石矽卡岩，少数充填岩屑
Ⅲ	N0°~30°E，SE∠50°~85°	5~15	0.2~0.3	裂面平直粗糙，有近水平向擦痕，多数充填方解石脉及全蚀变石榴石矽卡岩，少数充填岩屑
Ⅳ	N30°~60°W，NE∠30°~55°	3~8	1.0	裂面平直粗糙，多数充填方解石脉、岩屑，少数充填1~2mm厚的绿泥石、绿帘石

在主机洞和主变尾闸洞，断层不发育，结构面规模较大的仅有 f_{S1}、f_{S2} 构造蚀变带和节理 J_{163}。f_{S1} 产状为 N64°E，NW∠50°~54°，f_{S2} 产状为 N65°E，NW∠74°，J_{163} 产状为 N66°E，NW∠60°；其走向与洞轴线夹角为 53°~58°。f_{S1}、f_{S2} 构造蚀变带宽 0.2~0.5m，与两侧辉绿岩体没有明显的界面，在有围压的情况下，强度较高，但暴露后易松弛软化，所以，当开挖暴露后要马上喷混凝土保护。J_{163} 节理延伸较长，充填 8~15cm 厚的方解石、岩屑及泥质，呈闭合~稍张状，其中岩屑夹泥带宽 0.5~1cm，与其他节理组合会形成块体失稳。

根据节理裂隙统计、野外结构面抗剪试验成果及国内外已建地下工程坍方实例的分析，4 组节理裂隙互相交切，在主机洞和主变尾闸洞的拱顶、边墙均存在一些不稳定的小三角块体和楔形块体，局部地方也有可能出现较大的失稳块体。

2. 计算理论

本项目围岩稳定计算采用块体理论方法，对地下厂房围岩结构面的几何特征、可移动块体和关键块体的类型、形态、分布规律、可能的失稳方式及稳定状态等进行较系统的分析研究。建议了维持块体稳定所需的锚固支护措施，并对现有的锚固设计参数进行了校核。

分析过程中，对由 4 组节理组合而成的不定位块体及由 J_{163}、f_{s1}、f_{s2} 与节理组合而成的半定位块体分别进行了研究。块体理论首先将结构面和开挖临空面看成空间平面，块体是由空间平面构成的几何凸体，将各种作用荷载看成空间向量，应用几何方法（拓扑学和集合论）研究在已知各空间平面方位的条件下，岩体内可形成的块体类型及其可动性。然后通过静力平衡计算，求出各类可移动块体的滑动力及安全系数，作为工程加固措施的设计依据。岩体开挖之前，通过块体理论可分析预测由结构面与岩体开挖面切割形成的可移动块体及关键块体类型、几何特征及稳定性状况，为岩体支护设计方案提供参考及校核依据。但由于结构面的具体位置不能确定，由此得到的块体是不定位或半定位（构成块体的某一结构面位置已知）的。岩体开挖后，通过调查实际出露的结构面性状及位置，分析块体的几何特征及稳定性，此时块体是定位的，其大小及几何特征是确定的，因此可根据分析结果对设计支护方案进行校核并在必要时提出修改意见，以保证块体的稳定性。

3. 研究工作及结论

对地下厂房区节理及洞室开挖临空面进行了概化；并根据块体可能由不同节理组合切

割而成的特点，对构成块体的节理进行了可能的各种组合，为完全搜索出洞室内可能的关键块体类型奠定了基础。

采用全空间赤平投影，对不同节理组合及开挖临空面进行投影，在赤平投影图上判断出可移动块体，进而判断出关键块体。

对各种关键块体，分析其相对于洞室的最大关键块体形态，判断出需要工程支护中针对性考虑的关键块体。

对影响工程支护的关键块体，以构成关键块体的最大节理长度不超过 15m 进行控制，分析块体的几何形态特征，进而对块体的稳定性进行分析。

根据稳定性结果，计算分析出为使块体安全系数达到 2.0 以上、不考虑黏聚力的安全系数达到 1.0 以上所需的锚固力及锚杆长度，并提出了支护措施建议，对施工详图设计阶段的洞室支护方案进行了校核。

洞室开挖初期，在现场对定位块体的出露情况进行了调查分析，对结构面产状、延伸及切割关系进行了测量，分析了块体的形态、大小及稳定性，并对支护参数进行了校核；最后，提出了现场定位块体分析工作中应注意的事项。

通过以上研究工作，得出以下结论：不定位及半定位块体分析表明，地下洞室上游边墙可能存在的不定位块体、半定位块体，现有的支护参数一般可满足稳定性要求；顶拱可能存在的部分不定位块体，在现有的支护参数下可能难以满足其稳定性要求。基于地勘资料的结构面产状、长度等，分析结果认为下游边墙的块体稳定问题不明显，左右两侧墙一般不会出现较大块体。

不定位及半定位块体分析及支护校核中，块体的大小满足最大边长不超出 15m，并根据工程经验认为以该尺度块体进行洞室块体稳定性分析及支护校核，一般可以保证分析结果安全可靠。

不定位及半定位块体分析结论是基于地勘阶段的结构面勘察资料而得出的。洞室开挖后实际出露的结构面特征可能与地勘资料不一致，尤其是可能出现产状与 4 组节理不一、长度较大、力学性能较差的节理。洞室围岩受其切割，可能出现形态与前述不一致、边长超出 15m 的较大块体，所需的锚固力可能明显超出支护方案所能提供的锚固力范围。因此，洞室开挖后，必须注意对潜在的定位块体进行分析。

定位块体分析时，应强调"即时分析、及时支护"的原则。"即时分析"是指洞室开挖过程中随时对结构面发育情况、延伸、切割形成的块体范围进行测量与判断，分析潜在块体的形态、大小、稳定性及所需的锚固力，并对现有支护参数进行校核，必要时随时调整支护参数。"及时支护"是指根据分析结果对块体及时进行支护，甚至是超前支护，避免块体过多地受爆破震动等干扰而失稳，或者避免某些没有自稳能力的块体在四周边界全部出露后即失稳的情况发生。

定位块体分析中，应注重对结构面延伸及切割范围作出合理判断，以准确分析潜在块体的大小，为支护校核及支护参数调整提供可靠的依据。若干个定位块体的分析结果表明，实际出露的定位块体，其形态、大小等与不定位块体分析结果较为一致，现有支护参数可以保证其稳定，但必须注意及时支护。

考虑到洞室开挖中存在的爆破震动等扰动，使得结构面力学参数降低，因此在块体稳定性分析及锚固力计算时，可采用考虑或不考虑结构面黏聚力的安全系数。

洞室内存在的失稳块体，可能不需要3组及3组以上结构面（加临空面）切割，而可能是2组结构面，如顶拱"人"字形结构面的存在可能引起块体失稳。按照块体理论分析，2组结构面加临空面是不可能构成块体的。这种块体失稳，是由于岩体发生开裂，相当于增加了一个结构面，从而形成可移动块体。对于此类现象，需要在洞室现场注意观察，对诸如"人"字形结构面存在的部位及时进行支护。

5.6.3.6 地下厂房洞室群支护设计优化

（1）根据地下洞室三维非线性损伤有限元分析成果和洞室不稳定块分析的成果，对初拟的锚喷支护参数进行调整，并对需要加强支护的部位根据具体情况采取相应的加强支护措施。

（2）从有限元分析成果看，设计初拟的锚喷支护措施，有效地限制了洞室的围岩变形，阻止了围岩的塑性区和拉损区的发展，洞室稳定基本满足结构安全要求。

（3）对于因结构或洞口交叉处需要设混凝土衬砌的洞室和部位，设挂网喷混凝土或喷素混凝土作为临时支护；对于洞口交叉部位和塑性区、拉损区较大的部位采用张拉锚杆加强支护；受节理、构造蚀变带切割的部位以及施工中揭露的实际地质情况需要时采用预应力锚索加强支护。

（4）施工过程中，根据施工开挖揭露的实际地质条件以及安全监测成果，在原拟定的洞室围岩支护参数以及通过有限元分析优化的基础上，进行了局部调整，主要有：

1）主厂房下游侧墙与主变洞上游侧墙之间的上部岩柱塑性区相对集中部位，分别于高程138.50m和132.00m布置两排预应力锚索。

2）4号尾水管与2号施工支洞交叉部位多为次块状结构，围岩节理组合切割岩体而出现不稳定块体，在没有支护的情况下，该部位洞顶在开挖爆破中出现振落塌方现象，为了确保尾水支洞和主变室的安全，决定进行超前支护，从上方主变室及母线廊道洞往下打反吊锚杆，对穿直打至尾水管顶，将上下两洞间的岩层锚固，然后再继续进行尾水管洞顶喷锚等支护施工。

3）2号施工支洞从厂房洞与主变洞之间的岩墙下部通过，2号施工支洞上游侧各尾水管之间岩柱处于四面临空状态，且较单薄，岩柱尺寸为13.8m×10.2m（长×宽），主机间至2号施工支洞段的3号和4号尾水管之间岩性为微风化辉绿岩，节理裂隙较发育，岩体以镶嵌碎裂结构为主，部分为次块状或碎裂结构，该岩柱附近节理裂隙较发育，对岩柱稳定不利。由于岩柱四面临空，而且其上游侧检修排水井开挖较深，施工过程中，受上述几组节理裂隙影响，该岩柱喷锚层表面出现明显裂缝，说明洞室围岩已出现了明显变形。为此，采用了如下措施以遏制其整体变形，确保洞室的稳定安全：在2号施工支洞的该部位立钢拱架，托撑上覆岩体；尽快做好3号和4号尾水管之间中隔墙的对穿锚杆，并增加12根ϕ36@2000，$P=200kN$的对穿型张拉锚杆；在3号、4号尾水管顶拱增设两排压力型预应力锚索（$P=200kN$，$L=12m$）进行加固；尽快打好厂房洞集水井下游侧边墙系统锚杆，将其长度由再3m改为5m；完成永久混凝土衬砌后对该部位进行固结灌浆；在3和4号尾水管之间布置监测点，对变形进行观测。实施上述措施后，裂缝已得到控制，该岩柱体已稳定。

5.7　地下厂房岩锚梁设计

5.7.1　地质条件

地下厂房的主机洞和主变尾闸洞均为辉绿岩（$\beta_{\mu 4}^{-1}$），洞轴线方向为 N62°W，围岩类别为Ⅱ类、Ⅲ类，以Ⅲ类为主，其"Q"值的变化范围为 $5.2 \sim 16.2$。辉绿岩裂隙发育具有明显的不均一性和相对集中性，不同部位裂隙发育程度不同，同一组裂隙有的部位发育，有的部位不发育，且产状也不太稳定。辉绿岩围岩发育 4 组节理，节理走向与洞轴线夹角小，并倾向洞内，根据节理裂隙统计、野外结构面抗剪试验成果及块体稳定分析，在主机洞边墙存在一些不稳定的小三角块体和楔形块体，局部地方也有可能出现较大的失稳块体，因此，岩锚梁稳定问题突出，开挖成形都有相当难度。

5.7.2　吊车梁支承结构型式

招标设计时，考虑到洞室围岩裂隙较发育，同时结合机电布置需要并方便交通和运行管理，将母线廊道底高程抬高至发电机层高程，以加大母线廊道与尾水管间的岩柱厚度。但母线廊道抬高后，母线廊道拱顶已接近于吊车梁底高程，因此，主厂房下游侧采用了普通的有柱吊车梁型式，柱底坐落于水轮机层高程。施工图阶段，为减少带壁柱吊车梁对厂房施工及工期的影响，将母线廊道底高程降低至母线层高程，虽然母线廊道与尾水管间的岩柱厚度相对较薄，但通过加强支护和适当工程措施，可以保证岩锚梁和围岩的稳定。因此，厂房下游侧采用岩锚梁结构型式，以方便施工，加快施工进度；主机间上游侧、尾水闸门井下游侧的吊车梁均为岩壁吊车梁（即岩锚梁）。主厂房跨交通洞处，因交通洞高度较高，难于采用岩锚梁结构，该段吊车梁采用普通钢筋混凝土吊车梁型式。

5.7.3　岩锚梁结构设计

岩锚梁是利用一定深度的长锚杆或预应力锚索将钢筋混凝土吊车梁锚固在岩壁上，吊车荷载通过梁体和锚杆传递给围岩。从地质条件分析，因本工程岩锚梁部位围岩岩体裂隙发育，为了增加围岩的整体性，岩锚梁部位加设φ28、$P = 150\text{kN}$、$L = 8 \sim 10\text{m}$ 的张拉锚杆，对岩锚梁部位进行加固，如图 5.6.1 所示。

5.7.3.1　设计假定

岩锚梁通过与围岩黏附，共同承受吊车传力。岩锚梁结构破坏方式大约有三种形式：①上部两排受拉锚杆破坏；②下部交接面上岩石或混凝土压坏；③交接面剪切破坏。

地下厂房岩锚梁混凝土轴心抗压设计强度远小于辉绿岩的抗压强度，可认为岩锚梁下部岩石不存在压坏的可能性。同时由于岩锚梁下部岩台与岩壁接触面紧密接触而产生较大压应力集中，接触面处于弹性阶段，也可认为沿交接面剪切破坏的可能性是较小的。因此认为岩锚梁的破坏主要是上部两排受拉锚杆的屈服破坏引起的。

设计中另外还假定岩锚梁为刚体，不计混凝土与岩壁之间的黏结力，只考虑岩台斜面上正应力引起的摩擦力；岩锚梁的上部两排锚杆按轴心受拉构件考虑，只承受拉力，不承受剪力；上部两排受拉锚杆的轴力与其力臂成正比；下部锚杆不承受岩锚梁上的荷载，只起加固岩壁和附加固定作用。基座上法向反力为三角形分布。

5.7.3.2 设计方法

岩锚梁为一超静定结构，受到地质条件和开挖爆破等诸多不确定因素的影响，无法对其进行精确计算。本工程岩锚梁先通过采用刚体平衡法（公式法、力系平衡法）计算，然后采用有限元法验证，并在施工过程中进行严格控制和反复验证，确保岩锚梁结构安全运行。

5.7.3.3 岩锚梁结构截面尺寸拟定

采用工程类比的方法进行截面拟定。岩锚梁截面设计的控制参数主要有岩锚梁宽度 b、高度 h、下边倾角 β_0、岩壁倾角 β。通过工程类比和断面验算，百色地下主厂房岩锚梁断面尺寸为宽度 $b=1.85$m，高度 $h=2.5$m，下边倾角 $\beta_0=88.43°$，岩壁倾角 $\beta=25°$。主厂房岩锚梁以及尾水闸门室岩锚梁结构尺寸如图 5.7.1 和图 5.7.2 所示。

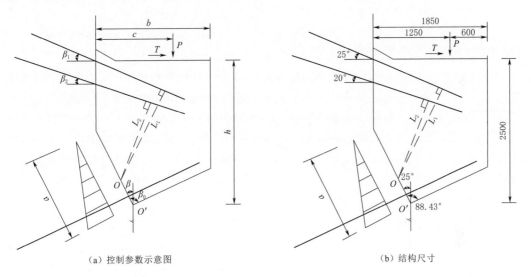

（a）控制参数示意图　　　　　　　（b）结构尺寸

图 5.7.1 主厂房岩锚梁截面结构尺寸图（单位：mm）

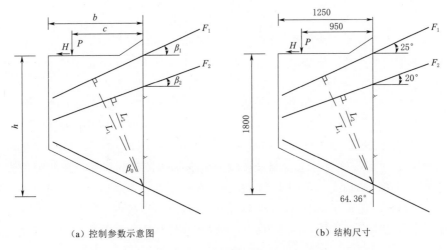

（a）控制参数示意图　　　　　　　（b）结构尺寸

图 5.7.2 尾闸室岩锚梁截面结构尺寸图（单位：mm）

5.7.3.4　刚体平衡法

刚体平衡法基本假定有：岩锚梁为刚体，不计混凝土与岩壁之间的黏结力，只考虑岩台斜面上正应力引起的摩擦力；岩锚梁的上部锚杆按轴心受拉构件考虑，只承受拉力，不承受剪力；上部两排受拉锚杆的轴力与其力臂成正比；下部锚杆不承受岩锚梁上的荷载，只起加固岩壁和附加固定作用。基座上法向反力为三角形分布。本工程岩锚梁均以受压锚杆与开挖面交点作为转动中心，外荷载和锚杆内力分别对该点取矩。

主厂房岩锚梁结构共进行了设计工况、围岩整体超挖 200mm 工况、整体超挖 3000mm 工况、整体超挖 300mm 同时两排受拉锚杆倾角增大 3°工况、下岩壁超挖 200mm 工况、两排手拉锚杆倾角增大 3°工况、轨道安装偏差±5mm 工况等工况的计算。尾闸室下游侧岩锚梁结构计算工况参照主厂房岩锚梁结构计算工况分别进行台车空载和闸门启闭两种情况的计算。

岩锚梁结构设计中以起吊最大件情况为设计基本工况，相应的荷载组合中，除轮压荷载外，其他荷载包括结构自重、防潮隔墙重量、二期混凝土及埋件（含钢轨）重量。竖向荷载动力系数取 1.10。岩锚梁单位长度的轮压和水平荷载采用经验法进行计算。

锚杆拉力及基座反力计算按平面问题考虑。梁的计算长度取 1m，将梁自重、吊车轮压、横向刹车力等外荷载换算成每延米梁长上的集中荷载作用在岩锚吊车梁上。

受拉锚杆锚入岩石的深度根据经验公式并参照类似工程拟定。

岩锚梁横向配筋按沿长度方向取 1m 短牛腿进行计算。岩锚梁水平箍筋根据工程类比法选取，并采用牛腿斜截面强度进行验算。纵向钢筋支承在锚杆上的连续梁取 5 跨计算并结合工程类比方法配置。

尾水闸门室下游侧岩锚梁按刚体平衡法进行受拉锚杆稳定计算。

刚体平衡法计算结果表明：岩壁整体超挖对岩锚梁稳定影响最大，其次依次是下岩壁超挖、受拉锚杆倾角增大、轨道安装偏差工况；主厂房岩锚梁配置Φ32@750 两排受拉锚杆、尾闸室下游侧岩壁梁配置Φ32@1000 两排受拉锚杆可满足岩锚梁结构安全需要。

5.7.3.5　有限元法

1. 计算区域与离散模型

鉴于岩锚梁支承处应力梯度变化较大，为了充分反映该部位变形和应力变化特征，计算时，重新形成精细的离散模型。计算区域为：水平向从岩锚梁外侧面取至岩体内部，共计 21.3m；铅垂向向上取至 143.00m 高程，向下取至 125.00m 高程，共计 18.0m；沿厂房轴线方向取 4.31m（设置四层单元）。考虑到岩锚梁浇筑时，第二级开挖已经完成，故将施工期有支护情况下对应的第三、第四、第五级增量位移和运行期计算工况Ⅱ（有内外水作用）相应的增量位移作为已知位移施加在岩锚梁的外边界上（第二级开挖已经暴露的应力自由面除外）。由于在整体大空间计算中未考虑吊车荷载的作用，故在模拟施加吊车荷载工况时，则在厂房轴线方向的两个端面和计算模型的上下底面以及岩体外侧均设置法向连杆约束。这样，施加吊车荷载工况相应的计算结果可以根据具体情况与上述计算工况进行组合，得到各工况下岩锚梁的变形、应力状态和锚杆应力。模型中，按照实际的布锚方案对锚杆进行了模拟。

2. 计算荷载

计算荷载除施工期开挖释放荷载和运行期内水、外水作用外，还包括 $2\times250t$ 桥机的轮压荷载，其中最大竖向轮压荷载为 $680kN$，横向水平荷载为 $477kN$。

3. 计算成果分析

在上述荷载作用下，经计算得到了施工期和运行期各工况条件下岩壁梁支承处的位移、应力和锚杆应力等成果。总体来看，在施工期锚杆发挥了一定的作用，但其应力量值相对不大，尚有潜力可挖；在运行期锚杆的作用有限。另外，在吊车梁荷载作用下，岩体未发生新的塑性区，综合来看，设计的岩壁吊车梁方案是可行的。

根据以上的计算原则，通过刚体平衡法计算、有限元计算，以及参考类似的已建工程，岩锚梁的结构设计成果见表5.7.1。

表 5.7.1　　　　　　百色水利枢纽水电站地下厂房岩锚梁结构设计成果

项　目	主　机　洞	尾　闸　室
上排受拉锚杆	砂浆锚杆（精轧螺纹钢）Φ32@750，入岩9000mm，外露1990mm，倾角25°	砂浆锚杆（精轧螺纹钢）Φ32@1000，入岩8000mm，外露1350mm，倾角27°
下排受拉锚杆	砂浆锚杆（精轧螺纹钢）Φ32@750，入岩9000mm，外露1920mm，倾角20°	砂浆锚杆（精轧螺纹钢）Φ32@1000，入岩8000mm，外露1280mm，倾角20°
底部受压锚杆	砂浆锚杆Φ28@750，入岩6000mm，外露1500mm，俯角25°	砂浆锚杆Φ28@1000，入岩5000mm，外露1340mm，俯角25°
梁体受拉钢筋	Φ28@150	Φ25@150
梁体水平钢箍	Φ16@150	Φ12@150
梁体纵向钢筋	Φ25@250	Φ16@250
梁体纵向分布钢筋	Φ25@250	Φ16@250

5.7.4　岩锚梁安全加强措施

为保证岩锚梁开挖满足设计规格成型与开挖后松动圈能和内部岩体更好地连为一体，确保岩锚梁安全正常运行，在岩锚梁区域下拐点下方增设 $L=3m$ 的加强砂浆锚杆，并在岩台区域内施打两排 $L=5m$ 的加强砂浆锚杆。另外，下游侧岩锚梁在1～2号机组局部地段，岩体以碎裂结构为主，声波测试结果表明该部位存在深约2m的低速带。为保证岩锚梁稳定与安全，对该区域岩锚梁部位增加设置了加强锚杆与固结灌浆处理，以增强岩体的整体性与强度。

5.7.5　岩锚梁开挖

主厂房共分七层进行开挖，第一层开挖采用先导洞超前开挖，超前一定的距离后扩挖跟进，并预留保护层进行光面爆破；第二～七层的开挖中，采用中间拉槽阶梯爆破超前一定的距离后，侧墙保护层扩挖光面爆破跟进。第二层开挖施工是整个厂房开挖的难点，其主要是保证岩锚梁开挖与支护满足设计要求。开挖施工中执行"稳扎稳打、步步为营、稳中求快"的指导思想，避免围岩塌方等事故发生造成经济损失。

岩壁吊车梁位于厂房上部第二层开挖部位,其开挖与锚杆施工是地下厂房施工的难点和重点,必须精心施工,确保质量。该部位的开挖、造孔、锚杆等各道工序必须在前一道工序验收合格后,方可进行下道工序的施工。

开挖采用中部潜孔钻梯段爆破超前,两侧预留保护层开挖跟进的作业方式。中部超前2~3排炮,保护层厚度初期爆破时取 3.0m。根据初期爆破效果进行总结,并且将总结出的经验及时反馈,以便在下一排爆破施工中进行参数的调整,以达到最佳的爆破效果。

综合分析岩壁梁开挖的施工过程可得出如下结论:

(1)中部拉槽梯段爆破开挖之前先对两侧进行超前预裂是十分必要的,它对保护层及岩台区的振动破坏起到了十分明显的隔断和削弱作用。

(2)对节理、裂隙较为发育的辉绿岩地带岩壁梁开挖,若采用常规方法的水平孔保护层开挖,受节理、裂隙的切割,残孔均出现分段状或不能保留;斜面残孔间的岩体有锯齿状的欠挖;残孔率偏低。

(3)岩台区下拐点以外的保护层先光面爆破开挖后,留下岩台区以斜孔与垂直孔同时起爆的光面爆破方式,并减小岩台垂直孔、斜面孔及下拐点的线装药密度,爆破效果良好,是针对辉绿岩地带节理、裂隙发育区最佳的爆破方式。整个岩壁梁的开挖工作顺利,岩锚梁岩台成型效果较好,整个爆破区半孔率达 98% 以上,残孔内无爆振裂隙,岩台面起伏差 8cm/m,岩壁梁平均超挖仅为 9.8cm,小于设计要求的 15cm。与类似工程相比,百色水利枢纽地下厂房岩锚梁开挖外观成型效果好,有效地控制了超挖。

5.8　地下厂房渗控设计

5.8.1　渗控方案选择

引水发电系统范围在坝线上游 150m 至坝线下游 400m 之间。该段岸坡总体走向为 N5°~10°W,坡角一般为 25°~40°,山顶高程 271.00~331.50m。在该坡段之间,从上游往下游发育有坝线沟、左Ⅴ号沟、左Ⅳ号沟,其中厂房洞室主要布置在左坝头坝线沟至坝下游左Ⅴ号沟之间的岸坡岩体内,上部地表为一斜坡地形,地形坡角约 30°,地形走向与厂房轴线基本一致,与左Ⅴ号沟交角约 45°。厂房洞及主变尾闸洞上覆岩体厚分别为 55~65m 和 25~35m,有效岩体厚为 45~55m 和 18~25m。

地下厂房洞室群位于宽度 150m 左右的辉绿岩($\beta_{\mu4}^{-1}$)条带内,岩体无大断层发育,但节理裂隙较发育,辉绿岩体为裂隙含水层,透水性微弱,天然地下水位高出主机洞洞顶约 50m,地下厂房上游侧边墙厚度仅 11m 的辉绿岩体外侧为透水性强的蚀变带及榴江组地层,其间天然地下水位相当于河水位,水库蓄水后地下水位相当于库水位 228m,高于地下厂房洞底约 130m,对地下厂房造成威胁,厂房渗流控制必须有效和可靠。

充分研究分析以堵为主的常规设计方案后,根据本工程的实际情况,提出堵排结合的设计方案。

以堵为主方案:以堵为主的结合大坝防渗的结合防渗方案,即通常采用的坝基防渗帷幕与地下厂房的防渗帷幕连续成一个防渗封闭体的方案。将主坝防渗帷幕向下延伸至相对隔水层的 70.00m 高程；从帷幕至发电厂房的引水隧洞采用钢板衬砌，4 条洞钢板衬砌总长约 350m；在距主机洞上游侧 11m 处和距主机洞左右侧边墙 10m 处设置一道（一排）排水孔幕。

堵排结合方案：设置厂房独立防渗排水系统的独立防渗方案。地下厂房设置在距主机洞上游边墙 35m 处和距主机洞左右两侧边墙 10m 处设置一道（二排）底部高程为 70.00m 的防渗帷幕，帷幕顶部高程 158.00m（高于主变尾闸洞顶约 10m）；从帷幕至发电厂房段的引水隧洞采用钢板衬砌，4 条洞钢板衬砌共长 175m；在距主变尾闸洞上游侧边墙 11m 处和距主变尾闸洞左右侧边墙约 10m 处设置一道（一排）排水孔幕。

两个方案的主机洞和主变尾闸洞的边墙及拱顶均设置孔径为 48mm、间距为 4.5m、孔深为 4.5m 的排水孔。

以堵为主方案是通过要求灌浆帷幕的质量来保证渗控效果，但由于主坝距地下厂房较远，利用大坝帷幕防渗时，帷幕需灌至 D_3l^{2-2}、D_3l^3 相对隔水层，深度过大，工程投资和施工难度均较大，施工工期也较长，厂房临河侧和山侧的渗水也未能隔断，防渗效果差；堵排结合方案相对于以堵为主方案具有施工难度小、工期短、投资省的优越性。

针对堵排结合方案，即设置独立防渗排水系统的地下厂房渗流场，委托协作单位采用三维渗流数学模型有限元法进行了专题分析研究。其主要目的是论证厂区防渗排水布置方案的合理性，重点研究渗流场水头值的分布、渗流场流动趋势和特点、影响渗流场的控制因素（特别是洞室围岩的外水压力分布、各洞室渗流量）、对洞室稳定的影响等。

5.8.2 堵排结合的渗控系统布置

厂房上游侧辉绿岩层以下为透水性较大的蚀变带及榴江组地层，是地下厂房周围渗透水来源的主要渗透通道。设计在距厂房上游边墙约 35m 处以及厂房左右侧约 11m 处设置一道（两排）封闭的灌浆防渗帷幕，灌浆廊道设两层，1 号灌浆廊道底部高程约为 136.00m，2 号灌浆廊道底部高程约为 159.90m，帷幕孔孔径 75mm，排距 1.8m，孔距 2.5m，上游侧帷幕顶高于主厂房拱顶约 12m，底部灌至 D_3l^{2-2}、D_3l^3 相对隔水层（≤3Lu）约 75.00m 高程以下 5m 即 70.00m 高程处。防渗帷幕灌浆后的透水率要求小于 2Lu。此外，为避免发电引水隧洞的高压水从混凝土衬砌渗透至厂房上游围岩内，引水隧洞在进厂房洞室前 41.2～44m 长范围设置钢板衬砌，其首部设置环形阻水灌浆帷幕并与防渗帷幕中心重合。采用上述措施后，基本截断了地下厂房区渗透水的来源。

在距厂房上游侧约 11m 处以及厂房左右侧约 10m 处设置一道（排）排水孔幕，排水廊道设两层，1 号排水廊道底部高程约为 129.00m，2 号排水廊道底部高程约为 159.00m，厂房左右侧的排水廊道与灌浆廊道结合，外侧设一排帷幕孔，内侧设一排排水孔。在主机洞与主变尾闸洞间约 155.60m 高程设有平行于厂房轴线的 3 号排水廊道，其两端分别与 2 号排水廊道相连。1 号排水廊道及 3 号排水廊道的顶部均打有倾斜于主机洞顶及主变尾闸洞顶的排水孔，孔径 75mm，间距 4.5m，形成主机洞顶排水幕和主变尾闸洞顶排水幕。1 号排水廊道及 2 号排水廊道的下游侧均打有向下的竖向排水孔，下打至 99.00m 高程，孔径 75mm，间距 4.5m，形成厂房上游侧排水幕和左右侧排水幕。此外，在 1 号灌浆廊道的下游侧设置一排倾斜于下游的排水孔。为将洞室四周围岩的裂隙渗水引出，主机洞、主变尾闸洞的边墙和顶拱均布置有排水孔，排水孔直径 48mm，间距 4.5m，孔深 4.5m。上述排水系统形成以后，可望把地下厂房周围的地下水位降到最低，以保证地下厂房运行安全。

5.8.3 渗流场计算分析研究

1. 计算方法

地下厂房渗流场分析属于复杂的三维渗流问题，地下厂房渗流场受山体内地下水影响大，边界条件复杂，排水孔孔径和孔距小但孔深大，渗流自由面形状复杂，可能渗流逸出面多且分布广。要求解决这么复杂的三维渗流问题，务必要寻求一种能基于不变单元网格进行迭代求解的数值算法，近年来在这方面的研究工作已较多，出现多种算法，但就渗流场中的"排水孔问题"始终未能从根本上加以解决。本工程渗流场有限单元法分析研究中，采用了固定网格求解有自由面渗流问题的结点虚流量法和排水孔排水子结构技术，在算法上较精确地确定和模拟所有地下洞室周壁面和计算域地表面中的可能渗流逸出面的真实大小和渗流状态，并采用仿真排水孔的孔径、孔距和孔深等几何参数，因此能较真实地反映出排水孔的三维渗流特点，在国内外率先在理论上严密而又完整地解决了复杂的地下洞室群三维整体岩体渗透各向异性渗流场精细求解的问题。

2. 计算模型及单元网格

根据地下厂房建筑物分布情况、岩层水文地质特性、地形地貌，以及渗流场分析研究的要求，计算域的范围为地下厂房区的右侧取至河道中心线、地下厂房区的右侧取至山体岸坡距厂房 200m 处、上游取至坝轴线以上 300m、下游取至坝轴线以下 400m、铅直向上取至原地面、铅直向下取至 -100.00m 高程。计算模型网格共有单元数 15142 个、结点数 18083 个、边界单元数 1752 个。

3. 计算工况

渗流场总共进行了 13 种工况的计算研究，具体见表 5.8.1。

表 5.8.1 　　　　　　　　百色水利枢纽水电站地下厂房渗流场计算工况

序号	计算工况	上游水位/m	电站尾水位/m	备 注
1	校核工况 运行期	229.66 ($P=0.2\%$)	135.40 ($P=0.2\%$)	引水隧洞衬砌混凝土不透水
2				引水隧洞衬砌混凝土透水，但隧洞中无水
3				引水隧洞衬砌混凝土透水，隧洞中充水，并与上游相通
4	运行期4台机 发电工况	228.00 （正常蓄水位）	122.30	引水隧洞衬砌混凝土不透水
5				引水隧洞衬砌混凝土透水，但隧洞中无水
6				引水隧洞衬砌混凝土透水，隧洞中充水，并与上游相通
7	施工期二汛	166.28	132.33	厂、坝帷幕和排水幕均已形成
8	施工期一汛	146.03	131.13	厂、坝排水幕未形成，帷幕已完成
9				厂、坝帷幕和排水幕均未形成

序号	计算工况	上游水位/m	电站尾水位/m	备 注
10	施工早期工况（天然水位）	120.00	120.00	厂房开挖至228.00m高程，主变尾闸洞开挖至238.00m高程
11	敏感性分析工况（运行期4台机发电工况）	228.00	122.30	引水隧洞透水，衬砌混凝土透水系数为 5×10^{-5} cm/s，洞中充水
12				引水隧洞透水，衬砌混凝土透水系数为 1×10^{-6} cm/s，洞中充水
13				引水隧洞透水，衬砌混凝土透水系数为 1×10^{-5} cm/s，洞中充水

在以上13种工况的渗流计算中，着重研究的是渗流场水头值的分布、渗流场流动趋势和特点、影响渗流场的控制因素、与厂区稳定有关的结构部位的外水压力荷载分布、各洞室的渗流量，以及渗控方案的进一步优化。

4. 计算分析结论

地下厂房厂区渗流场在运行期的主要影响因素为库水位、左岸山坡地下水、渗流场复杂的含水层水文地质特性、地形地貌以及有关工程渗控措施，即厂区的灌浆帷幕、厂外排水幕和洞室内排水系统、坝区的灌浆帷幕和坝基的排水幕。在这些因素的综合影响下，形成复杂的渗流场，在渗流场中有地下水面骤降区，也有地下水缓变区，还有被疏干的降落大漏斗。这些因素中任一因素的改变均会改变渗流场的特性。

厂区渗流场在正常运行期，渗透水流主要流动方向是由库水位上游边界绕坝肩流向下游河道，在左岸下游高坡地下水部分流向厂区排水系统，部分直接流向下游河道。在施工期，由于水库尚未蓄水，厂区地下水主要来源于左岸山坡地下水，左岸下游地下水一部分流向河道下游，一部分流向上游河道。无论施工期还是运行期，由于厂区渗控措施或开挖洞室的作用，厂区附近均形成地下水自由面的降落漏斗，渗透水流从排水系统排出。

渗控措施中的灌浆帷幕发挥了阻渗作用，特别是地层中强透水的榴江组地层 $D_3 l^3$ 和蚀变层，被灌浆帷幕基本截断。渗控措施中厂外排水幕在控制厂区渗流场中起主要作用，厂前排水幕又是厂外排水幕主要排水部位，其效果远比洞室内排水和灌浆帷幕大。

引水隧洞混凝土衬砌材料的透水性的取值敏感度很大，对厂区渗流场等水头线分布、渗流量大小影响明显，因此引水隧洞按限裂设计，并对围岩进行固结灌浆是非常必要的。

设计采用前堵后排的渗控措施，即灌浆帷幕、厂外排水幕和洞室内排水三个措施，有效地控制了厂区地下水，设计采用的渗控措施是正确的和有效的。

5.8.4 地下厂房渗控方案的选择和优化

尽管渗流场计算成果表明采用堵排结合的独立防渗排水系统是可行的渗控方案，但其成果是在有限勘探成果及较理想的边界条件下得出的，实际地质条件可能是千变万化的，尚有可能存在未被发现的构造。鉴于本工程的地质条件已进行了十多年的摸索，是有一定把握的，而且本工程地下洞室的埋深不大，如一旦出现异常情况，有补救的条件，因此，设计最终采用设置独立防渗排水系统的渗控方案。

经分析认为，渗流场计算成果表明顶层排水廊道位于渗流场自由面以上的渗流非饱和区，不起排水降压的渗控作用，在工程开工后还是恢复了初步设计时取消的厂前上层排水廊道，并在主机洞和主变洞之间增加了一排水廊道，在这两个廊道还增设了倾斜于主机洞顶及主变洞顶的排水孔。增加这两个廊道主要是考虑一旦渗流出现高地下水位及大渗流量的异常情况时，既可作为排水通道，也可利用其作为对涌水部位进行堵排的作业面；增加倾斜于主机洞顶及主变洞顶的排水孔，可在出现高地下水位及大渗流量异常情况时作为地下水排泄通道，避免渗流对洞室拱顶产生过大渗透压力和在洞室产生过大渗流量。采用以上措施后，在地下洞室区域出现高地下水位及大渗流量异常情况时，即使不能全部避免对地下洞及左岸岸坡的不利影响，至少能在一定程度上减少这种影响。

本工程厂房的防渗帷幕设计中，虽然已根据岩体特性以及渗流场计算分析成果判断认为顶层灌浆廊道（顶拱高程约 162.50m）至地表部分（地层为辉绿岩）不设帷幕灌浆是可行的，但考虑水库蓄水后对地下水变化难以准确判断，为进一步保证厂房洞室的防渗效果，对该部位岩体补打勘探孔，进行岩体透水性试验，以进一步探明地质条件，复验岩体透水性，以便论证是否将厂房防渗幕顶部向上延伸。补充地质工作结果表明，该部位岩石透水率很小，故最终未再将厂房防渗幕顶部向上延伸。工程投入运行以来的情况表明，厂房上游侧顶部部位渗水较小，证明不再将厂房防渗幕顶部向上延伸可行。

5.9　"四洞合一"尾水系统设计

5.9.1　地下水电站尾水系统概况

在设计过程中，面对复杂的地质情况和出于工程造价方面的考虑，提出了研究水电站"四洞合一"尾水系统（即四条尾水支洞汇至一条尾水主洞）的问题。本工程地下水电站"四洞合一"尾水系统由尾水管、尾闸室、尾水支洞（以上构成窄高型长尾水管）和尾水主洞组成，不设尾水调压井，不设排气孔和减压孔。电站运行过程中，由于溢洪道的泄洪流量不同，尾水主洞的水流为明流（3000m³/s 及以下）、满流、明满流交替（3000～6500m³/s）和有压流（6500m³/s 以上）。

地下水电站"四洞合一"尾水系统布置方案较复杂，涉及工程地质、水工建筑和水电站运行、水轮机之间的相互影响、运行的稳定性、水轮机过渡过程的安全等多方面的技术问题。水电站运行时，尾水主洞中有明流、满流、明满流交替等工况，使尾水系统对水电站运行的安全、稳定性和调节过渡过程带来复杂的影响，需要研究评价尾水系统布置的可行性、合理性、对机组稳定运行及调节保证的影响，找出"四洞合一"尾水系统的水力学和水轮机调节规律，提出改进设计的措施，为尾水系统优化设计、施工、试验和水电站安全稳定运行提供科学依据。经过科学计算，深入分析和水力试验，尾水主洞开始出现明满流（即主洞上游开始淹没）的下游水位约为 127.60m，完全淹没的下游水尾水位约为 133.18m。刚好满流时尾水主洞一侧的脉动压力均方根值在 0.97～4.36kPa 之间变化；洞顶没有出现压力的陡升陡降现象，尾水基本平稳。试验验证了"四洞合一"尾水系统的可行性和合理性。通过试验掌握了对机组稳定运行及调节保证的影响，提出了渐变体形尾水主洞型式,采用洞顶稍向下游上翘的办法消除明满流交替运行时可能产生的压力巨变和真空破坏,并进一步提出了保证机组稳定运行的工程措施,为尾水系统优化设计和水电站安全稳定运行提供了科学依据。

5.9.2 工程地质条件

尾水建筑物位于左岸坝线下游左 V 号沟附近,左 V 号沟底高程 140.00~165.00m。岸坡坡角 20°~30°。尾水建筑物区岩性以辉绿岩($\beta_{\mu4}^{-1}$)下游蚀变带为界,上游为坚硬的辉绿岩($\beta_{\mu4}^{-1}$)组,属Ⅱ~Ⅲ类岩石;下游为中等坚硬的硅质岩组(D_3l^4)、泥质灰岩组(D_3l^6)以及软岩类泥岩组(D_3l^5、D_3l^7),岩体风化较深,较破碎,以Ⅳ~Ⅴ类岩石为主。岩层产状为 N62°W,SW∠55°~57°。辉绿岩下游蚀变带是尾水建筑物区的控制性构造带,其走向为 N60°~70°W,以 55°倾向下游。全强风化蚀变带上宽下窄,高程140.00m 时宽 6~8m,高程 110.00m 时宽 2~3m。

四条尾水支洞地质条件比较均一,围岩均为微~新鲜辉绿岩($\beta_{\mu4}^{-1}$),岩质致密坚硬,在开挖过程中均未发现有大的地质构造,但节理裂隙较发育,岩体以镶嵌碎裂结构为主,部分为次块状或碎裂结构,以Ⅲ类围岩为主,局部为Ⅱ类围岩,洞室围岩基本稳定,局部稳定性差。节理裂隙发育展布情况基本同于主机洞,由于走向 NE、倾 NW 的节理组与洞轴线交角较小,对洞室围岩稳定不利,在开挖中洞室顶拱及边墙部位(尤其是洞室与洞室交叉部位)局部形成不稳定块体。

尾水主洞位于左 V 号沟下游侧,经开挖揭露,尾水主洞除出口处为强风化硅质岩外,其余洞身段围岩均为微风化~新鲜辉绿岩($\beta_{\mu4}^{-1}$),围岩条件比较均一。围岩分类与厂房洞、主变尾闸洞相同,大部分为Ⅱ~Ⅲ类,小部分为Ⅳ类。洞口段 D_3l^4 硅质岩与辉绿岩($\beta_{\mu4}^{-1}$)两者接触蚀变带(S_2),产状为 N65°W,SW∠50°,宽度 1.5~2.0m,间夹0.2m 全风化黏土。该段辉绿岩受接触蚀变带的影响,岩体较破碎,且上覆岩体厚度较薄,围岩分类为Ⅳ~Ⅴ类,围岩稳定差。

尾水主洞洞脸边坡走向约 N46°W,倾 SW,与硅质岩产状基本相同,为顺向坡。坡底高程 104.50m,坡顶高程 165.00m,最大坡高约 70m。136.40m 高程以上边坡岩性为强风化的辉绿岩,节理裂隙发育,岩体风化破碎,多呈碎裂结构,局部顺坡节理较发育,对边坡稳定不利。

5.9.3 "四洞合一"尾水系统

5.9.3.1 尾水系统总体布置

尾水建筑物的布置根据厂坝区枢纽总体布置,综合考虑地形、地质、水力及施工等条件,着重研究尾水隧洞"四洞合一"方案(即四条尾水支洞汇合至一条尾水主洞方案)和一机一洞方案(即一机一条尾水有压洞方案)。

"四洞合一"方案:开关站布置于主厂房与尾闸室之间的主变尾闸洞。四台机组尾水管垂直于机组纵轴线出水,经过尾闸室后布置有四条相互平行的中心线与尾水管中心线一致的尾水支洞,然后四条尾水支洞汇合成一条尾水主洞,再接尾水明渠。尾水主、支洞均布置于左 V 号沟上游侧,均位于辉绿岩内,成洞条件较好。尾水主洞轴线与 1 号尾水支洞轴线成 120°夹角，至 3 号尾水支洞处以曲线与尾水渠相接，如图 5.9.1 所示。

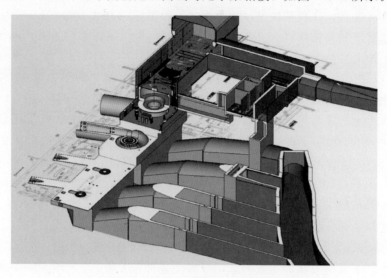

图 5.9.1 百色地下水电站"四洞合一"尾水系统布置示意图

一机一洞方案：主变布置于地下洞室，配电设备布置于主厂房与主变室之间顶部的地面。尾水管出流垂直于厂房纵轴线，尾水支洞轴线为折线，首段垂直于厂房纵轴线，然后至厂房纵轴线下游 1 号机 58.75m、2 号机 56.02m、3 号机 53.28m、4 号机 50.55m 处，以半径 40m、转角 15°的曲线与尾水支洞后直线段相接。尾水支洞轴线间距与机组间距相同，为 20.8m。尾水支洞也是布置在辉绿岩内。尾水支洞出口处尾水渠底总宽 83.2m，底高程 106.00m。

在水流条件方面，"四洞合一"方案和一机一洞方案均能满足机组调节保证条件，水流条件相当。在布置及工程量方面，由于受溢流坝消力池位置限制，两个方案尾水渠右侧底线位置基本相同，但因一机一洞方案尾水渠宽度比"四洞合一"方案宽，尾水出口处左侧渠底线比"四洞合一"方案向岸里移动了 52.8m；尾水渠左侧边坡组成的岩层主要为全、强风化的硅质岩、泥岩、泥质灰岩以及辉绿岩蚀变带等，岩质软弱，结构松散，强度低，虽然两个方案均有高边坡问题，但一机一洞方案边坡高度比"四洞合一"方案增加约 50m，因此，尾水出口建筑物和尾水渠及边坡处理工程量，一机一洞方案比"四洞合一"方案增加较多，尾水隧洞的工程量两个方案相差不大，尾水系统"四洞合一"方案比一机一洞方案减少工程投资 2775 万元。隧洞检修对机组运行的影响方面，一机一洞方案任何一台机组尾水洞检修不影响其他机组的运行，"四洞合一"方案在尾水主洞检修时存在四台机组停机的可能，但对明流且流速小于 3.5m/s 的钢筋混凝土衬砌隧洞，其检修的概率是很小的。

综上所述，"四洞合一"尾水系统方案能够减少尾水渠及其边坡的开挖及支护难度，改善边坡运行条件，土建工程量和投资远比一机一洞方案节省，有效加快施工进度和保证施工安全，因此，选定尾水隧洞的布置方案为"四洞合一"方案。

5.9.3.2 尾水主洞和支洞断面和型体研究

尾水支洞按有压隧洞设计，断面为城门洞形，宽 8m，高 10.84m。尾水主洞轴线从 1

号尾水支洞至 3 号尾水支洞范围为直线，并与 1 号、2 号尾水支洞轴线成 120°夹角，经过 3 号尾水支洞轴线 3m 后以半径 75m、转角 47°的曲线与尾水渠连接。尾水主洞按控泄 3000 m³/s 流量以下为无压隧洞布置，超过控泄 3000m³/s 流量时为有压或半有压隧洞。断面为城门洞形，始端设一长 22.58m 渐变段，其宽度从 1 号尾水支洞末端的宽 8m 渐变为 13m，后段宽 13m 至洞口；尾水主洞底高程为 106.00m，洞顶为纵坡 $i = 5\%$ 的上翘型，洞高自上游至下游为 21.5～26.2m，尾水主洞总长 95.3m。四条尾水支洞中线至主洞中线的长度分别为 1 号洞 16.3m、2 号洞 24.1m、3 号洞 36.1m、4 号洞 52.3m，洞底高程 104.70～106.00m，分别以 7.97%、9.5%、6.5%、4%反坡相接，反坡段长度分别为 1 号洞 16.3m、2 号洞 13.7m、3 号洞 20m、4 号洞 32.5m。

尾水支洞围岩为辉绿岩（$\beta_{\mu4}^{-1}$），属于 Ⅱ～Ⅲ 类岩体。尾水主洞主要也是布置于辉绿岩内，即左Ⅴ号上游侧，但洞口段因处于辉绿岩蚀变带及 D_3l^4 层内，考虑尾水主洞洞径较大，拟采用明挖施工，故布置了一定长度的明拱段，明拱顶部为 137.00m 高程尾水平台。

5.9.3.3 尾水隧洞支护设计

根据尾水隧洞的围岩条件，拟定主、支洞均设钢筋混凝土的衬砌，尾水支洞衬砌厚度 0.7m，尾水主洞衬砌厚度 1.5m。隧洞的初期支护以锚喷支护为主，结合洞室围岩稳定分析成果，高边墙中部设 2 层预应力锚索，确保工程安全和快速施工。

因辉绿岩体内的节理裂隙发育，且隧洞洞径较大、洞室高，在洞室出口、交叉口及Ⅳ类围岩不良地质洞段施工难度大，对于尾水主洞与支洞交叉洞口部位、尾水主洞下游边墙下部塑性区较大的部位，增设 $\phi28$，$P = 110kN$，$L = 8～10m$ 张拉锚杆加强支护。在浅埋段及洞口明挖段进行超前固结灌浆，并利用固结灌浆孔内插钢筋，同时采用超前张拉锚杆、钢支撑以及拱部管棚、边墙管式锚杆等措施，以保证施工安全。

尾水主洞明拱段开挖跨度为 16m，洞口垂直边坡高达 32m，处于接触蚀变带附近，外侧边坡上部岩性基本为全强风化辉绿岩，岩体节理发育，且多风化夹泥，呈散体结构。由于开挖时未及时跟进喷护，曾出现边坡塌落现象，并造成上部岩土体倒悬空。为此，调整了上部边坡线布置，对上部岩土体进行削坡，并及时支护喷锚。另外，该边坡下部岩石为强风化辉绿岩，呈碎块状结构，岩体完整性与稳定性均较差，节理裂隙较发育，也见风化夹泥，特别是倾坡外的 N55°W，SW∠50°～60°似层面节理规模较最大，在第Ⅱ、Ⅲ层洞口边坡开挖施工时，其下部开挖形成临空面后，曾多次出现沿该节理面滑塌现象，对边坡上部及盖帽混凝土稳定极为不利。为了保证洞室稳定，针对发生崩塌部位，在清理危石及堆渣后先喷 8cm 混凝土进行封闭，再浇筑混凝土墙，并对该边坡采取了增加混凝土挡墙、预应力锚索以及钢管桩相结合的加固处理措施。

由于洞室围岩节理裂隙发育，岩体多呈镶嵌碎裂结构，尾水主洞上游边墙与 1～4 号尾水支洞交叉处的 1 号与 2 号、2 号与 3 号、3 号与 4 号尾水支洞之间岩柱的端部，在开挖施工过程中出现局部坍塌现象，部分锚杆应力观测值较大，为此，采用与尾水支洞轴线同向的压力型预应力锚索（$P = 1500kN$，$L = 15m$，均为两排、四层）进行加固。其中，在 1 号与 2 号施工支洞间岩柱端部，因超挖量较大，先采用混凝土沿设计开挖支护线封填补齐，封填混凝土外侧配置配筋，混凝土与岩石之间预埋回填灌浆管后期进行回填灌浆，混凝土外侧面要求毛面处理以与后期二次衬砌混凝土有良好结合。

5.9.3.4　调节保证及水力学计算研究

1. 计算的主要任务

本工程地下厂房引水、尾水系统采用不设置调压室、引水一机一洞、尾水"四洞合一"的布置方案，拟通过调节保证和水力学的计算和研究分析，研究机组突然改变负荷时调节系统过渡过程的特性，计算机组的转速变化和压力输水系统压力变化，选定导水机构合理的调节时间及启闭规律，解决压力输水系统水流惯性、机组惯性力矩和调整特性三者之间的矛盾，计算研究尾水主洞在明流、明满流、满流等工况下的水力特性和机组运行特性。综合评价输水系统布置的合理性，对机组安全稳定运行和调节品质的影响，为输水系统和机组优化设计提供依据。具体任务：

（1）根据水电站输水系统特性和机组飞轮力矩，选定导水机构合理的调节时间和启闭规律，保证在任何工况下压力和转速变化不超过允许值。即机组甩负荷的最大速率上升值不大于 45%（若在 45%～55% 之间，提供中间成果后再进一步研究），蜗壳压力最大上升率不大于 50%，尾水管内最大真空度不大于 $8\mathrm{mH_2O}$。

（2）输水系统，即压力引水管、尾水管、尾水闸门室、尾水主洞的水力计算，确定输水系统中的水锤压力变化值。各控制工况下输水系统的压坡线，尾水闸门室的最高、最低涌浪及波动过程。特别是尾水主洞在明流、明满流、满流过程的水力波动情况，优化输水系统特别是尾水主洞的体型。

（3）机组突增负荷过程中输水系统的压力变化。

（4）机组在各种控制工况下调节系统的小波动稳定分析。

2. 计算方法

水电站过渡过程计算涉及以下内容：一维非恒定流动包括封闭管道流动、明渠流动和明满流交替流动；水轮机转轮特性、调速器模型；节点数学模型，包括管道或明渠的交叉点、汇合点等；上、下游边界条件的给定。管道流动一般按一维非恒定流处理，采用特征线法。

水电站运行时，尾水隧洞中可能出现明满交替流动，而具有明满交替流动的尾水系统对水电站运行的稳定性和过渡过程都会带来复杂的影响，因此在水电站尾水系统的仿真计算中，建立合理可行的明满交替流动数值模型是完全必要的。在进行明满交替流动的计算时，由于不能预先知道在隧洞中何时何处发生漫顶，也就不可能明确区分管流或明流并按相应的方法进行计算，因此需要采用对明流、满流都能计算的通用数学模型。

计算表明，《实用水力过渡过程》和 K Mahmood 及 V Yevievic 的《明渠不恒定流》（*Unsteady Flow in Open Channels*）中提到的 Priessmann、Amein、VasiLiev 和 Strelkoff 等隐式有限差分格式法，对于单独的明流、满流，以上格式都具有无条件稳定性。在明满交替流动计算中，当明满交替流动的分界面不通过计算节点时，各计算节点仍然是明流或者满流，采用上述格式计算稳定；当分界面通过计算节点时，在计算节点出现间断，计算不稳定。

为了适应本工程地下厂房尾水系统复杂条件下的明满交替流动的计算，在上述计算方法基础上，采用了收敛性更好并具有较高精度的隐式有限差分格式法，对尾水系统进行了动态仿真计算，得到了合理的计算结果。

3. 计算初步成果

蜗壳的压力上升率为 33.32%，最大转速上升率为 44.6%，尾水管最低压力为 −0.4m，尾水主洞可能出现的负压（真空）为 −2.95m。满足预定设计目标，即最大转速上升率不大于 45%，蜗壳最大压力上升率不大于 50%，尾水管内的最大真空度不大于 $8mH_2O$。系统的水力干扰小波动均稳定，其中小波动转速最大上升为 6.1%。

计算结果表明，引水管道布置基本合理。

下游水位为 50 年一遇洪水位以下时，尾水主洞处于明流状态，除了尾水主洞头部，过渡过程中没有明满交替流动出现。下游水位为 500 年一遇洪水位以上时，尾水主洞处于有压流状态。下游水位为 100 年一遇洪水位时，过渡过程中有较明显的明满交替流动现象。

尾水主洞洞顶高程变化幅度在 1m 以内，基本是平顶，发生明满交替流动时压力（水面）波动较为剧烈，可产生很大的压力上升并在尾水主洞形成真空。为避免或抑制尾水主洞全线的明满交替及发生明满交替时的压力陡升和陡降，可以研究以下两个改进方案的可行性：提高尾水主洞洞顶高程；改变尾水主洞的洞顶高程线的斜率，即尽量使顶高线与稳定的水面之间形成一定的交角。计算表明洞顶高程线的斜率由原设计的 0.01 变为 −0.05 ∼ −0.01 即可得到满意的效果。

4. 补充计算

在初步成果的基础上，对尾水主洞的型体设计进行了修改（主要是改变尾水主洞的洞顶高程线的斜率），考虑了蜗壳的影响，对尾水管进行了等效、对转轮特性做了效率修正。尾水主洞为城门洞形，除头部外洞顶与底面平行，尾水明渠为梯形。闸门井按调压井计算。重新进行详细的调节保证计算，具体包括以下控制工况：①各控制和校核洪水位下的同时甩负荷大波动工况的过渡过程计算；②机组顺次甩负荷关闭，以时间间隔 10s 校核计算；③水力干扰工况的过渡过程计算，包括 2 号、3 号、4 号机组甩负荷对 1 号机组的水力干扰和 1 号、2 号、3 号机组甩负荷对 4 号机组的水力干扰；④各控制和校核洪水位下甩负荷 10% 的小波动过渡过程计算；⑤各控制和校核洪水位下启动工况的过渡过程计算；⑥机组顺次增负荷开启，以时间间隔 30s 校核计算；⑦尾水主洞中可能出现多处明满交替流动的下游水位下各工况过渡计算；⑧超负荷运行（110% 额定负荷）的全甩负荷大波动工况校核；⑨减少转动惯量的工况校核；⑩取消尾闸室的工况校核；⑪单机运行的工况校核。

补充计算结果和结论：

(1) 四台机组同时全甩负荷导叶关闭大波动工况：机组最大转速上升率为 42.9%（额定负荷）和 44.5%（110% 额定负荷），蜗壳末端最大压力上升率 42.44%，尾水管进口最低压力 −1.6m（110% 额定负荷单机运行），尾水主洞中可能出现的负压（真空）为 −0.24m。连同尾闸室的涌浪范围，均满足设计要求。与初步成果相比，在修改设计后的计算中，计及了蜗壳长度，调整了关闭规律，因此蜗壳最大压力增大了 3.79m，最大转速上升下降了 1.7%。

(2) 各机组仅通过尾水主洞联系，因此机组之间水力干扰不明显。系统的水力干扰和小波动均稳定，其中小波动转速最大上升率为 5.1%，小波动计算过程只考虑了发电机的转动惯量，如果计入负荷的转动惯量，转速上升将小于 5.1%。

（3）在尾水主洞中出现明满交替流动时，尾闸室的存在对机组的转速上升有一定的抑制作用，但尾水管内的最低压力有所下降。取消尾闸室的计算表明，对现有洞型而言，尾闸室的存在可能对尾水主洞中的明满交替流动起不利作用，但不影响系统的安全运行。

关于尾水主洞加设通气竖井。明满交替流动计算模型中相当于考虑了空气能够顺利进出，使液面保持大气压力。由于修改后的尾水洞顶为倒坡布置，水面上的空气可以自然流入流出，设通气竖井的作用不大。而且如果通气孔面积较小，实际上会起到不利作用，因此尾水主洞可不设置通气竖井。

尾水主洞中流动为完全明流或完全满流（有压流）时，尾水管和尾水主洞及尾水明渠的压力和水位波动都较小，满足设计要求。尾水主洞在一定尾水位和工况下，会发生明满交替流动，可能带来明显的压力（水面）波动。

改变尾水主洞的洞顶高程线的斜率，可以有效抑制尾水主洞中因明满交替流动带来的压力（水面）剧烈波动。在修改尾水主洞型体设计之前，尾水主洞中出现的最大测管水头为 156.8m（初值约为 131.5m），负压为 −2.07m。修改尾水主洞型体后，发生明满交替流动时仍会出现压力（水面）波动，但较修改前已经有明显改善，最大测管水头为 141.53m，负压为 −0.24m。

发电机的转动惯量是影响机组转速波动的主要参数，可以视具体要求适当减小，但优化余地不大。

计算结果表明，修改型体设计后的引水管道和尾水系统布置以及相关参数的选取基本合理，调保计算成果满足设计要求。

5.9.3.5　尾水系统水力学试验研究

1. 试验目的

通过水力学物理模型试验，研究尾水主洞在明流、明满交替流、满流过程的水力工作特性及机组调节保证，避免发生尾水主洞全线的明满交替流及降低发生明满交替流时的压力陡升和陡降的措施，验证调节保证和水力学计算的成果，综合评价尾水系统布置的合理性、对机组稳定运行及调节保证的影响，通过试验提出改进设计的措施，为尾水系统优化设计提供依据。

2. 试验内容

试验遵照《水工（常规）模型试验规程》（SL 155—95）和《水电站有压引水系统模型试验规程》（SL 162—95）规定进行。水力模型采用正态模型，模型比尺 1∶30。模型满足几何相似、水流运动相似和动力相似，遵守佛劳德相似准则，模型与原体的水锤波速相似。模型试验模拟范围为四台机组从尾水管（锥管）往下游至尾水渠。在模型装置率定后进行以下内容的研究：

（1）根据机组运行要求，在尾水主洞明流、明满交替流及满流情况下，尾水系统水力工作特性，同时确定过渡过程中尾水主洞及尾水闸门井的最高水位、最低水位（或压力）及水面波动曲线。

（2）量测尾水主洞中的压力分布，研究尾水主洞、支洞主要特征点的水力过渡过程情况。

（3）观察稳态及动态过程中尾水主洞、支洞中的水流干扰情况，提出改善措施。

（4）研究尾水主洞出现明满交替流的临界条件，确定在 50 年一遇洪水（控泄 3000m³/s）时，尾水主洞保持明流的合理洞顶高程及合理体型，避免水力过渡过程中气囊形成和滞留在尾水主洞中。同时，研究分析 50 年一遇洪水（控泄 3000m³/s）以上水位时不管是否出现明满流交替流动，研究提出能保证机组满足调节保证规范要求的尾水主洞、支洞的布置体型及相应措施。

（5）根据模型试验成果，综合评价尾水系统布置的合理性、对机组稳定运行及调节保证的影响，并提出优化尾水系统布置及设计的意见和措施。

（6）对机组甩全负荷大波动工况、机组突增负荷工况、机组小波动工况分别进行试验。其中，除考虑甩负荷机组之间的不同组合外，尚考虑在最不利的时间间隔内甩负荷产生的波动叠加工况。

3. 主要试验组合工况

（1）下游最低水位时，设计水头、最大水头和最小水头下甩负荷。

（2）上游最高水位或正常水位时，设计水头和最大水头下甩负荷。

（3）设计水头下，机组甩负荷。

（4）下游尾水位在一定范围内（包括可能出现明流、明满交替流和满流的水位），机组突增负荷、甩负荷和小波动工况。

（5）机组超负荷运行（110%额定负荷运行）时的甩全负荷大波动工况。

4. 试验结论及分析

（1）尾水支洞为有压设计，充水过程中支洞内的空气能顺利排出。支洞中未发现静止气囊，没有出现不稳定的液压气动问题。

（2）尾水主洞弯道曲率设计合理，未发现弯道两侧明显的横比降，且能与上下游平顺衔接。

（3）尾水主洞以坡度 $i=5\%$ 的变顶方式设计，便于明满流交替过程中空气排走，主洞开始出现明满流（即主洞上游开始淹没）的下游水位约为 127.60m，完全淹没的下游水尾水位约为 133.18m。明满流过程中，尾水基本平稳。刚好满流时主洞一侧的脉动压力均方根值在 0.97～4.36kPa 之间变化；洞顶没有出现压力的陡升陡降现象。

（4）在小扰动情况下（如阀门的部分开启），主洞内的波动经 6～7 分钟即趋于稳态。

（5）主洞明流时水面线呈现合理的变化趋势。

（6）稳定运行过程中，门井内水位有一定程度的波动，这对机组运行是有不利影响的。实测所得的波动均方根值在 0.5m 左右，较之于发电水头，该值不算大。而这种波动来源于上游水流的紊动、下游支洞水流与主洞汇流的干扰，以及尾水的波动，设计上不可能完全消除。

（7）模型中，3 号尾水管采用了上下对称的突扩方式，从门井中的水位波动（稳态、过渡过程两种情况）来判断，这种突扩方式并无优越性。

（8）甩荷工况下，甩荷大波动约经 7 分钟能稳定下来，但剧烈波动的历程不超过 3 分钟。

（9）增荷工况下，增荷大波动约经 8 分钟能稳定下来，但剧烈波动的历程不超过 2 分钟。

综合上述各点，百色水电站尾水系统的水力学设计总体上说是合理的。

5.9.3.6　尾水系统的优化设计

1. 尾水管的优化设计

尾水管采用较多减少主厂房长度尺寸的肘形窄高型的长尾水管。尾水管高度（导叶中心线至尾水管底板的高度）为 14.55m，肘管段水平长度为 6.85m，肘管段水平宽度为 8m，肘管出口尺寸为 8m×4.46m（宽×高），尾水管出口段长度为 39.2m。尾水管高度比常规尾水管高 2.67m，宽度比常规尾水管短 3.78m，长度比常规尾水管长 19.85m。采用肘形窄高型的长尾水管可以缩短整个主厂房长度 12m，减少主厂房和尾水系统石方开挖量，减少锚杆索数量。

2. 尾水洞室优化设计

尾水支洞位于尾水主洞和尾闸室之间，尾水支洞为上翘型输水洞，尾水支洞按有压隧洞设计，洞形结构为城门形隧洞，高度为 10.84m，宽度为 8m，尾水支洞设钢筋混凝土衬砌，尾水支洞衬砌厚度取为 0.7m。

尾闸室后布置有四条相互平行的中心线与尾水管中心线一致的尾水支洞，然后四条尾水支洞汇合成一条尾水主洞。尾水主洞断面为城门洞形，始端设一长 22.58m 渐变段，其宽度从 1 号尾水支洞末端的宽 8m 渐变为 13m，后段宽 13m 至洞口；尾水主洞底高程为 106.00m，洞顶为纵坡 $i=5\%$ 的上翘型，洞高自上游至下游为 21.58～26.87m，尾水主洞总长 107.4m。尾水主洞设钢筋混凝土衬砌，尾水主洞衬砌厚度取为 1.5m。

5.10　进水口边坡及进水塔静、动力分析

5.10.1　地质条件

进水塔基础岩层以泥岩类为主，其次为中等坚硬硅质岩，持力岩层有 D_3l^{1-4}、$D_3l^{2-1(1)}$、$D_3l^{2-1(2)}$、D_3l^{2-2}、D_3l^3，岩层产状变化较大，变形模量差别大，岩石强度不均一，岩体完整性差，还存在局部岩层受挤压强烈，岩石较软弱，或风化夹层较发育，在库水的浸泡下易产生不均匀沉陷问题，如 D_3l^{1-4}、D_3l^{2-2} 以及 $D_3l^{2-1(1)}$ 局部岩层承载力偏低，进水塔基工程地质分类主要为 CⅣ、Ⅴ 类，其次为 BⅣ 类。在进水塔区，结构面主要有四组：①N50°～85°W，SW∠38°～55°；②N10°～30°E，SE∠70°；③N50°～80°W，NE∠40°～70°；④N60°～70°E，NW∠45°～70°。断层有 F_{28-1}、F_{28-2}、F_{35}、F_{34}。

5.10.2　进水口三维有限元法静、动力分析

本工程进水口地质条件复杂，塔基承载力低，边坡（尤其是塔背存在达 20m 垂直边坡）的稳定问题突出。进水口设计思路为：在施工期经过支护维持进水口边坡稳定，在运行期考虑支护结构由于长期位于水下有所失效，可用进水塔支挡作用维持边坡稳定。基于以上考虑，需把整个进水口作为一个整体来研究。为此，对进水口采用三维有限元法进行边坡和进水塔的静、动力稳定分析研究。

计算模型中模拟了边坡及塔基的地质条件、进水塔结构及地基的相互作用。

计算模型范围长度 226.5m，上下游的宽度分别为 60m、94m，塔基深 60m，右侧按地形坡面取。在模型区域内模拟各岩层的强风化、弱风化、微风化不同情况。

计算分析按 7 种工况进行：①二期边坡开挖施工工况；②进水塔竣工工况，分为只有塔底与岩体接触和塔底、塔背与岩体接触两种情况；③正常蓄水工况；④运行工况，分为正常运行和长期运行后锚杆失效两种情况；⑤检修工况；⑥敏感性分析；⑦水位骤降。

根据上述三维有限元计算成果，对进水塔结构进行了优化设计。主要是：为适应塔基变形，增强整体稳定性，改善塔基应力，满足地基承载力要求，将塔底板由原一机一缝改为两机一缝；对塔基采取固结灌浆等基础处理措施。

优化设计后，按材料力学法对地基承载力相对最小的 1 号进水塔进行了塔基底应力和稳定计算进行了复核。结果表明，基底应力分布较均匀；基底应力以正常运行遇地震工况控制，除断层及层间挤压破碎带处（设计中这些部位采用了槽挖回填混凝土及固结灌浆处理）外，各机组基底应力均小于地基允许承载力，塔体稳定安全系数均超过规范规定的最小安全系数值，进水塔整体稳定满足要求。

5.10.3 进水口高边坡设计及稳定安全分析

进水口开挖边坡可分左侧边坡和引水隧洞洞脸边坡两部分。左侧边坡走向为 N40°～50°W，倾向 SW，岩层产状为 N55°～85°W，SW∠35°～70°，岩层走向与边坡走向夹角普遍小于 30°，总体为顺向坡。受区域地质构造影响，边坡位于地层挠曲部位附近，且 $D_3l^{2-1(1)}$ 岩层为顺层挤压破碎带，进水口左侧边坡层间挤压破碎带及泥化夹层较为发育，岩层产状不稳定，短小节理发育。从开挖揭露地质条件看，进水口左侧边坡强风化岩体埋深大，岩性以含炭质泥岩为主，高程 197.00m 以上岩体以碎裂～散体结构为主，高程 197.00m 以下岩体以层状～碎裂结构为主。由于边坡走向与岩层走向夹角较小，总体为顺向坡，而且层间挤压强烈，岩层扭曲，岩体破碎，加上地表水作用和岩石本身的亲水性，边坡稳定性较差。

引水隧洞洞脸边坡被 8 号公路分为上下两段，8 号公路路基约 234.00m 高程。公路开挖边坡最高约 45m。该边坡大部分为辉绿岩 $(\beta_{\mu 4}^{-1})$，边坡大部分为斜～横向坡。

进水塔基础至 8 号公路边坡走向为 N52°E，倾向 NW，边坡主要涉及的地层岩性为 D_3l^{1-4}～D_3l^3，岩层产状 N60°～85°W，SW∠40°～60°，与边坡走向夹角为 43°～68°，总体倾向坡内，为斜交逆向坡，该段处于构造挠曲部位，局部岩层产状变化较大。

进水口边坡稳定分析采用三维非线性有限元方法对进水口一期开挖边坡的稳定性进行了计算研究。

计算的工况有分期开挖工况、竣工工况、正常运行无地震工况、正常运行遇地震工况、运行期水位骤降工况、进水塔检修工况、敏感性分析工况。

计算结果表明：

（1）进水塔除正常运行遇地震工况的塔基承载力局部不能满足要求外，其余工况均可满足要求。

（2）进水塔的抗滑稳定性是安全的，满足规范要求。

（3）因塔基不均匀沉陷较大，塔体内局部较大拉应力应引起重视，同时应采取措施改善塔基不均匀沉陷。

（4）F$_{35}$ 断层与塔背垂直边坡形成的楔形体有可能产生滑移，建议在边坡底部设长锚杆。

（5）进水塔的变形主要是由塔基变形引起，垂直边坡的变形对其影响不大，只是在竣工工况时对边坡有一定的影响，而其他工况下有助于改善塔背边坡的应力状态。

根据上述三维有限元计算成果，对塔背边坡支护进行优化设计。主要是：在进水塔塔背边坡增设了一定数量的预应力锚索，并对计算分析中塑性区较大的部位或存在不利节理（断层）组合部位增加了固结灌浆及长锚杆支护；对垂直开挖边坡外缘 3～5m 宽的部位进行超前固结灌浆。

在边坡开挖过程中，由于左侧边坡地质条件与原初步设计相比有较大变化，当往下开挖至 197.00m 高程后，坡顶开始出现小裂缝且变形不断加剧，在坡顶出现一条与坡面大致平行且倾向坡外的张裂缝，宽度 1～3cm，延伸长度约 30m，并有继续发展趋势，表明边坡岩体已经变形。

根据实际开挖揭露的边坡地质情况，对左侧边坡进行稳定分析复核计算，并在复核计算的基础上对进水口左侧边坡进行设计修改，以保证工程的安全。进水口左侧边坡稳定复核分别采用圆弧滑动法和上部沿层面、下部剪断岩体两种组合模型进行。计算结果表明，在原设计的 1∶1.25 边坡坡比情况下，边坡稳定安全系数小于 1，不满足要求。因此，设计将 197.10m 高程以上边坡坡比调整为 1∶2，并削去 221.50m 高程以上部分，197.10m 高程以下边坡坡比调整为 1∶1.5。根据上述设计调整，采用瑞典圆弧滑动法计算，各种工况下的边坡稳定安全系数均大于 1.3；采用上部沿层面、下部剪断岩体模型计算，各种工况下的边坡稳定安全系数均大于 1.35，即均大于满足规范要求的最小安全系数，满足稳定要求。

进水口工程完工后，进水口左侧边坡坡面混凝土曾出现开裂。分析认为边坡混凝土开裂主要原因有：①边坡开挖后卸荷回弹；②在外部荷载作用下产生不均匀沉陷；③进水塔地基固结灌浆对边坡产生抬动等。为此，在进水口左侧边坡区域选择岩层一致或相近的部位进行了现场抗剪强度试验，根据现场抗剪强度试验结果，结合开挖边坡实际地质情况，采用瑞典圆弧滑动法和上部沿层面、下部剪断岩体两种组合模型对边坡的稳定性再次进行了复核。复核成果表明，左侧边坡稳定性安全满足要求。因此，对左侧边坡的裂缝不做处理。进水口边坡的安全监测成果表明，进水口及进水塔是安全稳定的。

根据进水口高边坡静、动力稳定计算分析，参考同类工程的经验，对进水口高边坡进行了固结灌浆、锚喷支护、预应力锚索补强等支护措施。

5.11　引水隧洞开挖支护措施

隧洞上下平段开挖洞径为 8.5m，由于两洞间岩壁厚度仅为 12m，设计要求施工按先挖 4 号、2 号洞，并在 4 号、2 号洞支护完成后再挖 1 号、3 号洞。设计需解决的技术难题是Ⅳ～Ⅴ类围岩施工安全和施工进度问题。经论证，设计提出把新奥法理论和技术创造性应用于软岩隧洞设计和施工。根据新奥法控制爆破、喷锚支护、信息反馈三大支柱技术采用"弱爆破、短进尺、强支护"和局部采用新奥法与矿山法联合支护的施工方法，在紧跟掌子面采用挂网喷锚与钢拱架联合支护和注浆锚杆等措施，保证了软岩隧洞的成洞、安全和快速施工。

引水隧洞进口段围岩多为 D_3l^{2-2} 硅质泥岩，含洞穴顺层发育，岩体风化破碎，围岩分类为Ⅴ类，上覆岩体厚度较薄，洞脸开挖稳定和成洞条件较差。设计中，对洞口垂直开挖边坡设置挂网喷混凝土并布设管式注浆锚杆或自进式锚杆支护，并采用在管棚及钢支撑保护下进洞。

隧洞上平段围岩为Ⅴ类。除顶拱120°范围打入小管棚、全断面采用钢支撑并挂网喷混凝土外，顶拱270°范围还采用管式注浆锚杆或自进式锚杆进行支护。

隧洞下平段围岩为Ⅲ～Ⅳ类。鉴于下平段横穿地下水洼槽，为解决施工防渗和排水问题，设计中采用超前灌浆方法截断下平段地下水洼槽的渗水，然后再掘进开挖。Ⅲ类围岩洞段顶拱270°范围设挂网喷混凝土、砂浆锚杆，Ⅳ类围岩洞段采用顶拱120°范围打入小管棚、全断面采用钢支撑、顶拱270°范围挂网喷混凝土和管式注浆锚杆支护。

隧洞竖井围岩地质条件差，为Ⅳ～Ⅴ类围岩，且岩层以38°～55°倾向井内，对井壁围岩稳定不利，需加强井壁支护，设计采用了自进式锚杆、管棚钢支撑、挂网喷混凝土等综合支护措施。

第 6 章

工 程 安 全 监 测

百色水利枢纽工程安全监测的目的是通过监测数据采集、分析及处理，掌握建筑物的工作状态，及时发现异常现象和可能危及建筑物安全的不良因素，以便对建筑物的稳定性和安全度做出评价，确保枢纽建筑物运行安全，同时检验设计方案和施工工艺的正确性，为科学研究积累资料。工程安全监测根据《混凝土重力坝设计规范》(SDJ 21—78)、《混凝土大坝安全监测技术规范》(SDJ 336—1989)、《水电站地下厂房设计规范》(SL 226—2001) 及本工程规模、等级、地质条件、RCC 主坝、地下水电站等实际情况，借鉴同类工程经验进行设计、布置。设计原则：

(1) 目的明确、内容齐全。安全监测系统覆盖主坝区水工建筑物、基础和近坝区，保证监测系统空间的连续性，以便掌握工程整体性状，及时对工程安全做出评价。

(2) 突出重点，兼顾全面。监测系统的重点放在变形和渗流两个效应量，从影响工程的安全度出发，按照重要、一般两个层次选择监测部位 (断面)，形成监控全部建筑物的监测网络。

(3) 性能可靠，操作简便。选择的监测方法和仪器、设备，能满足量测范围、精度的要求，所测数据充分可靠，操作简便，具有快速、准确获得可靠监测资料的性能。

(4) 一项为主，互相检校。各监测项目设置要互相检校，以便在资料分析解释时相互印证，在系统布置方面同样考虑自动化监测和人工监测功能互相检校，确保监测资料的完整性，并防止设备故障而造成漏测和资料系列中断。

RCC 主坝及地下水电站工程监测项目分为常规监测项目 (变形、渗流、应力应变及温度)、专项监测项目 (监测控制网、水力学监测、结构动力监测、水位及冲淤监测、气象监测)、巡视检查项目 (日常巡视检查、年度巡视检查、特殊情况下的巡视检查) 三大类。

6.1 RCC 主坝工程监测

主坝坐落在宽度有限的辉绿岩带上，辉绿岩上下游的蚀变带、硅质岩及泥岩岩性较软弱。F₆ 顺河断层在右河床通过，右岸坝下游被右Ⅳ号沟深切割，致使坝基形成临空面，且 F₆ 断层右边的辉绿岩物理力学参数较左边低，上述不利因素对有关坝段坝基变形、应力传递、防渗及稳定不利；主坝为全断面 RCC 重力坝，最大坝高 130m，坝体 RCC 层间结合面的抗剪强度及防渗可能存在薄弱环节；右坝肩岩体较单薄，对大坝稳定不利；坝址区地震基本烈度为 7 度，本工程 1 级建筑物的抗震设计烈度为 8 度，2 级建筑物的抗震设计烈度为 7 度，需建立大坝强震监测站。大坝以结构和基础地质条件最复杂、对大坝安全起决定性作用的 5 号和 6A 号坝块作为重点监测部位，综合布置各种监测项目进行全面监测，以便综合分析和安全度评价，同时选择 3B 和 8B 号坝块作为一般监测部位有针对性地布置仪器进行监测，其余各坝块按《混凝土重力坝设计规范》（SDJ 21—78）、《混凝土大坝安全监测技术规范》（SDJ 336—1989）关于工程安全监测设计的有关要求，布置必需的变形和渗流监测点，以了解主坝的变形与渗流状态。导流洞堵头的监测重点为混凝土塞与洞壁的接缝及混凝土堵头周边的渗流情况等。

6.1.1 变形监测

变形监测包括大坝的水平位移、垂直位移、挠度、坝体及坝基倾斜、接缝和裂缝监测、消力池变形等。

1. 主坝水平位移监测

主坝水平位移采用引张线、正垂线、倒垂线进行监测，引张线分上（坝顶）、中（200.00m 高程廊道）、下（155.00m 高程廊道）三层布设。两岸坝肩岸坡的水平位移，则采用钻孔测斜仪进行监测。

2. 主坝垂直位移监测

主坝垂直位移监测采用流体静力水准、精密水准等方法量测。垂直位移监测设施分 4 层布设：在坝顶（234.00m）、155.00m 和 200.00m 高程廊道及基础廊道各坝块设精密水准点，用一等水准量测；在 200.00m 和 155.00m 高程廊道布设流体静力水准，用自动化手段监测坝体的垂直位移。

3. 坝体挠度监测

坝体挠度监测利用 6A 号、7B 号坝块沿高程方向布置的正垂线组进行监测。

4. 坝体及坝基倾斜监测

坝体及坝基倾斜监测主要以坝顶和基础两层进行控制。坝顶结合垂直位移监测点选择在 3A 号、4A 号、5 号、6A 号、8A 号及 10A 号等 6 个坝块垂直于坝轴线成对布置水准点，按一等水准观测。基础部位则在基础的四条横向廊道内分别设置了流体静力水准和垂直位移测点进行监测。

5. 大坝接缝及裂缝监测

主要是针对主坝基础部位 RCC 与常态混凝土的结合面、溢流坝下游的 RCC 台阶与常态混凝土的结合面、F_6 断层与其两侧基岩的结合面以及大坝一枯、二枯混凝土的停浇面裂缝进行监测，以便了解这些部位接缝或裂缝的开合情况及变化规律。

6. 消力池变形监测

消力池变形监测包括消力池底板及边墙的基础沉陷，底板块间、底板及边墙间永久缝的水平开合度及竖向不均匀沉陷等。选择坐落在软基上的底板、边墙布置基岩变形计，以观测其基础沉陷量；在底板块间、底板及边墙间永久缝布置测缝计、位错计，以观测其水平开合度及竖向不均匀沉陷。

为在下闸蓄水前监测到大坝的绝对变位值，选择 5 个坝块作代表，分别修建 1 个变形观测墩，即 9B 号坝块的下游侧坡脚、7B 号坝块的下游侧 137.00m 高程平台上、6A 号坝块的下游侧 137.00m 高程平台上、3B 号坝块 138.00m 高程的排水观测廊道出口处附近、3A 号坝块的坝顶混凝土栏杆柱间。

6.1.2　渗流监测

渗流监测包括扬压力、渗透压力、渗漏量、绕坝渗流及地下水位、水质分析等。

1. 坝基扬压力监测

根据建筑物结构特点、工程地质与水文地质条件和渗控工程措施，采取纵、横监测断面相结合的布置形式。监测手段采用钻孔式测压管，为实现自动化监测，在各测压管内布设 1 支渗压计。纵向监测断面沿坝轴线方向在基础帷幕灌浆廊道及两排纵向坝基排水廊道内各设一个纵向监测断面。每一坝块各设一个监测点布置测压管。沿基础横向廊道各设 1 个监测断面，另在 5 号、6A 号坝块重点监测断面处，分别布置 1 个横向监测断面。

2. 消力池扬压力监测

消力池部位按网格状布设扬压力测点。在灌浆排水廊道内布设测压管。

3. 坝体混凝土渗透压力监测

在 5 号和 6A 号坝块两个重点监测断面上，分别在不同高程埋设渗压计观测坝体施工缝上的渗透压力。

4. 渗漏量监测

渗漏量监测主要包括坝基渗漏量监测、坝体渗漏量监测以及消力池基础渗漏量监测。在各横向廊道排水沟通往下游的出口处、通往集水井的排水沟均布置有量水堰，监测大坝基础的渗漏量。坝体渗漏水经排水管汇入基础灌浆排水廊道上游排水沟后，用量水堰量测。对左、右岸坝基和左、右岸坝体的渗漏量分别进行量测。消力池基础渗漏水经排水孔汇入排水沟，然后汇入消力池集水井，可根据集水井内设置的液位变送器进行自动化监测，通过水位变化计算渗流量。

5. 绕坝渗流及地下水位监测

为了解主坝左、右坝肩的绕坝渗流情况及两岸的地下水位，在左、右岸灌浆帷幕前、后布设测压管和渗压计。这些测压管既作为绕坝渗流监测孔，同时也作为地下水位长期观测孔。

6. 水质分析

为了解水质对大坝和消力池混凝土的侵蚀程度及基岩是否有溶蚀、管涌发生，定期取库水、坝基、消力池基础排水孔渗水和绕坝渗流监测孔的水样进行水质分析。

6.1.3　应力应变及温度监测

1. 应力应变监测

在 5 号和 6A 号坝块布设应力应变监测仪器。在消力池左墙－4、左墙－5 的底层钢筋上布置钢筋计，以观测边墙趾板的钢筋受力情况。

2. 温度监测

选择 3B 号、5 号、6A 号、8B 号坝块布置观测断面，沿特定高程布设温度计用于监测坝面温度、坝体温度。在 5 号、6A 号坝块的监测断面，沿坝基上、中、下游侧的基岩变形计钻孔，分别按不同高程布置了温度计监测大坝基础温度。

三峡大学在 5 号、6A 号坝块中断面埋设不锈钢铠装传感光缆 8000m，形成两个坝段三维分布式光纤传感监测网络，实时获得三维混凝土结构温度场，用于服务大坝碾压混凝土施工。

6.1.4　导流洞堵体监测

堵头底部渗透压力观测（渗压计），堵头混凝土内部温度观测，堵头新混凝土与原洞壁衬砌老混凝土间缝面开合度观测（测缝计），堵头混凝土应变观测（五向应变计），堵头混凝土自身体积变形观测（无应力计）。

6.2　地下水电站工程监测

水电站进水塔基持力岩层主要为软岩类泥岩的 D_3l^{2-1}、D_3l^{2-2} 和 D_3l^1，约占基础岩体的 80%，其次为中等坚硬的硅质岩组 D_3l^3。各层岩质差别很大，完整性差，基础岩体存在不均匀沉陷、岩体软化和 D_3l^{2-2} 洞穴发育等地质问题。引水隧洞经过的地层主要为软岩类泥岩 $D_3l^{2-1(2)}$、D_3l^{2-2} 和 D_3l^1，其次为中等坚硬的硅质岩组 D_3l^3，以及坚硬的辉绿岩，隧洞围岩构造较为复杂，存在顺层挤压带，且断层比较发育；地下厂房位于新鲜的辉绿岩带内。洞室最大高度 50m，最大净跨 21.2m。上游边墙距上游蚀变带及 D_3l^3、D_3l^{2-2} 岩层内形成的地下水洼槽较近。建库后，地下厂房的洞顶及上游侧边墙将承受较大水压力。辉绿岩岩体虽无较大断层发育，但节理裂隙较发育，顶拱及边墙可能存在一些稳定状态不好的小三角块体和楔形块体，需采取适当的施工方法和必要的支护措施，并加强施工期安全监测；电站进水口及尾水渠开挖存在高边坡稳定性问题，需进行变形监测。地下发电系统监测重点是进水塔和地下洞室群，监测内容包括进水口边坡、进水塔、引水隧洞、地下厂房洞室群、尾水洞及尾水渠边坡等建筑物的变形、应力及地下水位等监测。针对引水隧洞、尾水洞群及尾水渠边坡的特点，沿 2 号、4 号机中心线，自进水塔—尾水洞各布设 1 个重点监测断面。共 2 个重点监测断面。另沿 1 号、3 号机中心线主厂房及安装间部位及其他需要监测的部位，布置若干一般监测断面。

6.2.1　进水口监测

1. 变形监测

进水口边坡：为观测边坡内部位移及表面水平位移及垂直位移，选择 6 个观测断面布设测斜孔、表面变形点及多点位移计。选择有代表性的锚索安装锚索测力器监测锚索应力的损失及受力状态。地下水位的观测在测斜孔底部埋设渗压计进行。

塔体的变形监测：在 2 号、4 号机重点监测断面的进水塔与基岩结合面处中布设基岩变形计，以监测基岩的变形情况。在塔顶上、下游分别布置建筑物表面变形观测点，观测塔顶的水平位移及垂直位移和倾斜。

由于进水口左侧边坡在 197.50m 高程以上曾出现裂缝，为查明边坡出现裂缝的原因以及为对该边坡的稳定性评价和处理提供依据，在该侧边坡增设一个观测断面。该观测断面布置 3 个变形观测墩、3 个测斜管，并在测斜管底部布置 3 支渗压计，以观测该断面的表面变形、深部变形及地下水位情况。

2. 接缝监测

在 2 号、4 号机重点监测断面的进水塔与边坡结合部位处沿不同高程布设测缝计，以监测进水塔塔体与边坡的接合情况。

6.2.2　引水隧洞监测

1. 围岩变形监测

在 2 号、4 号机引水隧洞各监测断面布置收敛标点及多点位移计，监测围岩变形情况。

2. 应力状态及渗流监测

在 2 号、4 号机引水隧洞各监测断面及 1 号、3 号钢衬段支护结构布置锚杆应力计、钢板应力计，监测支护锚杆应力及支撑钢拱架应力；在衬砌混凝土内布设钢筋计、混凝土应变计，监测结构钢筋应力和混凝土应变；在钢衬段各监测断面布设钢板应力计，监测压力钢管的受力状态，布置渗压计监测围岩的渗透水压力。

3. 接缝监测

在各监测断面混凝土与围岩的接合部位布置测缝计，监测衬砌混凝土与围岩的接合缝的变化。

6.2.3　主机洞、主变洞监测

1. 围岩变形监测

主机洞、主变尾闸洞共 3 个监测断面布置收敛标点及多点位移计，监测洞室围岩的变形和局部块体的稳定性。

2. 支护结构应力

在 3 个监测断面埋设锚杆应力监测喷锚支护效果及支护结构的应力状态。在主机洞下游侧对穿锚索中选取代表性的位置安装锚索测力器，以监测对穿预应力锚索的受力状态。

3. 岩锚梁监测

主机洞岩锚梁选择 7 个监测断面，主变洞岩锚梁选择 4 个监测断面，布设锚杆应力计、测缝计，对岩锚梁的锚固效果和围岩的受力状态及岩锚梁的变形和稳定性进行监测。

4. 地下水监测

在主机洞、主变尾闸洞 3 个观测断面围岩内埋设渗压计，监测洞室周边地下水活动情况；为了解地下厂房山体内防渗排水效果及洞室围岩周边地下水的活动情况，在 1 号排水廊道内布置测压管及量水堰。为便于自动化观测，在每个测压管底部设 1 支渗压计。

6.2.4 主机间水轮机层以下监测

主机间水轮机层共 4 个监测断面，布设收敛标点、多点位移计、锚杆应力计，对洞室围岩变形和稳定性及支护结构的应力状态进行监测。

6.2.5 尾水肘管及蜗壳层监测

尾水肘管及蜗壳层共布置 4 个监测断面，布设测缝计、钢板应力计、渗压计、钢筋计、应变计等，分别对混凝土与洞室围岩接合缝、混凝土与肘管及蜗壳接合缝的变化、肘管及蜗壳的受力状态、结构钢筋的应力状态、混凝土应变、钢衬的钢板受力状态和地下水渗透情况进行监测。

6.2.6 尾水管监测

尾水管共布置 2 个监测断面，在围岩布设收敛标点、锚杆应力计、锚索测力器，在围岩与衬砌混凝土接合面布设渗压计，对洞室围岩变形和稳定性、支护结构的应力状态和洞室周边地下水活动情况进行监测。同时在各监测断面衬砌混凝土内布设钢筋计，监测衬砌混凝土结构钢筋的应力状态。尾水管间岩柱设置对穿张拉锚杆，布设 9 支锚杆应力计测对穿张拉锚杆的应力。

6.2.7 尾水隧洞监测

尾水隧洞共布置 4 个监测断面，各断面布设收敛标点、多点位移计、基岩变形计、锚杆应力计、钢板应力计、锚索测力器、渗压计，对洞室围岩变形和稳定性、支护结构的应力状态和洞室周边地下水活动情况进行监测。同时在各监测断面衬砌混凝土内布设钢筋计、应变计，在混凝土与洞室围岩接合面布设测缝计，以监测衬砌混凝土应变、结构钢筋的应力状态和混凝土与洞室围岩接合缝的变化情况。

6.2.8 交通洞、通风疏散洞监测

交通洞共布置 3 个监测断面，通风疏散洞共布置 2 个监测断面，各断面布设收敛标点、多点位移计、锚杆应力计、渗压计、钢筋计、应变计、测缝计，对洞室围岩变形和稳定性、支护结构的应力状态、衬砌混凝土应变、结构钢筋应力和混凝土与洞室围岩接合缝的变化情况、洞室周边地下水活动情况进行监测。

6.2.9 尾水渠边坡稳定监测

尾水渠边坡选择 3 个观测断面布设测斜孔及表面变形点，对边坡内部位移及表面水平位移及垂直位移进行观测。选择有代表性的锚索安装锚索测力器监测锚索应力的损失及受力状态。在测斜孔底部埋设渗压计进行地下水位观测。

6.2.10 渗漏量监测

在 119.45m 水轮机层下游侧室内排水沟及 109.25m 操作廊道排水沟各布置两个量水

堰，以监测汇入地下厂房渗漏集水井的围岩总渗流量。

6.3　专项监测

6.3.1　监测控制网

监测控制网是用大地测量方法，监测各部位工作基点稳定性及近坝区岸坡绝对位移量的设施，包括水平位移监测控制网和垂直位移监测控制网。

水平位移监测网是监测枢纽建筑物水平位移的基本网，将作为施工期和永久运行期扩展同级网或加密低等级网，以及检测工作基点稳定性的依据。全网由 7 个控制点及 4 个倒垂测点构成，监测网覆盖枢纽工程的主要建筑物和构筑物。

垂直位移监测网起于左岸进场公路的乐融沟处原施工网基准点 GY1，沿左岸进场公路边布设多个水准点，传递到平圩大桥两岸的工作基点组，并沿左右岸的 4 号公路及 5 号公路布设多个水准点止于两岸坝肩灌浆平洞内的工作基点组。通过大坝坝顶面组成水准测量闭合环线。

6.3.2　水力学监测

水力学监测包括：①表孔、中孔的泄水水力特性；②表孔坝面及消力池底板动水压强（包括时均压强、脉动压强）、底部及表面流速（包括时均流速和脉动流速）、空化噪声、水面线及流态；③中孔控制闸门前孔道边壁及闸门后底板动水压力；④中孔进口检修门槽后侧壁、顶部，控制闸门后出口底部的空化噪声、出口底部流速；⑤溢流坝表孔、中孔闸门流激振动及启闭力过程线观测；⑥消力池导墙的振动观测；⑦泄洪雾化观测。

动水压力、流速、空化噪音主要通过安装仪器观测。在溢流坝 1 号表孔中线位置，1 号中孔中线位置，消力池中正对溢流坝 3 号表孔中线、3 号中孔中线位置，以及消力池左边墙上布置了测点。所有测点均预埋有尺寸均一的不锈钢通用底座及电缆，根据需要，在进行水力学观测前在通用底座内接入流速仪、动水压力传感器、水听器。

坝下流态观测主要为表孔坝面及消力池底板的水面线及流态观测。水面线及水跃观测采用人工与自动相结合的方法观测，5 号闸墩的上、中、下游侧壁均设有水尺，从坝面反弧段末端开始沿消力池两侧边壁每隔 10m 设红白相间的直立水尺进行观测；通过测压管内的渗压计自动观测。下游流态观测采用录像和照相的方法拍摄不同下泄流量情况下从表孔上游到消力池出口的流态。

消力池导墙的振动及溢流坝表孔、中孔闸门流激振动通过安装仪器观测。

闸门启闭力过程线观测及泄洪雾化观测采用人工观测。

6.3.3　结构动力监测

结构动力监测主要为大坝及进水塔的强震反应监测。在非溢流坝段 6A 号坝块布设 2 个测点，在进水塔顶的液压启闭机泵房内布设 1 个测点。

6.3.4 水位及冲淤监测

（1）水位监测：为监测大坝上游水位及坝前和电站进水塔附近的水位，在进水塔顶设遥测水位计，并在进水塔上游侧设 1 组水尺。在 3B 号坝块上游面绘制 1 组水尺。为监测大坝下游水位，在电站尾水渠左岸边坡沿坡面绘制 1 组水尺。

（2）上、下游淤积监测：为了解坝前泥沙淤积情况，采用断面测量法进行定期监测。在坝轴线上游 200m 和 900m 设 2 个固定断面。为掌握坝下游冲淤变化情况，在消力池尾坎下游的 500m 范围内，按 100m 左右间距布置 5 个固定测量断面。

6.3.5 气象监测

为监测气象的有关资料，在左侧坝顶监控楼露台布置气象站，观测项目有降雨量、气温、风向、风速、气压、蒸发量、湿度。

6.4 安全监测系统测点统计

百色水利枢纽 RCC 主坝工程安装混凝土应变计、基岩变形计、钢筋计、测缝计、位错计、渗压计、温度计等共 789 支，垂线 15 条，引张线 9 条，静力水准线 6 条，双金属管标 3 个，测压管 10 根，观测墩 37 个，水尺 27 根，水准点 22 个，配置回声探测仪 1 套；地下厂房工程安装混凝土应变计、基岩变形计、钢筋计、锚杆应力计、锚索测力计、测缝计、渗压计等共 1099 支，收敛测桩 182 个，观测墩 30 个，测压管 7 根，测斜管 527m，水准点 24 个；主坝区安装强震仪 3 套。

6.5 监测自动化系统

6.5.1 目的

百色水利枢纽规模大，安全监测内容广，仪器类型多，测点数量大且测站较分散，需要通过有效的自动化系统，进行及时的数据采集、传输和分析处理，并快速提供反馈信息。

6.5.2 性能要求

（1）可靠性：系统能适应水工建筑物的恶劣环境，具有可靠防雷保护措施。数据采集准确可靠，具有人工监测的接口，保证在任何情况下都不丢失监测数据。

（2）通用性：监测仪器的种类多，工作原理各不相同。自动化系统应能适应这些复杂的接口要求，保证各种监测仪器都能方便而有效地与自动化系统连接。

（3）先进性：计算机技术、电子技术和通信技术发展很快，自动化系统须充分考虑技术的先进性和将来系统更新换代的兼容性。

（4）智能和自诊断功能：系统须具有较强的自诊断能力，自动查出系统故障并发出信息，以便维修和更换。

6.5.3　规模

根据监测仪器的布置情况及监测要求，采用分布式网络自动化监测系统及远程监控系统进行管理。除了监测控制网、水力学监测、水位及冲淤监测外，其余观测项目的传感器均接入监测自动化系统。

6.5.4　布置

监测自动化系统分为现场监控层和中心监测站。现场监控层由传感器和数据采集单元（data acquisition unit，DAU）组成。中心监测站设在左坝头坝顶监控楼。DAU 之间通过双绞屏蔽线以 RS 232/485 接口方式连接、DAU 与工作站之间通过光纤连接，并组成局域网。中心监测站的工作站接入工程运行调度自动化总系统，并作为其一个子系统，同时也可进入公用通信网络，实现远程通信。

所有人工采集方式获得的原始数据，由人工键入计算机，进入相关的数据库。半自动采集方式获得的原始数据，由观测人员携带读数仪或微机到现场直接读数，然后再转录入监测数据库。全自动采集方式获得的原始数据，通过网络系统直接输入计算机。原始数据的自动采集通过设在现场的 DAU 数据采集智能模块完成。

RCC 主坝及水电站工程安全监测自动化系统网络布置情况如图 6.5.1 所示，设备统计见表 6.5.1。

表 6.5.1　　　　　　　百色水利枢纽主坝区监测自动化系统设备统计

编号	设备名称	单位	数量
1	NDA1403 模块	块	133
2	NDA1303 模块	块	22
3	NDA3100 通信端口	块	2
4	NDA3200 中继器	块	2
5	NDA3420 光端机	台	6
6	电源、防雷及保护箱（DAU2000）	台	79
7	电源设备（包括净化电源和 UPS）	台	2
8	台式计算机	台	2
9	便携式计算机	台	1
10	打印机	台	1
11	软件	套	1
12	双绞通信电缆	m	4460
13	电源电缆	m	5460

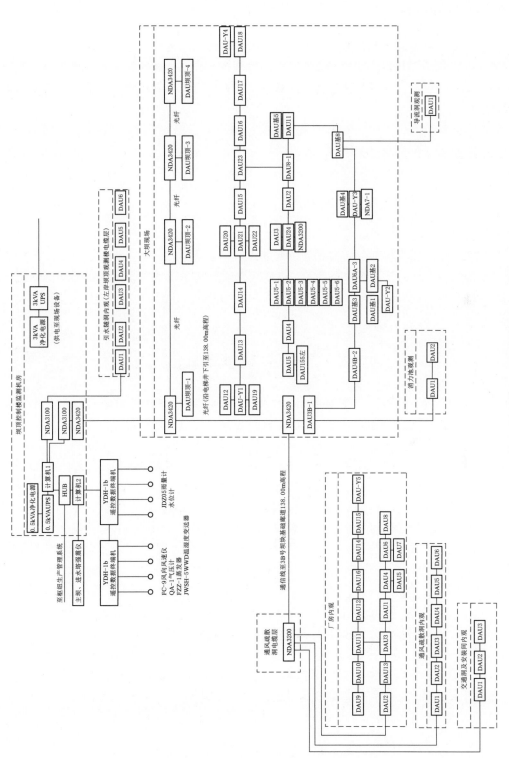

图 6.5.1 百色水利枢纽主坝区安全监测自动化系统网络

6.5.5 系统总体功能

自动化系统具备监测数据的自动采集、资料处理分析及安全管理自动化；采用分布式数据采集网络技术，具有高度的兼容性；大坝管理维护人员能及时掌握水工建筑物及基础的工作状态，并能对大坝及其他建筑物的长期工作性态进行综合分析；满足电站的现代化管理的要求。

6.6 主要监测结果与分析

6.6.1 RCC主坝工程安全监测结果

6.6.1.1 主坝水平位移

主坝实测最大水平位移分布曲线如图6.6.1所示。

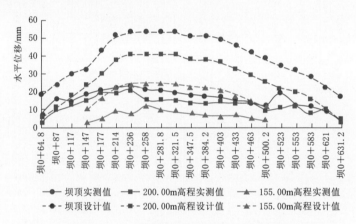

图 6.6.1 主坝实测最大水平位移分布曲线

（位移为"＋"表示向下游位移，为"－"表示向上游位移）

坝顶、200.00m及155.00m高程排水观测廊道、坝基处水平位移分布曲线如图6.5.2所示。

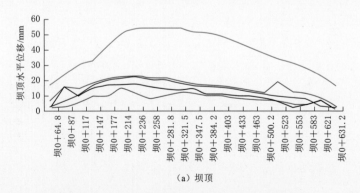

（a）坝顶

图 6.6.2（一） 主坝坝体水平位移分布曲线

（位移为"＋"表示向下游位移，为"－"表示向上游位移）

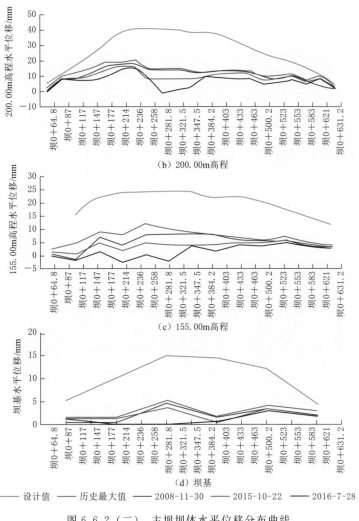

（b）200.00m高程

（c）155.00m高程

（d）坝基

—— 设计值 —— 历史最大值 —— 2008-11-30 —— 2015-10-22 —— 2016-7-28

图 6.6.2（二） 主坝坝体水平位移分布曲线

（位移为"＋"表示向下游位移，为"－"表示向上游位移）

溢流坝段水平位移典型过程曲线如图 6.6.3 所示。

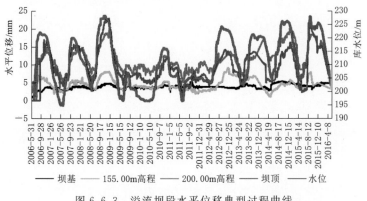

—— 坝基 —— 155.00m高程 —— 200.00m高程 —— 坝顶 —— 水位

图 6.6.3 溢流坝段水平位移典型过程曲线

（位移为"＋"表示向下游位移，为"－"表示向上游位移）

主坝水平位移观测成果统计见表 6.6.1。

表 6.6.1　　　　　　　　　　　主坝水平位移观测成果统计　　　　　　　　　　单位：mm

年份	坝　基		155.00m 高程廊道		200.00m 高程廊道		坝　顶	
	最大值	最小值	最大值	最小值	最大值	最小值	最大值	最小值
2005	1.56	−1.95	2.33	−3.90	6.54	−2.43	17.17	−0.57
2006	0.41	0.41	7.43	−3.86	15.37	−1.86	15.70	−2.11
2007	3.94	−0.93	6.93	−3.44	14.10	−0.51	22.88	−1.44
2008	4.82	−0.32	8.66	−2.58	18.89	−0.32	22.95	−1.78
2009	4.85	−0.54	8.63	−2.36	19.61	−0.54	12.34	−2.07
2010	4.39	−0.49	6.62	−1.32	13.44	−0.21	10.33	−6.33
2011	5.18	−0.57	7.02	−1.43	11.09	−0.32	14.93	−4.54
2012	4.14	−0.62	12.10	−1.39	13.10	0.15	17.64	−1.49
2013	4.74	−0.54	11.84	−0.67	13.71		18.81	
2014	5.38	0.08	8.69	−0.04	18.98	0.79	20.11	−0.86
2015	4.98	−0.11	9.92	−2.88	21.00	0.87	17.17	−0.57
历史	5.38	−1.95	12.10	−3.90	21.00	−2.43	22.95	−6.33

由观测成果可看出，主坝的水平位移向下游方向，位移最大区域在溢流坝段。位移变化规律与库水位的变化基本一致。2008 年 11 月水库最大水位 228m 时，测得坝体水平位移最大值 22.95mm，设计值为 53.5mm。坝体水平位移均不超过设计值，其变化符合一般规律。

6.6.1.2　主坝垂直位移

主坝垂直位移主要监测基础廊道、155.00m 及 200.00m 高程廊道、坝顶部位的垂直位移。主坝垂直位移典型过程曲线如图 6.6.4 所示，不同时期主坝垂直位移分布曲线如图 6.6.5 所示。

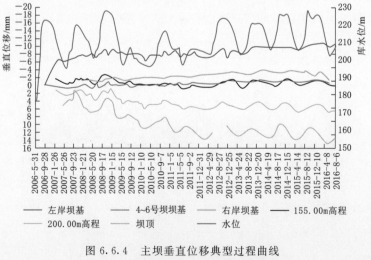

图 6.6.4　主坝垂直位移典型过程曲线
（位移为"＋"表示下沉，为"−"表示抬升）

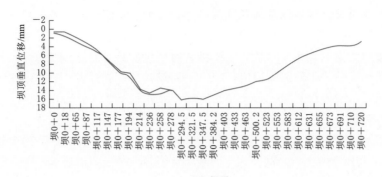

（a）坝顶

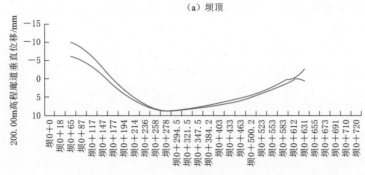

（b）200.00m高程

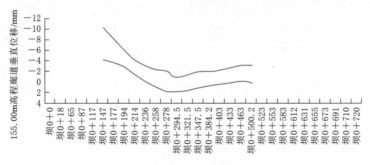

（c）155.00m高程

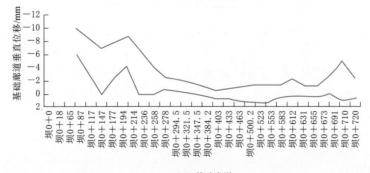

（d）基础廊道

 历史最大值 ——— 2016-5-28

图 6.6.5　主坝垂直位移分布曲线

（位移为"+"表示下沉，为"－"表示抬升）

从监测结果可看出，主坝坝体垂直位移总体小于设计值。

6.6.1.3　主坝挠度

主坝挠度监测是利用 6A 号和 7B 号坝块的正倒垂线组进行监测。由监测成果可知 2008 年 11 月水库水位达到 228m 持续了 1 个多月后，主坝挠度最大为 21.11mm，低于设计值 53.5mm。

6.6.1.4　坝基倾斜

监测结果表明坝基倾斜变化符合一般规律，2016 年 2 月倾斜量在 7.43″（4B 号坝块）～15.08″（3B 号坝块）之间。

6.6.1.5　坝体永久横缝

坝体永久横缝监测以 5 号、6A 号坝块间永久缝开合度监测为主，在 117.50m 和 147.50m 高程分别埋设 3 支测缝计对其进行监测。表 6.6.2 为开合度监测值统计，图 6.6.6 为监测曲线。监测结果显示相邻坝段结构缝开合度为 0.2～3.59mm，已稳定，无明显发展迹象。

表 6.6.2　　　　　　　　　　5 号、6A 号坝块间结构缝开合度监测值统计

高程	测点/个	最 大 张 开			最 大 闭 合			现状
		开合度/mm	时间	测点	开合度/mm	时间	测点	
117.50m	3	3.057	2008-12-15	J1-1	0.403	2005-7-18	J1-3	均呈张开状
147.50m	3	0.118	2008-7-7	J1-4	−0.788	2004-10-20	J1-4	均呈闭合状

注　施工缝张开开合度为正，闭合开合度为负，设计警戒值为±5mm。

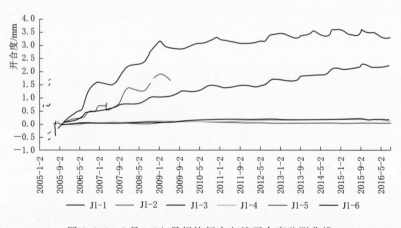

图 6.6.6　5 号、6A 号坝块间永久缝开合度监测曲线

6.6.1.6　坝基渗透水压力

RCC 主坝坝基扬压力监测在 5 号、6A 号坝块设重点监测断面，共埋设 18 支渗压计，其中 5 号坝块 7 支、6A 号坝块 6 支、F_6 断层 2 支、8B 号坝块 3 支。图 6.6.7 为 5 号坝和 6A 号坝段基础渗透水压力分布线，实测的坝基扬压力远小于设计值，表明坝基的防渗帷幕及排水效果显著。

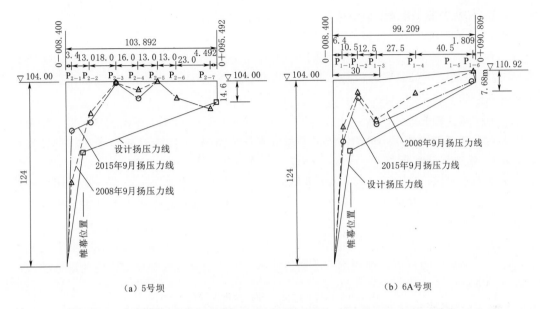

（a）5号坝　　　　　　　　　　　　（b）6A号坝

图 6.6.7　5 号坝和 6A 号坝块坝基扬压力线实测图（挡水位 228m 时）（单位：m）

9A 号、9B 号坝块坝基扬压力线实测图如图 6.6.8 所示。2008 年 9 月及 2009 年 1 月坝踵扬压力曾经超过设计值，2009 年 3 月至今恢复到设计值附近，分析认为是受到坝基 F_{15} 断层影响，大坝蓄水 3 年多后坝体、坝基已受力、变形协调，F_{15} 断层被进一步挤压密实，预计坝基渗水随着时间推移，坝基扬压力会进一步减小、稳定。对受 F_6、F_{15} 基础断层影响扬压力偏大的 5 号、6A 号、9A 号、9B 号坝块坝基抗滑稳定安全系数进行了核算，坝基抗滑稳定安全系数满足规范要求。

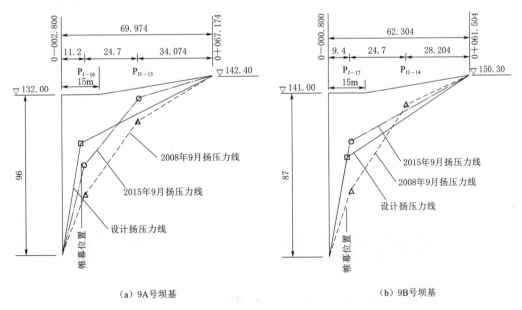

（a）9A号坝基　　　　　　　　　　（b）9B号坝基

图 6.6.8　9A 号坝和 9B 号坝块坝基扬压力线实测图（挡水位 228m 时）（单位：m）

6.6.1.7　停浇面裂缝监测

在 3～7 号坝块一枯、二枯停浇面上，跨裂缝埋设测缝计 43 支。只有 5 号坝段的 J5-1、J5-2、J5-3、J5-4 测得裂缝有微弱张开，最大开合度为 0.24mm（J5-1），J5-1、J5-2、J5-3 监测的是同一条裂缝，目前其开合度基本稳定在 0.21～0.24mm，其余测点测得一枯停浇面裂缝总体呈闭合状。

从埋设仪器的观测成果看，所有缝体开合度稳定，在蓄水期基本无开合现象，仪器运行正常，各测点测值稳定，所有测值均在设计允许范围内。

6.6.1.8　坝体渗透水压力

坝体渗透水压力监测以 5 号、6A 号坝段为主，监测坝体渗透水压力的渗压计均埋设在新老混凝土层间。从图 6.6.9 和图 6.6.10 中可看到坝体渗透水压力实测线，代表点的时间过程线如图 6.6.11 和图 6.6.12 所示。5 号、6A 号坝块共 6 个不同高程的坝体层面上埋置的 23 支渗压计，监测结果表明，主坝挡水到正常蓄水位后，坝体渗透水形成的层面扬压力值远低于设计值，坝内廊道看到的坝体排水孔未见排水量异常，说明坝体层面结合良好、坝体排水孔排水有效且良好。

6.6.1.9　坝体温度监测

整体来看，坝体内部温度最高，温度较低的部位一般是坝趾、坝踵和上游坝体表面。施工期坝体中部和下部温度都较高，最高温度能达到 38℃。温度年变幅最大值出现在施工期，蓄水后年变幅有逐年减小的趋势。当前坝体温度在 18.20～28.78℃ 之间。

5 号、6A 号坝块埋设的传感光缆，形成两个坝段三维分布式光纤传感监测网络，实时获得大坝结构温度场，客观反映了坝体热生成、热传递和热交换等多因素对温度场的综合影响。监测结果早期用于现场指导主坝 RCC 施工。

6.6.1.10　渗流量

坝体渗漏水经排水管汇入基础灌浆排水廊道上游排水沟后，采用量水堰量测。图 6.6.13 为 2008 年 8 月以来主坝渗流量监测历时曲线，当库水位为 227.22 时渗流量为 15.687L/s；最高水位 228m 时渗流量为 13.156L/s，最大渗流量呈逐次下降趋势。当库水位低于 215m 时，主坝渗流量基本稳定在 4～6L/s 之间。主坝渗流量小于原设计预测值 50L/s。图 6.6.14 为主坝渗流量构成历时曲线，从图中可以看到坝基渗漏量与库水位相关最密切，而坝体渗漏量在逐年减少。

6.6.1.11　水质分析

选择主坝廊道内 J_4B-3、J_6B-5、J_7A-4 排水孔及消力池廊道内 1208 号、1267 号排水孔取水样，在 2006 年 2—12 月检测硫酸盐（SO_4^{2-}）浓度。监测结果为：主坝 01 硫酸盐浓度检测结果无异常，且变化不大，均小于 20mg/L，甚至在 2006 年 9 月、10 月低于 5mg/L；除在 2006 年 3 月突然增高、达到 229mg/L（仍在对混凝土无腐蚀性浓度指标范围内）之外，各个月份硫酸盐浓度指标变化不大，在 25～57mg/L 范围内，均属于对混凝土无腐蚀性；主坝 03 硫酸盐浓度变化较大，在 16～134mg/L 之间，总体上在 2006 年 2—9 月硫酸盐浓度相对较高（仅在 2006 年 3 月偏低，为 23.1mg/L），而在 2006 年 10 月以后则逐月递减、趋于平稳，均低于 19mg/L，对混凝土无腐蚀性。消力池排水孔水质监测点硫酸盐浓度 16～48mg/L，无腐蚀性。

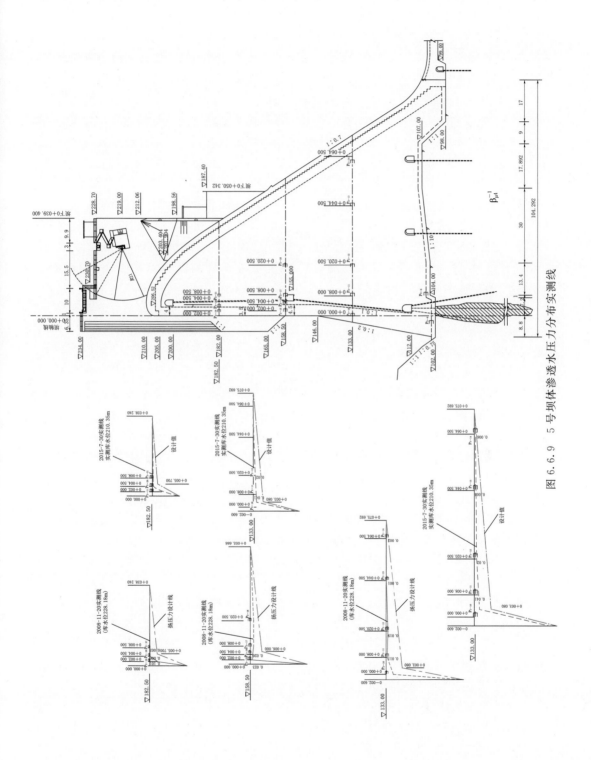

图 6.6.9 5 号坝体渗透水压力分布实测线

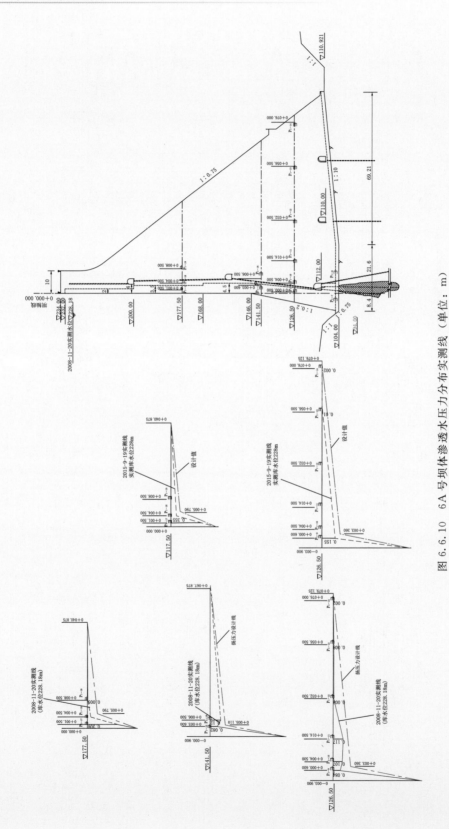

图 6.6.10　6A 号坝体渗透水压力分布实测线（单位：m）

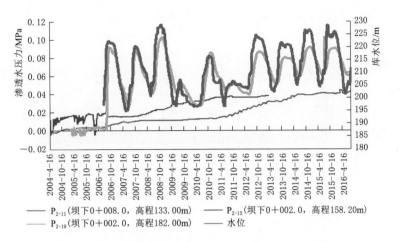

图 6.6.11　5 号坝体（桩号坝 0+265）渗透水压力典型过程线

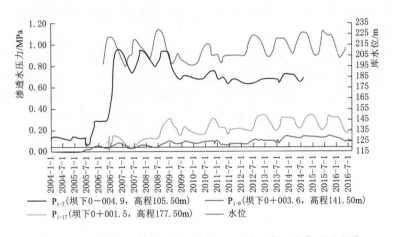

图 6.6.12　6A 号坝体（桩号坝 0+292）渗透水压力典型过程线

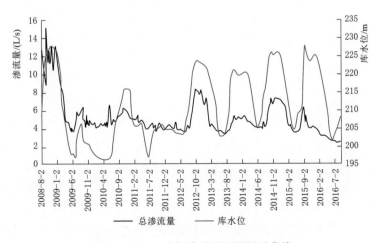

图 6.6.13　主坝渗流量监测历时曲线

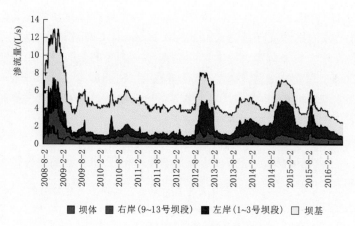

图 6.6.14　主坝渗流量构成历时曲线

6.6.1.12　水力学观测

主坝水力学观测设备安装后未遇到设计工况泄洪流量，未开展相应内容观测。

6.6.1.13　消力池观测

消力池观测成果显示，消力池基础总体呈微弱压缩变形状态，基础最大下沉 3.56mm（小于设计值 4.0mm）；消力池底板混凝土结构缝开合度为 0.16mm，其余消力池板块之间在垂直方向上无相对位移产生，位移测值均在 ±0.25mm 内；消力池底板结构缝、导墙裂缝开合度稳定，大部分缝体呈闭合状态。底板 98.60m 高程的 6 支钢筋计受力均小于 14MPa，均匀受拉。

6.6.1.14　主坝安全监测结论

百色 RCC 主坝于 2006 年 8 月投入使用运行，经历 2006 年 226.03m、2008 年 228m、2014 年 226.31m、2015 年 228m、2017 年 227.61m、2018 年 227.61m 高水位，2008 年 228m 高水位持续 100 天的运行考验，安全监测数据分析成果表明，坝体 RCC 层间扬压力远小于设计值，主坝工程监测项目测值正常，主坝垂直位移、水平位移、坝基及坝体渗透压力及渗漏量、结构缝变形等监测量均在设计允许值内，变化符合规律。对扬压力偏大的 5 号、6A 号、9A 号、9B 号坝块坝基抗滑稳定安全系数进行核算，坝基抗滑稳定安全系数满足规范要求。综合分析认为主坝总体运行稳定、安全。

6.6.2　水电站工程安全监测结果

6.6.2.1　进水口边坡

边坡位移：2004 年后，边坡变形明显收敛，水平、垂直位移年变幅不超过 3mm，边坡变形已趋于稳定；水库蓄水后，在涨水阶段，近水边坡在水压力作用下边坡有向坡内位移的趋势，水位下降阶段边坡又向坡外位移，水平位移随蓄水周期呈波动状，位移变幅在 −5～10m 之内；在垂直方向上，边坡始终呈现微弱的下沉趋势，年变幅最大为 7mm。

进水塔塔基变形：在蓄水后，基础年变形量小于 0.2mm，塔基相对稳定。

进水塔与塔背边坡开合度：蓄水前后，边坡与进水塔混凝土胶结良好，开合度均不大于 0.3mm，部分测点所测开合度均呈闭合状，且开合度测值稳定，年变形量小于 0.1mm。

进水塔塔体沉降：进水塔塔体差异沉降较小，塔体垂直位移各部位变化规律相同，塔体无倾斜。目前，塔体累计沉降量为-1.30~2.92mm，差异沉降为3.99mm。

渗透水压力：整个进水口边坡各部位渗透水压力差异较大，渗透水分布不均。在进水渠左侧边坡渗透水压力普遍较大，地下水位较高，且分布极不均匀，反映出边坡排水效果较差。水库蓄水期埋设于水位以下的各测点均随水位的变化呈规律性变化，水位以上各测点基本不变，测值稳定，受大气降水不明显，说明边坡渗透水压力及边坡排水正常。

锚索应力：所测试的锚索张拉锚固力最小为1538.22kN，接近设计值1500kN。

6.6.2.2　引水隧洞

岩体内部位移：引水隧洞各断面埋设的多点位移计监测成果表明，引水隧洞围岩位移普遍很小，位移较大区在竖井段，最大位移为2号竖井段M4yb-2-4的14.33mm，到蓄水时降为14.14mm，略大于设计值10.00mm，其余部位岩体内部位移均不超过5mm。围岩的变形变位目前在-0.2~0.7mm范围内，围岩稳定。

开合度：测缝计所测接缝总体呈闭合状，4号洞上平段拱顶处开合度较大，最大时为测点Jye-1的1.24mm，目前基本稳定在0.9mm左右，其余部位均小于0.40mm，且绝大部分测点呈压变形状，说明围岩与混凝土接合良好。

锚杆应力：引水隧洞围岩支护锚杆应力普遍较小，最大拉应力为70.5MPa，最大压应力为27.7MPa，小于设计值310MPa。

钢筋应力：结构钢筋应力普遍较小，最大应力为2号引水隧洞上平段测点Rya-3的95.7MPa，小于设计值310MPa，应力状态为受压，其次为测点Rya-2的23.1MPa。其余30个测点的应力值均小于20MPa。水库蓄水后，混凝土结构钢筋应力基本随季节变化而变化，其中在上平段、竖井段变化较为明显，最大变幅约为40MPa。

渗透水压力：水库蓄水对引水隧洞各个部位埋设的渗压计均有不同程度影响，渗压计所测引水隧洞外水压力均随水位变化呈规律性变化。上平洞段监测断面的渗压计埋设高程较高，受水库水位影响相对小，各测点测值正常，大多数渗透水压力均小于设计值0.5MPa。下平洞段、钢衬板段各监测断面的渗透水压力随库水位的增高而增大，1号引水隧洞0+184断面PY-5测点于2006年11月21日库水位220m时出现最大值1.11MPa，高于设计值1.0MPa，但低于钢衬设计采用的外水压力值1.15MPa，分析认为钢衬结构是安全的。

6.6.2.3　主机洞

岩体内部位移：主机洞顶拱实测最大位移2.53mm（测点M4a-3-3），上游边墙最大位移7.01mm（测点M4a-4-4），下游边墙最大位移3.39mm（测点M4a-7-2，向岩体内部位移），但与顶拱、上下游边墙理论最大径向变形5.1mm、27.5mm和22.4mm相比，所测位移值要小得多。主机间围岩变形已不再增大，位移过程曲线平缓，主机洞围岩整体基本稳定。

锚杆应力：在2005年8月蓄水后，主机间围岩的系统支护锚杆应力和岩锚梁锚杆应力计测值均相对稳定，月变幅在±6.0MPa范围内；蓄水后锚杆应力值变化量小于40MPa。测值均较小，锚杆应力测值正常，主机洞锚杆的应力整体稳定。

开合度：主机洞测缝计均埋设在岩锚梁与岩壁之间，7 个断面共埋设 28 支。除测点 J1-1 与 J4-3 测值异常外，其余测点所测岩锚梁与岩壁之间胶结缝开合度均小于设计值 1mm，且绝大部分呈闭合状，岩锚梁与岩壁之间胶结良好。

锚索拉力：主机洞锚索测力器安装在下游边墙的对穿锚索上，岩锚梁上下各 3 台。工程蓄水后，主机洞锚索测力计测值显示锚索张力达到设计要求的 1500kN，主机洞变形无异常。但测点 DP1（在 2009 年 10 月以后）、测点 DP3（在 2010 年 9 月以后）测值显示相应两根锚索张力为 1057kN 左右，表明个别锚索有锚固力损失现象。由于主机洞围岩内部位移测值（下游边墙最大值 2.34mm）正常，而且与设计值（下游边墙 15.1mm）相比小得多，锚杆及渗压计测值均也小于设计值。综合分析认为，所有锚索仍能发挥其应有作用，主机洞围岩现有支护措施能保证其稳定安全。

渗透水压力：主机间三个监测断面不同部位埋设的渗压计的测值比较稳定，渗透水压力较小。尽管现场多处存在不同程度时段性渗水现象，甚至在部分渗压计（Pb-2、Pc-2）埋设部位渗水现象较为严重，但是由于地质因素，洞室围岩对渗透水密封性较差，渗透水基本为无压裂隙水，因而埋于洞室围岩中的渗压计测得渗透水压力及其变化幅度均相对较小，均小于 0.05MPa。

6.6.2.4　主变洞

原岩位移：主变洞各监测断面埋设的多点位移计所测岩体内部位移显示，所有测点变形量都较小，顶拱最大位移 2.02mm，上游边墙最大位移 5.37mm，下游边墙最大位移 2.34mm，围岩位移量月变幅均不超过 ±0.03mm，洞室围岩相对较稳定。

锚杆应力：主变洞围岩的系统锚杆、岩锚梁部位锚杆应力测值正常，测值无明显变化，基本稳定。

开合度：蓄水前，测缝计所测开合度均在 ±0.2mm 内，最大为 0.10mm，且其中 6 个测点测得岩锚梁与岩壁的胶结缝呈现闭合状，胶结较好。蓄水后，测缝计测得各观测断面开合度基本无变化，年变幅在 ±0.09mm 以内，岩锚梁与岩壁结合良好。

渗透水压力：渗压计测得主变洞围岩内渗透水压力很小，均小于 0.01MPa，同时，在现场洞壁也无明显渗水现象，说明主变洞围岩内基本无渗透水。

6.6.2.5　水轮机层以下洞室

锚杆应力：主机洞水轮机层以下应力较大的部位，主要集中在检修集水井深挖部位的上下游和水轮机安装高程处，混凝土浇筑后锚杆应力均有回落平稳迹象。监测成果较为稳定，过程线平缓或呈波动状，应力测值正常，支护结构体稳定。

原岩位移：各测点在 2005 年 8 月蓄水后的测值稳定。岩体内部测点位移变化量最大为 4.03mm（M4f-3-4），其余测点变化相对较小，且位移呈微弱变小的趋势，表明主机间水轮机层以下部位围岩稳定。

6.6.2.6　蜗壳层、尾水肘管段

接缝开合度：蜗壳层和尾水肘管段混凝土与围岩的接合缝、蜗壳及肘管与混凝土接合缝均呈微弱张开状，接合缝开合度最大为 0.199mm。

应力应变：蜗壳及肘管钢板环向应变普遍为拉应变，应变量最大为 126$\mu\varepsilon$（压），应变计及钢筋计测得相同部位混凝土应变状态与结构钢筋应力状态基本相近，混凝土应变最

大为 $924\mu\varepsilon$。结构钢筋应力在 $120\sim60$MPa 之间，呈波动（大概以年为周期）状，总体保持稳定性状。

渗透水压力：埋设在混凝土与洞室围岩间较低高程（100.65m 以下）的渗压计 P4-2、P4-3 在蓄水期所测渗透水压力有一定的变化，渗透水压力为 0.243MPa，其余测点基本呈无压状态。

6.6.2.7　尾水主洞

原岩位移：在蓄水期，各测点测得尾水主洞原岩变位年变幅整体小于 1mm，受水库蓄水和电厂发电影响不大，整体稳定。目前，多点位移计、基岩变形计位移测值相对稳定，岩体位移基本不受蓄水位影响，累计变化最大测点 M4K-1-3 的测值为 2.02mm，其余测点位移年变幅均小于 1mm，岩体基本趋于稳定。

锚杆应力：尾水主洞锚杆应力整体稳定，蓄水后累计变幅最大为 ASI-2 的 37.94MPa，施工期应力较大的测点测值在蓄水后均无明显变化，各测点应力测值年变幅小于 154MPa。

钢筋应力：顶拱钢筋普遍受压，底板及边墙竖向钢筋应力有拉有压，应力测值稳定，衬砌结构受外力作用不大，钢筋最大应力值分别为 SJ-1 的 -88.697MPa（受压）和 RK-5 的 48.590MPa（受拉）。

开合度：尾水主洞 4 个监测断面埋设的 10 支测缝计，监测结果显示衬砌混凝土与洞室围岩的接合缝开合度测值均小于 0.04mm，接合缝基本呈闭合状，无张开现象。

渗透水压力：尾水主洞 11 支渗压计监测成果显示洞室围岩内只有 2 个测点测得有微弱的渗透水压力，但不超过 0.05MPa，其余测点呈无压状态。

锚索张力：锚索张力基本达到设计要求 1000kN，锚固后，各测点承载力均有不同程度的损失，锚索有微弱的松弛表现，锚索张力稳定，在 $1000\sim1300$kN 之间。

6.6.2.8　尾水渠边坡

表面位移：整个边坡水平位移测值较为稳定，变幅较小，监测曲线相对平缓，边坡在水平方向上基本稳定。尾水渠边坡在垂直方向位移量相对较小，始终在 $-2\sim6$mm 内，微弱沉降，与水平位移监测情况相近，尾水主洞一侧边坡垂直位移较大，交通洞一侧边坡垂直位移稍微小些，尾水主洞一侧 152.00m 高程平台的测点 LR4 垂直位移最大，累计下沉量为 5.74mm。

渗透水压力：尾水渠边坡的渗压计均埋设在边坡岩体内，所测山体的渗水压力与大气降水有关，因孔壁渗水性的不同，水压变化情况也存在差异，边坡渗水压力均小于 0.25MPa。

锚索张力：在张拉锚固后，各测点承载力在短期内有损失现象，但在平衡后锚索张力稳定在 $1300\sim1450$kN。通过采用锚索最小张力 1300kN 进行该段边坡稳定安全核算，其稳定安全系数仍大于 1.3，符合规范要求。另外，尾水渠边坡多年的变形监测结果亦未发现异常，综合分析认为尾水渠边坡是稳定安全的。

6.6.2.9　交通运输洞

岩体内部位移：交通洞围岩相对较为稳定，监测曲线平稳。

锚杆应力：锚杆应力最大值为测点 AS3-7，测值为 53.7MPa，其余应力值均小于

50MPa。交通洞锚杆应力较大部位在靠近主厂房安装间的 3—3 断面。在洞室交叉部位，锚杆应力较大，同时，受附近洞室施工影响，锚杆应力稳定性较差，监测曲线波动较大。目前，各测点测值稳定，交通洞锚杆应力正常。

渗透水压力：交通洞 2—2、3—3 断面处洞室围岩的渗透水压力很小，测值均小于 0.12MPa，而交通洞 1—1 监测断面渗透水压力相对较大。监测曲线显示，同一监测断面渗透水压力变化趋势是基本一致，其中 1—1 断面有断层发育，上盖岩层较薄，受边坡渗水的影响，渗压计测值随季节降水变化较为明显。

钢筋应力：交通洞钢筋计的监测成果表明，衬砌混凝土内拱座以上的环向钢筋均受拉，边墙竖向钢筋均受压，符合洞室衬砌结构受力规律。结构钢筋拉应力、压应力均不超过 20MPa。目前，拱座以上的环向钢筋拉应力小幅减小，边墙竖向钢筋受压基本稳定。

6.6.2.10　通风疏散洞

岩体内部位移：通风疏散洞两个断面各埋设三套多点位移计，监测到的位移测量均小于 1.50mm，其中 2—2 断面受电缆廊道施工影响，M42-2 各测点在 2003 年 7 月底 8 月初均测得小幅度位移突变，但位移量小，最大变幅 0.68mm。目前通风疏散洞围岩稳定，位移最大的测点 M41-1-1 测值为 0.433mm。

锚杆应力：通风疏散洞目前最大应力值为测点 AS2-7 的 69.1MPa，其余测点均小于 40MPa。目前，锚杆应力稳定，锚杆应力计 AS1-1 所测应力最大值为 29.385MPa。

渗透压力：通风洞透水压力一直小于 0.01MPa，洞室围岩也无渗水现象。

钢筋应力：衬砌混凝土内拱座以上的环向钢筋均受拉，边墙竖向钢筋受压，符合洞室衬砌结构受力规律，结构钢筋拉应力、压应力均不超过 40MPa，拱顶拉应力最大 33.7MPa，变幅不大，均较为稳定，压应力最大点 R2-1 为 -18.485MPa。

6.6.2.11　水电站安全监测结论

工程蓄水发电至今，水电站各项监测项目测值正常，无异常或突变，进水口边坡、进水塔基础、尾水渠边坡相对稳定，无明显的变形变位，引水隧洞、地下厂房洞室群、尾水隧洞等洞室原岩变位微小，支护结构应力测值正常，水电站工程各建筑物是稳定安全的。

综上，百色主坝区安全监测工程监测项目与设计布局符合本工程特点、《混凝土大坝安全监测技术规范》（SDJ 336—1989）及《水电站地下厂房设计规范》（SL 226—2001）要求，满足本工程安全监测需要。工程于 2006 年 8 月投入使用运行，经历 2006 年226.03m、2008 年 228m、2014 年 226.31m、2015 年 228m、2017 年 227.61m、2018 年227.61m 高水位，2008 年 228m 高水位持续 100 天的运行考验。安全监测数据分析成果表明，主坝及水电站工程监测项目测值正常；主坝垂直位移、水平位移、坝基及坝体渗透压力及渗漏量、结构缝变形等监测量均在设计允许值内，变化符合同类工程的一般规律；水电站各项监测项目测值正常，进水口边坡、进水塔基础、尾水渠边坡相对稳定，无明显的变形变位；引水隧洞、地下厂房洞室群、尾水隧洞等洞室原岩变位微小，支护结构应力测值正常；主坝、水电站工程运行稳定、安全。

第 7 章

机 电 与 金 属 结 构

7.1 水力机械

7.1.1 水电站运行条件

7.1.1.1 水文水能条件

百色水利枢纽水电站水文水能运行条件见表 7.1.1。

表 7.1.1　　　　　　　百色水利枢纽水电站水文水能运行条件

类别	项　目	参　数
库容	水库总库容	$5.66Gm^3$
	调节库容	$2.62Gm^3$
	预留防洪库容	$1.64Gm^3$
上游水位	可能最大洪水位	233.73m（PMF）
	校核洪水位	231.49m（$P=0.02\%$）
	设计洪水位	229.66m（$P=0.2\%$）
	正常蓄水位	228m
	汛期限制水位	214m
	死水位　初期运行（二期工程完建前，下同）	195m
	正常运行（二期工程完建后，下同）	203m
下游水位	不发电、不泄洪时	118.6m
	一台机组 40％额定功率运行时	120.1m
	单台机组额定功率运行时	120.57m
	电站额定功率运行时	122.07m
	50 年一遇洪水控泄流量 $3000m^3/s$ 时	126.70m
	100 年一遇洪水下泄流量 $9021m^3/s$ 时	134.60m
	500 年一遇设计洪水下泄流量 $9961m^3/s$ 时	135.40m
	5000 年一遇校核洪水下泄流量 $11542m^3/s$ 时	136.66m

续表

类别	项目		参数
净水头	（1）最大水头		
		一台机组额定功率运行时（相应上游水位228m）	106.3m
		上游水位228m且一台机组40%额定功率运行	107.6m
	（2）电能加权平均水头　初期运行		92.4m
		正常运行	93.4m
	（3）最小水头　初期运行		71m
		正常运行	79m
泥沙特性	河流多年平均含沙量		0.606kg/m³
	泥沙最大粒径/平均粒径/中值粒径		2mm/0.019mm/0.0091mm
	建库后过机平均含沙量		0.2kg/m³
	最大过机含沙量		3kg/m³

7.1.1.2　调度运行条件

百色水利枢纽是以防洪为主的水利工程，优先听从防汛部门的调度指挥。

水电站接入广西主电网和百色地方电网运行，发电接受电网的调度。水电站主要承担电网的调峰任务。系统对本水电站无调相要求。

7.1.2　水轮机

7.1.2.1　水轮机参数选择

1. 影响参数选择的因素

百色水利枢纽水电站装机容量540MW，水头范围71～107.6m，属110m水头段，选择混流式水轮机最为合适。参数选择主要考虑如下因素：

（1）本水电站主要承担系统峰荷，在系统中调峰作用较大，开停机较频繁，水轮机绝大部分时间在较高水头区运行。

（2）本水电站水头变化幅度达到1.5倍，超出一般混流式水轮机水头变化的允许范围。主要参数不但应使机组满足本水电站的基本要求，而且主要参数之间要达到总体的最佳匹配。

（3）首先考虑水力稳定性，其次是能量特性，不过分追求高参数，应适当留有裕度，但水轮机性能要基本达到国内先进水平。

（4）水轮机有良好的空化性能和稳定性能，确保水轮机在各种工况下安全、稳定和高效运行。

2. 水轮机主要参数

（1）比转速 n_s 和比速系数 K：在本水电站的水轮机比转速选择时，充分考虑运行稳定性，比转速和比速系数不宜选择太高。综合考虑，初步选定本水电站水轮机比转速和比速系数分别为：$n_s = 224 \sim 250 \text{m} \cdot \text{kW}$，$K = 2100 \sim 2345$，属国内中上水平。

（2）水轮机效率 η：本水电站水轮机的运行水头与三峡水轮机的运行水头接近。鉴于当时国内外水轮发电机组制造厂为三峡水电站研制的系列转轮效率高、性能优的特点，结合本水电站运行特征，通过模型试验、修改、优化用于本水电站。初步选定本水电站水轮机模型最高效率不低于 93%，真机最高效率不低于 95%，真机额定点效率不低于 92.5%。水轮机运行特性曲线如图 7.1.1 所示，水轮机模型验收试验如图 7.1.2 所示。

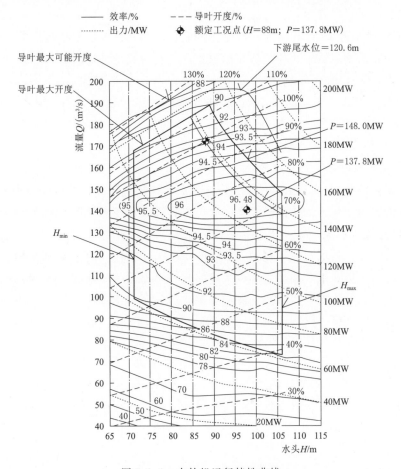

图 7.1.1　水轮机运行特性曲线

（a）百色模型转轮

（b）通过自动频率仪观测到的气带

图 7.1.2　水轮机模型验收试验

（3）单位转速 n_{11} 和单位流量 Q_{11}：基于稳定性而又不保守考虑，选定水轮机单位转速 $n_{11}=74\sim80$L/s，推算出单位流量 $Q_{11}=1000\sim1130$L/s。

（4）空化系数 σ：为了使本水电站水轮机在整个运行水头范围内（包括最大功率工况）满足无空蚀运行的要求，本水电站空化系数 σ_p 宜控制在 0.145～0.183 之间，额定点模型空化系数 σ_m 宜控制在 0.11 左右。选定的百色水电站水轮机模型转轮优化参数，基本达到了国内当时大型混流式水轮机转轮参数水平，符合我国设计制造水平。

（5）额定转速 n_r 和转轮直径 D_{t1}：在额定水头 88m、机组额定功率 135MW 情况下，选择转轮直径 4.25m、4.3m、4.35m 三种方案，额定转速 166.7r/min、176.47r/min、187.5r/min 三种方案，做了比较论证。选定额定转速 $n_r=166.7$r/min，转轮直径 $D_{t1}=4.3$m 作为代表值进行初步设计和设备招标采购。

3. 吸出高度和安装高程的确定

按模型空化系数 $\sigma_m\leqslant0.11$，计算额定工况下的吸出高度，并复核满足所有运行工况（包括最大容量工况）的防空蚀要求，确定水轮机安装高程为 115.20m。

7.1.2.2 机组最大容量

水电站的设计（额定）装机容量 540MW（4×135MW）。在项目准备和审查过程中，有专家提出增加装机容量的建议。经过认真研究，最终提出在不增大工程规模的条件下，增大容量、增加电能的途径和措施。最后实施了设置最大容量 580MW（4×145MW）方案。即在保持水轮发电机组额定参数不变的条件下，当运行水头达到 93m 时，在满足防空蚀要求（安装高程不变）条件下，水轮机输出功率 148MW，发电机容量 145MW/159MVA（要求不增大主变容量）。水轮发电机组按最大容量长期稳定运行设计。经核算，相对于 540MW（4×135MW）额定功率设计，主变容量（160MVA）不变，断路器型号参数不变，基本不增加电气设备投资，厂房尺寸不变，水机辅助设备也不变。而装机容量增加了 40MW，年电能增加了 11GW·h。设计推荐和实际采购水轮发电机组主要技术参数见表 7.1.2。

表 7.1.2　　　　　　　　　　　　水电站水轮发电机组主要技术参数

序号	项目名称	单位	设计推荐参数	采购合同参数
一	水轮机			
1	型式		立轴金属蜗壳混流式水轮机	
2	型号		HL230-LJ-430	HLV200-LJ-428
3	转轮公称直径（D_{t1}）	m	4.300	4.280（出口直径 4.142）
4	额定功率	MW	137.8	137.8
5	最大功率	MW	148	148
6	最大水头	m	107.6	107.6
7	电能加权平均水头	m	92.4（初期运行） 93.4（正常运行）	92.4（初期运行） 93.4（正常运行）
8	额定水头	m	88	88

续表

序号	项目名称	单位	设计推荐参数	采购合同参数
9	最小水头	m	71（初期运行） 79（正常运行）	71（初期运行） 79（正常运行）
10	额定效率	%	≥92.5	93.3
11	加权平均效率	%	≥93.10	94.29
12	最高效率	%	≥95.00	96.48
13	最小水头下最大功率	MW		106.72（初期运行） 124.48（正常运行）
14	最大功率时最小水头	m	93.0	89.2
15	额定流量	m³/s	173.00	171.41
16	额定转速	r/min	166.7	166.7
17	飞逸转速	r/min	≤351	342
18	额定工况空化系数 σ_m		≤0.11	按空蚀条款保证
19	安装高程（导叶中心线高程）	m	115.2	115.2
20	额定比转速	m·kW	230.0	229.6
二	发电机			
1	型式		立轴半伞式发电机	立轴普通伞式发电机
2	型号		SF135-36/9200	SF135-36/9200
3	额定功率/容量	MW/MVA	135/159	135/159
4	最大功率/容量	MW/MVA	145/159	145/159
5	额定电压	kV	13.8	13.8
6	额定电流	A	6645	6645
7	额定功率因数		0.85（滞后）	0.85（滞后）
8	额定转速	r/min	166.7	166.7
9	飞逸轮速	r/min	351	342
10	飞轮力矩 GD^2	t·m²	≥16000	≥16000
11	最高效率	%	≥98.00	≥98.43
12	加权平均效率	%	≥98.00	≥98.31
13	直轴不饱和同步电抗		<1.0000	0.9878
14	直轴不饱和瞬变电抗		≤0.3200	0.3038
15	直轴不饱和超瞬变电抗		≥0.2000	0.2025
16	短路比		≥1.100	1.121
17	定转子绝缘等级		F	F

7.1.2.3 水轮机流道

（1）水轮机引水系统：水轮机引水系统采用一机一管单元引水方式，引水隧洞共4条，内径为6.5m。从进水口快速闸门槽下游侧至厂房上游边墙的引水隧洞长度分别为：

1 号机 273.52m、2 号机 249.78m、3 号机 226.03m、4 号机 202.24m，其中压力钢管段长度分别为：1 号、2 号及 3 号洞 44m，4 号洞 43m。压力钢管与蜗壳间设伸缩节，水轮机蜗壳为金属蜗壳，包角为 345°，进口断面直径为 5.3m，蜗壳最大外形尺寸（水轮机中心至蜗壳外缘距离）：$R_{+X} = 7.74m$，$R_{-Y} = 7.33m$，$R_{-X} = 6.57m$，$R_{+Y} = 5.16m$，进口断面中心距 $R_0 = 5.34m$。

（2）水轮机尾水系统：由于是地下水电站，尾水管采用肘形窄高型长尾水管。四条长尾水管汇合至一条主管，即"四洞合一"的布置方案。尾水检修闸门布置在长尾水管的中部。

7. 1. 2. 4　水轮机主要部件结构特点

水轮机主要结构部件有转轮、主轴、水导轴承、座环、蜗壳、顶盖、活动导叶和操作机构、尾水管、补气装置等。

（1）转轮：转轮采用整体铸焊结构。上冠和下环采用抗空蚀性能优良、可焊性好的不锈钢材料铸造而成，叶片材料为 GX4CrNi13 - 4，13 个 X 型叶片为不锈钢精炼铸造而成。在 SHEC 工厂焊接成整体转轮，整体转轮在最后切削和打磨之前进行热处理以释放内应力。在上冠和下环的外圆周围直接加工和转轮成一体的槽形止漏环，以减少水轮机的渗漏损失。整体转轮在 SHEC 公司完成静平衡试验。

（2）水轮机主轴：转轮与主轴采用法兰螺栓连接，转轮与主轴靠销套传递扭矩，螺栓不受任何剪力。水轮机主轴采用整体锻钢件结构，材料为 ASTM A668 Gr. D，带轴领外法兰中空结构，与发电机主轴连接采用销钉螺栓型式，镗模加工螺栓孔。

（3）水导轴承：水导轴承为油润滑、分块瓦型衬以巴氏合金材料，设置斜楔调整垫块，外置水冷却的冷却器。自润滑由在轴领内的离心泵效应产生，润滑油通过水冷却器进行自循环，润滑油为 L - TSA46 号汽轮机油。

（4）座环：座环采用分瓣结构并在现场进行组焊，为平行边结构。在座环鼻端处设有排水孔，开孔于座环上的环筒上，通过钢管将顶盖积水排走；另设有 1 台顶盖排水泵作为备用，顶盖积水较多时强行排水出机坑。

（5）蜗壳：整个蜗壳包括 26 节（含 5 节凑合节），在现场焊接于座环上，材料为 Q345C，每块钢板的厚度考虑了 3mm 的腐蚀量。蜗壳设有水力测量的测压头，外侧设有拉紧器和支撑柱等附件，同时蜗壳上部设有弹性垫层。

（6）顶盖：顶盖为钢板焊接整体结构，不分瓣。顶盖与座环的固定方式为螺栓把合，之间有调整垫片。顶盖与座环之间的密封为立面 O 型条和硅胶密封。顶盖上设有强迫补气孔和水力测量用的测压头，另设有排水孔以及连通尾水肘管的顶盖卸压管。

（7）活动导叶和操作机构：活动导叶数量为 24，导叶采用不锈钢 ZG0Cr13Ni4Mo 整体铸造。导叶为三支点支撑结构，3 个导叶轴承，1 个位于底环上，另 2 个位于顶盖上。在导叶连接板与导叶拐臂之间设有导叶摩擦套，导叶摩擦套可以在剪断销剪断时固定支持活动导叶，防止导叶自由摆动而碰撞相邻导叶和转轮。导叶轴颈设有自润滑轴承，每个导叶还设有一个自润滑止推轴承。导叶套筒下部设有可靠的导叶轴颈密封，导叶上下端面间隙由导叶调整垫片调整固定；导叶立面未装设密封条，采用刚性密封。导叶控制环为整体结构，下部装有径向和轴向自润滑轴承。

（8）尾水管：尾水锥管和肘管均设有钢里衬，里衬厚度16mm，衬至肘管出口。里衬的顶部500mm长度段用同厚度的不锈钢板制作，其余为普通碳钢段。尾水管配有直径500mm的液压操作的盘型排水阀，设有一个800mm×600mm的进人门，进人门下面设有一个检验尾水锥管是否积水的验水阀，锥管进口设有测量尾水管进口压力的测压头。

（9）补气装置：为改善水轮机在部分负荷工况或超负荷工况下的运行稳定性，采用主轴中心孔自然补气的方式，从大轴顶端补入大气，并在顶盖和基础环上预留补入压缩空气的管道（强迫补气管道，备用）。

7.1.3　水轮发电机

7.1.3.1　主要参数

1. 额定值选定

型式	立轴普通伞式水轮发电机
型号	SF135－36/9200
额定功率/容量	135MW/159MVA
额定电压	13.8kV
额定电流	6645A
额定功率因数	0.85（滞后）
额定转速	166.7r/min
飞逸转速	342r/min
飞轮力矩	16000t·m^2

2. 发电机最大容量

前已述及，机组设置最大运行容量。发电机的最大容量受主变容量限制，不能超过160MVA。接入电力系统设计要求发电机无功功率为253Mvar（包括枢纽工程自用电需要的无功功率）。设置发电机最大输出容量145MW/159MVA，输出无功率260Mvar，既满足了电力系统的要求，也没有超过主变容量，此时的功率因数为0.912。

7.1.3.2　技术性能

1. 绝缘和温升

百色水利枢纽水电站水轮发电机主绝缘采用F级厚粉云母，云母含量达48%以上，减薄了主绝缘厚度，提高了槽利用率。由于绝缘材料会受热老化、机械损坏、电晕、局放等影响，故运行时应注意控制水轮发电机温度，保证空气冷却器出口温度在40℃以下，水轮发电机输出最大容量时，定子线圈温升不大于75K。试验时，单根定子线棒在1.5倍U_n下不起晕，整机耐压时，槽部和端部在1.1倍U_n下不起晕。

2. 主要电磁数据

水轮发电机功率因数运行在$\cos\phi=1$，有功功率为159MW的状态，其充电容量达130Mvar，调相容量大于70Mvar，欠励时，可吸收70Mvar以上的无功。

3. 机械特性及技术保证

水轮机调节保证计算要求水轮发电机转动惯量为16000t·m^2，飞逸转速为额定转速的2.05倍，达到342r/min，要求水轮发电机在飞逸转速下能运行5min，所用材料的计算应力不大于材料屈服强度的 2/3；水轮发电机结构强度能经受定子出口突发短路时的短暂态力矩，以及水平方向 0.25g、垂直方向 0.125g 地震加速度作用；刚度满足半数磁极短路时的单边磁拉力及最大轴向负荷时下机架下沉变形小于 2.0mm，水平方向双幅振动量小于 0.08mm，噪音水平不大于 80dB（A），气隙均匀。

7.1.3.3　发电机结构特点

发电机总体结构型式为立轴普通伞式，主要结构部件有定子、转子、主轴、上端轴、上导轴承和上机架、推力轴承、下机架、下导轴承、空气冷却器、制动系统、水灭火系统等。

发电机采用三段轴（含转子中心体）结构，上导轴承布置在上机架中心体油槽内，推力轴承位于转子下方并布置在下机架上的推力油槽内，下导轴承布置在下机架中心体油槽内。

1. 定子

定子由机座、铁芯、绕组等组成。定子机座为传统的刚性机座结构，外径为 10500mm，高度为 1870mm，分 4 瓣运到工地后调整组焊成整圆。定子铁芯外径为 9200mm，内径为 8360mm，高度为 1750mm，由厚度 0.5mm 的冲片在工地叠装成整圆而成，冲片材质为 DW270-50 冷轧无取向的优质硅钢片，冲片表面涂有 F 级绝缘漆。定子铁芯下端采用大齿压板结构，设有 48 个 6mm 的通风沟，铁芯上、下端采用无磁性高强度合金钢压指材料，通风槽钢为工字型截面无磁性不锈钢。定子铁芯叠片后用活动的双鸽尾筋定位，采用具有齿压板、恒压蝶形弹簧、拉紧螺栓的铁芯固紧结构。

定子绕组采用双层条式波绕组，Y 形连接，F 级绝缘。采用全模压一次成型工艺。定子槽数为 432 槽，线棒数为 864 根，线棒具有互换性，每根线棒用双玻璃丝包线经 313.04° 换位编织而成，线棒热压成整体后用 F 级环氧粉云母玻璃丝带连续包扎作为对地绝缘，表面用涂有半导体漆的玻璃丝带作防电晕层。采用半导体槽衬结构，线棒的绑扎固定采用浸渍室温固化的适型材料及对头斜槽楔结构，槽口和端部采用适型材料和新的绑扎结构及无磁性高强度钢端箍。所有绕组的连接，包括铜环引线及线圈跨极的连接均采用银焊工艺。

2. 转子

转子由磁极、磁轭、转子支架及转轴组成。转子支架为圆盘式斜筋焊接结构，有 9 个主立筋，分为一个中心体与三外环组件在工地组焊。

转子磁轭由 2.2mm 厚低合金高强度结构钢板经冲制，在工地叠压成整体。采用不同极距交错相叠和正反向叠片的方法，用高强度拉紧螺栓固紧成一体。磁轭设有 7 个径向通风沟并在冲片接缝处留有通风间隙。磁极铁芯采用 1.5mm 厚的 Q345B 薄钢板冲片，并用拉杆紧固成一体，通过冲片上的 T 尾槽将磁极挂装在磁轭相对应的键槽上。

转子绕组由扁铜线绕制而成，匝间采用 F 级绝缘。磁极线圈的上下端采用 F 级的整体绝缘托板。磁极外表面设有纵横阻尼绕组，阻尼环连接片采用电阻压焊工艺，极间连接线采用柔性连接结构。磁轭与转子支架采用切、径向复合键连接结构，保证正常运转时的磁轭圆度，并能有效地传递扭矩。转子磁轭的下部设有可拆卸的由耐磨、耐热性能良好的材料制造的分块制动环，可在不吊出转子的情况下进行修理或更换。

3. 轴

发电机主轴和顶轴（上端轴）均采用 20SiMn 锻钢制成。转子中心体与发电机主轴的外法兰、发电机主轴与水轮机主轴的外法兰用螺栓连接，并靠具有一定配合间隙的销钉传递扭矩；发电机主轴与水轮机主轴采用分段轴结构。

顶轴下端与转子中心体通过螺栓连接，具有足够的强度和刚度。顶轴（上端轴）上热套上导轴承滑转子，并在两者之间设置轴电流绝缘层。

4. 轴承

发电机设有上下导轴承和推力轴承。上下导轴承均采用油浸式自循环、12 块巴氏合金扇形瓦自调式结构，采用楔形支承结构用于调整导瓦与滑转子之间的间隙。润滑油通过装在油槽内的水冷却器冷却。在导轴承油温不低于 10℃时允许发电机启动。

推力轴承采用油浸式内循环冷却系统，分块瓦弹性油箱支撑的自调均载结构，推力轴瓦为从俄罗斯进口的弹性金属塑料瓦，瓦块数 12，可在不吊出转子的条件下拆装推力轴承瓦。在推力轴承油温不低于 5℃时允许发电机启动，允许发电机短时停机后立即启动。

5. 上下机架

上机架采用焊接井字梁结构，中心体和 4 个支臂在工地焊接而成。井字梁结构可将基础所受的径向力转化为切向力。

下机架由中心体和 6 个工字形支臂组成，支臂和中心体在现场组焊成整体。

上下机架都具有足够的刚度和强度，满足运行工况下的工作应力和下沉量的要求。

6. 冷却系统

发电机通风冷却方式为定子空冷、转子空冷，即全空冷方式，采用双路径向、无风扇、端部回风自循环空气冷却系统。定子机座外壁对称布置 8 个无缝紫铜管穿片式空气冷却器，在 1 组冷却器退出运行情况下，发电机具有额定负荷连续运行的能力。

润滑油采用内循环水冷却方式。轴承油槽的冷却器在规定温度下，有足够的冷却能力。油冷却器便于检修和清扫，在拆卸和重装时，均不需拆卸整个轴承。

7. 机械制动和顶起装置

发电机机械制动和顶起装置安装在下机架上，制动器 12 个，均匀对称布置，弹簧复位，制动块采用不含石棉的材料制成，耐磨、粉尘少，固定在制动板上。制动器兼作液压千斤顶用，同时具有机械锁定功能。制动器外设置有吸尘装置，吸尘装置可在制动时投入，停机时自动切除。

8. 灭火方式和加热器

发电机采用水喷雾灭火方式，灭火水压 0.5MPa。共设 3 根灭火水管，分别布置在定子绕组上下端部和转子通风口上。在风罩内适当位置设报警用的感温、感烟探测器。发电机风罩内设有 8 个电加热器和照明系统。

9. 励磁系统设备

型式	UNITROL 5000 双自动通道自并激可控硅静止整流励磁系统
型号	Q5T－0/U2H1－D2000
额定容量	135MW

额定励磁电压	290V
额定励磁电流	1474A
空载励磁电流	828A
励磁变压器容量	1650kVA

7.1.4　调速系统和过速保护

7.1.4.1　调速系统

1. 主要参数

型式	数字式微处理机控制的 PID 电液型
额定操作油压	6.3MPa
导叶接力器时间范围	
关闭全行程	6～50s 可调
开启全行程	6～50s 可调

2. 主要结构特性和功能

调速器具有转速检测、转速调节、功率控制、开停机和紧急停机控制、导叶开度控制、机组频率跟踪控制、适应式控制、在线自诊断及故障处理、离线诊断功能。所有控制功能通过 1 套数字式微处理机来完成。对机组在各种运行工况下，调速器能进行远方自动和现地手动控制，并能与电站计算机监控系统相互通信。

机械液压部件和电气元件在分开的柜内。机械液压部分采用回油箱和机械液压柜合一的方案，压力油罐和回油箱采用分离式布置。调速器机械液压调节部分采用从德国公司原装进口产品，微机电气柜中主要电气电子元件及程序软件也由德国公司提供。

7.1.4.2　机组过速保护

调速器设有过速限制器（事故配压阀），过速限制器安装于回油箱中。当机组转速大于 146％额定转速时或机组转速达到 115％额定转速且主配压阀拒动时，过速限制器切断调速器至主接力器之间的油路，同时切换主接力器的操作油路，使机组直接关机。

当调速器油压装置内的油压消失或发生故障时，水轮机在一定开度范围内，导水叶具有自关闭趋势，借助于自关闭水力矩，可以保证导水叶自动关闭到空载开度。

每台机组的进水口都设有 1 扇快速闸门，当机组事故停机同时调速系统发生故障时，能在 2min 内关闭快速闸门。

7.1.5　地下厂房"四洞合一"尾水系统

百色地下水电站主厂房布置在宽约 150m 的辉绿岩条带里，尾水系统布置区为辉绿岩、蚀变带、硅质岩、泥质灰岩，岩性变化大。面对复杂的地质条件和合理控制投资的考虑，提出了"四洞合一"尾水系统——即尾水系统由四条长尾水管（支洞）及一条总尾水管（主洞）组成的布置方案。

每台水轮机采用窄高型长尾水管，4 条尾水管长度不同，检修闸门布置在长尾水管中部，4 台水轮机闸门上游侧体形长宽高一致。尾水管高度（导叶中心至尾水管底部的距离）为 14.55m，肘管（钢衬段）水平长度 8.093m，肘管出口为 8.188m×3.893m（宽×

高），带坎式的扩散段（无钢衬），从肘管出口起上翘角度约 6.1°，水平长度为 37.957m，出口为 8m×9.41m（宽×高）。闸门井宽度为 5.4m。闸门槽后接加长尾水管（尾水支洞），这段尾水管为有压流，每台机长度不一，从闸门槽底部上翘接至尾水总管（主洞），有能量回收功能。主洞断面为城门洞形，最大宽度 13m，最大高度 26.2m，长度 107.36m。支洞和主洞均不设排气孔和减压孔。电站运行过程中，由于溢洪道的泄洪流量不同，尾水主洞的水流为明流（3000m³/s 及以下）、明满流交替（3000~6500m³/s）和有压流（6500m³/s 以上）。

"四洞合一"方案涉及水工建筑物的布置、主洞明满流交替运行时的安全、水轮机之间的相互影响、运行的稳定性、水轮机过渡过程的安全等问题。为此开展了"四洞合一"尾水系统专题研究。经过科学计算，深入分析和水力试验，肯定了"四洞合一"方案的可行性和合理性，掌握了对机组稳定运行及调节保证的影响，提出了保证机组稳定运行和调节保证的工程措施，为尾水系统优化设计和电站安全稳定运行提供了科学依据。

7.1.5.1 减少开挖及支护难度，节省建筑工程量

本工程尾水系统的布置受主厂房和溢流坝消力池布置的制约。采用每台机组尾水管直通岸边尾水渠的方案（即"一机一洞"尾水系统），和"四洞合一"方案相比，一机一洞方案尾水渠宽度宽，且尾水管出口处左侧渠底线向岸里移动了 52.8m，使尾水渠边坡的高度增加了约 50m，形成百米高边坡，而尾水渠左侧边坡组成的岩层主要为全风化、强风化的硅质岩、泥岩、泥质灰岩以及辉绿岩蚀变，岩质软弱，结构松散，强度低，为保证高边坡的稳定，采取的支护工程量相当大。由于地处消力池中下左侧，坡陡，与其他建筑物抢地盘，施工难度大。而"四洞合一"方案，4 条尾水洞在地下合并成 1 条尾水主洞，出到岸边的布置简单得多。与一机一洞方案相比，"四洞合一"方案节省土方开挖 21.2 万 m³、石方开挖 46.68 万 m³、混凝土 2.23 万 m³、钢筋（包括锚杆）553t，合计节省直接投资 2775 万元。不仅如此，工程量减了，难度小了，对其他工程的设计和施工影响小了，从而有效地加快了水电站的施工进度。

7.1.5.2 地下水电站"四洞合一"尾水系统设计是先进实用的优化设计方案

水电站地下厂房的尾水系统一般采用一机一洞或二机一洞的布置方案。百色水利枢纽地下水电站是广西第一座将所有机电设备全部布置在地下厂房的大型地下发电站工程，是国内第一个采用"四洞合一"尾水系统形式的水电站。水电站地下厂房"四洞合一"尾水系统布置方案较复杂，涉及工程地质、水工建筑和水电站运行等多方面的技术问题。水电站运行时，尾水隧洞中有明流、明满流交替、满流等工况，使尾水系统对电站运行的安全、稳定性和调节过渡过程带来复杂的影响。通过科学计算和深入分析，以及水力试验验证，主洞开始出现明满流（即主洞上游开始淹没）的下游水位为 127.60m，完全淹没的下游水尾水位为 133.18m。刚好满流时主洞一侧的脉动压力均方根值在 0.97~4.36kPa 之间变化；洞顶没有出现压力的陡升陡降现象，尾水基本平稳。试验验证了"四洞合一"尾水系统的可行性和合理性。通过试验掌握了对机组稳定运行及调节保证的影响，提出了渐变体形尾水主洞形式，采用洞顶稍向下游上翘的办法消除明满流交替运行时可能产生的压力巨变和真空破坏，并进一步提出了保证机组稳定运行的工程措施，为尾水系统优化设

计和电站安全稳定运行提供了科研依据。

7.1.5.3　采用特征隐式格式法建立调保计算数值模型

百色水电站运行时，尾水隧洞中有可能出现明满交替流动而使尾水系统对电站运行的稳定性和过渡过程都带来复杂的影响。掌握尾水隧洞明满流交替和有压流运行产生的水流巨大波动及其对机组运行的影响，从而采取有效措施保证建筑物和设备的安全及稳定运行，是"四洞合一"尾水系统方案能否实施的关键！但是现有的经验公式和常规的计算程序已不能准确分析计算水力变化过程和机组过渡过程，因此建立合理可行、收敛性好并具有较高精度的明满交替流动数值模型是完全必要的。设计针对现有明满交替流动的数值解法中存在稳定性差的缺点，提出了一种创新的计算方法——特征隐式格式法，其主要思路是将动量方程和连续方程转化为双曲型方程组的标准形式进行差分。计算结果，在四台机组同时全甩负荷大波动工况下，机组最大转速上升率为 42.9%（额定负荷）和 44.5%（110%额定负荷），蜗壳末端最大压力上升率为 42.44%，尾水管进口最低压力为 $-1.6\mathrm{m}$（110%额定负荷单机运行），尾水主洞中可能出现的负压（真空）为 $-0.24\mathrm{m}$。连同尾闸室的涌浪范围，均满足设计规范的要求。通过尾水隧洞水工水力学模型试验对该方法进行了验证，试验和计算结果非常吻合。机组甩负荷试验时实测最大转速上升和最大压力上升均小于计算值，实际运行是安全的，表明该计算方法是科学的。通过对百色水电站的尾水系统动态仿真计算，并对尾水隧洞洞型进行优化，得到了满意的结果。

7.1.5.4　1:30 水力学物理模型试验

"四洞合一"尾水系统结构形式尾水系统洞室多、结构复杂、相互交叉、水流相互影响，为国内首次采用。虽然根据基本确定的尾水系统进行的电站调节保证计算和水力学计算，表明经过优化后的尾水系统布置基本合理，大小波动过程均满足规范的要求，但目前对明满交替流的研究尚不十分系统，计算结果也不十分令人放心，为此与清华大学合作开展了"尾水系统水力学试验研究"，以验证"四洞合一"尾水系统的瞬变流动状态，具体内容见第 5.9 节。

模型试验验证了"四洞合一"尾水系统的稳定流过程和过渡过程的水力特性，说明百色水电站地下厂房尾水系统的水力学设计是合理的。试验结果为尾水系统洞型优化和衬砌设计提供了设计基础和科学依据。

电站投产十多年的运行实践表明，"四洞合一"尾水系统对运行机组间的影响微小，大波动过程收敛性良好，未发现相互振荡现象，尾水洞未出现气蚀破坏，设备和建筑物未受损害，"四洞合一"尾水系统方案是成功的，为国内水电站地下厂房的建筑物布置提供了应用经验。

7.2　电气一次

7.2.1　接入电力系统

百色水利枢纽水电站总装机容量 $4\times135\mathrm{MW}$，枯水期保证出力 123MW，多年平均发电量 1701 GW·h，年利用小时数 3150h，由于水库具有较好的调节作用，增加了枯水期流量，电站枯水期电能较多，主要承担系统的调峰任务。

7.2.1.1 接入电力系统方案

根据广西电力公司和国电南方公司批复，电站以 220kV 和 110kV 两级电压接入系统。220kV 出线三回，二回至沙坡 220kV 变，一回至百色 500kV 变。110kV 出线三回，一回至东笋变，一回至百色市 110kV 变，一回至云南富宁县库区。

水利部在初步设计的批复中基本同意以上接入电力系统方案（图 7.2.1）。拟定 220kV 电压等级输电容量 460MW，110kV 电压等级输电容量 80MW。

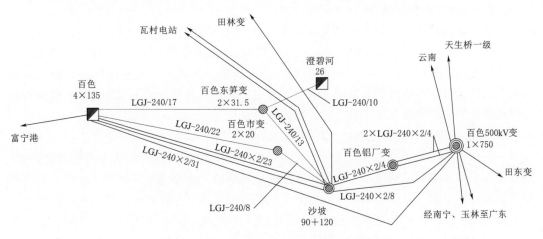

图 7.2.1 百色水电站接入电力系统方案

7.2.1.2 系统对水电站电气设备选择和运行方式的要求

根据百色水电站接入系统情况，发电机的无功功率除满足电站厂用和变压器损耗外，还需满足电站 110kV 供电区无功负荷需要和 220kV 出线向系统输送无功功率的需要。110kV 供电区有功负荷按 80MW、功率因数按 0.9 计，需无功功率 39Mvar；向广西主电网输送有功功率 460MW，功率因数按 0.95 计，需无功功率 150Mvar；电站消耗无功功率 64Mvar，共需无功功率 253Mvar。

百色水电站为调峰电站，开停机较频繁。为减少主变压器的空载损耗，电站全停时为满足 110kV 供电负荷需要，除保持 1～2 台主变运行外，其余主变可退出运行。自耦变有其造价较低的优点，但要求中性点接地运行，当其退出运行时系统零序阻抗发生变化，影响系统零序保护的整定和配合，因此，选用自耦变要慎重并经专门论证。此外，由于电站调峰运行，电压波动较大，为满足电压质量要求，向 110kV 供电的三线圈变压器宜采用有载调压变压器，而自耦变实现有载调压较为困难。因此，百色水电站三线圈变压器不宜选用自耦变压器。

7.2.2 电气主接线

7.2.2.1 发电机电压侧接线

发电机电压侧接线采用一机一变单元接线，其中 1 号和 3 号发电机组分别与两台

220/13.8kV 双圈升压变压器连接，2 号和 4 号发电机组分别与两台 220/110/13.8kV 三圈升压变压器连接。两个发电机—三圈变回路装设发电机断路器。接线形式简明清晰，运行灵活，可靠性满足电站运行要求。

在实施过程中，业主要求在两个发电机—二圈变回路也装设发电机断路器。研究后认为，根据设计规范要求，开停机频繁的调峰电站，为减少高压断路器操作次数，宜在发电机出口处装设断路器，这有利于减小发变组的故障范围并避免故障扩大；发变单元都装设断路器后，增加了同期点，利于灵活调度。方案报水规总院备案，同意变更。

7.2.2.2　升高电压侧接线

根据水电站接入系统和发电机电压侧接线的选定，百色水电站升高电压侧有 220kV 及 110kV 两个电压等级，220kV 侧为四回进线，三回出线，采用单母线分段接线；110kV 侧为两回进线，三回出线及一回枢纽用电回路，采用单母线分段接线。接线及场地布置简洁清晰，继电保护较简单，便于实现自动化，一段母线或母线所连接的断路器故障或检修，另一段母线仍可正常运行，可靠性较高。

7.2.2.3　枢纽用电、厂用电和航运用电

水电站按"无人值班，少人值守"设计，要求枢纽用电具有较高的可靠性和灵活性。共设置三个独立枢纽用电电源，其中两个独立电源从两个发电机—三圈变压器单元接线的变压器低压侧引接，降压至 10.5kV 后作为主要工作电源，所有枢纽负荷均从这两段母线上引接电源；另一个独立电源从电站 110kV 母线上引接，降压至 10.5kV 后作为枢纽保安电源。10.5kV 枢纽用电分三段母线。

10.5kV 厂用电从不同的枢纽用电母线段取两回独立专用电源，0.4kV 配电装置均为两段母线分段接线，采用机组自用电与全厂公用电分别供电方式。

百色水电站电气主接线如图 7.2.2 所示。

7.2.3　主要电气设备选择

电气设备选择根据枢纽电站最大运行方式，各电压等级侧 0s 时的三相及单相短路电流计算结果进行校验。三相短路电流计算根据设计水平年（2010 年）系统资料和本电站发电机、主变压器参数进行。

7.2.3.1　主变压器

根据发电机额定容量配置 4 台相应容量的三相整体式升压变压器，其中 2 台双绕组无载调压变压器、2 台三绕组有载调压变压器。主变压器由铁芯、绕组、有载调压分接开关、油枕、油箱、冷却装置、套管等组成。有载调压分接开关由有载分接开关和自动电压控制器组成，接在高压侧出线端，采用德国公司产品。油箱采用高强度钢板焊接结构，避免出现变压器油渗漏情况。为高效解决封闭洞室内变压器散热问题，变压器采用强迫油循环水冷却方式，冷却装置采用 YSPG 防堵双重管型循环水冷却系统。油枕采用不锈钢波纹膨胀式油枕。变压器顶部设有 SF_6 双法兰结构的油气套管、中性点套管和低压套管。主变压器中性点设有氧化锌避雷器作过电压保护并经单相隔离开关接地。百色水电站变压器主要技术参数见表 7.2.1。

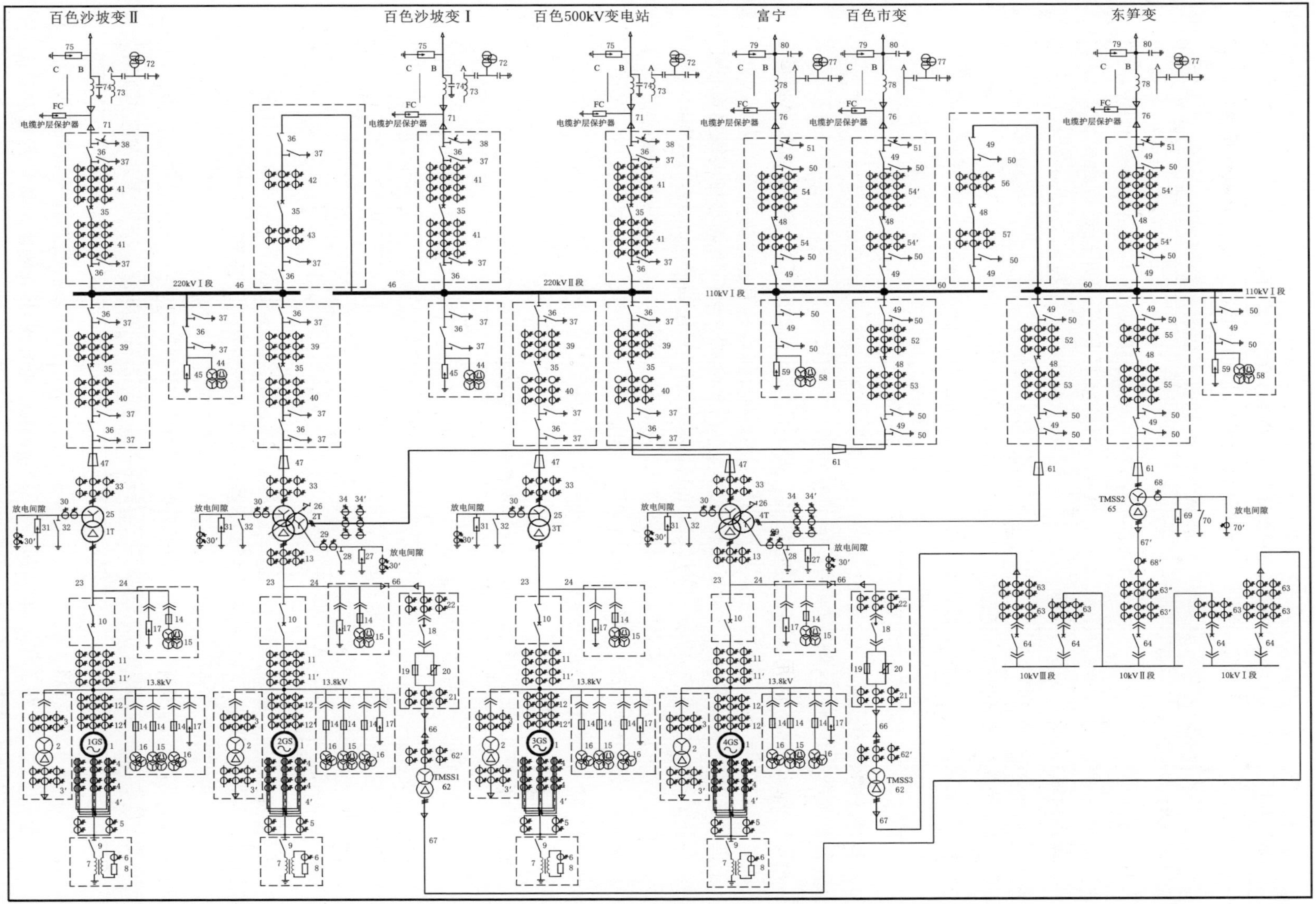

图 7.2.2　百色水电站电气主接线图

表 7.2.1　　　　　　　　　　　　百色水电站变压器主要技术参数

项　目	参　数	项　目	参　数
（1）三绕组有载调压升压变压器		（2）双绕组无载调压升压变压器	
型号	SSPSZ9－160000/220	型号	SSP9－160000/220
额定容量/MVA	160/160/160	额定容量/MVA	160
额定电压/kV	242±8×1.25％/121/13.8	额定电压/kV	242±2×2.5％/13.8
接线组别	YNynod11	接线组别	YNd11
中性点接地方式	直接接地	中性点接地方式	直接接地
阻抗电压	高中 23％；中低 8％；高低 13％	阻抗电压	13％
空载损耗/负载损耗/kW	110/510	空载损耗/kW	95
		负载损耗/kW	415

7.2.3.2　GIS 电器设备

百色水电站升高电压侧有 220kV 及 110kV 两个电压等级，220kV 侧为四回进线，三回出线，采用单母线分段接线；110kV 侧为两回进线，三回出线及一回枢纽用电回路，采用单母线分段接线。两个电压等级均采用 GIS 设备。

进线采用 SF_6 管道母线与升压变压器连接，出线采用干式高压电缆与出线场设备连接。252kV（用于 220kV）GIS 主母线采用三相共箱式，其他部分为单相式；126kV（用于 110kV）GIS 采用全三相共箱式。断路器均为单断口、垂直安装。252kV 断路器既能三相联动操作又能分相操作，126kV 断路器为三相联动操作。252kV 断路器采用先进的弹簧储能液压操动机构，具有高度的长期稳定性和可靠性。百色水电站 GIS 电器设备主要技术参数见表 7.2.2。

表 7.2.2　　　　　　　　　百色水电站 GIS 电器设备主要技术参数

项　目	参数	项　目	参数
（1）252kV SF_6 GIS 断路器技术参数		（2）126kV SF_6 GIS 断路器技术参数	
型号	ZF－220	型号	ZF－110
额定电压/kV	220	额定电压/kV	110
额定频率/Hz	50	额定频率/Hz	50
额定电流/A	2000	额定电流/A	2000
交流分量有效值/kA	40	交流分量有效值/kA	31.5
直流分量/％	50	直流分量/％	50
关合电流/kA	100	关合电流/kA	80
4s 热稳定电流/kA	40	4s 热稳定电流/kA	31.5
动稳定电流（峰值）/kA	100	动稳定电流（峰值）/kA	80

7.2.3.3　高压干式电缆

百色水电站 GIS 布置在地下洞室中，采用高压电缆与出线场设备连接，考虑到长距离、大高差布置特点及地下洞室防火要求，选用 XLPE 交联聚乙烯绝缘高压干式电缆（表 7.2.3），主要结构由导体、导体屏蔽层、绝缘层、绝缘屏蔽层、金属护层和外护套组成。导体为退火纯铜线绞合紧压成形，导体屏蔽层为半导体挤包层，绝缘层为 XLPE 交联聚乙烯，金属护层为具有径向防水和机械保护功能的波纹铝，为避免潮湿洞室环境和鼠蚁危及高压电缆的安全运行，外护套采用低烟、阻燃、防白蚁的 PVC 材料。

表 7.2.3 高压干式电缆主要技术参数

项　目	参数	项　目	参数
(1) 220kV 电缆技术参数		(2) 110kV 电缆技术参数	
额定电压 (U_0/U)/kV	127/220	额定电压 (U_0/U)/kV	64/110
电缆截面/mm^2	630	电缆截面/mm^2	300
最大持续工作电流/A	1045	最大持续工作电流/A	700
三相短路电流（有效值，4s）/kA	20	三相短路电流（有效值，4s）/kA	20
单相短路电流（有效值，4s）/kA	20	单相短路电流（有效值，4s）/kA	20
雷电冲击耐受电压（峰值）/kV	1050	雷电冲击耐受电压（峰值）/kV	550
1min 工频耐受电压（有效值）/kV	460	1min 工频耐受电压（有效值）/kV	200
30min 工频耐受电压（有效值）/kV	325	30min 工频耐受电压（有效值）/kV	160

百色水电站设置有电缆金属护层多点接地监测和电缆温度监测。在每回电缆的金属护层接地回路中接入一个电流互感器，当护层发生多点接地时，互感器感应发出接地信号。通过模拟判断电缆的最热点可能出现在主坝电缆竖井最上端转弯处，在该位置的每根电缆外护套上埋设温度传感器，温度信号通过屏蔽线传至温度显示仪再输送至计算机监控系统。

7.2.3.4 发电机断路器

发电机断路器采用 ABB 公司生产的 HECS-80M 型单相自冷式 SF$_6$ 绝缘断路器。发电机断路器由断路器、隔离开关、设置在发电机侧和变压器侧的接地开关组成，所有元件均为模块式结构，安装成封闭的整体单元。三相断路器具有共同的整体机座构架，三相同轴联动的液压弹簧操动机构，可实现现地和远方操作。发电机断路器主要技术参数见表 7.2.4。

表 7.2.4 发电机断路器主要技术参数

项　目	参　数	项　目	参　数
型号	HEC3	额定开断电流/kA	100
灭弧介质	SF$_6$	关合电流/kA	300
额定电压/kV	24	3s 热稳定电流/kA	100
额定电流/A	8000	动稳定电流/kA	300

7.2.3.5 离相封闭母线

发电机主回路最大持续工作电流为 6977A，选择常规母线在设备选型和布置方面存在很大困难，为杜绝母线回路发生相间短路和单相接地发生的可能性，避免大电流导体在土建钢筋中引起的附加涡流损耗，发电机主回路、励磁变压器回路和枢纽用电回路的所有设备均采用全连式离相封闭母线，励磁变压器回路不设保护设备。在发电机出口、发电机断路器两侧与母线连接处及升压变压器低压侧四个关键位置装设红外线温度监测装置，监测母线情况。离相封闭母线主要技术参数见表 7.2.5。

表 7.2.5　　　　　　　　　　　　离相封闭母线主要技术参数

项　　目		主回路	分支回路
额定电压/kV		15	15
最高工作电压/kV		18	18
额定电流/A		8000	1500
额定动稳定电流/kA		300	300
额定热稳定电流及耐受时间/(kA/s)		100/4	100/4
绝缘水平	工频耐压（有效值）/kV	57	57
	冲击耐压（峰值）/kV	105	105
母线导体规格为（外直径×厚度）/(mm×mm)		$\phi 250 \times 10$	
外壳规格为（外直径×厚度）/(mm×mm)		$\phi 750 \times 5$	

7.2.4　过电压保护及接地装置

7.2.4.1　过电压保护

（1）直击雷保护。百色水利枢纽所在地年平均雷暴日为 77 天，属多雷活动的山区。

水电站机电设备基本装设于地下厂房内，一般不会受直击雷的危害，大坝和电站进水口较为突出的建筑物，如坝上变电所，采用在建筑物屋顶设置避雷带方式防雷。较高的金属构架（如进水口门机）采用金属件可靠接地方式进行直击雷保护。

（2）进行波防护。配电装置的雷电侵入波保护利用避雷器及进线保护段进行保护。

1）高压配电装置的防护。220kV 及 110kV 各回架空出线全线架设双避雷线以防雷，各回高压电缆出线装设电缆护层保护器，以限制电缆过电压。为防止线路侵入波对电气设备的损害，在电站各架空线出口处装设一组氧化锌避雷器，同时在 220kV 及 110kV 各段母线上装设一组氧化锌避雷器。

2）主变压器及 10kV 配电装置的保护。为防止在变压器中性点不接地时发生单相接地故障，而发电机出口断路器三相不同时动作所产生的操作过电压或雷电侵入波造成的过电压，在主变 220kV 及 110kV 侧中性点各装设一台氧化锌避雷器。

10kV 配电装置采用在其三段母线上分别装设一组氧化锌避雷器进行保护。

（3）发电机电压侧配电系统的防护。为防止雷电波通过主变对发电机及其配电装置的损坏或雷电感应过电压、反击过电压对发电机绝缘的破坏，在各发电机出口处装设一组氧化锌避雷器，在发电机中性点装设一台氧化锌避雷器。

7.2.4.2　接地装置

百色水利枢纽的保护接地、工作接地及防雷接地连接成一个总接地网，枢纽接地电阻应满足小于 $2000/I$（I 为枢纽单相接地短路电流值）的要求。百色水利枢纽地处强雷区的峡谷地带，受高电阻率的基础和地形的限制，接地系统的设计遇到了很大的困难；同时，枢纽工程属于大接地短路电流系统，水电站采用计算机监控方式、数字式继电保护系统以及 GIS 开关设备，对接地系统提出了更高的要求。整个枢纽接地网范围广、媒体多、短路电流大（以水电站单相最大短路电流为基础，根据规程考虑避雷线的分流后，经计算确定的短路入地电流为 5000A），使得接地装置的接地电阻大，接触电势、跨步电势高，直接威胁人身和设备的安全，影响电站的经济效益。

设计联合科研单位开展了接地系统专题研究，研究主要部位的地面电位、接触电势、跨步电势的分布值。通过现场实测，采用 GROUND 接地系统数值分析软件包进行计算分析，确定枢纽接地系统的接地电阻不大于 0.5Ω。采取了以下主要接地措施：

（1）沿枢纽上游左右岸弃渣公路向库区敷设长度约为 1.5km 的水下人工接地网。

（2）充分利用主坝和厂房内的自然接地体，降低整个接地网的接地电阻。GIS 设备单独敷设闭合铜接地网，所有 GIS 设备的基础均与该母线直接连接，接地母线与电站主接地网可靠连接。在厂房各高程采用钢导体连接成接地均压网，满足主要运行部位的接触电势和跨步电势。

（3）为避免短路电流流过接地导体时产生的压降影响低压信号，造成设备误动，沿电缆架全线敷设铜接地导体。

（4）在电力变压器中性点处设置电解接地极，以增加故障冲击电流的入地散流能力。

枢纽接地网施工完毕后，当水库蓄水达到 173.00m 高程时，实测的枢纽总接地电阻值为 0.478Ω，满足设计要求，达到了预期效果。

7.3 电气二次

7.3.1 枢纽综合自动化系统

百色水利枢纽水库运行由珠江委和广西的防汛中心调度，水电站运行则接受广西电网和百色地方电网的指令。百色水利枢纽综合自动化系统以计算机技术为基础，按"无人值班，少人值守"原则设计，系统为分布式结构，包括主坝计算机监控系统、水电站计算机监控系统、航运监控系统、火灾自动报警系统、水情自动测报系统、建筑物安全监测系统、地震监测系统、视频监视系统以及枢纽生产管理系统等九个主要系统。这样一个具有综合效益的大型水利枢纽工程如何实现自动化，系统间的联系、通信、协调、对外如何实现隔离、确保系统安全等问题。对如此复杂的系统工程设计，专题研究、编制了《枢纽综合自动化系统》专题报告，经水规总院批准后实施。

7.3.2 主坝计算机监控系统

7.3.2.1 主坝计算机监控系统结构配置

百色水利枢纽主坝采用分布式结构全计算机监控，由主控级和现地控制级构成。主控级按功能分布，设在坝顶监测楼的主坝集控室有 2 套主机/操作员工作站、2 台网络交换机、GPS 时钟装置、2 台打印机、主控级 UPS 电源、1 台便携式 MMI，设在枢纽管理综合楼主坝控制室有 1 套操作员工作站、1 套通信处理站、2 台网络交换机。现地控制级按对象分布，设有 4 套表孔闸门现地控制单元（LCU）、3 套中孔闸门现地控制单元（LCU）、1 套公用设备现地控制单元（LCU）。主控级与现地控制级之间采用冗余的 100MB/s 交换式光纤以太网通信。

7.3.2.2　系统功能

主坝计算机监控系统的监控对象是主坝表孔闸门、中孔闸门、主坝廊道排水泵和消力池廊道排水泵。监控系统具有实时数据采集与处理、安全监视、控制闸门和排水泵运行、系统自诊断、事故处理恢复操作指导、事件顺序记录、数据库管理、打印等功能。

（1）主机/操作员工作站（2 套）。负责协调和管理主控级和现地控制级单元的工作、收集有关信息并做相应处理和存储，操作员可以在工作站上通过人机接口对数据库和画面进行在线修改、人工设定、设置监控状态、修改限制等，并可下装至 LCU。具有数据采集和处理、安全运行监视、控制调节、事件顺序记录、事故处理指导和恢复操作指导、时钟同步等功能。

（2）操作员工作站（1 套）。完成实时的监视与控制，操作员工作站只有在主机/操作员工作站授权时方能操作，其优先权低于主机/操作员工作站。操作员工作站具有安全运行监视、控制调节、事故处理指导和恢复操作指导等功能。

（3）通信处理站（1 套）。负责与视频监视系统、水电站计算机监控系统、水情自动测报系统、枢纽生产管理系统之间的通信。

（4）闸门 LCU（7 套）。监控相应闸门、液压启闭机及其附属设备，具有数据采集和处理、安全运行监视、操作/控制和调整、事件顺序记录、数据通信等功能。

（5）公用 LCU（1 套）。完成 1～3 号中孔事故闸门、主坝廊道渗漏排水泵、消力池廊道排水泵、主坝配电装置等公用设备的自动监视和控制，具有数据采集和处理、操作和控制、数据通信等功能。正常情况下，1～3 号中孔事故闸门、主坝廊道渗漏排水泵、消力池廊道排水泵、主坝配电装置由独立的自动控制装置完成操作和控制，这些自动装置构成公用 LCU 的远程智能 I/O。

7.3.3　水电站计算机监控系统

7.3.3.1　系统结构配置

水电站计算机监控系统采用全计算机开放式分层分布式结构，水电站执行来自南方电网广西调度中心的调度命令。水电站计算机监控系统由电厂控制级和现地控制级构成。电厂控制级按功能分布，设有 2 套厂级管理工作站、3 套操作员工作站、1 套工程师工作站、3 套通信处理站、1 套电话语音报警处理站、1 套打印处理站；现地控制级按对象分布，设有 4 套机组现地控制单元（LCU）、1 套升压站现地控制单元（LCU）、1 套公用设备现地控制单元（LCU），此外还包括 4 台网络交换机、1 套模拟返回屏、1 台大屏幕投影仪、2 台激光打印机、2 台喷墨打印机、2 台便携式 MMI、1 套 GPS 时钟装置以及 1 套电站控制级 UPS 电源（含 2 台冗余 UPS）。电厂控制级与现地控制级之间采用冗余的 100MB/s 交换式光纤以太网通信。水电站计算机监控系统结构配置如图 7.3.1 所示。

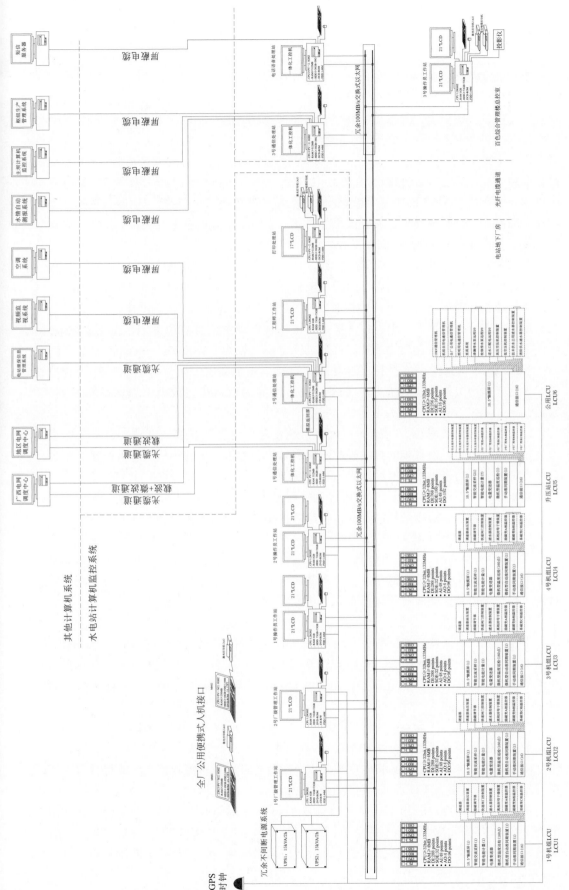

图 7.3.1 水电站计算机监控系统结构配置

7.3.3.2　系统功能

水电站计算机监控系统具有实时数据采集与处理、安全监测、经济运行、自动控制、数据库管理、打印报表、远方集中监视和调度自动化功能。

（1）厂级管理工作站（2套）：布置在电站地下厂房中控室，负责全厂的运行、管理自动化，完成全厂经济管理（EDC）、自动发电控制（AGC）、自动电压控制（AVC）、事故分析和处理、历史资料管理。

（2）操作员工作站（3套）：完成运行监视和事件报警、运行操作/控制与调整、报表生成、画面显示，系统维护、离线培训等功能。2套布置在电站地下厂房中控室（优先），1套在百色水利枢纽管理综合楼电站控制室。

（3）工程师工作站（1套）：布置在地下厂房中控室，完成系统维护、离线培训等功能，并可作为操作员工作站的冷备用。

（4）通信处理站（3套）：是电站监控系统与其他系统的输入/输出接口。1号、2号通信处理站布置在地下厂房中控室，负责与电站继电保护信息管理系统、视频监视系统、广西电网调度中心调度自动化系统、百色地区电网调度中心调度自动化系统的冗余通信。3号通信处理站布置在百色水利枢纽管理综合楼电站控制室，负责与主坝计算机监控系统、水情自动测报系统、枢纽生产管理系统之间的通信，并完成模拟返回屏信号处理、输出。

（5）电话语音处理站（1套）：布置在百色水利枢纽管理综合楼电站控制室，完成语音报警，并与电站通信系统的自动程控交换机和移动通信公司的短信服务器连接，实现直拨号告警、短信信息报警和电话语音信箱等功能。

（6）打印处理站（1套）：布置在百色水利枢纽管理综合楼电站控制室，负责电站运行报表、运行日志、故障信息以及其他指定的打印作业的处理和打印。

（7）机组 LCU（4套）：分布式系统的一个节点，负责机组及其附属设备的运行监视、操作/控制及调节、机组事故跳闸/故障报警、通信、人机联系、时钟同步等自动监视与控制。机组漏油泵、顶盖排水泵、调速器油压装置、自动滤水器和进水口快速闸门等的监视与控制由相对独立的自动装置完成，这些自动装置构成 LCU 远程智能 I/O。

（8）升压站 LCU（1套）：开放式全分布系统的一个节点，负责升压站主变压器、高压厂用变压器、断路器、隔离开关、接地刀闸等各主要电气设备的运行监视、操作/控制及调节、通信功能、人机联系、时钟同步等自动监视和控制。有载调压变压器分接头的自动调整和主变压器冷却器的监视与控制由相对独立的自动装置完成，这些自动装置构成 LCU 远程智能 I/O。

（9）公用 LCU（1套）：全分布系统的一个节点，负责 10kV 厂用电系统、0.4kV 厂用电系统（含主要出线断路器位置监视）、直流电源系统、电站高压空压机、电站低压空压机、电站渗漏排水泵、电站检修排水泵、公用技术供水系统等辅助设备的运行监视、操作/控制、通信功能、人机联系、时钟同步等自动监视和控制。地下厂房 10kV 厂用电系统、机组自用电、全厂公用电、照明用电 0.4kV 系统的监控（不含备用电源自动投入）由公用 LCU 集中完成。直流电源系统、电站高压空压机、电站低压空压机、电站渗漏排水泵、电站检修排水泵、公用技术供水系统、进水塔配电系统等其他辅助设备的监视与控制由相对独立的自动装置完成，这些自动装置构成 LCU 远程智能 I/O。

7.3.3.3 系统的先进性

（1）实现远程（异地）全厂性实时监控，满足"无人值班，少人值守"要求。在距电站约 20km 的百色市区内的百色水利枢纽综合管理楼，设有电站控制室，配置有操作员工作站、通信处理站等监控装置，通过综合管理楼的电站控制室可以对整个电站进行监视和控制。从前方地下厂房至后方综合管理楼通过 2 根 16 芯的单模光缆连接，将地下厂房电站计算机监控系统局域网与综合管理楼的电站计算机监控系统局域网通过千兆接口相连，通信光缆埋设在左岸公路旁，采用两种不同的敷设方式，确保前后方高速、稳定、可靠的通信。

2006 年 12 月 26 日，在百色市区百色水利枢纽管理综合楼的电站控制室，成功实现了对百色水利枢纽电站机组启动、停机、监视、负荷调整等一系列操作和全厂机电设备的实时监控，使电站远程（异地）全厂性实时监控首次在广西成为现实。

运行初期，各种设备处在磨合期，运行人员还在熟悉设备过程中，所以还安排现场有少数人值守。在取得运行管理经验以后，可以完全实现远程（异地）全厂性实时监控，真正做到"无人值班，少人值守"。

为实现"无人值班"，设计中采取了以下措施：

1）水电厂内部附属设备都能独立自动运行，计算机监控系统能满足远程指令进行断路器切、合，机组开、停和工况的转换，以及功率调节等，能根据预先设定的要求，自动进行机组的控制和调节。

2）机组可自主闭环运行，也可实现网、省调度中心直接控制机组运行。

3）机组的所有电气故障信号都能转换接入继电保护系统的跳闸回路，跳机组断路器，灭磁，并通过计算机监控系统进行停机管理。机组的水力机械故障信号也接入计算机监控系统，经过选择或定义，通过正常的停机程序进行停机跳闸，跳发电机断路器，灭磁等。

（2）采用开放式、全分布的系统网络结构和冗余技术的应用。系统中的各个工作站计算机及其软件均符合开放系统要求，便于功能和硬件的扩充和升级，满足系统适应功能的增加和规模的扩充要求；这样使得系统配置和设备选型能适应计算机发展迅速的特点，特别适应于建设工期长的新建水电厂，具有先进性和向上兼容性。

系统设备采用冗余配置方式，系统高度可靠；通过招投标，机组 LCU、升压站 LCU、公用 LCU 等下位机系统采用的是双机架硬件级热备配置方案，该热备系统为成熟的 PLC 双机热备系统；厂级管理工作站、操作员工作站、工程师工作站等上位机系统采用的高可靠性 64 位工作站系统国际知名厂商 Sun 的 Sun Blade 2500 系列工作站，冗余配置；采用冗余以太网，两个网络并行工作，充分发挥网络的通信能力。

（3）光纤以太网的应用。水电站计算机监控系统局域网采用冗余光纤以太网，物理上分成两个区域，即地下厂房区域（前方）和枢纽管理综合楼区域（后方），采用百兆光纤以太网构成系统的主干网通道。每区域各设 2 台交换机，由敷设在地下厂房至枢纽管理综合楼间的综合业务光缆的 2 对专用纤芯连接成一个整体。水电站地下厂房至枢纽管理综合楼间的综合业务通信光缆，是为了满足枢纽综合自动化系统内部通信而建设的环路光缆，按一级干线标准设计、施工。主用、备用光缆均为 16 芯，两路光缆路径经过精心的设计，一路采用直埋敷设，一路采用架空敷设，两路光缆敷设间距满足一级干线标准，有效防止市政建设、局部塌方、森林火灾、偷盗等原因造成通信中断，具有极高的可靠性。前方、后方局域网通过千兆光纤互联，保证了整个上层系统的实时性、可靠性与抗干扰能力；现场信号采用了光电隔离或其他隔离措施，采用基于成熟的 Modbus plus 及 Modbus 标准现场总线，保证了下层网络的高速、实时性、抗干扰性、可扩展性。

（4）采用先进通信技术，实现电站自动报警寻呼功能。为了减轻运行、检修人员工作强度，24 小时掌握机组、设备运行情况，及时消除设备隐患、故障，电站开发采用了 ONCALL 系统，实行运行、检修、维护人员的设备信息资源互通、共享。实现这项功能的 ONCALL 系统，整合在计算机监控系统中，计算机主机通过网卡从机组监控系统读取设备的 SOE 事故信息，收到信息后，一方面通过串口驱动短信收发装置发出短信，另一方面通过计算机主机上的语音卡拨出报警电话。ONCALL 功能启用后，运行人员进一步减少，不仅达到了减员增效，而且方便运行人员、检修维护人员随时随地掌握设备的故障、事故信息，最大限度地提高处理设备故障的效率，有力促进企业安全生产。

（5）充分使用 PLC 的逻辑控制。PLC 技术成熟，可靠性高，逻辑控制使用方便。各现地 LCU 均以 PLC 和触摸屏为基础，由 PLC 完成响应的闭环控制和调节，保证全厂的发电运行可靠；各 LCU 在脱离电站主控级的情况下，能保证机组安全运行；机组设备运行、电气开关设备的控制采用多重软硬件安全操作闭锁和操作权限制，以确保设备控制的正确性；现地控制单元采用 PLC 直接上双网结构，不设工控机等中间环节，提高系统整体可靠性。

（6）采用硬件 RAID 技术，确保系统的可靠性。为了提高水电站计算机监控系统的可靠性，除了采取电厂控制级重要工作站（如厂级管理工作站、操作员工作站、通信处理站）双机冗余、电厂局域网双网冗余、UPS 电源双机冗余、现地控制单元关键部件（如电源模块、CPU 模块、通信模块）双机架双模块冗余和设置独立于 PLC 的硬布线逻辑事故停机回路等安全措施外，采用了硬件 RAID 技术，使得计算机监控系统的可靠性有了实质性的提高。RAID 即独立冗余磁盘阵列，就是将多台硬盘通过 RAID Controller 结合成虚拟单台硬盘使用，其特点是多台硬盘同时读写，能提高数据存取速度和（或）提供容错性，不需断电、停机就能实现硬盘故障自动检测、硬盘坏轨数据重建、硬盘更换和备援、硬盘扩充等功能，采用 RAID 技术是提高水电站计算机监控系统工作站可靠性的最有效、最经济措施之一。

水电站计算机监控系统从安装调试至今，已发生多起工作站硬盘损坏故障，但都没有影响实时任务的处理，每次故障处理都只需简单的硬盘热插拔。

（7）采用视频监视系统，实现远程监视。设计中采用视频监视设备，在电厂内主要地方都安装了摄像机，实现系统内全方位连续监视，并在百色水利枢纽管理综合楼的电站控制室设置分控站，实现远程监视电厂状况。同时监视系统能与电厂计算机监控系统联动，在计算机监控系统操作被监视设备时，摄像头能按预定参数自动转向该设备，图像监视器能自动切换显示其画面。

（8）通信协议和物理隔离。水电站计算机监控系统与主坝计算机监控系统、水情自动测报系统、电站继电保护信息管理系统、视频监视系统、火灾自动报警系统、枢纽生产管理系统、短信服务器系统的连接采用相对统一的通信协议，方便维护、易于扩充。

与安全区外的系统连接严格遵守电力系统安全防范体系的安全隔离规范，采用专用的物理隔离装置。

7.3.4 视频监视系统

百色水利枢纽视频监视系统采用完全基于计算机技术的网络多媒体监视系统，监视重要设备的运行状况，重要场所人员活动，火灾、水位状况及一般的日常监视和保安监视，并能与火灾自动报警系统联动。由 72 套前端设备、1 套主控站和 3 套分控站构成。在电站地下厂房中控室设置视频监视系统主控站；在主坝监测楼的主坝集控室，百色水利枢纽管理综合楼的电站控制室、主坝控制室分别设置 1 套分控站。72 套前端设备（摄像机）布置在主机洞、主变洞、副厂房重要房间、GIS 层、电站进口和主坝的金属结构设备区、主坝监控楼、变电所、出线平台、廊道泵房等场所。

摄像机的视频信号以点对点方式实时传输到主控站，由主控站进行视频采集、编码和网络传输。视频监视系统主控站与分控站、枢纽生产管理系统之间通过 100Mbps 交换式以太网连接。布置在地下厂房内、传输距离小于 400m 的前端设备，其图像信号采用同轴电缆传输；布置在地下厂房内、传输距离大于 400m 的前端设备，其图像信号采用光纤电缆传输；布置在地下厂房以外的前端设备，其图像信号采用光纤电缆传输。

7.3.5 枢纽生产管理系统

7.3.5.1 系统结构及配置

枢纽生产管理系统按照先进性、实用性、集成性、安全性、可靠性、可扩充性、开放性和易维护性的原则进行设计和开发，将 C/S、B/S 技术有机结合。百色水利枢纽生产管理系统局域网以交换式以太网技术为基础，核心层 1000Mbps，接入层 10/100Mbps。核心层配置 2 台数据服务器、1 台网管服务器、1 台中心交换机（带路由）、1 台投影仪、2 台网络打印机、1 套 UPS 电源。接入层配置 10 台用户工作站、8 台网络隔离器。

位于坝顶监测楼的工程安全监测系统通过光纤电缆经网络隔离器与百色水利枢纽管理综合楼内的枢纽生产管理系统中心交换机连接；位于百色水利枢纽管理综合楼内的水电站计算机监控系统、主坝计算机监控系统、火灾自动报警系统、视频监视系统、水情自动测报系统、地震监测系统经网络隔离器后与枢纽运行管理信息中心交换机连接。枢纽生产管理系统的核心层设备集中布置在枢纽管理综合楼内第 10 层的枢纽生产管理系统主机室内，接入层用户工作站将分散在枢纽管理综合楼内。

7.3.5.2 系统功能

枢纽生产管理系统具有生产运行管理，综合信息查询，设备管理，生产技术监督管理，安全监督管理，辅助决策支持，物资管理，电子文档管理，运行、检修巡检管理，以及系统维护管理等十大功能。

系统安全设计考虑以下六个方面：系统硬件设备的安全性；系统内部的误操作及恶意操作；黑客的恶意破坏；软件平台（如操作系统、数据库系统）的稳定性和安全性；应用系统开发的稳定性和安全性；病毒的侵害与预防。

263

7.3.5.3　系统特点

本系统能使枢纽各实时系统的信息能得到合理的交流和共享，枢纽运行管理人员能迅速、及时地得到公司生产情况的全面、详细、准确的信息，要防止开发完成的各个应用系统形成信息孤岛。各子系统可分批投入试运行。

系统具有很好的容错性，不会因错误资料等原因而导致系统崩溃。枢纽生产管理系统是离线信息系统，不参与控制。

系统所采用的技术符合和遵守国际标准，能满足未来一定时期发展要求和扩大升级的可能性，确保枢纽各实时系统数据资源得到充分保护和利用。

7.3.6　继电保护

7.3.6.1　发电机保护

每台发电机均配置一整套完整的按双重化配置（非电气量保护除外）的发电机继电保护装置，并装于 A、B、C 共 3 面保护柜内，其中 A、B 柜分别装设一套将主保护和后备保护综合在一起的微机继电保护装置；C 柜装设非电气量保护装置和操作箱等。

每台发电机继电保护装置配置有发电机不完全纵联差动保护、发电机 100% 定子绕组一点接地保护、发电机高灵敏双元件零序横差保护、发电机负序过电流保护、带电流记忆的低电压过电流保护、定子绕组过电压保护、定子绕组过负荷保护、转子表层过负荷保护、励磁绕组过负荷保护、发电机励磁回路一点接地保护、发电机失磁保护、励磁变过电流保护、励磁变过负荷保护、非电量保护。

7.3.6.2　变压器保护

电站设置 2 台双圈主变压器，每台双圈主变压器均配置一整套完整的按双重化配置（非电气量保护除外）的双圈变压器继电保护装置，并装于 3 面保护柜内，其中两面柜分别装设一套将主保护和后备保护综合在一起的微机继电保护装置；另一面装设非电气量保护装置和操作箱等。

每台双圈主变压器继电保护装置配置有变压器纵联差动保护、变压器零序电流保护、变压器零序电流电压保护、变压器 220kV 侧复合电压过电流保护、变压器 13.8kV 侧复合电压过电流保护、变压器非电量保护、220kV 断路器三相不一致及失灵启动保护。

电站设置 2 台三圈主变压器及 2 台 13.8kV 厂用变压器，每台三圈主变压器（含 13.8kV 厂用变压器）均配置一整套完整的按双重化配置（非电气量保护除外）的三圈变压器继电保护，并装于 3 面保护柜内，其中两面柜分别装设一套将主保护和后备保护综合在一起的微机继电保护装置，另一面装设非电气量保护装置和操作箱等。

每台三圈主变压器（含 13.8kV 厂用变压器）继电保护装置配置有主变压器纵联差动保护、主变压器 220kV 侧复合电压过电流保护、主变压器 110kV 侧复合电压方向过电流保护、主变压器 220kV 零序方向电流保护、主变压器 110kV 零序电流保护、主变压器 220kV 零序方向电流电压保护、主变压器 110kV 零序电流电压保护、主变压器过负荷保护、主变压器非电量保护、220kV 断路器三相不一致及失灵启动保护、13.8kV 厂变高压侧限时速断保护、13.8kV 厂变高压侧复压过电流保护。

由于 13.8kV 厂变高压侧未装设断路器，只装设了真空负荷开关和组合式限流熔断器，故设计不考虑配置 13.8kV 厂变差动主保护，该设备主保护由高压侧组合式限流熔断器实现。13.8kV 厂变高压侧只装设了限时速断和复合电压过电流保护，动作于跳三圈变压器各侧断路器。

三圈变压器低压侧配置了复合电压过电流保护，保护设一段定值、一段延时，用发电机出口断路器常闭接点启动，作为系统倒送电时的后备保护。

7.3.6.3 母线保护

220kV 母线保护遵循相互独立的原则，按双重化配置，装于 4 面柜内，其中两面柜分别装设一套差动保护装置，一面装设一套三相不一致和断路器失灵保护装置，另一面装设一套母线分段断路器保护装置和操作箱等。

220kV 母线的继电保护装置配置有独立的带比率制动特性的电流差动型母线保护、母线分段断路器充电保护、三相不一致和断路器失灵保护装置。

电站 110kV 母线的继电保护装于 2 面柜内，其中一面柜装设一套差动保护装置；另一面装设一套母线分段断路器保护装置和操作箱等。

110kV 母线的继电保护装置配置有 1 套带比率制动特性的电流差动型母线保护和 1 套母线分段断路器充电保护。

7.3.6.4 线路保护

每回 220kV 线路各配置两套全线速动保护，保护装置装于 2 面柜内，一面柜装设一套差动保护装置及失灵起动装置；另一面柜装设高频距离保护装置及操作箱。

沙坡变Ⅱ线路保护装置配置有光纤分相电流差动主保护，高频距离零序主保护，三段相间距离、三段接地距离和阶段零序电流方向近后备保护，线路综合重合闸，三相不一致和断路器失灵启动保护。

沙坡变Ⅰ线路和百色 500kV 变线路同杆架设，每回线路保护装置配置有光纤分相电流差动主保护，高频分相距离零序主保护，三段相间距离、三段接地距离和阶段零序电流方向近后备保护，线路综合重合闸，三相不一致和断路器失灵启动保护。

7.3.6.5 110kV 厂用变压器的继电保护

电站 110kV 厂用变压器的继电保护装置（包括操作箱）装于 1 面保护柜内。110kV 厂用变压器继电保护装置配置有纵联差动保护、110kV 侧复合电压方向过电流保护、10kV 侧复合电压过电流保护、110kV 零序电流保护、110kV 零序电流电压保护、过负荷保护、非电量保护。

7.3.6.6 10kV 系统继电保护及安全自动装置

（1）每台 10kV 断路器柜配置有 1 台微机型的具有测量、保护、控制等功能的一体化智能装置，能现地显示回路的电流、有功功率、无功功率等参数；具有电流速断保护、过电流保护、过负荷保护和三相一次重合闸功能，保护均动作于本回路断路器；对低压厂用变压器馈线回路还具有 400V 零序过电流保护，该馈线的所有保护均动作于本回路断路器和联跳变压器 400V 侧断路器。具有现地和远方操作断路器的分闸、合闸功能；回路的电流、有功功率、无功功率等参数，断路器、隔离开关、接地刀闸的位置信号，保护动作信息、智能装置状态等信号通过网络通信管理机上传电站计算机监控系统公用 LCU。

（2）10kV 母线电压互感器柜配置有 1 台微机型的具有测量、监视等功能的一体化智能装置，能现地显示 10kV 母线的电压、频率等参数；具有母线电压并列控制、母线绝缘监察和电压互感器二次回路断线监视功能；母线电压、频率等参数，隔离开关、接地刀闸的位置信号，母线绝缘降低、互感器二次回路断线信号以及装置状态等信号均通过网络通信管理机上传电站计算机监控系统公用 LCU。

（3）10kV 系统在每个分段断路器柜上配置 1 套微机型备用电源自动投入装置，可方便灵活地进行编程，设置各种条件下的动作行为，从而完成整个备用电源自动投入的过程。保证工作电源未断开前，备用电源不投入，且装置只动作一次；其动作时限可现场整定，可手动解除备用电源自动投入装置；低压启动元件不会因电压互感器的熔断器熔断而误动作。装置动作及运行状态等信号除通过离散 I/O 接口送至电站计算机监控系统公用LCU 外，还通过数字接口经网络通信管理机送至电站计算机监控系统公用 LCU。

（4）10kV 系统共设 1 台网络通信管理机。网络通信管理机与电站计算机监控系统公用 LCU 和 10kV 所有微机一体化装置通信，以便实现所有微机一体化装置与电站计算机监控系统公用 LCU 进行数据通信，实现远程监视和控制。网络通信管理机与电站计算机监控系统公用 LCU 的通信符合 IEC 60870 – 5 – 103 传输规约，通信介质为光纤电缆。

7.3.6.7　发电机-变压器组故障录波装置及其辅助设备

电站 4 个发电机-变压器组单元均分别配置 1 套容量为 64 路模拟量/128 路开关量的发变组故障录波装置，用于记录每台发电机中性点、机端和每台主变压器各侧的故障信息。

7.3.6.8　线路故障录波装置及其辅助设备

电站 220kV 系统配置有 1 套容量为 48 路模拟量/128 路开关量的线路故障录波装置，用于记录包括 4 台主变压器 220kV 侧、220kV 母线和 3 回 220kV 线路的故障信息。

电站 110kV 系统配置有 1 套容量为 48 路模拟量/128 路开关量的线路故障录波装置，用于记录包括 4 台主变压器 110kV 侧、110kV 母线、110kV 厂用变压器 110kV 侧和 3 回110kV 线路的故障信息。

7.3.6.9　继电保护信息管理系统

（1）电站配置 1 套继电保护信息管理系统，由 1 套继电保护专职工作站、1 台通信服务器、1 台网络交换机、4 台通信机、1 台打印机、1 套 GPS 时钟装置等组成。其主要用途是迅速采集各保护装置中所记录的数据，进行必要的处理、存储，并上传电网调度中心。继电保护信息管理系统具有故障分析、保护定值远程修改和保护软压板的远程投/退等功能。

（2）1 号通信机与 1 号发电机保护装置、1 号发变组故障录波装置、2 号发电机保护装置、2 号发变组故障录波装置通信；2 号通信机与 3 号发电机保护装置、3 号发变组故障录波装置、4 号发电机保护装置、4 号发变组故障录波装置通信；3 号通信机与 4 台主变压器、220kV 系统所有继电保护及安全自动装置通信；4 号通信机与 110kV 系统所有继电保护及安全自动装置通信；电站 10kV 及以下电压等级的保护装置及安全自动装置不进入电站继电保护信息管理系统。

（3）电站继电保护信息管理系统的 GPS 时钟装置专用于电站 13.8kV 及以上电压等级的保护装置及安全自动装置的对时。

7.3.6.10　继电保护设计变更

2002年3月，国家电力公司制定了《"防止电力生产重大事故的二十五项重点要求"继电保护实施细则》（国电调〔2002〕138号），分别对220kV及以上线路、220kV及以上母线、220kV及以上主变压器和100MW及以上发电机变压器组的继电保护作出了严格要求，要求上述设备（元件）继电保护按双重化配置，并遵循相互独立的原则，即采用两套完整、独立并且是安装在各自柜内的保护装置，每套保护应配置完整的主后备保护。

本工程初步设计时，4台发电机、4台主变压器、1组220kV母线分别配置1套保护，220kV线路保护配置2套。根据上述要求，4台发电机、4台主变压器、1组220kV母线继电保护修改为双重配置。

7.4　金属结构

7.4.1　概况

本工程的金属结构设备包括：

（1）主坝泄水表孔4扇弧形工作门及启闭设备；泄水中孔进口3扇事故检修门及启闭设备；出口三扇弧形工作门及启闭设备；此外，为满足下游环境保护和供水需要，主坝还设有1扇临时放水底孔和环境用水取水口的金属结构设备。

（2）水电站4台机组进水口设有4扇快速闸门及启闭设备、1扇检修门、16扇拦污栅（通仓式布置）及启闭设备。

（3）机组尾水4扇检修门及启闭设备。

（4）导流洞进水口1扇封堵闸门及启闭设备。

主坝及水电站金属结构设备汇总见表7.4.1。

7.4.2　主坝金属结构

7.4.2.1　主坝表孔弧形工作闸门

溢流坝段布置在主河道偏左侧，设有4个表孔和3个中孔，中孔布置在4个表孔的3个中墩内，表孔、中孔错开布置。根据水库正常运行方式，洪水主要由表孔担负宣泄和调节，在水库正常蓄水位228m以下时，表孔闸门可局部开启以调节流量和库水位，当水库水位高于228m时，则全部闸门开启泄洪。表孔设置有4扇弧形工作闸门及其启闭设备。中孔的主要作用是为防洪腾空库容，主要在220m库水位以下参与泄洪，或局部开启调节流量，其次是必要时放空水库。特别事故"一孔表孔打不开"的情况，中孔弧门的操作水位从220m提高到228m，以便必要时在库水位高于220m时参与泄洪，3个中孔进口设有3扇平面事故闸门、出口设有3扇弧形工作闸门及其启闭设备。鉴于本水库属于不完全多年调节性质，根据水库运行方式操作，每年库水位均有降至溢流堰顶以下足够闸门检修的时间，因此，表孔不设置检修闸门。主坝另外还设有临时放水底孔1扇封堵闸门和1扇弧形工作闸门及其启闭设备以及环境用水取水口的金属结构设备。

表 7.4.1　主坝及水电站金属结构设备汇总

编号	闸门名称	基本资料 孔口尺寸(宽×高)/(mm×mm)—设计水头/m	操作方式	总水压力/kN	材料	门槽尺寸(宽×深)/(m×m)	闸门 门叶 单重/t	数量	总重/t	埋件 单重/t	数量	总重/t	启闭机 型号	台数/单重/t	总重/t	防腐面积/m²
1.1	表孔弧形工作门	14.0×19.0—19.00	动水启闭	25560	16Mn		205.0	4	820	19.0	4	76.0	QHLY-2× 1600kN-10.5m 液压启闭机	4/34	136	12480
1.2	中孔弧形工作门	4.0×6.0—62.16	动水启闭	17200	16Mn		65.0	3	195	25.0	3	75.0	QHSY-1600kN /550kN-7.5m 液压启闭机	3/15	45	3120
1.3	中孔事故门	4.0×7.0—62.16 (平面滑动钢闸门)	静水启闭	18800	16Mn	1.30×0.71	28.0	3	84	22.0	3	66.0	QP-2500kN- 55m 卷扬启闭机 (两台共用)	1/53	53	1248
2.1	进水口拦污栅	3.2×15.8—4.00 (平面滑动栅)	≤2m 动水启闭	220	Q235	0.53×0.30	12.3	20	246	7.1	32	227.2	1000kN/320kN 双向门机 (带回转吊)	1/225	225	4928
2.2	进水口检修门	5.1×7.0—49.00 (平面滑动闸门)	静水启闭	17325	16Mn	1.40×0.70	29.0	1	29	13.8	4	55.2				443
2.3	进水口快速门	5.1×6.5—50.66 (平面滑动钢闸门)	动闭静启	16566	16Mn	1.40×0.70	4.0 其中拉杆 15.0	4	192	12.6	4	50.4	QPKY-2500kN /1250kN-7.5m 液压启闭机	4/19	76	2880
3.1	尾水检修门	8×9.41—25.86 (平面滑动钢闸门)	静水启闭	16364	16Mn	1.5×0.7	42	4	168	13.2	4	52.8	2×400kN 台车启闭机	1/40	40	2547

续表

编号	基本资料 闸门名称	孔口尺寸(宽×高)/(mm×mm)—设计水头/m	操作方式	总水压力/kN	材料	门槽尺寸(宽×深)/(m×m)	闸门 门叶 单重/t	门叶 数量	门叶 总重/t	埋件 数量	埋件 单重/t	埋件 总重/t	启闭机 型号	台数/单重/t	总重/t	防腐面积/m²
4.1	导流洞封堵门	11×13.5—88.75(平面滑动钢闸门)	≤12m动水启闭	129284	16Mn	2×1.13	243.0	1	243.0	1	52.2	52.2	QP-2×2500kN-55m卷扬启闭机	1/106	106	3888
5.1	临时放水底孔封堵门	2×2.5—77.25(平面滑动钢闸门)	≤45.5m动闭静启	4265	16Mn	0.8×0.5	3.6	1	3.6	1	5.4	5.4	QP-630kN-41m卷扬启闭机	1/7.5	7.5	58
5.2	临时放水底孔弧形门	2×1.8—45.5	动水启闭	2321	Q235		4.4	1	4.4	1	3.5	3.5	QL-200kN/160kN-2.9m-SD螺杆启闭机	1/0.6	0.6	70
26																
5.4	主坝放水孔检修门	2×2.4—39(平面滑动钢闸门)	静水启闭	2038	Q235	0.67×0.42	2.6	1	2.6	1	1.6	1.6	QP-160kN-41m卷扬启闭机	1/2.5	2.5	61
5.5	主坝放水孔工作门	2×2—40.66(平面滑动钢闸门)	动闭静启	1915	Q235	0.77×0.55	3.5	1	3.5	1	2.5	2.5	共用QP-630kN-41m卷扬启闭机			56
合计									1992			668			692	31805

主坝溢流坝段表孔弧形工作闸门共 4 扇，主要用于汛期排泄水库洪水。闸门设计以水库正常蓄水位 228m 为设计水位，闸门的设计总水压力为 23823kN。闸门采用双主横梁式斜支臂框架结构布置，孔口尺寸 14m×19m（宽×高），动水启闭，局部开启操作方式。设计布置中，为了减少上悬臂的高度，增大支臂之间的夹角。上下主横梁按等水压布置，由于总水压力达 23823kN，每根主梁和支臂的荷载较大，主梁和支臂均采用箱形结构截面以保证两个方向的刚度和稳定要求。考虑到本闸门须经常局部开启泄洪，承受着动水荷载，因此，主梁采用 1.1 的动力系数，支臂采用 1.2 的动力系数。门叶沿高度分为六节，运到工地安装时焊接为整体。面板的分节布置在小横梁位置，并用两个槽钢分别布置在上下运输单元上。考虑到闸门支臂的整体稳定性要求，在上下支臂之间设有竖向连接系和斜向连接杆件，使上下支臂连成整体并构成一个稳定的桁架结构。主梁与支臂的单位刚度比为 6.2，弧门面板外缘曲率半径为 21m，与闸门高度的比值为 1.1，支铰高程考虑按宣泄校核洪水时不受水流及漂浮物冲击布置在 219m 处，门叶与支臂采用高强螺栓连接，支臂的分节以裤衩对称线分开，这样在工地安装时避免了增加两支臂的相对长度误差。

为防止弧门产生有害的振动，侧止水的密封效果也是关键之一，侧水封采用直角的 L 型橡皮，这样即使门叶偏向一边，两侧水封依靠水压仍紧贴水封座板无漏水现象，闸门不会因漏水引起振动。

大孔口表孔弧门的支铰要求具有下列特性：①两支铰同轴度在满足规范的要求前提下允许偏差大，以便于安装；②支铰的结构与理论上铰接点相似，制造和安装误差不致引起支臂过大的附加应力；③支铰承载能力大，支铰尺寸小，便于布置；④支铰轴承转动灵活，摩阻力小。根据以上要求，合理的支铰型式为球铰。采用德国公司生产的型号为 GEP500P4S 球铰。此轴承具有自润滑、不需维护、高载底摩（$f = 0.1 \sim 0.12$）、能传递侧推力、体型尺寸较小的特点。

支铰设置在两侧闸墩的牛腿上。在一期混凝土内预埋支铰座安装架，$\phi56$ 预埋螺柱调整定位合格后与安装架焊接，这样能保证浇筑混凝土时，预埋螺柱位置不变。

闸门的操作运行方式为动水启闭，并有局部开启运行要求。设计水位下动水启门的最大启门力为 2898kN，采用 1 台 QHLY−2×1600−10.5kN 型液压启闭机操作，采用中部支承布置方案。表孔弧形工作闸门及永久启闭机如图 7.4.1 所示。两个液压缸中部分别支撑于弧门两侧的闸墩边墙支铰座上。液压泵站的布置为 4 台弧门液压启闭机共设 4 个液压泵站，每个泵站设有 2 套电机泵组，互为备用，4 个泵站分别布置在每个闸孔右侧的闸墩尾部上。

7.4.2.2　主坝中孔事故检修闸门

本闸门装设于主坝泄水中孔进口处，

图 7.4.1　表孔弧形工作闸门及永久启闭机

用于中孔泄水流道及弧形工作闸门的事故保护和检修。

闸门设计以水库设计洪水位229.66m为设计水位，设计水头为62.16m，闸门的设计总水压力为18800kN。闸门采用潜孔平面滑动钢闸门，动闭静启操作方式，孔口尺寸为4m×7m（宽×高），充水阀充水平压方式。焊接结构采用单吊点操作，主支承采用铜基镶嵌滑道，闸门分节制造、运输，在现场拼装成整体。门叶沿高度方向分两节，在上段适当位置的主横梁腹板处设有充水阀，启门时首先打开充水阀向下游流道充水，待闸门前后流道水压平压后再启升闸门。闭门利用竖向水柱压力，因此，门叶结构的面板和侧止水、顶止水布置在下游面，底止水布置在上游面，以形成所需要的竖向水柱下压力。侧止水、顶止水采用预压式P型橡皮止水形式，上节承受水柱压力的主梁和下节底主梁采用实腹式箱型梁，以增强门叶的刚度和稳定性。

门槽埋设件的设置高度为孔口高度的两倍左右，埋设件的结构采用钢板与型钢组合焊接结构，反轨、侧轨合二为一；其中主轨的轨头为配合滑道，头部贴焊不锈钢且加工成圆弧状。由于整个中孔流道采取了钢衬保护，事故门槽只在二期混凝土范围内设置埋设件，四周通过钢衬板与一期混凝土的钢衬焊接形成整体。

闸门利用水柱闭门，最大操作水头62.16m，最大闸门持住力为2200kN，最大启门力为755kN，采用QP-2500kN-55m固定卷扬式启闭机操作，一门一机布置，由两台利用施工导流封堵闸门的QP-2×2500kN-55m双吊点启闭机回收后改装而成。

7.4.2.3　主坝中孔弧形工作闸门

本闸门装设于主坝泄水中孔出口处，主要作用是放空水库或为防洪腾空库容，必要时参加水库泄洪。

中孔弧形工作闸门设计水头为62.16m，设计总水压力为18300kN。闸门采用双主横梁式直支臂框架结构布置，动水启闭、局部开启操作方式，孔口尺寸为4m×6m（宽×高）。为了取得较大的闸门整体刚度，而又不至于使闸门制造加工难度太大，闸门结构梁系的连接采用了主横梁同层布置型式，上下主横梁按等水压布置，主横梁和支臂均采用箱形结构，主梁与支臂的单位刚度比取9.3，弧门面板外缘曲率半径取10m，与闸门高度的比值为1.67，支铰布置高度为8m，闸门的刚度和强度满足设计要求。

闸门侧面采用止水效果可靠、装拆方便的侧止水型式，一道方头P型橡皮侧止水。止水橡皮压缩量采用3～4mm时，实际运行过程止水效果很好，无漏水。

顶止水布置两道止水装置，其中上部一道设置在门叶上，为压紧式止水装置；下部一道设置在门楣座上，为转铰式止水装置。

本闸门为直支臂布置，轴承选用德国公司的不需要维护的自润滑干轴承。此轴承具有不需要维护、高载低摩的特点。

为了防止中孔出现空蚀问题，中孔整个流道采取了钢衬保护，门槽部分仅在二期范围内布置钢衬板和相应埋设件。钢衬的四周与一期混凝土钢衬焊接成整体。在设计施工中，注意了衔接面的平顺过渡，确保边界的光滑度。根据试验研究资料，当流道流速小于30m/s时，采用上述措施是能够起到较好的防蚀、减蚀作用的。为了使支铰可靠地传递荷载，设计了连通式支铰钢支承梁，并使钢梁通过锚筋牢固地与一期混凝土横梁连接，同时支承钢梁的两端插入两侧的闸墙内。

闸门的操作运行方式为动水启闭，最大操作水头 62.16m，闸门最大启门力为 1300kN，最大闭门力为 528kN，采用 QHSY-1600kN/550kN-8.2m 型液压启闭机。

中孔弧形闸门及启闭机如图 7.4.2 所示。

7.4.3 水电站金属结构

7.4.3.1 水电站进水口拦污栅

本拦污栅装设于电站塔式进水口进口处，为通仓式布置，每孔设有工作栅和备用栅槽，可实现不停机清污，保证了机组的正常运行。拦污栅为潜孔直立平面多节滚动移动式拦污栅，孔口尺寸为 3.2m×15.8m（宽×高）。

拦污栅布置为活动式，采用平面多节直立式布置。每节为双主梁，焊接结构，分节制作、运输，节间用销轴连接，到工地现场拼装成一整体，单吊点操作。拦污栅设计水头采用 4m，操作水头考虑栅前后水位差 2m；拦污栅栅条间距为 125mm，栅条截面

图 7.4.2 中孔弧形闸门及启闭机

为矩形截面；为减少启闭力，主支承采用简支轮；拦污栅的分节高度为 2.65m，一扇拦污栅共需 6 节，每节栅条底部设有弯钩，便于提栅清污时带走污物；侧向装置采用悬臂侧轮，为槽外式布置。

为了适应拦污栅不停机提栅清污的要求，保证启栅过程的运行平稳，栅槽埋设件的高度均设置至进水塔顶高程处；埋设件的结构采用钢板与型钢组合焊接结构；反轨、侧轨合二为一。

由塔顶 1000kN/320kN 双向门机的回转吊操纵抓斗清理机来拦污栅清污，也可以不停机提栅至塔顶人工进行清污，可以用塔顶双向门机上的回转吊通过机械钩环式自动抓梁操作整扇拦污栅。

7.4.3.2 水电站进水口检修闸门

本闸门装设于水电站塔式进水口拦污栅之后的机组引水流道进口处，用于对其下游的快速闸门和引水流道的正常检修。

闸门的设计水位采用水库正常蓄水位 228m，相应设计水头为 49m，设计总水压力为 17325kN。闸门采用潜孔平面滑动钢闸门，静水启闭操作方式，孔口尺寸为 5.1m×7m（宽×高）。充水阀平压方式，焊接结构，单吊点操作，门叶沿高度方向分 3 节制造，每节高度 2.4m，到工地现场安装时拼焊成一整体，顶节门叶设有充水阀装置；每节闸门为三主梁同层布置型式；主支承采用 MGA 型滑道，侧导向装置采用简支轮，为槽内式布置。

根据闸门运行要求，埋设件设计中，主轨、反轨的设置高度采用孔口高度的两倍左右；埋设件的结构采用钢板与型钢组合焊接结构，其中主轨的轨头为配合 MGA 型滑道，头部贴焊不锈钢且加工成圆弧状。

闸门的操作方式为静水启闭，由塔顶 1000kN/320kN 双向门机的主钩通过液压式自动抓梁单吊点整扇操作。

7.4.3.3　水电站进水口快速闸门

本闸门装设于水电站塔式进水口检修门之后，用于对其下游流道及发电机组的事故保护和检修。

闸门设计以水库设计洪水位 229.66m 为设计水位，设计水头为 50.66m，闸门的设计总水压力为 16566kN。闸门结构型式进行了滑动闸门（利用水柱闭门）和定轮闸门（设加重块）两种门型布置比较；考虑到定轮闸门需设加重块数量较大，因此采用平面滑动钢闸门型式，动闭静启操作方式，孔口尺寸为 5.1m×6.5m（宽×高），闸门的结构布置门叶沿高度方向分 3 节制造，每节高度 2.2m，到工地现场拼焊成一整体，顶节门叶设有充水阀装置；每节闸门为三主梁同层布置型式；为了利用水柱闭门，闸门面板与底止水布置在上游侧，顶止水、侧止水布置在下游侧；主支承采用 TS－70A 型滑道，侧向装置采用悬臂式侧轮，为槽外式布置。

门槽埋设件的设置高度为孔口高度的两倍左右，埋设件的结构采用钢板与型钢组合焊接结构，反轨、侧轨合二为一；其中主轨的轨头为配合滑道，头部贴焊不锈钢且加工成圆弧状。

闸门的操作方式为动闭静启，闸门利用水柱闭门，最大操作水头为 50.66m，最大闸门持住力为 2332kN，最大启门力为 1129kN，每扇闸门各由一台 QPKY－2500kN（持）/1250kN（启）-7.5m 液压启闭机通过拉杆直接操作，启闭机油缸采用悬吊式布置于塔顶 234.00m 高程以下的闸门井内，启闭机通过吊杆与闸门连接。当水轮机组或压力管道发生事故时，可以在现场或远方控制闸门在规定的时间（2min）内全关闭孔口。4 扇快速门的 4 台液压启闭机共设 2 个液压泵站，考虑 2 台机组或其引水道同时发生事故，2 扇快速闸门同时关闭的工况，每个泵站各设 2 台电机泵组，互为备用。2 个液压泵站均布置在进水塔 234m 平台左端部的启闭机房内。

7.4.3.4　电站尾水检修闸门

本闸门装设于电站尾水支洞的尾闸室处，4 台机组共设 4 扇尾水检修闸门，用于机组的正常检修及在施工期临时挡水。

闸门的设计采用施工安装期挡下游水位 129.57m 为设计水位，相应设计水头为 24.87m，设计总水压力为 16364kN。闸门采用潜孔平面滑动钢闸门型式，静水启闭操作方式，孔口尺寸为 8m×9.41m（宽×高）。充水阀平压方式，焊接结构，单吊点操作，门叶沿高度方向分 3 节制造，下面两节高度均为 3.3m，顶节高度 2.9m，到工地现场安装时拼焊成一整体，顶节门叶设有充水阀装置；每节闸门为三主梁同层布置型式；主支承采用 MGA 型滑道，侧导向装置采用悬臂式侧轮，为槽外式布置。

埋设件设置到尾水检修平台 128.100m 高程处；埋设件的结构采用钢板与型钢组合焊接结构，其中主轨的轨头为配合 MGA 型滑道，头部贴焊不锈钢且加工成圆弧状。

机组运行时，当尾水支洞处于明满流交替情况下时，尾水闸门井处会产生较大的涌浪，最大启门力为 764kN，采用 1 台 2×400kN 台车式启闭机通过液压式自动抓梁操作。

7.4.4　导流洞金属结构

导流洞布置在右岸,在导流洞进口处设置有封堵闸门 1 扇,孔口尺寸为 11m×13.5m(宽×高),潜孔式平面滑动钢闸门,用于导流洞截流时下闸封堵洞口,以便封堵导流洞和水库蓄水发电。

闸门的设计挡水位为 207.75m,相应设计水头为 88.75m,设计总水压力为 129284kN;校核挡水位为 211.29m,校核水头为 92.92m;下闸水头为 4.7m,提门水头为 12m。闸门采用潜孔平面滑动钢闸门。焊接结构,吊点间距为 8.16m,闸门分 9 节制造、运输,在现场拼焊成整体。闸门主支承采用带有凹凸工作面的胶木滑道,滑块为压合胶木,滑道总长度由高水位挡水荷载确定,凸面长度由操作闸门时水位荷载决定。其中凸面位于每块胶木的两端,凹面布置在中央,凹凸面错距为 2mm。

门槽体型选用流态较好的 Ⅱ 型门槽,宽为 2000mm,深为 1130mm,斜坡比为 1∶12,宽深比为 1.77,错距比为 0.05;对门槽段上游底板、下游底板、边墙进行一定范围的钢板衬砌。门槽主轨头踏面采用不锈钢焊接,防止泥沙磨损和腐蚀。

本闸门的运用条件是低水位动水闭门,闭门成功后不再启门;但考虑到闭门过程中施工条件的复杂性,为了使截流下闸安全可靠,考虑了一次下闸可能不成功,需要再次提门的情况,设计下闸水位 126.6m,相应下闸水头 6.6m,启闭机的容量可满足 12m 水头启门,有足够的安全裕度。选择一台 QP-2×2500kN-55m 固定式卷扬启闭机,该机待导流洞下闸封堵完毕后,即回收改装成 2 台 QP-2500kN-55m 单吊点启闭机,用来操作溢流坝中孔的两扇事故检修门。

7.4.5　其他金属结构

主坝环境用水进水口的金属结构特性见表 7.4.2,主坝临时放水底孔的金属结构特性见表 7.4.3。

表 7.4.2　　　　　　　　　　环境用水进水口的金属结构特性

项　目	拦污栅	检修闸门	工作闸门
门(栅)型式	潜孔平面直立活动式	潜孔平面滑动钢闸门	潜孔平面滑动钢闸门
启闭机型式	QP-2×100kN-18m 固定式卷扬启闭机	QP-100kN-42m 固定式卷扬启闭机	QP-630kN-42m 固定式卷扬启闭机
孔口尺寸(宽×高)/(m×m)	5×6	2.4×2.8	2.4×2.4
底坎高程/m	187.00	188.00	188.00
支承跨度/m	5.4	2.9	2.9
设计水头/m	4	40	41.66
操作水头/m	2	3	41.66
操作方式	静水启闭提栅清污	静水启闭	动闭静启
正向支承	铸铁滑块	MGB 工程塑料合金	MGB 工程塑金
吊点型式	双吊点	单吊点	单吊点
充水方式		充水阀	充水阀

表 7.4.3   临时放水底孔金属结构特性

项目名称	封堵闸门	弧形工作闸门
闸门型式	潜孔平面钢闸门	潜孔弧形钢闸门
启闭机型式	QP-630kN-42m 固定卷扬式启闭机	QL-320/200kN-3.1m 螺杆启闭机
孔口尺寸（宽×高）/(m×m)	2×2.5	2×1.8
底坎高程/m	131.00	131.00
支承跨度/m	2.5	133
设计水头/m	76.75	45
操作方式	动闭静启（闭门水头45m）	动水启闭，并有局部开启要求
正向支承	MGA 工程塑料合金	圆柱铰
吊点型式	单吊点	单吊点

7.4.6 水弹性振动模型试验研究

泄水中孔弧形工作闸门孔口尺寸为 4m×6m（宽×高），设计水头为 62.16m，设计总水压力为 18300kN。对于这种高水头、大孔口、重荷载的潜孔弧形钢闸门，闸门结构布置、流道体形及尺寸、启闭方式及速度对设备的安全稳定运行有很大的影响，仅靠理论分析和计算是不够的。因此进行了中孔水力学及闸门流激振动试验研究（中孔泄水道体型及闸门运行水力学模型试验研究），通过水工模型、闸门结构模型及水弹性模型系统地研究了中孔工作闸门的结构特性的水力特性，进而优化闸门的设计，为闸门的运行调度提供科学依据。

通过 1:25 水工模型观测了中孔水流流态，获得了不同库水位下中孔的泄水能力，验证了进口事故闸门门槽设计的合理性，在试验分析出口体型的基础上对圆弧上翘型和平直底板型两个方案的体型进行系统试验研究，取得了有较高抗空蚀性能的优化方案。

通过工作门启闭力和事故检修门闭门力、持住力试验，获得了不同库水位下闸门闭门力、持住力变化随开度的过程线，闸门最大启闭力、持住力的范围及其量级。

通过 1:15 闸门结构模型研究中孔工作弧门的动特性，提出了动态优化方案，通过 1:25 水弹性模型研究了工作弧门的流激振动状态，给出了不同运行水位下的动应力统计特性。

泄水中孔水力学试验表明，各级库水位下，事故门门槽段水流空化数较高。在设计洪水位时，事故检修门全开条件下，仍具有相当安全裕度，但事故门不能做局部运行且需做好门槽退坡段保护处理。

工作弧门动态研究成果指出，闸门结构设计思路合理，但低阶模态频率偏低。根据振型分析和一般水动力荷载能量分布特性，进行了结构的优化设计。使低阶模态频率得到较大提高，一阶基频提高了 30%，二阶基频也提高了 38%，对结构抗震是非常有益的。

工作弧门的水弹性振动试验，在不考虑止水影响的条件下进行。在闸门上游无特殊水动力荷载作用情况下，振动量级不大，产生的动应力亦小于 $1kg/cm^2$。

事故检修门、工作门启闭力试验，论证和校核了设计启闭机容量。成果表明，事故检修门启闭容量受控于闸门持住力。在设计洪水位情况工作，事故检修门最大持住力与闭门力发生在大开度。工作门启闭力试验在不考虑侧止水和顶止水摩擦作用情况下，取得了不同运行水位和启闭速度下的闸门启闭力值。结果表明，由于闸门上游对门体的顶托作用，闸门的最大启闭力发生在大开度情况下。

水弹性模型流激振动状态研究了工作弧门的不同运行水位下的动应力统计特性，在闸门止水、机械设备运行良好的条件下，工作弧门不会产生强烈振动。

7.4.7　金属结构设计的先进技术

（1）溢流坝表孔弧形工作闸门。弧形闸门孔口侧壁无凹槽，过水时水流连续性不受干扰，从而改善流态和闸门的工作条件，且启闭力较小，易于维护。弧形闸门支铰采用圆柱铰，轴套材料采用从德国公司进口的带凸缘免维护的自润滑轴承，此轴承具有自润滑、免维护、高载底摩（$f=0.1\sim0.12$）、能传递侧推力、体型尺寸较小、土建投资省、运行费用低、经济指标好的特点。这种材料和工艺在广西是第一次采用。

（2）溢流坝表孔弧形工作闸门的启闭设备。采用了液压启闭机，其优点是结构简单、布置紧凑（不需启闭排架）、重量轻、承载能力强、缓冲性能好、调速和换向方便、自动化程度高（可以现地控制也可以远程集中控制）。采用的关键技术有数字化行程同步测控技术、活塞杆镀瓷技术、比例控制技术、活塞杆中部支承等，采用的新材料有陶瓷活塞杆、自润滑免维护轴承、聚四氟乙烯组合式密封圈等。在结构布置方面，启闭机油缸采用了中部支承结构型式，可以减小启门力、减小油缸活塞杆的下挠度，提高启闭机运行可靠性。百色工程这么大容量的中部支承型式的液压启闭机在国内是首次采用。

表孔弧门液压启闭机采用了从德国公司进口的先进的陶瓷活塞杆，这在广西是第一次采用。所谓陶瓷活塞杆，就是在活塞杆表面通过热喷涂陶瓷涂层加工而成。陶瓷材料本身具有优异的耐腐蚀性和耐磨损性，并具有不吸附微生物等特性，陶瓷涂层技术有机地把金属材料的强韧性、易加工性等和陶瓷材料的耐高温、耐磨和耐腐蚀等特性结合起来，从而提高活塞杆表面的耐腐蚀性和耐磨损性。采用陶瓷活塞杆，配置有数字化行程控制的液压缸具有以下特点：①使用寿命高，一般比镀铬活塞杆要提高 5～6 倍；②涂层硬度高，耐磨性能优异；③摩擦系数低，对配合件磨损小；④陶瓷涂层具有极高的化学稳定性，耐水、耐大气腐蚀性能极好；⑤容易对活塞杆行程位移的传感控制与测量，检测精度高且稳定。

（3）发电进水口拦污栅布置，根据库区地貌特点以及近年来国内一些已建电站的拦污、清污运行经验，采用前后双道、直立、通仓式布置；每孔设置两道栅槽，前道为工作栅槽，后为备用栅槽，拦污栅之后的水域是连通的。这样，当部分孔口拦污栅栅面堵污时，不至于影响到机组的正常运行。需要清污时，可以轮换提起工作栅和备用栅进行清污，以期做到清污不停机。每台机组设置 4 扇工作栅，4 台机组共设置 16 扇工作栅，另设 2 扇备用栅供提栅清污时联合使用，大大提高发电效益，经济指标相当明显。

（4）导流洞封堵闸门设计挡水位较高，而下闸水位较低，要求闸门的主支承应具有低摩阻、高承载能力。经过对多种支承材料的研究和比较，并考察了国内已建工程实例，采用带有凹凸工作面的胶木滑道作为本闸门的主支承，闸门可以顺利下闸封堵挡水，从而保证工程施工进度，顺利封堵蓄水；导流封堵闸门的启闭设备（1台QP-2×2500kN-55m双吊点固定卷扬启闭机），封堵完成后，回收改装成2台QP-2500kN-55m单吊点固定启闭机，操作溢流坝中孔2扇事故检修闸门，节省工程投资。

导流洞从开始过水到下闸封堵需经历34个月施工期各种频率洪水的冲蚀，门槽过水历时长，运行工况和水力条件复杂且没有检修条件，同时，施工期水流将夹带大量流沙、石块等污物通过，为防止门槽段在过流期间不受冲蚀和淤积，是确保封堵时安全顺利下闸的关键，采取了以下措施：①门槽体型选用流态较好的Ⅱ型门槽，宽2000mm，深1130mm，斜坡比1∶12，宽深比1.77，错距比0.05；②施工期间避免向导流洞进口上游流道弃渣；③对门槽段底板、边墙进行一定范围的钢衬保护。确保了封堵时闸门能安全顺利下闸。

（5）对各种闸门的主支承滑块（道）、轴承采用自润滑、免维护、高载底摩新型材料，运行维护费用低、经济指标好。

（6）主坝中孔弧形工作闸门的水封设计。高水头潜孔弧形闸门的顶部和两侧端部漏水和渗水现象容易发生，不少工程的防漏效果不好。对弧门顶止水布置了两道止水装置，上部一道设置在门叶上，为压紧式止水装置；下部一道设置在门楣座里，为转铰式止水装置；另外在顶水封两侧端部采用特制的顶侧水封连接型式。这种设计止漏效果很好。

百色水利枢纽2005年8月下闸蓄水以来，金属结构设备经历了多个汛期的运行考验，工作正常，运行可靠，对枢纽工程实现防洪、发电、航运、调水压咸等综合目标，金属结构设备发挥了应有的作用。

第 8 章

通 风 空 调 及 消 防

8.1　建筑物概况

8.1.1　主坝区

主坝区主要建筑物有溢流坝的 4 扇表孔弧形闸门及 4 台液压启闭机、3 扇中孔弧形闸门及台液压启闭机、3 扇中孔事故闸门及 3 台固定卷扬式启闭机，1 扇主坝临时放水孔的弧形闸门、1 扇主坝临时放水孔事故检修闸门及其手电两用螺杆式和固定卷扬式启闭设备，主坝放水孔的 1 套进水口拦污栅、1 扇快速闸门、1 扇检修闸门及其固定卷扬式启闭设备。左岸坝肩有观测楼（分三层布置，一层观光展厅，二层主坝控制室，三层工程安全检测中心），电站的 110kV、220kV 高压出线平台（214.20m 高程），消力池排水泵站（138.00m 高程），主坝廊道排水泵站（137.00m 高程），1 台由 138.00m 高程通往坝顶 234.00m 高程的电梯以及与其相邻的中低压电缆竖井和高压电缆竖井。

8.1.2　地下厂房区

地下厂房布置在主坝左岸下游侧，厂房总长度 147m，厂房顶高程为 148.00m，左端进厂交通运输洞长约 200m，到达安装场处 128.10m 高程。右端通风疏散洞长约 80m，电气副厂房 137.60m 高程。高压电缆廊道从主变洞的 GIS 管道、电缆层右端接出。

（1）主机洞：主机洞的尺寸为 147m×19m×38.75m（长×宽×高），从左至右分别为安装场、主机间和电气副厂房。主机间 3 层从下至上分别为：水轮机层 119.45m 高程，母线层 123.45m 高程，发电机层 128.1m 高程。安装场与发电机层同高程，安装场与进厂交通运输洞相接。电气副厂房 6 层自下而上分为：电缆夹层 119.45m 高程，400V 厂用公用和自用电室层 121.95m 高程，中央控制室的电缆层 125.80m 高程，中央控制室层 128.10m 高程，400V 厂用照明电缆室和直流屏室的电缆层 134.35m 高程，400V 厂用照明电室和直流系统室层 137.60m 高程。

（2）母线廊道：主机洞下游侧布置有 4 条母线廊道，每条母线廊道的尺寸为 21.6m×5.5m×5.5m（长×宽×高），母线廊道上游端与主机洞母线层相通，下游端与主变洞相通。母线廊道内主要布置有封闭母线、发电机断路器、励磁变压器、电压互感器、避雷器、电缆等电气设备。

（3）主变洞：主变洞位于主厂房的下游侧，与尾闸室相邻，尺寸（长×宽×高）为93.79m×12.8m×24.8m，布置有交通道（123.45m 高程）、主变层（128.10m 高程）、GIS 管道电缆层（136.20m 高程）、GIS 设备层（139.65m 高程）。主变层布置有 4 台主变和 3 台厂用变。GIS 设备层布置有 110kV、220kV GIS 高压开关设备和保护控制屏室。

（4）尾闸室：尾闸室位于主变洞下游侧，尺寸为 85.29m×5.4m×24.8m（长×宽×高），地面高程为 128.10m。左端与交通运输洞连接。

（5）通风疏散洞：通风疏散洞位于地下厂房的右端，联系主机洞和主变洞，上部（137.60m 高程）布置有组合式空调机组和制冷机组等设备，还布置有副厂房的排风道和安全疏散道。下部布置有电缆夹层（131.55m 高程）和 10kV 高压开关柜室（128.10m 高程）。

（6）高压电缆廊道：高压电缆廊道位于主变洞的右端，与主变洞的 GIS 管道、电缆层相连，廊道内布置有电站的 110 kV、220kV 高压电缆和通往主坝区的其他电缆。从地下厂房引出后，经地面廊道进入主坝 138.00m 高程廊道，经主坝电梯井旁的电缆竖井，通向左岸重力坝下游 214.20m 高程出线平台。

地下厂房主机洞设备布置情况见表 8.1.1。

表 8.1.1 　　　　　　　　　　**地下厂房主机洞设备布置**

部位设备或房间楼层	电气副厂房	主 机 间
厂用照明电层（137.60m 高程）	400V 厂用照明电室、蓄电池室和直流屏室	
电缆层（134.35m 高程）	400V 厂用照明电室、蓄电池室和直流屏室的电缆	
发电机层（128.10m 高程）	中控室层（128.10m 高程）中控室、通信设备室、计算机室和交接班室	水轮发电机组、励磁盘、动力盘、测温控制保护盘、电调柜、制动柜、发电机灭火操作柜等
母线层（123.45m 高程）	电缆层（125.80m 高程）	发电机、发电机定子出线、中性点设备、电缆、检修排水泵和渗漏排水泵等
	厂用电层（121.95m 高程）400V 厂用公用电室、400V 厂用自用电室	
水轮机层（119.45m 高程）	电缆层（119.45m 高程）污水泵室、化粪池，高压、低压空压机室	调速器和油压装置，油、气、水辅助设备及管道等

8.1.3　进水塔区

进水塔区的主要建筑物有进水塔、交通桥、进水口的通仓式拦污栅、4 扇检修闸门、4 扇快速闸门及 4 台液压启闭机，以及进水口双向门机。

8.1.4　厂外油库区

透平油罐室、绝缘油罐室及油处理室布置在通风疏散洞出口的右侧附近，地面高程为137.30m，透平油罐室内设有 2 个 30m³ 贮油罐和 2 个 15m³ 贮油罐，绝缘油罐室内设有 4

个 $40m^3$ 贮油罐。油处理室布置在两油罐室之间,两油罐室共用一个油处理室。

8.1.5　厂前区

厂前区布置有工程管理、安全保卫、消防值班室,另外布置有汽车停车场、工程参观接待室等。消防值班室旁设有消防车库,用于停放消防车,消防值班室内设有消防火灾图形显示屏。

8.2　通风空调

8.2.1　方案比较

根据电站布置方式、机电设备布置情况及室内外空气设计参数并参考其他电站设计经验,本电站地下厂房通风空调设计方案考虑了机械通风及制冷空调方案。

由于本电站室外夏季通风空气计算干球温度达 33℃,如采用机械通风方案,必须利用一些天然冷源来降低进风温度,例如利用交通运输洞、施工洞、坝体廊道、排水廊道、无压尾水洞等的降温。但是,本电站交通运输洞、施工洞较短,降温效果较差(夏季降温低于 3℃);坝体廊道、排水廊道断面较小,通风量受限制;无压尾水洞通风断面变幅较大,通风量不能保证。而地下厂房内的热负荷高达 928kW,因此单纯的机械通风方案很难实现,可选的方式是制冷空调方案。

百色水利枢纽具有高坝大库的有利条件,水库深层水温低。但从水库深层取水,存在距离远,取水管路长及管路埋设、保温、检修、维护困难等问题;为了提高空调使用的保证率,降低制冷用电量,减少设备占地面积,节约土建投资,空调冷源采用机械制冷的人工冷源,制冷设备的冷却水源从进水口取水,以充分发挥其水温较低的作用。

8.2.2　热负荷及通风量

根据厂房机电设备布置、室内外空气基本设计参数和规范要求,计算确定的水电站厂房的热负荷和通风量详见表 8.2.1。

8.2.3　气流组织

根据电站厂房布置方案、各层室的热湿负荷、温湿度设计标准及有关规定,拟定的通风流程如下:

主机洞及通风疏散洞下层副厂房从通风疏散洞进风,经组合式空调机组降温除湿处理后一部分风送至地下电气副厂房中控室层及通风疏散洞下层副厂房,一部分风送入拱顶风道通过平壁矩形送风口下送至主厂房发电机层;送入地下电气副厂房中控室层的尾风排至发电机层再利用,地下电气副厂房其余各层及各层卫生间从紧邻主厂房发电机层、母线层引风,通过电气副厂房层排风竖井及卫生间专用风道排至拱顶排风道,再经过通风疏散洞的排风道排至主变洞排风竖井;通风疏散洞下层副厂房排风也排至主变洞排风竖井;主厂房水轮机层、安装间下层副厂房通过设在上下游侧防潮夹墙风道上的回风口、串联送风机

表8.2.1 水电站厂房通风空调系统热负荷、通风量计算成果

序号	通风或空调部位名称		热负荷/kW	进风来源	进风温度/℃	排风去向	排风温度/℃	处理措施	按换气指标计算/(m³/h)	按排热计算风量/(m³/h)	计算风量/(m³/h)
一	副厂房										
(一)	119.45m高程（电缆夹层）	电缆室	19.03	水轮机层	28	拱顶排风道	35	通风	3888	8473	8500
		空压机室	9.08	水轮机层	28	拱顶排风道	33	通风		5660	5700
		小计	28.11							14133	14200
(二)	121.95m高程（厂变、配电室层）	公用电室	23.94	水轮机层	28	拱顶排风道	35	通风		10659	10700
		自用电室	12.14	水轮机层	28	拱顶排风道	35	通风		5405	5400
		电缆竖井	2.59	水轮机层	28	拱顶排风道	35	通风		1153	1200
		小计	38.67							17218	17300
(三)	125.60m高程（电缆夹层）		15.22	母线层	28	拱顶排风道	35	通风	4858	6777	6800
(四)	128.10m高程（中控室层）	新风系统	10%通风量	发电机层	26	保持室内正压		通风	900		900
		电缆竖井	1.94	发电机层	26	发电机层		通风	225	678	700
		小计									1600
(五)	134.35m高程（电缆夹层）		13.92	发电机层	26	通风疏散洞 131.55m高程电缆层	34	通风	4858	4821	4900
(六)	137.60m高程（照明电室层）	照明电室	7.93	发电机层	26	拱顶排风道		通风		2746	2800
		直流屏室	2.01	发电机层	26	拱顶排风道		通风		1044	1100
		小计	9.94							3790	3900
(七)	独立排风系统	污水泵室	0.74	送风竖井	24	拱顶排风道	32	通风	300	281	300
		128.10m层卫生间		送风竖井	24	拱顶排风道		通风	900		900
		蓄电池室	3.08	主送风道	23.5	拱顶排风道		通风	2000	2100	2100
		小计	3.82							3300	3300
(八)	副厂房排风竖井—通风疏散洞拱顶排风道排风量（未计入134.35m高程电缆夹层风量）										46400

续表

序号	通风或空调部位名称	热负荷/kW	进风来源	进风温度/℃	排风去向	排风温度/℃	处理措施	按换气指标计算/(m³/h)	按排热计算风量/(m³/h)	计算风量/(m³/h)
二	通风疏散洞下方电气副厂房									
(一)	128.10m高程(高压开关柜室层)	10.38	主送风道	23.5	主变洞排风道	32.7	通风	3483	2813	3500
(二)	131.55m层(电缆夹层)	10.38	134.35m层(电缆夹层)	34	高压电缆道	35	通风	4150		4900
(三)	通风疏散洞下方副厂房合计									8400
三	母线支洞	211.1	母线层	27.8	主变层	34	通风		105500	105500
四	主变洞									
(一)	128.10m层(主变层)	338.5	母线支洞末端空调风	24	主变洞排风道	32.4	通风		105500	105500
(二)	GIS室	55.55	进厂交通洞	30	管道室	33.8	通风	72000	34627	72000
(三)	管道室	32.6	GIS室	32.4	高压电缆道		通风		39149	72000
(四)	高压电缆道	61.2	管道室+电缆夹层	33.88	厂外	36.4	通风	76900		76900
(五)	合计	487.9								
五	主厂房	196.95								
(一)	发电机层(考虑进人副厂房128.10m高程电缆竖井负荷)	115.95	主送风道(通风疏散洞—拱顶)	23.7	小计	26.1	通风			153500
					母线层					110800
					水轮机机坑					33000
					电气副厂房					9700
(二)	母线层	62.62	发电机层	26.05	母线支洞、电气副厂房	27.8	通风	21800		110800
(三)	水轮机层	18.38	发电机层	26.05	母线层	27.8	通风			33000
六	制冷站	39.56	厂外	33	厂外	38	通风		24659	24700
补充说明	主送洞排风道总排风量		电气副厂房排风道+通风疏散洞+通风疏散洞下层副厂房高压开关柜室排风+主变洞排风							155400
	高压电缆道总排风		电缆管道层排风+通风疏散洞排风+主变洞排风							76900
	厂外油库通风量								10307	10300

注　与通风风量平衡没有关系的楼梯间事故正压送风系统、事故后排烟系统、水轮机机坑通风、机组检修通风、空调循环风系统未计在内。

从发电机层引风，母线层通过发电机层地板通风格栅从发电机层引风，母线层及安装间下层副厂房排风经过母线洞进入主变洞主变层，再排至主变洞排风竖井；主变洞排风竖井出口设置混流式排风机，将风排出厂外。

主变洞 GIS 层从进厂交通洞引风，经 GIS 层地板防火通风格栅进入电缆管道层，高压电缆廊道经防火风口从 GIS 电缆管道层取风，由设在高压电缆廊道出口的混流风机排出厂外。

主厂房发电机层气流组织设计为避免通风与土建、机电设备布置干扰，节约投资，根据厂房的布置情况，利用拱顶空间作送回风风道，采用垂直气流组织即"拱顶平壁矩形送风口下送、多级串联"的新型通风方式。

水电站气流组织横剖面示意图如图 8.2.1 所示。

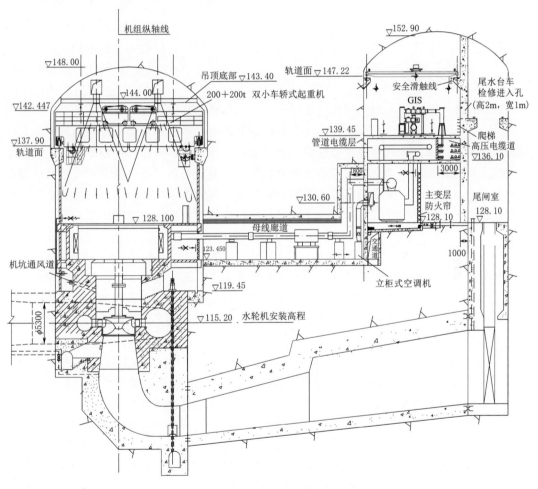

图 8.2.1　水电站气流组织横剖面示意图

8.2.4　主要设备

1. 空调设备（总功率 452kW）

（1）组合式空调机组：ZK80XZ 型，2 台。

（2）卧式风机盘管机组：GW5 型，2 台。

（3）螺杆式水冷冷水机组：LS650 型，2 台。

（4）立柜式风机盘管机组：GL25 型，4 台。

（5）冷冻循环立式离心泵：KQPL125/140 - 15/2 型，3 台。

2. 通风设备（总功率 107kW）

（1）轴流风机：T35 - 11 型，24 台。

（2）防爆轴流风机：BT35 - 11（D）型，6 台。

（3）高温排烟风机：HTF - D 型，13 台。

8.2.5　机械排烟

厂内机械排风系统兼作事故排烟系统，另外在主厂房拱顶排风道设置有事故排烟风口，发电机层事故排烟排入拱顶排风道，这样，避免了发电机层的烟雾扩散到主变洞。

8.2.6　防潮除湿

本电站主厂房采用集中空调，进入厂内空气均已经过除湿处理，可以保证新风绝对湿度降低；在气流组织设计上，将室内空气温度较高房间的空气送入比较潮湿的房间，提高潮湿房间的空气温度，达到防潮的目的。通过对地下厂房热湿负荷的计算分析，认为在通风空调系统正常工作状态下，没有必要设置除湿机。鉴于国内水电站地下厂房防潮除湿问题较为突出及施工期的临时排湿措施需要，在发电机层设置除湿机作为空调系统事故备用除湿设备。另外，厂房设计采取防渗、排漏和隔潮措施，避免大量湿气向厂内扩散。

8.2.7　试验及计算研究

根据水规总院对初步设计通风空调专题报告的审查意见，按照水电站厂房布置的实际情况，对初步设计方案进行了复核计算及优化设计后，委托西安建筑科技大学暖通空调试验室合作，进行了 2 台机组及安装场段的热态模型试验及数值仿真计算研究。

8.2.7.1　发电机层气流组织

（1）当设计工况（送风量 $G = 17.47$ 万 m^3/h，送风温度 $t_0 = 23.33℃$，热负荷 $Q = 92.7kW$）时，热分布系数 $m = 0.798$ 最小，温度效率（能量利用系数）$E_t = 1/m = 1.25$ 最大，除发电机上方外，空间温度分布较为均匀，可认为是最佳工况。

（2）发电机负荷、发电机层设备负荷变化对主厂房气流组织有直接影响，当半数机组额定运行，热分布系数 $m = 0.734$ 最小，温度效率 $E_t = 1.36$ 最大，温度分布较为均匀。

（3）送风温度改变对主厂房气流组织亦有一定的影响，当送风温度 $t_0 = 22.6℃$，热分布系数 m 最小。但在试验范围内（送风温度 $t_0 = 22.6 \sim 25.14℃$）热分布系数 m 变化不超过 6%。

（4）主厂房拱顶送风口射流轴心速度分布几乎不随送风温度、发电机负荷及发电机层设备负荷变化。送风速度衰减很快。离开风口 6m，送风速度衰减为 0.5m/s，实际工作区的风速波动范围为 0.15 ~ 0.6m/s，满足规范要求。

（5）送风口位置对气流分布有重要影响。拱顶中央单排布置风口容易在工作区形成气流滞流区，在同样送风速度及温度下，风口位置沿拱顶两侧平行布置，可以取得较好的气流分布。

（6）综合考虑送风量（送风速度）、发电机层热负荷及送风温度三项因素，在设计工况时符合设计要求，发电机层气流组织设计方案"上送下回串联式"通风系统是合理的。

8.2.7.2 母线层气流组织

（1）母线层和母线洞处于"上送下回串联式"通风系统的末端，它一般以排风温度及速度是否超过设计标准作为评测指标。

（2）在效果上发电机负荷变化对母线层、母线洞热平衡的影响，最终体现在母线层、母线洞进风温度的改变上，在设计工况下母线洞的排风温度为 28.1℃，满足规范要求。

（3）母线层和母线洞设备负荷变化对本身热平衡、风平衡的影响体现在母线层内部温度及母线洞内部温度的逐渐改变上。

（4）母线层主机段进风量变化时热平衡、风平衡试验表明：随发电机层排风量或母线层进风量的减少，母线层主机段、母线洞排风温度单调增加。

8.2.7.3 主厂房事故排烟

主厂房事故排烟方式试验表明：当排烟口风速超过 7.28m/s 时室内的烟雾由排烟口均匀地上排，符合热烟气流流动规律，主厂房拱顶事故排烟方式设计是合理的。

8.2.7.4 发电机层回风口形式、位置及楼梯孔，交通运输洞启闭对气流分布的影响

（1）发电机层回风口形式、位置对发电机层气流分布影响不大，可以设在地板或侧墙下部。发电机层回风口形式、位置对母线层气流分布亦影响不大。

（2）楼梯孔对发电机层回风有很大作用，在试验范围内回风量占 50%～70%。

（3）交通洞门的开启和关闭对发电机层气流有一定程度的影响。在送风量、送风温度、发电机层负荷、发电机层设备负荷不变的情况下，开启交通运输洞门，安装场靠近交通运输洞门处的工作区温度（设计工况下温度 24.6～24.9℃）略低于交通运输洞门封闭时（设计工况下温度 25.8～26.1℃）。

（4）建议取消母线层夹墙轴流风机，减少侧墙回风口数目，如果吊物孔不封闭（格栅状），则可以取消侧墙回风口。

8.2.7.5 通风空调设计方案改变

根据以上研究成果，通风空调设计方案做了以下相应改变：

（1）水轮机层、母线层排烟方式由排烟风机排至发电机层再排出厂外，改为经母线洞、主变洞主变层排出厂外，这样使水轮机层、母线层排烟更顺畅，对发电机层影响减小，缩短了排烟时间。

（2）基于对发电机层回风口形式及布置的研究成果，取消了母线层射流轴流风机，减少侧墙回风口数量，使发电机层避免了风机噪音的影响。

8.2.8 复杂性和先进技术应用

8.2.8.1 通风空调设计的复杂性

水电站工程由进水渠、进水塔、引水隧洞（压力引水管）、主机洞、主变尾闸洞、尾水管、尾水洞、交通洞、通风疏散洞、高压电缆廊道、灌浆排水廊道及尾水渠等建筑物组

成。地下厂房主要包括主机房、主变尾闸洞、尾水洞横向的三大洞室；纵向的四条母线洞、四条引水隧洞、四条尾水支洞、一条通风疏散洞、一条交通运输洞等。主机洞洞宽20.7m，洞高52.35m，洞长147m，共4层。电气副厂房宽19.5m，高28.55m，长25m，共6层。主变洞洞宽19.2m，洞高24.8m，洞长93.79m，共3层。地下洞室众多，纵横交错，设备布置密集。主要洞室群布置在水平宽度150m左右、厚度120m左右的辉绿岩体内，区域狭窄，无法为通风空调开凿专用通道，使通风空调设计面临复杂问题。

百色水利枢纽地下水电站地处亚热带的右江盆地和云贵高原的接合处，室外设计温度高达33℃，高温时间长。

水电站所有的机电设备水轮发电机组、调速器、励磁系统、发电机开关设备、主变压器、GIS开关设备、厂用电设备、高压电缆系统、计算机监控系统、继电保护系统、直流系统、水力机械辅助系统、通风空调系统、消防系统等设备均布置在地下厂房内，涉及通风空调设计、降温除湿、防火排烟、消防设计等各方面的问题。

主厂房拱顶平壁送风口如图8.2.2所示。

图 8.2.2 主厂房拱顶平壁送风口

8.2.8.2 通风空调设计的先进技术应用

（1）百色水利枢纽地下水电站是广西第一座将所有机电设备全部布置在地下厂房的大型地下发电站工程。

（2）百色水利枢纽地下厂房通风空调系统设计总体方案采用施工和疏散交通洞作为系统的主要通道，几乎不需再设置专用通风通道，大大节省了大型风道设置的建筑工程量，同时采用多级串联方式，大大减少了各分系统的进出风道建筑工程量以及互相布置干扰情况。

（3）地下厂房通风空调系统设计的难点是对外通道少，水电站室内温、湿度设计标准较地面厂房高，且除湿难度较大。

（4）地下厂房采用了垂直气流组织即"拱顶平壁矩形送风口下送、多级串联"的新型通风方式，利用拱顶空间作主送风道，具有通风与土建、机电设备布置干扰少，节约投资的优点，且垂直气流组织有利于利用发电机层机电设备余热散湿的效果（降低发电机层相对湿度）。

（5）地下厂房采用集中控制系统，所有重要区域的空调机组与风机的开停要求能在中控室集中控制及就近控制，各空调系统根据测得的室内温度、湿度实际值与设定值的偏差信号，调节安装在组合式空调机组、柜式风机盘管机组冷冻水管上的电动二通阀，以达到设计要求。冷水机组、循环水泵、组合式空调机组、柜式风机盘管机组、重要部位的排风机集中控制由空调系统设备供货商统一设计与供货，这样不仅便于建设管理，也增加了设备的运行可靠性。

（6）空调系统组合式空气处理机采用变频电机，运行调度平稳、灵活、省电，且空调机离主要工作区较远，空调噪声问题处理较好。

（7）制冷站冷却水选用适应 pH 值范围宽广，有一定的杀菌、灭菌作用的电子水处理除垢器＋过滤器直流供水方式，操作简单，管理方便，运行费用低。

（8）利用拱顶作为厂房送风通道，利用厂房出渣洞作为通风疏散洞布置空调制冷站及空调室，简化厂房结构，减少土建风道开挖及浇筑，节约土建工程投资。

百色水电站地下厂房通风空调系统推荐采用通风与空调相结合的通风方式，主厂房均采用拱顶下送的气流组织，具有良好的合理性与先进性。百色水电站单位装机容量通风量指标为 $0.297m^3/(kW \cdot h)$，与国内先进水平基本相当，达到目前先进水平［国内已建电站采用通风与空调相结合通风方式单位装机容量通风量指标为 $0.8 \sim 1.5 m^3/(kW \cdot h)$］。

通风空调系统作为电站的一个辅助系统，为电站长期安全稳定运行提供了有力的保障。通风空调系统自动化程度高、运行稳定、有效，年运行维护费用低，减少了电站运行维护人员的工作量，经济效益明显。主要工作区域温度、湿度、洁净度满足运行要求，且工作环境舒适。工程运行实践充分说明百色水利枢纽地下式水电站的通风空调系统设计是成功的。

8.3 工程消防

消防设计的原则是遵照国家基本建设的方针政策，贯彻"预防为主、防消结合"的工作方针。结合本工程自身特点和具体条件，采用可靠、先进、实用的防火技术，做到保障安全、使用方便、经济合理。针对火灾危险部位和生产的火灾危险性类别等级，采取相应的防火措施，同时设置可靠的灭火设备，满足工程消防自救需要，有效地预防和发现火灾。一旦发生火灾，限制蔓延，尽快扑灭，减少伤亡和损失，保障工程安全运行。

枢纽布置和消防设计统筹考虑，保证满足消防车道、防火间距、安全出口等的要求。

枢纽消防总体设计首先以防为主，在设计上合理布置枢纽区内的设备和建筑物，使它们之间保持安全距离，防止火灾扩大；在各主要设备之间设置防火墙、防火门等隔离设施，防止火灾蔓延。其次，采取积极的消防措施。布置畅通的消防车道，设置足够的疏散通道出口、楼梯；设置事故照明及疏散指示标志；设置一定数量的消火栓、灭火器、水喷雾等消防器材，以便及时扑灭火灾。此外，还设置火灾自动报警系统，采取措施保证消防有可靠的水源和电源。

8.3.1 消防车道

枢纽区左右岸公路为环形车道，公路直达各建筑物区，各区均有回车场，其设计满足大件运输要求，路面宽大于 3.5m，净空大于 4m，回车场面积大于 15m×15m，完全可作为消防车道，一旦发生火灾，消防车可以畅通无阻地到达火灾区。

8.3.2 防火间距

设备和建筑物的防火间距和间隔按规范的要求设计。主变洞与主机洞间距为 21m，并设带有交通门的隔墙，安全距离满足防火距离要求。主变压器下面设有贮油坑，并设有一个公共事故集油池，可防止油燃烧和污染。相邻两台主变之间设有防火墙，主变与母线廊道之间设有防火门和防火通风口（防火阀）分隔。主变压器与主变运输交通道间设有防火门和防火通风口（防火阀）分隔。透平油罐室、绝缘油罐室及油处理室布设在地下厂房疏散洞出口右侧地上137.30m高程，油罐室与油处理室之间设有防火墙及防火门分隔。油库与厂区道路相距大于5m。厂用其他主要电气设备之间按需设置防火墙及防火门分隔。

8.3.3　安全疏散

根据规范，枢纽区分为11个防火分区：①地下厂房主机间防火分区；②地下电气副厂房防火分区；③主变洞主变层防火分区；④1～4号母线廊道防火分区；⑤主变洞GIS管道电缆层和GIS设备层防火分区；⑥高压电缆廊道防火分区；⑦主坝和进水塔防火分区；⑧电站油库防火分区；⑨厂前区防火分区。

根据规范，电站主副厂房生产的火灾危险性类别为丁类，少数为丙级。对厂房内的丙类生产场所采取防火墙或防火隔墙作局部分隔。

地下水电站厂房机电设备进出采用水平交通运输方式，交通洞出口可作为直通屋外地面的安全出口。副厂房端部的通风疏散洞也设有专用的安全疏散通道，整个地下厂房通向屋外地面的安全出口2个。另外，主变洞与疏散洞间的联系洞和电缆廊道在紧急情况下也可作为通至室外地面的安全出口。

主厂房发电机层1号机组段和3号机组段分别布置有楼梯，可达母线层、水轮机层。发电机层及以下各层的室内最远工作地点至最近的楼梯距离均不超过60m。

主厂房上游侧109.25m高程的全厂性操作廊道左右两端布置有安全疏散用的楼梯，通向水轮机层。

电气副厂房左右两端布置有安全疏散用的楼梯，通向各层，每层面积25m×19m（长×宽），119.45m高程、121.95m高程、128.10m高程可分别直通主厂房的水轮机层、母线层和发电机层，128.10m高程还设有经10kV开关柜室至主变洞和电缆廊道的出口，137.60m高程设有直通厂外的疏散通道，134.35m高程设有经电缆夹层和电缆廊道直通厂外的出口，安全疏散出口数量满足规范要求。

电缆廊道、母线廊道、疏散道与通风道做了防火分隔，其宽度、高度均满足安全疏散要求。

各安全通道、楼梯及其他安全出口设疏散指示标志。

8.3.4　公用消防设施

本工程电站装机容量540MW，不设等级消防站，配一辆消防车。消防电话总机设在中控室，中控室内设火警专用电话。平时巡视和检查各生产场所消防设施的情况，还可开展消防安全教育，提高全体人员的消防意识。

8.3.5　消防水源

地下厂房内消防给水采用自流供水方式，直接用水库水（静水压为1.08～0.7MPa）经减压后作为消防水源，取水口（布置在进水塔前）与厂内技术供水共用，主备用取水口共有 2 个。

主坝区建筑物的消防给水采用 2 台消防水泵（一主一备）和消防水池混合供水方式。水泵可自动控制，也可在现地手动控制，确保消防水源可靠，供水及时。

进水塔区建筑物的消防给水采用左岸坝肩观测楼顶的消防水池供水方式。

厂外油库消防给水采用自流供水方式，直接用水库水经减压后作为消防水源。取水口布置在进水塔前，主备用取水口共有 2 个。

8.3.6 消防电源

消防水泵的电源按二级负荷供电设计，采用双电源供电。

地下厂房内设直流事故照明。各疏散通道、楼梯及其他安全出口设疏散指示标志。

8.3.7 建筑物消防设施

各建筑物设足够的室内外消火栓并配置适当的帆布带（水管）、水枪、灭火推车、砂箱及灭火器等灭火器材。

8.3.8 火灾自动报警和联动控制系统

8.3.8.1 系统设计

按《水利水电工程设计防火规范》（SDJ 278—90）和《火灾自动报警系统设计规范》（GB 50116—98），火灾自动报警及联动控制系统（含主坝火灾自动报警系统）采用智能二总线系统。该系统采用"控制中心报警系统"形式，由 2 台消防计算机、1 台集中火灾报警控制器（含联动控制功能）、2 台区域火灾报警控制器、1 面火灾模拟显示屏以及智能烟温复合探测器、红外对射探测器、红外火焰探测器、金属屏蔽型缆式模拟量线型感温探测器、手动报警按钮、声光报警器、智能联动输出模块、输入模块、联动设备控制箱等组成。探测器、手动报警器、防火阀等设备动作后，相应的声光报警器、区域报警控制器、集中报警控制器均发出声光报警，显示火灾部位，并由联动控制模块自动联动水灭火系统、防烟系统、通风系统、空调系统及相应动作设备。

火灾自动报警系统电源采用双电源供电方式，设有主电源和备用电源。主电源采用消防专用电源，电压为交流 220V，供电电压直流 24V。备用电源采用集中火灾报警控制器屏内专用的 24V、40Ah 蓄电池。当主电源消失时，备用电源自动投入工作，可警戒 24 小时。当主电源恢复时，备用电源自动退出工作，同时充电器自动对蓄电池进行充电，直至浮充状态。集中火灾报警控制屏内共设有两套整流充电器及两组 24V、40Ah 蓄电池。

电站中控室消防计算机由电站计算机监控系统电厂控制级集中 UPS 供电，枢纽管理楼总控室消防计算机由枢纽管理楼集中 UPS 供电。

8.3.8.2 发电机水喷雾灭火监控系统

4 台发电机分别配置完整的火灾自动报警和消防联动系统（由发电机制造承包商提供），由 1 台火灾报警控制器、1 套水喷雾系统和相应的感温感烟探测器组成。每台发电机配置 6 只感烟型火灾探测器和 6 只感温型火灾探测器，均装于发电机风罩内。当发电机发生火灾时，由发电机火灾报警控制器自动报警并上传至中控室集中报警控制器。同时在发电机断路器和灭磁开关断开的前提下，自动或手动启动水喷雾灭火。水喷雾灭火监控系统可远程和现地操作。

发电机灭火柜和火灾报警器布置在主机洞 128.10m 发电机层上游墙侧。

8.3.8.3　变压器水喷雾灭火监控系统

4 台主变压器和 1 台 110kV 厂用变压器分别配置水喷雾灭火监控系统。当设置在主变间的烟温复合型火灾探测器和线型感温探测器监测到火情时，将报警信号上传主变洞区域报警控制器，再通过此区域报警控制器将报警信号传至中控室集中报警控制器自动显示出火警信息，根据值守人员所给出的火情处理指令或机内预置的程序设定启动喷水雾灭火；通过监视模块，对雨淋阀的压力信号进行检测，以确定雨淋阀是否在喷水雾；也可在中控室或现地由人工手动将雨淋阀的快开阀打开/关闭，实现雨淋阀的手动开启/关闭。

8.3.8.4　风机、防火排烟灭火监控系统

当设置在电站各场所的感温、感烟探测器监测到火情时，或电站值守人员发现火情，按动手动报警器时，集中报警控制器立即自动显示出火警信息；并根据中控室值守人员给出的火情处理指令或机内预置的程序设定，通过设置在现地的控制模块，自动跳开火灾发生部位（层）的送风风机电源，停止向该层送风，开通防排烟风机，并关闭该层的防火排烟阀，以阻止火势的蔓延及烟雾的扩散。当火灾处理完毕，火情消失后，由人工将防火排烟阀复位，经排烟道，将烟雾排至室外。

根据暖通专业要求，当火灾发生时排烟监灭火控系统要实现以下功能：

（1）当地下厂房主机洞主机间发生火灾时，中控室接到报警信号，通过联动控制器停止全厂通风系统，停止组合式空调机组、全厂送风系统、主变洞排风机、母线廊道进风口、副厂房侧防火阀。主机间排烟系统为事故后排烟，当排烟时由 144.00m 层的主厂房事故后排烟电动调节阀完成，该阀可远程手动控制。

（2）当地下厂房主机洞电气副厂房各层发生火灾时，中控室接到报警信号，通过联动控制器停止相应着火层通风系统，关闭防火阀，启动 137.60m 层 2 台事故正压送风机。128.10m 中控室层设事故后排烟系统，事故后手动开启风机和排烟阀，2 台事故正压送风机可远程手动控制。137.60m 层蓄电池室通风系统属独立通风系统，火灾时单独动作进风口和排风口。

（3）当 4 个母线廊道发生火灾时，中控室接到报警信号，通过联动控制器停止相应母线廊道所有进出风口和空调机组。

（4）当地下厂房通风疏散洞各层发生火灾时，中控室接到报警信号，通过联动控制器停止相应着火层通风系统。

（5）当地下厂房主变洞 128.10m 主变层发生火灾时，中控室接到报警信号，通过联动控制器停止相应主变间通风系统。主变洞运输通道火灾时，停止主排风机、空调机组及所有进风口和出风口防火阀。

（6）当地下厂房主变洞 139.45m GIS 层及 136.10m 管道层发生火灾时，中控室接到报警信号，通过联动控制器停止 133.50m 层排风机和防火阀。

8.3.8.5　消防广播系统

当发生火灾时，在中控室通过联动控制器自动或手动打开着火层及其相邻区域的扬声

器，有秩序地指挥、疏散有关人员。

8.3.8.6 消防电话系统

除中控室外，在各防火分区主要进出口、主要通道装设消防电话或消防电话插孔，发生火灾时，可通过消防电话与中控室联系。

8.3.8.7 主坝消防水池控制系统

主坝消防水池水位分别设备用泵启动水位、工作泵启动水位、停泵水位和水位过高报警水位，由消防水池水位控制两台消防泵的启停，当水位过高时向中控室发报警信号。

8.3.8.8 非消防电源联动

地下厂房不考虑火灾时非消防电源的联动，由人工切除有关部位非消防电源。

第 9 章

施 工 规 划 与 技 术

9.1　施工规划

根据枢纽总布置和建筑物设计，初步设计阶段进行了详细的施工组织设计。水规总院对初步设计的主要意见是：基本同意采用上游 RCC 过水围堰，下游土石过水围堰，导流洞导流的主体工程施工导流方案；同意采用辉绿岩人工砂石料作为混凝土骨料；基本同意大坝混凝土施工方案；基本同意地下厂房系统开挖及混凝土浇筑施工方案；基本同意施工总布置方案；基本同意主坝区工程施工进度安排，总工期为 6 年。

为了适应招标和施工的需要，也为了满足世界银行评审团的要求，编制了施工规划报告，经业主和专家咨询审查后指导招标和施工工作。

9.1.1　施工条件

百色水利枢纽位于郁江上游右江河段上。主坝坝址在广西百色市阳圩镇平圩村附近，坝址距离百色市区 22km，百色市至南宁市 266km；两座副坝（均为当地材料坝）位于枢纽主坝区东侧，距离坝址约 5km。

主坝坝址右岸有广西至云南的省际公路（323 国道），从距坝址下游约 1.5km 处通过。南昆铁路百色火车站至主坝坝址约 29km。右江航道从南宁港至上游百色港航程 358km（施工期为 6 级航道）。

主坝区枢纽由拦河大坝、泄水建筑物、地下水电站、导流隧洞及临时放水底孔等组成。拦河大坝为 RCC 重力坝，坝顶高程 234.00m，坝顶总长 720m，最大坝高 130m，溢流坝位于大坝中部，泄水建筑物由 4 个表孔和 3 个中孔组成。水电站位于左坝头地下，装机容量 4×135MW。导流隧洞布置在右岸，洞直径 13.2～14.2m，洞线全长 1149m。临时放水底孔布置在左岸重力坝坝块底部，进水口中心高程 132.00m，直径为 2m。主要工程量见表 9.1.1。

工程所需水泥由区内的柳州水泥厂和田东水泥厂供应；粉煤灰可采用广西来宾火电厂和云南曲靖火电厂生产的优质粉煤灰；工程所需钢材由地方物资部门组织供应；百色地区凌云、乐业、田阳等县盛产木材，工程所需木材由当地木材经销部门组织供应。

百色水利枢纽坝址地处亚热带气候区，多年平均气温 22.1℃，多年平均最高气温 27.5℃，极端最高气温 42.5℃，多年平均最低气温 18.4℃，极端最低气温－2℃，多年日

表 9.1.1

主体工程主要工程量

项目名称	单位	主坝工程			水电站工程（含左岸下游护岸）			导流工程			副坝及其交通			合 计		
		初设量	修概量	增减	初设量	修概量	增减	初设量	修概量	增减	初设量	修概量	增减	初设量	修概量	增减
土石明挖	万 m³	173.59	211.41	37.82	151.81	151.67	−0.14	43.07	43.74	0.67	131.08	173.39	42.31	499.55	580.21	80.66
石方洞挖	万 m³	0.25	0.26	0.01	31.92	35.41	3.49	15.07	13.47	−1.60	0.16	0.00	−0.16	47.40	49.14	1.74
土石填筑	万 m³	6.32	8.54	2.22	3.04	0.34	−2.70	37.27	15.63	−21.64	128.81	134.80	5.99	175.44	159.31	−16.13
常态混凝土	万 m³	48.44	71.04	22.60	23.47	27.87	4.40	10.27	13.47	3.20	1.15	3.08	1.93	83.33	115.46	32.13
碾压混凝土	万 m³	211.62	202.31	−9.31				9.01	2.99	−6.02				220.63	205.30	−15.33
钢筋制安	t	8870	16289	7419	11764	13398	1634	4607	4390	−217	532	421	−111	25773	34498	8725
钢管（衬）	t	380	970	590	1239	1105	−134							1619	2075	456
帷幕灌浆	万 m	2.84	4.54	1.70	2.52	2.64	0.12	0.09	0.10	0.01	0.82	0.80	−0.02	6.27	8.08	1.81
固结灌浆 基岩	万 m	11.57	15.04	3.47	3.28	6.07	2.79	1.41	0.19	−1.22	0.15	0.14	−0.01	16.41	21.44	5.03
固结灌浆 钻混凝土	万 m	3.00	7.27	4.27		0.27	0.27							3.00	7.54	4.54
锚杆	万根	1.00	2.84	1.84	6.67	10.42	3.75	3.86	2.93	−1.00	0.00	0.16	0.16	11.63	16.35	4.72
锚索	束	70		−70	449	267	−182							519	267	−252
浆砌石	万 m³	0.41	0.10	−0.31	0.09	0.06	−0.03	0.43		−0.43	4.06	1.95	−2.11	4.99	2.11	−2.88

平均最高气温 29.6℃，多年日平均最低气温 14.28℃。坝址以上集雨面积 19600km²，洪水主要由降雨形成，6—9 月为汛期，其中 7—8 月洪水出现次数最多，坝址多年平均流量 263m³/s。

坝址处于低山峡谷地带，两岸均无阶地可利用，山坡较陡，左岸地形较完整，场地布置较困难，只能利用较缓的山坡地或冲沟出口处，分级平整、分散布置施工工厂及生活场所。

坝址区地层主要有泥盆系中、上统的罗富组（D_2l）和榴江组（D_3l）、石炭系以及华力西期辉绿岩。坝区 20km 范围内天然砂砾石料源较为缺乏，分布零星，储量少。经勘测、规划、试验、研究，右Ⅳ号沟辉绿岩料可用于轧制混凝土骨料。

9.1.2　工程分标方案

根据本工程的布置特点和施工条件，为了工程的顺利开展，业主在主承包商进场前完成部分准备工程项目的建设，为主承包商进场创造条件，以尽量缩短承包商进场后的施工准备时间。在筹建期内业主自营和邀请招标完成的项目包括对外交通公路、平圩大桥、两岸上坝公路、施工通信、施工供水供电、业主前方营地及百色转运站建设等。

主体土建工程分为 RCC 主坝工程标、水电站工程标、副坝工程标、通航建筑物工程标及 RCC 主坝和水电站工程安全监测标 5 个。

通过国内招标，RCC 主坝工程标由中国闽江水电工程局与中国水利水电第四工程局组成的闽江—黄河水电工程联营体中标承建。水电站工程标由中国水利水电第十四工程局与广西水电工程局组成的滇桂水电工程联营体中标承建。副坝工程标和通航建筑物工程标均由中国葛洲坝水利水电工程集团有限公司中标承建。安全监测标由中国水利水电第十四工程局与国家电力公司中南勘测设计研究院及南京南瑞集团三家组成的昆长宁水电工程安全监测联营体中标承建。

设备部分主要分为主要机电设备标、金属结构及启闭设备标两个。主要机电设备分为 6 个包，金属结构及启闭设备分为 3 个包。

百色水利枢纽工程规模大、施工技术复杂，为了保证主体工程能顺利施工，根据枢纽布置条件，主体工程分为 5 个标，从实施过程看，分标是合适的，其主要优点是：由于各标位置相对独立，因此相互之间的施工干扰少，纠纷也少，便于业主管理；由于各标专业相对独立，有利于发挥自身的专业优势和先进机械、先进技术的使用，在保证工程质量的前提下，提高了工程建设速度。

为尽可能为承包商顺利施工创造良好的施工环境和条件，施工准备工程项目如施工道路、桥梁、铁路转运站、输电线路、施工变电站、施工通信及部分施工营地等，在主体工程施工前，由业主采用招标方式兴建完成。实践证明，本工程根据工程具体情况进行分标，减少了各标之间的干扰，加快了施工进度，经过实施证明是合理的。

9.1.3　主坝区施工总平面布置及施工控制进度

9.1.3.1　主坝区交通运输

百色有高等级公路、铁路及水路与外界沟通，对外交通极为方便。从百色市至主坝坝址，则只能采用公路运输方式，而现有 323 国道是广西与云南经济交往与物资交流重要路段，从百色市至平圩段由于等级低、路况差，目前已严重超负荷运行，故原有的 323 国道并不宜作为施工对外交通主要通道，而需另外修建对外公路，以适应大坝高强度施工的运输需要。百色市位于坝址下游右江河畔，百色市至坝址段处于重丘河谷区，沿江两岸山高坡陡。根据地形条件，百色至坝址对外公路沿右江左岸修建，全长 26.5km，按二级公路设计。

百色水利枢纽规模大，主要外来物资（钢材、水泥等）、施工机械设备及机电设备运输量很大。这些物资、施工机械设备和机电设备主要通过铁路运输，且有些物资和设备需提前调运，转存后再转运至工地。因此业主在百色设有转运站。

本工程场内交通左右两岸均是以自进场公路引出的干线公路为核心进行规划。每一岸的干线公路自进场公路引出后，通至大坝坝头。本工程施工辅助设施大都布置在干线公路旁，筹建期完成场内干线公路修建，进入准备期后，即可开展各种施工设施修建工作。与干线连接的支线公路大部分在准备期的第一年内完成，主体工程开工时，两岸已形成以干线公路为骨干的交通网，左右两个交通网经右江平圩大桥连通，场内运输可畅通无阻，外来物资可顺利进场。场内主要公路总长约 26.24km，其中干线公路 5.19km，支线公路 21.05km，场内公路除路基和路面宽按需要设计外，其余基本按等外公路设计。为了解决对外交通及两岸施工中的交通联系问题，在坝址下游 0.8km 处修建了一座跨河交通大桥（右江平圩大桥）。

本工程对外交通按二级公路标准进行建设，在当时同类工程中标准是比较高的，从工程的实践证明，这个决策是正确的，除满足施工材料进场要求外，由于对外交通标准高，从百色市到工地仅半个小时的时间，很多生产、生活设施都能设在百色市，大大减少了施工设施和生活设施的建设成本和运行费用，降低了工程投资。

场内交通由右江平圩大桥连在一起的左右两个环形交通网组成，两个环形交通网均考虑了百色水利枢纽规模大、施工工厂多、占地范围广，且处于低山峡谷地带，山坡较陡，施工道路设计既不能过多，又必须照顾到各个工程点因素，交通选线充分利用地形条件，达到贯通性好、连接工程点多的目的。实践证明，本工程外来物资可顺利进场，场内运输可畅通无阻，百色水利枢纽施工交通规划是合理的。

9.1.3.2 主坝区施工总布置

百色水利枢纽坝址河段为开阔 V 形斜向谷，河床地形变化较大，坝址两岸山坡较陡，无阶地可利用，施工布置比较困难，但离百色市较近。因此，施工布置宜尽量利用百色市现有的机械修配能力、商业服务能力、医疗服务能力，以压缩第一线生产、生活设施；业主的管理机构可考虑布置于百色市，施工场地、生活营地按施工分标进行布置，以方便施工管理，并尽量利用荒山坡地分级布置，不占或少占耕地，能供多个工程标使用的场地，则分期重复布置并限期使用，以提高场地利用率。

根据本枢纽施工要求和施工总布置的原则，在顾及库区阳圩镇搬迁至坝址下游右岸 1.5km 原平圩大队处的前提下，从方便分标施工出发，将施工区划为：左岸进场公路、右岸进场公路、平圩大桥施工区；导流隧洞标施工区；大坝标施工区；电站标施工区（含土建标及安装标）；业主管理区共 5 个区。总建筑面积 92070m²，总占地面积 524134m²。

生活生产供水系统由各标承包商自行建设、使用和管理。百色水利枢纽施工用电设计从东笋变电站接水，在工地设一座 110kV 施工变电站，位于左岸坝址下游约 400m 的山坡上。施工变电站设三台变压器，其中两台为 10MVA，作为正常施工用电。一台为 2MVA，作为施工保安电源，施工用电 110kV 线路采用送出工程线路提前架设方案。为了进一步保证事故电源的可靠性，要求大坝标和电站标承包商各自备一台 500kW（大坝标）和 200kW（水电站土建标）柴油发电机组以备 35kV 事故电源失电时应给用。

本工程土石方开挖总量约 843 万 m^3，土石方填筑量约 222 万 m^3，弃渣量约 883 万 m^3（松方）。选择了左岸 2 个弃渣场，右岸 4 个弃渣场，渣场总容量 974 万 m^3，左 1 号弃渣场主要用于堆放施工前期左岸上坝公路、左岸场地平整、水电站工程开挖、主坝左岸挡水坝段和河床坝段基坑开挖的弃渣。左 2 号弃渣场主要用于堆放左岸施工营地场地平整的部分弃渣。右 1 号和右 2 号弃渣场主要用于堆放主坝右岸挡水坝段和河床坝段基坑开挖的弃渣，右 3 号弃渣场主要用于堆放右Ⅳ号沟辉绿岩人工砂石料场的剥除料，右 4 号弃渣场主要用于堆放导流隧洞出口明挖的渣料。

主坝区施工总平面布置如图 9.1.1 所示。

根据本工程主坝区施工总体布置结果统计，主坝区施工征地总面积约 550.98hm²，均为永久征地。施工征地分一期征地及二期征地两部分实施。一期征地 116.18hm²，是为满足左右岸进场公路、平圩大桥、导流隧洞施工需要而进行的征地；二期征地 434.80hm²，是在一期征地的基础上为满足主坝区施工的需要而进行的征地，包括坝址上游约 1.0km 的库区清理范围面积。

百色水利枢纽施工总体布置设计根据市场经济的需要，按照分标布置、方便生产的原则综合考虑。由于主体工程施工所需的各施工工厂设施和生活营地规模主要由承包商根据其施工组织设计方案、施工进度的安排来确定和建造，因此在进行施工总体规划时，按比较先进的施工技术和施工进度，计算出各施工工厂设施的规模和人数，然后进行总体规划。从承包商进场后的布置及施工情况看，承包商都是在设计指定的区域进行生产、生活设施的建设，符合广西院提出的总体布置构想，没有因为使用场地问题而提出施工索赔，各标之间的相施工干扰也较小，因此，百色水利枢纽施工总体布置是合理的。

9.1.3.3　主坝区施工控制进度

本工程分工程筹建期、工程准备期、主体工程施工期及工程完建期四个阶段。

（1）工程筹建期。因工程的特殊性，本工程的筹建期实际从 1997 年修建左右岸对外公路算起至 2001 年，历时 4 年。另外，导流隧洞工程已在工程筹建期内提前建设。

（2）工程准备期。工程准备期分主坝工程和水电站工程两部分。根据工程实际进展情况，主坝工程准备期从 2001 年 1 月开始至 2002 年 10 月底，共 22 个月。水电站工程准备期从 2002 年 1 月开始至 10 月底，共 10 个月。

（3）主体工程施工期。主体工程施工分主坝工程和水电站工程两部分。

1）主坝工程是控制总工期关键项目，由于岸坡坝段的开挖不影响准备工程的进行，为了加快主坝施工进度，岸坡坝段的基础开挖安排在 2002 年 1—8 月进行，不列入主体工程施工期内。主坝工程从 2002 年 11 月开始至 2005 年 8 月初第一台机组发电，溢流坝段上升至堰顶高程 210.00m，左岸挡水坝段上升至 234.00m 高程，其他坝段上升至 220.00m 高程，净浇筑工期 24 个月，混凝土施工高峰强度 $16.55 \times 10^4 m^3/$月。

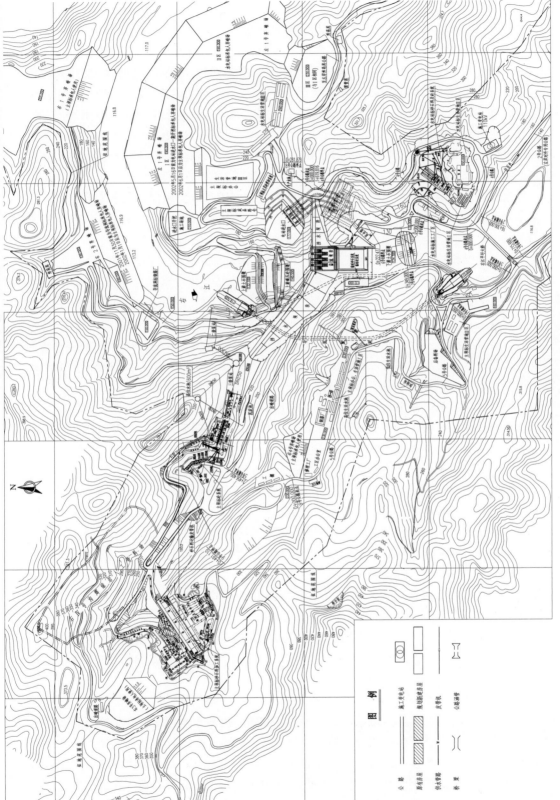

图 9.1.1　主坝区施工总平面布置示意图

2）水电站工程主体工程施工期从 2002 年 6 月起至 2005 年 7 月底第一台机组安装完毕具备发电条件，历时 38 个月。考虑水库蓄水因素，第一台机组发电安排在 2005 年 8 月初。

（4）工程完建期。工程完建期主要进行厂房余下 3 台发电机组安装，主坝工程 220.00m 高程以上完建及表孔闸门安装，其中厂房机组安装为关键项目，需 12 个月，全部工程完建时间为 2006 年 7 月。

本工程筹建期 4 年，工程准备期近 2 年，第一台机组发电为 4 年 7 个月，总工期 6 年（从准备期 2001 年 1 月起算）。

百色水利枢纽的施工供电、施工通信、业主办公生活营地、场内外施工干线公路、右江平圩大桥等工程，设计时均考虑了临时使用与永久使用相结合，且安排在工程筹建期实施。提前建设可供工程施工使用的永久性工程，大大节省了临时费用。

百色水利枢纽的主坝肩基础开挖及砂石混凝土系统的建设为关键项目，导流洞为截流前必须完成的关键工程，将坝肩基础开挖、导流洞施工急需和关键的工程安排在准备期先施工，减轻主体工程施工的压力，为截流、发电起节点的实现起到了至关重要的作用。

施工总进度的安排能注意分析各项目之间的关系，妥善安排其施工程序，避免出现互相干扰、相互扯皮的现象，使工程施工得以有序进行。本工程里程碑工程的时间节点如截流工程、下闸蓄水、机组发电等都如期实现，说明施工总进度计划符合实际。

百色枢纽在实施过程中通过参加各方的共同努力，施工总工期得到了较好的控制，实施阶段工期扣除移民搬迁影响的工期 3 个月外，比初步设计的工期长 2 个月。

9.1.4 筹建期业主自营工程和议标工程规划

根据本工程的布置特点和施工条件，为了工程的顺利开展，业主在承包商进场前完成部分准备工程项目的建设，为承包商进场创造条件，以尽量缩短承包商进场后的施工准备时间。在筹建期内业主自营和邀请招标完成的项目包括：①左岸对外公路 12.7km；②右岸进场公路 0.72km；③右江平圩大桥；④左岸上坝公路 1.98km；⑤左岸进厂公路 0.22km；⑥右岸干线公路右桥头至右坝头公路 2.49km；⑦右岸干线公路至右岸砂石料场公路 1.8km；⑧施工通信工程；⑨施工供电工程；⑩主坝区业主前方营地建设；⑪枢纽管理局建设（百色市）；⑫百色转运站建设。

大坝标承包商 2001 年 12 月进场，水电站标承包商 2002 年 2 月进场，故业主自营工程提供给大坝标部分应在 2001 年 11 月以前完成，提供给水电站标部分应在 2002 年 1 月前完成。

将施工征地、移民安置、场内施工场地四通一平、场内外施工干线公路、右江平圩大桥、110kV 施工变电站及其输电线路、35kV 施工变电站及其输电线路、百色转运站等作为业主筹建期业主自营工程或议标工程，承包商进入现场后只进行少量的施工准备即可进行主体工程施工，给承包商创造了良好的施工环境。对加快施工进度起到了极大的作用。同时这些项目有些是两个标或多个标共用的公共设施，作为业主筹建期内完成的项，减少了各标之间的施工干扰和扯皮，对于加快施工进度，减少施工成本起很大的作用。

前期工程设计工作应超前进行，设计单位在前期工程实施过程中也需做好设代工作，以便及时解决前期工程施工过程中出现的问题，还需对原设计进行一定的优化、调整。

9.1.5 大坝标施工规划

9.1.5.1 施工导流规划

（1）导流方式与导流标准。根据本工程的地形特点和水文特征，经初步设计阶段方案比较后，选定右岸一条隧洞导流，即一次截断右江，枯水期基坑施工，汛期基坑过水的导流方案。上游围堰采用RCC过水围堰、下游土石过水围堰、枯水期围堰挡水，隧洞导流，汛期由右岸导流隧洞与围堰共同泄洪的施工导流方案。

百色水利枢纽正常蓄水位228m，水库总库容为56.6亿 m^3，根据《防洪标准》（GB 50201—94），确定本工程为Ⅰ等工程，其主要建筑物的级别定为1级和2级，其中大坝及电站进水口为1级建筑物，电站厂房为2级建筑物，临时性建筑物定为4级。上游临时土石围堰采用相应导流时段的5年一遇洪水（$Q=792m^3/s$），上游RCC围堰和下游土石过水围堰采用相应导流时段的10年一遇洪水（$Q=1390m^3/s$），度汛标准根据大坝施工形象一汛和二汛度汛标准采用全年20年一遇洪水（$Q=6930m^3/s$），三汛度汛标准采用全年100年一遇洪水（$Q=10300m^3/s$）。施工时段为10月15日至次年5月15日。

从实施效果看，施工导流采用枯水期围堰挡水、隧洞导流，洪水期围堰和坝体缺口过水的方案符合工程的实际，确保了主体工程施工按期完成。

（2）导流建筑物。导流建筑物包括导流洞和施工围堰，详见9.2导流建筑物。

（3）截流。经综合比较，选择10月上旬为截流时段，设计标准为5年一遇洪水，相应截流流量为470m³/s。主坝工程原设计是2002年10月上旬截流，导流隧洞在2002年3月通过验收并具备过水条件。承包商进场后，由于导流洞工程已完工，为了争取更充足的时间进行主体工程施工，确保目标工期的实现，向业主提出了提前截流的建议，经参建各方认真研讨，业主最终同意承包商的意见，于2002年3月成功进行了截流（当时称为"预截流"）。截流戗堤设在上游混凝土围堰下游侧，即消力池与大坝之间的位置。截流从3月中旬开始，3月21日戗堤合龙，3月底上游临时围堰合龙，随后进行闭气、抽水、混凝土围堰基础开挖及先浇块浇筑，至5月底上游RCC先浇块浇至128.00m高程。

百色水利枢纽在2002年利用导流提前打通的有利条件实施预截流方案后，2002年10月只需填筑下游临时土石围堰，即可进行基坑抽水。在进行上游RCC围堰加高培厚的同时，主坝基础和消力池基础可以进行大规模的开挖。原设计安排的工期一汛前主坝河床部位只浇筑基础常态混凝土，采取预截流措施后，主坝混凝土提前浇筑，极大地缓解了二枯和三枯的施工强度，同时一汛期间，可利用右江汛期的枯水时间对大坝基础进行灌浆处理。实践证明采用预截流方案是成功的，导流工程费用大大减少，也是经济合理的，而且对工程安全度汛和确保工程总进度也有着积极的意义。

（4）蓄水计划。本工程最低发电水位为195m，相应库容为16.2亿 m^3。根据施工进度安排，2005年4月底导流洞下闸蓄水。本工程在实施过程中，由于库区移民滞后，导流洞无法按原设计的时间2005年4月底下闸封堵，拖延至2005年8月26日才下闸，实际下闸流量为256 m³/s，相应下闸水位为126.37m，低于闸门设计允许的最高下闸水位

129.00m。由于在汛末下闸，导流洞封堵施工已基本进入枯水期，一切均按设计顺利进行。

临时放水底孔于 2005 年 10 月 19 日下闸封堵，12 月 16 日完成封堵施工。

9.1.5.2　坝基开挖

（1）施工程序。大坝基础岩石均为辉绿岩。开挖分左右岸坝肩、河床坝基、消力池及下游护坦护岸五个开挖区。土石方开挖总量为 170.8 万 m³（不包含基础处理部分），坝基及消力池土石方开挖高峰月强度为 12.68 万 m³/月。

施工规划设计中，坝基开挖总体程序为两岸坝肩开挖，在截流前进行，自上而下分层开挖，要求于 2002 年 11 月截流前完成，河床坝基及消力池开挖在 2002 年的 11 月上旬基坑抽干水后进行。

实际施工过程中，右岸挡水坝段由于前期受场内施工道路、征地及穿过坝基的通信和高压线路的影响，调整了开挖程序，不是从 13 号坝段进行开挖，而是从 11A 号坝段（高程 191.00m）开始，自上而下开挖，开挖边坡按 1:1.25 的临时稳定边坡控制；左岸坝肩 234.00m 高程以上部分，已结合左岸上坝公路修建，提前开挖完成；为了加快主体坝基开挖进度，于 2002 年 4 月 25 日在大坝基坑（4A～6A 号坝段）增加了一个开挖工作面，进行右岸河床挡水坝段及溢流坝段的开挖，2002 年 5 月 14 日河床过洪，该开挖工作面停止施工；2002 年 6 月 1 日开始，开挖施工机械逐渐从 8B 号坝段（高程 120.00m）转移至右岸 13 号坝段进行 234.00m 高程以下部分的坝基开挖。

根据初期的施工条件，适当调整开挖程序，使坝基开挖能顺利进行，措施是可行的。

（2）出渣道路布置。施工规划设计中，左坝肩开挖渣料运往上游左岸弃渣场，分别在坝肩上游的 185.00m、155.00m、126.00m 高程布置 3 条出渣道路；右坝肩开挖的弃渣运往右Ⅳ号沟下游弃渣场，在坝肩下游侧 210.00m、190.00m、170.00m、150.00m、130.00m、114.00m 高程布置了 6 条出渣道路；消力池与河床坝基开挖，开挖弃渣运往左岸上游弃渣场，在消力池左侧布置一条往左岸上游弃渣场的出渣路。实际施工过程中，基本按此规划布置施工道路，顺利完成了开挖任务。

（3）开挖分层。施工规划设计中，坝肩开挖自上而下分层梯段爆破，层高 7.5～15m。在实际施工过程中，左岸共分成 12 个梯段，平均层高度约 11m，与规划基本一致，达到预期效果，说明设计是合理的。

（4）开挖爆破控制。施工规划设计中，坝肩开挖采用 100 型潜孔钻，钻孔采用自上而下分层梯段爆破，边角部位及保护层用手风钻钻孔，毫秒爆破三向预裂；河床坝基与消力池基础开挖预留 1.5m 厚的保护层，采用浅孔小药量爆破。

在实际施工过程中，为保证钻孔速度和作业效率，用 CM351 高风压潜孔钻车、KLQ-100B 潜孔钻和 YT26 型手风钻；岸坡陡于 1:1 的边坡采用预裂爆破或光面爆破；主爆区采用深孔梯段微差挤压爆破；紧邻水平建基面采用预留保护层的常规开挖方法，保护层厚 3m，保护层分三层开挖，先用 YT26 型手风钻按常规方法进行钻爆开挖，最终在基面上留 20～30cm 人工撬挖；设计边坡陡于 1:1 的坡面岩体裂隙极为发育的情况下，主炮孔和光面爆破之间设置缓冲爆破孔。缓冲爆破与主炮孔爆破相比孔距减小 0.6～0.8 倍，单孔装药量减少 50%。

由于采取了以上各种措施，使开挖爆破控制达到了预想的效果。

9.1.5.3　大坝基础处理

在坝基开挖达到设计高程后，接着对断层及蚀变带进行槽挖并浇筑混凝土塞和防渗墙，F_6 断层槽挖和混凝土塞的施工方法及采用的施工机械与坝基开挖和浇筑混凝土相同，其余小断层及蚀变带则采用手风钻钻孔爆破开挖，反铲配合人力出渣。本工程断层及蚀变带回填混凝土量约 2.37 万 m^3。

本工程固结灌浆 11.57 万 m，两岸挡水坝段的基础固结灌浆，除基础比较破碎的地段必须进行有压重灌浆外，原则上采用无压重灌浆，采用自上而下灌浆法；溢流坝段、右河床挡水坝段、消力池等部位的基础固结灌浆在垫层混凝土面上进行，为有压重灌浆，采用自下而上灌浆法，灌浆浆液主要由制浆站供应。固结灌浆尽可能安排在坝体 RCC 开始碾压前全部完成，以免影响大坝混凝土施工。

本工程帷幕灌浆 2.84 万 m，主坝的帷幕灌浆大部分在主坝灌浆廊道内进行，左右岸 218.00m 高程以上至坝顶帷幕灌浆在灌浆廊道外进行，在左右岸坝头沿坝轴线方向还设有帷幕灌浆隧洞。灌浆廊道内自下而上分段灌浆，在无压重的灌浆隧洞内为自上而下分段灌浆。灌浆遵循分序孔逐步加密，先灌主帷幕、后灌副帷幕的施工工序。

本工程接触灌浆 1.54 万 m，岸坡接触灌浆采用预埋管灌浆法，在进行混凝土浇筑的同时，埋设好接触灌浆的出浆盒、连接好灌浆用的进浆管、回浆管和排气管等，并将管路引至灌浆廊道内。在坝体混凝土温度达到设计规定值后即可进行灌浆施工。

本工程排水幕 4.07 万 m，排水幕施工安排在帷幕灌浆之后进行。采用 SGC-Ⅲ型钻机钻孔，从 2004 年 5 月开始，至 2005 年 6 月底结束。

9.1.5.4　大坝混凝土施工

（1）辉绿岩人工骨料在百色 RCC 主坝的应用研究。主坝为采用人工辉绿岩骨料的碾压混凝土大坝，辉绿岩人工骨料应用研究详见 9.3 辉绿岩人工骨料。

（2）大坝混凝土的施工程序及强度。主坝混凝土总量 255.76 万 m^3，其中 RCC 量 211.62 万 m^3。根据施工总进度的安排，2002 年 10 月上旬河床截流，2005 年 5 月底主坝浇至 220.00m 高程，2006 年 4 月坝区主体工程全部完工。主坝混凝土的浇筑安排在截流后的四个枯水期内完成。

本工程 RCC 在一枯河床部位基础开挖及基础处理的同时，抢先浇筑右岸挡水坝段至 180.00m 高程，共完成混凝土 47.90 万 m^3，高峰月浇筑强度 8.72 万 m^3/月。预计大坝混凝土浇筑高峰在二枯，时段平均高峰月浇筑强度 16.55 万 m^3/月，其中碾压混凝土 12.29 万 m^3/月。

（3）混凝土运输浇筑方法。本工程混凝土左岸坝段和河床坝段 RCC 以自卸汽车运输入仓为主，左岸坝段 RCC 以皮带机与真空溜筒联合运输为主。

溢流坝面、导墙、中孔、表孔常态混凝土浇筑，拟在溢流坝下游侧 106.00m、138.50m、187.90m 高程先后布置高架门机，逐层翻高吊运混凝土入仓。

坝基垫层常态混凝土按照设计图纸分块浇捣。在上层 RCC 前需铺设并缝钢筋（加变态混凝土振捣）。由于坝基垫层常态混凝土需分块分序浇筑，还需加设缝内连接插筋，设置键槽，缝面凿毛，预埋并缝灌浆系统，缝顶钢筋并缝，施工非常麻烦且耗时耗工，因此施工时多数坝块均取消了坝基垫层常态混凝土，河床坝块基岩用变态混凝土找平后直接上RCC碾压，两岸坡坝基用变态混凝土与侧边基岩接触，极大方便了施工，加快了施工进度。坝基混凝土钻孔取芯结果显示，坝基混凝土与基岩结合良好，完全达到原常态混凝土垫层的受力、抗渗要求。

RCC碾压：混凝土摊铺到要求厚度后，用BW-201型振动碾碾压，以1km/h的行走速度行驶，先无振碾压2遍，再有振碾压6～8遍，用核子密度仪测定容重，达到要求后再无振碾压2遍。振动碾行走方式按直线往返每次错距20cm进行，行走方向垂直于水流方向。边角部位的碾压采用BW-75S小型振动碾碾压。

RCC层面处理：如果先浇筑层已达到或超过初凝时间，则其上覆盖新混凝土之前，对下层混凝土表面需经冲毛、清洗并铺设1.0～2.0cm厚的水泥砂浆，然后再铺料。初凝时间按成熟度控制，施工时试验确定。迎水面的二级配RCC有严格的抗渗要求，每铺上一层前均需先喷洒一层水泥粉煤灰浆，再行铺料。

变态混凝土浇筑：与左右岸坡、廊道及中孔周边接触的常态混凝土，首先将RCC摊铺至碾压所要求的厚度，留出常态混凝土的浇筑厚度，并将RCC碾压密实，在初凝之前将边缘松散部位挖除，然后卸入常态混凝土，用插入式振捣器振捣密实。结合部位再用BW-75S型振动碾碾压两遍。溢流面常态混凝土采取先浇RCC再浇溢流面常态混凝土的施工方法。溢流面常态混凝土用滑模浇筑，用高架门机吊运混凝土。实际施工时发现，溢流面先浇的RCC因拆模早、强度低，预埋的插筋均有被拆模扰动松动现象，后来改进为坝体RCC与溢流面常态混凝土同步浇筑上升，避免了预埋插筋及二次浇筑溢流面常态混凝土，极大方便施工。

坝体坝段之间的横缝用HZQ-65型振动切缝机在一个碾压层摊铺平整以后，碾压以前切割成型，并嵌入0.2cm厚的镀锌铁皮填缝材料。

RCC浇筑完工后，在仓面安装DC-Ⅰ型扇形喷雾器喷雾养护，或用仓面蓄水流水养护。

坝体上游采用组合型钢悬臂模板；仓内横缝模板采用钢木混合形式；坝体下游采用混凝土预制块模板；廊道模板采用混凝土预制模板，现场进行拼装。

（4）大坝混凝土温度控制措施。根据清华大学计算的成果和现场实际情况，RCC施工期拟定为温度较低的10月至次年5月，为了控制RCC的浇筑温度，在混凝土拌合楼配备制冷厂，采用对混凝土骨料进行预冷，用冷却水拌和混凝土等措施，以达到控拦河坝施工期间制主坝RCC的浇筑温度的目的。

施工期间发现如果仅在低温季节进行RCC的施工，施工强度则较大，经进一步温度控制研究，在坝块上游坝面中部加设3m深短缝，并对温控措施作了优化调整，采用对混凝土骨料进行制冷，用冷却水拌和混凝土等措施外，夏季温度较高时，增加埋冷却水管措施，实现全年不间断施工，降低了混凝土施工强度，加快了施工进度。

（5）质量检验与评价。2005年2月由百色水利枢纽蓄水安全鉴定专家组提供的《广西右江百色水利枢纽蓄水安全鉴定报告》认为：

1）大坝混凝土外观质量良好、表面光滑平整，无明显裂缝和缺陷。

2）上游面防渗层200号RCC和大坝主体150号RCC的强度等级均超过设计值，保证率也超过规范要求的80%，满足《水工碾压混凝土施工规范》（SL 53—94）的验收标准。

3）大坝 RCC 和常态混凝土均达到各种混凝土的相应抗渗指标。

4）从原位抗剪断强度和芯样抗剪断强度综合分析，大坝 RCC 的抗剪断强度达到了设计指标。

5）现场实测左右岸上坝段 RCC 的压实密度平均值均大于98％设计理论密度，满足《水工碾压混凝土施工规范》（SL 53—94）规定的压实指标。

6）大坝混凝土质量评价。大坝 RCC 质量优良，强度验收均合格，施工质量良好，压实度满足规范要求，强度满足设计要求，芯样检测结果表明大坝 RCC 质量的可靠。

9.1.5.5 金属结构安装

大坝标金属结构安装主要包括溢流坝中孔和表孔闸门安装、导流洞封堵闸门安装以及临时放水底孔闸门安装等。共有各类闸门 15 扇、各类启闭机 12 台套，安装总重 1990.3t。

中孔事故检修门埋件及中孔工作门埋件、工作弧门部件均利用中孔常态混凝土浇筑用的 MQ1000 型门机吊装，部分埋件与混凝土浇筑平行作业。

导流隧洞闸门各节门由 40t 拖车自右岸闸门拼装场运到导流隧洞进水塔后 145.00m 高程公路临时存放。各门叶安装前用滚筒及卷扬机拖运 10～30m，到吊装控制范围内，然后用两台 QY125 汽车吊联合从进水塔顶部 155m 吊物孔吊入、锁定、拼装。QP－2×2500－17 固定式卷扬机也由 QY125 汽车吊现场吊装。

临时放水底孔闸门规模较小，运输和吊装均方便，可用坝区施工现场现有的普通起吊设备吊装。

9.1.5.6 大坝标施工交通运输

大坝标施工道路主要在右岸，从平圩大桥右桥头引出通至大坝右坝头的公路称右岸干线公路；中途在 155.00m 高程平台接一条支线，该支线经导流洞出口洞顶通至右Ⅳ号沟沟口后，沿右Ⅳ号沟左侧上行至沟的中部与右岸干线公路相交，这段称右岸低线公路；右岸干线、低线公路在右Ⅳ号沟与右Ⅴ号沟间形成环状交通；在 230.00m 高程平台接一条支线通至采石场，称料场公路。本工程施工辅助设施大部分都布置在干线公路旁，筹建期完成场内干线公路修建，进入准备期后，即可开展各种施工设施修建工作。与干线连接的支线公路大部分在 2000 年完成，主体工程开工时，已形成以干线公路为骨干的交通网，场内运输可畅通无阻，外来物资可顺利进场。

9.1.5.7 大坝标施工工厂设施

百色水利枢纽主坝工程混凝土总量 270 万 m³，其中 RCC 为 221 万 m³。根据工程进度安排，主坝混凝土浇筑高峰强度出现在第二个枯水期间的 2003 年 12 月至 2004 年 3 月共计 4 个月，高峰强度为 16.55 万 m³/月，其中 RCC 为 12.29 万 m³/月。

主坝工程人工骨料料源选定右Ⅳ号沟辉绿岩料场，料场位距右岸坝头 400～1200m 范围内的山坡上，高程 220.00～400.00m，料场重心高程约 260.00m。料场的对面为台地，坡度较缓，高程 230.00～300.00m，面积约 14000m²，适宜人工石料系统的布置。场内外交通方便，有利于砂石料系统的建设和运行。

混凝土砂石料全部采用人工砂石料，砂石料的破碎和分级筛分均采用干法生产，砂石料月生产强度为 4.56 万 t，小时生产强度为 1230t。粗碎车间选用 3 台 JM－1211HD 型颚式破碎机，中碎车间选用 3 台 S-4000C 型圆锥破碎机，细碎车间采用 3 台破碎机为 H-4000MC 型圆锥破碎机。为清除料源里混入的少量杂土，粗碎车间配备的棒条式振动给料机具有筛除粒径小于 20 mm 料渣的能力。

本工程规划 RCC 高峰浇筑强度 12.29 万 m^3/月，混凝土生产强度 375m^3/h；常态混凝土高峰浇筑强度 4.26 万 m^3/月，混凝土生产强度 135m^3/h。根据大坝标混凝土品种及施工特点，配备相应的混凝土拌和系统，以满足其施工需要。大坝标混凝土拌和系统的总体规划为：

（1）大坝标施工可直接利用导流洞的混凝土拌和系统，该系统布置于右Ⅳ号沟出口下游侧较平缓的坡地上，出料高程 132.00m。

（2）右岸坝头设一个混凝土拌和系统，出料高程 220.00m。该拌和系统内，有两座搅拌楼专门用于拌和 RCC，一座搅拌楼用于拌和常态混凝土。该混凝土拌和系统的碾压混凝土生产能力为 375m^3/h，常态混凝土生产能力为 135m^3/h。所以 RCC 拌和选择 HY-DAM^{3}000 搅拌楼两座，铭牌生产能力 300×2m^3/h；常态混凝土拌和选择 HL236-4F3000L 搅拌楼一座，铭牌生产能力 180～240 m^3/h。

制冷车间、冷却塔、冰库间分别布置在混凝土拌和系统附近的平台上。为满足冷混凝土强度 480m^3/h，3 座混凝土拌和楼均需配置制冷设施。制冰及风冷骨料采用氨泵控制循环供液。制冰、拌和冷水采用氨泵及蒸发水箱制取，向拌和楼及冰库间提供冷冻水。制冷车间为单层厂房；冰库间设为两层，其中一层布置卧式冰库，二层布置片冰机。由冰库出来的片冰用胶带机送到搅拌楼的贮冰仓贮存，再经过螺旋机输送、称量，然后进入搅拌楼集中料斗以生产冷混凝土。

大坝标的施工工厂设施布置于右岸，鉴于本枢纽离百色市仅 22km，百色市是广西西部工业重镇，已有较强的机械修配能力，因此，为了节约工程投资，降低工程造价，在技术可靠、经济合理的前提下，尽可能充分利用百色市已有的工厂设施和修配能力。为此，本枢纽施工机械修配及综合加工中的机械、汽车修配只考虑小修和保养；大修、中修、非标准设备、备品和备件尽可能购或外协解决，不在施工现场设置全面服务的修配企业。施工区不设氧气厂，所需氧气均外购。综合加工工厂和修配企业布置在右Ⅳ号沟与平圩上屯之间的山坡上，高程为 140.00～220.00m。

左右两岸各设一个空压站，右岸空压站设计供风量 448m^3/min，负责右坝肩及河床基坑基础开挖供风等；左岸空压站设计供风量 548m^3/min，除河床基坑基础开挖与右岸空压站联合供风外，还负责左坝肩开挖供风和水电站进水口开挖供风。

大坝标供水系统供水规模为 2974m^3/h，其布置方式为：第一个取水点从右岸大坝上游 600m 右江取水，抽水流量 2474m^3/h，经三级泵站抽至 265.00m 高程转输水池，从转输水池供水分成两支，一支自流至右岸 234 混凝土系统及大坝，流量 1248 m^3/h，另一支经第四级泵站送至六角界人工砂石加工厂，流量 1499m^3/h；第二个取水点为右Ⅳ号沟小水库，小水库库容约 30 万 m^3，可作为砂石加工厂回收水池，拟设一级回收泵站将回收水送至六角界人工砂石加工厂 300.00m 高程水池，流量按砂石加工系统用水量 50% 考虑，为 1375m^3/h；第三个取水点设在坝下游平圩大桥上游侧的右岸边，设计供水流量 500m^3/h，在右Ⅳ号沟下游 240.00m 高程设转输水池，部分工厂设施由该水池送水，余下部分送至右Ⅳ号沟上游 265.00m 高程水池，与上游取水系统连成整体，作为系统检修时的互补水源。该系统第一个取水点为大坝上游右岸，施工期坝上游水位变幅在水库蓄水前为 120～170m，在水库蓄水后为 195～218m，故取水泵站宜采用拖车取水泵站形式，其余泵站形式采用固定式。

大坝标用于施工配电的 10kV 出线 5 回。另左岸坝轴线上游的水电站进水口及生活供水厂用电因涉及三个标，由业主设一台 2200kVA 变压器，大坝标在水电站进水口的开挖及左坝肩开挖时施工用电从该变压器接引。

9.1.5.8 大坝标施工布置规划

大坝标施工区位于坝址右岸坝线上游 0.9km 至下游 1.0km 范围，西至六角界砂石料场，主要布置为大坝标服务的一切生产、生活设施，包括混凝土生产系统、综合加工厂、机械修配站、汽车保养站、供水系统、空压系统、采石场和人工砂石料加工系统、行政办公及生活福利设施等。其中，坝轴线上游 0.9km 至下游 0.76km 岸边 180.00m 高程以下区域内，从 1999 年 11 月至 2001 年 10 月为导流隧洞标使用，以后由大坝标使用。施工区内除右岸干线公路的平圩大桥右桥头至右Ⅳ号沟段、右岸干线公路至右岸人工砂石料场公路、右岸干线公路至大坝标营地公路由业主修建及大坝标部分营地平整由业主负责外，其余一切施工道路及生产、生活设施均由承包商自行建设。场地使用时间为 2001 年 12 月至 2005 年 12 月。

大坝标土石方开挖包括左右岸坝肩、河床基坑、砂石混凝土系统及综合加工厂场地平整、施工临时道路，其中永久工程开挖 173.39 万 m³，回填 5.72 万 m³，需弃渣 248.45 万 m³（松方）；临时工程开挖 245.39 万 m³，回填 112.67 万 m³，需弃渣 191.08 万 m³（松方），大坝标合计需弃渣量 439.53 万 m³（松方）。

经实地规划及经济技术比较并考虑施工环境保护要求，在主坝区布置了 4 个弃渣场，分别为：左 1 号（上游）弃渣场，左岸下游弃渣场，右 1 号（上游）、右 2 号（上游）、右 3 号（下游）弃渣场，渣场总容量 925 万 m³，满足大坝标弃渣需要。

9.1.5.9 大坝标施工进度

1. 导流工程

导流洞在 1999 年 11 月初开工，2001 年 8 月完建。上游围堰 2002 年 9 月中旬戗堤预进占，10 月上旬截流，围堰工程 2003 年 2 月下旬前全部完成。

2. 大坝工程

2002 年 1 月初开始开挖两岸坝肩常水位以上坝基，同年 8 月底完成开挖，随后进行基础处理。2002 年 10 月上旬截流，11 月中旬具备下基坑条件，2003 年 5 月中旬完成河床坝基开挖、基础处理和常态混凝土垫层浇筑。消力池基础开挖除保护层外，也在 2003 年 4 月中旬完成，然后停工度汛。

右岸挡水坝段 RCC 浇筑与河床部分基础开挖施工平行进行。截流后第一个枯水期（2002 年 11 月至 2003 年 5 月 15 日），右岸挡水坝段混凝土浇筑至 180.00m 高程；第二个枯水期溢流坝段混凝土浇筑至 155.00m 高程，左岸挡水坝段和右河床挡水坝段混凝土浇筑至 164.50m 高程，完成消力池混凝土浇筑，第二个汛期溢流坝段缺口过洪度汛；第三个枯水期溢流坝段混凝土浇筑至 210.00m 高程，安装中孔闸门，左岸挡水坝段混凝土浇筑至 234.00m 高程,其他坝段混凝土浇筑至 220.00m 高程,具备了封堵导流隧洞和初期蓄水条件,第三个汛期坝体拦洪度汛,溢流坝段堰面和 3 个中孔联合度汛;第四个枯水期各坝段全线达到 234.00m 高程,并安装表孔闸门。

9.1.6　水电站标施工规划

9.1.6.1　水电站工程施工

1. 水电站工程施工布置

地下厂房布置在左坝头山体内。厂房安装 4 台单机 135MW 的水轮发电机组。电站引水为一机一洞形式,厂房下游 4 条尾水支洞汇成一条主洞下接尾水渠后接入下游河道。

坝址左岸主要岩性为 $D_3l^1 \sim D_3l^3$、$\beta_{\mu4}^{-1}$、D_3l_4 等,其中辉绿岩岩体的水平出露宽度约 150m,地下水电站正是利用这狭窄的辉绿岩条带布置了主副厂房、尾闸室及尾水系统。由于辉绿岩体宽度有限,故引水隧洞大部分分布在硅质岩和泥岩类等岩体中,开关站则布置在洞外山顶 192.00m 高程平台,通过母线竖井和母线廊道与主厂房连通。

能够用作施工通道的永久洞室有各引水压力隧洞上平段、厂顶通风洞、进厂交通洞、主变洞交通洞。

为满足各洞室不同部位的施工要求,尚需增设的施工支洞包括:①引水压力隧洞施工支洞(以下称 1 号施工支洞),从左Ⅳ号沟口进洞,直抵压力隧洞下平段(112.65m 高程),1 号支洞大部分在辉绿岩岩层内;②尾闸室上中层施工支洞,从排风洞引出;③母线廊道施工支洞,从进厂交通洞引出,兼母线竖井施工支洞。

尾水系统及厂房下部开出渣运输路线:从 1 号施工支洞引出的一支通至四条尾水管的支洞,该支洞主要作为厂房下部、尾水主洞下部、尾水支洞、尾水管、闸门井的施工通道(称为 2 号施工支洞),从 2 号施工支洞引出 3 号支洞通至尾水主洞上部,作为尾水主洞上部施工支洞。2 号、3 号支洞全部落在辉绿岩($\beta_{\mu4}^{-1}$)条带内。

2. 水电站工程施工方法

(1)主机洞施工方法。

1)顶拱层(上$_1$、上$_2$)施工:采用中导洞领先,两侧扩大跟进的开挖方法。顶拱及边墙的永久喷锚支护滞后于掌子面,与开挖并行作业。

2)第二层(上$_3$、上$_4$)施工:第二层在顶拱层施工完毕后下卧开挖,仍从通风洞出渣。上游侧岩壁吊车梁位于该层岩壁上,为保证吊车梁岩台的施工成型质量,减轻爆破对围岩的振动影响,采用中心(上$_3$)拉槽超前,两侧(上$_4$)保护层开挖跟进的施工方法。

3)主机洞中部和下部各层施工:主机洞中部(133.00~119.45m 高程)共分两层四个部分(中$_1$、中$_2$、中$_3$、中$_4$),中$_1$、中$_3$ 层(133.00~128.10m 高程)由进厂交通洞直接进入施工,中$_2$、中$_4$ 层(128.10~119.45m 高程)在中$_1$ 层施工完毕后下卧 10%。先完成厂房下游侧中$_1$、中$_2$ 层,后进行厂房上游侧中$_3$、中$_4$ 层,在中$_1$、中$_2$ 层完成后,进行厂房上游侧中$_3$、中$_4$ 层的施工同时,开始开挖主机洞下游侧吊车梁立柱基础,随后浇筑主机洞下游侧立柱和吊车梁。

下部(119.45~99.00m 高程)共分三层,以尾水管和尾水隧洞作施工运输通道。先在每一机组段开设一个溜渣竖井，然后逐层扩大下挖，将渣溜到厂房下部后，由卡966D型 3m³ 装载机装 20t 自卸汽车运输，经尾水管—2 号施工支洞—1 号施工支洞—进厂交通洞（或通风洞）左岸上游堆渣场。

主机洞设有锚索。锚索施工同喷锚支护一样，与各层开挖平行交叉作业。

4）岩锚梁部位开挖。百色水利枢纽地下厂房辉绿岩节理发育，间距 0.1～0.6m，以镶嵌碎裂结构为主，且节理走向与洞轴线角度 10°～30°，倾向洞内，倾角 30°～50°，通过设计深入研究采用在岩锚梁部位增设长而密的张拉锚杆对岩锚梁部位进行加固，增加了围岩的整体性。施工中，创造性地将岩锚梁的保护层分两次开挖，岩台区下拐点以外的保护层先光面爆破开挖后，在拐点打一排锚杆，留下岩台区保护层以斜孔与垂直孔同时起爆的光面爆破方式，并采用减小岩台垂直孔、斜面孔及下拐点的线装药密度的方法，确保开挖时成型。整个爆破区半孔率达 98% 以上，残孔内无爆振裂隙，岩台面起伏差 8cm/m。岩壁梁平均超挖仅为 9.8cm，大大小于设计要求的 15cm。与当时在建的广西龙滩和已建成的鲁布革、天荒坪、棉花滩、广州抽水蓄能电站等应用岩锚梁技术的工程项目相比，百色水利枢纽地下厂房岩锚梁开挖外观成型效果好，有效地控制了超挖。

5）主机洞混凝土浇筑。主机洞混凝土 2.8 万 m³，由左岸水电站工程专用拌合楼提供。混凝土主要由混凝土搅拌车经进厂交通洞运到安装场后卸入 3m³ 卧罐，然后由 20t 临时桥吊吊运入仓。

（2）主变洞施工方法。主变洞施工参照主机洞。主变洞与主机洞之间的岩柱厚度较小，仅为 1 倍洞跨，同时其上覆的有效岩体厚度最薄处仅为 18～20m，因此，在开挖程序上主变洞与主机洞考虑错开施工，主变洞滞后于主机洞两层，即当主变洞开挖上部顶拱时（利用通风洞出渣），主机洞已开挖中部（利用交通洞出渣）了，这样既有利于地下洞室群之间的岩体稳定，又能分别利用不同的出渣通道，分散洞室群之间的交通。主变洞的施工宜采用两侧导洞领先中间跟进的施工程序，在两侧导洞支护完成后再正式挖中间部分。

（3）引水系统施工方法。引水渠渠底开挖高程 177.60m，开挖方量较大，引水渠开挖区远离主洞室群，与主洞室群施工几乎没有干扰，但开挖区岩体主要为 D_3l^1～D_3l^3，岩层相变大，软弱相间，对开挖高边坡稳定不利。

进水塔混凝土 6.4 万 m³，最大塔高 57m，拟用 MQ1000 型高架门机施工。

隧洞开挖直径 8.3m，用全断面开挖法施工。其中下平段由 1 号施工支洞进入施工。竖井段在上下平段开挖完成后进行。先用 LM-200 型反井钻机自上而下钻直径 0.2m 导孔，然后由下而上反钻直径 1.4～2m 的导井，再从上而下逐层扩挖。石渣由导井溜至下平段，出渣同下平段。

开挖的同时平行（或交叉）进行喷锚支护，以确保围岩的稳定及施工安全，开挖完毕后再衬砌混凝土。

引水压力隧洞下平段靠近厂房的 43～44m 洞段设钢板衬砌。压力钢管总重 1239t，总长 175m。直径 $D=5.5$～6.5m，钢板厚度 $\delta=36$mm 和 $\delta=32$mm。初步考虑先在场外卷成瓦片，运到工地钢管加工厂拼焊成管，每节 3m（包括加劲环约重 21t），运抵交通洞洞口后，通过 1 号施工支洞运至工作面。

（4）尾水系统施工方法。尾水渠明挖采用自上而下分层开挖法施工，尾水主洞的顶拱开挖用三臂全液压凿岩台车钻孔，顶拱以下各层用 ROC－712 全液压履带式钻车钻垂直孔，梯段毫秒爆破。

尾水洞混凝土衬砌在尾水管及厂房下部开挖及喷锚支护完成后进行。边墙及顶拱衬砌用钢模台车，底板用拖模。

尾水管也分上下两层施工，其施工与尾水支洞一同进行。

（5）其他洞室施工。排风洞、进厂交通洞、母线廊道等中等断面平洞开挖可结合其他洞开挖机械采用三臂全液压凿岩台车钻孔，全断面开挖法施工，周边岩面爆破。

排水廊道、灌浆廊道等小断面平洞开挖，可用平风钻钻孔，人工开挖。

母线竖井施工前应先打通其底部水平洞室（母线廊道），然后用 LM－200 型反井钻机打导孔和导井，施工方法同压力引水隧洞竖井段。

（6）回填灌浆和固结灌浆。水电站工程回填灌浆 1.85 万 m^3、固结灌浆 3.28 万 m^3、帷幕灌浆 2.19 万 m^3。

水电站工程灌浆施工并非控制性关键项目，因此各洞室回填及固结灌浆可与各洞室开挖及混凝土衬砌交叉作业，固结灌浆在相应部位回填灌浆结束 1～2 星期后施灌。

（7）施工通风、排水。地下厂房开挖断面大，一次爆破用药量多，加之大型柴油机械的进洞需进行大量的通风，因厂房长度较短（长 147m），宜用压入式管道通风，风管直径 1.0m，用 PF100SW37 型轴流风机两台串为一组通风。其他洞室均因长度不大，采用压入式管道通风。

根据水文地质资料，地下洞室群均处于地下水位以下，地下水对洞室施工非常不利。但由于地形较单一，汇水面积不大，预计地下水不甚丰实，从探洞资料来看，洞内渗水主要是裂隙水，水量较小。而且辉绿岩（$\beta_{\mu4}^{-1}$）岩体新鲜完整，几乎不透水。但为安全起见，施工安排还是优先开挖 155.00m 及 128.60m 高程两层排水廊道。

9.1.6.2　金属结构安装

水电站的金属结构安装主要包括进水口快速闸门、进水口检修门、尾水检修闸门以及进水口拦污栅等。共有各类闸门 9 扇，进水口拦污栅 20 扇，各类启闭机 6 台套，安装总重 1364.7t。

尾水闸门施工期要挡汛期洪水，安排在 2004 年 10 月至 2005 年 1 月安装。埋件和台车利用土建吊运设备吊装，闸门门叶用已安装好的台车吊装。

进水口金属结构设备安排在 2004 年 11 月至 2005 年 4 月，水库下闸蓄水前安装好。进水口埋件和双向门机利用土建施工门机吊装。

进水口拦污栅闸门门叶和油压启闭机利用双向门机吊装。

9.1.6.3　机电设备安装

本工程机电设备安装主要有主机洞内的水轮机、发电机安装，主变洞内的主变安装以及电气设备安装等。

计划 2004 年 11 月开始安装 1 号机组埋件，2005 年 1 月底完成。其他各台机组埋件分别滞后 4 个月，与另一台机组设备正式安装同步进行，不占直线工期，至 2006 年 2 月底完成全部机组埋件安装。

2005 年 2 月开始 1 号机组安装，8 月初 1 号机组安装完成。2～4 号机组安装在 1 号机组安装完成的基础上进行，每台机组安排 5 个月正式安装工期。同时，安装场一旦空出就可以开始下一台机组安装，考虑有 1 个月的重叠工期，2 号机组安装工期 2005 年 7—11 月。3 号机组安装工期 2005 年 11 月至 2006 年 3 月。4 号机组安装工期 2006 年 3—7 月。即 2006 年 8 月初，4 台机组可以全部投产发电。

9.1.6.4 水电站标施工交通运输

水电站标施工区位于左岸，自坝线上游 0.5km 至坝线下游 3.0km。场内运输除部分混凝土骨料采用胶带输送机运输外，其余按汽车运输考虑。场内交通以自进场公路引出的干线公路为核心进行规划。干线公路自进场公路引出后，通至大坝左坝头，为永久上坝公路。水电站标施工辅助设施大都布置在干线公路及进场公路旁，筹建期由业主完成场内干线公路修建，进入准备期后，即可开展各种施工设施修建工作。与干线连接的支线公路大部分在 2000 年完成，2001 年部分主体工程开工时，已形成以干线公路为骨干的交通网，至此场内运输可畅通无阻，外来物资可顺利进场。场内主要公路总长约 10.08km（其中干线公路 1.98km，支线公路 0.92km），由业主完成 2.2km，水电站土建标完成 7.88km。土建标修建的施工道路应无偿提供水电站安装标使用，这在水电站土建标的标书中也应明确。场内公路除路基和路面宽外，其余基本按等外公路设计。

9.1.6.5 水电站标施工工厂设施

左岸水电站工程混凝土总量 25.48 万 m³，混凝土骨料需要量 56 万 t，其中粗、细骨料分别为 37 万 t 和 19 万 t。地下厂房洞室洞挖石方共 34.83 万 m³，除引水压力隧洞、进厂交通洞进口段以外，其余为弱风化及微风化的辉绿岩，可用于轧制混凝土骨料，可利用量 26.10 万 m³。可利用的开挖石料用以轧制骨料并计入加工运输损耗后，可得成品砂石料约 59 万 t，满足水电站工程混凝土所需。为此，在左岸电站出口附近 180.00～187.00m 高程设一人工砂石料加工系统，专为厂房系统供应骨料。根据施工总进度安排，水电站工程混凝土浇筑高峰强度约 1.25 万 m³/月，要求骨料系统生产能力为 2.6 万 t/月。

左岸水电站标主要是利用洞室开挖渣料做混凝土骨料，混凝土系统要独立设置。为此，左岸水电站工程设立一个混凝土拌和系统。混凝土拌和系统按每月 25 天生产，每天按 20 小时计，其生产能力为 38m³/h。系统设 HL50-2F1000 型搅拌楼 1 座，铭牌生产能力为 48～60m³/h。

其他辅助企业包括钢筋加工厂、木材加工厂、机械修配站、汽车保养站等。由于百色水利枢纽距百色市仅 22km，而该地区具有较强的机械修配加工能力，故施工、运输等机械的大修、中修放在百色市，而工地仅考虑小修及保养。

水电站标供水系统供水规模为 700m³/h，从坝下游右江边取水，取水泵站采用缆车取水泵站形式，转输水池设在左岸下游 220.00m 高程，由转输水池向各用水点送水。施工供水系统拟在转输水池设混凝沉淀池，确保施工用水水质。

用于水电站标施工配电的 10kV 出线 3 回，另左岸坝轴线上游的水电站进水口及生活供水厂用电因涉及三个标，由业主设一台 2200kVA 变压器，水电站的进水口施工用电可在该处接引。

9.1.6.6　水电站标施工布置

根据施工总布置规划，水电站施工区范围位于左岸，自坝线上游 0.5km 至坝线下游 3.0km。主要布置为水电站标施工服务的一切生产、生活设施，包括混凝土系统、左岸人工骨料加工系统（利用地下厂房洞室开挖渣料）、供水系统、空压系统、施工机械修配站、汽车保养站、综合加工企业、钢管厂、金属结构加工厂、机电设备安装基地、修钎厂、仓库系统以及生活福利设施等。其中，坝轴线上游进水口开挖区场地需 2002 年 7 月以后移交给水电站土建标使用。左 1 号弃渣场（上游）须与大坝标共同使用。施工区内除从平圩大桥左桥头至左坝头公路、至地面变电站公路、至施工营地的公路、左岸 180.00m 高程厂前区场地平整、施工营地平整由业主负责外，其余一切施工道路及生产、生活设施由水电站土建标及安装标负责，其中安装标施工营地及机电设备安装基地由水电站机电安装标建设，其他设施均由水电站土建标承包商自行建设，且一切施工道路应无偿提供水电站安装标使用。

水电站标土石方开挖包括地下厂房引水隧洞开挖、地下洞室群开挖、砂石混凝土系统及综合加工厂场地平整、施工临时道路；其中永久工程开挖 63.64 万 m^3，回填 3.07 万 m^3，需弃渣 52.44 万 m^3（松方）；临时工程开挖 86.90 万 m^3，回填 27.57 万 m^3，需弃渣 88.55 万 m^3（松方），合计需弃渣约 141m^3（松方）。

经实地规划及经济技术比较并考虑施工环境保护要求，选择了两个弃渣场，分别为左岸 1 号（上游）弃渣场和左岸 2 号（下游）弃渣场，渣场总容量 483 万 m^3。

9.1.6.7　水电站标施工进度

依据施工总进度的安排，大坝于 2002 年 10 月上旬截流，2005 年 5 月初开始蓄水，2005 年 8 月初首台机组（1 号机组）发电，2006 年 7 月 4 台机组全部安装完成。

9.1.6.8　水电站标施工规划经验与体会

（1）充分利用永久洞室作施工通道，主要有引水隧洞上平段、厂顶通风洞、进厂交通洞、主变洞交通洞、主变洞与通风洞上部连系洞等。

（2）根据永久洞室的布置情况，地下厂房施工共布置了 3 条施工支洞，加快了施工进度。

（3）4 条引水隧洞轴线距离为 20.3m，洞壁间距为 11.8m，为减小爆破振动及二次应力重新分布对相邻洞室产生的影响，采用间隔施工的方法，即先开挖 2 号、4 号隧洞，并完成混凝土衬砌 28 天后再施工 1 号、3 号引水隧洞，施工措施可靠，确保了相邻洞室的安全。

（4）4 条竖井高度为 34～39m，地质岩性为硅质岩，采用正导井与反导井相结合、最后自上而下扩挖竖井的施工方案，对于深度不大的竖井开挖是适宜的。

（5）主机洞断面为 147m×20.7m×49m（长×宽×高），是地下洞室开挖的关键，施工开挖分为 7 层，采取中导洞超前开挖、中间拉槽阶梯爆破、保护层光面爆破等措施，达到了预期效果。

（6）百色水利枢纽地下厂房辉绿岩节理发育，以镶嵌碎裂结构为主且节理走向与洞轴线接近。通过设计深入研究，采用在岩锚梁部位增设长而密的张拉锚杆对岩锚梁部位进行加固。施工中，创造性地将岩锚梁的保护层分两次开挖，并采用减小岩台垂直孔、斜面孔及下拐点的线装药密度的方法，确保开挖时成型。整个爆破区半孔率达 98% 以上，残孔内无爆振裂隙，岩台面起伏差 8cm/m。岩壁梁平均超挖仅为 9.8cm，大大小于设计要求的 15cm。与当时在建的广西龙滩和已建成的鲁布革、天荒坪、棉花滩、广州抽水蓄能电站等应用岩锚梁技术的工程项目相比，百色水利枢纽地下厂房岩锚梁开挖外观成型效果好，有效地控制了超挖。

（7）引水隧洞平洞段采用轻型钢拱架、P1015 小钢模板，分成两层浇筑，混凝土泵送入仓；上下弯洞段采用轻型钢桁架、木模板，混凝土泵送入仓，一次浇筑完成；竖井段采用滑模浇筑，采用溜管＋溜槽方式入仓，一次浇筑成型；主厂房混凝土衬砌，从右向左（顺水流方向）分为 4 号机组段、3 号机组段、2 号机组段、1 号机组段及安装间 5 个施工段施工，104.40m 高程以下采用溜槽＋溜筒入仓，104.40m 高程以上采用泵送入仓。根据不同的结构形式采用不同的模板和混凝土入仓方式，对加快地下厂房施工，都是切实可行的有效措施，值得总结推广。

（8）百色水电站机电设备涉及 30 多种不同机电设备，为了满足工程建设进度要求，机电设备的安装要与土建工程施工进度相适应，根据施工进度及时安排机电设备的安装调试，保证水电站厂房土建施工的要求。

（9）百色水电站出线侧共有 220kV 出线三回，110kV 出线三回，采用高压电缆引接至主坝 214m 平台出线。高压电缆出线回路数较多，同时由于枢纽布置的原因，电缆廊道布置场地紧张，面积受到限制，所以充分考虑到设备安装的难度，没有因此影响工程的总进度。

9.2 导流建筑物

导流建筑物主要包括导流隧洞、上游不过水土石围堰临时围堰、上游过水 RCC 围堰、下游过水常态混凝土围堰。

9.2.1 导流洞工程

导流洞设在坝址右岸，为圆形隧洞，洞径 13.2～14.2m。隧洞由进口明渠、进水塔、洞身、出口明渠和消力池组成。进水塔位于坝轴线上游约 200m 处，隧洞穿越右坝肩山梁、右Ⅳ号沟、右Ⅳ号沟右侧山头，至右Ⅴ号沟出口处进入右江，全长 1149m。

百色导流洞的洞身长 828m，共穿越 22 个岩层，Ⅳ类、Ⅴ类围岩占 54%，岩体风化破碎，地下水活动各向异性显著。对于开挖断面直径为 15m 的大型隧洞，而且地质条件如此复杂，如果用常规的方法进行设计和施工，很难保证施工的安全，也难以保证在设计概算和设计工期内建成投产。为此，设计人员通过调研、学习、分析和比较后，决定采用"新奥法"原理指导百色导流洞设计和施工。由于"新奥法"引进我国时间不长，百色导流洞地质条件复杂、洞径大，对于如此条件复杂的大型洞室如何应用"新奥法"还没有成功的经验。因此开展了"新奥法（NATM）在百色导流洞设计和施工中的应用研究"专题。

9.2.1.1 导流洞工程地质条件

1. 进口洞脸边坡工程地质条件

进口洞脸边坡为逆向坡，最大坡高约 55m。坡体岩性主要为薄～中厚层状含黄铁矿泥岩。洞口拱顶有顺层发育的 F_9 断层通过，对边坡稳定不利，需加强支护。

2. 洞身段工程地质条件

导流洞的工程地质条件非常复杂，隧洞沿线地形起伏大、埋深浅，围岩层次多，岩性变化大，既有坚硬的辉绿岩、中等坚硬～坚硬的硅质岩、灰岩、泥质灰岩，又有软弱的泥岩类岩石；辉绿岩风化较浅，洞室围岩以微风化岩体为主，水电围岩分类主要为Ⅱ～Ⅲ类；沉积岩层风化普遍较深，洞室围岩以强～弱风化岩体为主，水电围岩分类主要为Ⅳ～Ⅴ类；特别是两条辉绿岩（$\beta_{\mu4}^{-1}$、$\beta_{\mu4}^{-2}$）之间的 D_3l^7～D_3l^9 层，受辉绿岩侵入影响较大，岩层扭曲强烈，岩体风化破碎，层间挤压破碎带发育，强风化带下限埋深达 100m 左右。导流隧洞地下水活动各向异性显著，沿线地下水位起伏大，$\beta_{\mu4}^{-1}$、$\beta_{\mu4}^{-2}$ 辉绿岩及 D_3l^{8-2}～D_3l^{10} 层地下水位较高，一般高过洞顶 20～40m，其余各层地下水位普遍较低，一般在洞顶之下。D_3l^{8-2}～D_3l^{10} 层地下水较丰富，极易发生涌水并造成塌方，因此，必须要做好超前排水，降低地下水位。基本稳定～稳定性差的Ⅱ类、Ⅲ类围岩占 46%，不稳定～极不稳定的Ⅳ类、Ⅴ类围岩占 54%。

3. 右Ⅳ号沟明管段及两侧浅埋段工程地质条件

洞线经右Ⅳ号沟，沟底高程约 134.00m，隧洞开挖顶高程 132.70m，洞顶上覆岩土层仅 1～1.5m，设计采用明管跨越。右Ⅳ号沟两侧山坡坡度 35°～40°，天然坡高达 100m 左右，特别是下游侧边坡，坡体岩层除泥质灰岩风化较浅外，其余各层风化较深，呈全强风化状，边坡稳定性较差。因此，右Ⅳ号沟段应尽量不扰动天然边坡，若无法避免，应采取有效的处理措施。

4. 出口洞脸边坡及出口明渠边坡工程地质条件

出口洞脸边坡高 15～20m，岩性为辉绿岩，呈强～弱风化状，中部有跨洞顶公路经过，坡体岩性为辉绿岩，存在似层状节理，走向与边坡走向接近，倾坡外，倾角 55° 左右，对边坡稳定不利。

5. 施工支洞工程地质条件

根据施工组织设计，需在右Ⅳ号沟下游侧设一条施工支洞。地质人员根据地质情况，建议将施工支洞布置在地质条件相对较好的泥质灰岩（D_3l^6）中，在平面上沿岩层走向布置。围岩以弱风化为主。主要地质缺陷是洞轴线与岩层走向一致、上覆有效岩体厚度偏薄。水电围岩分类主要为Ⅳ类。

9.2.1.2　导流洞工程布置

1. 洞线布置

导流洞布置在坝址右岸，穿过主要地层有泥盆系榴江组、石炭系及华力西期辉绿岩中 20 个岩组，岩体的风化与地形、岩性、构造及地下水活动关系密切，洞线布置主要考虑以下几方面因素：

（1）洞线尽量布置在弱风化岩体中，与岩层走向有较大的交角，进出口力求布置在完整的岩石上，以改善进出口的进洞条件。

（2）隧洞尽量提前强迫进洞，以避免在进出口形成高边坡。

（3）洞线力求短而直，以形成良好的水力条件，减少水头损失，减少工程量。

（4）在坝基下通过的隧洞距大坝建基面有可靠的安全距离。

（5）进口水流顺畅，避免出现漩涡，出口水流较顺直接入河床，以减少对河道两岸的冲刷，且不影响其他建筑物的运用。

导流隧洞由进口明渠、进水塔、隧洞洞身及出口明渠四大部分组成。进水口位于右岸坝轴线上游约 200m 处，隧洞横穿右坝肩山梁、右Ⅳ号沟、右山头（右Ⅳ号沟右侧山头），于右Ⅴ号沟出口处进入右江。隧洞洞身长 828m，洞直径 13.2～14.2m，全洞采用喷锚支护与钢筋混凝土复合衬砌，进口底高程 119.00m，出口底高程 115.69m，纵坡 4‰。洞线在平面上呈折线布置，第一个转弯半径 180m，转角 31°；第二个转弯半径 180m，转角 37.42°。

设计最大流量为 2220m³/s。洞内水流按明流设计，并允许明满交替流或满流。按导流设计时段和使用年限统计，流量小于 830m³/s 的明流时间为 94.8%，流量大于 1360m³/s 的满流（有压流）的时间为 3%，流量在 830～1360m³/s 的明满交替流的时间为 2.2%。

2. 隧洞断面设计

隧洞断面设计原则是：满足截流和度汛要求；不影响大坝基坑工期；地质条件允许；导流费用相对较低；方便施工。据此分别进行断面尺寸和洞型比较。

曾对 114.3m²、135.5m²、164.5m²、189.8m² 四种断面尺寸作过经济技术比较，其结果为：断面面积越大，费用越高，施工难度越大。经综合分析比较后，选用了过水断面面积为 135.5m² 方案。

选定 135.5m² 过水断面方案后，设计对导流隧洞洞身三种横断面形式（城门洞形、马蹄形、圆形）进行了结构应力分析和技术经济比较，三种断面形式净面积基本一致。城门洞形断面尺寸 11m×13.5m，净面积 135.5m²；马蹄形断面尺寸为 12.8m×12.8m，顶拱半径 6.4m，侧拱及底拱半径采用 2 倍顶拱半径，为 12.8m，净面积 136m²；圆形断面直径 13.2m，净面积 136.8m²。

从水力学条件、受力条件、施工条件、工程量及工程费用等几个方面进行综合比较。

（1）水力学条件。三种断面形式在宣泄枯水期设计洪水时，过水能力主要受进口控制，高水位时过水面积基本相同，上游水位基本一致，但由于各断面水力要素差别，采用了不同的底坡，因而出口开挖量略有差别。三种断面形式主要区别在于截流，截流时流量小、水位低，不同断面形式洞内过水面积不同，其中城门洞形断面底部过水面积较大，马蹄形次之，圆形最小；截流时圆形断面难度稍大，马蹄形次之，城门洞形最小。用圆形断面作截流水力计算结果是：当龙口发生最大平均流速为 5.5m/s 时，相应的龙口落差为 2.48m。

（2）受力条件。从二期衬砌角度看，对于地质条件较差的Ⅳ～Ⅴ类围岩洞段，圆形断面受力条件最好，马蹄形次之，城门洞形最差，经对二期衬砌进行结构计算，圆形断面衬砌厚度为 0.6m，马蹄形断面初砌厚度为 0.8m，城门洞形断面衬砌厚度为 1.2m。从施工支护角度看，由于采用化整为零分区开挖方式，各洞形差别不大，但从围岩塑性区深度看，三种断面形式在拱部以上均为 7m 左右，而在下部，城门洞形约为 5m，并且面积较大，圆形及马蹄形为 2～3m，面积较小。对地质条件较好的辉绿岩洞段，不同洞形受力条件差别不大。

故无论从一期支护及二期衬砌角度看，圆形断面受力条件最好，马蹄形次之，城门洞形最差。

（3）施工条件。从开挖方面来说，城门洞形较为简单，马蹄形次之，圆形难度较大，特别是较难控制超挖尺寸，但由于本工程开挖洞径达 14.8m，曲率很小，只要施工队伍具有相当的专业施工水平，预计开挖施工影响较小。

（4）工程量及工程费用。经过比较，三种断面形式中圆形断面工程量及工程投资最省，马蹄形次之，城门洞形最高。三种洞形的工程量及直接投资见表 9.2.1。

表 9.2.1　　　　　　　　　　三种洞形的工程量及直接投资

序号	项　目	城门洞形	马蹄形	圆　形
1	洞挖石方/m³	165979	155211	148319
2	回填混凝土/m³	4423	4038	3913
3	喷混凝土/m³	6326	5764	5562
4	钢筋网/t	207.2	188.6	182.3
5	锚杆/t	77.2	78.9	77.5
6	钢插管/t	63.8	69.4	65.6
7	二次衬砌混凝土/m³	38161	26178	17426
8	二次衬砌钢筋/t	3982	2237	1382
9	直接投资/万元	5643	4131	3261

综上所述，从水力学条件、施工条件来看，圆形断面稍差，但差别不大。从受力条件、工程量及投资来看，圆形断面优势较明显，故推荐采用圆形断面。混凝土衬砌的洞段，洞径为 13.2m。第二条辉绿岩在坝址下游，围岩稳定性较好，该段洞段只采用喷锚支护，洞径为 14.2m。

导流洞进口设置进水塔，塔顶高程根据下闸要求选定 157.00m。为了改善隧洞进口水流条件，洞口采用喇叭口形式。

3. 水力计算

导流洞在设计洪水（枯水期 10 年一遇洪峰流量 1390m³/s）时，经过围堰上游库容调蓄后，隧洞下泄流量为 1340m³/s，此时相应下游水位为 123.54m，上游水位为 139.08m，导流隧洞呈无压流或半压流。隧洞过水流量大于 1360m³/s 时，洞内流态呈压力流。在设计度汛流量情况下，导流洞与基坑同时过流，经过水库调蓄后，一汛（全年 20 年一遇、$Q=6930$m³/s）隧洞下泄流量 1711m³/s，相应下游水位 131.13m，上游水位 146.8m，洞内流速 12.50m/s；二汛（全年 50 年一遇、$Q=8840$m³/s）隧洞下泄流量 2681m³/s，相应下游水位 132.13m，上游水位 174.87m，洞内流速 19.59m/s。

导流洞运用的水力学条件：$Q<833$ m³/s 时为明流，$Q>1360$m³/s 时为压力流。根据 50 年水文资料统计，过明流时间概率为 94.8%，过压力流时间概率为 3%，不稳定的明满流交替概率为 2.2%。

导流洞上游水位—泄流量关系见表 9.2.2。

表 9.2.2   导流洞上游水位—泄流量关系

上游水位/m	119.00	124.60	127.10	129.40	131.80	133.60
泄流量/(m³/s)	0	150	300	465	665	833
上游水位/m	139.20	139.81	141.93	143.15	154.96	172.00
泄流量/(m³/s)	1357	1390	1500	1560	2050	2600
上游水位/m	180.00	186.00	190.00	196.00	200.00	206.00
泄流量/(m³/s)	2826	2990	3110	3264	3374	3538

4. 水工模型试验

水力计算成果通过水工模型试验验证，主要结论包括：

①导流洞的泄流能力满足设计要求；②在进水塔前增设两块消涡板和一块水平悬挑板，基本消除立轴串通漩涡，并使表面漩涡强度有所减弱，有效地避免漩涡将空气带入洞内影响洞身安全；③导流洞进口段及其渐变段出现跌水及波状水跃，明流时弯段后半段及其后部分直段的水面较弯段前半段有较大的壅高，设计时应予以注意，避免不利影响；④洞内动水压力分布规律基本一致，除度汛时桩号 0+595.426 处至出口段洞顶有负压外，其余均无负压出现。最大负压都出现在距离洞出口约 17m 处，二汛时负压最大，分别为 23.15kPa 和 27kPa，最小空穴数为 0.46，不会造成空蚀破坏；⑤导流洞出口消力池内无负压出现，最大动水压力为 216.8kPa，但在池首处，水流波动剧烈，消力池布置时应予以重视；⑥导流洞出口消力池出现折冲水流和远驱水跃现象，经过修改布置后已基本将折冲水流和远驱水跃消除；⑦导流洞出口消力池尾坎后平台出现较大的冲刷，二汛时，最大冲刷深度为 7.7m，尾坎末最大冲刷深度为 4.5m，经过修改布置后最大冲刷深度为 2m，尾坎末最大冲刷深度为 1.5m，导流洞出口后河床无明显冲刷；⑧上游弃渣场岸边流速及水面波动不大，其最大流速发生在左岸弃渣场转折处，流速为 2.36m/s，不会将渣场大的块石料带至导流洞；⑨导流洞出口河道上的大桥桥墩边上流速在大坝施工导流期不大，左边桥墩边上的最大流速为 2.5m/s，右边桥墩边上的最大流速为 0.83m/s。

9.2.1.3 应用"新奥法"进行隧洞设计

1. "新奥法"的基本原则

"新奥法"是一种以岩石力学为基础，设计、施工和工程信息反馈紧密结合的新的地下工程设计和施工方法。"新奥法"基本原则是：①围岩自身有一定强度、有一定的自承能力，是承载的重要组成部分，与支护可以组成联合承载体；在施工过程中应减少扰动，使其固有的承载力最大限度地得到保持；②对不稳定围岩要采取支护措施，施加一定的支护抗力，限制有害变形的发展；支护要有"柔性"，具有适应变形的能力，尽可能避免隧洞弯曲破坏，充分发挥锚杆的支护作用；对支护要选择最佳时间，使其需要的支护抗力最小，达到节约投资目的；③在隧洞施工过程中，应通过对隧洞的变形及围岩和支护结构的受力状态的监测，监测变形的规律和变形的大小，以便于适时支护，控制有害变形的发展，寻求最节省的工程措施，并反馈指导设计和施工。因此，"控制爆破""锚喷支护""现场监测"为"新奥法"的三大支柱。

"新奥法"要求设计人员应用"新奥法"理论和技术进行招标设计和施工图设计，还要求设计人员在施工过程中与施工人员密切配合，根据工程信息反馈数据和开挖揭示的围岩情况，对设计进行纠偏或修改，根据围岩自稳时间长短而采用不同的开挖方法和支护措施。

2. 隧洞开挖方法

根据"新奥法"原理，隧洞开挖最好一次成型，以减少施工过程中对围岩的扰动，避免应力重新分布，使其固有的承载力最大限度地得到保持；但同时，"新奥法"要求对不稳定围岩要适时采取支护措施，施加一定的支护抗力，限制有害变形的发展。对于百色导流洞开挖直径达 15m，施工无法做到一次成型，对于软岩（Ⅳ类、Ⅴ类围岩）段，由于一次成型一次循环作业时间过长，自稳能力无法满足一次循环作业时间的要求，即难以对不稳定围岩及时采取支护措施，施加支护抗力，限制有害变形的发展。另外，一次成型开挖面过大，加速变形的发展，也不利及时采取支护措施，难以满足安全的要求。开挖一次成型显然无法做到，必须采用分层分块化整为零的开挖方法。因此，对隧洞开挖方法的研究，主要是研究何种分层分块方法可最大限度地减少施工过程中对围岩的扰动，使其固有的承载力最大限度地得到保持；同时，分层分块的尺度能满足对不稳定围岩及时地采取支护措施，限制有害变形的发展的需要，确保施工安全。另外，分层分块方法还应有利于快速施工和降低施工成本。

为了达到上述目的，在招标设计阶段对不同类别的围岩拟定了多个分层分块方案，并采用有限元方法对施工过程进行仿真分析计算，对不同分层分块方案的洞室周边位移、塑性区范围、支护结构的应力等进行分析，选择最优分层分块方案。施工阶段，根据施工反馈信息，对初拟的施工方案进行调整。

隧洞的开挖方法要根据工程地质条件、开挖断面的大小和形状、施工设备的配备情况等因素综合确定。其实施的过程实质上是一个与地质对话的过程，本工程右Ⅳ号沟下游侧受风化和断层影响严重的泥盆系地层是开挖方法考虑的重点。该段是以Ⅴ类围岩为主，其特点为：岩体呈碎裂～散体结构，围岩极不稳定；主要由泥岩组成，遇水极易软化，开挖暴露面岩石强度迅速下降；地下水位埋深一般在洞顶以上 25～30m，对全强风化岩和泥岩类软岩影响较大，极易发生涌水并造成塌方。

由于本工程是一个断面达 15m 的大型地下洞室，在这种不利的地质条件下，开挖方法的选择极为重要，其成败直接影响整个工程的建设。针对上述地质特点，在开挖的选择上应遵循下述原则：

（1）开挖断面要化大为小，分步施工，每步及时支护并封闭成环。小断面开挖易保证围岩稳定，并便于及时施工支护，避免围岩暴露过久发生强度降低和遇水软化而造成塌方，封闭成环能提高支护结构的整体承载能力，抑制围岩产生过大的松动变形。

（2）采取可靠的支护措施。

（3）降低水位，消除水患。特别是对于软弱破碎的泥岩，解决水患是保障施工安全的一项关键措施。

本着上述原则，在Ⅴ类围岩洞段通过中隔壁法和预留核心土环法的比较，选择预留核心土环法的开挖方法，其特点是：上半圆断面施工时，先在洞顶拱部 120°范围采用钢插管进行预灌浆，对围岩进行超前加固，以提高其自承力，然后在管棚的保护下采用预留核心土环法开挖,岩石破碎部分采用人工配合反铲沿洞周掏槽开挖,深度 0.5～1m,岩石相对较好时采用风钻钻孔进行松动爆破,采用多臂台车或人工站在作业台架上利用风钻钻孔,光面爆破,反铲装渣,自卸汽车运输出渣;下部Ⅱ台阶,先开挖中间部分形成中槽,再扩挖两侧岩体;最下部的Ⅲ台阶,一次开挖至设计边线。上半断面开挖循环进尺 0.5～1m,下部开挖循环进尺 2～4m。开挖过程遇到地下水出露,需尽快增设排水孔,用水管将水引出开挖掌子面以外,以免造成塌方。

对Ⅳ类围岩洞段,虽属不稳定的岩层,但有一定的自稳时间,为了能及时对隧洞进行支护,限制有害变形的发展,上半圆断面采用中导洞法开挖,先开挖中导洞,再扩挖两侧岩体。上部分三部开挖完成,开挖断面较小,开挖与支护紧跟,减少了对围岩的扰动,便于保护围岩的稳定。下部后续工序施工在拱部的保护下进行,较为安全。导洞开挖超前 2～3m,采用多臂台车或人工站在作业台架上利用风钻钻孔,光面爆破,反铲装渣,自卸汽车运输出渣;下部Ⅱ台阶,先开挖中间部分形成中槽,再扩挖两侧岩体;最下部的Ⅲ台阶,一次开挖至设计边线。上半断面开挖循环进尺 1～2m,下半断面开挖循环进尺 2～4m。

对Ⅱ～Ⅲ类围岩洞段,由于其围岩强度高,自承能力强,自稳时间长,隧洞开挖采用分 3 个台阶进行,各台阶断面采用全断面法开挖,采用多臂台车或人工站在作业台架上利用风钻钻孔,光面爆破,反铲装渣,自卸汽车运输出渣。

整个隧洞先贯通上半圆断面,再分段开挖下半圆的两个台阶,3 个开挖台阶及各类围岩洞段的开挖示意如图 9.2.1 所示。

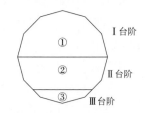

(a) 全断面法开挖分部顺序示意图
(Ⅱ～Ⅲ类围岩洞段)

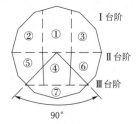

(b) 中导洞法开挖分部顺序示意图
(Ⅳ类围岩洞段)

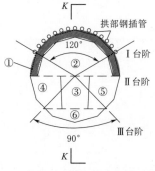

(c) 预留核心土环法开挖分部顺序示意图
(Ⅴ类围岩洞段)

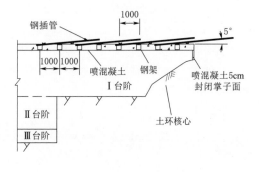

(d) K—K断面

图 9.2.1 导流洞各类围岩段开挖示意图

3. 喷锚支护措施

隧洞支护采用复合式衬砌，即外层用喷锚作为初期支护，主要承担隧洞施工期的外荷载，内层采用模注混凝土作二次衬砌，与初期支护一起共同承担隧洞运行期间的内外荷载。

初期支护按"新奥法"原理进行设计，它是以岩体力学的理论和既有隧洞工程的经验为基础，以维持和利用围岩的自承能力为基点，采用喷锚为主要支护手段，及时地进行支护，控制围岩的变形和松弛，使围岩成为支护体系的组成部分，并通过对围岩和支护的量测、监控来指导隧洞设计施工的方法和原则。

喷锚支护措施研究和隧洞开挖方法研究同时进行，并相辅相成，即在进行不同围岩类别、不同的开挖方法研究的同时，研究各方案合适的支护措施，通过有限元方法对施工过程进行仿真分析计算，分析各方案的洞室周边位移、塑性区范围、支护结构的应力等，选择最优喷锚支护方案。施工过程根据信息反馈，对初拟的喷锚支护措施进调整。

经分析研究和施工后信息反馈，最终采用的喷锚支护方案如下：

V 类围岩主要为全强风化的岩体，呈散体～碎裂结构，自稳时间很短。根据"新奥法"原理，为了保证开挖时围岩的稳定，宜进行超前加固、超前支护，提高围岩的承载力。为此，本工程在开挖断面的拱部采用了钢插管超前支护注浆加固地层的措施，使开挖线以外 1m 左右厚的岩层形成承载圈。经分析计算，因隧洞开挖洞径达 15m，1～2m 厚的岩层形成承载圈还是难以限制有害变形的发展。经研究，在紧跟掌子面采用了具有较大支护强度和刚度的钢拱架，使钢拱架与围岩共同承受开挖时引起的围岩松动压力。开挖通过后，再在洞周布设径向锚杆，进一步加厚加固带，使洞室内表面围岩保持三轴应力状态，制止围岩强度的恶化。这是隧洞支护设计中的"矿山法"（支撑法）与"新奥法"的有机结合，由于 V 类围岩地段基本无自稳时间，在开始时要用"矿山法"（支撑法）以限制有害变形的发展，确保能成洞。但对于如此大的开挖洞径，"矿山法"（支撑法）是无法维持围岩的稳定的，必须上升到"新奥法"，即采用锚喷使围岩成为支护体系的组成部分，由支护和围岩共同承担外载。在 Ⅳ～V 类围岩地质条件占 54% 以上，开挖洞径超过 15m 的百色水利枢纽导流洞施工中采用"新奥法"与"矿山法"并用的施工方案获得成功，为今后同类隧洞开挖提供了宝贵的经验。

导流洞初期支护结构设计参数见表 9.2.3。

表 9.2.3　　　　　　　　　　　导流洞初期支护结构设计参数

围岩类别	V	Ⅳ	Ⅱ～Ⅲ
喷混凝土	厚 20～25cm	厚 15cm	厚 10～15cm
锚杆	管式锚杆 Φ33.5，$\delta=3.25$，$L=5m$，纵环间距 1m×1.5m，拱墙 270°范围梅花形布置	管式锚杆 Φ33.5 或树脂张拉锚杆 Φ25 钢筋，$L=5m$，纵环间距 1.5m×1.5m，拱墙 270°范围梅花形布置	砂浆锚杆 ϕ22 钢筋，$L=3m$，纵环间距 1.5m×1.5m，拱部 120°范围梅花形布置，边墙局部 4 根/每环
钢筋网	ϕ8 钢筋，网格间距 15cm×15cm，拱墙 270°范围铺设	ϕ8 钢筋，网格间距 15cm×15cm，拱墙 270°范围铺设	ϕ8 钢筋，网格间距 15cm×15cm，拱墙 120°范围铺设

续表

钢支撑	1. 钢筋钢架 断面尺寸 18cm×18cm，主筋 4Φ25 2. 工字型钢拱架 Ⅰ20$_a$		
钢插管	Φ42，$\delta=3.5$，$L=3.5\text{m}$，纵环间距 2m×0.4m，拱部布置，注水泥浆		

以上措施减少了开挖对围岩的扰动，有效地限制了围岩的变形，提高了围岩的自承力。施工中由于支护不及时发生小塌方 20 多次，没有发生事故，实践证明其行之有效。

4. 锚杆形式

采用锚杆对围岩进行支护，是喷锚支护措施中最重要手段。对于呈散体～碎裂结构的岩层来说，需要对其进行适当的固结以提高整体性。另外，由于Ⅳ～Ⅴ类岩石碎岩，锚杆造孔过程中容易发生塌孔，锚杆的施设困难，施工质量无法保证。为此，设计借鉴了小浪底工程的经验，采用了管式注浆锚杆，既可提高围岩整体性，及时提供较强的支护抗力，又能解决破碎岩层塌孔给锚杆施设带来的困难。

Ⅳ类围岩属不稳定地层，但有一定的自稳时间，采取可及时提供较强的支护力的树脂张拉锚杆，当围岩破碎、造孔困难时也可采用管式注浆锚杆支护。

Ⅱ类、Ⅲ类围岩的岩石强度较高，但节理较发育，是属于稳定性较好的围岩，采用砂浆锚杆支护。

5. 支护结构稳定性模拟计算

在确定了初期支护结构设计参数后，对围岩的整体稳定性进行验算，本工程采用地下工程弹塑性平面有限元法进行模拟计算，其目的是验算按设计的开挖方法和支护手段进行施工，洞室的变形及支护结构的受力状况。

针对Ⅱ～Ⅲ类围岩、Ⅳ类围岩、Ⅴ类围岩选取桩号 0+090、0+410、0+600 三个特征断面进行施工模拟计算分析，计算按深埋隧洞考虑，采用深埋计算模型，计算边界取距隧洞中心线 3～5 倍洞径的范围，运用弹塑性理论，遵循摩尔-库仑屈服准则，围岩采用四节点等参元或三角形单元模拟，锚杆和喷混凝土采用杆单元模拟，分析计算方法采用黏性增值初应变法来模拟分部开挖过程。

计算结果：洞室周边位移、塑性区范围、初期支护喷混凝土应力、锚杆拉拔力等各项指标均满足要求，表明设计所选择的施工方法、支护措施是可行的。设计针对计算成果有针对性地加强支护。

6. 施工量测方法

施工量测是新奥法的三大支柱之一，施工过程中根据现场监控量测的数据不断修正支护参数和调整施工方法，以确保施工的安全和结构的合理。

量测是在隧洞施工过程中对围岩和支护结构的受力状态的监测，是监视围岩稳定、判断支护设计和施工方法是否合理的手段，是保证新奥法安全施工、提高经济效益的重要条件。本导流洞断面大，Ⅳ类、Ⅴ类围岩占 54％，为保证施工安全，正确评价所设计的支护参数和施工方法的合理性，对施工全过程进行了现场量测。

隧洞现场量测有以下内容：

（1）观察：包括对支护结构状况和开挖面状况的肉眼观察，可直接地、迅速地判断围岩的稳定性和支护的可靠性。

（2）净空变位量测：用以判断围岩的稳定性，支护和施工方法的合理性。

（3）顶拱下沉测定：用以判断围岩的稳定性，防止塌方。

（4）锚杆拉拔力测定：用以判断锚杆的长度和锚固方法是否合适。

（5）锚杆轴力测定：用以判断锚杆的长度和直径是否合适。

（6）钢拱架应力测定：用以判断钢拱架设计的合理性。

此外，为了更准确、快速了解地质和围岩的松动情况，还进行了数码相机在隧洞施工地质编录中应用研究和地下洞室围岩松弛带快速测试研究，利用在洞室横断面上布置钻孔进行声波测试，快速测试地下洞室围岩松弛带。

施工中对量测数据进行处理与回归分析后，绘制相应曲线，配合地质、施工各方面的信息，再与实践经验和理论所建立的标准进行比较，对设计确定的参数、预留变形量、施工方法及各工序的作业时间等进行比较验证。如与原设计指标基本相符，则可继续施工，否则，应立即修改设计，改变施工方法，调整作业时间，以求经济合理、安全可靠。

位移速度和位移量的大小可作为围岩稳定的判断标准，隧洞允许相对位移量大小参考表 9.2.4。位移速度可作为判断围岩稳定的标志，当位移速度大于 20mm/d 时，需特殊支护，否则围岩可能失稳；隧洞水平收敛速度小于 0.2mm/d 时，围岩基本稳定。

表 9.2.4　　　　　　　　　　　　隧洞允许相对位移量

围岩类别	埋　深	
	<50m	50～300m
	相对位移量/％	
Ⅱ～Ⅲ	0.1～0.3	0.2～0.5
Ⅳ	0.15～0.5	0.4～1.2
Ⅴ	0.2～0.8	0.6～1.6

9.2.1.4　强迫进洞的技术措施

根据《水工隧洞设计规范（试行）》（SL 134—84）规定，隧洞的有效上覆岩体厚度应大于 1.0 倍洞径以上，本工程隧洞的进出口及跨右Ⅳ号沟处的地质条件较差，洞口段的成洞条件不好，存在洞口边坡稳定问题。如按《水工隧洞设计规范（试行）》（SL 134—84）规定，要求隧洞的有效上覆岩体厚度应大于 1.0 倍洞径以上，上述各处均出现较高的高边坡，明挖量也较大。为了避免在进出口形成高边坡、减少边坡处理的难度和减少土石方的明挖量，运用新奥法设计的原理，对强迫进洞的技术措施进行了研究。

隧洞的有效上覆岩体厚度应大于 1.0 倍洞径以上的要求主要是基于上覆岩体太薄，难以在洞顶形成岩石拱以维持洞稳定。因此，要强迫进洞，必须解决上覆岩体稳定问题，经过认真地分析、计算，决定采用两方面并进的办法解决，一是对地表进行加固，主要在地表一定范围内设长锚杆对地表进行预加固处理，增加洞上覆岩体的整体性，提高其自承力减少进洞开挖过程中的松动爆破引起的变形，同时，对洞脸边坡进行加固，防止进洞开挖过程中产生的变形引起边坡失稳；二是进洞后采用锚杆、挂网锚喷混凝土、钢支撑等新奥法与矿山法联合支护技术措施，提高其自身能力，减少洞顶的变形。

1. 隧洞进口

进口洞脸边坡为逆向坡，坡体岩性主要为薄～中厚层状含黄铁矿泥岩。洞口拱顶有顺层发育的 F₉ 断层通过，对边坡稳定不利，在进口渐变段前 15m 为全强风化，采用垂直明挖后回填混凝土，开始进洞时先对洞脸用 15m 长的锚杆进行加固，再用管棚配合钢拱架的强迫进洞的技术措施，进洞处岩石厚度为 9m，与开挖洞跨之比为 0.52，其中弱风化岩体厚度为 3.5m，与开挖洞跨之比为 0.2。进口边坡高度由常规处理方法的 45m 减少到 25m，明挖工程量由原来 5 万 m³ 减少到 0.3 万 m³。

2. 隧洞出口

出口洞脸边坡岩性为辉绿岩，呈强～弱风化状。出口明渠左侧前段边坡坡体岩性为辉绿岩，存在似层状节理，走向与边坡走向接近。倾坡外，倾角 55°左右，对边坡稳定不利。明渠左侧后段边坡岩性主要为薄层状硅质岩、硅质灰岩，岩层倾角 55°～65°，为顺向坡，呈强～弱风化状。隧洞出口位置岩层厚度为 1.6m，进洞处岩石厚度与开挖洞跨之比为 0.1，在开始进洞时先对洞脸用 15m 长的锚杆进行加固，再用管棚配合钢拱架强迫进洞的技术措施，出口洞脸边坡高度由常规处理方法的 60m 减少到约 30m，明挖工程量由原来约 30 万 m³ 减少到约 15 万 m³。

3. 隧洞跨右Ⅳ号沟段处理

隧洞跨右Ⅳ号沟处上覆岩层极薄，下游边坡高达百米，坡体岩性为全风化、强风化的泥岩类岩石和破碎的硅质岩，边坡坡度为 40°，已处在极限平衡稳定状态。为了尽量减少坡体的破坏，确保施工安全，该洞段考虑为明管，明管以上的边坡开挖时采用从上至下分层开挖，逐层锚固，以避免大明挖造成的高边坡，两侧开挖边坡用管式锚杆（ϕ33.5，δ＝3.25mm，L＝5～10m，间距 1m×1m）加固。开挖及锚固到设计高程后即浇筑模注混凝土板，从洞内洞挖通过。

明管段两侧边坡的总岩体厚度 8m，与开挖洞跨之比为 0.5，全为全风化、强风化岩体。两侧边坡高度由常规方法的 90m 减少到 10m，明挖工程量由常规处理方法的 10 万 m³ 减少到 0.2 万 m³。

9.2.1.5 模注混凝土衬砌及分缝、灌浆和排水设计

1. 模注混凝土衬砌

隧洞的支护形式采用复式衬砌，即外层用锚喷作初期支护，主要承受隧洞施工期外荷载；内层用模注混凝土作二次衬砌，与初期支护共同承担隧洞运行期的内外荷载。内力计算采用边值法，衬砌混凝土按限裂设计，限制裂缝宽度为 0.3mm，计算时考虑一期支护与混凝土衬砌的联合作用，按《水工隧洞设计规范（试行）》（SD 134—84）附录七边值法计算，强度按《水工混凝土结构设计规范》（SL/T 191—96）有关规定计算，设计采用《水工隧洞钢筋混凝土衬砌计算机辅助设计系统》（SDCAD2.01）完成。

经结构计算，Ⅱ～Ⅲ类围岩，模注混凝土衬砌厚度 50cm，Ⅳ～Ⅴ类围岩，一般厚度 60cm，除了桩号 0+213.00～0+418.00 和桩号 0+244.20～0+256.80 洞段底拱（90°范围）采用 R_{28}^{300} 外，其余洞段各部位均为 R_{28}^{250}。这个混凝土衬砌厚度与国内同类工程相比是最薄的，减少了 40%～70%，主要原因是按新奥法原理进行设计和施工，充分利用围岩的自承能力，减少了对模注混凝土衬砌承担的荷载。

2. 分缝、灌浆和排水

（1）分缝。隧洞变形缝主要设在地质条件明显变化处，分别在桩号 0+000.00、0+025.00、0+118.00、0+231.389、0+244.20、0+256.80、0+283.00 处设置，变形缝宽 10mm，缝中设有 1.5mm 厚的止水紫铜片。环向施工缝间距 12m，设镀锌铁皮止水。

（2）灌浆。全洞段顶拱 90°～120°范围内进行回填灌浆，孔距和排距 2.0m，灌浆压力一般洞段采用 0.2MPa，洞顶覆盖层厚度小于 10m 的洞段采用 0.1MPa，并以不抬动洞顶围岩为原则。洞顶坍塌、超挖深度大于 1.0m 的部位，要求预埋灌浆管，每 2.0m² 的范围至少布设一个。灌浆浆液水灰比采用 1:1、0.6:1（0.5:1）（重量比）两个等级。

桩号 0+483.00～0+510.00 为塌方洞段，在回填灌浆的基础上增设固结灌浆。上半部孔深 5.0m，孔距 2m×2m，梅花形布置；下半部孔深 5.0m，孔距 3m×3m，梅花形布置。

（3）排水。在Ⅳ类、Ⅴ类围岩洞段，为防止内水外渗，不设排水孔。在Ⅱ类、Ⅲ类围岩洞段，由于内水外渗不会造成围岩软化，为减轻外水对衬砌作用而设排水孔，第一条辉绿岩洞段、导流洞封堵段只在顶拱 120°范围设置，第二条辉绿岩洞段全断面设排水孔，排水孔孔径 ϕ50，深入岩层 5.0m，孔距 3m×3m。桩号 0+483.00～0+510.00 洞段在顶拱 120°范围设置排水孔，排水孔孔径 ϕ100，深入岩层 8.0m，孔距 3.5m×4m。

9.2.1.6　应用新奥法进行隧洞施工

根据设计要求，百色水利枢纽应用新奥法进行隧洞施工，主要是应用新奥法的控制爆破、锚喷支护、信息反馈三大支柱指导开挖、支护、塌方体处理，施工前按设计初拟的方法进行，施工过程中，根据施工过程获取的工程信息对设计进行修改。

1. 导流洞开挖施工

导流洞开挖采取分层开挖，第一层为上部 7.0m 左右，第二层为中层 5m 左右，第三层为底部反弧 2.0m 左右。开挖采用钻爆法光面爆破，3m³ 液压装载机或反铲配合 15t 自卸汽车出渣。

（1）Ⅱ类、Ⅲ类围岩段开挖作业。Ⅱ类、Ⅲ类围岩的自稳能力可以达到或超过一次循环作业时间的要求，可采用新奥法要求的一次成型的全断面开挖。但是，洞身为圆形的百色导流洞开挖断面最大直径达 15m，采用钻爆法一次成型的全断面开挖比较困难，施工中按设计提出的分层（不分块）开挖。第一层作业面采取 2.5m×3.5m 中导洞超前掘进，然后全断面扩挖；第二、第三层采用先拉中槽再扩挖两侧的方法开挖。钻孔和装药量按照光面爆破控制。洞室开挖后成洞较好，周边半孔率平均值为 85%～90%。

（2）Ⅳ类岩段开挖作业。Ⅳ类围岩属于不稳定围岩，即使分层开挖，其自稳能力也很难达到一次循环作业时的要求。为此，采用锚喷及时跟进的分层分块开挖。具体开挖方法是：按上、中、下三层顺序掘进，第一层采用中导洞超前 2～3m 掘进后再扩大两侧，循环进尺控制在 1～2m，采用光面爆破和及时锚喷支护；中下层采用先拉中槽再扩挖两侧，锚喷支护紧跟开挖，循环进尺控制在 2～4m。

（3）Ⅴ类围岩段施工开挖。Ⅴ类围岩属于极不稳定围岩，为了使围岩达到一定的自稳能力并能维持在设计分层分块开挖一次循环作业时间内，开挖前先在拱顶打超前钢管预注浆以提高围岩的自稳能力。第一层开挖是在中间预留核心土环，先挖两侧并及时锚喷支护，然后挖中间核心土环并做到锚喷支护和钢拱架架立等支护措施紧跟开挖。开挖时，岩石较好地段用打浅孔少装药爆破松动，循环进尺控制在 0.5～1.0m；岩石相对较差地段用人工配合反铲开挖，循环进尺控制在 0.5m。第二、第三层开挖是先挖中槽再扩两侧，锚喷支护紧跟开挖，循环进尺控制在 2～4m。

2. 导流洞锚喷支护施工

锚喷支护是新奥法三大支柱技术之一，它是在围岩失稳前对围岩采取适时和快速的支护，使支护与围岩共同工作，达到安全、节省的目的。百色导流洞的锚喷支护是根据围岩类别采取不同的措施。①Ⅱ～Ⅲ类围岩地段开挖后，对开挖出露的岩面及时喷混凝土封闭，然后在距开挖面 5～8m 安装支护锚杆，作业顺序是：岩面清理→初喷混凝土→挂网→复喷混凝土→安装系统锚杆；②Ⅳ类围岩地段锚喷支护与Ⅱ～Ⅲ类围岩地段作业顺序基本相同，但锚喷支护紧跟开挖面，系统锚杆支护距开挖面为 1～3m；③Ⅴ类围岩地段喷锚杆支护紧跟开挖面，作业顺序为：超前钢插管预注浆→钻爆法开挖或反铲开挖→初喷混凝土封闭岩面→挂网→安装钢拱架/格栅拱架→复喷混凝土→安装锚杆及围岩固结。

3. 管式注浆锚杆施工

导流洞Ⅳ～Ⅴ类围岩占 54%，风化严重，岩体破碎，地下水丰富，岩体石扰动后形成松散状，属于稳定性极差或不稳定的围岩，设计根据新奥法理念，采用管式注浆锚杆加围岩以提高围岩自身的承载力。锚杆规格为：钢管 $\phi33.5$，长度根据现场量测反馈获取的信息和数据确定。管式注浆锚杆施工方法和顺序为：

（1）锚杆制作。首先将钢管端部锻制成封闭的尖头，然后在距端部 1.0～1.5m 的管壁对穿 $\phi6$ 小孔并按孔距 10cm 交错布置，开孔长 2.0m 左右（遇松散岩土则全长开孔），最后在距锚杆尾端 10cm 处焊一条管箍以便固定在垫板上。

（2）造孔安装锚杆。先用 $\phi35$ 的钻头造孔，然后将锚杆顶入孔内并用速凝砂浆封堵孔口长 10～30cm，在封堵的同时埋入 $\phi15$ PVC 排气软管（长约 30cm，外留 10cm）。

（3）管式锚杆注浆。封堵孔口的砂浆终凝后即可注浆，浆液为加入 0.4%～1.0% 膨胀剂（铝粉）的水泥浆，按水灰比 1:1、0.8:1、0.5:1 顺序由稀到稠灌注，注浆压力也是由小到大，最大不超过 0.18MPa。待锚杆尾端排气管返浆后，封闭 PVC 软管并稳定注浆压力 3～5 分钟，然后拆除注浆管并堵塞钢管。

（4）经检验，百色导流洞的注浆锚杆达到了设计抗拔力为 100kN 的要求。

4. 施工期的施工量测及设计修改

在导流洞施工期间，在洞线沿线布设了 10 多个断面，进行了观察、净空变位量测、顶拱下沉测定、锚杆拉拔力测定、锚杆轴力测定、钢拱架应力测定、围岩位移测定、地面下沉测定的施工量测工作。此外，为了更准确、快速地了解地质和围岩的松动情况，还进行了数码相机在隧洞施工地质编录中应用研究和地下洞室围岩松弛带快速测试研究，利用在洞室横断面上布置钻孔进行声波测试，快速测试地下洞室围岩松弛带。

施工中由熟悉量测工作的专业人员 3～5 人组成量测组，具体负责测点埋设、日常量测和数据处理工作，并及时进行信息反馈，设计代表对量测数据进行处理与回归分析后，绘制相应曲线，配合地质、施工各方面的信息，再与实践经验和理论所建立的标准进行比较，对于设计所确定的参数、施工方法及各工序的作业时间等进行比较验证。如与原设计指标基本相符，则可继续施工，否则，应立即修改设计、改变施工方法、调整作业时间，以求经济合理、安全可靠。

施工过程中根据隧洞开挖过程揭示的地质情况和施工过程得到的工程信息，以及各种量测数据，导流隧洞施工过程做了较大的设计变更有 12 处，详见表 9.2.5。

表 9.2.5　　　　　　　　　　导流隧洞工程设计变更与原设计对比

序号	变更内容	变更性质	设计变更与原设计对比	
			原设计	变更后
1	初期支护类型改变	地质条件变化	桩号 0＋057.00～0＋067.00 洞段：V 类围岩 C_1 型支护	IV 类围岩 B_1 型支护
2	初期支护类型改变	地质条件变化	桩号 0＋213.00～0＋228.00、桩号 0＋780.00～0＋798.00 洞段：IV 类围岩 B_2 型支护，支护范围顶拱 270°	IV 类围岩 B_2 型支护，支护范围顶拱 180°
3	初期支护类型改变	地质条件变化	桩号 0＋228.00～0＋236.00、桩号 0＋798.00～0＋813.00 洞段：V 类围岩 C3 型支护	树脂锚杆、钢筋网、喷混凝土支护，支护范围顶拱 180°
4	初期支护类型改变	地质条件变化	桩号 0＋418.00～0＋533.00 洞段原为 IV 类围岩的 B_2 型	V 类围岩，支护改为 C_1 型
5	初期支护类型改变	发生塌方		对 0＋487.00～0＋510.00 塌方段提出了由超前灌浆、钢拱架、长锚杆及通过后再进行固结灌浆的措施
6	取消混凝土衬砌	方便施工，加快施工进度	进口明渠桩号 0－031.00～0－056.00 段设混凝土底板及左侧边坡混凝土护坡，桩号 0－056.00 处设齿墙	取消混凝土底板及左侧边坡混凝土护坡，将原设置在桩号 0－056.00 处的齿墙移至桩号 0－031.00 处
7	初期支护类型改变	地质条件变化	桩号 0＋533.00～0＋550.00 洞段：系统锚杆设在顶拱 120°范围，挂一层钢筋网	系统锚杆设在顶拱 180°范围，挂两层钢筋网
8	初期支护类型改变	地质条件变化	桩号 0＋550.00～0＋570.00 洞段：顶拱 120°范围设系统锚杆，挂一层钢筋网	右壁的系统锚杆范围往下增加 30°，右上半拱的 90°范围挂两层钢筋网
9	混凝土衬砌类型长度调整	地质条件变化	C_1 型长度 143m；B_1 型长度 60m（包括桩号 0＋025.00～0＋035.00 洞段）；B_2 型长度 173m（包括桩号 0＋483.00～0＋510.00 洞段）	C_1 型长度 228m；B_1 型长度 53m；B_2 型长度 58m。桩号 0＋025.00～0＋035.00 洞段和桩号 0＋483.00～0＋510.00 洞段另出混凝土衬砌图

序号	变更内容	变更性质	设计变更与原设计对比	
			原 设 计	变 更 后
10	取消进水口145.00m高程平台上1m厚的混凝土	承包商改变施工方法，由洞挖改为明挖	进水口145.00m高程平台设1m厚的混凝土板	取消进水口145.00m高程平台上1m厚的混凝土板
11	取消左侧边坡及渠底混凝土衬砌，调整右侧边坡混凝土衬砌长度	承包商的出口明渠围堰占据了部分明渠混凝土工程，而围堰外移存在诸多困难	桩号0+938.00后左侧边坡及渠底混凝土衬砌；右侧边坡混凝土衬砌长度16.50m	取消桩号0+938.00后左侧边坡及渠底混凝土衬砌，右侧边坡混凝土衬砌长度10m
12	调整砂浆锚杆直径和长度	地质条件变化	出口明渠桩号0+860.00～0+890.00段右侧边坡122.00m高程以下设Φ25长5m，间距1.5m×1.5m的砂浆锚杆	出口明渠桩号0+860.00～0+890.00段右侧边坡122.00m高程以下改为Φ28长8m，间距1.5m×1.5m的砂浆锚杆

施工中大部分洞段实际量测数据如下：

（1）洞室周边位移。

Ⅱ～Ⅲ类围岩：拱顶下沉累计4～6mm，拱腰内移2～3mm。

Ⅳ～Ⅴ类围岩：下沉终值为9～14mm，拱腰内移4～8mm。

（2）塑性区范围。

Ⅱ～Ⅲ类围岩：扩展深度多为2～3m。

Ⅳ类围岩：扩展深度最大为4.0m。

Ⅴ类围岩：扩展深度量大为7.0m。

（3）锚杆拉拔力。

Ⅳ类围岩：锚杆拉拔力为9kN。

Ⅴ类围岩：锚杆拉拔力为16kN。

9.2.1.7 导流洞建设及运行情况

百色水利枢纽导流洞1998年5月完成招标设计后，经过严格的工程施工招投标手续，铁道部隧洞工程局和中国水利水电闽江工程局联营体中标。1999年11月25日正式开工建设，2001年12月31日完工，2002年3月3日通过了珠江委组织的竣工验收后投入使用，至2005年8月26日百色水利枢纽下闸蓄水，百色导流洞完成了它的使用功能。百色导流洞投入使用至顺利下闸蓄水的4年时间里，经受了2002年、2003年、2004年和2005年四个汛期多大次洪水的考验，实测最大泄洪流量达1950m³/s，达到了设计最大流量2220m³/s的88%。

本工程衬砌结构共设计有6个观测断面，各观测断面均埋设了测缝计、混凝土应力计、无应力计和钢筋应力计。观测结果如下：

1. 测缝计

布置于各观测断面顶拱的测缝计除 1—1 断面 J1-1 呈压变位外，其余均呈拉变位；布置于各观测断面边拱的测缝计除 1—1 断面 J1-2 呈拉变位外，其余均呈压变位。自导流洞运行以来，所观测的导流洞混凝土与洞壁围岩缝拉变位累计最大值为 J4-1 的 1.12 mm，压变位累计最大值为 J4-2 的 0.73 mm。

2. 混凝土应力、应变及温度监测

各观测断面的应变均呈压应变，测值在 40～280 个微应变之间，小于设计值 1500 个微应变；1—1、2—2 断面的应力呈微小的拉应力，其最大值为 N2-1 的 0.00004MPa，小于设计值 1.3MPa；3—3 ～ 6—6 断面的应力呈压应力，其最大值为 N4-1 的 0.003MPa，小于设计值 12.5MPa；混凝土温度在 24～26℃之间，变化微小。各观测断面应变计与无应力计目前已趋于稳定。

3. 钢筋应力

各观测断面钢筋计应力稳定在一定范围内波动，普遍呈受压变化趋势。1—1 断面顶拱、底拱呈受压状态，左侧呈受拉状态，右侧钢筋计失效；2—2 断面顶拱、底拱呈受拉状态，左侧钢筋计失效，右侧呈受压状态；3—3 断面顶拱、右侧钢筋计失效，左侧、底拱呈受压状态；4—4 断面顶拱、底拱、左侧均呈受压状态，右侧钢筋计失效；5—5、6—6 断面的钢筋计都已失效。最大拉应力在 2—2 断面的底拱 R2-3，为 20.9MPa；最大压应力在 3—3 断面的 R2-3，为 37.0MPa；累计最大绝对值均小于设计值 200MPa。

"新奥法在百色导流洞设计施工中的应用研究"课题，对洞线、洞径及洞型进行了多方案论证，选择了洞径为 13.5m 的圆形隧洞；总结出了在碎裂～散体结构的软岩中的大型地下洞室中应用新奥法时应"开挖断面要化大为小、开挖作业要短进尺、弱爆破，及时支护并封闭成环；支护应采取新奥法与矿山法联合使用，并以新奥法为主，矿山法为辅，锚杆宜采用固结型；通过理论计算和施工量测确定支护参数"方法，解决了在碎裂～散体结构的软岩中开挖大洞径导流洞设计施工遇到的诸多难题，确保施工顺利进行。

由于按新奥法设计和施工，充分利用了围岩自承能力和一期喷锚支护的作用，二期混凝土衬砌厚度仅有 50～60cm，与洞径差不多的天生桥、紫坪铺的导流隧洞相比，二期混凝土衬砌厚度小 40%～70%。不仅减少了混凝土衬砌工程量，而且也减少了开挖土石方量和施工难度。

9.2.2　施工围堰

经多方案比较，采用上游 RCC 围堰和下游土石过水围堰方案。

上游临时土石围堰因挡水时间不长，所以选择枯水期（10 月 15 日至次年 3 月 31 日）5 年一遇洪水（$Q = 792\text{m}^3/\text{s}$）作为设计标准。上游壅高水位为 131.45m，堰顶高程 132.50m，堰顶宽 10m，上游边坡 1：4，下游边坡 1：1.5，最大堰高 20.5m。围堰基础防渗采用砂石泵水下抽挖截水槽，回填黏土的防渗措施。

由于提前截流，根据变化后的挡水时段和设计标准对上游临时土石围堰进行了修改，修改后的堰顶高程由原设计的 132.10m 降低到 126.00m 高程，既满足了挡水要求又节省

了工程投资。

上游 RCC 围堰设计堰顶高程为 138.80m，最大堰高为 31.3m，堰顶宽为 6m。上游迎水面 117.00m 高程以上直立，117.00m 高程以下边坡为 1∶1，背水坡为 1∶0.7，坡面呈梯级形式。堰体不设纵横缝，不设灌浆及排水措施，堰基浇常态混凝土找平层，堰身为全断面 RCC。根据导流模型试验成果，围堰下游两岸岸坡及堰脚采用了混凝土护坡（护脚）的防冲措施。为了满足基坑充水需要，在围堰顶预留了 15m 宽充水缺口，缺口底高程为 137.20m，枯水期施工时用黏土麻袋封堵至堰顶 138.80m 高程，充水前拆除，汛后再填筑。

工程实施工时由于采用预截流方案，将上游 RCC 围堰分成先浇块与后浇块分别施工，先浇块断面满足 2002 年 10 月后在其顶部上继续加高的条件，避免再次截流。

下游围堰原设计采用土石过水围堰，采用土石混合料填筑，挡水时段为 10 月 15 日至次年 5 月 15 日，堰顶高程为 124.30m，堰顶宽为 15m。为了使下游围堰坡脚在度汛时不被冲毁，除了考虑用钢筋石笼保护外，在下游堰坡 122.00m 高程处设置一条宽 10m 的马道，将堰面水流导向水面，以减少对坡脚的冲刷。试验表明，这样的措施能达到预想的效果。

施工详图设计阶段，对下游围堰进行了优化，将下游围堰需往下移到坝下第二条辉绿岩条带处，并将围堰结构型式由原设计的土石过水围堰改为混凝土围堰。另外，由于厂房尾水主洞原设计预留的岩坎已提前开挖，如适当加高下游围堰可延长一定的施工工期和减少洪水进洞次数，下游混凝土围堰堰顶高程直接加高 3m 到 127.00m 高程，并在背水面一侧填渣料到 127.00m 高程，以维持围堰的稳定。

围堰的优化设计节省了投资，加快了施工进度，为主体工程施工赢得了更多的宝贵时间。优化设计主要为：

（1）由于提前截流，根据变化后的挡水时段和设计标准对上游临时土石围堰进行了修改，修改后的堰顶高程由原设计的 132.10m 降低到 126.00m 高程，既满足了挡水要求又节省了工程投资。

（2）根据预截流时的条件，将上游 RCC 围堰分成先浇块与后浇块分别施工，先浇块断面满足 2002 年 10 月后在其顶部上继续加高的条件，避免再次截流。采用预截流方案后临时土石围堰＋上游 RCC 围堰的费用比原设计的费用节省了约 270 万元。

（3）施工详图设计阶段，根据水工布置的要求，将下游围堰往下移到坝下第二条辉绿岩带处，并将围堰结构形式由原设计的土石过水围堰改为混凝土围堰，节省工程投资约 350 万元。

9.3 辉绿岩人工骨料

经地质勘察，坝区天然砂砾石料缺乏，周围 20km 范围内仅有的几个漫滩料场，料层薄，储量少，只能满足临建工程及部分洞室的需求，而储量相对较多的百色萝卜洲砂砾料场，只能满足副坝及通航建筑物混凝土对骨料的用量要求，因此，主坝枢纽区 RCC 坝及主要建筑物混凝土所用骨料须采用人工骨料。

坝区周围 30km 范围内出露的基岩以泥岩夹砂岩为主；灰岩较少，且厚度薄，夹层多；在泥盆系地层中顺层发育有辉绿岩条带，其中在坝区有两条辉绿岩较厚，其厚度达110m 左右，与坝区灰岩相比，辉绿岩料场具有开采条件好、剥采比低的特点。从可行性研究（1986 年）至初步设计（1996 年），沿中石炭统灰岩出露地带共选择了六个灰岩人工骨料场进行了初查。发现坝区灰岩料石间含硅质（燧石）结核和夹硅质条带，含量14%～29%，属活性骨料，存在碱活性反应，且料场所处位置较高，料层分布在山坡中部，并以 50°～60°倾向山里，夹于无用岩层之间，开采难度极大，剥采率相当高，且运距较远。而坝区附近辉绿岩储量相对较丰富，开采条件相对较好，但由于辉绿岩强度极高，饱和抗压强度高达 180MPa 左右，且有很高的韧性，不易轧制。广西岩滩水电站曾试过用辉绿岩作为人工骨料，当时用国产轧石机试轧，因辉绿岩硬度太大，不只效率低，而且机械损耗更是无法接受，最后还是选用灰岩作为人工骨料。在初步设计阶段因广西岩滩水电站的经验，没有再就辉绿岩作人工骨料进一步深入研究，仍推荐用灰岩作人工骨料。

百色水利枢纽坝区缺乏天然砂石料，从工程的可行性研究报告至 1996 年完成的初步设计报告，都是推荐开采远离坝区的石灰岩人工骨场。1997 年 3 月，水规总院审查初步设计报告时指出："坝区附近天然砂石料缺乏，储量不足，同意大坝混凝土骨料采用人工碎石方案。推荐的上石炭统灰岩各料场，岩层中夹有硅质岩、硅质灰岩、燧石等，初步统计硅质含量达 14%～29%，属活性骨料，建议下阶段进一步做详细的地质调查，复核硅质类夹层的分布和硅质成分的含量，补充碱活性试验，进一步论证骨料的长期安全性。在开采中，对活性料集中的部位必须作为废料弃除，严格控制开采的质量。必要时扩大料源调查，研究利用辉绿岩作为人工骨料的可行性，减少灰岩用量。"上述意见基本上否定了灰岩料场，要求开展对应用辉绿岩作为该工程混凝土人工骨料的研究。为此开展了辉绿岩人工骨料在百色 RCC 坝的应用研究，进行系列料源调查、勘探及试验工作。

9.3.1　料场详查

根据水规总院要求详查灰岩料场和研究利用辉绿岩人工骨料的意见，对灰岩料场和辉绿岩料场进行详查，并于 1998 年 2 月形成《右江百色水利枢纽天然建筑材料勘察专题报告》。

辉绿岩料场详查工作重点是右Ⅳ号沟辉绿岩料场，勘探工作以平硐和钻孔为主。辉绿岩料场位于右坝头右Ⅳ号沟中部北坡，与坝轴线上的辉绿岩同一岩脉，料场长 800～1000m，宽 250～300m，北高南低，呈单面斜坡状，坡角 30°～40°，高程 280.00～400.00m，相对高差 80～120m，料层延伸方向与右Ⅳ号沟走向一致，岩性为华力西期辉绿岩，料层厚 95～116m，出露宽度 150～220m，上覆及下伏地层均为泥盆系硅质岩。右Ⅳ号沟辉绿岩料场第四条覆盖厚度 4～6m，强风化下限（无用层厚度）埋深 10～15m，上蚀变带宽 40～60cm，下蚀变带宽 1.5～2.5cm，岩体节理切割块径 25～40cm，节理多为压性节理，充填物极少。采用平行法断面对料场储量计算得无用体积为 112.84 万 m³，有用储量为 532 万 m³，剥采率相对较低。该料场开采条件好，运距短，无碱-骨料反应物质，且尚有潜在储备。辉绿岩主要成分为 SiO_2（占 46.53%）、Fe_2O_3（占 18.84%）、Al_2O_3（占 11.27%）。

辉绿岩料场优点：料场位于右Ⅳ号沟上游坡（单面坡），剥采率相对较低，开采条件良好；料层岩性单一，无有害层带，无碱-骨料反应物质，可使用田东水泥。缺点：岩石强度高，是否能加工成合格的骨料，国内外没有使用辉绿岩人工骨料的工程经验；使用辉绿岩人工骨料 RCC（或常态混凝土）筑坝是否可行，国内也没有成功的先例。

9.3.2 加工与成本

采用辉绿岩人工骨料要解决的首要问题是能否大规模加工成合格的砂石料，经济上有无使用价值。为此，进行了大量的试验和研究。

先后把百色工程导流洞开挖出的辉绿岩送广西宜山县（现河池市宜州区）叶茂水电站工地、中南勘测设计院、广西冶金研究院和广西天生桥水电站工地进行破碎试验，但都没有达到目的，从而认为辉绿岩是无法加工成合格的 RCC 人工骨料的，并没有意识到上述对辉绿岩进行破碎试验都是灰岩骨料加工系统。为了解决辉绿岩破碎成合格的人工骨料，必须寻找加工硬岩（如花岗岩）的人工骨料系统进行破碎试验。

辉绿岩岩石坚硬，单轴饱和抗压强度一般为 120～200MPa，是灰岩的 2～4 倍，是花岗岩的 1～2 倍；平均可磨指数 $W_i=29.5$，是灰岩的 2.2 倍，是花岗岩的 1.7 倍；磨蚀性指数 $A_i=0.3459$，是灰岩的 34 倍。如按常规的岩石人工骨料加工设备（颚式破碎、棒磨制砂）及工艺破碎、制砂，则耗能大、耗钢率大、级配不良、成本高。

福建棉花滩水电站采用的是坚硬的花岗岩扎制人工骨料，于是 2000 年 6 月把百色水利枢纽导流洞内开挖的 120t 辉绿岩运到福建棉花滩水电站骨料加工厂进行扎制试验。试验结果表明，通过用 JM1211HD 型颚式破碎机初碎，用 S4000C 型旋回机二级破碎，用 H4000MC 圆锥破碎机三级破碎，用巴马克 B9000 型破碎机制砂，能够扎制出符合百色 RCC 坝所需的人工骨料。各级粗骨料的粒型方正，针片状含量小，超逊径基本上能满足规范要求，成品级配分布合理，符合国家标准。应用巴马克破碎机加工的人工砂粒形好，细度模数满足规范要求，且级配合理。但用辉绿岩生产的人工砂石粉含量偏高。

用这套设备加工辉绿岩，其效率和生产率都与扎制花岗岩基本一致，而棉花滩水电站采用花岗岩扎制人工骨料，其经济适用性已得到验证。初步计算，辉绿岩人工骨料方案要比灰岩＋辉绿岩组合人工骨料方案，每立方米混凝土材料费节省 4.29 元。破碎机械技术参数见表 9.3.1，破碎试验情况见表 9.3.2～表 9.3.5。

表 9.3.1   **主要破碎机械技术参数**

破碎机械	机械型号	台数	最大给料尺寸/mm	排矿口尺寸/mm	单机重量/kg	电动机功率/kW	最大生产能力/(t/h)
颚式破碎机	JM1211HD	1	990	125～250	35400	132	735
旋回破碎机	S4000C	1	400	25～51	19300	200	540
圆锥破碎机	H4000MC	1	140	10～32	14300	200	346
巴马克破碎机	B9000	2	50		11380	185×2	600

表 9.3.2　　　　　　　　　　　JM1211HD 初碎颗粒级配情况

排矿口/mm	级配	>100mm	100~60mm	60~40mm	40~20mm	20~5mm	<5mm	取样重量/(kg/3m)	生产能力/(t/h)
175	重量/kg	272.3	59.0	14.6	7.9	3.9	1.1	359.9	690.9
	含量/%	75.7	16.4	4.1	2.2	1.1	0.5	100	
165	重量/kg	152.6	82.9	39.4	33.1	17.8	7.3	332.9	639.2
	含量/%	45.8	24.9	11.0	9.9	5.3	2.2	100	

表 9.3.3　　　　　　　　S4000C 二级破碎颗粒级配情况（排矿口 48mm）

内容	级配	>100mm	100~60mm	60~40mm	40~20mm	20~5mm	<5mm	取样重量/(kg/2m)	生产能力/(t/h)
进料	重量/kg	115.7	39.2	28.1	25.9	16.5	4.7	230.1	
	含量/%	50.3	17.1	12.2	11.2	7.2	2.0	100	
出料	重量/kg	0.0	12.3	84.2	91.5	59.4	24.7	272.1	612.2
	含量/%	0.0	4.5	30.9	33.7	21.8	9.1	100	

表 9.3.4　　　　　　　　　　　H4000MC 三级破碎颗粒级配情况

排矿口开口/mm	级配	60~40mm	40~20mm	20~5mm	<5mm	取样重量/(kg/2m)	生产能力/(t/h)
28	重量/kg	11.2	56.5	20.8	6.8	95.3	274.3
	含量/%	11.8	59.3	21.8	7.1	100	

表 9.3.5　　　　　　　　　　　人 工 砂 检 测 成 果

取样日期	巴马克开口/mm	细度模数（FM）	石粉含量/%（常规筛析试验）	石粉含量/%（水洗后筛析试验）
2001－7－31	30.0	2.60	17.5	23.78
2001－8－1	30.0	2.97	8.68	18.96
2001－8－1	22.0	2.91	8.68	22.86
2001－8－1	15.5	3.07	7.80	19.14

注　2001 年 8 月 1 日常规筛析试验石粉含量低，是由于在大雨后取样造成的。在百色工地现场人工骨料系统人工砂石粉含量为 20%~24%。

9.3.3　适应性试验

9.3.3.1　准三级 RCC

灰岩人工骨料 RCC 与辉绿岩人工骨料 RCC 配合比和其特性对比试验结果表明：①辉绿岩人工骨料不含活性物质，与水泥不会发生碱骨反应，其物理力学性能及品质指标均符合设计和规范要求；②辉绿岩人工骨料三级配 RCC（包括常态混凝土）与灰岩人工骨料三级配 RCC（包括常态混凝土）的强度、抗渗、耐久性等性能及混凝土配合比各种参数没有明显的差别，唯有弹性模量提高、极限拉伸值降低、线性膨胀系数增大，可能会造成

RCC 坝的抗裂性能降低，应采取优化配合比措施，进一步改进其性能。

根据试验结果，提出用准三级配（把三级配的大石由 40～80mm 改为 40～60mm）RCC 替代标准三级配 RCC。通过对辉绿岩粗骨料准三级配 RCC 的测试表明，影响 RCC 抗裂性能的弹模、极限拉伸值和线性膨胀系数与灰岩粗骨料三级配 RCC 差别不大（详见表 9.3.6），说明用辉绿岩准三级配 RCC 替代辉绿岩三级配 RCC 是可行的。也就是说，用辉绿岩人工粗骨料最大粒径不大于 60mm 配制的准三级配 RCC 筑坝，能达到设计和规范的要求。

表 9.3.6 　　辉绿岩粗骨料准三级配 RCC 与灰岩粗骨料三级配 RCC 性能比较

RCC 试件	水泥品种	静压弹模量/GPa			极限拉伸值/($\times 10^{-6}$)			线性膨胀系数/(10^{-6}/℃)
		28d	90d	180d	28d	90d	180d	
辉绿岩骨料准三级配 RCC	田东 525 号	14.1	26.1	36.4	73	87	94	6.74
	柳州 525 号	17.4	26.5	35.7	69	88	95	6.04
灰岩骨料三级配 RCC	田东 525 号	24.7	36.2	40.4	83	95	104	5.82
	柳州 525 号	23.7	34.8	39.5	82	96	103	5.88

9.3.3.2 辉绿岩人工骨料 RCC 碾压试验

2001 年 3 月在福建棉花滩水电站工地试验场，使用百色工地运去进行扎制试验的成品人工骨料，以及右江牌中热 525 号水泥和珠源牌 Ⅱ 级粉煤灰，按表 9.3.7 的配合比制成的辉绿岩人工骨料 150 号 RCC 进行碾压试验。

表 9.3.7 　　碾压试验的辉绿岩人工骨料 150 号 RCC 配合比

水灰比	砂率/%	掺灰量/%	水/(kg/m³)	水泥/(kg/m³)	粉煤灰/(kg/m³)	骨料/(kg/m³)			V_c 值/s	容重/(kg/m³)
						5～20mm	20～40mm	40～60mm		
0.6	35	65	90	52	98	470	627	470	10.6	2650

碾压试验表明，RCC 碾压性好，碾压层面泛浆充分，机口 V_c 值 10.3s，仓面 V_c 值 11.1s，容重 2684kg/m³，28d 抗压强度 17.1MPa，180d 抗压强度 37.6MPa，180d 抗渗强度＞S2。

9.3.4 施工配合比试验和研究

9.3.4.1 初凝时间

工地实验中心于 2002 年 8 月在做 RCC 和常态混凝土配合比试验时，发现用辉绿岩人工骨料配制的 RCC（包括常态混凝土）初凝时间在 2 小时 30 分钟至 4 小时 20 分钟，比用同样水泥、粉煤灰和外加剂的卵石和河砂配制的 RCC（包括常态混凝土）初凝时间 8 小时 20 分钟至 9 小时 20 分钟缩短 6h 左右（详见表 9.3.8 和表 9.3.9），无法满足施工要求。从表中不难看出，不仅辉绿岩人工骨料 RCC 初凝时间比卵石和河砂的 RCC 初凝时间严重缩短，常态混凝土也同样存在初凝时间严重缩短的问题，这就说明影响初凝时间的主要原因是辉绿岩人工骨料。

表 9.3.8　　　　　辉绿岩骨料 RCC（包括常态混凝土）凝结时间试验结果

混凝土类别	水灰比	粉煤灰掺量/%	砂率/%	减水剂		DH₉	水/(kg/m³)	坍落度或 V_c 值	初凝时间	终凝时间	石粉含量/%
				品种	掺量/%						
常态混凝土（1）	0.55	35	34	JM-Ⅱ	0.6	0.004	130	9.5cm	5 小时	10 小时 8 分钟	16
常态混凝土（2）	0.55	35	38	JM-Ⅱ	0.6	0.004	130	8.0cm	5 小时 32 分钟	10 小时 10 分钟	6
RCC（1）	0.50	60	38	ZB-1$_{RCC15}$	0.6	0.015	100	3s	2 小时 37 分钟	6 小时 30 分钟	20
RCC（2）	0.50	60	42	ZB-1$_{RCC15}$	0.6	0.015	100	3s	4 小时 22 分钟	7 小时 5 分钟	10

表 9.3.9　　　　　卵石、河砂 RCC（包括常态混凝土）凝结时间试验结果

混凝土类别	水灰比	粉煤灰掺量/%	砂率/%	减水剂		DH₉/%	用水量/(kg/m³)	坍落度或 V_c 值	初凝时间	终凝时间
				品种	掺量/%					
常态混凝土（1）	0.55	35	35	JM-Ⅱ	0.6	0.004	116	5.6cm	8 小时 40 分钟	14 小时 5 分钟
常态混凝土（2）	0.55	35	35	ZB-1$_{RCC15}$	0.6	0.004	116	5.2cm	11 小时 40 分钟	17 小时 50 分钟
RCC（1）	0.50	60	37	JM-Ⅱ	0.6	0.015	92	5s	9 小时 18 分钟	11 小时 25 分钟
RCC（2）	0.50	60	37	ZB-1$_{RCC15}$	0.6	0.015	92	3s	8 小时 20 分钟	15 小时 30 分钟

（1）试验表明，辉绿岩人工骨料 RCC 的凝结时间与水泥、粉煤灰的品种关系不大。

（2）不同外加剂辉绿岩人工骨料 RCC 凝结时间试验结果表明，除三明产的 BD-V2 掺量达 3% 时初凝时间达 6 小时 40 分钟外，其余均在 4 小时以内，详见表 9.3.10。

表 9.3.10　　　　不同外加剂掺量时辉绿岩骨料 RCC 凝结时间试验结果

胶材组合/%		外加剂		DH₉/%	初凝时间	终凝时间	V_c 值/s	抗压强度/MPa	
水泥	粉煤灰	品种	掺量/%					3d	7d
右江中热 40	曲靖 60	ZB-1$_{RCC15}$（样 1）	0.6	0.015	2 小时 40 分钟	5 小时 35 分钟	9	4.7	5.9
石门中热 40	曲靖 60	ZB-1$_{RCC15}$（样 2）	0.6	0.015	2 小时 50 分钟	5 小时 20 分钟	10	3.8	5.0
右江中热 40	曲靖 60	DH4-A	0.8	0.015	2 小时 40 分钟	4 小时 30 分钟	5	4.1	5.3
右江中热 40	曲靖 60	FDN-04	0.8	0.015	2 小时 50 分钟	4 小时 20 分钟	9	3.8	4.8
右江中热 40	曲靖 60	MTG	1.5	—	3 小时 40 分钟	8 小时 25 分钟	2		

胶材组合/%		外加剂		DH$_9$ /%	初凝时间	终凝时间	V$_c$ 值 /s	抗压强度/MPa	
水泥	粉煤灰	品种	掺量/%					3d	7d
右江中热 40	曲靖 60	SW	0.8	—	2 小时 10 分钟	3 小时 50 分钟	7		
右江中热 40	曲靖 60	QH - R20	1.5	—	3 小时 52 分钟	6 小时 12 分钟	6		
右江中热 40	曲靖 60	BD - V2	3.0	—	6 小时 40 分钟	16 小时 35 分钟	6		

（3）不同人工砂石粉含量的辉绿岩人工骨料 RCC 凝结时间试验表明，石粉含量对 RCC 初凝时间有影响，但影响不大。

（4）利用加大缓凝高效减水剂（外加剂）用量，进行辉绿岩人工骨料 RCC 凝结时间试验，试验结果详见表 9.3.11。外加剂用量从 0.6％增加到 1％时，凝结时间虽有所增加，但不明显，也达不到施工要求，只有把外加剂增加到 1.3％和 1.5 时，RCC 的初凝时间由 1％时的 3 小时 35 分钟，增加到 6 小时 15 分钟和 8 小时 30 分钟，但常态混凝土由于用水量减少，外加剂增加到 1.3％和 1.5％后，初凝时间反而比 1％时缩短。

表 9.3.11　　　　　　不同外加剂含量辉绿岩骨料 RCC 凝结时间试验结果

混凝土品种	水胶比 /%	粉煤灰掺量 /%	砂率 /%	石粉含量 /%	缓凝高效减水剂		DH$_9$ 掺量 /%	用水量 /(kg/m^3)	V$_c$ 值或坍落度	初凝时间	终凝时间
					品种	掺量/%					
RCC	0.50	60	38	20	ZB - 1$_{RCC15}$	0.6	0.015	100	10s	2 小时 50 分钟	4 小时 18 分钟
	0.50	60	38	20	ZB - 1$_{RCC15}$	0.8	0.015	100	7s	2 小时 52 分钟	6 小时 5 分钟
	0.50	60	38	20	ZB - 1$_{RCC15}$	1.0	0.015	100	4s	3 小时 35 分钟	9 小时
	0.50	60	38	20	ZB - 1$_{RCC15}$	1.3	0.015	90	8s	6 小时 15 分钟	10 小时 25 分钟
	0.50	60	38	20	ZB - 1$_{RCC15}$	1.5	0.015	90	5s	8 小时 30 分钟	13 小时
常态混凝土	0.55	35	28	16	JM - Ⅱ	0.6	—	115	3.4cm	2 小时 10 分钟	9 小时 38 分钟
	0.55	35	28	16	JM - Ⅱ	0.8	—	115	6.8cm	3 小时 2 分钟	9 小时 2 分钟
	0.55	35	28	16	JM - Ⅱ	1.0	—	115	15.0cm	5 小时 50 分钟	9 小时 47 分钟
	0.55	35	28	16	JM - Ⅱ	1.3	—	100	4.1cm	2 小时 30 分钟	6 小时 40 分钟
	0.55	35	28	16	JM - Ⅱ	1.5	—	100	8.4cm	3 小时	7 小时 45 分钟

9.3.4.2　逐项排查对比试验

发现辉绿岩人工骨料 RCC（包括常态混凝土）初凝时间太快，无法满足施工要求后，采取用不同材料、不同用量的试验逐项排查法寻找原因，最终得出如下结论。

（1）辉绿岩人工骨料 RCC（包括常态混凝土）初凝时间太短是由于辉绿岩人工骨料造成的，因为辉绿岩的化学成分 SiO_2 占 46.53%、Fe_2O_3 占 18.84%、Al_2O_3 占 11.27%、MgO 占 4.81%、CaO 占 4.40%，与灰岩和花岗岩的化学成分有很大的差别，而且辉绿岩石粉遇水变成胶状结块，晒干后，具有一定的强度，手掰或脚踩均不能破碎。

（2）以往的经验证明，要延长辉绿岩人工骨料 RCC（包括常态混凝土）的凝固时间，最好的办法是外掺缓凝高效减水剂。逐项排查对比试验结果表明，只有在 $ZB-1_{RCC15}$ 缓凝减水剂用量达 1.5% 时，辉绿岩人工骨料 RCC 的初凝时间与 $ZB-1_{RCC15}$ 用量为 0.6% 的河沙和卵石配制的 RCC 初凝时间相差不大（分别为 8 小时 30 分钟和 8 小时 20 分钟），但用 $JM-II$ 掺量为 1.5% 进行常态混凝土试验得出的初凝时间为 3 小时，与 $JM-II$ 掺量为 0.6% 的河沙和卵石配制的常态混凝土初凝时间 8 小时 40 分钟相差甚远。

9.3.4.3　采用 $ZB-1_{RCC15}$ 新样品（样品 3）试验

根据逐项排查试验结果，龙游混凝土外加剂厂送来新样品 $ZB-1_{RCC15}$（样品 3）高效缓凝减水剂，进行了不同掺量的 RCC（包括常态混凝土）凝固时间试验，结果见表 9.3.12。

表 9.3.12　$ZB-1_{RCC15}$（样品 3）不同掺量的辉绿岩骨料混凝土凝结时间试验结果

混凝土种类	水胶比/%	粉煤灰掺量/%	砂率/%	石粉含量/%	$ZB-1_{RCC15}$（样品 3）掺量/%	DH_9 掺量/%	用水量/(kg/m³)	V_c 值或坍落度	初凝时间	终凝时间
RCC	0.50	60	38	20	1.3	0.015	95	8s	13 小时 20 分钟	18 小时 30 分钟
	0.50	60	38	20	1.5	0.015	95	5s	13 小时 45 分钟	19 小时 25 分钟
常态混凝土	0.55	35	28	16	1.3		105	5.7cm	22 小时 44 分钟	30 小时 2 分钟
	0.55	35	28	16	1.5		105	9.7cm	48 小时	
	0.55	35	28	16	0.8	—	117	4.3cm	9 小时	14 小时 50 分钟
	0.55	35	28	16	1.0	—	112	4.5cm	12 小时 45 分钟	18 小时 50 分钟

试验结果表明：①龙游混凝土外加剂厂新样品 $ZB-1_{RCC15}$（样品 3）掺量为 1.3% 和 1.5% 时，辉绿岩人工骨料 RCC 初凝时间分别为 13 小时 20 分钟和 13 小时 45 分钟，能满足施工要求；②辉绿岩人工骨料常态混凝土 $ZB-1_{RCC15}$（样品 3）掺量 0.8% 和 1.0% 时，初凝时间分别为 9 小时和 12 小时 45 分钟，能满足施工要求。

9.3.4.4 辉绿岩人工骨料 RCC 施工配合比试验

辉绿岩人工骨料 RCC（包括常态混凝土）施工配合比与灰岩、花岗岩人工骨料 RCC（包括常态混凝土）没有太大的差别，主要问题是初凝时间严重偏短，难以满足施工要求。通过大量的排查试验分析，最终由龙游混凝土外加剂厂根据辉绿岩人工骨料的特性，在原生产的 $ZB-1_{RCC15}$（样品 2）基础上，增加某些高分子新材料含量，研制出新产品 $ZB-1_{RCC15}$（样品 3）高效缓凝减水剂。采用新产品 $ZB-1_{RCC15}$（样品 3）高效缓凝减水剂，并从一般的 RCC 掺量 0.6%~0.8%增加到 1.2%~1.5%，辉绿岩人工骨料 RCC 的初凝时间即可满足施工要求。

人工石料场开挖状况如图 9.3.1 所示，辉绿岩骨料生产系统如图 9.3.2 所示。

图 9.3.1　人工石料场开挖状况　　　　图 9.3.2　辉绿岩骨料生产系统

9.3.5　辉绿岩人工石粉的应用研究

在国内用人工骨料 RCC 建筑的 RCC 坝，基本上都把人工砂生产过程生成的石粉作为掺合料用于 RCC 中，但必须控制在 10%~22%范围。辉绿岩人工骨料生产过程中，采用巴马克干法加工，辉绿岩人工砂级配不连续（缺少中间粒级）、石粉含量大（粒径小于 0.16mm 颗粒占 20%~24%）、石粉中粉粒多（粒径小于 0.075mm 的粉粒占石粉的 40%~60%）。辉绿岩石粉在水中可溶出离子中以 SO_4^{2-}、K^+、Na^+ 离子溶出量变化最大，石粉与水作用产生的结块晾干后的硬度较大，手掰不断、脚踩不碎。由于辉绿岩石粉化学成分和水化反应有别于灰岩和花岗岩人工砂中的石粉，虽然在施工配合比试验中采用 $ZB-1_{RCC15}$（样品 3）高效缓凝减水剂解决了辉绿岩人工骨料（包括石粉）RCC 初凝时间太短的问题，但是，辉绿岩人工砂中 20%~24%的石粉能否利用或全部利用于 RCC 中，尚需进一步研究。辉绿岩人工砂石粉应用研究工作，是以闽—黄联营体实验中心为主，结合 RCC（包括常态混凝土）施工配合比试验开展。

9.3.5.1　辉绿岩人工砂石粉含量对 RCC 性能影响试验

采用百色主坝区辉绿岩料场生产的辉绿岩人工骨料，辉绿岩人工砂石粉含量分别按 16%、18%、20%、22%、24%控制，试验配合比参数见表 9.3.13，试验结果见表 9.3.14。

表 9.3.13　　　　　　　　辉绿岩人工砂石粉含量的 RCC 配合比参数

石粉含量/%	RCC等级	级配	水胶比	试验参数/%				材料用量/(kg/m³)						V_c值/s	骨料比例
				粉煤灰	砂率	ZB-1_{RCC15}（样品3）	DH₉	水	水泥	粉煤灰	砂	石	容重		小:中:准大
16	150号	准三	0.60	65	34	1.5	—	87	51	94	781	1515	2530	3~8	30:4:30
18	150号	准三	0.60	65	34	1.5	—	90	52	98	778	1510	2530	3~8	30:4:30
20	150号	准三	0.60	65	34	1.5	—	93	54	101	775	1505	2530	3~8	30:4:30
22	150号	准三	0.60	65	34	1.5	—	96	56	104	772	1500	2530	3~8	30:4:30
24	150号	准三	0.60	65	34	1.5	—	99	58	107	770	1494	2530	3~8	30:4:30
16	200号	二	0.50	60	38	1.2	0.015	97	78	116	839	1368	2500	3~8	45:55:0
18	200号	二	0.50	60	38	1.2	0.015	100	80	120	835	1363	2500	3~8	45:55:0
20	200号	二	0.50	60	38	1.2	0.015	103	82	122	833	1359	2500	3~8	45:55:0
22	200号	二	0.50	60	38	1.2	0.015	106	84	127	828	1351	2500	3~8	45:55:0
24	200号	二	0.50	60	38	1.2	0.015	109	87	131	825	1345	2500	3~8	45:55:0

表 9.3.14　　　　　　　　辉绿岩人工砂石粉含量对 RCC 性能影响试验成果

石粉含量/%	混凝土标号	级配	水胶比	水/(kg/m³)	粉煤灰/%	混凝土温度/℃	V_c值/s	抗压强度/MPa					抗拉强度/MPa	
								7d	28d	60d	90d	180d	90d	180d
16	150号	准三	0.6	87	65	25	6	5.4	8.4	11.4	13.8	21.8	1.17	2.00
18	150号	准三	0.6	90	65	25	6	4.8	8.4	11.4	13.8	21.4	1.26	1.94
20	150号	准三	0.6	93	65	25	6	4.7	7.4	10.8	13.4	21.1	1.18	1.91
22	150号	准三	0.6	96	65	22	6	4.2	7.2	10.4	12.9	20.0	0.96	1.44
24	150号	准三	0.6	99	65	22	6	3.9	7.0	10.0	11.8	19.7	1.01	1.56
16	200号	二	0.5	97	60	24	6	10.2	16.2	19.0	21.2	32.0	1.80	2.66
18	200号	二	0.5	100	60	24	6	10.1	15.3	18.2	20.4	31.8	1.76	2.35
20	200号	二	0.5	102	60	23	7	9.3	14.3	17.9	20.2	30.0	1.80	2.30
22	200号	二	0.5	106	60	25	6	8.4	13.1	17.4	20.4	29.2	1.52	2.54
24	200号	二	0.5	109	60	25	6	8.1	12.2	16.0	18.0	26.0	1.52	2.26

（1）将用水量调整到使 V_c 值控制在 6s 左右。准三级配 RCC 用水量由 87kg/m³ 增加到 99kg/m³ 和二级配 RCC 用水量由 97kg/m³ 增加到 109kg/m³ 说明，石粉含量每增减 1%，用水量相应增减 1.5kg/m³。

（2）石粉含量对强度的影响。从表 9.3.14 可以看出，石粉含量从 16% 增加到 24% 时，准三级配 RCC 和二级配 RCC 的抗压强度和抗拉强度随着石粉含量的增加而下降。石粉含量为 16% 和 18% 时 RCC 的强度相差不大；当石粉含量超过 20% 时 RCC 强度明显下降。

（3）确定最佳石粉含量。辉绿岩人工砂石粉含量对 RCC 性能影响试验的结果（表 9.3.13 和表 9.3.14）说明，石粉含量为 16%~18% 时，RCC 的性能指标较好，当石粉含量由

16％增加到18％时，用水量增加 3kg/m³，会影响 RCC 的强度。但是，辉绿岩人工骨料 RCC 采用高掺量 ZB-1$_{RCC15}$（样品3）高效缓凝减少剂后，当辉绿岩人工砂石粉含量控制在18％左右时，RCC 的 V_c 值及和易性都比较理想，是最佳选择。

9.3.5.2 用辉绿岩石粉替代粉煤灰

百色水利枢纽 RCC 坝区辉绿岩料场用巴马克人工干法制砂，粒径小于 0.16mm 的石粉含量高达 20％～24％，其中粒径小于 0.075mm 的粉粒和粒径小于 0.005mm 的微粒占石粉含量的 40％～60％。研究用来替代粉煤灰的辉绿岩石粉，指的就是人工砂中粒径小于 0.075mm 的粉粒和微粒，至于粒径在 0.075～0.16mm 的石粉，实际上属于细砂，一般情况下 RCC 不宜采用，但辉绿岩粗砂级配不理想，缺乏中间级配，加入 0.075～0.16mm 的细砂反而改善级配的连续性。百色水利枢纽 RCC 坝辉绿岩石粉含量在 20％～24％之间，远高于《水工碾压混凝土施工规范》（DL/T 5112—2000）对 RCC 细骨料石粉含量 10％～22％的控制指标。前述已阐明辉绿岩人工砂石粉含量控制在18％左右为最佳。研究石粉替代粉煤灰，实际上就是研究辉绿岩人工砂石粉含量超过18％的石粉能否替代和如何替代粉煤灰。

（1）辉绿岩石粉能否替代粉煤灰？根据国内外有关工程的经验，灰岩和花岗岩等人工砂中的石粉对 RCC 有充填致密的作用，可以改善 RCC 和易性和提高强度及抗渗性能，可在 RCC 作为水泥掺和料替代粉煤灰。但是，辉绿岩人工砂高于18％以上的石粉替代粉煤灰是否可行？第一步，分别按 0kg/m³、4kg/m³、8kg/m³、12kg/m³、16kg/m³、20kg/m³、24kg/m³、28kg/m³、32kg/m³、36kg/m³ 和 40kg/m³ 石粉替代同重量的粉煤灰做试验，试验结果见表 9.3.15。试验说明，在 RCC 中辉绿岩石粉同样可作为水泥的掺和料替代部分粉煤灰，而且改善了 RCC 的拌和性能。

表 9.3.15　　　　　辉绿岩石粉替代粉煤灰的 RCC 试验成果

RCC标号	级配	水胶比	煤灰/％	砂率/％	掺和料用量/(kg/m³) 粉煤灰	石粉	用水量/(kg/m³)	ZB-1$_{RCC15}$（样品3）/％	拌和性能 出浆情况	气温/℃	混凝土温度/℃	V_c值/s	强度/MPa 7d	28d 压/拉	90d
150号	准三	0.6	65	34	97	0	90	1.5	液化较好，泛浆一般	21	22	7	7.5	11.6/0.74	17.4
150号	准三	0.6	65	34	93	4	90	1.5	液化较好，冷浆一般	21	22	7	7.4	11.2/0.74	17.2
150号	准三	0.6	65	34	89	8	90	1.5	液化较好，冷浆一般	21	22	6	6.8	10.0/0.70	17.4
150号	准三	0.6	65	34	85	12	90	1.5	液化较好，泛浆较快	21	22	7	7.4	10.8/0.76	17.5
150号	准三	0.6	65	34	81	16	90	1.5	液化较好，冷浆较快	21	22	6	7.4	10.6/0.72	17.0
150号	准三	0.6	65	34	77	20	90	1.5	液化好，泛浆快	21	22	5	7.7	10.8/0.74	17.0

续表

RCC标号	级配	水胶比	煤灰/%	砂率/%	掺和料用量/(kg/m³) 粉煤灰	石粉	用水量/(kg/m³)	ZB-1 RCC15 (样品3)/%	拌和性能 出浆情况	气温/%	混凝土温度/℃	强度/MPa Vc值/s	7d	28d 压/拉	90d
150号	准三	0.6	65	34	73	24	90	1.5	液化好，冷浆快	20	21	5	7.8	11.1/0.75	16.0
150号	准三	0.6	65	34	69	28	90	1.5	液化好，冷浆快	20	21	4	7.1	10.2/0.73	16.5
150号	准三	0.6	65	34	65	32	90	1.5	液化好，泛浆快，浆量偏少	20	21	4	7.4	10.9/0.72	15.2
150号	准三	0.6	65	34	61	36	90	1.5	液化好，冷浆快，浆量偏小	20	21	4	7.2	9.9/0.67	15.8
150号	准三	0.6	65	34	57	40	90	1.5	液化好，冷浆快，浆量偏小	20	21	4	7.2	9.6/0.68	14.8

（2）如何用辉绿岩石粉替代粉煤灰？经过多次对现场生产的人工砂石粉含量的测试，石粉含量在 20%～24% 之间，其中粒径小于 0.075mm 的粉粒和黏粒占石粉含量的 40%～60%。经量测计算，RCC 中人工砂重量约为 800kg/m³，人工砂中每 1% 的石粉重量为 8kg/m³，其中可替代粉煤灰的粉粒或黏粒（粒径小于 0.075mm）为 4kg/m³（按石粉含量的 50% 计算）。为了解决如何用石粉替代粉煤灰的问题，采用石粉替代量不同进行 RCC 配合比试验，试验使用田东 525 号中热水泥、曲靖Ⅱ级粉煤灰、现场生产的辉绿岩人工骨料及石粉。石粉替代粉煤灰量的 200 号二级配 RCC 按 0kg/m³、20kg/m³、28kg/m³、36kg/m³，150 号准三级配 RCC 按 0kg/m³、20kg/m³、24kg/m³、28kg/m³ 进行配合比试验，并且把容重和 Vc 值分别控制在 2600kg/m³ 和 2650kg/m³ 及 3～8S。试验参数和试验结果见表 9.3.16。

表 9.3.16　　　　　　　用辉绿岩石粉替代粉煤灰 RCC 配合比试验情况

标号	级配	水胶比	煤灰/%	砂率/%	材料用量/(kg/m³) 水泥	粉煤灰	石粉	水	ZB-1 RCC15 (样品3)/%	Vc值/s	抗压强度/MPa 3d	7d	20d	28d	90d	180d	抗渗等级	抗冻等级	弹性模量/万 MPa
200号 R₁₈₀	二	0.5	60	38	90	139	0	112	0.8	6	5.7	7.4	11.7	13.8	19.0	29.2	>10	>50	2.45
						119	20	112	0.8	6	6.0	8.8	12.4	14.8	19.0	27.6	>10	>50	2.66
						111	28	112	0.8	6	6.0	8.2	12.0	13.2	21.0	27.2	>10	>50	2.60
						103	36	112	0.8	6	7.4	9.6	12.2	12.2	19.0	25.7	>10	>50	2.79

续表

标号	级配	水胶比	煤灰/%	砂率/%	材料用量/(kg/m³) 水泥	粉煤灰	石粉	水	ZB-1$_{RCC15}$(样品3)/%	V_c值/s	抗压强度/MPa 3d	7d	20d	28d	90d	180d	抗渗等级	抗冻等级	弹性模量/万MPa
150号 R_{180}	准三	0.6	65	34	60 110	0		102	0.8	4	3.6	5.3	7.1	8.4	12.9	23.2	>2	>50	2.16
					90	20		102	0.8	5	3.4	5.3	7.5	8.8	13.6	23.2	>2	>50	2.20
					86	24		102	0.8	5	3.3	5.3	7.5	8.7	13.4	22.3	>2	>50	2.20
					82	28		102	0.8	6	4.6	4.6	7.1	8.2	12.6	20.5	>2	>50	2.38

从表 9.3.15 和表 9.3.16 可知，用 8~24kg/m³ 石粉替代粉煤灰是完全可行的。

（3）RCC 施工配合比。采用 525 号中热水泥、Ⅱ 级粉煤灰、ZB-1$_{RCC15}$（样品 3）高效缓凝减水剂、DH$_9$ 引气剂和辉绿岩人工骨料，辉绿岩石粉掺合料 RCC 施工配合比详见表 9.3.17。

表 9.3.17　　　　　　　　　　　辉绿岩石粉掺合料 RCC 施工配合比

序号	工程部位 混凝土标号	级配	水胶比	砂率/%	粉煤灰/%	ZB-1$_{RCC15}$(样品3)/%	DH$_9$/%	V_c值/s	材料用量/(kg/m³) 水	水泥	煤灰	微石粉	容重/(kg/m³)
TR-1	大坝内部 RCC 150 号 R_{180}，S_2，D_{50}	准三	0.60	34	63	0.8	—	3~8	98	60	103	0	2650
TR-2						0.8	—	3~8	98	60	83	20	2650
TR-3						1.0	—	3~8	98	60	83	20	2650
TR-4	大坝迎水面 RCC 200 号 R_{180}，S_{10}，D_{50}	二	0.50	38	58	0.8	0.015	3~8	108	91	125	0	2600
TR-5						0.8	0.015	3~8	108	91	99	26	2600
TR-6						1.0	0.015	3~8	108	91	99	26	2600

注　1. 原材料为 525 号中热水泥、Ⅱ 级粉煤灰、辉绿岩粗细骨料。

2. 骨料级配：RCC 二级配小石：中石＝45：55，准三级配小石：中石：准大石＝30：40：30。

3. 人工砂 FM 每增减 0.2，砂率相应增减 1%；石粉含量每增减 2%，砂率相应减增 1%。

4. 微石粉等量替代粉煤灰原则：石粉含量大于 20%，且微石粉较高时，准三级配、二级配均按 12~20kg/m³ 替代量考虑，并补充相应质量的辉绿岩砂。

5. RCC 出机 V_c 值控制在 3~8s，当 V_c 值每增减 1s，用水量相应减增 1.5kg/m³。在温度 25℃ 以下，RCC 外加剂掺量 0.8%，在温度 25℃ 及以上时，外加剂掺量提高到 1.0%，太阳曝晒时采用外加剂掺量 1.5%。

主坝 RCC 施工实况如图 9.3.3 所示。

（a）摊铺　　　　　　　　　　　　（b）碾压

图 9.3.3　主坝 RCC 施工实况

9.3.6　质量检验

9.3.6.1　在 RCC 坝现场钻芯检测

百色水利枢纽 RCC 坝安排在枯水期施工、汛期停工，在每年汛期停工期间都对枯水期完成的 RCC 坝体进行钻孔取芯，检测 RCC 容重、抗压强度、劈裂抗拉强度、弹性模量、极限拉伸值、抗剪强度和抗渗标号等性能指标是否达到设计要求。最长芯样 11.1m，如图 9.3.4 和图 9.3.5 所示。

图 9.3.4　河床及右岸 RCC 最长芯样（长度 11.1m、直径 250mm）

图 9.3.5　河床及右岸 RCC 最长芯样外观

钻芯样按钻孔号分组，共钻取芯样 37 组，芯样检测结果见表 9.4.18～表 9.4.20。从表中可以得出以下结论。

（1）二级配 RCC 容重最大值 2690kg/m³、最小值 2550kg/m³、平均值 2620kg/m³，准三级配容重最大值 2700kg/m³、最小值 2610kg/m³、平均值 2670kg/m³，RCC 容重达到或超过设计要求。

（2）二级配 RCC 抗压强度最大值 38.2MPa、最小值 20.1MPa、平均值 28.2MPa，均大于设计值 20MPa；准三级配 RCC 抗压强度最大值 27.4MPa、最小值 16.2MPa、平均值 21.0MPa，均大于设计值 15MPa。

（3）二级配 RCC 劈裂抗拉强度最大值 2.90MPa、最小值 1.13MPa、平均值 2.02MPa，均大于设计值 1.10MPa；准三级配 RCC 劈裂抗拉强度最大值 2.04MPa、最小值 1.06MPa、平均值 1.43MPa，均大于设计值 1.00MPa。

（4）坝体 RCC 层间抗剪断摩擦系数 $f'=1.11\sim1.36$，大于设计值 $f'_{设}=1.10$；黏聚力 $c'=0.63\sim2.93$MPa，大于设计值 $c'_{设}=0.90$MPa。

（5）坝体准三级配辉绿岩人工骨料 150 号 RCC 芯样弹性模量平均值为 2.26 万 MPa，比一般灰岩骨料三级配 150 号 RCC 的弹性模量 2.37 万～2.47 万 MPa 略低，达到了用准三级配 RCC 替代标准三级配 RCC 的目的；RCC 极限拉伸平均值为 74×10^{-6}，大于设计值 70×10^{-6}，达到或超过设计要求。

（6）作为防渗体的辉绿岩人工骨料二级配 RCC，芯样（包括水平孔芯样）的抗渗标号都大于或等于 S_{10}，达到设计要求的 S_{10}；准三级配 RCC 也达到或超过设计要求的 S_2。

表 9.4.18　　百色水利枢纽 RCC 坝工程—柘碾压混凝土芯样检测试验结果

试验编号（孔号）	工程部位	混凝土设计标号/MPa	容重/(kg/m³)		抗压强度/MPa	静压弹性模量/万MPa	抗渗标号	抗剪断强度		劈裂抗拉强度/MPa	拉伸性能		
			干燥状态	饱和状态				f'	c'/MPa		轴心抗拉强度/MPa	极限拉伸值/(×10⁻⁶)	抗拉弹性模量/万MPa
ZA1	溢流坝段二级配区	R₁₈₀20、S10	2620	2640	25.4	2.34	≥S10	1.36	2.71	1.62	0.95	74	2.41
ZA4		R₁₈₀20、S10	2640	2650	24.5	2.80	S10	1.15	2.40	1.89	0.96	94	2.36
ZA5		R₁₈₀20、S10	2620	2630	27.9	2.74	S10	1.24	2.45	1.13	0.90	81	2.54
ZA7		R₁₈₀20、S10	—	—	—	2.82	S10	1.20	2.93	1.23	1.05	65	2.96
ZA8	右岸挡水坝段二级配区	R₁₈₀20、S10	2640	2660	23.3	3.79	S10	1.25	2.75	1.94	0.98	73	3.57
ZA12		R₁₈₀20、S10	2630	2640	28.5	3.92	≥S10	1.14	1.75	1.56	0.90	80	2.94
ZA13		R₁₈₀20、S10	2620	2640	24.8	—	—	—	—	—	—	—	—
ZA2	溢流坝段准三级配区	R₁₈₀15、S2	2650	2680	20.9	2.22	S2	1.25	1.80	1.15	0.78	70	2.15
ZA3		R₁₈₀15、S2	2650	2670	20.1	2.11	S2	1.29	2.62	1.31	0.46	56	1.97
ZA6		R₁₈₀15、S2	2680	2700	18.1	2.41	≥S2	1.11	0.95	1.06	0.94	77	2.10
ZA9	右岸挡水坝段准三级配区	R₁₈₀15、S2	2630	2650	17.9	2.98	≥S2	1.13	1.50	1.42	0.59	72	2.50
ZA10		R₁₈₀15、S2	2650	2670	18.7	2.07	S2	1.20	1.65	1.14	0.74	81	1.89
ZA11		R₁₈₀15、S2	2620	2650	19.2	2.17	S2	1.12	2.00	1.11	0.86	87	1.65
8A（水平孔）	左岸挡水坝段准三级配区	R₁₈₀20、S10	—	—	—	—	S10	—	—	—	—	—	—

表 9.4.19　百色水利枢纽 RCC 坝工程二枯碾压混凝土芯样检测试验结果

试验编号（孔号）	工程部位	混凝土设计标号/MPa	容重/（kg/m³） 干燥状态	容重/（kg/m³） 饱和状态	抗压强度/MPa	静压弹性模量/万 MPa	抗渗标号	抗剪断强度 f'	抗剪断强度 c'/MPa	劈裂抗拉强度/MPa	轴心抗拉强度/MPa	拉伸性能 极限拉伸值/（×10⁻⁶）	拉伸性能 抗拉弹性模量/万 MPa
ZA4	溢流坝段 二级配区	R₁₈₀20，S10	2630	2670	24.6	1.97	S10	1.15	1.97	1.74	0.68	112	1.02
ZA7	右岸挡水坝段 二级配区	R₁₈₀20，S10	2610	2650	20.1	2.21	≥S10	1.17	1.98	2.42	0.67	85	2.14
ZA10		R₁₈₀20，S10	2620	2650	28.5	2.52	S10	1.16	2.28	1.96	0.87	85	2.07
ZA11		R₁₈₀20，S10	2610	2650	30.3	2.43	S10	1.22	2.13	1.92	0.72	70	1.91
ZA13		R₁₈₀20，S10	2600	2640	30.7	2.63	S10	1.13	1.79	2.01	0.55	82	1.66
3B	左岸挡水坝段 二级配区	R₁₈₀20，S10	2570	2600	34.1	2.74	S10	1.21	2.52	1.85	0.84	75	1.46
ZA5	溢流坝段 准三级配区	R₁₈₀15，S2	2620	2660	20.2	1.87	S2	1.19	2.36	1.10	0.73	70	1.37
ZA6		R₁₈₀15，S2	2620	2650	16.9	2.06	≥S2	1.12	1.87	1.57	0.67	79	1.26
ZA8		R₁₈₀15，S2	2630	2670	16.2	2.02	≥S2	1.13	1.63	1.38	0.54	95	1.01
ZA9	右岸挡水坝段 准三级配区	R₁₈₀15，S2	2640	2680	19.2	2.09	S2	1.16	1.73	1.21	0.65	83	1.24
ZA12		R₁₈₀15，S2	2600	2650	24.9	2.15	S2	1.14	2.03	1.34	0.64	88	1.02
ZA14		R₁₈₀15，S2	2650	2700	21.8	2.08	≥S2	1.14	1.98	1.43	0.73	64	1.27
3A	左岸挡水坝段 准三级配区	R₁₈₀15，S2	2580	2610	26.7	2.14	≥S2	1.19	2.35	1.67	0.59	60	1.28

表9.4.20　　百色水利枢纽RCC坝工程三枯碾压混凝土芯样检测试验结果

试验编号(孔号)	工程部位	混凝土设计标号/MPa	容重/(kg/m³)		抗压强度/MPa	静压弹性模量/(万MPa)	抗渗标号	抗剪断强度		劈裂抗拉强度/MPa	拉伸性能		
			干燥状态	饱和状态				f'	c'/MPa		轴心抗拉强度/MPa	极限拉伸值/(×10⁻⁶)	抗拉弹性模量/万MPa
ZA2	左岸挡水坝段 二级配区	$R_{180}20$，S10	2550	2640	30.5	2.19	≥S10	1.18	1.55	2.70	0.63	90	1.30
ZA6	溢流坝段 二级配区	$R_{180}20$，S10	2550	2610	29.1	2.63	≥S10	1.17	1.84	2.53	0.89	75	2.87
ZA8		$R_{180}20$，S10	2660	2690	38.2	3.22	S10	1.12	1.78	2.90	1.08	75	3.54
ZA10		$R_{180}20$，S10	2580	2630	27.0	2.89	≥S10	1.20	1.80	2.78	0.57	84	2.65
ZA11	右岸挡水坝段 二级配区	$R_{180}20$，S10	2560	2640	26.1	2.73	S10	1.16	1.87	1.90	0.75	76	2.24
ZA12		$R_{180}20$，S10	2560	2640	25.7	2.64	≥S10	1.19	1.81	2.68	0.74	93	1.13
ZA14		$R_{180}20$，S10	2590	2650	36.1	2.51	S10	1.14	1.93	2.15	0.87	80	2.40
ZA3	左岸挡水坝段 准三级配区	$R_{180}15$，S2	2610	2690	25.2	2.81	≥S2	1.13	1.66	2.04	0.88	56	3.00
ZA5	溢流坝段 准三级配区	$R_{180}15$，S2	2600	2660	24.3	1.83	≥S2	1.20	1.84	1.46	0.72	50	2.74
ZA7		$R_{180}15$，S2	2620	2680	27.4	2.47	≥S2	1.15	1.68	1.68	0.87	79	1.65
ZA9	右岸挡水坝段 准三级配区	$R_{180}15$，S2	2550	2650	20.5	2.65	≥S2	1.16	1.21	1.59	0.68	102	1.60
ZA13		$R_{180}15$，S2	2610	2670	20.1	2.17	≥S2	1.12	2.23	1.84	0.61	54	1.84

9.3.6.2　RCC 坝层间原位抗剪断试验

试验采用平推直剪法，水平推力垂直于坝轴线，从上游向下游推。每组加工 5 块试体，试体剪块面布置在同一缝面上，每块试体的剪块面积为 $50cm \times 50cm$，施加的法向应力为坝体最大垂直应力 3.5MPa，分为 5 等份，分别施加在 5 块试体上进行试验。试验结果见表 9.3.21。从表中可以看出，用辉绿岩人工骨料 RCC 浇筑的百色水利枢纽 RCC 坝，RCC 层间结合面 f' 为 1.12～1.47，c' 为 0.90～1.50MPa，均大于或等于设计值 $f'=1.10$ 和 $c'=0.90$MPa。

表 9.3.21　　　　　　　　　RCC 坝层间原位抗剪断试验结果

试验部位		一枯 RCC			二枯 RCC		
施工工况		未处理连续铺筑的层面			摊铺砂浆处理再铺筑的层面		
试验编号		J-1-1	J-1-2	J-1-3	J-2-1	J-2-2	J-2-3
抗剪断强度	f'	1.14	1.13	1.47	1.29	1.12	1.23
	c'/MPa	0.91	0.90	1.50	1.19	1.03	1.12

9.3.6.3　防渗区二级配 RCC 防渗性能

对百色水利枢纽 RCC 坝防渗区二级配 RCC 做了 17 个钻孔，总长 617.77m，共 231 个试验段压水试验。结果表明，坝体 RCC 所有段次压水透水率均小于 1Lu（最大值为 0.955Lu），百色水利枢纽 RCC 坝防渗区二级配 RCC 整体防渗性能合格。

第 10 章

水土保持和环境保护

10.1 水土保持

10.1.1 水土保持设计工作

在初步调查、收集有关资料和分析研究的基础上，按照相关规程规范于 1999 年 7 月编制《广西右江百色水利枢纽工程水土保持初步设计编制大纲》，水利部水土保持司批复。根据批复意见和大纲工作内容开展工作，于 2000 年 12 月编制完成《右江百色水利枢纽水土保持方案报告（初步设计阶段）》，2000 年 12 月报水规总院预审，根据预审意见对方案报告修改完善后形成修订稿上报审批。2001 年 7 月，水利部批复该水土保持方案报告，明确了水土流失防治责任范围、防治目标、水土流失防治分区及措施布置。

施工详图阶段的水土保持设计内容包括主体工程建设区、施工工厂及生活区、施工道路区、弃渣场区和料场区等，同时针对Ⅳ号沟水土流失情况，2007 年 12 月提出《百色水利枢纽右Ⅳ号沟综合治理工程初步设计报告》，广西右江水利开发有限责任公司进行了初步评审。百色水利枢纽主体工程 2001 年开工，2006 年基本完工。在施工过程当中，坝区的施工布置、施工场地都发生了变化，水土保持范围及措施也应相应改变。因此，根据施工现场的实际情况，对原水土保持设计方案进行了局部调整，2008 年 7 月，编制完成了《百色水利枢纽水土保持设计变更报告（坝区部分）》。2008 年 7 月，广西壮族自治区水利厅对该水土保持设计变更报告予以批复。

10.1.2 水土保持设计

本工程地处云贵高原的东南边缘，地貌类型大致分为低山、丘陵、台地、河流阶地、岩溶地貌等。工程地处低纬度地区，属亚热带季风气候，项目区域属广西三大低降水区之一，多年平均年降水量在 1000~1600mm 之间，但降水年内分配不均匀，降水集中出现在 5—10 月，降雨量占全年的 80％以上。工程影响区内土壤类型复杂多变，主要土壤类型以红壤、赤红壤及水稻土分布最广。项目区植被类型主要为北热带常绿季雨林和南亚热带季风常绿阔叶林，植被覆盖率达 60％以上。

工程区水土流失主要以水蚀为主，按土壤侵蚀的类型可分为面蚀、沟蚀、重力侵蚀三大类，大部分地区以面蚀为主。由于当地为发展经济，大量种植甘蔗、木薯、玉米等经济作物，大面积毁林开荒，引起了局部地区严重的水土流失。项目区各县（区）水土流失现状情况见表 10.1.1。

表 10.1.1　　　　　项目区各县（区）水土流失现状情况　　　　单位：km²

县（区）	土地总面积	水土流失面积					
		合计	轻度	中度	强烈	极强烈	剧烈
右江区	3713	998.97	412.21	304.71	104.10	99.81	78.14
田林县	5577	1332.99	464.54	416.24	195.43	183.31	73.47
富宁县	5352	3311.58	1002.41	1396.37	616.33	120.39	176.08
合计	14642	5643.54	1879.16	2117.32	915.86	403.51	327.69

随着国家出台了一系列水土保持法律法规，水土保持工作已受到各级政府部门的重视，并在社会上逐步形成共识。项目区涉及的各县（区）近年采取了植树造林、保护水源林、实行林粮间种等措施，并禁止在 25°以上陡坡开荒，逐步实施坡地改水平梯田梯地，并有计划地退耕还林，因地制宜发展用材林、经济林和果林，实行封山育林等措施，使区域内的水土流失初步得到了控制，生态环境得到了一定改善。

根据《右江百色水利枢纽水土保持方案报告（初步设计阶段）》，本工程建设产生弃渣量 2842.02 万 m³（松方），据预测本工程水土流失总量为 1263.67 万 t，其中弃渣场流失量为 1220.67 万 t，占总流失量的 96.6%，占总弃渣量的 43%。弃渣场是本工程的水土流失治理的重点。

10.1.2.1　初步设计阶段各防治区水土保持设计

1. 防治目标

本工程防治目标为：防治责任范围内水土流失面积治理度达 85%，水土流失总量防治率达到 85%，治理区内植被恢复率达到 90% 以上。

工程水土流失防治执行二级防治标准，即工程防治责任范围内扰动土地整治率达到 95%，水土流失总治理度达到 87%，土壤流失控制比达到 1.0，拦渣率达到 95%，林草植被恢复率达到 97%，林草覆盖率达到 22%。

2. 防治责任范围及分区

本工程的水土流失防治责任范围总面积为 2693.43hm²，其中工程建设区 636.93hm²，直接影响区 2056.5hm²。根据工程的特点，建设时序、防治责任，结合建设活动类别和主体工程施工进度，将本工程防治责任范围分为主体工程建设区、弃渣场区、砂石料场区、移民生产安置区和专项设施建设区等 5 个大区。其中，坝区部分水土保持防治分区分为主体工程建设区、弃渣场区、砂石料场区 3 个大区。

在施工过程中，坝区的施工布置、施工场地都发生了变化，水土保持范围及措施也相应进行变化。根据《右江百色水利枢纽水土保持设计变更报告（坝区部分）》，工程坝区部分工程建设区面积由初步设计阶段的 636.93hm² 调整为 441.49hm²。

3. 主体工程设计中具有水土保持功能的工程介绍及评价

百色水利枢纽主坝工程区采取喷混凝土、现浇混凝土、框格草皮以及截水天沟等护坡措施。发电厂房工程区采取锚喷支护、喷混凝土护坡、草皮护坡、坡顶外缘设截水天沟等防护措施。左右岸进场公路、平圩大桥土质开挖边坡和填筑边坡采用草皮护坡或框格草皮予以防护。通航建筑物工程区采取干砌石护坡、喷混凝土护坡、种植草皮等防治措施。副坝工程区采用干砌石全面护坡，下游坝坡采用种植草皮全面护坡。以上防护措施保证了相应区域的稳定与安全，减少了水土流失。

4. 防治措施总体布局及各分区措施设计

百色水利枢纽水土保持方案根据水土流失防治分区的水土流失特点、危害程度和防治目标，采取了治理与防护相结合、生物措施与工程措施相结合、治理水土流失与重建和提高土地生产力相结合，统筹布局各类水土保持措施，以形成完整的水土流失防治体系。

在防治措施具体配置中，各项工程措施为先导，发挥其速效性和控制性，在重点地段布设工程措施的同时，必须加强"线"和"面"上的林草建设，保护新生地表，美容新塑地貌，改善恢复生态环境，提高土地生产力和利用率，充分发挥生物措施的后效性和生态效应，进而使枢纽与其周围的自然景观和人文景观融为一体，促进库区可持续发展。

(1) 主体工程建设区水土保持防治措施。主体工程建设区水土保持主要采用按稳定边坡开挖或填筑，以确保边坡稳定；在开挖边缘外 5m 处设置浆砌石排水天沟，将边坡外山坡地表径流拦截，引导到下侧天然水道；对土质坡面，采用植物护坡，拟种植本地野生匍状草护坡，采用穴种法或直接铺种法种植；对公路旁、人口聚居地或地质情况较复杂的高陡边坡，则采用框格型草皮护坡；对有地下水出露的坡面，则采用干砌石护坡。沿堆体坡脚砌筑护脚挡墙（护墙高 1～2m），以确保坡脚稳定。对施工营地、各辅助企业植树、种植草皮等进行绿化，以改善区域景观。道路两旁亦植树绿化。

(2) 弃渣场区水土保持防治措施。弃渣场是一个松散的土石混合料堆积体，不均匀沉陷激烈，水蚀严重，由于降雨入渗和裂隙灌水，容易造成滑坡和坡面泥石流；渣场外表面常年裸露，易造成风蚀。百色水利枢纽水土保持方案对各个弃渣场布置的防治措施如下：

百色水利枢纽主体工程的弃渣场大多布置在冲沟内，冲沟排水和地面山坡排水等影响因素尤为重要。坝址上游弃渣场，其堆体坡脚线均在右江洪水位以下，施工期间将受到洪水冲刷；右1号、2号弃渣场的冲沟出口与导流隧洞进水口较为接近，若堆渣发生滑坡或大规模泥石流，渣料有可能被带入导流洞，影响导流洞的正常泄流；坝址下游弃渣场，虽然其堆体坡脚线均在右江洪水位以上，但堆渣场冲沟出口均有重要公路通过，故弃渣场的防治显得格外重要。为确保弃渣场的安全，设计时主要采取按稳定边坡坡度，台阶式堆置；考虑在各弃渣场堆渣之前，先做好排水暗沟，以引走冲沟洪水；对弃渣场坡面采取种树或种草皮，对部分弃渣场特殊部位的斜坡面，则采取干砌石护坡、浆砌石框格草皮护坡、护垫、钢筋石笼护坡等工程防护措施；弃渣场外缘坡脚砌筑一高 1～2m 的拦渣墙；对弃渣场表面则覆土改造、利用，树种、草种分别选用当地野生乔灌树种和当地牧草草种。

移民安置区、专项建设区布局较分散，弃渣场点多面广，主要为山凹、冲沟及低洼地带。对不同的弃渣场采用的水土保持措施为：弃渣场位置布设在山凹冲沟的，弃渣时应逐层夯实堆弃，土石混合料的最小稳定边坡的坡度系数为 1.5，故弃渣场堆置边坡宜不陡于 1：1.5。由于弃渣场设置在山凹冲沟地带，为防止洪水的冲刷产生泥石流及滑坡，拟沿弃渣场边缘设置截水明沟，以引走地表径流；为防止堆渣料滑塌或散落，在弃渣场外缘坡脚砌筑高 1m 左右的拦渣墙，以保护坡脚，避免引发牵引性滑坡；弃渣场堆渣达到最终高程之后，平整堆渣表面，整平后，先铺一层黏土，碾压密实，形成防渗层，再覆表土 0.3m 以上，并在上面种草以保水土。弃渣场位置布设在低洼坑凹地带的，利用弃渣将低洼坑凹地带填平，将渣场表面平整，先铺一层黏土，碾压密实，形成防渗层，再覆表土 0.5m 以上，视不同情况植树。对于工程建设中的临时弃渣场，一般堆渣高度在 3m 以下，堆渣场坡度为 1:1.5。为避免引发牵引性滑坡，其坡脚四周视不同情况修筑装土编织袋或堆石作挡土墙，在堆渣场的表面覆盖塑料薄膜或其他覆盖物以防止水土流失。

（3）砂石料场区水土保持防治措施。砂石料场区开采时严格按稳定边坡开采石料，并设置马道，使开采后所形成的坡面能够自身稳定。水土保持设计时，在料场开采范围外缘设置排水天沟，以引走山坡地面径流；沿各级马道内侧设排水沟，分别将各级边坡雨水排走，避免雨水汇集淘刷下级坡脚。对于料场坡面，若为全风化层，采用植物护坡，采取灌草混植方式，树种、草种分别选用当地易生野生灌树种和匍状型草种；强风化层的开挖坡面植被极难生长，采取喷浆保护措施。要求石料场开采后最终基底面基本平整，以便覆土整治、改造利用，在基底面铺筑 0.3~0.5m 土层，整治成林草地，恢复植被。

（4）移民安置区水土保持防治措施。移民新镇及茶场区：移民安置设计对新镇及茶场区恢复已采取了在开挖山坡上布置浆砌石截水沟，台阶边缘处修筑重力式挡土墙，平台上修排水沟等工程措施。也对新镇及茶场区采取了绿化措施，设计绿化面积 25.27hm^2，植树 17.7hm^2（5.31 万株），草皮护坡面积 7.58hm^2。这些水土保持措施已在规划设计时考虑，其费用列入新镇居民点基础设施恢复费用中。

农村移民居民点建设区：移民安置设计已对农村移民居民点建设区采取了在开挖山坡上布置浆砌石截水沟，台阶边缘处修筑重力式挡土墙，平台上修排水沟等工程措施。也对农村移民居民点建设区采取了绿化措施，共设计种植乔灌木面积 35.9hm^2，生物护坡面积 15.39hm^2。这些水土保持措施已在农村移民居民点设计时考虑，其费用计入基础设施恢复费用中。

移民生产开发区：根据百色水利枢纽移民生产安置规划，水土流失治理的重点是土地开发、坡地改造和荒山治理，防治措施主要是生物措施、坡沟兼治、保土耕作措施相结合，综合治理与综合开发融为一体。设计的水土保持措施主要是以生物措施为主，如营造防护林。同时，对移民开发区主要提出禁止在 25°以上陡坡地开垦。

汪甸防护区：防护工程的防护堤、排水闸、排涝泵站以及沿山边的截洪沟基本满足水土保持要求。仅对料场及防护堤施工裸地进行水土保持设计，主要措施包括：要求料场的水土流失防治结合土地整治进行，对料场表层土妥善保存，料场开采结束后，将表层土回填平整，结合移民安置造田造地。对施工期间产生的裸地恢复植被，恢复植被面积 1.97hm^2，其中植树面积 1.58hm^2、植草面积 0.39hm^2。防护工程除植草、植树投资列入水土保持工程投资外，其余投资均由水库淹没补偿投资列支。

（5）专项设施建设区水土保持防治措施。国道 323、324 改建主体工程已设计有排水沟、排水口、坡面截流沟等水土保持措施，补充的水土保持措施主要包括：挖方边坡顶外至 5m 处设置浆砌石梯形截水沟，坡面埋置混凝土拱形骨架网格结构预制件，在网格中播草种或铺植草皮；填方边坡护坡顶部设置排水沟，底部设置浆砌石护脚墙，并在墙内侧设浆砌石排水沟。公路布置植草护坡面积 82.07hm²、植树绿化面积 191.51hm²。植物措施的水土保持设计在专项迁建设计中考虑，其投资列入水库专项迁（改）建设费用中。

其他输变电设施、通信设施的改建等专项设施改建造成水土流失的原因是在线路架设时电杆的埋置、光缆的埋设等，影响较小，因此水土保持方案要求在施工时尽可能做到开挖与施工同步进行，避免开挖点线过长，产生长时间的裸地；工程建设要合理规划，进行分点分线建设，对暂时不能建设的裸地，要求铺草或铺水工织物及采取其他方法进行防护。

5. 水土保持工程量及实施进度

根据水土保持方案，百色水利枢纽水土保持工程主要工程量见表 10.1.2。

表 10.1.2　　　　　　　　百色水利枢纽水土保持主要工程量

土方开挖/万 m³	M5浆砌石/万 m³	C20混凝土/万 m³	钢筋/t	干砌石/万 m³	喷砂浆护坡/万 m³	植草护坡/hm²	框格植草护坡/万 m²	造地回填土/万 m²		植树/hm²	钢筋石笼/万 m³	护垫护坡/万 m³
								黏土隔水层	种植土			
21.56	6.113	0.33	264	0.40	0.94	188.78	6.45	7.11	7.11	579.73	1.54	5.71

工程建设区水土保持进度随枢纽工程施工进程分期进行，因两路一桥工程在筹建期完成，故其水土保持工程与主体工程建设相适应，应列为前期工程；枢纽工程中的通航建筑物列为二期工程，相应水土保持工程列为二期工程；除通航建筑物之外的其他主体工程施工属于一期工程，相应水土保持工程列为一期工程。移民安置区、专项建设区水土保持措施与工程施工同时进行，移民新镇及茶场区为第 1~6 年进行，公路建设水土保持措施安排在第 2~5 年进行。百色水利枢纽一期水土保持措施在工程建设中的 6 年内全部完成。

6. 水土流失监测方案

百色水利枢纽水土保持方案对工程进行了水土流失监测方案的设计，共布置监测点 7个、监测断面 1 个，分别为大坝施工区 2 个、弃渣场 1 个、国道改建区 2 个、移民安置区 2 个；运行期间，除大坝施工区 2 个点和水质监测断面取消之外，其他点继续监测，并在大坝上游的移民安置区再多布置 2 个监测点。监测的内容包括：造成水土流失的主要因子的监测，包括降雨、水位及土壤结构、植被类型及生长情况、植被覆盖率及水土保持设施数量和质量等。水土流失量的监测包括由于水力、重力侵蚀引起的水土流失量等。水土保持工程效果的监测包括水土保持防治工程的实施情况、控制水土流失程度、改善生态环境的作用、效益等监测内容。施工期监测 6 年，运行期常年监测。

7. 水土保持投资

水土保持方案总投资为 3946.00 万元（含坝区、移民安置区、专项设施复建区），其中水土保持工程措施投资 2545.49 万元，植物措施费 838.47 万元，临时工程费 67.68 万元，独立费 261.95 万元，基本预备费 111.41 万元，水土保持设施补偿费 121.00 万元。

8. 水土保持效益分析

水土保持方案实施后，工程新增水土流失有效控制率达 85% 左右，其保土量为186.70 万 t，库区将新增林草面积 277.46hm²，大大增加了库区的森林覆盖率。使工程影响区泄入下游河道的泥沙显著减少、减缓河床淤积速度，为区域防洪工作的创造了有利条件。

10.1.2.2　施工图阶段水土保持设计

2003 年 6 月，正式开展施工图阶段水土保持设计工作，设计遵循初步设计阶段水土保持方案和水利部批复的原则和方法，同时满足现行法规的要求。2004 年 3 月起，陆续提供百色水利枢纽水土保持工程主坝区水土保持施工图，并于 2004 年 8 月完成施工图设计；2008 年 7 月，编制完成了《右江百色水利枢纽水土保持设计变更报告（坝区部分）》；2008 年 5 月，完成了右Ⅳ号沟水土保持区的施工图设计；2009 年 3 月，开始开展综合治理工程其他水土保持区的施工图设计；2011 年 2 月 23 日，百色水利枢纽水土保持设施工程顺利通过了水利部水土保持司在广西百色市主持召开的竣工验收。主坝区水土保持总平面布置如图 10.1.1 所示。

设计主要内容包括：

（1）主体工程区（含主坝、电站、对外交通道路）：该区域主要是与主体工程的设计相结合，在施工时按稳定边坡开挖，采取了喷混凝土、现浇混凝土、草皮护坡、设截水、排水沟等护坡措施，以保证主坝工程区开挖边坡的稳定，防止发生水土流失。

（2）施工工厂及生活区：根据每个施工场地及生活营地位置和布置特点，按稳定的边坡开挖或填筑。对土质坡面，采用草皮护坡、框格草皮护坡或浆砌石护坡；对填筑边坡的坡脚则设置护脚墙，以确保坡脚的稳定；沿场地边缘设置截水天沟和排水沟，拦截边坡以外地表径流，并通过排水沟排至天然水道。在施工工厂及生活营地植树、种植草皮等进行绿化。

（3）施工道路区：按稳定的边坡开挖或填筑。对土质坡面，采用草皮护坡、框格草皮护坡或浆砌石护坡；对填筑边坡的坡脚则设置护脚墙，以确保坡脚的稳定；设置截水天沟，拦截边坡以外地表径流，并通过排水沟排至天然水道。工程施工结束后对废弃的施工道路进行覆土绿化。

（4）弃渣场区：弃渣场的防护设计基本按照原水土保持方案实施，弃渣时按稳定边坡分台阶堆放，施工期度汛水位以下坡面抛大块石护坡，坡脚处堆大块石护脚，度汛水位以上坡面采用石渣护面，避免坡面被雨水冲刷。

（5）料场区：石料场按稳定的边坡开挖，设置马道及相应的截水、排水设施，对强风化岩层的坡面防护采用挂网锚喷砂浆护面，避免坡面进一步风化崩解而塌落。土料场按稳定的边坡开挖，开挖坡面顶部设截水沟，坡脚设排水沟，坡面采用植草和灌木相结合的防护措施，土料开采结束后，对开采终了平面覆土绿化。

10.1.2.3　水土保持设计变更

百色水利枢纽 1997 年开始筹建，2001 年主体工程开工，2006 年主体工程基本完工。在施工过程当中，坝区的施工布置、施工场地都发生了变化，水土保持范围及措施也应相应改变。因此，根据施工现场的实际情况，广西桂禹工程咨询有限公司对原水土保持设计方案进行了局部变更调整，2008 年 7 月形成了《右江百色水利枢纽水土保持设计变更报告（坝区部分）》。2008 年 7 月，广西壮族自治区水利厅以桂水保函〔2008〕76 号文对该水保设计变更报告予以批复。

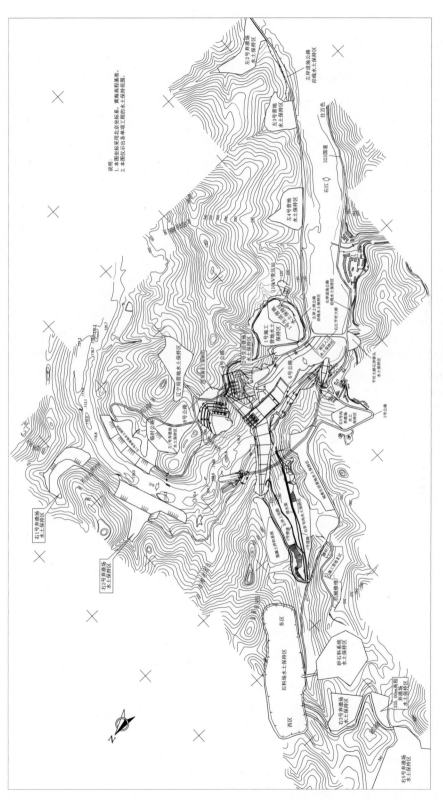

图 10.1.1　主坝区水土保持总平面布置图

水土保持分区：坝区水土保持变更设计分区仍保持原初步设计阶段的主体工程建设区、弃渣场区、砂石料场区等 3 个大区。由于砂石料场的无用层比原设计预计的无用层厚，使砂石料场的开挖和防治范围扩大，导致弃渣场区的范围布局也发生了改变。根据施工现场实际情况，右Ⅳ号沟作为混凝土加工场地、大坝施工场地及弃渣场，经历施工期后，现右Ⅳ号沟沟底及两岸地形地貌、地质已发生很大的变化，沟底大部分被填厚 5～15m，最厚超过 30m，水土流失严重，易引起泥石流，因此变更报告还增加了右Ⅳ号沟综合治理区。

扰动地表面积及水土流失防治责任范围：变更设计确定工程建设扰动地表面积为 441.49hm²，其中损坏水土保持设施面积 334.88hm²。根据"谁开发谁保护，谁造成水土流失谁负责治理"的原则和《开发建设项目水土保持技术规范》（GB 50433—2008）的要求，根据施工现场的实际情况确定坝区的水土流失防治责任范围总面积为 441.49hm²（不含通航建筑物），比原水土保持方案确定的防治责任范围 606.63hm² 缩小了 165.14hm²。

水土保持措施变更情况：除平圩大桥、导流洞、水电站交通洞口等施工区结合景观要求增加绿化、美化措施外，还对坝区弃渣场布局做了调整。除维持原左 1 号、左 2 号、右 1 号、右 2 号、右 3 号、右Ⅴ号沟弃渣场外，新增加了右 5 号弃渣场、335.00m 高程弃渣场、右Ⅳ号沟弃渣场（结合右岸上坝公路的填筑），由于施工布置的改变，右 3 号弃渣场位置由右Ⅳ号沟上游沟底移到右Ⅳ号沟上游坡地、石料场左侧附近。变更后共设 9 个弃渣场，其中左岸布置 2 个、右岸布置 7 个。主要变动情况如下：

（1）左 1 号、右 1 号、右 2 号弃渣场均位于大坝上游，初步设计阶段考虑对堆渣坡采用干砌石护坡和钢筋石笼护脚。施工阶段改为：施工期度汛水位 172m 以下部分坡面改为抛大块石护坡、堆大块石护脚；施工期度汛水位 172m 以上部分坡面采用石渣护面。

（2）左 2 号弃渣场：初步设计阶段采用干砌石护坡或浆砌石框格草皮护坡，其余坡面及坡顶采用草皮护坡（面）。施工阶段改为：弃渣坡斜坡面及顶部表面采取撒草种和种植葛藤绿化。

（3）右 3 号弃渣场：初步设计阶段对坡面、坡顶采用草皮防护，坡脚设挡渣墙，周边设排水沟。施工阶段改为：弃渣坡斜坡面及顶部表面采取撒草种和植树绿化。

（4）335.00m 高程弃渣场为新增弃渣场，防护措施为：弃渣坡斜坡面及顶部表面采取撒草种和植树绿化。

（5）右 5 号弃渣场为新增弃渣场，防护措施为：弃渣坡斜坡面及顶部表面采取撒草种进行绿化。

（6）右Ⅴ号沟弃渣场：初步设计阶段对坡面、坡顶全部采用草皮防护，坡脚设挡渣墙，周边设排水沟。施工阶段改为：对弃渣场表面进行平整，坡面覆耕作土，种植葛藤等攀爬类植物护面，坡脚浆砌石护脚墙。

（7）右Ⅳ号沟综合治理区为新增，主要任务是针对沟两侧边坡及施工营地拆除遗留迹地进行治理，以保持沟内山体稳定并恢复生态环境。

（8）石料场区：右Ⅳ号沟石料场开挖面积和开挖量较初设均有增加，分成东西两区。

东区的防治措施除按稳定边坡开挖、设置马道及相应的截排水设施外，将强风化层的开挖坡面防护改为挂网锚喷支护。西区的开挖坡面防治措施除按稳定边坡开挖、设置马道及相应的截排水设施外，还在马道内侧设置浆砌石花槽，填土种植爬山虎、葛藤等攀爬类植物和三角梅等。

（9）砂石料加工区位于石料场右侧的六角界，实际占地面积较初步设计有所减少，其边坡防护、排水系统已在施工阶段完成。水土保持措施主要是平整场地与绿化，疏通排水系统，局部边坡脚设浆砌石挡墙，以及种植爬山虎、葛藤等攀爬类植物和三角梅等。

10.1.3 水土保持措施实施

10.1.3.1 主体工程建设区

主坝为 RCC 重力坝，坝基开挖边坡稳定，其上游边坡在水库正常蓄水位以下，不会引起水土流失；坝基下游边坡已采用喷混凝土保护。大坝下游消力池至导流洞出口段右岸，其下半部分按设计削坡后现浇混凝土护岸，其上半部分按设计削坡后用混凝土框格草皮护坡，并在坡顶外缘设截水沟。

水电站主要包括电站混凝土拌和系统、人工骨料加工系统、风水电、钢管厂、木材加工厂、机械修配厂、汽车保养场、机电安装基地以及电站生活福利设施等。电站进水口边坡按设计分 5 级开挖，其坡面分别采用锚喷支护、喷混凝土护坡、草皮护坡，坡顶外缘设截水沟。电站尾水至平圩大桥河岸采用浇混凝土护坡，防止岸坡淘刷。

左右岸进场公路及平圩大桥包括坝下 0.8km 的平圩大桥两岸施工区、右桥头至 323 国道的右岸进场公路施工区、左桥头至百色东笋的左岸对外专用公路施工区。大部分土质边坡除已采用工程措施护坡外，还分别采用草皮护坡或框格草皮护坡措施，恢复了植被。

通航建筑物上游引航道部分按设计分级开挖，其坡面分别采用喷混凝土护坡、干砌石护坡或草皮护坡。

副坝包括银屯和香屯两座均质土坝，副坝的上游坡面均采用干砌石全面护坡，下游坡面采用种植草皮全面护坡。

施工工厂及生活区按稳定的边坡开挖或填筑，对土质坡面，采用草皮护坡、框格草皮护坡或浆砌石护坡，对填筑边坡的坡脚则设置护脚墙，以确保坡脚的稳定；沿场地边缘设置截水天沟和排水沟，拦截边坡以外地表径流，并通过排水沟排至天然水道。在施工工厂及生活营地植树、种植草皮等进行绿化。

施工道路区主要包括左右岸场内施工道路，施工道路按稳定的边坡开挖或填筑，对土质坡面，采用草皮护坡、框格草皮护坡或浆砌石护坡；对填筑边坡的坡脚则设置护脚墙，以确保坡脚的稳定；沿施工道路开挖线外 5m 设置截水天沟，拦截边坡以外地表径流，并通过排水沟排至天然水道。工程施工结束后，对废弃的施工道路进行覆土绿化。

主体工程建设区已实施的水土保持整治后实景如图 10.1.2～图 10.1.7 所示。

10.1.3.2 弃渣场区

工程弃渣场总占地面积为 44.61hm²。弃渣场采取的主要水土保持措施包括：

（1）按稳定边坡坡度，台阶式分层堆置弃渣，防止或减少土石滑落。

图 10.1.2　主坝下游空地植被恢复

图 10.1.3　主坝下游混凝土框格综合护坡

图 10.1.4　副坝下游草皮护坡

图 10.1.5　进场公路沿线水土保持整治后实景

图 10.1.6　左桥头水土保持整治后实景

图 10.1.7　左坝肩水土保持整治后实景

（2）合理布置排水系统，做好排水明（暗）沟和渣场边缘截水沟。

（3）坡面种树种草，防止或减少面蚀、沟蚀，稳定边坡。

（4）修建坡脚拦渣墙，拦挡渣料，确保坡脚稳定。

（5）弃渣场顶部台面覆土改造、利用，复耕或种树种草，恢复植被。

（6）对临时堆渣场修筑装土编织袋或堆石挡土墙，在渣面覆盖塑料薄膜或其细覆盖物，防止水土流失。

弃渣场已实施的水土保持整治后实景如图 10.1.8 和图 10.1.9 所示。

图 10.1.8　弃渣场种植满地黄星（蓬其菊）　　　图 10.1.9　335.00m 高程弃渣场水土保持
整治后实景

10.1.3.3　砂石料场区

砂石料场区包括石料场、砂石料系统和副坝 1 号及 2 号土料场。采用的水土保持措施主要有：在开挖边缘外设置截（排）水沟，拦截引排山坡地表径流。按稳定边坡开采，按岩层自然界面开挖，每隔一定高差设置马道，以确保坡面稳定。对土质坡面，分别采用不同类型的植物护坡；对强风化层开挖坡面，采取喷浆保护措施，以防风化崩解塌落。坡面排水，沿各级马道内侧设置排水沟，以防雨水汇集冲刷坡脚，确保坡面稳定。覆土整治改造利用，乔、灌、草、花卉相结合，恢复林草植被，绿化、美化环境。

砂石料场区的水土保持整治后实景如图 10.1.10 所示。

图 10.1.10　砂石料系统水土保持整治后实景

10.1.3.4　右Ⅳ号沟综合治理区

右Ⅳ号沟综合治理区采取的主要水土保持措施有：完善交通路；新建沟底主排水渠、右岸上坝道路及 1 号道路与 2 号便道排水边沟，以及扩建主排渠末端段设跌坎和扩散段消能等；左岸护坡整治分 4 级边坡进行，主要防治措施包括在一级、二级、三级边坡下游段坡脚处修建花槽，将凹凸不平、有较多建筑弃渣的地表平整、覆土，种植爬山虎、葛藤等攀爬类植物和三角梅等。右岸护坡整治分两段进行：①闽黄生活区左侧边坡（沟上游）；②闽黄生活区右侧边坡（沟下游）。主要防治措施有清理崩塌处沟口淤泥、渣体削坡、建压坡平台、设置排水系统、建沟边花槽、种植爬山虎及葛藤等攀爬类植物和三角梅等。

右Ⅳ号沟综合治理区的水土保持整治后实景如图 10.1.11 所示。

图 10.1.11 右Ⅳ号沟水土保持整治后实景

10.1.3.5 移民安置区

移民安置由地方移民局负责实施，在移民安置点建设过程中，采取了基本的水土保持措施，安置点在进行具体设计过程中已按水土保持方案提出的原则要求，对安置区采取了排水、护坡和绿化及美化措施。在实施过程中，施工方基本能够按照设计进行施工，但由于地质条件的限制，施工过程中对设计方案进行了部分修改，如将纯草皮护坡改为工程护坡和浆砌石框架草皮护坡等。移民生产开发区主要是指造田造地区，在生产开发的施工详图设计中已按照水土保持方案提出的要求进行设计，从目前已经实施造田造地区的效果来看，基本能够按照水土保持要求在 25°以下缓坡地造田造地，所造田地为梯田、梯地，基本没有顺坡耕作的现象，满足水土保持的要求。

移民安置区已实施的水土保持措施如图 10.1.12 和图 10.1.13 所示。

图 10.1.12 移民安置区边坡防护　　　　　图 10.1.13 移民安置区绿化

10.1.3.6 专项设施建设区

323 国道改建区、324 国道改建、输变电线路、通信线路及其他专项设施改建区由相关交通、电力设计单位进行具体设计，设计过程中已将护坡、排水、绿化等水土保持措施纳入设计文件中。同时，这些措施在具体施工过程中也得到了落实，发挥了相应的水土保持功能。

根据项目水土保持评估报告，本工程新增水土保持工程措施类型主要有浆砌石拦挡工程、护坡护面工程、排水截水工程以及土地整治等。水土流失防治包括主体工程建设区、弃渣场区、砂石料场区和右IV号沟综合治理区，工程建设扰动地表面积为 441.49hm^2，水土流失防治责任范围为 441.49hm^2，其水土流失防治的主要对象为开挖边坡治理及施工迹地绿化。根据本区地形，在建设区布置挡土墙及护坡、设置排（截）水沟、场地平整等。完成主要工程措施工程量有：挡土墙、排水沟 M7.5 浆砌石 10522m^3，干砌石护坡 990m^3，抛块石、堆大块石及护面石渣 140069m^3，预制排水管 1330m，场地平整 67210m^2，回填耕作土 60316m^3。根据项目水土保持评估报告，通过对涉及水土保持设施的 12 个单位工程 21 个分部工程抽查分析，挡土墙、护坡砌石平整，排水沟浆砌石侧墙表面平整、勾缝均匀、无蜂窝麻面，网格梁护坡植被恢复良好，外观质量合格。其工程质量检查评定、验收结果均满足有关规范要求。本工程主要水土保持工程措施已基本完成，工程质量达到设计和规范的要求，能满足水土流失防治要求，整体上达到工程验收标准。

工程措施与植物措施相结合，是水土流失防治的有效措施。采用植物措施治理的主要部位包括开挖边坡、填筑边坡、施工迹地、弃渣场及生活营地等。其中道路边坡以植树种草为主，施工迹地以种树及草皮、撒播草籽为主，生活营地以草皮、花卉、灌木为主，弃渣场坡面以种草皮、撒播草籽为主，石料场以草灌混种恢复植被为主，大桥两端路段及空地以乔灌景观树木、草皮、花卉为主。主要树种有小叶榕、大叶相思、黄花槐、扁桃、木棉等乔木，扶桑、黄杨、迎春花、三角梅等灌木；主要草种有类芦、百喜草、三裂叶、蟛蜞菊、狗尾草、爬山虎、葛藤等。据统计，工程完成主要植物措施工程量有铺植草皮 25.23hm^2、种树 56102 株、种植爬藤 67180 株、撒播草籽 25.65hm^2、框格植草护坡 2.38hm^2。根据项目水土保持评估报告，实施的水土保持植物设施得当，草种、树种配置合理，管理措施得力，草、灌、林成活率及覆盖率较高，生长良好，尤其是建设区的左右进场公路、平圩大桥两端、交通洞口、183 景观平台、厂区营地、辽宁局及闽黄营地的景观效果较好，对保护和美化当地的生态环境起到积极的作用，植物设施总体上优良。但要加强管护，及时修剪、灌溉、施肥，维护主体工程绿化区和进厂道路绿化带的绿化、美化作用。

施工临时工程包括临时挡土沙袋、围堰、淤泥堆放整理、围堰填土以及施工临时用地整治等。通过查询监理报告，结合施工现场考察及与施工单位座谈了解，工程在建设过程中采取了大量的临时防护工程，主要有建设区表土临时堆放场临时防护工程、施工营地区临时防护工程、堆渣场临时防护工程。

水土保持投资为 4190.66 万元，其中水土保持工程措施投资 2778.6 万元，植物措施费 852.33 万元，临时工程费 40.92 万元，独立费 396.75 万元，基本预备费 122.06 万元。坝区部分水土保持投资为 3276 万元。

根据项目水土保持评估报告，百色水利枢纽建设区施工期间扰动土地面积 441.49hm^2，施工结束完成整治面积 429.30hm^2，其中建筑物占地 288.53hm^2，水保植物设施面积 140.77hm²，扰动土地整治率为 97.2%，水土流失总治理度为 92.0%。项目区的大部分区域土壤侵蚀模数已降低至 500t/(km²·a) 以下，土壤流失控制比为 1.0，拦渣率达到 96.8% 以上，已恢复的林草植被总面积为 140.77hm²，林草植被恢复率达 97.0%，林草覆盖率达到 31.9%，各项植被均达到设计制定的水土保持防治目标。

10.1.4 经验与建议

10.1.4.1 经验

由于历史原因，百色水利枢纽可行性研究报告阶段未编制水土保持方案，而是直接进行水土保持初步设计。《右江水利枢纽工程水土保持方案报告书（初步设计阶段）》为广西壮族自治区范围内编制的第一本开发建设项目水土保持方案报告书，开创了广西壮族自治区开发建设项目水土保持方案报告书编制的先河。

由于百色水利枢纽工程水土保持方案报告书的编制时间较早，而水土保持技术在近几年的发展速度较快，在方案报告书编制中存在着一些问题，回顾项目水土保持工作，问题主要体现在：

（1）方案编制的过程中对主体工程的理解不够深，尽管报告的章节安排、文字叙述很到位，但采取的措施有些针对性较差，给下一阶段的设计及实施带来了一定的困难。例如，银屯副坝 2 号料场植物措施，原方案为撒草种、树种，在实施过程中，植被恢复成活率很低，原因是料场开挖后裸露面土质差，土层太薄，根据立地条件料场不适宜采取撒草种、树种措施，需重新实施防护措施。

（2）在当时的情况下，百色水利枢纽水土保持方案中采取的措施已经比较全面，但对不断出现的新技术、新工艺和新材料采用较少（如三围植物网等），虽然采取的措施可以有效地防治工程建设造成的水土流失，但在增加绿化面积、提高植被成活率和改善生态环境方面还有一定的差距。

（3）水土保持方案主要仅针对初步设计阶段进行了较为详细的设计，由于施工现场的实际情况与初步设计有一定变化，原方案的部分措施与实际施工现场需要的水土保持措施差别较大。例如，增加右Ⅳ号沟综合治理区、弃渣场位置变化等，需进行变更设计。部分变更难以避免，主要是由于初步设计阶段水工及施工组织设计未能从各个专业角度全面考虑造成的，例如弃渣场选择必须考虑环境影响及水土保持限制性因素，同时还要考虑可行性、经济性等，需要在今后的设计中给予重视。

（4）原方案在布置植物措施时，未能考虑恢复生态的实际需求，布置的措施难以满足实际的水土流失防治要求，造成后期设计变更和实际施工与方案差别较大。例如，原方案主体工程建设区、弃渣场、砂石料场等仅设计了种植草皮措施，不能满足水土流失防治需求，难以恢复原生态环境。实际实施时采取乔、草、爬藤类植物结合的形式绿化。由于变更，造成投资大幅度增加，需要在今后的设计中给予重视。

（5）由于方案编制阶段水库移民安置点尚未最终落实，实施过程中变化较大，造成水土保持方案和投资变化较大。

10.1.4.2 建议

（1）要做好工程项目建设中的水土保持，必须将水土保持设计和施工与主体工程同时进行。工程建设中的水土保持应该与主体工程建设有机结合起来，除主体工程中具有水土保持功能的工程项目在实施中必须充分做好水土保持外，其他为主体工程服务的附属设施（如料场、弃渣场、施工及生活厂区、施工道路等）的水土保持必须结合主体工程的布置与主体工程同时设计、同时施工，以保证水土保持方案能够高效、有序地实施，如果水土保持工作在主体工程实施后进行，则可能出现附属设施施工时未考虑水土保持措施或所采取的水土保持措施达不到要求的情况，给后续的水土保持工作增加难度，同时也会增加工程投资。

（2）在主体设计过程中，必须兼顾环境保护和水土保持需求，随着环境保护和水土保持越来越受到重视，环境专业和水土保持等专业需在前期工作阶段就介入到工程设计中，防止出现限制工程建设的环境和水土保持制约性因素。

（3）由于可行性研究报告阶段甚至初步设计阶段移民安置（包括专业项目迁改建）方案不确定性较大，建议该部分水土保持方案在初步设计或实施规划设计阶段另进行专题编制，以利于水土保持方案实施。

（4）在工程建设中，业主必须重视水土保持工作，把水土保持与主体工程结合在一起进行统一规划、设计，在实施过程中加强管理，做好参建各方的协调工作，这样才能使水土保持方案在工程建设中得到真正的落实。

（5）重视水土保持的监理工作。在实施工程建设项目的水土保持方案时，应当有专业的水土保持监理单位进行现场监理，因为一般的土建工程监理工程师大多注重工程的实用性功能，往往忽略水土保持的重要性，而水土保持监理工程师对水土保持工作的重要性和实施原则有更深层次的认识，从而能更好地对水土保持方案的实施进行现场监督。

（6）注意水土保持新技术、新方案在实施过程中的应用。

10.2 环境保护

10.2.1 环境保护设计

10.2.1.1 设计标准

（1）地表水环境质量执行《地表水环境质量标准》（GB 3838—2002），施工期右江百色水利枢纽坝址以上执行Ⅱ类水质标准，坝址至百色市右江区江段施工期执行Ⅲ类水质标准，水利枢纽建成后执行Ⅱ类水质标准。

（2）施工区环境空气质量执行《环境空气质量标准》（GB 3095—1996），施工期执行二级标准，水利枢纽建成后执行一级标准。

（3）施工区声环境质量参照执行《城市区域环境噪声标准》（GB 3096—93），施工期执行4类标准，水利枢纽建成后执行2类标准。

（4）污水排放执行《污水综合排放标准》（GB 8978—1996）中的一级标准。

（5）大气污染物排放执行《大气污染物综合排放标准》（GB 16297—1996）中的无组织排放监控浓度限值；汽车排放执行《车用点燃式发动机及装用点燃式发动机汽车排气污染物排放限值及测量方法》（GB 14762—2002）；摩托车排气执行《摩托车排气污染物排放标准》（GB 14621—93）；恶臭污染物排放执行《恶臭污染物排放标准》（GB 14554—

93）中恶臭污染物厂界标准值一级标准。

（6）噪声控制参照执行《建筑施工场界噪声限值》（GB 12523—90）。

10.2.1.2 施工期环境污染防治设计

1. 水环境保护措施

施工期施工区污水排放执行《污水综合排放标准》（GB 8978—1996）中一级标准，排放污水经充分混合后，在排放口下游控制断面应达到《地表水环境质量标准》（GB 3838—2002）Ⅲ类标准。

（1）主坝施工区。

1）基坑排水处理。基坑废水污染物主要是 SS，基坑排水经一定时间静置，便能有效减少悬浮物的排放浓度。当悬浮物浓度达到排放标准 70mg/L 后，再从围堰上下游排出。在枯水季节，静置后排放则更为重要，适当延长静置时间，以便减少基坑排水对右江水质的影响。如 pH 值过高则可适当加酸中和，使基坑水达到排放标准。另外，在使用化学灌浆的施工中，尽量防止对水质的污染。

为降低悬浮物浓度，在基坑和下游围堰的下游侧各建一座沉淀池，基坑废水经初沉池沉淀后泵至二沉池，充分静置，达到排放标准后排入右江。

2）砂石料系统废水处理。砂石料系统废水悬浮物浓度高，危害大。处理后，出水浓度小于 70mg/L，直接排江；出水浓度不大于 50mg/L，回用。将废水处理到可回用的程度，即处理后出水浓度不大于 50mg/L。冲洗水可循环利用，可大大减少废水排放量和新鲜水取水量，降低新鲜水处理费用和电耗。

砂石料加工废水处理系统设置平流式沉砂池、反应池、清水池各一座，废水处理流程是：将冲洗废水集中引入沉砂池，经过初步沉砂后输入反应池，投入絮凝剂，并充分搅拌以除去水中的悬浮物，之后再输入清水池沉淀，清水池输出供砂石料系统循环使用，回收率约 60%，清水池底孔排出浊水，通过明沟排到右江。

3）生活污水处理。生活污水：左岸（滇桂联营）生活污水产生量较少，采用化粪池处理达标后排入右江。右岸（闽黄联营）生活污水采用生化处理工艺，即生活污水先经过初沉池，使悬浮物浓度降低后进入接触氧化池处理，在接触氧化池主要靠填料中的微生物吸收污水中大部分的有机物质，使 COD、BOD 降低，此方法对 COD、BOD 的去除率一般可达 80%。处理后的污水进入二沉池沉淀，达标后排放。初沉池和二沉池排出的污泥可用晒泥法脱水处理，晒干后的污泥运至弃渣场。

食堂废水：食堂废水主要污染物是油污、SS 和 BOD_5、氨氮等，食堂产生的废水由调节池收集，在调节池的前端设置过滤网，过滤悬浮物、漂浮物、纤维物质和固体颗粒物质。调节池后端设置气浮池、沉淀池处理油污，过滤网、沉淀池要定时清理。食堂废水经过调节池、气浮池和沉淀池后再进行深度处理。

（2）副坝施工区。基坑废水、生产废水、拌和系统均可用与主坝施工区同样的方法处理。由于副坝施工区规模比主坝施工区小，施工人员相对较少，两个副坝施工区各设置一个三级化粪池处理。

施工期采用化粪池对生活污水进行处理，采用沉淀池对生产废水进行处理。从处理的效果来看，起到了一定的削减污染物的作用。但工程采用的处理措施从整体上来讲，没有满足环境影响评价复核报告提出的外排废污水必须经处理达到《污水综合排放标准》（GB 8978—1996）的一级标准这一要求，主要表现在悬浮物、粪大肠菌群及 pH 值超标，特别是悬浮物和粪大肠菌群部分时段超标严重。根据施工期地表水监测结果，虽然工程施工期间外排废污水不能完全满足排放要求，导致右江水体局部范围内出现短暂的悬浮物、粪大肠菌群超标，但未影响到下游供水、灌溉，施工结束后其污染也随之消失。因此，本工程施工期的水环境影响在可接受的范围内。

2. 大气污染控制措施

工程施工期间，大气质量保护目标是《环境空气质量标准》（GB 3095—1996）中的二级标准。

（1）人工砂石料加工系统防尘。制砂车间采取洒水等措施使空气适度加湿。在粗碎、细碎的破碎轧机口上方装除尘罩。工作人员配备防尘劳保用品，如口罩、面罩等。

（2）水泥与粉煤灰防泄漏措施。水泥采用集装箱运输，粉煤灰采用 19t 的散装粉煤灰罐进行运输。气提式风动装卸、储存和转运系统密闭，并定期检修保养。水泥贮仓安装报警信号器，所有通气口安装合适的过滤网。

（3）车辆运输扬尘降减。车辆运输扬尘降减主要通过加强道路管理和道路绿化等措施，有效控制路面尘土。施工区的主要干线公路增加混凝土路面，尽量减少砂石路面，支线道路最好采用沥青路面。运输通过临时性道路或土路时，进行车辆速度控制，一般白天控制在 20km/h 以内，夜间控制在 15km/h 以内。配备车辆洗涤设备，车辆离开施工场地时用软管冲洗。各施工场地卡车上的多尘物料用帆布覆盖等均可减少车辆运输扬尘。

（4）燃油废气防治。往返于施工区的大型车辆实现尾气达标排放，不能达标的，配备尾气净化器。推行强制更新报废制度，特别是发动机耗油多、效率低、排放尾气严重超标的老旧车辆，禁止使用。实施《汽车排污监管办法》和《汽车排放监测制度》，严格执行《施工区运输车辆排气监测方法》。

（5）减少开挖粉尘。作业人员必须佩戴防尘口罩（工作服、头盔、呼吸器、眼镜）等个人防护用品。尽量运用产尘率低的开挖爆破方法。凿裂、钻孔时尽量采用湿法作业，以减少施工过程的粉尘污染。

根据施工期环境空气监测结果，整个施工过程中，办公生产区、砂石料场和主坝区的 CO、NO_2 浓度基本符合《环境空气质量标准》（GB 3095—1996）及其修改单二级标准要求，未出现超标。但是在施工前期和高峰期的 2002—2005 年上半年，三个监测点的 TSP 浓度部分时段出现超标，最大超标率达 100%；从 2005 年下半年开始到 2006 年，随着施工接近尾声，施工强度降低，监测点的 TSP 浓度能够满足二级标准，区域扬尘污染逐步消失，空气质量好转。

3. 噪声污染控制措施

由于水利水电工程土石方开挖、混凝土拌和等施工作业与建筑类似，所以施工厂界噪声控制标准可参照《建筑施工厂界噪声限值》（GB 12523—90）执行。对办公区和居民区应满足环境噪声标准《城市区域环境噪声标准》（GB 3096—93）的二类功能区的要求，交通干线两侧应满足四类要求。现场施工人员按劳动保护要求，人耳直接接受的噪声在 75dB（A）以下。噪声的危害由噪声源、传声途径、受体三个环节构成，噪声的危害控制主要针对这三个环节进行控制。

噪声源控制：施工单位必须选用符合国家标准的施工机械，如运输车辆噪声符合《汽车定置噪声限值》（GB 16170—1996）和《机动车辆允许噪声》（GB 1495—79），其他施工机械符合《建筑施工场界限值》（GB 12523—90）。在满足上述标准情况下尽量选用低噪声设备和施工工艺，如钻孔尽量使用全液压履带钻等。砂石筛分系统采用橡胶筛网、塑料钢板、涂阻尼材料等措施，降低砂石料筛分系统作业的噪声。对于开挖爆破作业，应控制好爆破作业时间，原则上避开深夜爆破，以保障施工区及周围人员良好的生活环境。运输车辆经过办公区、生活区时，适当减速行驶，并禁止使用高音喇叭。

传声途径控制：破碎机、制砂机、筛分楼、拌和楼等大于 100dB（A）的固定噪声源，采用多孔性吸声材料，建立隔声屏障、隔声罩、隔声间，以控制噪声的传播途径，尽量减少噪声对敏感受体的影响。搞好办公区周围的绿化，栽种常绿乔木和种植绿篱；办公区、生活区建筑物的建筑材料尽量选择具有较强吸声、消声、隔音性能的材料。施工道路，特别是交通干线两侧，加强绿化，形成绿色屏障，起隔音降噪的作用，降低交通噪声对公路沿线的影响。

个体保护：对于强噪声源，如混凝土拌和、砂石筛分、骨料破碎等作业，尽量提高作业的自动化程度，实现远距离的监视作业。在施工过程中，当施工人员必须进入强噪声环境作业时，如凿岩、钻孔、开挖、机械检修等，必须佩戴个人防护用具。

调查分析结果表明，施工期施工单位采取了一定的声环境保护措施，但防治措施并不到位，没有完全按照环境影响评价复核报告及环境保护技施报告提出的措施进行施工噪声防护，夜间施工噪声对周边环境的影响较大。由于施工区域附近无村庄等居民点，因此施工噪声超标未造成严重不良影响。

10.2.1.3 渔业增殖站设计

建设目标：每年无偿向百色水利枢纽库区投放 100 万尾优质大规格鱼种，其中 80％为常规鱼类、20％为当地土著名优鱼类；广西库区投放 65 万尾、云南库区投放 35 万尾。

渔业增殖站建设规模：征地 150 亩，修建池塘 80～100 亩、综合楼 1500m²、宿舍 800m²、仓库 200m²、特种养殖车间 2000m²。每年孵化各种鱼苗 3000 万尾，培育大规格鱼种 200 万尾，无偿向百色水利枢纽库区投放大规格（体长 5～12cm）鱼种 100 万尾，销售鱼种 100 万尾。

生产工艺：选择具有优良性状的青鱼、草鱼、鲢鱼、鳙鱼、鲤鱼、鲮鱼等经济鱼类，按照国家行业技术标准进行亲鱼培育、人工繁殖、鱼苗及鱼种培育，获得生产性能良好、抗病力强的优质鱼种。在水库蓄水后，引进资金，移植适合大水面养殖的太湖新银鱼。

增殖站生产技术路线为：

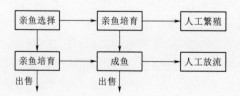

渔业增殖站总体规划布局：根据地形情况的水源、电力、交通等条件，将本站分为四个小区，并规划一条6m宽水泥路面道路贯穿整个站区，并与公路连接，使各小区连成一个有机的整体。总占地面积150亩，其中总平面规划用地141.8亩，渠道、围墙、公路用地8.2亩。

1区：鱼苗培育、亲鱼培育区（包括特种养殖车间、孵化车间、抽水泵房等）。该区处于本站的北端，远离公路，安静、避免闲杂人影响，便于鱼苗、亲鱼培育，占地面积77.15亩。

2区：鱼种培育区（包括仓库和变电房等）。该区紧靠1区，方便从鱼苗培育向鱼种培育转变过程，同时方便向外出售鱼种和人工放流，该区占地面积56.48亩。

3区：田阳县改造规划区。该区布置主要由田阳县有关部门进行规划，占地面积96亩。其中只有连接2区和4区的长170m、宽6m的水泥路面道路（相应的路灯）属本规划设计范围。

4区：综合办公、住宅区（包括停车场、公路隔离带等）。该区位于本站的南端，紧靠公路，占地面积8.2亩。各池塘的灌水和排水是整个站区规划设计的关键，因此，根据原有渠道水流从东向西方向，将站区池塘地平面规划为由东向西倾斜，1区坡度为5‰，2区坡度为1.4‰。

渔业增殖站运行管理机制：经考查、对比广西区内已实施的桂平马骝滩、贵港仙衣滩、岩滩等渔业增殖站的运行管理机制后，提出以下运行管理机制：

（1）鉴于渔业增殖站的生态效益和社会效益，为便于今后的运行管理，建议由当地水产行政主管部门总承包实施和管理。

（2）渔业增殖站主要功能是社会环保效益，建议定为事业单位，由当地政府核定工作人员编制，具独立法人资格，直接承担渔业增殖站建设期及运行期的各项任务。

（3）渔业增殖站的直接管理机构是百色市（原百色地区）水产畜牧局，负责渔业增殖站上通下达、内引外联各项任务和人事任免。

（4）渔业增殖站的技术依托单位为广西水产研究所。

（5）渔业增殖站的监督单位是业主和广西水产畜牧局。

（6）鉴于渔业增殖站为环保型的事业单位，主要产生社会效益，集鱼类增殖放流、当地濒危品种研究开发、库区大水面渔政管理、库区移民产供销技术咨询诸多任务，还有生产成本居高不下的现实，根据经济效益评估，渔业增殖站现有的生产条件经济创收不足以维持单位的正常运转，建议业主与有关专业部门协商试运行费及运行期渔业增殖站运行费具体事宜。

渔业增殖站运行效果评价：渔业增殖站投入正常运营，从2007年起，已开始为库区定期投放鱼苗，并不断增加鱼类养殖种类。水库自2007年开始，计划每年组织2次增殖放流活动，并邀请当地政府部门、相关单位和群众代表参与增殖放流活动，规划每年增殖放流各式鱼苗100万尾。放流地点为右江区阳圩镇六丰段面、阳圩镇华村渡口、阳圩镇华村河段面、乐里河那锦段面、云南剥隘镇码头附近。经过几年的增殖放流，渔业增殖站的规模能满足放流所需的鱼苗量，放流鱼种主要为补充受百色水利枢纽工程影响较大的鱼种，同时放流了如倒刺鲃、赤眼鳟、鳙等珍稀鱼类，该措施能满足百色水利枢纽渔业增殖的要求，对于维持右江水生生态系统的平衡起到较好的作用。

百色水利枢纽渔业增殖站及渔业增殖放流现场照片如图 10.2.1 和图 10.2.2 所示。

图 10.2.1　百色水利枢纽渔业增殖站

图 10.2.2　百色水利枢纽渔业增殖站放流现场

10.2.1.4　珍稀植物调查及保护设计

1. 国家重点保护野生植物的保护措施设计

保护生物多样性最有效的途径是保护栖息地，防止生态环境破坏或退化，这对保护景观和生态系统多样性尤为重要。但是，保护物种、种群、基因多样性需要其他一系列辅助技术措施，即就地保护和迁地保护。迁地保护与就地保护要有机配合，对淹没线以下（海拔 228m 以下）的国家重点保护野生植物采取迁地保护措施，对淹没线以上的重点保护植物也要做好就地保护。

根据国家重点保护野生植物的级别、价值和特点，采取不同的保护方法。就本工程来说，主要是通过建立库区国家重点保护野生珍稀植物园和营造重点保护植物的人工林。

（1）建立库区国家重点保护野生珍稀植物园。要使迁地保护落到实处，建立库区国家重点保护野生珍稀植物园是非常必要的。同时，它也是百色水利枢纽环境保护的形象工程和亮点，为进行公共教育提供重要场所和机会。

德保苏铁和云南苏铁：对其将被淹没的个体必须全部进行迁地移植保护，而且这两种保护植物个体小、易移植、易存活、费用低。

金毛狗：根据植物园建设需要，采挖 10 株（丛）金毛狗野生植株进行移植保护。

红椿：考虑到红椿大树移植难度大，且不易成活。因此，建议对胸径 10cm 以下的实生个体进行移植，以保存其种群，减少其灭绝的危险。

柄翅果：淹没区内有 26 株，对胸径 10cm 以下植株（约 10 株）采取迁地保护。

任豆：百色水利枢纽工程兴建、水库蓄水，对其种群的影响不大，可以不考虑采挖野生植株移植。但从珍稀植物园建设和公共教育需要考虑，需移植 5 株胸径在 10cm 左右的植株。

田林细子龙：由于田林细子龙有不少是萌芽植株，有的生长在泥土很少的河岸边，带土移植困难，大树移植也难以成活。仅考虑移植胸径在 10cm 以下的野生植株 5 株，作为构建珍稀植物园之用。

（2）营造重点保护植物的人工林。参照《中华人民共和国森林法》的有关规定，人工种植数量应是被淹没损失株数的 5～10 倍。因此，红椿和柄翅果人工林种植株数分别为 830 株，任豆和田林细子龙分别为 3330 株。

2. 国家重点保护野生珍稀植物园的规划设计

根据本淹没区珍稀濒危植物原产地的生态环境条件以及植物园建设的意义，植物园选址于百色市林业科学研究所。植物园的规划设计包括以下几个方面。

划定植物园规划建设红线，沿着红线种植簕仔树、马甲子或露兜树等刺篱作"围墙"，既自然，又具有防御作用。

把所收集的国家重点保护植物和本地特有的田林细子龙种植于园内。为体现特色，种植时德保苏铁、云南苏铁、金毛狗采用孤植、列植或丛植等配置手法，而柄翅果、任豆、红椿、田林细子龙等因地制宜地采用自然式的配置手法。

为体现园林景观，除游览步道外，园内其他地段铺设草坪作背景景观，草坪可选用竹节草、假俭草等草种，也可用马尼拉草、地毯草等草种。

为增加植物园景观的丰富性，可因地制宜采用自然式的手法点缀少量花灌木（如朱槿、黄蝉、火棘等）或草本花卉（如黄花石蒜、红花石蒜、鸢尾等）。

为便于管理和观光游览，规划设置主要出入口、次要出入口各 1 个，出入口以自然古朴、线条简洁的木门为佳。

在主要出入口内侧的中轴线上，建树一块景石式纪念碑，可选用当地形态奇特的大块石料制成景石，景石上锯磨出约 1.5m×2.0m 的一个平面用以刻写碑文，碑文内容主要是介绍植物园珍稀濒危植物的来源、建园意义和资助建园的单位等。

　　园内铺设宽度为 1.5～2.0m、线条自然流畅的混凝土游步道，游步道局部路段（如规划图中中间南北向的横向游步道）可用广场砖加以铺设。

　　国家重点保护野生植物迁移保护工程带有试验和科研性质，为后续研究和保护工作积累了经验。目前，保护区内珍稀植物园移植的珍稀保护植物长势良好，移植保护措施有效，既保护了受工程淹没影响的珍稀物种的种质资源，也为进行该类珍稀保护植物的移植、育种、培育等科研工作创造条件。珍稀植物迁移生长情况如图 10.2.3 所示。

| （a）田林细子龙 | （b）红椿 |
| （c）柄翅果 | （d）任豆 |

图 10.2.3　珍稀植物迁移生长情况

10.2.1.5　大王岭自然保护区的保护措施设计

　　大王岭自然保护区调整：根据自治区人民政府《关于同意改变百色市大王岭水源林保护区范围的批复》和自治区林业局《关于做好百色市大王岭水源林保护区范围调整工作的通知》精神，百色地区林业局组织人力深入实地调查，按照国家有关法律法规和上级批文等有关规定，实事求是地对大王岭自然保护区范围进行了范围调整和定界，并于 2002 年 7 月上报自治区人民政府。大王岭自然保护区范围调整内容包括 3 项：百色水库淹没的土地、323 国道改建使用的土地、阳圩镇六丰村 6 个自然屯移民居住点和生产用地。调整的方法为：①将与库区连接的海拔 228m 以下部分划出保护区；②按照改线后的 323 国道勘察设计的走向实地定界，调整范围以其实际使用大王岭自然保护区的土地为限；③以拟建的六冲、百达、六丰和百增等移民安置点为中心，将其周边的非林地、多年前开荒的林地以及其中零星分布的有林地，按国家有关移民用地标准确定调整面积。

根据调整范围和调整方法，大王岭自然保护区总的调整面积为 15.81km²，其中水库淹没区 10.62km²，323 国道改线 0.17km²，移民安置点和生产用地 5.02km²。调整后，大王岭自然保护区已不在水库库区淹没范围内。

保护对策：水库建成后淹没不涉及保护区范围，影响较小，但由于移民后靠安置、新开垦土地以及人员的聚集等对保护区内的动植物都会造成较大压力，因此采取有效措施以确保大王岭水源林保护区得到有效保护，具体措施主要有：

（1）加强保护区的建设，加强对水源林的保护。本保护区的水源林是右江水源源头，对右江起着调节作用，直接或者间接地影响下游的工农业生产和人民的生活。因此，加强对现有的水源林保护就显得极为重要，尤其是对于还保持着比较原始状态的森林地域核心地带，即主要分布于大王岭周围以及平慢的那陈、六兰一带，必须采取绝对保护的措施封山保护。除了保护水源林外，对各种野生动物也应加以保护，让它仍在那里繁衍生息。

（2）严禁在保护区内安置移民，禁止保护区周围的移民进入保护区开垦种植、砍伐和狩猎。

（3）建立苗圃。随着水库建设的开始和移民工作的展开，珍稀植物幼苗需要搬迁，后靠的移民点亦要求大量的经济树种苗木。因此，保护区、林业站和当地农民需要在水库上马之时建立苗圃，主要培育经济林苗木、水果林苗木、用材林苗木和珍稀植物的苗木。为后靠的移民提供优良、低价的苗木，刺激农民造林护林的积极性，变资金扶贫为技术、产业扶贫。

（4）造林技术指导。由保护区、林业站和苗圃的人员举办植树造林学习班，并现场指导移民种林、育林、管林。

（5）加强对现有林木的封、管。

（6）在保护区淹没重要地段营造阔叶林。在本区淹没线以上要补偿营造仪花、哈氏榕、木王加、小果香椿、枫香、木棉、千张纸、鱼尾葵、棕榈等原生性的阔叶林。营造阔叶林可采取种子繁殖或幼苗移栽等方法进行，还可分别营造拷类、橡木、银鹊树、无忧花等阔叶林。

（7）增加人员、加强保护。水库上马之后，进场施工的人员骤增，对现有动植物的破坏程度增加，管理和保护动植物的难度加大；移民后靠，需要新开垦，造成动植物的破坏，也增加管理和保护动植物的难度；因此，保护区要增加编制、增加人员，加强保护和管理。

10.2.1.6 移民安置区环境保护措施设计

1. 集镇搬迁环境保护设计

集镇的迁建将是一项规模大、耗时久、过程繁琐的工作，对周围环境不可避免地造成一定影响，需要针对具体情况提出保护措施。

（1）阳圩镇。水质保护：阳圩镇新址将建设水厂进行供水，水源为右江水，水厂清水池高程为 200.00m，可向镇内自流供水。水厂设计流量为 130m³/h，拟采用 YPZ 一体化净水器，该净水器由混合、絮凝、沉淀、污泥浓缩、过滤、滤池反冲等六个主要部分组成。经处理后的水质满足饮用水要求。阳圩镇新址取水口应设在排污口上游，并划定保护区域，按国家有关水源地保护的要求进行保护。

污水处理：阳圩镇新址排水系统采用雨污合流制，镇内排水一般采用盖砖砌明沟。由于阳圩镇新址规划新建一条排水涵洞，南达山区的排水沟收集的污水及雨水就近排入涵洞内。

垃圾处理：沿南北大道、南达山大道等主干道路每隔 70m 处、次干道每隔 100m 处布置一果皮箱。果皮箱和垃圾收集点的垃圾都由环卫工人定时清运到小型垃圾转运站处理。对于保健、医疗等机构场所，所产生的垃圾多为医疗废品，设专项垃圾收集点，并与百色市右江区医疗卫生部门进行协商，由卫生部门统一处理。

（2）剥隘镇。水质保护：剥隘新址将新建水厂进行供水，水厂供水能力为 $2500\text{m}^3/\text{d}$，水源为距新址 26.3km 的者桑新桥河河水（目前水质为 Ⅱ 类），水源采用水管引入新址水厂处理后供给用户。经水厂处理后的水质应符合《生活饮用水卫生标准》（GB 5749—85）的要求。水源地应按国家有关水源地保护措施划定保护范围。

污水处理：剥隘镇新址规划人口 3216 人，预测日排放量为 385.9t，考虑到远期发展，污水排放量可能更大。根据云南省文山州城乡规划设计院 2003 年编制的《富宁县剥隘镇迁建规划设计说明书》，规划在新址甲村居住区以南湖畔修建污水处理厂，规划处理规模为 1000t/d，采用两级生物接触氧化法处理污水。剥隘新址排水体制采用雨污合流制，规划污水管网沿各级路布置，于库岸设置一截留管，将污水集中汇流到污水处理厂，污水排入标准执行《污水综合排放标准》（GB 8978—1996）一级标准。

垃圾处理：根据云南省文山州城乡规划设计院 2003 年编制的《富宁县剥隘镇迁建规划设计说明书》，剥隘镇新址规划建设环卫站并配备垃圾运输车、吸粪车、洒水车各一辆。规划于六益附近建设生态垃圾处理场，占地 110 亩。

2. 农村移民安置区环境保护设计

（1）饮用水保护。

1）引用山泉水的村屯的保护措施：在水源地周围设立防护带，重点保护防护带内植被，严禁开荒种地、破坏土层结构和损坏植被，对已破坏的应植树造林恢复植被。

完善新址的蓄水、引水、饮水设施建设。

饮用水在输送到移民用户之前，应进行絮凝、沉淀、沙滤和消毒等常规处理，定期清除溪沟水中的泥沙等沉淀物、枯枝落叶等漂浮物。

输水管材要具有使用寿命长、卫生性能好、耐腐蚀性能好、水管内壁光滑、不生锈、不易结垢、耐湿等优点。

2）抽水库水的村屯的保护措施：水源地应尽量选在居民点的上游，以免受到居民生活污染。此外，在取水口周围要划定一定范围的保护区，严禁在保护水域内捕捞、停靠船只、游泳等，并设置明显的保护范围和严禁事项的告示牌。

取水点上游 1000m 至下游 100m 的水域不得排入工业废水和生活污水，其沿岸防护范围内不得堆放废渣、生活垃圾，不得使用工业废水或生活污水灌溉及使用高残留的农药。

完善新址的蓄水、引水、饮水设施建设，由于百色水库运行时水位变幅较大，抽水设施的选用要适应这一要求。

饮用水在输送到移民用户之前，应进行絮凝、沉淀、沙滤和消毒等常规处理。

3）引用自来水的村屯保护措施：完善新址的蓄水、引水、饮水设施建设；输水管材要具有使用寿命长、卫生性能好、耐腐蚀性能好、水管内壁光滑、不生锈、不易结垢、耐湿等优点。

（2）生活污水处理。

1）推广沼气池。人畜粪尿和有机垃圾可集中收集到密闭的沼气池中处理。沼液及沼渣是优质的农家肥，不仅可以改良土壤结构，还可以改善土壤肥力状况。

2）各住户在院内设置畜栏和小型沼气池，采用圈养方式既方便收集粪便，又避免雨季污水横流。

3）移民日常冲洗废水可直接排入建筑物周围布置的砖砌排水沟，再汇总排出。排放口应设在居民点下游。

4）农村移民安置点排水体制采用雨污合流制，即排水沟的设计流量为生活污水量和雨水量之和。

5）建立简易污水处理设施。根据规划，先要在污水流经的中下游挖塘，然后用碎石或大块炉渣进行固体填料，让污水缓慢连续流经固体填料，很短时间内，在填料上就能生成有污泥状的生物膜，生物膜上繁殖着巨量好氧微生物，活性污泥能够吸附水中的有机物，生活在活性污泥上的微生物以有机物为食料，获得能量并不断增值，有机物被去除，污水得以净化。

（3）生活垃圾处理。结合村民的生活规律，在村边设垃圾收集点一处，收集该类垃圾，进行二次转化。部分垃圾有机物含量较高，可作为沼气生产的原料。对小学、停车场和公共绿化地等村民活动频繁的场所，应在路边每隔50m处设一垃圾箱，避免村民乱扔垃圾。

本工程在拆迁、居民安置、设施复建过程中基本落实了相关环境保护措施要求，两个集中安置镇污水处理设施暂缓实施，临时污水处理设施达到了预期效果，两地政府将尽快落实污水处理设施的建设。

10.2.1.7 人群健康保护措施设计

1. 施工区卫生清理

施工前，运用消毒剂对施工区（特别是生活和施工人员集中活动场所）内原有的厕所、粪坑、畜圈以及十年内新埋的坟地等废址进行消毒。在施工区开展灭蚊、灭蝇和灭鼠活动。

2. 卫生检疫、定期体检和预防免疫

卫生检疫：对准备进入施工区的人员进行卫生检疫，以了解将要进入施工区的施工人员的健康状况及带菌情况。

定期体检：施工期间应定期对施工人员进行体格检查，随时掌握施工人员的健康状况。

预防免疫：根据百色水利枢纽对人群健康的影响，主要对施工人群采取疟疾预防性服药、乙肝疫苗接种等预防措施，并储备足够的破伤风免疫剂和狂犬疫苗备用。

3. 食品卫生管理与监督

委托地方有关专业部门，加强对施工区食品卫生的管理和监督。建立健全"卫生许可证"制度，实行"健康证制度"。

4. 保护饮用水水质

严格控制污染物向右江排放，特别是在取水口上游 1000m 至取水口下游 100m 以内不得有污水向江中排放。从右江抽取的水应经过适当处理，达到国家规定的卫生标准后方可作为生活用水。

5. 生活垃圾

生活垃圾统一运至生活垃圾堆放场覆土分层掩埋，生活垃圾堆放场设在右岸生活区东面距平圩大桥约 2km 处的冲沟内，并修建浆砌石挡土墙。

6. 库底清理消毒

按"先消毒、再拆除、最后清理"的方法清理库底。库底清理内容包括垃圾、粪便、工业废渣、废弃矿渣（井）的清理与消毒，淹没区建筑物的清理与消毒，坟墓的清理与消毒，植被的清理等。

7. 灭鼠计划

灭鼠重点为鼠类活动频繁的地域。灭鼠采取化学防治为主的综合防治措施，选用第二代抗凝血灭鼠剂。村镇灭鼠采用"间歇投药法"，在搬迁前 15 天开展一次，蓄水前 1 个月再灭一次。灭鼠后应做鼠密度监测，确保灭鼠后鼠密度低于 1%。

百色库区的人群健康保护工作落实较好，开展了施工人员生活营地人群健康保护、移民点灭鼠、传染病监测与控制、库区移民安置点生活饮用水水质监测等人群健康保护措施，取得了较好的效果。

10.2.1.8　坝下游生态和环境用水方案设计

考虑到上游进水和下游尾水排出的顺畅，生态放水管布置在左岸 3B 号坝块。结合 RCC 主坝设计，采用重编初步设计时提出的"龙抬头"方案，即将临时放水底孔进口段部分封堵，进水口布置在 3B 号坝块 194.00m 高程处，坝内做一水平埋管伸出下游坝面后沿 1∶0.75 坝坡做背管与 128.00m 高程的水平管段相接。引水压力钢管管径为 2.4m，总长度为 225m，其中进口水平段长 31m，坝坡背管段（含转弯段）长约 86m，坝趾至出水口的钢管总长度约 108m。生态放水管可下放 20m³/s 的流量，同时满足环境用水和航运用水的要求。

10.2.2　环境监测

10.2.2.1　施工期环境监测

水质监测：根据工程施工区生产废水和生活污水的排放类型、特点及影响情况，在坝址上游 1km、坝址下游 2km、生活饮用水取水口、基坑排水口、生活废水排放口布设断面进行监测。监测方法参照《地表水环境质量标准》（GBZB1—1999）和《污水综合排放标准》（GB 8978—1996）。

环境空气质量监测：根据施工区大气污染情况以及保护对象的要求，考虑区域气象条件，在主坝办公生活区、主坝砂石料加工系统、主坝基坑布设施工期大气环境监测点，监测方法参照《环境空气质量标准》(GB 3095—1996)。

噪声监测:根据施工区噪声源的分布及保护对象要求,在主坝基坑、主坝砂石料加工系统、混凝土拌和楼系统、主坝办公生活区、电站办公生活区、平圩大桥、平圩村球场布设噪声监测点,监测采用自记式噪声监测仪,按国家环境保护总局有关规定开展监测。

人群健康监测:收集各承包商的人群健康监测资料,对各种传染病和自然疫源性疾病定期统计分析,如发现新病种,及时处理。一般情况下,每季度统计一次。建立疫情报告制度。

移民安置区环境监测:移民安置区环境监测对象包括移民安置区饮用水、人群健康、环境卫生、耕地开垦等。

10.2.2.2 运行期环境监测

水质监测:共布设坝址、汪甸、百洋、百峨、弄瓦、六丰等六个断面对库区水质进行监测,监测方法参照《地表水环境质量标准》(GB 3838—2002),监测期按 10 年计。

水温监测:本次监测计划在建库后进行水温的垂向分层结构监测,并验证下泄水温情况,以便采取措施减轻对下游工农业用水的影响。

库区疫情监测:监测病种有痢疾、疟疾、病毒性肝炎、伤寒等历史上发病率较高的病种以及库周边蚊蝇滋生情况、鼠类密度等。

移民安置区环境监测:参照施工期移民安置区环境监测规划进行。

根据环境监测调查结果分析,工程在施工期、蓄水期及试运行期分别委托百色市环境监测站、珠江水环境监测中心对水质、噪声、大气及水生生态进行了监测,整个监测期长达 9 年;运营期,对库区水质、水温、水生生态、移民安置区生活饮用水及人群健康进行了监测,试运行期只对水生生态进行了监测,建议在后续监测中增加珍稀植物监测和库区坝下游生态用水监测内容。

10.2.3 经验总结

百色水利枢纽环境保护设计工作从 1990 年 3 月开始,至 2003 年 5 月,广西水电设计院完成了《右江百色水利枢纽技施设计阶段环境保护设计报告》,得到右江公司的批复,百色水利枢纽环境保护设计工作持续了 13 年的漫长历程。其间由于工程融资方案的变化,环境影响评价报告经过了复核重新报批,以及初步设计重编、技施设计等多个设计阶段的设计与反复,从这个方面来说,百色水利枢纽的环境保护设计工作的细致在国内都是少见的,从另一方面也说明业主对环境保护工作非常重视。

由于采取了有效的环境保护措施,自 2006 年底,百色水利枢纽主体工程全部建成并投入运行至今,工程的兴建对环境负面影响不大,总体效果良好。针对库区的 12 种国家级保护珍稀濒危植物,制定珍稀植物搬迁计划,进行了珍稀植物搬迁实验,通过移植和补种等措施,有效地保护了库区珍稀植物。针对鱼类特别是淹没阳圩大型鱼类产卵场的影响,建设了渔业增殖站,渔业增殖站的建设规模、增殖放流的鱼种和放流地点能够满足原水域鱼类增殖的要求,对于维持右江水生生态系统的平衡起到较好的作用。百色水利枢纽环境保护工作的成功经验,也为同类型工程,特别是区内同类型工程的环境保护工作提供了很好的经验借鉴。

（1）细致的环境保护设计工作过程使百色水利枢纽取得了真实有效的环境保护设计基础资料和丰富的环境保护设计成果。

为了做好环境保护设计，承担环境保护设计工作的广西水电设计院对库区污染源进行了全面的重新调查；对河流水质进行了重新监测；为研究水库水温结构，对同在百色地区的澄碧湖水库水温结构进行了补充监测，在当时是广西首例；对库区文物古迹进行了复核调查并提出保护措施；并会同广西水产研究所、广西科学院生物研究所、长江水资源科学研究所等单位，分别对渔业增殖站、陆生动植物、大王岭自然保护区的资源、工程施工区的环境保护设计等进行了复核，形成了环境保护设计的主要成果：水质的保护设计；渔业增殖站设计；陆生生物保护设计；大王岭自然保护区保护设计、移民安置区环境保护设计、施工区环境保护设计、水土保持方案设计、环境监测设计、环境保护投资概算等 9 个方面的内容。

（2）通过寻求合作单位，委托进行专题设计和研究等方式，使工程环境保护措施设计更具有目的性和可操作性。为更好地完成环境保护设计任务，广西水电设计院委托广西大学林学分院、广西水产研究所和广西疾病预防控制中心分别对库区珍稀植物进行详细调查及保护、对渔业增殖站实施规划、对施工期和运行期人群健康的保护和防疫进行专题设计和研究，从而为百色水利枢纽环境保护设计工作提供了更专业的技术保障。

（3）工业渔业增殖站项目是百色水利枢纽贯彻党和国家以经济建设为中心，实施资源、环境可持续发展战略的一项重要举措，项目建设对右江水生生物的保护和增殖作出了应有的贡献，是水利部门协同水产、环保部门进行水域生态重建的试验示范，并成为西部开发水域生态建设的一扇窗口。本项目是西部开发水域生态建设的一扇窗口，农业部及广西水产主管部门高度重视，在目前高坝水工建筑"救鱼"苦无良策的情况下，渔业增殖站的建设和运行示范意义十分重要。另外，补偿库区鱼类资源保证了库区周边移民"有鱼可捕"这一增产增收的生活渠道，将为右江河谷特色区域经济的发展做出重大贡献。

（4）通过建立国家重点保护野生珍稀植物园和营造国家重点保护野生植物林的措施，抢救即将被淹没的珍稀濒危植物，为开展有关植物的科学研究提供基地，同时还向市民开放，供市民观光游览，并寓教于乐，让市民在游览中接受植物学、生态学、生物多样性保护等自然科学普及教育。

（5）开展库区分层水温监测，既为验证本工程下泄低温水对下游河道水环境的影响以及分析论证低温水防治措施的有效性提供真实有效的监测数据，又为其他大型水库开展水温分层以及下泄水温预测或研究提供了珍贵而有价值的参考数据。自 2007 年水电站发电运行以来，项目业主委托珠江流域水环境监测中心开展库区分层水温监测工作，每年丰水期、枯水期及平水期各开展 1 次水温监测。监测时，在坝前、库中（阳圩）、库尾（剥隘）布设 3 条水温监测垂线。每条垂线每隔 2m 设 1 个监测点。百色水库是广西为数不多的开展水温监测的大型水库，工程的监测数据为国内尤其是南方地区其他大型水库开展水温分层以及下泄水温预测或研究提供了珍贵而有价值的参考数据。

（6）水库蓄水后，原来坝址以上河段的主要经济鱼类上溯迁徙到自然流态的驮娘江下游江段寻找产卵繁殖场所，近年在该河段形成了 3 个比较明显的鱼类产卵场，建议对其做好保护。同时，严格落实增殖放流措施，尽量提高右江特有的珍稀、土著鱼类放流数量。

第 11 章

工 程 优 化 及 创 新

百色水利枢纽位于郁江干流上游，控制流域面积仅为 22%，高坝、大库，坝址地形、地质条件极为复杂，位于Ⅶ度地震区，地处亚热带地区，主坝坝高及 RCC 量位列 21 世纪初同类工程之先，下游河床纵坡大水位偏浅，消能难度大，当地天然建材缺乏，当地灰岩料场有害杂质含量高。前期工作时间跨度大，筑坝技术及材料发展迅速，初期当地材料坝为主流坝型，后期发展为 RCC 坝。百色水利枢纽主坝高 130m，混凝土量 270 万 m³（其中 RCC 量 202 万 m³），属 21 世纪初世界超级碾压混凝土重力坝工程。因此，工程设计面临防洪功能规划、复杂地形地质条件、枢纽布置、主坝布置、基础处理、筑坝材料、高速水流、消能防冲、地下厂房布置、巨量 RCC 快速施工等一系列难题，为国内同类工程所罕见。为了解决好这些难题，勘测设计有针对性地开展了一系列关键技术问题的研究及勘测设计优化、创新工作，取得了诸多成果。

11.1 精准、细致、科学、先进的工程勘测

（1）采用多种勘测技术和分析法研究区域构造稳定性。利用区测成果，补充必要的中、小比例尺地质测绘，对区域地层、岩性、地质史和大地构造环境进行研究。根据深部地球物理场和地壳结构，研究区内地壳结构、莫霍面特征、主要断裂切割深度、各地球物理异常带的性质、大地构造单元间的接触关系及重力场均衡状况等。对区域及坝区断裂构造，特别是环绕坝区外围右江断裂和八桂断裂的展布、规模、性质及活动性进行研究。收集分析整理库坝区周围 300km 范围内的历史地震资料，研究本区地震活动的本底特征和时间、空间、强度规律；对地震危险性进行分析。计算不同超越概率条件下的地震烈度、基岩水平峰值加速度、相应的反应谱及合成地震动时程，作为建筑物抗震设计的依据。

（2）应用立体勘探网高精度确定地质介质边界。采用平面地质测绘、勘探孔、硐、井、槽、坑相结合的立体勘探网，查明主坝区辉绿岩岩脉、接触蚀变带、外侧沉积岩和 F_6 及 F_{28} 等断层的空间展布。多种勘探方法的有机结合，准确地确定各岩层、构造的位置，并为现场试验提供了适宜的场地，为工程布置提供了可靠的基础资料。从施工开挖揭露的地质条件看，主坝区实际岩层分界线、地质构造、岩体风化、地下水条件及围岩类别等与勘察成果基本一致，大部分地质界线误差在 1m 以内。

（3）建立主坝基岩体分类标准和各坝块力学参数。百色水利枢纽坝基辉绿岩体由于岩脉较单薄，经受多次地质构造作用，具有硬、碎、嵌合较紧密的特点，国内常规的以岩体

几何尺寸（裂隙间距、RQD 值）为主要指标的岩体质量分类方法不太适用本工程。通过多年的勘察实践，提出了以岩石强度、岩体纵波速度和岩体透水率为主，结合结构面性状、岩石质量指标（RQD 值）等指标的岩体质量分类方法，对坝基岩体进行工程地质分类，建立坝基岩体质量标准与力学参数和对应关系。在此基础上，提出每个坝块不同剖面的建基面力学参数地质建议值。实践证明百色工程的岩体质量分类体系是成功的。

（4）建立地下洞室围岩工程地质分类。采用国内外具有代表性的围岩分类方法进行详细围岩分类，其中主机洞和主变尾闸洞采用《水利水电工程地质勘察规范》（GB 50287—99）中的围岩工程地质分类、建设部地下洞室围岩质量分级、国外比较通用的巴顿 Q 系统分类和比尼奥斯基的地质力学分类法（RMR）等四种方法，沉积岩隧洞则按不同岩层、风化状态、地下水环境等因素采用水电围岩工程地质分类和巴顿 Q 系统分类两种方法。通过多种围岩分类结果对比，并与岩体工程地质分类相联系，对地下厂房围岩稳定性进行综合分析评价，得出各洞室、各不同部位的围岩类别、RQD 值、"Q"值等，并建立了同一工程区统一的岩体质量评价标准，以及电站区岩体工程地质分类与水电围岩工程地质分类、"Q"值的相关性。开挖后揭露证明，地下洞室围岩工程地质分类体系是切合实际的。

（5）地质平切图及蒙特卡洛法分析。应用平切图和高密度剖面图法，将各种勘探试验手段获得的数据展示在图上，综合分析辉绿岩和上下游蚀变带的空间分布、厚度、风化深度、构造发育情况、纵波速度、RQD 值、透水率等指标，为枢纽的布置以及大坝和消力池地基建基面的选择提供准确、直观的资料。采用蒙特卡洛法和 DDA 技术确定岩体主要结构面的连通率，为大坝稳定计算分析提供地质模型。在前期勘察阶段，为了查清坝基缓倾角结构面和特性及连通率，曾进行过深入的勘探、试验和统计，在坝基开挖过程中和开挖后，地质人员又进行详细的节理统计。

（6）复杂岩土质高边坡稳定性研究。复杂岩土质高边坡主要包括水电站引水隧洞进口左侧边坡及洞脸边坡、尾水明渠左侧边坡等，最大坡高达 90～100m，都存在着高边坡稳定问题。在勘察期间主要采用实例调查、赤平投影和工程类比等方法，并联合有经验科研单位合作采用三维有限元分析方法，进行边坡稳定分析研究。另外，施工期间对进水口左侧边坡内泥岩和泥化夹层取样进行黏土矿物及化学成分鉴定和膨胀性试验，又进行现场原位抗剪试验，还模拟水库运行条件和边坡滑动方向以及地质模型，分别采用圆弧滑动法和上部沿层面、下部剪断岩体的组合滑动法进行计算分析，对边坡稳定性进一步复核和评价。

（7）地下厂房洞室群围岩稳定性分析研究。由于受辉绿岩体宽度和地形条件的限制，各洞室在空间位置上布置紧凑、密集，存在顶拱薄、间距小以及厂房轴线与主构造线平行、与最大水平主应力垂直等不利条件，加上地下厂房规模较大，厂房轴线与主构造线方向近似平行，围岩岩体节理裂隙较发育，互相切割组合，在工程荷载条件下洞室拱顶和边墙均有可能发生块体失稳，从而对施工及运行构成威胁。需对厂房洞室围岩块体稳定进行专项研究，主要通过块体理论，采用下极点全空间赤平投影方法进行洞室围岩块体稳定性分析，预测洞室不稳定块体的位置、大小，论证围岩块体失稳形式、失稳部位以及锚固支护措施的合理性和支护效果。为进一步评价地下厂房洞室围岩稳定性，论证洞室群布置的可行性、合理性，配合设计联合多家科研单位合作进行厂区渗流场三维渗流数字模型有限元法的分析研究和场地三维非线性损伤有限元计算，为洞室布置优化以及开挖支护设计、厂区防渗排水处理提供理论依据。

（8）辉绿岩人工骨料的勘察试验研究。辉绿岩具有既硬又脆的特点，加工十分困难，利用辉绿岩作为水利工程混凝土的人工骨料在国内外尚无先例。通过大量的调查研究及详细勘测工作，采用不同的机械和不同的工艺进行加工试验，进行辉绿岩骨料混凝土的各种性能试验，同时也进行了现场碾压试验，掌握了辉绿岩骨料的加工特点、级配特点和颗粒特点，推荐选择全辉绿岩骨料方案并且成功实现。

（9）采用 SM 植物胶、SD 金刚石钻具钻探技术查明破碎岩层状态。$\beta_{\mu 4}^{-1}$ 辉绿岩脉上下两侧均为硅质岩，硅质岩具有硬、脆、碎的特点，常规钻探方法取心率极低，绝大部分岩心被磨成砂状，且塌孔严重，难以准确判断深部地质条件。采用 SM 植物胶、SD 金刚石钻具成功地解决了这一难题，极大地提高了岩心的获得率（达到 90% 以上），尽可能保证了岩芯的原始状态，可以清晰地观察到深部岩体的岩性、风化状态、结构特征等，效果十分显著。为更进一步提高硅质岩取芯率，还规定采用金刚石钻具钻进时终孔孔径不得小于 75mm，回次进尺不得超过 1.0m，而且钻进时要保证内管不转。

（10）采用钻孔彩色电视观察录像新技术详细观察岩体结构特性。为了查清坝基包括地下厂房部位岩体结构面、岩体风化状态、蚀变带性状、地下水在不同深度的发育规律，对部分钻孔进行了彩色电视观察录像新技术，在钻孔内量测结构面产状，为工程地质评价提供了准确的基础资料。钻孔彩色电视观察录像将带罗盘的光学摄像镜头放入钻孔内，通过导线将其录像输入电脑屏幕，并将图像放大数倍观察，通过罗盘确定结构面的倾向，通过结构面在孔壁上的迹线可计算结构面的倾角。通过彩色电视观察录像，可以清晰地观察到孔壁岩体结构类型、岩体完整程度、结构面发育情况、地质构造特征（包括蚀变带位置、宽度、性状）以及地下水活动情况等，可以帮助准确判断地基深部工程地质、水文地质条件。

（11）采用 CKX-97 型空心包体式三向应变计进行地应力测试。由于地下洞室围岩稳定性与岩体应力状态关系非常密切，因此研究工程区的应力场趋势是研究地下洞室布置和围岩稳定的先决条件。而百色水利枢纽辉绿岩节理裂隙发育，岩体完整性较差，采用常规的钻孔岩芯应力解除法很难取得准确的资料。为了更准确地查明地下厂房辉绿岩体的初始地应力，进一步研究论证地下厂房的围岩稳定，引进了先进的 CKX-97 型空心包体式三向应变计等设备，采用套心应力解除法对厂区岩体初始地应力进行测试。共取得 6 个测点的试验资料，包括三维应力的大小、方位、伏角、分量以及弹性模量、泊松比等数据，取得很好的效果，为设计提供合理的地应力测试成果。

（12）采用物探弹性波测试技术评价岩体的完整性。采用物探弹性波测试技术确定岩体完整性及动弹参数。在平硐和钻孔内进行岩体声波纵波速度、横波速度、地震波速度测试，得出岩体的泊松比、动弹模量、剪切模量、体积模量和岩体的完整性系数，建立岩体声波纵波速度与风化分带、声波与地震波速度、静弹性模量和动弹性模量的关系。并结合岩体（石）试验资料，建立了坝基岩体工程地质分类与力学参数的对应关系，提出了不同坝高的坝基岩体纵波速度控制标准。坝基开挖后，为了准确评价坝基岩体质量和开挖后对坝基岩体的损伤程度，采用了三种检测方法（地震波法、声波测井法、声波跨孔测试法）

对坝基岩体质量进行检测，通过系统的建基岩体弹性波测试，快速、定量评价坝基岩体质量，为坝基验收及工程处理提供准确的科学依据。采用弹性波测试技术为围岩分类、支护设计、洞室开挖后松动圈的确定、地基和岩壁灌浆质量等提供基础数据。与传统的单一物探方法相比，多种测试手段联合应用具有互为验证、探测成果准确可靠的优点，提高了地质勘察精度。

11.2　控制面积占流域面积比例最小、作用巨大的流域控制性水库确立

郁江流域总面积 9.08 万 km²，其中，南宁市以上 7.37 万 km²，右江流域 4.12 万 km²，百色坝址以上集雨面积 1.96 万 km²，占南宁市以上的 26.5%，占郁江流域的 22%。百色水利枢纽只控制不到 1/4 的郁江流域面积，能否发挥郁江流域防洪的关键作用？

工程规划分别从流域的气候特点、气象规律、地形地貌、河流特性、暴雨过程、洪水时空分布等方面广泛收集资料，认真调查研究，细致勘察考证，深入分析了 1937 年以来 60 多年的水文系列资料，找出了郁江流域的水文特别是洪水的重要特点和规律：

（1）郁江的暴雨中心在上游，且郁江中下游河道槽蓄能力较大，致使南宁洪峰流量向下游递减，说明控制了南宁洪峰，也就控制了郁江下游洪峰。

（2）南宁洪水由左江、右江同时涨水组成，单独左江或右江涨洪，不会构成南宁的大洪水。

（3）由于百色以下河道的调蓄作用，百色坝址洪水流量基本上可以代表右江下游流量。

掌握了这些特点和规律，需要采取的防洪措施就是：在左江、右江上建防洪水库，拦蓄洪水，都能对南宁及郁江下游起到削减洪峰的防洪作用。左江上游涉及邻国，中下游区域又是岩溶发育区，不宜建高坝大库拦蓄洪水，所以只能主要依靠在右江上修建大型水库，并结合防洪堤，堤库结合保护南宁及郁江下游免受洪水灾害。右江上修建百色水库的方案无可替代，对郁江流域的防洪的确能起到关键作用，而且工程的控制集雨面积占防洪流域面积的比例最小、发挥作用巨大。

国内几个流域的防洪控制性水库坝址控制集雨面积占全流域面积比例统计见表11.2.1，百色水利枢纽坝址控制集雨面积占全流域面积比例最小。

表 11.2.1　国内几个流域的防洪控制性水库坝址控制集雨面积占全流域面积比例

防洪控制性工程	防洪流域	坝址控制集雨面积 /万 km²	全流域面积 /万 km²	坝址控制面积占 全流域百分比/%
百色水利枢纽	广西郁江	1.96	9.08	22
龙滩水电站	广西红水河	9.85	13.83	71
三峡水利枢纽	长江	100.00	180.00	56
小浪底水利枢纽	黄河	69.42	75.20	92
尼尔基水利枢纽	黑龙江嫩江	6.64	28.30	23

续表

防洪控制性工程	防洪流域	坝址控制集雨面积 /万 km²	全流域面积 /万 km²	坝址控制面积占 全流域百分比/%
江垭水利枢纽	湖南澧水一级支流楼水	0.37	0.51	73
飞来峡水利枢纽	广东北江	3.41	4.78	73

11.3　因地制宜、经济合理、精致巧妙的分散式枢纽布置

细致的勘查工作获得了工程区详细地质分布及岩土力学参数，在此基础上进行了主坝、地下厂房多方案布置研究，采用多种力学模型数值分析方法进行主坝及地下厂房的应力应变计算分析研究，针对地形复杂、地质情况很差条件下的主坝及大泄量、高功率泄水建筑物做了大量的水力学模型试验、地质力学模型试验研究，大胆探索，科学规划，精心设计，积极创新，通过技术经济比较，最终确定充分利用百色平圩坝址完整性较好、承载力强、透水性小的 120m 厚有限辉绿岩条带，布置 130m 高拦河主坝及大型地下水电站，通航建筑物从主坝分离出去，布置在远处的那禄线，枢纽布置形成分散式格局，整个布局因地制宜、经济合理、精致巧妙。

（1）根据坝址辉绿岩条带的地面展露范围及形状，主坝坝轴线按 3 段折线布置：左河床与左岸坝段轴线大致与河流正交，右河床坝段轴线向上游折转 28.8°，右岸坡坝段轴线再向上游折转 11.2°，主坝完全布置于坝址出露的厚度极为有限的第一条辉绿岩"岩墙"上，因地制宜，充分利用辉绿岩作为坝基持力层，发挥其完整性好、岩性强度高、透水性小的优势，坝线可调整的幅度已控制到极小。主坝完工后运行十多年来，安全监测结果表明坝体、坝基应力、变形及渗流量均在设计允许值范围内，工程运行稳定、安全。

（2）地下厂房主机洞、主变尾闸洞、尾水洞等主要洞室布置在成洞条件相对较好的左坝头辉绿岩条带（与主坝为同一条带）中。

可行性研究阶段选定平圩下坝址及推荐混凝土重力坝基本坝型后，综合分析认为坝后式厂房枢纽布置方案虽有建筑物布置较紧凑、永久建筑物投资略省的优点，但因受地形地质条件的制约，在布置上较局限。大坝与电站厂房在一起，增加坝体施工的复杂性，不利于坝体 RCC 的施工，对加快工程施工进度不利，需要研究将发电系统从主坝分离出去的可能性和合理性，因此拟定了坝区枢纽坝后式厂房、左坝头地下式厂房、左岸坝上引水岸边式厂房、观音山长隧洞引水岸边式厂房布置 4 个方案。通过技术经济比较，推荐左坝头下厂式房布置方案，厂、坝分离，地下厂房洞室群以浅埋、大跨度、小间距形态布局，水电站尾水"四洞合一"布置。左坝头地下式厂房布置方案工程总投资比坝后式厂房方案节省 1.25 亿元，比左岸坝上引水岸边式厂房布置方案节省 3.01 亿元，比观音山长隧洞引水岸边式厂房方案节省 1.78 亿元，最为经济，而且获得提前一年发电效益 4.99 亿元。工程完工投入运行以来，安全监测结果表明，地下厂房洞室群应力、变形及渗流量均在设计允许值范围内，工程运行稳定、安全。

（3）分散式枢纽布置避免水电站、通航建筑物施工对 RCC 主坝快速施工的干扰，可

分别招标、施工方便、工期短，水电站施工基本不受河流洪水影响，从而可提前发挥工程效益，也有利于通航建筑物避免运行干扰、分期施工建设，较为合理。

2011 年 11 月，中国水电工程顾问集团公司提交给国家发展改革委的《广西百色水利枢纽工程后评价报告》，对百色水利枢纽布置的评价意见是：枢纽布置充分利用工程区分布的辉绿岩带布置主坝和地下厂房洞室群，枢纽总体布置因地制宜，符合坝址地形地质条件，满足各建筑物运行要求。实践证明枢纽布置方案达到了预期效果，避免了各主要建筑物之间的施工干扰，满足大坝 RCC 施工强度大、速度快的要求；地下厂房主洞室施工基本不受施工期洪水影响，有利于施工布置和管理，加快施工进度，也有利于通航建筑物分期建设，减少二期建设对主坝区的影响。

11.4　碾压混凝土快速筑坝技术应用突破

百色水利枢纽主坝开工前，我国完成的碾压混凝土重力坝最高的为湖南江垭大坝（131m），坝体碾压混凝土方量为 110 万 m^3，百色 RCC 主坝高 130m（其中 4B 号、5 号坝块计及坝踵裂隙密集带深挖区坝高 132m），混凝土量 270 万 m^3（其中 RCC 量 202 万 m^3）。百色大坝混凝土浇筑及完工时间均在龙滩大坝之前几年。2002 年，我国已建、在建、设计中的碾压混凝土坝统计见表 11.4.1～表 11.4.3。由表可知，在建的百色主坝当时在全国乃至世界坝高位列前茅，是 RCC 规模最大的超级 RCC 重力坝工程。

表 11.4.1　　　　　　　　　　　我国已完成的碾压混凝土坝

序号	坝名	地点	河流	坝高/m	坝长/m	坝型	底宽/m	顶宽/m	坝体积/万 m^3 碾压	坝体积/万 m^3 总量	总库容/亿 m^3	目的	装机/MW	完成年份
1	坑口	福建大田	屏山溪	56.8	122.5	重力	42.0	5.0	4.3	6.2	0.270	H.S	1.5	1986
2	龙门滩	福建德化	大樟溪	57.5	150.0	重力	48.0	6.0	7.1	9.3	0.528	H.I.S	18.0	1989
3	天生桥二级	贵州安龙	南盘江	61.0	470.0	重力	43.0	4.0	14.3	28.4	0.260	H	1320.0	1989
4	马回	四川蓬安	嘉陵江	27.0	141.0	重力	26.0	13.5	26.0	41.0	0.800	H	46.3	1989
5	潘家口	河北迁西	滦河	25.0	277.0	重力	15.0	6.0	—	2.3	0.100	S.H.C	10.0	1989
6	铜街子	四川乐山	大渡河	88.0	1029.0	重力	82.0	4.0	40.7	85.5	2.000	H.C	600.0	1990
7	荣地	广西融水	都浪河	53.0	136.0	重力	44.0	5.0	6.3	10.8	0.194	I	3.0	1991
8	广蓄下库	广东从化	流溪河	43.5	153.1	重力	32.0	7.0	3.2	5.6	0.170	H	1200.0	1992
9	万安	江西万安	赣江	68.0	1104.0	重力	41.0	22.0	15.6	148.0	22.100	H.N	500.0	1992
10	岩滩	广西巴马	红水河	111.0	525.0	重力	73.0	20.0	62.2	90.5	24.300	H.N	1210.0	1992
11	锦江	广东仁化	锦江	60.0	229.0	重力	38.4	7.0	18.2	26.7	1.890	H.C	25.0	1993
12	水口	福建闽侯	闽江	101.0	791.0	重力	68.0	20.0	37.5	171.0	23.400	H.N	1400.0	1993
13	大广坝	海南昌江	昌化江	57.0	719.0	重力	42.3	8.5	48.5	82.7	17.100	H.C	240.0	1993
14	普定	贵州普定	三岔河	75.0	196.0	拱	28.2	6.3	10.3	13.7	9.200	H.I	75.0	1993
15	温泉堡	河北抚宁	汤河	49.0	188.0	拱	13.8	5.0	5.5	6.25	0.070	S	0.0	1994

续表

序号	坝名	地点	河流	坝高/m	坝长/m	坝型	底宽/m	顶宽/m	坝体积/万 m³		总库容/亿 m³	目的	装机/MW	完成年份
									碾压	总量				
16	水东	福建尤溪	尤溪	68.0	239.0	重力	43.0	8.0	6.5	11.5	1.050	H.N	76.0	1994
17	山仔	福建连江	鳌江	65.0	273.0	重力	63.0	6.0	19.4	23.5	1.810	H.S.I	45.0	1994
18	观音阁	辽宁本溪	太子河	82.0	1040.0	重力	66.0	10.3	96.3	181.5	21.700	C.H.L.F	19.5	1995
19	溪柄溪一级	福建龙岩	溪柄溪	63.0	93.0	拱	12.0	7.4	2.5	3.3	0.090	S.H	2.0	1996
20	百龙滩	广西马山	红水河	28.0	247.0	重力	36.0	84.0	6.2	8.0	0.690	H.N	192.0	1996
21	石漫滩	河南午阳	滚河	40.0	645.0	重力	37.0	7.0	28.0	35.0	1.200	S.I	0.0	1997
22	满台城	吉林汪清	嘎呀河	37.0	337.0	重力	27.5	6.0	7.8	13.6	1.000	H.I	2.4	1997
23	双溪	广东大埔	梅谭河	52.0	221.0	重力	40.0	5.0	12.8	17.2	0.910	H	36.0	1997
24	桃林口	河北青龙	青龙河	82.0	524.0	重力	62.0	10.5	74.1	151.4	8.540	S.H.F	96.0	1998
25	石板水	重庆丰都	龙河	83.0	445.0	重力	62.5	12.0	23.7	56.4	1.050	H.F.R	115.0	1998
26	碗窑	浙江江山	达河溪	83.0	390.0	重力	61.6	8.5	29.4	44.2	2.230	L.C.H	12.6	1998
27	汾河二库	山西太原	汾河	88.0	227.7	重力	72.0	7.5	36.2	44.8	1.300	S.C.H	96.0	1999
28	江垭	湖南慈利	娄水	131.0	336.0	重力	105.0	12.0	99.0	135.0	17.500	C.H.I	300.0	1999
29	长顺	湖北利川	郁江	63.0	250.0	重力	45.0	7.0	17.0	20.0	0.800	S.H	36.0	1999
30	高坝洲	湖北枝城	清江	57.0	188.0	重力	42.0	7.0	70.2	79.8	4.300	H.N	252.0	1999
31	花滩	四川荣经	荥河	85.3	173.2	重力	70.0	8.0	24.0	29.0	0.082	H	24.0	1999
32	松月	吉林和龙	海澜河	31.1	271.0	重力	22.7	5.0	4.44	7.75	0.213	S.H	0.375	1999
33	红坡	云南昆明	沙郎河	55.2	244.0	拱	26.0	4.5	7.0	8.0	0.030	S	0.0	1999
34	涌溪三级	福建德化	南溪	86.5	198.0	重力	59.6	8.0	19.6	25.5	0.690	C.S.H	40.0	1999
35	龙首	甘肃张掖	黑河	82.0	156.0	拱	14.0	5.0	19.5	21.0	0.366	H.C.I	52.0	2001
36	白石	辽宁仪县	大凌河	50.3	513.0	重力	57.0	11.3	11.0	50.3	16.450	C.S.I.H	9.6	2000
37	大朝山	云南云县	澜沧江	111.0	480.0	重力	83.0	16.0	89.0	150.0	8.900	H.C.S	350.0	2001
38	石门子	新疆马纳斯	马西河	109.0	187.0	拱	30.0	6.0	16.0	20.0	0.800	I.S.H	6.0	2001
39	棉花滩	福建永安	丁江	111.0	302.0	重力	90.0	7.0	47.0	55.3	2.040	H.C.N	600.0	2001
40	山口三级	广东始兴	澄江	57.4	179.0	重力	50.0	6.0	9.8	11.9	0.456	H	12.4	2001
41	玉石	辽宁盖州	地流河	50.0	265.0	重力	42.0	6.0	11.0	23.0	0.880	I.C.S.F	—	2001

注 C—防洪，I—灌溉，S—供水，H—发电，N—航运，F—养殖，R—旅游。

表 11.4.2 我国在建的碾压混凝土坝

序号	坝名	地点	河流	坝高/m	坝长/m	坝型	底宽/m	顶宽/m	坝体积/万 m³		总库容/亿 m³	目的	装机/MW	计划完成年份
									碾压	总量				
1	龙滩（一期）	广西天峨	红水河	192.0	741.0	重力	168.6	37.0	339.00	532.00	162.1	C.H.N	4200.0	2010
2	百色	广西百色	右江	130.0	734.0	重力	113.0	12.0	214.50	269.30	56.6	C.H.N	540.0	2006

续表

序号	坝名	地点	河流	坝高/m	坝长/m	坝型	底宽/m	顶宽/m	坝体积/万 m³ 碾压	坝体积/万 m³ 总量	总库容/亿 m³	目的	装机/MW	计划完成年份
3	沙牌	四川汶川	草坡河	129.0	238.0	拱	28.0	9.5	34.86	37.26	0.18	H	36.0	2002
4	索风营	贵州修文	乌江	122.0	220.0	重力	84.0	12.0	64.50	78.55	1.86	H	540.0	2006
5	蔺河口	陕西安康	岚河	100.0	311	拱	28.0	6.0	22.90	29.30	1.47	H.I	72.0	2003
6	皂市	湖南石门	渫水	82.0	341.0	重力	64.0	12.0	45.00	93.00	14.4	H.C.I	150.0	2006
7	杨溪水一级	广东乳源	杨溪水	82.0	244.0	重力	38.6	5.0	10.00	13.94	0.02	H.I	25.0	2004
8	通口	四川北川	通口河	75.7	232.0	重力	38.6	54.3	6.00	30.00	33.0	H	46.0	2004
9	周宁	福建周宁	穆扬溪	73.0	201.0	重力	56.0	6.5	15.90	19.90	0.47	H	25.0	2005
10	碗米坡	湖南保清	西水	64.5	237.0	重力	50.5	12.50	15.05	36.05	3.78	H.I	240.0	2004
11	平班	广西隆林	南盘江	62.2	395.5	重力	46.5	37.9	15.00	70.00	2.78	H	40.5	2005
12	回龙抽水蓄能电站上库	河南南阳	石撞沟	54.0	208.0	重力	40.0	5.0	7.28	7.88	0.0118	H	120.0	2003
13	下库	河南南阳	九江河	53.3	175.0	重力	39.1	5.0	3.32	9.98	0.0168	H	120.0	2004
14	鱼剑口	重庆丰都	龙河	50.0	156.0	重力	33.5	6.0	12.00	14.65	0.061	H	60.0	2004
15	河龙	吉林延吉	海澜河	30.0	244.0	重力	23.3	6.0	4.28	8.89	0.3	S.R.H	4.5	2003

表 11.4.3　　　　　我国正在设计中的碾压混凝土坝

序号	坝名	地点	河流	坝高/m	坝长/m	坝型	底宽/m	顶宽/m	坝体积/万 m³ 碾压	坝体积/万 m³ 总量	总库容/亿 m³	目的	装机容量/MW
1	九甸峡	甘肃卓尼	洮河	180.0	298.0	重力	127.0	15.0	93.00	143.00	9.910	I.H.C.F	272.0
2	洪口	福建宁德	霍童溪	130.0	348.0	重力	103.0	6.0	68.00	74.60	4.500	H	200.0
3	石门	新疆糊图毕	呼图毕河	129.0	168.3	拱	25.0	7.0	255.00	322.00	9.700	I.C.S	0.0
4	思林	贵州思南	乌江	117.0	316.0	重力	82.0	20.0	82.00	114.00	16.540	H.N.C.I	1000.0
5	景洪	云南进京红	澜沧江	110.0	433.0	重力	65.0	14.0	84.80	29.20	11.400	H.N.C.R	500.0
6	临江	吉林白山	鸭绿江	104.0	531.5	重力	72.0	12.0	85.00	142.60	18.350	H.C.I.F	400.0
7	白莲崖	安徽霍山	漫水河	102.0	348.0	拱	40.0	8.0	48.50	56.00	4.340	C.H.I	50.0
8	沙沱	贵州沿河	乌江	90.0	700.0	重力	65.0	8.0	150.00	290.00	6.310	H	1000.0
9	霍口	福建罗源	鳌江	88.0	420.0	重力	65.0	12.0	30.00	66.30	4.330	H.S	100.0
10	雷打滩	云南弥勒	南盘江	84.0	215.0	拱	59.0	8.0	20.40	34.00	0.939	H	120.0
11	蟒河口	河南济源	北蟒河	75.1	215.0	重力	60.0	7.0	16.00	24.90	1.075	H	0.0
12	舟坝	四川沐川	马边河	74.0	172.0	重力	55.8	11.0	22.86	40.53	2.020	H	90.0
13	呼和浩特拦水坝	呼和浩特	哈拉沁沟	69.5	242.0	重力	58.0	4.5	18.50	33.00	0.080	H	1200.0*

续表

序号	坝名	地点	河流	坝高/m	坝长/m	坝型	底宽/m	顶宽/m	坝体积/万 m³		总库容/亿 m³	目的	装机容量/MW
									碾压	总量			
14	呼和浩特拦沙坝	呼和浩特	哈拉沁沟	65.0	308.0	重力	45.0	4.5	20.50	30.50	0.070	H	1200.0*
15	小溪河*	广东丰顺	小溪河	62.0	102.5	重力	53.8	5.0	4.71	6.56	0.050	H.I	25.5**
16	禹门河	河南洛宁	洛河	61.0	241.0	重力	49.3	5.0	10.30	13.30	0.458	H	12.0
17	石湖	河北涿鹿	漂沱河	56.0	193.6	重力	60.0	10.0	16.20	35.40	0.578	C.1.S	0.0
18	八乡三级	广东丰顺	八乡河	44.3	207.4	重力	133.5	7.0	6.30	8.34	0.080	H	25.5**

注　＊同一抽水蓄能电站；＊＊与八乡三级坝共同发电。

1995—2001 年，百色水利枢纽正处于工程初步设计阶段，当时我国碾压混凝土筑坝技术还处在试验性应用阶段，混凝土坝同行还在争论是否能大规模采用碾压混凝土、坝体断面是否必须外包常态混凝土形成所谓"金包银"结构、碾压混凝土是否必须低温浇筑？通过广泛调查研究、试验研究、科学论证，确定主坝采用现代碾压混凝土快速筑坝技术、全断面 RCC 坝设计方案。使用中热硅酸盐水泥、高掺量粉煤灰，全面采用近坝区辉绿岩人工骨料。坝面防渗区采用二级配 RCC，主坝区采用准三级配 RCC；上游坝面加设"短横缝"、混凝土适度预冷、埋置 HDPE 塑料水管通水辅助降温措施简化了 RCC 温控，有效降低了混凝土的水化热温升及坝体温度应力；高温季节 RCC 连续施工，使得筑坝混凝土材料更加经济，RCC 施工更加方便、快速（规划 RCC 平均高峰月浇筑强度 12.29 万 m³，实际达到 14.80 万 m³）。270 万 m³ 主坝混凝土浇筑仅用了不到 35 个月的时间。现代碾压混凝土快速筑坝技术在本工程取得了应用突破。

与传统常态混凝土筑坝材料相比，百色主坝 180d 龄期 150 号主体 RCC 胶凝材料中粉煤灰掺量高达 63%，百色水利枢纽工程 RCC 主坝总共使用约 18 万 m³ 粉煤灰替代水泥，大幅度节约水泥建材的使用，折合节约 4407 万元，累计创造效益 4857 万元。

11.5　筑坝混凝土创新大规模使用辉绿岩人工骨料

百色水利枢纽 RCC 主坝混凝土总量 270 万 m³。坝区附近混凝土天然骨料缺乏，仅辉绿岩和灰岩可作人工骨料的料源。但灰岩料场剥采比大，无用层难以剔除，开采困难，且有害成分含量高，存在碱骨料反应危害，不适合使用。辉绿岩条带在两坝头出露、储量丰富、开采方便，但国内尚无使用辉绿岩作为人工骨料的经验。针对辉绿岩存在硬度高难以破碎、骨料石粉偏高、混凝土弹模偏高、初凝时间短等难题，开展了"辉绿岩人工骨料在百色 RCC 坝的应用研究"专题工作，深入地勘察、规划、试验研究和比较选择，创先确定采用全辉绿岩人工骨料方案，主体 RCC 级配采用准三级配（最大粒径 60mm）。专题研究成果包括以下几个方面：

（1）通过反复的轧制试验研究，总结并提出用 JM1211HD 型颚式破碎机初碎、用 S4000C 型旋回破碎机二级破碎、用 H4000MC 型圆锥机三级破碎、用 B9000 型巴马克破碎机制砂等辉绿岩人工骨料生产的工艺流程，把坚硬的辉绿岩破碎成合格的混凝土骨料。

（2）通过干法生产及对成品料采取遮挡措施的工艺流程，解决辉绿岩石粉遇水板结的技术难题。

（3）通过试验研究，得出用准三级配（最大粒径由标准三级配的 80mm 改为 60mm）代替标准三级配，配制 RCC 坝大量使用的混凝土，有效解决用辉绿岩标准三级配浇筑的 RCC 弹性模量偏高、极限拉伸值偏低而影响大坝抗裂性能的技术难题。

（4）通过对辉绿岩进行微观化学分析研究，查明了辉绿岩 RCC 初凝时间过短无法满足施工要求的原因（辉绿岩石粉的溶出性 SO_4^{2-} 和 Na^+ 离子），采用高效缓凝减水剂 ZB-1_{RCC15}（样品 3），使初凝时间和终凝时间都满足设计和施工的要求。

（5）辉绿岩骨料生产过程产生的石粉高达 20%～24%，远高于《水工碾压混凝土施工规范》（DL/T 5112—2000）对 RCC 细骨料石粉含量 10%～22% 的控制指标。经过对 RCC 石粉含量的试验研究，发现石粉含量在 18% 以下对 RCC 性能没有不利影响，超过 18% 的石粉（2%～6%），一半可以替代粉煤灰，另一半可以替代细砂。该成果不仅解决了超量石粉的筛除难题，而且减少了粉煤灰的用量，节约投资。

该成果为辉绿岩人工骨料在百色水利枢纽 RCC 坝的成功应用奠定了坚实的技术基础，使得辉绿岩人工砂石骨料可以大规模用作筑坝混凝土骨料，同时，创造性地采用准三级配 RCC，有效地解决了辉绿岩骨料混凝土弹性模量高、极限拉伸值低的技术难题。本工程首次查明了辉绿岩 RCC 初凝时间过短的原因，提出了有效的解决措施，确保大坝 RCC 施工层面结合质量；创新利用高石粉辉绿岩砂的微细成分取代粉煤灰，降低了混凝土胶凝材料总量，明显改善 RCC 和易性；总结提出了坚硬的辉绿岩骨料破碎加工及防止石粉板结的工艺流程。

从 RCC 现场碾压感观、RCC 钻孔取芯分析、RCC 力学性能指标实测结果来看，完全满足工程要求，经过多年蓄水运行考验，大坝运行正常。该技术创新开创了辉绿岩人工骨料应用的先河，拓宽了混凝土骨料的料源，取得了珍贵的工程实践经验，实现了现代碾压混凝土快速筑坝技术的突破，为国际首例。当地辉绿岩人工砂石料应用于百色大坝碾压混凝土，比应用当地灰岩砂石料节约投资 1778 万元，减少料场征地 720 亩。

11.6　宽尾墩新型联合消能工应用突破

百色消力池消能功率大、流态复杂、地质条件差，由于坝址辉绿岩条带宽度极为有限，辉绿岩往下游依次硅质岩 D_3l^4、硅质泥岩 D_3l^3、泥质灰岩 D_3l^6、泥岩 D_3l^7，岩层分布软硬相间，岩体风化不一。主坝布置在辉绿岩条带上，消力池大部分坐落在辉绿岩条带下游承载能力低、软硬相间砂泥岩互层的岩基上，弱风化硅质岩、泥岩变形模量为 2.0～0.6GPa，抗压强度 10～15MPa，强风化硅质岩、泥岩变形模量仅为 0.03～0.05GPa，允许承载力 0.7～1.1MPa，岩性软弱，透水性强。

"表孔宽尾墩＋中孔跌流＋底流式消力池"新型联合消能工是我国发明的一种高效、经济的高坝泄流消能方式。计算成果表明，表孔宽尾墩与平尾墩相比，其下的底流式消力池长度能缩短近 30%，所以本工程采用了表孔宽尾墩型式。但是这种新型联合消能工应用经验不多，尚无成熟的理论计算其消力池的动水压力。当时国内已建的采用表孔宽尾墩消能工的同规模工程有陕西安康水电站、广西岩滩水电站及湖南五强溪水电站等工程。陕西安康水电站混凝土重力坝高 118m，设计洪水位时入池单宽流量 147.5m²/s，上下游水位差 58.5m，消力池内水深 45.6m，消力池长度 100m。广西岩滩水电站混凝土重力坝坝高 106m，设计洪水位时入池单宽流量 203～266m²/s，上下游水位差 37.34m，消力池内水深 42.53m，消力池长度 80m。百色水利枢纽大坝溢流坝上设 4 个表孔 14m×18m（宽×高）和 3 个中孔 4m×6m（宽×高），消力池常遇下泄流量为 3000 m³/s（50 年一遇控泄），设计下泄流量 9021m³/s，入池单宽流量 110m²/s，上下游落差 94m，消力池水深 30m，消力池长度 124.6m。与安康水电站及岩滩水电站大坝相比，百色水利枢纽大坝消能设施具有相似性，但又有水头比前者大 60%～150%、水深小 52%～42%，地基条件又远差于前两者等的特殊性。

在收集国内外同类工程设计及运行资料，了解这种消能工的特点和运行表现、经验教训基础上，进行了消能工多方案研究。通过水力学计算拟定初步方案，通过水工整体、断面模型试验确定消能工体型及设计方案，通过专门的水工模型试验研究消力池内动水荷载的分布情况，分析底板失稳过程和机理；在分析水工模型试验结果基础上，进行了三维整体有限元分析，结合材料力学方法进行消力池稳定、应力和基础变形等计算，研究消力池基础的变位和应力分布情况。根据试验、计算研究成果，吸收安康水电站大坝、五强溪水电站大坝等同类工程经验，按照岩基软硬分布特点进行消力池结构布置及设计，反复优化结构尺寸，合理地分区、分缝、分块、设置分缝键槽，在消力池周边设置灌防渗帷幕、排水孔幕，底板中部纵横方向设十字排水廊道，采取抽排措施降低池底扬压力。在底板的设计中考虑了止水失效的设计工况，研究止水破坏情况下的底板稳定安全，提出：在该工况下底板靠自重满足抗浮稳定要求，考虑锚筋作用满足安全储备要求的设计理念，采取加厚底板、加强分缝止水的可靠性、加强锚固、帷幕防渗、固结灌浆等综合措施，规定合理的消力池运行程序，成功解决了复杂地基"表孔宽尾墩＋中孔跌流＋底流式消力池"新型联合消能工设计难题，实现这种新型联合消能工在复杂地质条件 130m 级高坝上的应用。

11.7　复杂地基条件下百色 RCC 高重力坝安全研究

国内外水利水电工程百米以上混凝土高重力坝，一般都建在完整性较好、强度较为均一的半无限地基上。一般不利地基条件是基础存在中缓倾角结构面、或存在不利断层、或下游临空面、或兼而有之等情况，常规采用材料力学法和有限元法研究坝基面稳定与变形安全，现行设计规范中一般能给出安全评判标准。百色水利枢纽 130m 高 RCC 重力坝，坐落在华力西期辉绿岩（$\beta_{\mu 4}^{-1}$）条带（厚度约 120m，在河床处水平展露宽度 140m 左右，与河流呈 60°交角，倾向下游右岸，倾角 50°～55°）上，辉绿岩的上下游皆为承载能力低、软硬相间的砂岩泥岩互层，地质分布构造条件复杂，坝基辉绿岩（$\beta_{\mu 4}^{-1}$）持力层岩体的裂隙分布普遍存在且位置不确定，高坝、大库及工程处在 7 度地震区，依靠现有设计规范及传统理论、方法和标准，已不足以对坝基安全性作出确定性评价，为此，在收集资料、分析研究传统评价方法不足的基础上，确定采用多方法数值分析＋地质力学模型试验的综合评价技术路线，组织力量开展了一系列计算、试验及分析研究，多理论、多方法、多方面综合评价大坝稳定安全。这些工作有：

（1）坝基渗流场分析研究：主要是三维渗流场电阻模拟试验、三维有限元分析，研究坝基渗流场分布情况，探明降低坝基扬压力的有效措施。

（2）坝体及坝基面稳定安全评价：坝体及坝基面稳定主要采用重力坝设计规范提供的材料力学法计算分析研究。

（3）坝基深层稳定安全研究：主要是通过地质力学模型试验、非线性有限元、刚体弹簧元、蒙特卡罗法计算分析等，研究坝基随机分布的节理裂隙的影响、坝基破坏模式、坝踵和坝趾附近的两条蚀变带对大坝稳定安全的影响、F_6 断层对坝基稳定性的影响及处理措施。

（4）坝体应力及位移计算：采用材料力学法、有限单元法。

（5）主坝抗震设计研究：坝区地震基本烈度为 7 度，大坝为 1 级建筑物，工程抗震设防类别为甲等，按 8 度地震设防。对于坝体及建基面，采用拟静力法进行地震应力、稳定计算。同时采用三维非线性有限元和抗震动力分析研究坝基抗震稳定。根据《水工建筑物抗震设计规范》（SL 203—97）要求，大坝需采用动力法计算动力效应。为验证计算程序及计算方法的可靠性，对 6A 号挡水坝块进行了大型振动台模型试验。

百色水利枢纽 RCC 高重力坝安全评价工作，立足于百色大坝复杂的地形地质条件，综合应用材料力学、弹性力学、弹塑性力学、达西渗透理论和渗透压力泛函理论，确定性模型、蒙特卡洛随机模型、连续介质元模型、连续和不连续刚体弹簧元模型，利用材料力学分析法、有限元分析法进行多方面、多方法计算分析，并配合渗流、地质力学模型试验检验，归纳出一套复杂地基上高重力坝安全评价方法，应用于狭窄陡倾斜持力岩带复杂地基上高重力坝安全评价；创新了重力坝坝踵底面渗压力折减理论机制，为重力坝弱、微透水体坝基帷幕简化、节省坝基处理投资提供理论依据；得出了一套缓折坡建基面上重力坝抗滑稳定安全系数简化计算方法；得出了重力坝所处的狭窄陡倾斜持力岩带上下游蚀变带基础处理原则和标准，形成的一整套技术方法解决了国内首例上覆下伏软弱岩层的狭窄陡倾斜持力岩带上修建 130m 高的全断面 RCC 重力坝面临的一系列技术难题。该成果的应用，使百色坝基处理方案比用常规评价方法确定的处理方案节省投资 1190 万元。

11.8　采用动态规划法优化大坝设计

由于重力坝断面设计坝基岩土力学指标、坝体混凝土指标及复杂的静力、动力荷载问题异常复杂，所牵涉的设计变量与大坝断面面积的关系是非线性问题，因此，经过调查研究，选用适合本工程特点的动态规划（DP）法进行大坝优化设计。编制专用计算机计算程序，对大坝断面坝块逐一进行最优化计算，然后以各坝块最优化设计成果为基础，调整、优化坝轴线布置。

百色水利枢纽断面设计优化成果，减小了坝基宽度，使得在基本不改变坝踵至上游极为软弱的蚀变带的距离情况下，可将河床坝段坝轴线后移 8.4m，实现全坝段平面布置优化，由原 1995 年初步设计阶段的 3 次转折布置得以改善为 2 次转折布置，从而充分利用辉绿岩岩性强度高、透水性小的特性，使坝基承受的抗剪、抗拉、压应力、坝基坝体变形以及抗渗全部由辉绿岩条带来承受，主坝完全布置于坝址出露的厚度极为有限的辉绿岩"岩墙"上，坝线可调整的幅度已控制到极小值，实现了大坝布置优化，枢纽平面布置更合理、美观。

动态规划（DP）法在百色水利枢纽高重力坝优化设计中的应用，大大提高设计效率，优化了大坝断面，溢流坝、非溢流坝断面分别减少 8.45％和 6.03％，通过平面布置协调优化断面后，主坝混凝土量比优化前减少 10.3 万 m^3（4.2％），坝基开挖量减少 2.8 万 m^3（2.4％），坝基宽度平均减少 1.4m，节约投资 1900 万元。

11.9　碾压混凝土温控简化、高温季节连续施工

主坝为高 130m 的 RCC 重力坝，混凝土总量 270 万 m^3，其中 RCC 量 202 万 m^3。根据施工总进度的安排，2002 年 10 月上旬河床截流，2005 年 5 月底主坝浇至 220.00m 高程，2006 年 4 月坝区主体工程全部完工。主坝混凝土的浇筑安排在截流后的四个枯水期内完成，一枯在河床部位基础开挖及基础处理的同时，抢先浇筑右岸挡水坝段至180.00m 高程，共完成混凝土 47.90 万 m^3，高峰月浇筑强度 8.72 万 m^3。大坝混凝土浇筑高峰在二枯，最大月浇筑强度 17.47 万 m^3，其中 RCC 量 14.8 万 m^3。

混凝土施工温控设计是大坝设计的重要内容，事关大坝施工期到运行期长时间的坝体应力安全，传统的温控措施极为复杂，而且效率低下、代价高昂，对 RCC 快速筑坝技术的推广应用是一个严重制约。结构设计方面，混凝土重力坝设置的全贯通性横缝间距越小，对主坝温控效果越有利，但是会增加造缝工程量及投资，同时降低坝体防渗的可靠性；而且横缝间距越小，坝体的高厚比越大，还会增加坝体水平断裂的危险。需要研究坝体结构缝间距、RCC 特性及热力学特点、不同的混凝土浇筑方案，提出有效、经济、合理的温控方案及措施。

为实现百色水利枢纽 RCC 主坝高温季节全年不间断施工，降低混凝土施工强度，加快施工进度，进行了简化 RCC 重力坝筑坝温控措施综合研究。首先研究优化混凝土级配，百色主坝 RCC 采用辉绿岩作骨料，根据辉绿岩弹模高、密度大的特点，主坝主体 RCC 采用准三级配设计，即将三级配 D20、D40、D80 中最大粒径由 80mm 降为 60mm，使得RCC 料质均匀，工作性、和易性更好，减少骨料分离，易于碾压，同时增加 RCC 密实度（每立方米混凝土可增加重量 120kg），还可在满足混凝土抗压强度的前提下有效降低混凝土的弹性模量（降低 20％～30％），显著改善了大坝地震应力及温度徐变应力。其次，对百色 RCC 重力坝温度徐变应力进行系统、全面地仿真计算、分析研究，找到 RCC 重力坝温度徐变应力分布及发展规律，确定在大坝上游面中间设置 3m 深"短横缝"，明显降低防渗区混凝土坝轴线方向温度徐变拉应力，使大坝分缝间距由传统的 15m 左右加大到 20～35m，优化了大坝分缝间距；制定百色大坝 RCC 施工温控标准：最低温时段（11 月中旬至次年 3 月上旬，旬平均气温低于 20℃）大坝可以按自然温度浇筑，其他温季节大坝施工只需采取 2～6℃小幅降温辅以埋置 HDPE 塑料冷却水管通冷水降温，坝体最高温度不高于 38℃，亦即采取"上游坝面加设短横缝＋混凝土适度预冷＋埋置

HDPE 塑料水管通水辅助降温"措施，使得百色主坝 RCC 温控简化、高温季节连续施工，降低了混凝土施工强度，加快了施工进度。

百色主坝巨量 RCC 成功施工的经验，使我们对碾压混凝土有了更清晰的认识：碾压混凝土是指将无坍落度的亚塑性混凝土拌和物分薄层摊铺并经振动碾碾压密实且层面全面泛浆的混凝土。

11.10　浅埋、大跨度、小间距、高水头渗流地下厂房

1994 年，百色水利枢纽初步设计拟定主坝为 RCC 重力坝，水电站厂房布置通过坝后式、岸边式、长隧洞式和地下式 4 种方案比较，得知水电站采用地下式厂房布置方案在工程投资和施工工期方面有较大的优越性，但由于百色水利枢纽大坝和电站厂房布置在宽150m 并以 55°角倾向下游的辉绿岩条带上，造成地质条件的局限性，使地下厂房的布置存在以下几个突出的问题：①厂房上游边墙距上游蚀变带很近，最小处仅有 8m；②主变洞与主机洞之间的岩桩厚度小于 1 倍洞径；③主变洞上覆岩体厚度仅 17m，不足规范要求的 1 倍洞径；尾水支洞之间及主机洞到主变尾闸洞的岩柱厚度不足 1 倍洞径；④辉绿岩（$\beta_{\mu4}^{-1}$）发育 4 组裂隙，在洞室的顶拱和边墙均易形成不稳定的三角体和楔形块体；⑤洞轴线走向与岩层走向一致，地应力与主要洞室正交；⑥辉绿岩地下水槽对洞室上游边墙形成较大的渗透压力。

由于地下厂房方案存在以上所述的地质问题，曾多次召开专题咨询会研究，对于在这种地质条件下能否建造地下厂房专家意见分歧很大。1995 年 9 月 9—11 日，自治区水利厅召开百色水利枢纽布置方案咨询会，与会专家意见也不统一，最后潘家铮院士表态同意地下厂房方案，但要求对存在问题要进行深入研究，提出解决办法。经过大量勘察、深入细致研究和设计完善工作，在 1996 年完成的初步设计推荐采用地下厂房布置方案。1998 年 6 月，水规总院审定枢纽初步设计报告，同意采用地下厂房布置方案，地下厂房布置在辉绿岩条带中，同时指出：①地下厂房上覆岩体厚度 55～65m，相对较薄，岩体类似层面、反倾角及东北向裂隙均较发育且相互切割形成块体，对顶拱和边墙稳定不利，应采取必要的支护措施；②厂房上游边墙靠近地下水凹槽、水库蓄水后外水压力较大，对边墙稳定不利，应做好防渗、排水措施；③在进一步取得实测地应力资料及地质构造和地质参数认识深化的基础上，复核地下洞室群岩体应力和变位，优化支护设计及开挖程序；④研究低压母线竖井位置移至两机组中间的可能性。

根据上述审查意见，1998 年 7 月，进行了地下厂房关键技术专题研究，深入研究地下厂房布置方案，大跨度、浅埋洞、小间距洞室群围岩稳定性，地下厂房围岩块体稳定性，地下厂房岩锚梁方案，地下厂房渗流方案和尾水系统"四洞合一"布置。2001 年 7 月完成的枢纽初步设计报告重编版，采用 RCC 重力坝和地下式厂房，同时将主变和 GIS 开关设备布置在地下厂房内。与 1996 年版初步设计相比，主变和开关设备由洞外移至了洞内，避免了高力坡开挖，节约了大量的土石方明挖量。2001 年 8 月，水规总院批复同意地下厂房方案和主变及 GIS 开关设备进洞布置，同时指出：①厂房围岩存在数组断裂，在边墙及拱顶存在稳定问题，下阶段应进行厂房洞室的块体分析计算，提出相应的处理建

议；②应根据进一步地勘成果，对尾水洞及尾水支洞、主机洞与主变洞之间较薄岩体的加固处理措施进行复核，并对主机洞和主变洞尺寸进行优化；③应进一步优化地下洞室群的防渗、排水、通风及交通系统的设计。

百色水电站 20 多条（个）洞、井、室、道贯通、交叉地分布在 $0.12km^2$ 范围山体有限空间内，构成复杂地下洞室群，电站区以镶嵌碎裂结构为主的辉绿岩（$\beta_{\mu4}^{-1}$）带宽度仅约 150m，厚度仅约 120m，以 Ⅲ 类围岩为主，辉绿岩带外围为硅质岩、硅质泥岩等，岩体破碎，风化强烈，属强透水岩体，主要为 Ⅳ～Ⅴ 类围岩，且辉绿岩上游侧存在地下水洼槽，厂房主机洞上游渗流水头高达 110m，地下厂房布置及设计存在诸多技术难题。经过深入细致的专题研究，成功将地下厂房主机洞、主变尾闸洞、尾水支洞及尾水主洞等主要洞室均布置在狭窄的以镶嵌碎裂结构为主的辉绿岩条带内，满足工程功能性、经济性、安全性要求，具有洞室布置紧凑、洞室跨度大、上覆岩体厚度小、洞室间距小、上游边墙距强透水的硅质岩石近（8m）、洞室渗流水头大（110m）、厂房轴线与地质主构造线平行等特点。工程投入运行以来，各建筑物处于安全运行状态。主要创新包括以下几个方面：

（1）狭窄岩带内浅埋、大跨度、极薄洞室间距地下厂房布置。经过多方案设计研究，在满足工程功能性及安全性的基础上，成功将地下厂房主机洞、主变尾闸洞、尾水支洞及尾水主洞等主要洞室均布置在狭窄的以镶嵌碎裂结构为主的辉绿岩（$\beta_{\mu4}^{-1}$）条带内。由于辉绿岩带宽度的限制，为满足工程运行又节省工程投资，尽量压缩主机洞与主变尾闸洞之间的岩墙厚度和洞室埋深，较好地适应了本工程特定的地形、地质条件。主变尾闸洞上覆有效岩体厚度为 17m，仅有主变尾闸洞设计开挖宽度 19.5m 的 0.87 倍，是我国类似地质条件工程中的最小值，主机洞与主变尾闸洞之间岩柱厚度为 20.7m，约为两洞开挖宽度 20.5m 和 19.5m 平均值的 1 倍，达到国内同类工程洞室间距的极限。这在当时我国地下厂房布置中尚属先例，洞室间距及洞室上覆岩体厚度达到国内工程的极限，突破常规设计。

（2）长而密的小吨位预应力锚杆。一般同类工程地下厂房围岩支护中往往采用钢筋混凝土或预应力锚索支护，在百色地下厂房设计中针对镶嵌碎裂结构为主的辉绿岩（$\beta_{\mu4}^{-1}$），经过采用有限元法进行的围岩稳定分析以及采用下极点全空间赤平投影法进行的围岩块体稳定性分析，洞室支护主要采用了长而密（长度 7～10m，间距 1.5m×1.5m）的小吨位（张拉力 110kN）预应力锚杆支护，与同类工程相比，具有支护快速、费用低、施工方便等特点，并能有效地控制镶嵌碎裂结构围岩块体失稳，本工程仅在局部地段采用了少量的对穿锚索支护。

（3）镶嵌碎裂岩体中岩锚梁。地下厂房采用岩锚梁，具有优越性。但本工程Ⅲ类的辉绿岩（$\beta_{\mu4}^{-1}$）围岩发育 4 组节理，节理走向与洞轴线夹角小，并倾向洞内，岩锚梁稳定问题突出，开挖成形有难度。国内已建的地下水电站工程，对于在镶嵌碎裂结构的岩体中，且节理倾向洞内的地下厂房一般不采用岩锚梁。百色地下厂房辉绿岩节理发育，间距 0.1～0.5m，以镶嵌碎裂结构为主，且节理走向与洞轴线角度 10°～30°，倾向洞内，倾角 30°～50°，通过科学研究，采用岩锚吊车梁方案（吊车为 2×200t 桥式起重机，最大轮压 56t），并在施工中采取有效措施，成功实现了岩锚梁方案，为同类工程提供了宝贵的经验。

（4）高水头渗流地下厂房渗控。本工程地下厂房上游边墙距强透水的硅质岩石近（最近处为 11m）、洞室渗流水头大（最大为 110m）、渗流场复杂；渗透压力大，地下厂房的围岩稳定及防渗、排水、结构设计难度大。经三维岩体渗透各向异性渗流场的专题分析研究，最终采用不与主坝帷幕相结合的设置防渗排水系统的独立渗控方案，该方案以厂外堵排为主、厂内排水为辅，详细论证了设置独立的防渗排水系统的可行性，对其可能出现的风险进行了评估，并提出了当出现渗流异常时防止不利影响的预防措施。与通常采用的以堵为主的与大坝防渗帷幕相结合的防渗方案相比，具有施工难度小、工期短、投资省的优越性，解决了高水头渗流下的地下厂房的渗控问题，为同类项目提供了宝贵的经验。

（5）尾水"四洞合一"创新形式。百色地下厂房通过创新的计算方法——特征隐式格式法进行计算分析研究，并通过水力模型试验研究，在国内创新采用"四洞合一"的尾水布置方案，不设尾水调压井，不设排气孔和减压孔，简化了尾水系统设计，加快了工程施工进度，节约投资 2775 万元，成功解决了尾水系统对电站运行的安全、稳定性和调节过渡过程的复杂影响问题，该设计为国内地下水电站工程中首次研究应用。

11.11　碎裂～散体结构软岩中的大型导流洞应用"新奥法"

导流洞设在坝址右岸，为圆形隧洞，洞径 13.2～14.2m。隧洞由进口明渠、进水塔、洞身、出口明渠和消力池组成。进水塔位于坝轴线上游约 200m 处，隧洞穿越右坝肩山梁、右Ⅳ号沟、右Ⅳ号沟右侧山头，至右Ⅴ号沟出口处进入右江，全长 1149m。

导流洞的工程地质条件非常复杂，隧洞沿线地形起伏大、埋深浅，围岩层次多，岩性变化大，既有坚硬的辉绿岩、中等坚硬～坚硬的硅质岩、灰岩、泥质灰岩，又有软弱的泥岩类岩石；特别是两条辉绿岩（$\beta_{\mu4}^{-1}$、$\beta_{\mu4}^{-2}$）之间的 $D_3l^7 \sim D_3l^9$ 层，受辉绿岩侵入影响较大，岩层扭曲强烈，岩体风化破碎，层间挤压破碎带发育，强风化带下限埋深达 100m 左右。导流隧洞地下水活动各向异性显著，沿线地下水位起伏大，$D_3l^{8-2} \sim D_3l^{10}$ 层地下水较丰富，极易发生涌水并造成塌方。围岩分类：基本稳定～稳定性差的Ⅱ类、Ⅲ类围岩占 46%，不稳定～极不稳定的Ⅳ类、Ⅴ类围岩占 54%。洞线经右Ⅳ号沟，沟底高程约 134.00m，隧洞开挖顶高程 132.70m，洞顶上覆岩土层仅 1～1.5m，设计采用明管跨越。右Ⅳ号沟两侧山坡坡度 35°～40°，天然坡高达 100m 左右，特别是下游侧边坡，坡体岩层除泥质灰岩风化较浅外，其余各层风化较深，呈全强风化状，边坡稳定性较差。

导流洞地质条件复杂，如果用常规的方法进行设计和施工，很难保证施工的安全，也难以保证在设计概算和设计工期内建成投产。为此，通过调研、学习、分析和比较后，决定采用"新奥法"原理指导导流洞设计和施工。由于当时"新奥法"引进我国时间不长，对于条件如此复杂的大型洞室如何应用"新奥法"还没有成功的经验。因此开展了专题"新奥法（NATM）在百色导流洞设计和施工中的应用研究"，对洞线、洞径及洞型进行了多方案论证，选择了洞径为 13.5m 的圆形隧洞；总结出了在碎裂～散体结构的软岩中的大型地下洞室中应用新奥法时应"开挖断面要化大为小、开挖作业要短进尺、弱爆破，及时支护并封闭成环；支护应采取新奥法与矿山法联合使用，并以新奥法为主，矿山法为辅，锚杆宜采用固结型；通过理论计算和施工量测确定支护参数"，解决了在碎裂～散体结构的软岩中开挖如此大洞径导流洞设计施工遇到的诸多难题，确保施工顺利进行。

由于按新奥法设计和施工，充分利用了围岩自承能力和一期喷锚支护的作用，二期混凝土衬砌厚度仅为 50～60cm，与洞径差不多的天生桥、紫坪铺工程的导流隧洞相比，二期混凝土衬砌厚度小 40%～70%。不仅减少了混凝土衬砌工程量，而且也减少了开挖土石方量和施工难度。另外，在软岩中采用强迫进洞技术，进口洞顶上覆岩体厚度与洞跨比为 0.1，以上两项达到国内领先水平。工程采用的管式注浆锚杆属国内第二个工程。由于采用"新奥法"的理论和技术指导设计和施工，导流洞工程竣工决算比设计概算节省2080 万元。

11.12 超大型金属结构工程技术

（1）百色水利枢纽超大型表孔泄洪弧形工作闸门液压启闭机能力达到 $2\times1600kN$，油缸活塞杆采用中部支承结构陶瓷活塞杆，这么大容量的中部支承型式、陶瓷活塞杆的液压启闭机在国内还是首次采用。

（2）溢流坝超大型表孔弧形工作闸门（孔口宽度 14m、高度 19m），支铰采用圆柱铰，轴套材料采用从德国公司进口的带凸缘免维护的自润滑轴承，此轴承具有自润滑、免维护、高载低摩（$f=0.1\sim0.12$）、能传递侧推力、体型尺寸较小、土建投资省、运行费用低、经济指标好的特点。这种材料和工艺在广西也是第一次采用。

（3）导流洞封堵闸门属于超大型闸门（孔口宽度 11m、高度 13.5m，设计水头88.75m），设计挡水位高，而下闸水位较低，要求闸门的主支承应具有低摩阻、高承载能力的特点。经过对多种支承材料的研究和比较，并考察了国内已建工程实例，采用带有凹凸工作面的胶木滑道作为本闸门的主支承，闸门可以顺利下闸封堵挡水，从而保证工程施工进度，带来良好的经济效益。导流封堵闸门的启闭设备（1 台 QP-2×2500-55 型双吊点固定卷扬启闭机）待导流洞封堵完毕后，回收改装成 2 台 QP-2500-55 单吊点固定启闭机，用以操作溢流坝中孔 2 扇事故闸门，节省工程投资。

（4）根据库区地貌特点以及近年来国内一些已建电站的拦污、清污运行经验，发电进水口拦污栅采用前后双道、直立、通仓式布置；每孔设置 2 道栅槽：前道为工作栅槽，后道为备用栅槽，拦污栅之后的水域是连通的。这样，当部分孔口拦污栅栅面堵污时，不至于影响机组的正常运行。需要清污时，可以轮换提起工作栅和备用栅进行清污，以期做到清污不停机。每台机组设置 4 扇工作栅，4 台机组共设置 16 扇工作栅，另设 2 扇备用栅供提栅清污时联合使用，大大提高发电效益，经济指标相当明显。

11.13 具有综合效益的大型水利枢纽计算机监控系统

在广西百色市内百色水利枢纽管理综合楼设置了一个枢纽生产管理系统，它是一个采用现代计算机技术的综合自动化系统，可以远程遥控主坝和水电站，具有生产运行管理、设备管理、生产技术监察管理、安全监察管理、综合查询、辅助决策支持、系统维护管理等功能，采用现代化的管理方法，确保工程的安全经济运行，充分发挥工程的效益。它包括主坝监控系统、水电站监控系统、视频监视系统、火灾自动报警及控制系统、建筑物安全监测系统、水情自动测报系统、地震监测系统和航运监控系统八大系统。

11.14　广西最大的地下升压变电站

百色水利枢纽地处峡谷地带，升压变电站容量 640MVA，是广西容量最大的地下升压变电站。

大型地下全洞室升压变电站可解决峡谷地区地面升压站场地存在山体大量开挖、高边坡开挖与支护的难题。地下升压站完全避免水库拱坝集中泄洪雾化现象对升压站电气设备及建筑物产生的灾害影响。百色水利枢纽大型地下升压变电站主变压器采用双重管型水冷却器，110kV 和 220kV 高压配电装置采用液压弹簧操动机构驱动的 GIS 全封闭组合电器，布置空间较小，减少了土建开挖工程量及围岩稳定问题，同时附属设施封闭保护，运行可靠，维护方便。大型地下升压站土建工程量较常规户外升压站大为节省，整个洞室布置在岩体抗压强度较高、渗透系数较小但裂隙较发育且出露宽度仅约 150m 的辉绿岩带内。主变洞开挖宽度达 19.5m，最小上覆有效岩体厚度 17m，为洞室开挖宽度的 0.87 倍，在国内外同类工程中少见，设计已达国内先进水平。在地下升压站设计过程中进行了地下洞室群的渗流场分析，设置了独立的厂房防渗排水系统，加强了厂房渗流控制措施，很好地解决了升压站结构稳定和防渗问题，有效地解决了大型地下升压站因围岩稳定布置困难的问题；升压站内通风散热及消防设施的设计方案均满足运行要求，并达到敞开式升压站的运行条件。

11.15　施工规划为工程顺利推进奠定坚实基础

为了适应招标和施工的需要，也为了满足世界银行评审团的要求，编制了施工规划报告，经业主和专家咨询审查后指导招标和施工工作。

施工规划制定工程分标方案、主坝区施工总平面布置及施工控制进度、筹建期业主自营工程和议标工程规划、大坝标施工规划、水电站标施工规划。

为尽可能为承包商顺利施工创造良好的施工环境和条件，施工准备工程项目如施工道路、桥梁、铁路转运站、输电线路、施工变电站、施工通信及部分施工营地等，在主体工程施工前，由业主采用招标方式兴建完成。实践证明该措施减少了各标之间的干扰，加快了施工进度，所以本工程根据工程具体情况进行分标，经过实施证明是合理的。

本工程对外交通按二级公路标准进行建设，在当时同类工程中标准是比较高的。从工程的实践证明，这个决策是正确的。除满足施工材料进场要求外，很多生产、生活设施都能设在百色市，大大减少了施工设施和生活设施的建设成本和运行费用，降低了工程投资。

场内交通由右江平圩大桥连在一起的左右两个环形交通网组成，两个环形交通网均考虑了百色水利枢纽规模大、施工工厂多、占地范围广且处于低山峡谷地带、山坡较陡、施工道路设计既不能过多又必须照顾到各个工程点因素，交通选线充分利用地形条件，达到贯通性好、连接工程点多的目的。实践证明，本工程外来物资可顺利进场，场内运输畅通无阻，百色水利枢纽施工交通规划是合理的。

百色水利枢纽施工总体布置设计根据市场经济的需要，按照分标布置、方便生产的原则综合考虑。从承包商进场后的布置及施工情况看，承包商都是在指定的区域进行生产、生活设施的建设，符合提出的总体布置构想，没有因为使用场地问题而提出施工索赔，各标之间的相施工干扰也较小，因此百色水利枢纽施工总体布置是合理的。

施工总进度的安排能注意分析各项目之间的关系，妥善安排其施工程序，避免出现互相干扰、相互扯皮的现象，使工程施工得以有序进行。本工程里程碑工程的时间节点如截流工程、下闸蓄水、机组发电等都通如期实，说明施工总进度计划符合实际。

11.16 北斗卫星通信导航系统首次应用于广西水利工程水情自动测报

百色水利枢纽地处广西大石山区，交通和通信条件困难。坝址以上流域未曾建有自动测报系统。为百色水利枢纽主体工程施工、运行调度提供准确的水雨情信息，为下游防洪安全、充分发挥水库综合效益，经科学论证、规划建设百色水利枢纽水情自动测报系统，按照先进性、实用性、可靠性、整体性、规范性进行设计，系统组网规模为1:46，即1个中心站46个遥测站，采用北斗卫星通信方式，实现水位、雨量等水情信息自动采集、自动传输和自动处理，数据处理和预报作业所需时间不超过20分钟。系统于2004年2月开工建设，同年4月完成土建工程，6月底完成系统设备安装，7月投入试运行。2005年1月，系统通过单位工程竣工验收，同年2月移交给业主管理使用。系统实现了水（雨）情信息自动采集，联机预报，改善报汛条件，可缩短收集和传递水（雨）情数据时间，及时准确预报入库洪水，增长预见期和提高预报精度，为百色水利枢纽的防洪调度赢得时间，确保工程运行安全可靠，确保下游右江及南宁市的防洪安全，最大限度地减少经济损失，有效地利用水资源，充分发挥工程的经济效益和社会效益。北斗卫星通信导航系统首次成功应用于广西水库水情测报系统。

11.17 编制广西第一个开发建设项目水土保持方案

由于历史原因，百色水利枢纽可行性研究报告阶段未编制水土保持方案，而是直接进行水土保持初步设计。《右江水利枢纽工程水土保持方案报告书（初步设计阶段）》为广西范围内编制的第一本开发建设项目水土保持方案报告书，开创广开发建设项目水土保持方案报告书编制的先河。

11.18 先进的设计研究手段

1995年以后，计算机及计算机辅助设计技术逐步发展、成熟并推广，由于工程地质条件的复杂性和水力条件的随机性，除了尽可能借助数学模型进行计算分析外，也大量采用物理模型试验、现场和室内试验等研究手段，为工程设计提供科学、可靠的技术支撑。专题科学计算、试验和研究是做好百色水利枢纽工程勘测设计的重要途径，根据规范及解决工程具体难题需要，本工程组织开展的计算、试验、研究专题超过 50 项。按规范要求认真科学地做好了常规计算、试验；对于工程技术难题则专题研究，深入开展专项计算、分析、试验、优化论证，为制定工程技术方案提供科学依据，验证、优化设计方案。主要有：

（1）数值计算分析。

1）《RCC 重力坝坝基稳定地质力学模型试验及有限元计算研究（有限元计算部分）》，1996 年 7 月完成，配合主坝坝基地质力学模型试验建模及试验成果评价分析工作，采用有限元计算方法，计算各种工况下坝基应力、变形。

2）《百色地下厂房洞室施工开挖数值分析报告》，初步设计阶段，1996 年完成，采用有限元法计算地下厂房洞室群不同开挖方案的围岩应力、变位及塑性区分布，研究合理的地下水电站洞室开挖及支护方案。

2）《招标设计阶段 重力坝基础渗流场计算分析》，1996 年 6 月完成，采用有限元法计算分析坝基多种防渗、排水方案的渗流场及渗控效果，为坝基防渗处理设计提供依据。

3）《初步设计阶段 百色大坝抗震动力计算分析》，1998 年完成，采用悬臂梁材料力学和平面有限元进行主坝抗震动力计算分析及应力安全评价，为主坝抗震设计提供依据。

4）《施工详图阶段 重力坝基础渗流场补充计算分析》，2002 年 3 月完成，按照本阶段最新地质参数复核计算坝基渗控设计方案坝基渗流场，评价坝基渗流稳定安全。

5）《招标设计阶段 RCC 坝温度徐变应力分析报告》，1999 年 8 月完成，采用有限元法、仿真并层算法计算各种浇筑方案下 RCC 主坝施工期、运行期温度徐变应力，为主坝分缝、温控方案设计提供依据。

6）《施工详图阶段 RCC 主坝温度徐变应力分析报告》，2001 年完成，采用有限元仿真计算方法，对施工单位提出的各种浇筑方案验算 RCC 主坝施工期、运行期温度徐变应力，为优化 RCC 主坝混凝土浇筑方案提供依据。

7）《百色 RCC 主坝混凝土芯样检测指标条件下温度徐变应力复核计算分析报告》，2007 年 12 月完成，采用有限元仿真计算方法，利用施工检测得到的 RCC 主坝混凝土实际热力学参数，验算 RCC 主坝运行期温度徐变应力及安全。

8）《施工详图阶段 主坝基础静动应力、应变及稳定分析》，2002 年 12 月完成，采用有限元及刚体弹簧元法，用超载和强储相结合的方法，分析百色 RCC 主坝坝体和坝基失稳破坏过程、破坏形态和破坏机理，确定坝基可能的滑动路径和滑移模式，以确定其稳定安全度，评价工程的安全性；针对百色坝基高模量比及基岩变模离散度大的特点，对百色大坝的变形和应力与坝基变模之间的关系开展参数敏感性分析。

9）《施工详图阶段 消力池不均匀沉陷及应力三维有限元计算》，2003 年 7 月完成，针对消力池布置及复杂地基条件下底板分缝实际情况，结合水工模型试验提供的动水荷载，采用有限元法对消力池各结构的沉降及应力进行分析，得到消力池底板、边墙以及尾坎在不利基础上的沉陷及应力、变形，为消力池设计提供依据。

10）《施工详图阶段 主坝坝基深层抗滑稳定安全评价》，2002 年 10 月完成，对百色水利枢纽坝址探洞节理调查原始资料进行归纳、整理和统计分析，得到各组节理面几何参数的分布概型和统计参数；依据蒙特卡洛法原理，生成与实际节理面具有相同统计特征的节理面网络，并由此计算沿不同剪切方向上的节理连通率；根据节理连通率计算辉绿岩的总抗剪断强度指标；利用二维和三维极限平衡方法对百色水利枢纽主坝在各种工况下的深层抗滑稳定性进行计算，给出安全系数。

11）《地下厂房洞室围岩渗流场有限元分析》，施工详图阶段，2002 年 8 月完成，其补充报告在 2003 年 4 月完成，按照施工详图阶段地下厂房洞室围岩渗控布置方案及最新地质参数复核计算地下厂房洞室围岩渗流场，论证高渗流水头下堵排结合渗控方案的合理性和可靠性，为洞室围岩渗控设计提供依据。

12）《水电站工程进水口边坡及进水塔静、动力稳定计算研究报告》，施工详图阶段，2003 年 2 月完成，采用有限元法计算各种工况下水电站工程进水口边坡及进水塔应力、变形，为进水口边坡开挖、支护及进水塔设计提供依据。

13）《水电站工程尾水渠高边坡静、动力稳定计算研究报告》，施工详图阶段，2000 年 7 月完成，采用有限元法计算各种工况下水电站工程尾水渠边坡应力、变形，为水电站工程尾水渠高边坡开挖、支护设计提供依据。

14）《地下厂房块体稳定性分析研究》，施工详图阶段，2002 年 6 月完成，采用下极限点全空间赤平投影进行地下厂房围岩块体稳定性计算分析研究，对比验证用类比法和块体极限平衡法及刚体平衡法等分析的结论和支护设计，优化工程设计。

15）《地下厂房洞室群稳定性分析》，施工详图阶段，2002 年 12 月完成，采用三维有限元计算分析各种开挖、支护方案及工况下地下厂房洞室群的应力、变形，分析评价其稳定安全，为地下厂房设计提供依据。

16）《百色电站调节保证计算及水力学计算》，采用特征线隐式格式法计算地下水电站输水系统运行特性、研究尾水系统明满交替流波动稳定性，为本工程电站尾水"四洞合一"方案的设计及工程安全运行提供技术支撑。

17）《百色水利枢纽通风空调热态模型试验及数值仿真计算研究》，主厂房气流组织采用垂直气流组织，即"拱顶平壁矩形送风口下送、多级串联"的新型通风方式，通风空调热态模型试验及数值仿真计算为本工程大型地下厂房的通风温度场、流态场分布设计和运行提供技术支持。

（2）科学试验研究。

1）《百色水利枢纽上坝址岩体力学试验报告》，1987 年 5 月完成。

2）《百色水利枢纽下坝址岩体力学试验报告》，1987 年 12 月完成。

3）《百色水利枢纽水库诱发地震危险性的初步评价报告》，1988 年 6 月完成。

4）《百色水利枢纽下坝址右山头灌浆试验报告》，1990 年完成。针对下坝址面板堆石坝方案，研究右山头破碎岩体处理的可行性，进行的一组灌浆试验。

5）《百色水利枢纽下坝址 PD25 号洞岩体变形试验报告》，1991 年 2 月完成。

6）《百色水利枢纽可研阶段物探测试成果报告》。

7）《广西右江百色水利枢纽地应力测试报告》，1997 年 12 月完成。

8）《广西右江百色水利枢纽地下厂房岩体力学试验报告》，1998 年 7 月完成。

9)《广西右江百色水利枢纽现场岩体力学试验报告》，1998 年 8 月完成。

10)《广西右江百色水利枢纽水库诱发地震危险性的初步评价报告及坝区地震危险性概率分析报告的综合摘要》，1999 年 3 月完成。

11)《广西右江百色水利枢纽引水发电系统进水塔基础岩体载荷试验报告》，1999 年 5 月完成。

12)《广西右江百色水利枢纽主坝基帷幕灌浆试验报告》，1999 年 11 月完成。

13)《招标设计阶段 主坝坝基帷幕灌浆试验报告》，2000 年 1 月完成，主要是在主坝现场按照招标设计阶段坝基处理方案及参数进行主坝帷幕灌浆试验研究，验证坝基帷幕招标设计阶段设计参数及灌浆工艺的可行性、合理性，为坝基帷幕灌浆招标设计提供依据。

14)《右江百色水利枢纽坝基及左坝肩三向电阻网络渗流模型试验研究报告》，1995 年 5 月完成，采用三向电阻网络渗流模型研究坝基不同渗控方案的渗流场分布规律，为主坝帷幕设计提供依据。

15)《招标设计阶段 混凝土试验研究汇总报告》，2001 年 8 月完成，主要是根据百色水利枢纽骨料选择方案及水泥、粉煤灰、外加剂来源进行的混凝土配合比及混凝土性能试验，为主坝招标设计混凝土配合比及力学指标提供依据。试验研究工作内容包括：①原材料试验；②外加剂优选试验；③采用石灰岩和辉绿岩人工骨料组成的三种骨料组合方案、广西东泥股份有限公司和广西鱼峰水泥股份有限公司生产的 525R 普通水泥及湖南特种水泥厂生产的 525 号中热微膨胀水泥、广西田东电厂生产的粉煤灰进行混凝土配合比设计试验；④混凝土性能试验（包括强度性能、弹模和极限拉伸性能、热学性能、抗渗和抗冻性能试验）。

16)《RCC 重力坝坝基稳定地质力学模型试验及有限元计算研究（模型试验部分）》，1996 年 7 月完成，根据百色坝基地质参数建立地质力学模型，通过超载法及综合法试验研究坝基深层抗滑稳定安全，为坝基稳定安全评价工作提供物理模型验证依据。

17)《辉绿岩人工骨料在百色 RCC 坝的应用研究》，根据百色水利枢纽 RCC 坝工程区缺乏天然骨料，石灰岩人工骨料运距远、开采困难、有碱活性、质量和数量都难以满足设计或施工要求；坝基坚硬的辉绿岩条带在两坝头出露、储量丰富、开采方便；国内外没有使用辉绿岩作为混凝土坝骨料先例等特点，系统、全面、深入地研究了辉绿岩特性、坚硬的辉绿岩作为 RCC 人工骨料难以破碎、辉绿岩人工骨料 RCC 弹模偏高而极限拉伸值低、辉绿岩人工骨料 RCC 初凝时间短、辉绿岩骨料石粉偏高等技术难题。通过系统、全面、深入地勘察、设计、科学试验研究，总结出一整套具有实用价值的技术成果，创造性地采用准三级配 RCC，有效地解决辉绿岩骨料混凝土弹性模量高、极限拉伸值低的技术难题。首次查明辉绿岩 RCC 初凝时间过短的原因，提出了有效的解决措施，确保大坝 RCC 施工层面结合质量；创先利用高石粉辉绿岩砂的微细成分取代粉煤灰，降低了混凝土胶凝材料总量，明显改善 RCC 和易性；总结提出了坚硬的辉绿岩骨料破碎加工及防止石粉板结的工艺流程，有效地保证了工程质量，降低了工程造价，为辉绿岩人工骨料在百色 RCC 坝的成功应用奠定了坚实的技术基础，使得辉绿岩人工砂石骨料可以大规模用作筑坝混凝土骨料。

18)《百色水利枢纽整体水工模型试验》，为了验证枢纽布置、泄水建筑物的可行性与合理性，进一步优化消能工，委托中国水科院和广西大学联合进行水工模型试验，试验包括 1：60 断面水力学模型与 1：100 整体水力学模型试验。对于消力池形式，研究了一般底流式和戽式两个布置方案。在试验中也分别对表孔宽尾墩和中孔出口的体形、消力池的体形和尺寸进行了多方案试验研究。考虑到本工程主坝采用 RCC，为方便溢流坝溢流面施工，有可能溢流面做成阶梯状碾压混凝土面，不用常规光滑面混凝土，因此也做了阶梯状溢流坝面整体水工模型试验，研究其可行性。

19）《初步设计阶段 溢流坝中孔减压模型试验》，初步设计阶段为了解中孔水道的水流空化特性，解决中孔出口明流段的空化问题，进行了溢流坝中孔减压模型试验。

20）《招标设计阶段 溢流坝表孔掺气减压断面模型试验》，招标设计阶段为研究坝面的空化问题，进行了溢流坝表孔掺气减压断面模型试验，试验结果：采用在溢流坝下游面直线段中偏上部设掺气坎，解决光滑坝面的空化问题。

21）《百色大坝抗震试验研究》，1998 年 7 月，基于大坝断面的优化设计成果，对典型的 6A 号挡水坝块、5 号溢流坝块，按照《水工建筑物抗震设计规范》（SL 203—97）的设防标准、目标、分析方法和要求、安全判据和标准，对新断面进行悬臂梁材料力学法和平面有限元的抗震动力分析及安全评价，为验证计算程序及计算方法的可靠性，对最高的 6A 号挡水坝块进行了大型振动台模型试验。

22）《施工详图阶段 消力池底板稳定和尾坎及边墙软弱地基抗冲模型试验研究报告》，2002 年 8 月完成，进行了消力底板稳定、抗冲模型试验，研究消力池流态、特性、底板稳定安全状态，影响底板稳定安全的主要因素，消力池底板的破坏机理及保证安全措施，为消力池底板、边墙稳定及结构设计提供可靠依据。

23）《施工详图阶段 消力池动水荷载及下游水流流态试验研究报告》，2003 年 5 月完成，主要是研究作用于底板面上的动水压力沿水流方向和横水流方向的分布情况，研究作用于边墙内表面的动水压力沿水流方向和高度方向的分布情况，研究作用于尾坎上的动水压力的分布情况，研究止水局部失效时作用于底板下表面的动水压力分布情况，研究作用于底板的脉动压力的点面关系，为消力池结构设计提供可靠依据。

24）《施工详图阶段 溢流坝闸门调度试验研究报告》，2004 年 7 月完成，主要是通过闸门调度水力学试验，给出安全合理的闸门调度方案，为闸门运行设计提供可靠依据。

25）《百色水利枢纽水电站工程尾水系统水力学试验研究》，为优化水电站工程尾水系统水力学设计，验证尾水系统动态仿真计算结果，为尾水系统洞型优化和衬砌设计提供设计基础和科学依据，为电站尾水"四洞合一"方案的设计及工程安全运行提供技术支撑，开展了水电站工程尾水系统水力学试验研究，模型比尺 1：30，内容包括流量测量、时均压力（水面线）的测量、脉动压力的测量、门井水位的测量等，尾水主洞、尾水支洞、尾闸井、尾水管的流态观测，稳态时主洞压力与水面线测量，稳定运行时闸门井内的波动测量。

26）《中孔泄水道体型及闸门运行水力学模型试验研究》，针对高水头、大孔口、重荷载的潜孔弧形钢闸门进行了中孔水力学及闸门流激振动试验研究，通过水工模型、闸门结构模型及水弹性模型系统地研究了中孔工作闸门的结构特性的水力特性，进而优化闸门的结构布置、流道体形及尺寸、启闭方式及速度，为闸门的稳定运行安全和运行调度提供科学依据。

第 12 章

工 程 效 益 及 影 响

12.1　工程运行

百色水利枢纽主体工程于 2001 年 10 月正式开工建设，2005 年 8 月底导流洞下闸蓄水，2006 年 12 月主体工程完工，2016 年 12 月通过竣工验收。工程投入运行以来，拦蓄洪水 13 次，其中有 11 次洪峰流量超过 3000m³/s，最大入库流量 4881m³/s，2008 年、2015 年、2017 年、2018 年、2022 年曾开闸泄过洪。经历了 2006 年 226.03m、2008 年 228m、2014 年 226.31m、2015 年 228m、2017 年 227.61m、2018 年 227.61m 高水位，2008 年 228m 高水位持续 100 天的运行考验。工程各水工建筑物运行状况良好，地下厂房及发电设备运行正常，各项安全监测指标正常，均在设计允许值内，测值稳定。

12.2　工程效益

百色水利枢纽投入运行以来，始终坚持防洪根本任务，同时发挥发电、灌溉、航运、供水等综合功能与效益，为区域经济社会健康、稳定、绿色可持续发展作出了巨大贡献。

12.2.1　防洪保安

通过百色工程发挥拦洪、削峰、错峰作用，基本免除了百色、田阳、田东、隆安等右江中下游沿岸市（县）50 年一遇以下洪水灾害；与老口水库联合调度，结合堤防工程将南宁市防洪能力由 50 年一遇提高到 200 年一遇。百色工程建成后，经历了 11 次洪峰流量超过 3000m³/s 的大洪水考验，最大削峰流量达 4236m³/s，7 天拦蓄洪量最大为 8.31 亿 m³。2007 年 9 月、2008 年 6 月和 2015 年 8 月发生 3 场超过 4000m³/s 的洪水，通过水库调洪控制下泄流量（不超过 1000m³/s），保证了百色市和右江两岸的防洪安全。在 2008 年"9·26"与 2014 年"7·22"洪水中，通过科学调控，大大减轻下游防汛压力，为保证南宁市的防洪安全提供了强有力的支撑，对郁江沿岸防洪减灾效益明显。珠江"22·6"洪水期间，百色工程严格执行珠江委和广西水利厅调度指令，充分发挥水库拦洪、削峰、错峰作用，助力成功防御西江 4 次编号洪水。在西江 2022 年 1 号洪水期间，百色工程削减洪峰流量 780m³/s，削峰率 34%，拦蓄洪量达 2.6 亿 m³，成功避免百色城区河段超警戒水位。国家发展改革委后评价结果表明，百色工程作为郁江流域防洪控制性工程，有效提升了南宁市和郁江中下游沿岸的防洪能力，基本免除了右江沿岸的洪灾损失，年均防洪效益达 4.58 亿元。

12.2.2　电力生产

百色水库是广西仅次于龙滩的第二大水库，百色水利枢纽建成装机规模 540MW，是广西电网唯一直接调度的龙头控制性水电站，承担着广西电网的调峰、调频和事故备用等重要任务，对广西电网的电力调节、控制和调度起着关键的作用。百色工程建成后有效提升了百色地区及广西电网的水电出力水平，显著改善了广西的电源结构和枯水期的运行条件。截至 2023 年 6 月 30 日，累计发电 231.6 亿 kW·h，其中枯水期调峰电量占 70% 以上。在 2008 年抗击南方冰冻雨雪灾害、北京奥运会期间保供电中，工程充分发挥了主力调峰电站的作用。2010—2012 年以及 2020—2021 年"电荒"期间，在煤价飙升、火电出力不足的背景下，百色水利枢纽在发挥高坝大库优势，坚持长时间高负荷运行，为保障广西电网"保供电"安全运行提供强有力支撑。百色水库具备年调节水库的调蓄能力，对下游梯级电站发挥良好的径流补偿作用，同时通过水库调蓄，每年增加下游那吉、金鸡滩、西津等九个梯级电站发电量 3.6 亿 kW·h。

12.2.3　水资源配置

百色水库通过对上游来水的合理调度以丰补歉，在下游区间来水较丰时，控制水库下泄流量，将多余的水量拦蓄在水库内；在径流逐渐减少时，增加水库泄流，弥补下游流量的不足，满足灌溉、供水、压咸补淡等各类用水需求。百色水库灌区工程即将建成通水，通过百色水库输水灌溉，可解决下游 59.7 万亩耕地、果园灌溉用水难题，沿线农村饮水条件将进一步改善。百色水库已被列为百色城市供水的主要水源，近期取水规模 5 万 m^3/d，远期规模 15 万 m^3/d，将有效解决百色城市供水短缺的问题，满足百色城区居民用水需要。百色水库是珠江流域枯水期水量调度的骨干水库、广西环北部湾水资源配置工程的重要水源工程，对保障粤港澳大湾区、广西北部湾港区域城市群以及下游农业农村的用水安全贡献突出。

12.2.4　航运

百色工程建成蓄水后，上游渠化干流 108km，渠化支流 7 条，总航道长 300km，库区形成深水航道。通过径流调节增加枯季流量，保障下泄流量高于 $100m^3/s$，下游各梯级建成投运并辅以航道整治，航道标准得到有效提高，满足了下游南宁至百色千吨级航运通航需求。随着百色水利枢纽通航设施工程建成投运，将进一步把广西千吨级航道上延通达云南富宁，实现云南通江达海的梦想。

12.3　工程影响

百色工程投入运行后，获得了水利部的充分肯定和当地党政机关的一致认可，得到郁江流域人民群众的广泛赞誉。

12.3.1　有力支撑区域经济社会高质量发展

百色工程为郁江流域经济社会发展创造了安全、稳定、可靠的外部环境，有效保护人民群众生命安全，为区域经济社会高质量发展提供了基础性、战略性支撑。百色水利枢纽防洪受益范围包括南宁市，右江沿岸的百色、田阳、田东、平果、隆安，以及郁江沿岸的横县、贵港、桂平等，受益人口约 1680 万人，受益土地面积 6.89 万 km²，基本消除了百色市主城区沿岸的洪水威胁，右江两岸土地得以开发利用，百色市已发展成为广西人口最多、经济最活跃、环境最优美的区域，南宁邕江沿岸同样如此。百色市右江沿岸风貌如图 12.3.1 所示，南宁市邕江沿岸风貌如图 12.3.2 所示。

图 12.3.1　百色市右江沿岸风貌　　　　　图 12.3.2　南宁市邕江沿岸风貌

百色工程水资源调蓄作用明显，为城乡居民生活用水、沿岸工农业生产用水，以及珠江流域枯水期水量调度、环北部湾广西水资源配置工程提供可靠的水资源保障。百色水利枢纽调节河道径流、增加枯季流量，满足郁江南宁通达百色千吨级船舶的航运用水需求，百色水利枢纽通航工程利用库区形成的超 100km 深水航道，实现云南通江达海的梦想。百色水利枢纽还是西部陆海新通道骨干工程——平陆运河关键的水源支撑，为西南地区航运事业高质量发展提供有力的用水支撑。

12.3.2　有力推进节能减排

水力发电厂承担着广西电网主要调峰任务，通过百色水库调控，可大幅度增加下游径流式电站发电量，是区域工业化升级转型的重要能源基地。已累计发电 231.6 亿 kW·h，相当于节约了 926 万 t 标准煤，同时减少 630 万 t 碳粉尘、2310 万 t 二氧化碳、695 万 t 二氧化硫、347 万 t 氮氧化物等污染物排放，缓解了广西电力短缺，加快了"双碳"目标实现进程。

百色水利枢纽主坝 RCC 使用了 24.89 万 t 粉煤灰，与常态混凝土坝相比，为国家节约水泥 4407 万元（石灰石资源材料费 1045 万元、电费 1620 万元、煤费 1742 万元），节省灰场建设费 450 万元，累计创造效益 4857 万元，减少污染、节省粉煤灰占地 35.55km²。百色水利枢纽创新使用辉绿岩骨料，辉绿岩人工砂石粉含量高达 20%～24%，首创使用微石粉取代粉煤灰，共节约粉煤灰用量 3.52 万 t，节约投资 447.73 万元，减少了弃渣量。

12.3.3 有力保护流域水生态、水环境

工程设计充分考虑了建坝后河流和库区生态问题，选择将渔业增殖站建设作为鱼类资源补充和恢复的重要措施。百色工程渔业增殖站（图12.3.3和图12.3.4）是当时我国西南地区第一大渔业增殖站，也是保护鱼类生物多样性的重要窗口，将青、草、鲢、鳙等滤食性鱼种和赤眼鳟、倒刺鲃、黄颡鱼等当地名优土著鱼种作为培育目标，已累计向库区投放鱼类超1800万尾，有效保持了库区鱼类物种生态平衡，对实现"以水养鱼、以鱼净水"、改善水域生态环境、促进可持续发展发挥了极为重要作用。历年水质监测结果显示，百色水库水质常年优于国家地表水Ⅲ类标准，水生态、水环境持续向好。

图12.3.3 渔业增殖站　　　　　　　　图12.3.4 渔业增殖放流

百色水利枢纽建设期共从淹没区抢救性保护移植红椿、田林细子龙、柄翅果等各类珍稀植物260株，完成红椿、柄翅果、田林细子龙等植树造林面积17.9亩，有效减少工程建设对生态环境和植被生物的破坏和影响。

主坝区植被恢复如图12.3.5所示，库区白鹭栖息如图12.3.6所示。

图12.3.5 主坝区植被恢复　　　　　　　图12.3.6 库区白鹭栖息

12.3.4 有力改善民生环境、推进乡村振兴、增进民族团结

百色水利枢纽横跨广西、云南两省（自治区），所处地理位置山区众多，经济发展水平落后，少数民族聚居，文化风俗差异明显，项目的建设和运行对于改善当地民生环境、

促进民族团结具有重要意义。工程结合当地实际，按照"政府领导、分级负责、县为基础、项目法人参与"的管理体制，工程共完成搬迁安置移民 27650 人，（其中农村移民 21939 人）、生产安置人口 23301 人，实现移民"搬得出、稳得住、能致富"的规划目标。百色市右江区阳圩镇移民村新貌如图 12.3.7 所示。在改善公共基础设施方面，百色水利枢纽的开发建设通过国有资金的投入，统筹新建、复建了大量交通、电力、水利、农业、通信、广播电视等基础设施，极大提升当地基础设施建设水平；在提高地方城镇化水平方面，通过移民规模化集中搬迁安置、新建移民新集镇等措施，移民安置区基础设施逐步完善，生产开发项目亮点纷呈，提高了地区城镇化率，为解决就业、医疗、教育等民生问题创造有利条件；在促进就业和脱贫致富方面，工程移民后期扶持政策有效落实，直补资金足额兑现，项目扶持成效显著，芒果、山茶油、火龙果等特色产业和富民工程提档升级，同时极大拉动了百色地区的投资消费，提供了大量高质量就业岗位，工程移民收入达到甚至超过广西全区农民收入水平；在促进可持续发展方面，依托工程优质水土资源，充分发挥工程调蓄功能、生态涵养功能，促进工程水土资源优势向产业优势和经济优势转化，因地制宜调整产业结构，将绿色发展理念贯穿全过程，确保区域发展与生态环境保护同步推进。

图 12.3.7　百色市右江区阳圩镇移民村新貌

百色水利枢纽的开发建设实现了"发展一方经济、致富一方百姓、保护一方环境"的目标，不仅发展经济、改善民生、优化环境，更为我国贫困山区繁荣稳定、民族和谐及长治久安作出了突出贡献。

参 考 文 献

［ 1 ］ 广西水利电力勘测设计研究院有限责任公司. 广西右江百色水利枢纽工程竣工验收 RCC 主坝、水电站工程设计工作报告 ［R］. 南宁：广西水利电力勘测设计研究院有限责任公司，2016.

［ 2 ］ 广西水利电力勘测设计研究院有限责任公司. 百色水利枢纽工程竣工验收 RCC 主坝、水电站工程设计自检报告 ［R］. 南宁：广西水利电力勘测设计研究院有限责任公司，2016.

［ 3 ］ 广西水利电力勘测设计研究院有限责任公司. 百色水利枢纽工程竣工验收机电、金属结构工程设计自检报告 ［R］. 南宁：广西水利电力勘测设计研究院有限责任公司，2016.

［ 4 ］ 广西水利电力勘测设计研究院有限责任公司. 百色水利枢纽工程竣工验收 RCC 主坝、水电站工程地质自检报告 ［R］. 南宁：广西水利电力勘测设计研究院有限责任公司，2016.

［ 5 ］ 广西水利电力勘测设计研究院. 右江百色水利枢纽初步设计报告（2001 年重编版）［R］. 南宁：广西水利电力勘测设计研究院，2001.

［ 6 ］ 罗继勇，米德才，梁天津，等. 百色水利枢纽工程地质研究与实践 ［M］. 郑州：黄河水利出版社，2014.

［ 7 ］ 陆民安，卢义骈，罗继勇. 百色水利枢纽工程特点及创新 ［J］. 广西水利水电，2014（5）：19 - 29.

［ 8 ］ 广西水利电力勘测设计研究院. 辉绿岩人工骨料在百色 RCC 坝的应用研究报告 ［R］. 南宁：广西水利电力勘测设计研究院，2012.

［ 9 ］ 广西水利电力勘测设计研究院. 复杂地基条件下百色水利枢纽 RCC 高重力坝安全研究报告 ［R］. 南宁：广西水利电力勘测设计研究院，2007.

［10］ 广西水利电力勘测设计研究院. 动态规划（DP）在百色水利枢纽 RCC 高重力坝优化设计中的应用研究报告 ［R］. 南宁：广西水利电力勘测设计研究院，2007.

［11］ 广西水利电力勘测设计研究院. 百色水利枢纽地下厂房关键技术研究 ［R］. 南宁：广西水利电力勘测设计研究院，2012.

［12］ 广西水利电力勘测设计研究院. 新奥法（NATM）在百色导流洞工程设计和施工中的应用研究技术总结 ［R］. 南宁：广西水利电力勘测设计研究院，2012.

［13］ 田育功. 碾压混凝土快速筑坝技术 ［M］. 北京：中国水利水电出版社，2010.

［14］ 田育功. 大坝与水工混凝土新技术 ［M］. 北京：中国水利水电出版社，2018.

［15］ 田育功. 现代水工混凝土关键技术 ［M］. 郑州：黄河水利出版社，2022.

［16］ 徐千军，李旭，陈祖煜. 百色水利枢纽主坝坝基三维抗滑稳定分析 ［J］. 岩石力学与工程学报，2006（3）：533 - 528.

［17］ 麦家乡. 百色水利枢纽混凝土重力坝深层抗滑稳定分析 ［J］. 广西水利水电，1993（2）：1 - 3.

［18］ 韦上环，吴彭敦. 百色水利枢纽溢流重力坝消能工试验研究 ［J］. 广西水利水电，1994（4）：19 - 22.

［19］ 卢义骈. 百色水利枢纽地下厂房系统布置 ［J］. 广西水利水电，1997（3）：10 - 13.

［20］ 黄开华. 百色水利枢纽新型联合消能工消力池设计综述 ［J］. 广西水利水电，1998（2）：51 - 54.

［21］ 杨静. 百色水利枢纽水情自动测报系统规划 ［J］. 广西水利水电，1998（4）：18 - 20.

［22］ 余青梅. 百色水利枢纽地下厂房防渗排水系统设计 ［J］. 广西水利水电，1998（4）：11 - 17.

［23］ 黎东晓. 百色水利枢纽地下厂房岩壁吊车梁设计综述 ［J］. 广西水利水电，1999（2）：24 - 26.

［24］ 蒙承刚. 百色水利枢纽大坝混凝土浇筑方法研究 ［J］. 广西水利水电，1999（4）：42 - 46.

［25］ 欧辉明. 百色水利枢纽水库水温结构分析 ［J］. 广西水利水电，2001（3）：13 - 15.

［26］ 覃永恒. 百色水利枢纽地下水电站升压站布置 ［J］. 广西水利水电，2002（B10）：44 - 48.

［27］ 韦卓信，彭茂雄. 百色水利枢纽工程施工规划设计 ［J］. 广西水利水电，2002（B10）：63 - 68.

［28］ 辛祖成，吕涛. 百色水利枢纽升压配电设备及布置选择 ［J］. 广西水利水电，2002（B10）：60 - 62.

［29］ 陈宏明，易克明. 百色水利枢纽施工导流隧洞设计 ［J］. 广西水利水电，2002（B10）：69 - 73.

［30］　伍国有. 百色水利枢纽水电站地下厂房通风模型试验及数值计算［J］. 广西水利水电，2002（B10）：55－59.

［31］　蒙世忏. 百色水利枢纽水电站进水口上游侧边坡稳定复核［J］. 广西水利水电，2002（B10）：36－38.

［32］　农克俭，黄承泉. 百色水利枢纽水电站进水塔基础处理［J］. 广西水利水电，2002（B10）：32－35.

［33］　卢义骈. 百色水利枢纽水电站设计优化［J］. 广西水利水电，2002（B10）：39－43.

［34］　梁献，张明. 百色水利枢纽溢流坝表孔弧形闸门设计［J］. 广西水利水电，2002（B10）：52－54.

［35］　易克明，韦卓信. 艰难跋涉精心设计：百色水利枢纽工程勘测设计回顾［J］. 广西水利水电，2002（B10）：17－21.

［36］　陈顺天，陆民安. 台高九仞 起于垒土：百色水利枢纽工程前期工作历程［J］. 广西水利水电，2002（B10）：6－16.

［37］　梁启成. 王利. 右江百色水利枢纽的防洪作用［J］. 广西水利水电，2002（B10）：22－24.

［38］　杨夏. 百色水利枢纽碾压混凝土重力坝基础处理设计［J］. 广西水利水电，2003（2）：20－23.

［39］　韦海勇. 百色水利枢纽预截流设计［J］. 广西水利水电，2003（4）：15－17.

［40］　赵志强. 百色水利枢纽主坝计算机监控系统［J］. 广西水利水电，2003（4）：18－20.

［41］　刘春燕，蓝可华. 百色水利枢纽水轮机模型验收试验［J］. 广西水利水电，2004（1）：64－67.

［42］　蒙承刚. 百色水利枢纽消力池动水荷载分布研究［J］. 广西水利水电，2004（2）：82－85.

［43］　吕涛. 百色水利枢纽 XLPE 高压电缆的选型及布置［J］. 广西水利水电，2004（2）：78－79.

［44］　张丽. 百色水利枢纽水电站电气主接线设计［J］. 广西水利水电，2004（2）：76－77.

［45］　蒙承刚. 百色水利枢纽消力池设计［J］. 广西水利水电，2004（2）：57－61.

［46］　陆民安. 百色水利枢纽 RCC 主坝表孔宽尾墩联合消能工设计与研究［J］. 广西水利水电，2004（2）：53－56.

［47］　莫明，邱振天. 百色水利枢纽水情自动测报系统设计［J］. 广西水利水电，2004（2）：49－52.

［48］　陈宏明. 百色水利枢纽地下厂房系统存在的主要地质问题及处理措施［J］. 广西水利水电，2004（2）：24－26.

［49］　廖俊刚. 百色水利枢纽主坝坝基稳定综合分析研究［J］. 广西水利水电，2004（B05）：79－82.

［50］　杨夏. 百色水利枢纽碾压混凝土重力坝安全监测设计［J］. 广西水利水电，2004（B05）：70－72.

［51］　龙益辉. 黄开华. 百色水利枢纽碾压混凝土主坝基础固结灌浆设计［J］. 广西水利水电，2004（B05）：67－69.

［52］　黄开华，杨夏. 百色水利枢纽碾压混凝土主坝设计简述［J］. 广西水利水电，2004（B05）：64－66.

［53］　刘会娟，张建海. 百色主坝 3B 坝段坝身孔洞洞周应力应变分析［J］. 广西水利水电，2004（B05）：14－17.

［54］　黄开华. 百色水利枢纽溢流坝掺气减蚀研究［J］. 广西水利水电，2004（4）：15－18.

［55］　陆民安. 碾压混凝土重力坝温度徐变应力研究［J］. 广西水利水电，2004（B05）：40－44.

［56］　陆锡赋. 百色水利枢纽水电站技术供水系统［J］. 广西水利水电，2006（4）：60－62.

［57］　蔡伟宏. 百色水利枢纽厂用电设计特点［J］. 广西水利水电，2006（4）：56－59.

［58］　梁思伟，张星. 百色水利枢纽设计 H－Q 曲线探讨［J］. 广西水利水电，2006（4）：41－43.

［59］　邱振天，何素明. 百色水利枢纽下闸蓄水方案研究［J］. 广西水利水电，2007（2）：6－9.

［60］　李鑫. 百色主坝基础排水孔排水量异常成因分析及处理［J］. 广西水利水电，2007（3）：36－38.

［61］　黄祖芹. 百色水利枢纽下游河床防护设计［J］. 广西水利水电，2007（5）：37－38.

［62］　黄志刚. 百色水利枢纽分期设计洪水分析［J］. 广西水利水电，2008（4）：20－23.

［63］　邱振天. 百色水利枢纽生态环境保护设计［J］. 广西水利水电，2008（6）：13－15.

［64］　张丽萍. 新奥法在百色水利枢纽导流洞设计和施工中的应用［J］. 广西水利水电，2010（2）：1－4.

［65］　陈宏明. 百色水利枢纽地下厂房关键技术研究［J］. 广西水利水电，2014（5）：13－18.

［66］　廖俊刚. 百色水利枢纽重力坝平面有限元分析和安全评价［J］. 红水河，1993（4）：15－22.

［67］ 麦家乡. 百色水利枢纽碾压混凝土重力坝设计［J］. 红水河，1997（1）：18－22.

［68］ 廖俊刚，张小飞. 百色水利枢纽大坝应力应变分析［J］. 红水河，1997（2）：15－20.

［69］ 李茂秋. 百色水利枢纽坝址区渗流场演变及其渗控措施的研究［J］. 红水河，1997（2）：11－14.

［70］ 侯顺载，郭志杰. 百色水利枢纽大坝抗震安全评价［J］. 红水河，1997（2）：7－11.

［71］ 李朝国，胡成秋. 右江百色 RCC 重力坝坝基稳定三维地质力学模型试验研究［J］. 红水河，1997（2）：1－6.

［72］ 廖俊刚，覃永恒. 应用系统工程方法设计百色大坝剖面［J］. 红水河，1998（1）：30－34.

［73］ 麦家乡，覃永恒. 百色水利枢纽泄水建筑物设计［J］. 红水河，1998（1）：20－25.

［74］ 谢省宗. 宽尾墩联合消能工在百色水利枢纽的研究和应用［J］. 红水河，1998（2）：36－41.

［75］ 覃永恒. 百色水利枢纽地下水厂房区防渗与排水设计［J］. 红水河，2000（2）：9－13.

［76］ 陈光强，莫细喜. 百色水利枢纽中孔闸门支撑梁应力计算分析［J］. 红水河，2000（2）：18－20.

［77］ 廖俊刚. 百色水利枢纽重力坝稳定和应力分析［J］. 红水河，2000（3）：52－55.

［78］ 张燎军，朱岳明. 百色水利枢纽地下厂房区渗流场三维有限元分析［J］. 红水河，2000（4）：26－29.

［79］ 农克俭. 百色水电站进水塔结构布置和稳定应力分析［J］. 红水河，2001（1）：38－41.

［80］ 陆民安，卢庐. 百色碾压混凝土重力坝混凝土设计优化［J］. 红水河，2002（2）：27－30.

［81］ 朱岳明，龚道勇，张建斌. 百色水利枢纽重力坝 6 号坝段基础渗流场分析［J］. 红水河，2002（1）：20－23.

［82］ 杜成斌，黄承泉，朱岳明. 百色水利枢纽进水塔结构抗震分析研究［J］. 红水河，2002（2）：31－35.

［83］ 冯海波，李守义. 百色重力坝夏季停工方案温度应力仿真分析［J］. 红水河，2003（1）：20－23.

［84］ 向俐蓉，张建海，陆民安，等. 百色水利枢纽右岸重力坝抗滑稳定研究［J］. 红水河，2003（1）：14－19.

［85］ 张星，高冬兰. 百色水利枢纽坝址可能最大洪水研究［J］. 广西电力工程，1998（1）：56－63.

［86］ 张星. 百色水利枢纽电站在广西电力系统中的作用［J］. 广西电力工程，1998（2）：3－7.

［87］ 高鹏. 百色 RCC 重力溢流坝段滑移模式及滑移路径的研究［J］. 四川水利，2003（4）：28－32.

［88］ 裴建良，张建海，陆民安，等. 百色 RCC 重力坝右岸挡水坝段滑移模式及滑移路径的研究［J］. 四川大学学报：工程科学版，2003（2）：36－40.

［89］ 王利，黄建玲. 百色水利枢纽水文分析［J］. 人民珠江，1997（6）：64－68.

［90］ 农卫红. 百色水利枢纽工程规模中的几个重点问题［J］. 人民珠江，1997（6）：13－17.

［91］ 卢庐. 百色水利枢纽的总体布置［J］. 人民珠江，1997（6）：18－20.

［92］ 廖俊刚. 百色水利枢纽碾压混凝土主坝设计研究［J］. 人民珠江，1997（6）：21－25.

［93］ 卢义骈. 百色水利枢纽水电站水工设计［J］. 人民珠江，1997（6）：26－28.

［94］ 辛祖成，蓝可华. 百色水利枢纽水电站机电设计［J］. 人民珠江，1997（6）：32－35.

［95］ 何云芳. 百色水利枢纽主坝区施工导流设计［J］. 人民珠江，1997（6）：40－41.

［96］ 岑允元. 百色水利枢纽大坝及地下厂房施工方法研究［J］. 人民珠江，1997（6）：42－45.

［97］ 张小飞. 百色水利枢纽大坝可靠度分析［J］. 广西水利水电，1997（4）：23－27.

［98］ 陆民安. 百色水利枢纽主坝区主要科学试验，研究简介［J］. 人民珠江，1997（6）：56－58.

［99］ 张明，卞建. 百色水利枢纽表子弧门液压启闭机设计［J］. 人民珠江，2006（B02）：20－22.

［100］ 张星，王利. 百色水利枢纽洪水计算及防洪作用［J］. 人民珠江，1991（4）：40－43.

［101］ 卓晓燕，顾再仁. 百色水利枢纽混凝土重力坝非线性平面有限元计算分析［J］. 人民珠江，1995（1）：30－34.

［102］ 赵志强. 百色水利枢纽综合自动化系统设计综述［J］. 水电站机电技术，2004（1）：59－62.

［103］ 刘会娟，张建海，陆民安. 百色 RCC 重力坝典型坝段的动力稳定性分析［J］. 水电站设计，2003（3）：8－11.

［104］ 米德才，陆民安. 百色水利枢纽 RCC 坝基岩体松弛及处理［J］. 水力发电，2006（12）：43－45.

[105] 黄开华. 百色水利枢纽 RCC 主坝位移敏感性分析 [J]. 水利技术监督，2004（4）：38－40.

[106] 闫九球，陈宏明. 百色水利枢纽地下厂房渗控方案选择 [J]. 水利水电技术，2008（10）：33－35.

[107] 郑松，沈正. 百色水利枢纽生产管理系统设计方案 [J]. 水电站自动化与大坝监测，2005（5）：17－19.

[108] 蔡德所，朱以文，何薪基，等. 百色 RCC 坝温度场仿真与分布式光纤监测 [J]. 三峡大学学报（自然科学版），2005（10）：387－389.

[109] 廖俊刚，余青梅. 重力坝坝底渗透压力分布机理研究 [J]. 人民黄河，2008（9）：71－73.

[110] 广西水利科学研究所. 百色水利枢纽上坝址岩体力学试验报告 [R]. 南宁：广西水利科学研究所，1987.

[111] 黄河水利委员会勘测设计院. 百色水利枢纽下坝址岩体力学试验报告 [R]. 郑州：黄河水利委员会勘测设计院，1987.

[112] 中国水利水电科学研究院. 百色水利枢纽水库诱发地震危险性的初步评价报告 [R]. 北京：中国水利水电科学研究院，1988.

[113] 广西水电设计院. 百色水利枢纽下坝址右山头灌浆试验报告 [R]. 南宁：广西水电设计院，1990.

[114] 广西水利科学研究所. 百色水利枢纽下坝址 PD25 号洞岩体变形试验报告 [R]. 南宁：广西水利科学研究所，1991.

[115] 广西水电设计院. 百色水利枢纽可研阶段物探测试成果报告 [R]. 南宁：广西水电设计院，1994.

[116] 长江科学院. 广西右江百色水利枢纽地应力测试报告 [R]. 武汉：长江科学院，1997.

[117] 湖南省水利水电勘测设计研究院. 广西右江百色水利枢纽地下厂房岩体力学试验报告 [R]. 长沙：湖南省水利水电勘测设计研究院，1998.

[118] 广西水利科学研究所. 广西右江百色水利枢纽现场岩体力学试验报告 [R]. 南宁：广西水利科学研究所，1998.

[119] 中国水利水电科学研究院. 广西右江百色水利枢纽水库诱发地震危险性的初步评价报告及坝区地震危险性概率分析报告的综合摘要 [R]. 北京：中国水利水电科学研究院，1999.

[120] 广西水利科学研究所. 广西右江百色水利枢纽引水发电系统进水塔基础岩体载荷试验报告 [R]. 南宁：广西水利科学研究所完成，1999.

[121] 广西水利电力勘测设计研究院，湖南省水利水电勘测设计研究院. 广西右江百色水利枢纽主坝基帷幕灌浆试验报告 [R]. 南宁：广西水利电力勘测设计研究院，1999.

[122] 四川大学. 百色水利枢纽 RCC 重力坝坝基稳定地质力学模型试验及有限元计算研究 [R]. 成都：四川大学，1996.

[123] 武汉水利电力学院. 百色地下厂房洞室施工开挖数值分析报告 [R]. 武汉：武汉水利电力学院，1996.

[124] 河海大学. 百色水利枢纽招标设计阶段重力坝基础渗流场计算分析 [R]. 南京：河海大学，1996.

[125] 清华大学. 百色水利枢纽施工详图阶段主坝坝基深层抗滑稳定安全评价 [R]. 北京：清华大学，2002.

[126] 河海大学. 百色水利枢纽施工详图阶段重力坝基础渗流场计算分析 [R]. 南京：河海大学，2002.

[127] 河海大学. 百色水利枢纽施工详图阶段重力坝基础渗流场补充计算分析 [R]. 南京：河海大学，2005.

[128] 清华大学. 百色水利枢纽招标设计阶段 RCC 温度徐变应力分析报告 [R]. 北京：清华大学，1999.

[129] 清华大学. 百色水利枢纽招标设计阶段 RCC 坝温度徐变应力补充分析报告 [R]. 北京：清华大学，2002.

[130] 西安理工大学. 施工详图阶段百色水利枢纽 RCC 坝温度徐变应力分析报告 [R]. 西安：西安理工大学，2001.

[131] 西安理工大学. 百色水利枢纽工程碾压混凝土重力坝 6A 坝段施工期和运行期温度徐变应力计算分析报告 [R]. 西安：西安理工大学，2002.

[132] 西安理工大学. 百色 RCC 主坝混凝土芯样检测指标条件下温度徐变应力复核计算分析报告 [R]. 西安：西安理工大学，2007.

[133] 河海大学. 百色水利枢纽水电站工程地下厂房洞室围岩渗流场有限元分析 [R]. 南京：河海大学，2002.

[134] 河海大学. 百色水电站地下厂房洞室群稳定性分析 [R]. 南京：河海大学，2002.

[135] 长江科学院. 百色水利枢纽地下厂房块体稳定性分析研究 [R]. 武汉：长江科学院，2002.

[136] 河海大学. 百色水利枢纽水电站进水口高边坡静、动力稳定计算研究 [R]. 南京：河海大学，2000.

[137] 四川大学. 施工详图阶段百色水利枢纽主坝基础静动应力应变及稳定分析 [R]. 成都：四川大学，2002.

[138] 四川大学. 施工详图阶段百色水利枢纽消力池不均匀沉陷及应力三维有限元计算 [R]. 成都：四川大学，2003.

[139] 中国水利水电科学研究院. 初步设计阶段百色水利枢纽大坝抗震动力计算分析 [R]. 北京：中国水利水电科学研究院，1998.

[140] 河海大学. 百色水利枢纽地下厂房洞室围岩渗流场有限元分析 [R]. 南京：河海大学，2002.

[141] 河海大学. 百色水利枢纽水电站工程进水口边坡及进水塔静、动力稳定计算研究报告 [R]. 南京：河海大学，2003.

[142] 河海大学. 百色水利枢纽水电站工程尾水渠高边坡静、动力稳定计算研究报告 [R]. 南京：河海大学，2002.

[143] 河海大学. 地下厂房洞室群稳定性分析研究报告 [R]. 南京：河海大学，2002.

[144] 清华大学. 百色电站调节保证计算及水力学计算报告 [R]. 北京：清华大学，2002.

[145] 西安建筑科技大学. 百色水利枢纽通风空调热态模型试验及数值计算研究报告 [R]. 西安：西安建筑科技大学，1999.

[146] 水利部长江勘测技术研究所. 百色水利枢纽坝基及左坝肩三向电阻网络渗流模型试验研究报告 [R]. 武汉：水利部长江勘测技术研究所，1995.

[147] 四川大学. RCC 重力坝坝基稳定地质力学模型试验及有限元计算研究报告（模型试验部分）[R]. 成都：四川大学，1996.

[148] 广西大学. 百色水利枢纽整体水工模型试验报告 [R]. 南宁：广西大学，1996.

[149] 中国水利水电科学研究院. 百色水利枢纽整体水工模型试验报告 [R]. 北京：中国水利水电科学研究院，1996.

[150] 中国水利水电科学研究院. 初步设计阶段百色水利枢纽溢流坝中孔减压模型试验报告 [R]. 北京：中国水利水电科学研究院，1996.

[151] 中国水利水电科学研究院. 招标设计阶段百色水利枢纽溢流坝表孔掺气减压断面模型试验报告 [R]. 北京：中国水利水电科学研究院，1998.

[152] 中国水利水电科学研究院. 百色大坝抗震试验研究报告 [R]. 北京：中国水利水电科学研究院，1998.

[153] 南京水利科学研究院. 施工详图阶段百色水利枢纽消力池底板稳定和尾坎及边墙软弱地基抗冲模型试验研究报告 [R]. 南京：南京水利科学研究院，2002.

［154］ 南京水利科学研究院. 施工详图阶段百色水利枢纽消力池动水荷载及下游水流流态试验研究报告［R］. 南京：南京水利科学研究院，2002.

［155］ 南京水利科学研究院. 施工详图阶段百色水利枢纽溢流坝闸门调度试验研究报告［R］. 南京：南京水利科学研究院，2002.

［156］ 清华大学. 百色水利枢纽水电站工程尾水系统水力学试验研究报告［R］. 北京：清华大学，2002.

［157］ 南京水利科学研究院. 中孔泄水道体型及闸门运行水力学模型试验研究报告［R］. 南京：南京水利科学研究院，2002.

［158］ 唐新发. 百色水利枢纽水轮机主要参数选择及运行稳定性分析［J］. 广西水利水电，2002 (B10)：74-76.

［159］ 沈崇刚. 中国碾压混凝土坝的发展成就与前景［J］. 贵州水力发电，2002 (2)：1-7.

作 者 简 介

蓝可华：1943年10月生，瑶族，广西平乐县人。教授级高级工程师。1967年7月武汉水利电力学院毕业。广西水利电力勘测设计研究院原总工程师，兼任百色水利枢纽设计总工程师。获得广西先进工作者、全国水利系统优秀干部、全国五一劳动奖章等荣誉称号。曾获得省部级科技进步奖及优秀设计奖若干项。在国内公开专业刊物上发表有关百色水利枢纽的工程论文4篇。

王　利：女，1963年8月生，汉族，广西陆川县人。高级工程师，注册土木、咨询工程师。1981年7月陆川县中学毕业。1985年7月武汉水利电力学院河流工程及治河工程专业毕业，工学学士学位。广西水利电力勘测设计研究院有限责任公司原副总工程师。全国优秀水利水电工程勘测设计奖工程设计金质奖获得者。曾获得广西优秀工程咨询成果一、二等奖及广西优秀工程设计二等奖若干项。在国内公开专业刊物上发表《百色水利枢纽水文分析》等论文4篇。

陈宏明：1963年12月生，汉族，广西北流市人。教授级高级工程师，注册土木工程师。1982年7月北流市高级中学毕业。1986年7月广西大学水利水电工程专业毕业，工学学士学位。广西水利电力勘测设计研究院有限责任公司原副总经理、原总工程师。百色水利枢纽设计总工程师（副）。广西大坝安全工程技术研究中心高级研究员，广西水工程材料与结构重点实验室特约研究员。水利部第五批5151人才工程人选。获得第九批广西优秀专家，首批广西工程设计大师，首届广西水利水电工程设计大师，广西劳动模范，广西直属企事业工匠等荣誉称号。第五届广西青年科技奖、全国优秀水利水电工程勘测设计奖工程设计金质奖、中国土木工程詹天佑奖获得者。曾获得广西科技进步二等奖2项、三等奖3项；广西优秀工程设计一等奖4项。在国内公开专业刊物上发表《百色水利枢纽地下厂房关键技术研究》等论文11篇。

农卫红：女，1964年1月生，壮族，广西横州市人。教授级高级工程师。1982年7月横县中学毕业。1989年7月清华大学水文及水资源专业毕业，工学硕士学位。广西水利电力勘测设计研究院有限责任公司原副总经理。获得广西水利科技首席专家荣誉称号。全国优秀水利水电工程勘测设计奖工程设计金质奖获得者。曾获得广西科技进步奖一等奖1项、二等奖3项，广西壮族自治区政府决策咨询成果一等奖1项等。在国内公开专业刊物上发表《北部湾涠洲岛水问题与水战略研究》等论文12篇。

陆民安：1964 年 10 月生，壮族，广西武鸣人。教授级高级工程师，注册土木工程师。1982 年 7 月武鸣高级中学毕业。1986 年 7 月武汉水利电力学院农田水利工程专业毕业，工学学士学位。广西水利电力勘测设计研究院有限责任公司副总工程师。百色水利枢纽设计总工程师（副）。中国水力发电工程学会碾压混凝土筑坝专业委员会委员，广西大坝安全工程技术研究中心高级研究员，广西水工程材料与结构重点实验室特约研究员。获得广西水利水电工程设计大师、全国水利系统先进工作者荣誉称号。首届广西杰出工程师奖、全国优秀水利水电工程勘测设计奖工程设计金质奖、中国水利工程优质（大禹）奖、中国土木工程詹天佑奖获得者。曾获得广西科技进步奖二等奖 1 项、三等奖 2 项；广西优秀工程设计一等奖 1 项、二等奖 3 项；广西优秀工程咨询成果一等奖 2 项、二等奖 4 项。在国内公开专业刊物上发表《百色水利枢纽工程特点及创新》等论文 18 篇。

卢义骈：壮族，广西南宁人。教授级高级工程师。注册土木、咨询工程师。1986 年 7 月广西大学水利水电建筑工程专业毕业，工学学士学位。广西水利电力勘测设计研究院有限责任公司副总工程师。百色水利枢纽设计总工程师（副）。郁江老口航运枢纽工程设计总工程师。全国优秀水利水电工程勘测设计奖工程设计金质奖获得者。曾获得省部级科技进步奖、优秀工程设计奖、优秀工程咨询奖等专业技术奖 8 项。在国内公开专业刊物上发表《百色水利枢纽水电站设计优化》《老口航运枢纽工程技术特点》等论文 8 篇。

卢　广：1965 年 5 月至 2023 年 2 月，汉族，广西北流市人。高级工程师。1987 年 7 月北京农业工程大学水力机械专业毕业，工学学士学位。广西水利电力勘测设计研究院有限责任公司原副总工程师。百色水利枢纽设计总工程师（副）。全国优秀水利水电工程勘测设计奖工程设计金质奖获得者。曾获得广西科技进步奖三等奖 1 项；广西优秀工程设计一等奖 1 项、二等奖 1 项；广西天湖水利科技进步奖一等奖 1 项、二等奖 1 项；广西水利厅优秀工程设计一等奖 1 项、二等奖 2 项。

罗继勇：1967 年 7 月生，汉族，广西全州县人。教授级高级工程师，注册土木工程师。1991 年 7 月华北水利水电学院工程地质与水文地质专业毕业，工学学士学位。广西壮族自治区水利电力勘测设计研究院有限责任公司副总工程师。百色水利枢纽设计总工程师（副）。广西"新世纪十百千人才工程"第二层次人选。获得广西水利水电工程勘察大师荣誉称号、第三届广西创新争先个人奖、广西五一劳动奖章。全国优秀水利水电工程勘测设计奖工程勘测金质奖、中国水利工程优质（大禹）奖获得者。曾获得全国优秀工程勘察铜奖 1 项，中国大坝工程学会科技进步一等奖 1 项，广西科技进步二等奖 1 项，广西优秀工程勘察一等奖 8 项。《百色水利枢纽工程地质研究与实践》作者。在国内公开专业刊物上发表论文 13 篇。

刘春燕：女，1971年1月生，汉族，广西南宁市人。教授级高级工程师，注册公用设备工程师（暖通空调），注册一级造价工程师，注册咨询工程师（投资）。1989年6月南宁市第二中学毕业。1993年6月华中理工大学（现华中科技大学）水力机械专业毕业，工学学士学位。广西水利电力勘测设计研究院有限责任公司新能源机电工程设计研究院总工程师。《广西水利水电》杂志翻译。全国优秀水利水电工程勘测设计奖工程设计金质奖、铜质奖获得者。曾获得广西优秀工程设计一等奖3项，广西天湖水利科学技术奖一等奖1项、二等奖1项。在国内公开专业刊物上发表《树状分枝一管多机非对称复杂水力—机械系统安全与稳定运行措施研究》等工程论文6篇。

欧辉明：1972年4月生，汉族，广西平乐县人。教授级高级工程师。注册土木、咨询、环评、监理工程师。1989年7月平乐中学毕业。1993年7月成都科技大学环境工程专业毕业，工学学士学位；2011年4月河海大学水利工程专业毕业，工学硕士学位。广西水利电力勘测设计研究院有限责任公司总经理。曾获得全国优秀工程咨询成果三等奖1项，广西政府决策咨询成果一等奖1项，广西优秀工程咨询成果一等奖2项。在国内公开专业刊物上发表《清平水库补水工程环境影响评价简述》等论文10余篇。

韦海勇：1975年5月生，汉族，广西藤县人。教授级高级工程师，注册土木工程师。1998年7月武汉水利电力大学水工建筑专业毕业，工学硕士学位。广西水利电力勘测设计研究院有限责任公司副总经理、总工程师。获得广西水利水电工程设计大师、广西优秀工程勘察设计师、广投工匠、广西优秀水利青年科技人才等荣誉称号。全国优秀水利水电工程勘测设计奖工程设计金质奖获得者。曾获得中国大坝工程学会科技进步一等奖1项、广西优秀工程勘察设计一等奖4项。参加主编国家标准1部。

谨以此书献给
中华人民共和国75周年华诞
广西水电设计院恢复建院40周年盛典